BECKHOFF倍福公司官方推荐图书

TWINCAT 3.1

FROM ENTRY TO MASTERY

TwinCAT 3.1 从入门到精通

陈利君◎编著

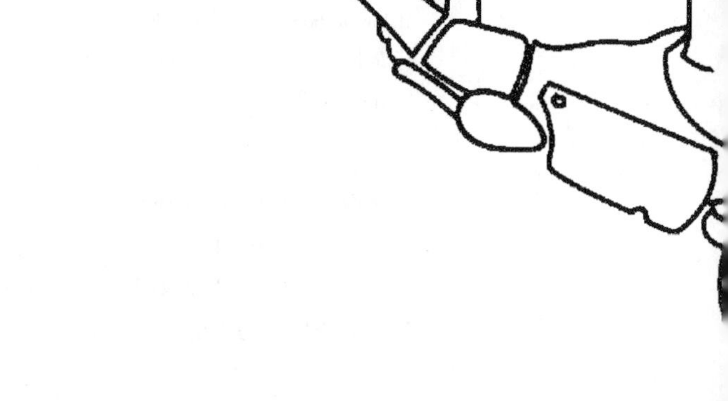

机械工业出版社
CHINA MACHINE PRESS

本书旨在为 TwinCAT 控制系统的用户提供系统全面的指引。内容包括 TwinCAT 软件原理和架构、选型安装、基本配置和编程、TwinCAT 3 C++编程、文件和配方操作，以及通过 Library 提供的常用功能等。本书还深入讲解了倍福（Beckhoff）公司的 I/O 系统和 EtherCAT 总线的配置、诊断和优化，以及 TwinCAT 控制系统之间、与第三方控制系统和总线设备之间、与 HMI 和数据库之间的各种通信协议和配置方法。最后针对高端用户简单介绍了 MATLAB/Simulink 组件、机器视觉 TwinCAT Vision、自动化编程接口 TwinCAT Automation Interface，以及用于物联网的插件 TwinCAT IoT。

本书包含 83 个配套文档，这些配套文档会持续丰富和完善，并汇总保存在倍福虚拟学院网站。

本书可作为使用 TwinCAT 进行项目开发的工程技术人员的参考书，也可以作为 PLCopen 标准化编程的实践辅助资料。

图书在版编目（CIP）数据

TwinCAT 3.1 从入门到精通 / 陈利君编著. —北京：机械工业出版社，2020.5（2024.1 重印）
（工业自动化技术丛书）
ISBN 978-7-111-65206-9

Ⅰ. ①T…　Ⅱ. ①陈…　Ⅲ. ①PLC 技术　Ⅳ. ①TM571.61

中国版本图书馆 CIP 数据核字（2020）第 052823 号

机械工业出版社（北京市百万庄大街 22 号　邮政编码 100037）
策划编辑：李馨馨　　责任编辑：李馨馨　白文亭
责任校对：张艳霞　　责任印制：单爱军

北京虎彩文化传播有限公司印刷

2024 年 1 月第 1 版·第 6 次印刷
184mm×260mm · 30.25 印张 · 749 千字
标准书号：ISBN 978-7-111-65206-9
定价：138.00 元

电话服务
客服电话：010-88361066
　　　　　010-88379833
　　　　　010-68326294

网络服务
机　工　官　网：www.cmpbook.com
机　工　官　博：weibo.com/cmp1952
金　　书　　网：www.golden-book.com
机工教育服务网：www.cmpedu.com

序

由倍福中国公司广州分公司资深工程师陈利君女士编著的《TwinCAT 3.1 从入门到精通》和《TwinCAT NC 实用指南》经过多年的精心准备终于与读者见面了。这是倍福进入中国市场二十多年来的一件大事，也是热爱倍福控制技术的中国广大工程技术人员盼望已久的一件幸事。

德国倍福自动化有限公司是工业控制领域的隐形冠军，也是 PC 控制技术的倡导者和引领者。PC 控制技术开放性好、速度快、运算能力强，不仅可同时完成实时控制、人机界面、通信和网络等多项任务，还可以满足当今智能制造对自动化技术提出的新要求，比如测试测量、状态监测、数据分析、图像处理、机器视觉、机器学习、仿真和建模及人工智能。PC 控制技术之所以有如此强大的功能，除了其拥有强大的 CPU 处理器和高速实时工业以太网通信以外，更重要的是有一个强大的基于 IEC 61131-3 国际标准的自动化控制软件平台。

TwinCAT 是整个控制系统的核心部分，它将基于 Windows 的 PC 转换为可以同时完成 PLC/NC/CNC 任务的实时控制系统。TwinCAT 3 是 TwinCAT 的最新版本，它把 Visual Studio 集成到开发环境中，使工程技术人员可以用 IT 领域中广泛采用的 C 和 C++高级语言进行面向对象的编程，再加上 MATLAB/Simulink 的无缝集成，将 IT 技术和自动化技术完美融合在一起，创建了一个全球自动化标准。

尽管 PC 控制系统可以实现众多的功能，但是需要工程技术人员通过程序设计把这些功能应用到具体项目中，这就需要工程技术人员很好地熟悉和掌握 TwinCAT 软件平台的开发环境和编程方法。倍福自 1997 年进入中国市场以来始终非常重视对用户的技术培训和技术支持，然而倍福进入中国市场之初，大部分技术文档都是英文的，不方便用户快速学习和掌握。我们深刻地意识到，为了帮助广大用户尽快学习和掌握 TwinCAT PLC 的编程方法，必须有一本符合中国人思维和编程习惯的中文编程手册。我们从最初的《TwinCAT 编程入门》到 2005 年提供完整版的《TwinCAT PLC 编程手册》，又于 2006 年推出《TwinCAT PLC 高级编程手册》。随着 TwinCAT 软件版本的不断升级，编程手册也在不断升级和完善，先后于 2011 年和 2016 年做了两次大的更新。TwinCAT 3 问世以后，我们又分别于 2017 年和 2018 年编译了《TwinCAT 3 运动控制教程》和《TwinCAT 3 入门教程》。这一系列中文培训教材在推广和应用基于 PC 的自动化新技术方面起到了重要作用。

本次出版的《TwinCAT 3.1 从入门到精通》和《TwinCAT NC 实用指南》历经长达八年的修改和补充，由此可见陈利君女士对技术的专注和锲而不舍的精神。这两本实用教程是她把在倍福从事技术工作十五年来遇到的大量问题和编程经验及时总结归纳的结果，是对公司之前推出的编程手册的有效补充，相信对广大用户有很好的实用价值。

感谢机械工业出版社为这两本书的顺利出版给予的热情支持和指导。这两本书的出版是改革开放四十年来国外先进的自动化技术被不断引入中国市场并为中国制造业服务的见证，衷心希望本书能为广大读者提供实用而贴心的帮助，也希望有更多的工程师用 TwinCAT 这个强大的工具，开发出更先进的机器设备，生产出更优质的产品，为中国制造业提升竞争优势、加速转型升级创造价值。

倍福中国执行董事、总经理

梁力强

2020 年 3 月于北京

前　　言

倍福公司作为自动化行业的后起之秀，开创了将 PC 用于工业控制的先河，推出了当今最流行的工业以太网 EtherCAT。作为以创新和开放为导向的公司，倍福迄今为止的软硬件产品已经多如繁星，但始终专注在控制系统。倍福工程师不仅要持续学习自家的新产品、新技术，还要支持各种第三方通信的实现。而对于用户来说，了解倍福技术越多，方案设计时的选择就越多。

但是要了解所有的倍福产品和技术又谈何容易。完整官方帮助系统以产品为线索，仅英文版就超过 1.5 GB，大部分中国工程师在语言和阅读习惯上都不太适应。本书的作用就是提供一个系统、全面、快速了解倍福所有技术和应用可能性的渠道以及实施这些技术的方法。作者在倍福中国从事一线技术工作超过 15 年，这也是倍福公司、中国制造和国内自动化市场都高速增长的 15 年，亲眼目睹了倍福中国的用户群体一步步壮大，尤其是在新兴产业大展拳脚的过程。从最开始与客户一起摸索，再支持其他新客户，然后写文档支持更多的客户，到 2010 年有了把这些积累的文档归集成册的想法：与其给客户发送一个个零散文档，不如做一个成体系的大文档，这就是本书的来由。将自己走过的弯路标记出来，或者重新设计一条更直的路，帮助用户节省摸索的时间，也提高自己的技术支持效率，这是编写本书的目的。

这不是一套严格意义上的“教材”，它包含了太多对实际应用有意义而对学生理解概念却无关紧要的细节提示，并且对很多技术底层的描述过于大而化之。一开始只是技术文档的系统归集，归集完成发给部分同事和客户之后，有人将资料上传到了网上。虽然当时的版本相当粗糙，却意外地流传开了，至今已有近 10 个年头。这些年来工作中每有新的经验体会，就会记录在这套资料中，以至越积越多，越写越长，而使用这份资料的工程师群体也越来越庞大。这就是本书的成长历程。

由于涉及的细节太多，完全展开细讲会使本书的厚度无限增加，解决这个问题的办法是增加电子版的配套文档——将倍福知识体系中不可或缺而现存资料中已经成形的内容，放在配套文档中。配套文档还包含示例程序、调试工具、安装软件，以及曾经发布在个人公众号上的专题分析。感谢出版社同意并设法把这些配套文档的下载链接以二维码的形式插入在正式出版的纸质书中，否则这本书就不是完整的。

TwinCAT 是一个强大的工具，也仅仅是个工具。本书旨在让客户快速上手，分享一些使用技巧，避免一些常见的错误，并不涉及任何工艺和算法。正文中会提及一些常用的程序组件、功能代码、综合例程，但不会有软件工程方面的指引。总之，这是加强版的“TwinCAT 软件使用说明”，而不是自动化项目的开发指南。

我并非是对 TwinCAT 全知全能，书中内容来自倍福中国多年的知识积累，而我只是执笔人。比如 C++编程部分最初来自 TwinCAT 产品经理李小宁，PLC 连接数据库部分最初来自倍福广州办陈佳溪，此外，倍福华南区同事的工作成果是本书持续更新的主要素材来源。在此要感谢长期向我提供支持的周耀纲、王建成、杨煜敏、刘端健等同事，他们的帮助使书中的内容更加丰富和准确。

本书的最终出版要感谢倍福中国执行董事、总经理梁力强先生，多年以来他不仅支持和鼓励我从事本项工作，在最后关头还全力争取本书的出版机会；感谢 EtherCAT 技术协会中国代表处首席代表范斌女士，一再向出版社推荐，并促成了最后的出版；感谢机械工业出版社的编辑，为本书的一字一句做全面认真的编校，本书才能以专业、规范的形象问世。

本书读者对象

- 倍福（Beckhoff）的 CX、CPxxxx、Cxxxx 系列控制器的用户。

这些用户的共同点是控制软件已经预装在订购的控制器上，用户需要用自己的计算机对控制器进行编程。控制器是基于 PC 的架构，并安装 Windows 操作系统。书中表述的 CX、CX 控制器、控制器，是由于文字编辑时期不同，表述有所差别，实际所指适用于所有基于 Windows 平台的 TwinCAT 控制系统。

- TwinCAT 3.0 软件用户。

这些用户的特点是 TwinCAT 控制软件需要自己安装在运行 Windows 7 或者 Windows 10 操作系统的工控机上。用户可以在工控机上编程，也可以用自己的计算机对工控机进行编程。

本书主要内容

本书讲解了 TwinCAT 3.1 的系统配置、PLC 编程、各种倍福硬件、常用控制功能、通信功能的实现。本书不涉及 MATLAB/Simulink 的实际操作。

倍福公司已有正式的 TwinCAT 3 培训教材，收录在本书的配套文档中。大部分基本功能已在该教材中详细描述，为节约篇幅，本书中涉及基本步骤的部分通常直接链接到该教材，不再赘述。用户使用时可以两书互为参考。

本书的使用方法

- 项目考察阶段，可阅读第 1 章以及本书目录。
- 初学者必须依次阅读第 2 章的所有小节。
- 功能测试阶段，可根据目录找到相应的章节，每个章节在“配套文档”中都有对应的文件夹，里面有相关的例程、工具和文档说明。
- 项目开发阶段，预先阅读第 3 章、第 4 章，并根据所使用的 I/O 模块和设备，详细阅读第 10 章、第 13 章的相关内容。
- 项目结束阶段，可查阅第 5 章的相关内容。

版本说明

本书所提供的操作截图、程序代码都基于 VS Shell 2013 下的 TC3.1.4022.27。由于倍福公司的 TwinCAT 软件仍然会持续升级和更新，不排除后续版本的操作界面会发生变化，而例程中的代码也有可能不适用于后续版本。

由于作者个人的经验和水平所限，本书难免有错误或者过时的地方。读者如果发现有任何问题，请发邮件至 L. Chen@ Beckhoff. com. cn，也可关注作者的微信公众号“Lizzy 的倍福园地”并留言。另外，最新的配套文档请访问倍福虚拟技术学院陈老师专栏：

http://tr. beckhoff. com. cn/course/view. php?id=160#section-1

谨以此书献给奋斗在一线的工程技术人员，让我们一起脚踏实地，持之以恒，聚沙成塔，改变世界。

陈利君

2020 年 3 月于广州

目　录

序
前言
第1章　系统概述 …… 1
1.1　TwinCAT 软件介绍 …… 1
1.2　TwinCAT 控制器的原理 …… 4
1.3　TwinCAT 3 的运行机制 …… 10
1.4　选型设计 …… 14
1.4.1　控制器 …… 14
1.4.2　系统扩展模块 …… 19
1.4.3　I/O 系统 …… 20
1.5　安装和接线 …… 22
第2章　TwinCAT PLC 编程入门 …… 23
2.1　在编程 PC 上安装 TwinCAT 开发环境 …… 23
2.2　初步认识开发环境 …… 30
2.3　获取和注册正版授权 …… 32
2.3.1　试用版授权的获得 …… 32
2.3.2　完整版授权的激活方式 …… 32
2.3.3　常见问题 …… 34
2.4　添加路由（Add ADS Router） …… 34
2.4.1　网线连接 …… 34
2.4.2　设置控制器的 IP 地址 …… 35
2.4.3　配置 NetID …… 37
2.4.4　添加 ADS 路由 …… 40
2.4.5　手动添加 ADS 路由（可选） …… 43
2.4.6　常见问题 …… 45
2.5　开发第一个 PLC 项目 …… 45
2.6　设置开机自启动 …… 59
2.7　下载、上传和比较 …… 60
2.7.1　PLC 程序的下载、上传和比较 …… 60
2.7.2　TwinCAT 项目的下载、上传和比较 …… 61
2.8　附加资料 …… 62
2.8.1　常见问题 …… 62
2.8.2　TwinCAT 2 PLC 编程入门 …… 63
第3章　TwinCAT 3 开发环境的深入介绍 …… 64
3.1　基础知识 …… 64
3.1.1　英文帮助系统中的基础知识 …… 64

3.1.2 中文帮助的资料 …… 66
3.2 变量声明 …… 68
3.2.1 变量声明的基本语法 …… 68
3.2.2 变量类型 …… 68
3.2.3 变量地址 …… 70
3.2.4 变量声明中的赋初值 …… 71
3.2.5 自动分配 I/O 地址 …… 72
3.2.6 变量的属性 …… 73
3.2.7 PLC 之外的全局数据类型 …… 74
3.2.8 PLC 变量的刷新周期 …… 74
3.3 编程语言和新增功能 …… 75
3.3.1 ST 中增加了 Continue 和 Jump 语句 …… 75
3.3.2 TwinCAT 3 新增的指令 …… 75
3.3.3 UML 编程 …… 76
3.3.4 指针和枚举的新增功能 …… 77
3.3.5 通过程序注释实现特殊功能 …… 78
3.3.6 隐藏内部变量 …… 78
3.3.7 引用全局变量是否需要命名空间 …… 78
3.4 诊断和调试功能 …… 78
3.4.1 兼容 TC2 的 Watch window …… 78
3.4.2 兼容 TC2 的 Watch List …… 79
3.4.3 常见问题 …… 80
3.5 任务和程序 …… 81
3.5.1 PLC 程序下的多个 Task …… 81
3.5.2 关于 Task 的其他提示 …… 85
3.6 隐含的变量和函数 …… 85
3.6.1 TwinCAT_SystemInfoVarList …… 85
3.6.2 除零溢出及指针校验 …… 86
3.6.3 隐含的函数 …… 87
3.7 兼容 TC2 的功能 …… 87
3.7.1 多语言混合编程（Action） …… 87
3.7.2 可供使用的操作符、函数和功能块 …… 88
3.7.3 数组和指针 …… 88
3.7.4 添加 EtherCAT 第三方从站设备 …… 89
3.8 附加资料 …… 89
3.8.1 常见问题 …… 89
3.8.2 TwinCAT 2 开发环境深入介绍 …… 95
第 4 章 TwinCAT 3 扩展功能 …… 96
4.1 库文件 …… 96
4.1.1 引用 Beckhoff Automation GmbH 的库 …… 96
4.1.2 自定义库文件以及升级 TC2 的 Library …… 98

4.1.3 引用第三方的库文件 …… 99
4.1.4 用 Placeholder 区分版本 …… 100
4.1.5 库文件版本升级 …… 101
4.2 Measurement 和 TC3 Scope View …… 101
4.2.1 概述 …… 101
4.2.2 TC3 Scope View 的安装 …… 102
4.2.3 基本操作 …… 103
4.2.4 Scope 常用功能 …… 105
4.2.5 Scope Array Project …… 107
4.2.6 光标测量 Cursor …… 108
4.2.7 把 Scope View 控件集成到高级语言 …… 108
4.2.8 常见问题 …… 109
4.3 程序归档 …… 109
4.3.1 概述 …… 109
4.3.2 TwinCAT 项目的存储路径 …… 110
4.3.3 TwinCAT 项目打包和解包 …… 111
4.3.4 PLC 程序的打包和解包 …… 112
4.3.5 PLC 程序组件的导出和导入 …… 113
4.3.6 I/O 配置的导入和导出 …… 114
4.3.7 Measurement 项目的存储路径 …… 115
4.3.8 归档文件的后缀名列表 …… 115
4.4 程序加密及 OEM 授权 …… 116
4.4.1 概述 …… 116
4.4.2 获取授权管理证书 …… 116
4.4.3 项目程序加密 …… 117
4.4.4 OEM 项目授权 …… 121
4.5 开发环境的版本兼容 …… 124
4.5.1 开发 PC 为不同版本的控制器开发程序 …… 124
4.5.2 低版本的程序如何运行在高版本的控制器上 …… 125
4.5.3 关于版本升级的建议 …… 125
4.6 从 TwinCAT 2 到 TwinCAT 3 …… 125
4.6.1 概述 …… 125
4.6.2 TC2 转换 TC3 的解决方案 …… 126
4.6.3 常见问题 …… 128
第 5 章 控制器硬件、操作系统和 UPS …… 130
5.1 概述 …… 130
5.2 Windows CE 操作系统 …… 130
5.2.1 英文帮助文档 …… 130
5.2.2 Web 配置和诊断 …… 131
5.2.3 系统备份和还原 …… 133
5.2.4 远程桌面连接 …… 134

5.2.5 中文语言包的安装 …… 136
5.2.6 CE 系统与编程 PC 的文件交换 …… 137
5.2.7 显示器分辨率设置及屏幕校准 …… 138
5.3 Windows Standard 操作系统 …… 139
5.3.1 系统备份和还原 …… 139
5.3.2 远程桌面连接 …… 139
5.3.3 Standard 系统中文语言包的安装 …… 140
5.3.4 操作系统写保护 …… 140
5.3.5 经共享文件夹与 PC 交换文件 …… 141
5.3.6 显示器分辨率设置及屏幕校准 …… 141
5.4 UPS 硬件 …… 141
5.4.1 UPS 及电池 …… 141
5.4.2 CX5xxx 及 CX8xxx 上集成的 1 s UPS …… 142
5.5 常见问题 …… 142
第 6 章 面向对象编程 …… 144
6.1 概述 …… 144
6.1.1 什么是面向对象编程 …… 144
6.1.2 关键名词：Method 和 Property …… 144
6.1.3 关键名词：Function Block 和 Interface …… 145
6.1.4 关键动词：Extend …… 146
6.1.5 关键代词：This 和 Super …… 146
6.1.6 面向对象编程的 3 个用法 …… 147
6.2 简单的示例 …… 147
6.2.1 建立一个带 Method 和 Property 的 FB …… 147
6.2.2 建立一个 FB 的扩展 FB（Extend） …… 149
6.2.3 建立一个 Interface 并实现（Implement） …… 151
6.3 示例：NC 轴控的 FB …… 154
6.3.1 用 Interface 和 FB 建立一个 NC 轴对象 …… 154
6.3.2 在前例基础上增加一些 Method …… 156
6.3.3 重构寻参的 Method“M_Home” …… 158
6.4 常见问题 …… 160
第 7 章 C++编程 …… 161
7.1 C++编程环境的安装 …… 161
7.1.1 安装 C++编程环境的最新帮助 …… 161
7.1.2 安装示例：Windows 7 32 位和 VS2013 …… 162
7.2 实现 C++项目模板 …… 165
7.3 TC3 的 C++编程常用操作 …… 168
7.3.1 编辑 Class 并添加自定义函数 …… 168
7.3.2 发布自己的代码 …… 172
7.3.3 C++模块的引用 …… 173
7.3.4 功能拓展 …… 174

7.4 常用功能的实现方法 …… 175
7.4.1 定义C/C++项目的数据区域 …… 175
7.4.2 发布和引用带Interface的C++模块 …… 176
7.4.3 C++程序的调试和诊断 …… 184
7.5 集成客户C/C++代码时的几点说明 …… 187
7.5.1 哪些代码可以集成 …… 187
7.5.2 集成C++代码步骤 …… 187
7.5.3 TC3中的C++支持的功能 …… 187
7.5.4 TC3中的C++不支持的功能 …… 188
7.5.5 TC3中的C++需要替换实现的功能 …… 188
7.6 常见问题 …… 189
7.6.1 VS2013中打开低版本例程 …… 189
7.6.2 使用C语言编程 …… 190
第8章 数据存储、配方和文件处理 …… 193
8.1 概述 …… 193
8.1.1 TwinCAT PLC保存数据的机制 …… 193
8.1.2 保存数据的类型和适用方法 …… 193
8.2 掉电保持数据 …… 194
8.2.1 用Persistent变量实现掉电保持 …… 194
8.2.2 用NOVRAM区实现变量的掉电保持 …… 197
8.3 数据存储到文件 …… 200
8.3.1 概述 …… 200
8.3.2 读写二进制文件 …… 201
8.3.3 读写CSV文件 …… 202
8.3.4 读写XML文件 …… 203
8.4 配方功能及文件操作综合例程 …… 203
第9章 经库文件扩展的功能和算法 …… 205
9.1 TwinCAT 3提供的所有库 …… 205
9.1.1 免费使用的库 …… 205
9.1.2 需要购买TF授权的库 …… 207
9.1.3 配合特殊硬件使用的库 …… 208
9.2 TcTempCtrl. lib温控库 …… 209
9.3 TcPlcControllerToolbox …… 210
9.3.1 控制类 …… 210
9.3.2 滤波类 …… 211
9.3.3 PWM输出 …… 211
9.3.4 SetpointGeneration …… 211
9.4 TcUtility. lib …… 212
9.4.1 调用Windows的功能 …… 212
9.4.2 读取IP地址和修改注册表 …… 212
9.4.3 启动和停止应用程序 …… 213

9.4.4 内存操作 …… 213
9.4.5 调用 TwinCAT 的功能 …… 213
9.4.6 BCD 码转换 …… 213
第 10 章 I/O 系统、EtherCAT 和 K-Bus …… 214
10.1 TwinCAT I/O 系统综述 …… 214
10.1.1 TwinCAT 支持的 I/O Device 汇总 …… 214
10.1.2 倍福控制器的 I/O 系统 …… 217
10.1.3 用高级语言直接控制 TwinCAT I/O …… 218
10.2 EtherCAT 与 E-bus …… 219
10.3 EtherCAT 从站设备基本操作 …… 223
10.3.1 概述 …… 223
10.3.2 配置过程数据（Process Data） …… 223
10.3.3 读写 EtherCAT 从站的参数 …… 226
10.3.4 EtherCAT 从站设备描述文件 XML …… 234
10.3.5 经由 EoE 进行从站设备调试 …… 236
10.3.6 EtherCAT 从站的版本兼容性和升级 Firmware …… 238
10.4 EtherCAT 的诊断和状态控制 …… 240
10.4.1 EtherCAT 诊断 …… 240
10.4.2 EtherCAT 状态切换 …… 244
10.5 EtherCAT 的网络配置和优化 …… 245
10.5.1 EtherCAT 主站配置和同步单元设置 …… 245
10.5.2 星形拓扑和热连接 …… 250
10.5.3 环形拓扑和网络冗余 …… 256
10.6 KL 模块 …… 257
10.6.1 KL 模块的过程数据（Process Data） …… 257
10.6.2 KL 模块的参数设置 …… 258
10.6.3 KL 模块的错误诊断和恢复 …… 260
10.7 常见问题 …… 260
第 11 章 TwinCAT 控制系统之间的通信 …… 261
11.1 概述 …… 261
11.2 ADS 通信协议 …… 261
11.2.1 ADS 协议简介 …… 261
11.2.2 ADS 设备的数据访问 …… 263
11.2.3 从 PLC 程序实现 ADS 通信 …… 264
11.2.4 从高级语言实现 ADS 通信 …… 267
11.3 EAP 和 Realtime EtherNet …… 268
11.3.1 概述 …… 268
11.3.2 EAP 及 RT EtherNet 通信的配置 …… 270
11.4 EtherCAT Slave …… 274
11.5 EtherCAT 桥接模块 EL669x 的使用 …… 276
11.5.1 适用范围 …… 276

11.5.2 数据交换的配置步骤 …… 277
11.5.3 时钟同步的配置步骤 …… 279
第12章 Modbus、RS232/485及TCP/IP通信 …… 283
12.1 TwinCAT串口通信 …… 283
12.1.1 配置通信接口 …… 285
12.1.2 编写PLC代码或者引用Demo程序 …… 289
12.1.3 调试Demo程序 …… 294
12.1.4 常见问题 …… 296
12.2 TwinCAT Modbus RTU通信 …… 296
12.2.1 作为Modbus RTU Slave与触摸屏通信 …… 297
12.2.2 作为Modbus RTU Master与温控表通信 …… 300
12.3 TwinCAT TCP/IP通信 …… 302
12.3.1 概述 …… 302
12.3.2 TCP/IP通信的Demo程序 …… 303
12.3.3 自己编写TCP/IP通信的程序 …… 308
12.3.4 常见问题 …… 309
12.4 TwinCAT Modbus TCP通信 …… 309
12.4.1 概述 …… 309
12.4.2 TC2 PLC作为Server的Demo …… 310
12.4.3 TC2 PLC作为Client的Demo …… 313
12.5 TC3串口通信和TCP/IP通信与TC2的异同 …… 317
12.5.1 TC3版本的通信例程 …… 317
12.5.2 TC2与TC3串口通信的区别 …… 317
12.5.3 TC3下的TCP/IP通信例程Demo …… 319
12.6 TCP/UDP Realtime …… 320
第13章 TwinCAT与现场总线及工业以太网设备通信 …… 322
13.1 TwinCAT支持的现场总线接口 …… 322
13.1.1 TwinCAT作为主站 …… 322
13.1.2 TwinCAT作为从站 …… 323
13.2 PROFINET Master …… 323
13.2.1 PROFINET简介 …… 323
13.2.2 TwinCAT做PROFINET主站配置 …… 326
13.2.3 添加PROFINET从站和设置参数 …… 330
13.3 PROFINET Slave …… 333
13.3.1 PROFINET从站的通信组件 …… 333
13.3.2 TwinCAT做PROFINET从站的配置步骤 …… 335
13.4 EtherNet/IP Master …… 343
13.4.1 EtherNet/IP技术介绍 …… 343
13.4.2 倍福的EtherNet/IP通信组件 …… 345
13.4.3 倍福的EtherNet/IP主站配置步骤 …… 345
13.4.4 常见问题 …… 352

13.5 EtherNet/IP Slave …… 353
13.5.1 EtherNet/IP 从站通信组件 …… 353
13.5.2 TwinCAT 作为 EtherNet/IP 从站的配置步骤 …… 354
13.5.3 在第三方 EtherNet/IP 主站配置倍福控制器 …… 359
13.6 CANopen Master …… 360
13.6.1 CANopen 总线简介 …… 360
13.6.2 CANopen 通信调试 …… 362
13.6.3 配置从站的 PDO …… 365
13.6.4 PDO 的通信参数 …… 369
13.6.5 修改 CANopen 从站的 CoB 对象字 …… 369
13.6.6 CANopen 总线诊断 …… 371
13.6.7 常见问题 …… 372
13.7 CANopen Slave …… 372
13.7.1 CANopen Slave 的通信组件和 EDS 文件 …… 372
13.7.2 TwinCAT 中的设置 …… 372
13.7.3 CANopen 主站侧（第三方 PLC）的设置 …… 374
13.8 CAN2.0 通信 …… 374
13.8.1 背景介绍 …… 374
13.8.2 TwinCAT 实现 CAN2.0 通信的配置 …… 375
13.8.3 分析 CAN Interface …… 376
13.8.4 常见问题 …… 378
13.8.5 通过 CAN2.0 访问 BK51xx 耦合器 …… 378
13.8.6 CANopen Node 通信 …… 379
13.9 PROFIBUS-DP Master …… 380
13.9.1 总线简介 …… 380
13.9.2 PROFIBUS-DP 主站的通信组件 …… 381
13.9.3 倍福的 PROFIBUS-DP 主站配置步骤 …… 381
13.10 PROFIBUS-DP Slave …… 385
13.10.1 DP 从站通信的组件和 GSD 文件 …… 385
13.10.2 TwinCAT 中的设置 …… 385
13.10.3 PROFIBUS-DP 主站侧的设置 …… 387
13.10.4 EL6731-0010 的诊断 …… 388
13.11 PROFINET 耦合器 …… 388
13.11.1 概述 …… 388
13.11.2 通信测试 …… 389
13.11.3 常见问题 …… 392
13.12 EtherNet/IP 耦合器 …… 392
13.13 DeviceNet Master …… 392
13.13.1 DeviceNet 主站的通信组件 …… 393
13.13.2 倍福的 DeviceNet 主站配置步骤 …… 393
13.14 DeviceNet Slave …… 394

13.14.1 DeviceNet 从站的通信组件 …… 394
13.14.2 TwinCAT 作为 DeviceNet Slave 的配置 …… 394
13.14.3 EL6752-0010 的诊断 …… 395
13.15 常见问题 …… 395
第 14 章 TwinCAT 连接 HMI 和数据库 …… 399
14.1 概述 …… 399
14.2 经 ADS 与触摸屏通信 …… 400
14.3 经 ADS 与上位组态软件通信 …… 402
14.4 用高级语言开发 HMI …… 403
14.5 OPC 通信 …… 406
14.5.1 原理介绍 …… 407
14.5.2 OPC DA 的使用方法 …… 407
14.5.3 OPC UA 的使用方法 …… 411
14.5.4 常见问题 …… 416
14.6 TwinCAT PLC 连接企业数据库 …… 417
14.6.1 概述 …… 417
14.6.2 TwinCAT Database Server 的安装和配置 …… 420
14.6.3 从 PLC 调用功能块访问数据库 …… 424
14.6.4 例程 …… 429
14.7 TwinCAT 3 PLC HMI …… 430
14.7.1 画面编辑 …… 430
14.7.2 常用功能的实现 …… 440
14.7.3 中文显示、多语言切换和图片显示 …… 444
14.7.4 安装、授权和全屏运行 …… 450
14.8 组态软件 TwinCAT HMI …… 451
14.8.1 功能介绍 …… 451
14.8.2 使用特点 …… 454
第 15 章 倍福先进技术介绍 …… 456
15.1 MATLAB/Simulink …… 456
15.2 集成机器视觉 Tc Vision …… 458
15.3 Automation Interface …… 459
15.4 IoT 技术 …… 461
附录 …… 464

第1章　系统概述

1.1　TwinCAT 软件介绍

1. TwinCAT 的起源和发展

TwinCAT 是德国倍福公司开发的基于 PC（个人计算机）平台和 Windows 操作系统的控制软件。它的作用是把工业 PC 或者嵌入式 PC 变成一个功能强大的 PLC 及运动控制器（Motion Controller），安装在生产现场实时控制各种生产设备。

TwinCAT 于 1995 年首次推出市场，现在有两种版本并存：TwinCAT 2 和 TwinCAT 3，简称 TC2 和 TC3。TC2 是 20 世纪 90 年代的软件产品，针对单核 CPU 及 32 位操作系统开发设计，其运行核不能工作在 64 位操作系统。对于多核 CPU 系统，只能发挥单核的运算能力。TC3 的首次发布在 2010 年左右，考虑了 64 位操作系统和多核 CPU，并且可以集成 C++编程和 MATLAB 建模，所以 TC3 的运行核既可以工作在 32 位操作系统，也可以工作在 64 位操作系统，并且可以发挥全部 CPU 的运算能力。对于 PLC 控制和运动控制项目，TC3 和 TC2 除了开发界面有所不同之外，编程、调试、通信的原理和操作方法都几乎完全相同。

TwinCAT 3 开发环境集成在 Microsoft Visual Studio 中，成为后者的一个插件。在 TC2 时代分别由 PLC Control、System Manager 和 Scope View3 种软件实现的编程、配置、电子示波器功能，在 TC3 中都可以集中在一个软件中实现。除了增加 C/C++和 MATLAB/Simulink 的支持外，在 PLC 编程方面还增加了对面向对象编程（OOP）的支持。

TwinCAT 3 支持多核 CPU，使大型系统的集中控制成为可能。与分散控制相比，所有控制由一个 CPU 完成，通信量大大减少。倍福公司目前的最高配置 IPC 使用 36 核 CPU，理论上可以代替 36 套 TwinCAT 2 控制器。在项目开发阶段，用户只要编写一个项目，而不用编写 36 个项目还要考虑它们之间的通信。在项目调试阶段，所有数据都存放在一个过程映像中，更容易诊断。在设备维护阶段，控制器的备件、数据和程序的备份都更为简便。

2. TwinCAT 控制器的操作系统和硬件

TwinCAT 完全利用标准的 PC 硬件：CPU、硬盘、内存、网卡、显示器、USB 口、串口等，以及标准的 PC 操作系统 Windows，并提供了各种现场总线接口，以连接和驱动各种 I/O 和驱动硬件。一台典型的 TwinCAT 控制器的软件和硬件组件如图 1.1 所示。

TwinCAT 控制器的操作系统有 Windows CE 和 Windows 7/8、Windows Embedded Standard 等，支持 EtherCAT、PROFINET、PROFIBUS、CANopen、EtherNet/IP、DeviceNet 等几乎所有主流总线。

德国倍福是全球第一家开发出 PC-Based 控制系统的厂商，30 多年来一直积极将 IT 领域的最新技术引入工业自动化领域。实际上，TwinCAT 控制器支持的操作系统和硬件包含但不限于图 1.1 所列，例如 Windows 10 操作系统、固态硬盘、CF 卡、CFast 卡及 MicroSD 卡，随着 IT 技术的发展，还会出现更多的软硬件产品。在通信方面，也会出现更多的总线或通信协议，比如 TSN、EtherCAT G、5G 技术，倍福公司紧密关注和积极参与这些新技术，TwinCAT 也会相应地更新版本，支持更多的软件和硬件，但本书不能随时更新，也无法一一列举。读者可以登录倍福官网查询最新的信息：http://www.beckhoff.com。

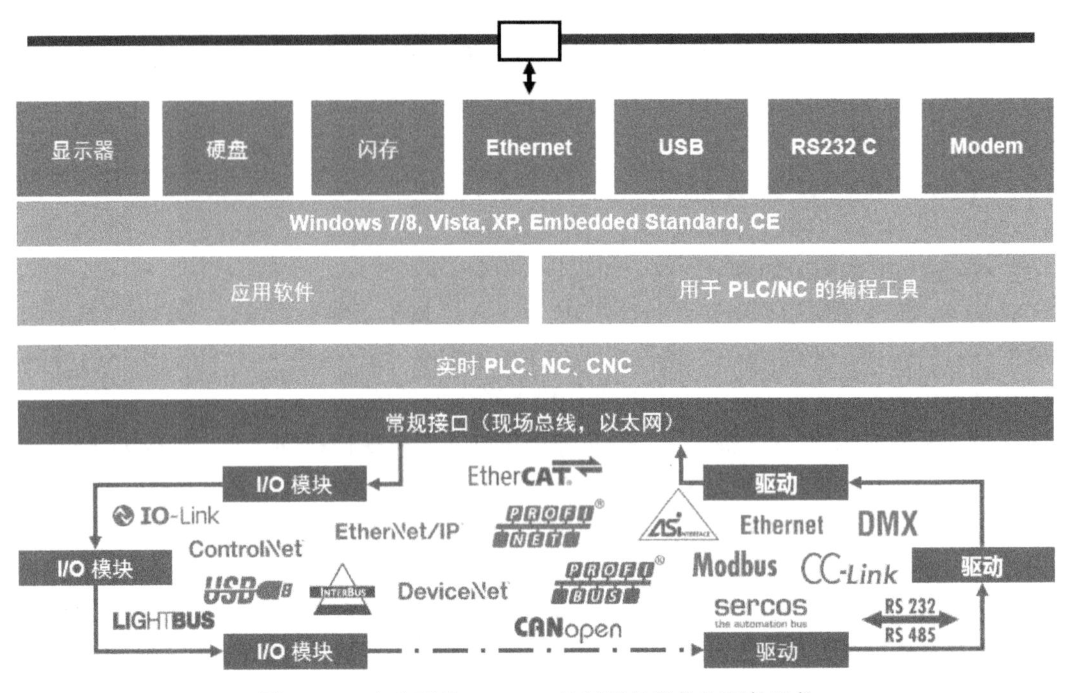

图 1.1　一台典型的 TwinCAT 控制器的软件和硬件组件

3. TwinCAT 控制软件的功能

TwinCAT 是一套纯软件的控制器，完全利用 PC 标配的硬件，通过 TwinCAT 实时核调度 PC 的 CPU 资源，完成实时的逻辑运算和运动控制，如图 1.2 所示。

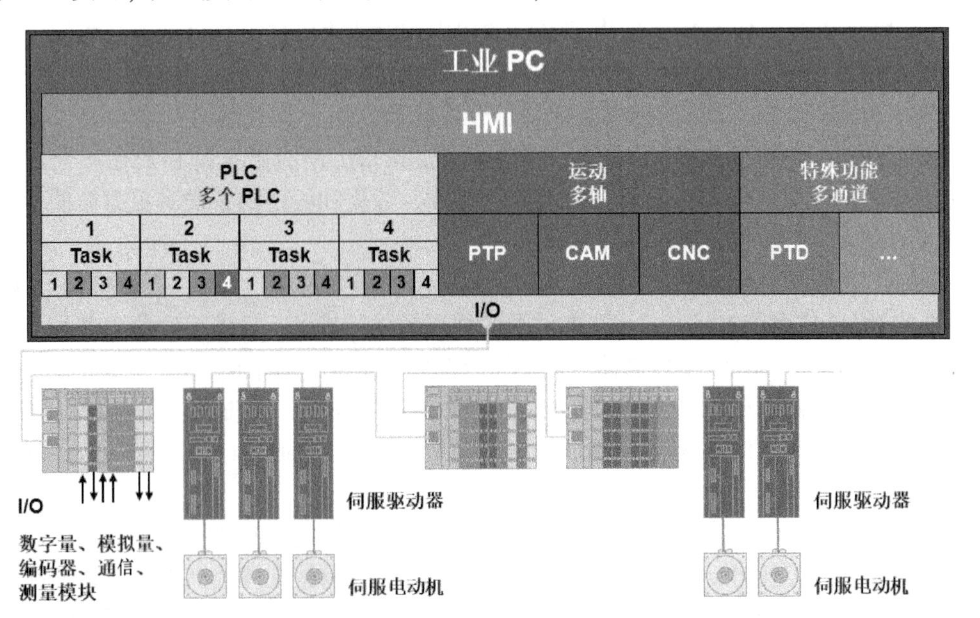

图 1.2　TwinCAT 控制软件的架构

TwinCAT 运行核安装在倍福的 IPC 或者 EPC 上，它是 Windows 操作系统下优先级最高的线程。IPC 或者 EPC 装上 TwinCAT 后，就相当于 1 台计算机加上若干个逻辑控制器 "TwinCAT PLC" 和 1 个运动控制器 "TwinCAT NC"。对于运行在多核 CPU 上的 TC3，还可以集成机器人、视觉等更多更复杂的功能。

在图 1.2 中，I/O 站和伺服驱动器都挂在同一条总线上，控制软件通过总线访问现场的 I/O 模块：DI/DO、AI/SO、编码器模块、通信模块、测量模块，以及访问伺服驱动器。控制软件可以实现 PLC、多轴运动控制以及其他特殊功能。其中 PLC 部分还包含多套 PLC，每套 PLC 中有多个 Task（任务）。而多轴运动控制部分则包括了 PTP 点到点运动、CAM 凸轮耦合和 CNC 数控。

相对于传统的控制器，TwinCAT 控制器最大的特点是软件与硬件分离，不仅与控制器硬件分离，也与 I/O 设备分离。同样的程序可以运行在不同的控制器上，也可以用来控制完全不同的 I/O 模块以及驱动器，而不论这些 I/O 设备来自哪个厂商，在现场如何安装布局，甚至不用管它们经过何种现场总线或者背板总线接入控制器。

TwinCAT 的性能最主要依赖于 CPU，倍福公司提供 PC 控制平台的完整产品线，CPU 从单核 ARM9 400 MHz 到 12 核 Intel Xeon 2.4 GHz，多达 20 几个性能等级。尽管控制器种类繁多，无论是安装在导轨上的 EPC，还是安装在电柜内的 Cabinet PC，还是集成到显示面板的面板式 PC，其控制原理、软件操作都一模一样，同一套程序可以移植到任何一台 PC-Based 控制器上运行。所以用户在样机开发阶段选择相对高配的控制器以满足功能扩展的需求，而量产阶段功能需求已经稳定，就可以根据实际情况选择最经济合理的控制器。

4. TwinCAT PLC 与 NC 的特点

TwinCAT PLC 的特点是与传统的 PLC 相比，CPU、存储器和内存资源都有了数量级的提升。其运算速度快，尤其是传统 PLC 不擅长的浮点运算，比如多路温控、液压控制以及其他复杂算法时，TwinCAT PLC 可以轻松胜任。数据区和程序区仅受限于存储介质的容量。随着 IT 技术的发展，用户可以订购的存储介质 CF 卡、CFast 卡、内存卡及硬盘的容量越来越大，CPU 的速度越来越快，而性价比越来越高。因此 TwinCAT PLC 在需要处理和存储大量数据如趋势、配方和文件时优势明显。

在使用上，TwinCAT PLC 兼容传统 PLC 的惯例，比如支持梯形图编程。实际上 TwinCAT PLC 支持 IEC61131-3 标准的 5 种编程语言：指令表（IL）、梯形图（LD）、功能块图（FBD）、结构文本（ST）、连续功能图（CFC），以及顺序功能图（SFC）的编程方法。

TwinCAT NC 的特点是和传统的运动控制卡、运动控制模块一样，TwinCAT NC 可以实现所有单轴点位运动、多轴联动指令、3 轴插补指令，也可以执行 G 代码文件。这些功能通常都从 TwinCAT PLC 调用功能块来实现，而这些功能块都是 IEC61131 中定义的标准的运动控制 FB，与所有支持该标准的运动控制器厂商的指令集兼容。

得益于 PC 控制器的 CPU、内存等资源优势，TwinCAT NC 与传统的运动控制卡、运动控制模块相比，控制的轴数量更多，控制更为灵活。TwinCAT NC 最多能够控制 255 个运动轴，并且控制程序也与驱动器类型无关。倍福公司开发了几乎所有驱动器接口类型驱动，包括总线通信（CANopen、Sercos、ProfiDrive 等）、脉冲串控制、模拟量+编码器，因此 TwinCAT NC 所控制的 255 个轴可以独立选择或者修改任意接口类型，而运动控制的 PLC 程序保持不变。

由于运动控制器和 PLC 实际上工作于同一台 PC，两者之间的通信只是两个内存区之间的数据交换，其数量和速度都远非传统的运动控制器可比。这使得凸轮耦合、自定义轨迹运动时数据修改非常灵活，并且响应迅速。

此外，倍福公司还开发了基于 TwinCAT NC 的多种扩展功能，包括机器人坐标变换及辅助功能、按位置序列表实现多轴联动的 FIFO 通道、飞剪功能及张力控制功能等。这些扩展功能还在不断丰富中。

需要说明的是，TC3 虽然可以用于 64 位操作系统和多核 CPU，现阶段仍然只能控制 255 个轴，当然这也可以满足绝大部分的运动控制需求。

1.2 TwinCAT 控制器的原理

1. TwinCAT 与 Windows 的适配关系

首先 TwinCAT 分为 Runtime 和 Engineering 版本，本书中提到的 TwinCAT，如果不特别说明，都是指 TwinCAT Runtime。Windows 分为 CE 版和 Standard 版，与 TwinCAT 的适配关系见表 1.1。

表 1.1 Windows 版本与 TwinCAT 的适配关系

<table>
<tr><td rowspan="3">TwinCAT</td><td rowspan="2">CE 版</td><td colspan="2">Standard 版</td></tr>
<tr><td>Standard 及
Embedded Standard 32 位</td><td>Standard 及
Embedded Standard 64 位</td></tr>
<tr><td>CE5.0
CE6.0
CE7.0</td><td>Windows XP
Windows 7 32 位</td><td>Windows 7 及 WES7 64 位
Windows 10 64 位</td></tr>
<tr><td>TC2 Runtime</td><td>支持</td><td>支持</td><td>不支持</td></tr>
<tr><td>TC3 Runtime</td><td>支持</td><td>支持</td><td>支持</td></tr>
<tr><td>TC2 开发环境 Engineering</td><td>不支持</td><td>支持</td><td>支持：但要使用安装包
“Tc211x64Engineering”</td></tr>
<tr><td>TC3 开发环境 Engineering</td><td>不支持</td><td colspan="2">Standard 版支持
Embedded Standard 版通常不支持，因为受限于存储空间和内存</td></tr>
</table>

用户订购倍福控制器时就必须确定操作系统和 TwinCAT 版本。控制软件为出厂预装，用户不能自行更改。开发环境必须与运行核相匹配，即 TC3 的控制器必须使用 TC3 开发环境编程，而 TC2 的控制器必须用 TC2 开发环境编程。

64 位的 Windows 7、Windows 8、Windows 10 操作系统都可以用于 TC2 编程，此时应选择前缀为“Tc211x64Engineering”的安装包，而 32 位的操作系统应选择名为“tcat_2100_xxxx”的安装包。

TwinCAT 运行核与 Windows 的关系如图 1.3 所示。

Windows、TwinCAT Runtime、TwinCAT PLC 运行核是 PC-Based 控制器上三个不同层次的应用。Windows 是操作系统，是最基本的应用，控制器上所有资源都归 Windows 调度；TwinCAT Runtime 是 Windows 底层优先级最高的服务，同时它又是 TwinCAT PLC、NC 的运行平台。

TwinCAT Runtime 与 HMI 软件等其他 Windows 应用程序分享资源。

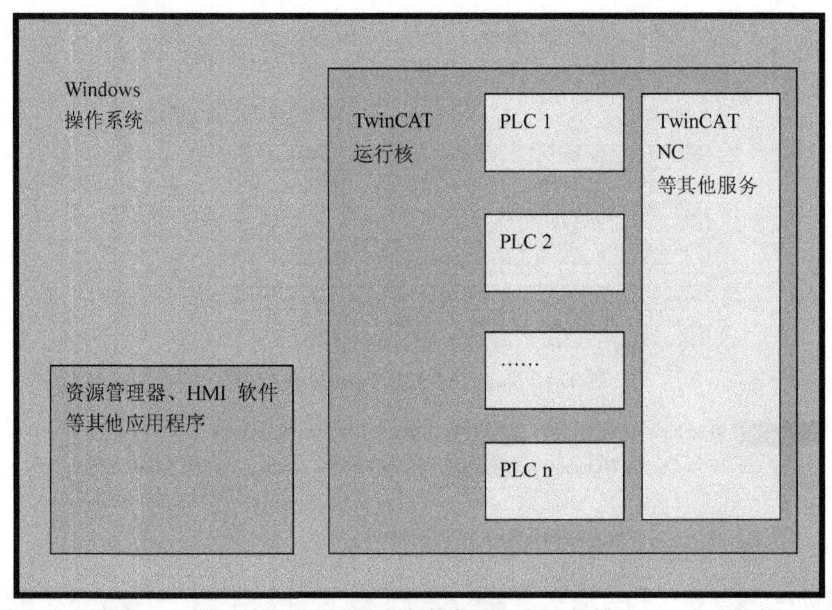

图 1.3　TwinCAT 运行核与 Windows 的关系

分配 CPU 资源时，TwinCAT 优先，Windows 在设置的限值内优先满足 TwinCAT。

分配内存资源时，TwinCAT 只使用指定大小的内存。TwinCAT 启动时，Windows 就会根据设置为它分配固定大小的内存区间。所以 TwinCAT PLC 不支持运行过程中新建变量或者修改数组长度。

如果要访问硬盘或者 CF 卡上的文件，TwinCAT Runtime 必须通过调用 Windows 本身的功能来实现。倍福提供专门的库文件，包含了调用 Windows 功能的各种 PLC 功能块，比如创建、删除、读写文件，或者执行应用程序。此外，TwinCAT 库文件还提供 Windows 的很多其他功能，包含但不限于读取和设置系统时间、实时时钟，读取和修改注册表，监视主板温度、CPU 温度以及网卡 IP 设置。这些操作虽然不是实时的，但是把 Windows 作为 PLC 的“外挂”，使 TwinCAT 特别易于与 Windows 家族的其他设备通信。

2. TwinCAT 的实时性

对自动化工程师来说，严格意义上的实时性指的是输入变化到输出做出相应变化所需要的响应时间。如果这个时间可以确定在某个值以内，就说系统具有实时性。响应时间由 Input、Calculate、Output 时间组成，其中 Input 和 Output 时间由 I/O 系统决定，而 CPU 决定 Calculate 时间，而 Calculate 时间则通过 TwinCAT 实时核来保证。

TwinCAT 的 CPU 实际上就是计算机的 CPU，是通过一个操作系统底层的实时核从计算机的 CPU 上划分出一部分运算能力，用于执行 TwinCAT 任务，如图 1.4 所示。

图 1.4 中，Base Time 就是 Windows 为 TwinCAT 分配 CPU 时间资源的最小时间片。CPU Limit 就是这个时间片中可供 TwinCAT 使用的最大比例。这个配置表示使用默认的 Base Time 即 1ms，所有任务指定到 CPU 0，其 CPU Limit 为 60%。

根据这个配置，在 TwinCAT 运行时，实时与非实时任务的 CPU 时间分配如图 1.5 所示。

为了便于理解，图 1.5 中把 TwinCAT 实时任务以 PLC 任务代替。实时核首先把计算机的 CPU 时间划分成 Time Base 规定的小片断 1 ms，在每个 ms 优先执行 TwinCAT 实时任务，依次执行 Read Input（读 Input）、Operate Program（操作程序）和 Write Output（写 Output），

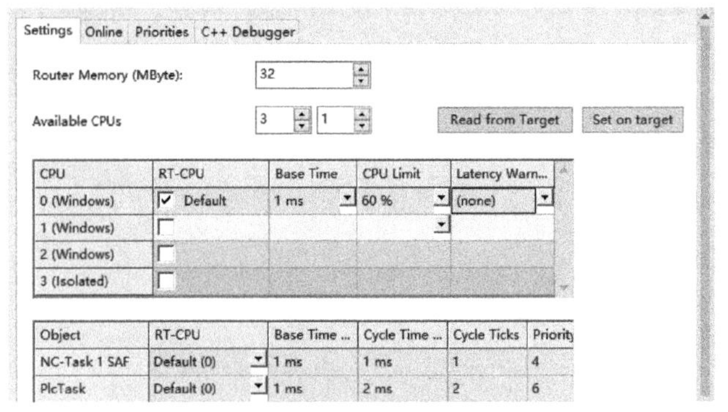

图 1.4　TwinCAT 3 为 Task 指定 CPU

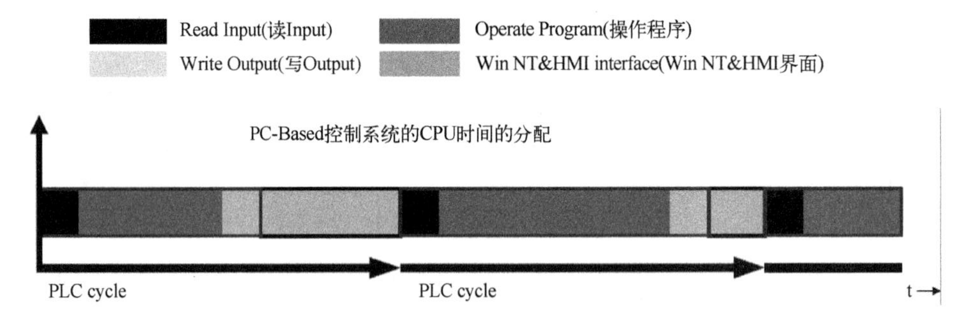

图 1.5　TwinCAT 控制器上实时任务与非实时任务的 CPU 时间分配

然后再响应 Windows NT & HMI Interface（Win NT & HMI 界面）的其他请求。如果 CPU Limit 限时到而 TwinCAT 实时任务未执行完，则 TwinCAT 线程挂起，CPU 转去执行 Windows NT & HMI Interface（Win NT & HMI 界面）。

CPU Limit 可以根据项目需要做出修改。通常情况下，TwinCAT 任务并不需要 60%的 CPU 运算能力。至于实际占用了多少，用户可以从开发工具或者 PLC 程序中访问。对于多核 CPU，甚至可以把部分 CPU Limit 设置为 100%，此时这个核的算力全部用于 TwinCAT。

Base Time 也可以修改，最小可以设置为 50 μs。如果选择适当的 I/O 系统和 CPU，TwinCAT 的实时性可以达到两个最小 Base Time，即 50 μs×2 = 100 μs。

3. TwinCAT 的分时多任务原则

前面讲到，TwinCAT 从计算机的 CPU 分出一部分算力，实现 PLC 和 NC（运动控制器）的功能，那么怎么样才能同时满足 PLC 和 NC 控制的实时性呢？TwinCAT 使用了“任务”和“优先级”的概念，依据分时多任务的原则，实现不同控制任务的实时性，如图 1.6 所示。

Settings Online Priorities C++ Debugger

Priority	Cycle	Core	Task	Comment
1				
2				
3				
4	1.0	3	NC-Task 1 SAF	NC SAF Task
5				
6	2.0	3	PlcTask	
7				
8	1.0	3	I/O Idle Task	
9				
10	10.0	3	NC-Task 1 SVB	NC SVB Task

图 1.6　分时多任务的优先级排列

TwinCAT 实时核提供了多达 61 个优先级的实时任务，可以分别指定 Core 和 Cycle。以 8 核 CPU 为例，Core 列为 0~7 可选，Cycle 列为任务周期，总是 Base Time 的整数倍，以 ms 为单位。图 1.6 中的系统中有两个主要的任务即 NC-Task1 SAF 和 Plc Task，前者优先级为 4，周期为 1 ms，后者优先级为 6，周期为 2 ms。

设定 Setting 页面如图 1.7 所示。

Settings | Online | Priorities | C++ Debugger

Router Memory (MByte): 32

Available CPUs 3 1 Read from Target Set on target

CPU	RT-CPU	Base Time	CPU Limit	Latency Warn...
0 (Windows)	☑ Default	1 ms	60 %	(none)
1 (Windows)	☐			
2 (Windows)	☐			
3 (Isolated)	☐			

图 1.7　CPU 的 Real Time 设置界面

图 1-7 表示 Base Time 为 1 ms，CPU Limit 为 60%。

根据这个配置，在 TwinCAT 运行时，两个实时任务的执行时序如图 1.8 所示。

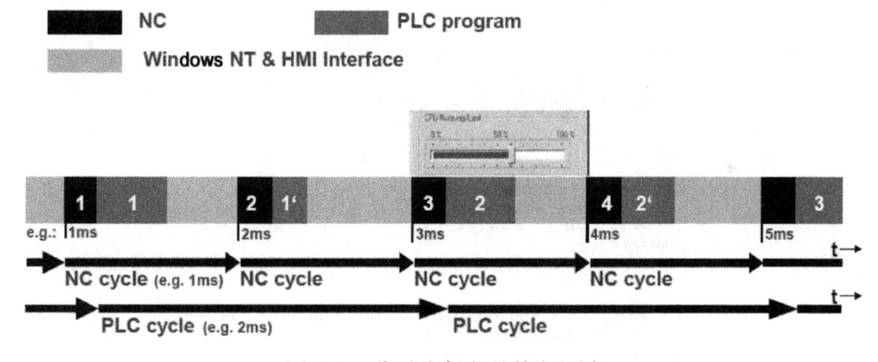

图 1.8　分时多任务的执行顺序

由于 Prority 的值越小其优先级越高，图 1.8 中的 NC 任务优先级高于 PLC 任务。所以在第 1 个 ms 的起始处，首先执行 NC cycle，执行完毕 CPU Limit 限时还未到，所以紧接着执行优先级次之的 Plc Task。Plc Task 的第 1 遍还没有完成但 CPU Limit 限时到了，CPU 中断 Plc Task，转去执行 Windows NT&HMI Interface。

在第 2 个 ms 的起始处，执行 NC cycle 的第 2 遍，然后继续执行 Plc Task 的第 1 遍剩余部分。完成时 CPU Limit 限时还未到，CPU 提前转去执行 Windows NT&HMI Interface。

由于 Plc Task 周期为 2 ms，所以第 1、3、5、7 ms 都要执行。上述过程以 NC 和 PLC 任务的“公倍数”为大周期，周而复始地执行。

虽然 TwinCAT 实时核提供了多达 61 个优先级的实时任务，实际应用中只有周期不同的时候才需要新建任务，所以 Task 总数通常不会超过 10 个。TwinCAT 运行时会依据上述分时多任务的原则，自动调度这些任务的执行时序。

经常有人会问，如果本例第 2 个 ms 中 CPU Limit 时限到了，但 Plc Task 的第 1 遍还是没能执行完，而第 3 个 ms 中又该执行 Plc Task 的第 2 遍了，结果会怎样呢？

如果发生这种情况，第 3 个 ms 中仍然会继续执行 Plc Task 的第 1 遍，同时本周期的“超时完成”标记位会置位，“超时完成计数器”会自动加 1，PLC 程序可以立即检测到。如果连续多个周期超时完成，PLC 可以检测到 TwinCAT 的 CPU 利用率超标。

通常这种问题在开发阶段就会发现，解决的方法首先是优化代码，其次是优化任务周期的配置，如果都不能解决问题，就得升级 CPU。所以分时多任务并不能解决 CPU 算力不足的问题，而是根据实际需要来协调 CPU 资源。

4. TwinCAT PLC 的数据区

TwinCAT 3 中 PLC 的绝对地址区包括 Input、Output、Memory，它们都是嵌入式计算机内存的一部分，默认设置大小均为 128 KB。

Input 区用于存放来自外部设备的输入信号，默认为 128 KB，理论上可接收 6.4 万路模拟量或者 100 万个开关量。同理，Output 区用于存放发送给外部设备的输出信号，默认为 128 KB，理论上可控制 6.4 万路模拟量或者 100 万个开关量。Memory 用于存储中间变量。声明 Input、Output、Memory 区的变量时必须指定地址，它们在内存中的位置是确定的，可以按所在数据区的地址偏移量访问。

用户可以通过以下 xml 文件修改 TC3 中的 PLC 地址区大小：

C:\TwinCAT\3.1\Components\Plc\devices\4096\1002 0001\1.0.0.0\Device.xml

该文件的正文如图 1.9 所示。

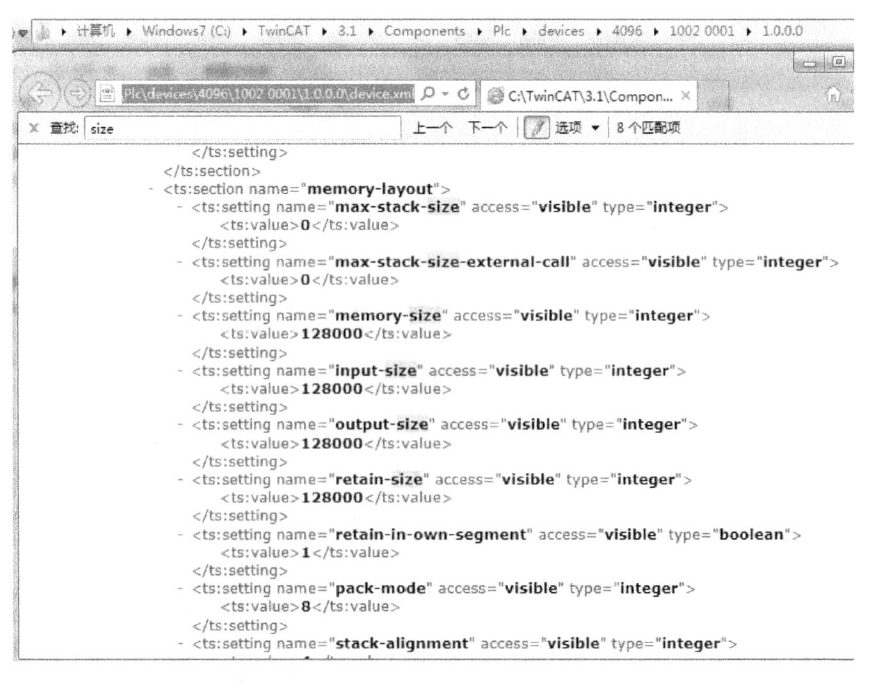

图 1.9　配置 PLC 存储区的 XML 文件

此外，TwinCAT PLC 中只有与物理 I/O 对应的变量才必须指定绝对地址。M 区的存在更多是为了兼容传统 PLC 的习惯。大量的中间变量无须指定地址，而程序中完全是使用变量名编程。

倍福公司的 PC-Based 控制器内存最小为 128 MB，最大可以扩展到 2 GB，所以 TwinCAT

PLC 的内存相对于传统 PLC 而言，几乎是无限的。

5. TwinCAT PLC 的数据存储

TwinCAT PLC 使用 EPC 或者 IPC 的 CF 卡、CFast 卡或者硬盘来存储数据。无论是程序还是数据，实际上都是存储介质上的一个文件，而目前可供货的 CF 卡最大容量已经达到 160 GB，固态硬盘最大 960 GB，硬盘则可以达到 4 TB，所以 TwinCAT PLC 的存储空间几乎没有限制。

对于程序，不仅可以在 PLC 上保存机器码，而且可以下载源代码。需要的时候，工程师可以从控制器上载源代码，以确保机器上运行的程序与源代码的一致性。上载的源代码与工程师计算机上保存的文件完全相同，不仅包含基本的逻辑，还包括代码注释、调试画面以及所有变量声明。

对于数据，TwinCAT PLC 的所有运行数据都在 RAM 里面，掉电即清零。需要掉电保持的变量，必须用一定的方法写入 CF 卡或者硬盘，或者保存在一种特殊的硬件“NOVRAM”中。TwinCAT PLC 没有一个固定的掉电保持区，当声明变量为掉电保持型之后，它的值就保存在存储介质上的一个文件中。此外 PLC 数据还可以通过文件读写的方式，按指定格式保存到存储介质中，然后复制到其他应用程序（比如 Excel、Notepad）中观察和分析并集中保存。TwinCAT PLC 还支持 XML 文件读写，这使得配方保存更加灵活方便。

6. TwinCAT 与外设 I/O 的连接

TwinCAT 与外设的物理连接，实际上就是 IPC 或者 EPC 的主板与外设的连接。根据控制器的种类不同，主板上提供的接口包括 PCI、PCIe 或者 PC104，以及所有控制器主板都具备的 EtherNet 网口。TwinCAT 可以访问的硬件接口类型如图 1.10 所示。

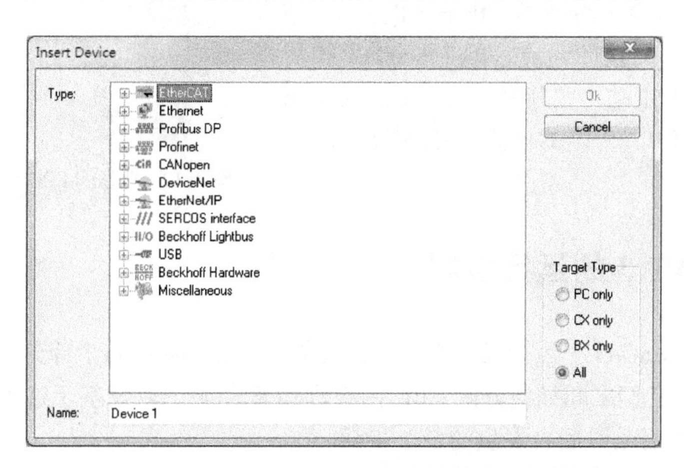

图 1.10　TwinCAT 可以访问的硬件接口类型

其中最常用的是 EtherCAT 接口。从下面两种典型应用中，可以形象地说明 TwinCAT PLC 是如何与外设 I/O 连接的。

第一种，以 IPC 带 EtherCAT 为例。实际上，自 2004 年倍福主导推出的工业以太网 EtherCAT 问世以来，它就以高性能低成本获得了市场认可。新实施的项目通常用如图 1-11 所示的 I/O 连接方式。

图 1.11 中的 IPC 就是 TwinCAT 控制器，IPC 主板集成的网卡就是 EtherCAT 主站，通过一条网线连接 EtherCAT 从站设备。

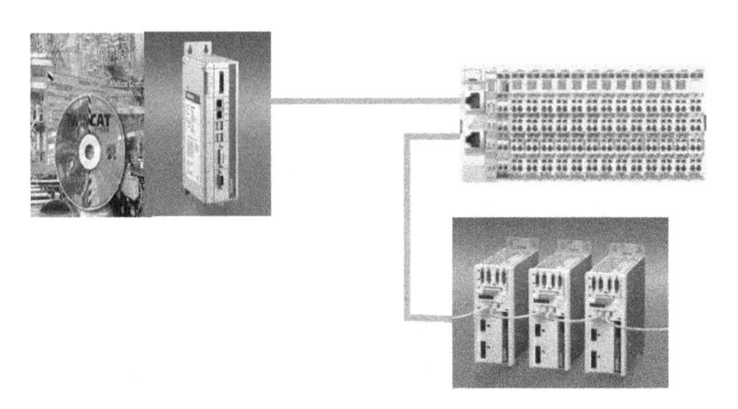

图 1.11　典型的 IPC 和 EtherCAT I/O 系统

第二种，以 CX 带 EtherCAT 为例。对于导轨安装的 CX 系列控制器，同样也是把主板集成的网卡作为 EtherCAT 主站。典型的 I/O 连接方式如图 1.12 所示。

图 1.12 中，控制器使用一个内置的以太网口作为 EtherCAT 主站。控制器与电源模块拼装完成后，主板集成的 EtherCAT 主站就与第一个 EtherCAT 从站，即电源模块 CX1100-0004 连接完成了。电源模块与相邻的 I/O 端子的连接，和 I/O 端子之间的连接一样，都是 EtherCAT 从站与从站的连接。

初学者常常把电源模块看成 EtherCAT 主站，或者把第一条 EtherCAT 网线的起点，即 EtherCAT 扩展模块。看成 EtherCAT 主站。尤其是对 CX9xxx、CX5xxx、CX8xxx 等电源与 CPU 一体的嵌入式控制器，就更容易产生误解。

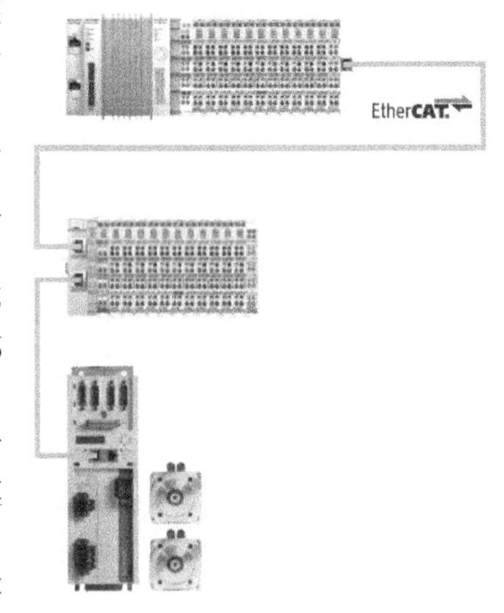

图 1.12　典型的 EPC 和 EtherCAT I/O 系统

1.3　TwinCAT 3 的运行机制

本节介绍的 TwinCAT 3 运行机制指的是如何划分 Runtime 的各个部分，如何组织各部分之间的数据交互，它们之间如何分配 CPU 内核和运算资源，以及基于这个运行机制的实现结果，即 TwinCAT 启动时后台发生的各个步骤。

1. TwinCAT 3 的软件结构

(1) TcCOM 简介

TwinCAT 3 在 AT 与 IT 的融合上更进一步，明确借鉴了微软的 COM 技术，提出了 TcCOM 和 Module 的概念，更接近 IT 工程师的程序架构和模块化编程理念，即基于同一个 Module 创建的 Object 有相同的运算代码和接口。

TcCOM 概念的引入，使 TwinCAT 具有了无限的扩展性。倍福公司和第三方厂家都可以把自己的软件产品封装成 TcCOM 集成到 TwinCAT 中，运行在成熟稳定的 TwinCAT 实时核，驱动几乎无所不包的 I/O 系统，并拥有与时俱进的开放接口。接受第三方的 TcCOM 组件，从 TwinCAT 的方面看，相当于给用户推荐了无数细分领域的“专家团队”，从应用提供商的角度看，相当于为自己的“小众算法”找到了落地实施的“大众平台”。目前已经有风电、测量领域的公司推出了自己的 TcCOM 产品。

常用的倍福 TcCOM 组件如图 1.13 所示。

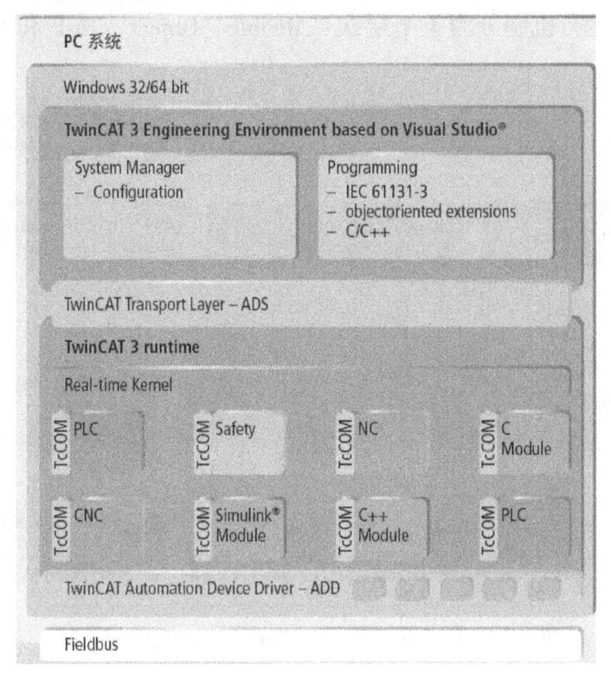

图 1.13　常用的倍福 TcCOM 组件

1）PLC 和 NC。这是与 TC2 兼容的两种基本类别的 TcCOM，分别实现逻辑控制和运动控制。

2）Safety 和 CNC。这也是 TC2 中已经有的软件功能，即安全 PLC 和数控软件，TC3 中以 TcCOM 的形式出现。

3）C 和 C++ Module。TC3 新增的功能，允许用户使用 C 和 C++编辑 Real-time 的控制代码和接口。C++编程支持面向对象（继承、封装、接口）的方式，可重复利用性好，代码的生成效率高，非常适用于实时控制。广泛用于图像处理、机器人及仪器测控。

4）Simulink Module。TC3 新增的功能，允许用户事先在 MATLAB 中创建控制模型（模型包含了控制代码和接口），然后把模型导入到 TC3。利用 MATLAB 的模型库和各种调试工具，比 TwinCAT 编程更容易实现对复杂控制算法的开发、仿真和优化，通过 RTW 自动生成仿真系统代码，并支持图形化编程。

基于一种 TcCOM，用户可以创建多个 Module。每个 Module 必须有自己的状态机和 TcCOM 接口，Module 还可以有接口、参数以及接口指针、数据区指针，此外还可以有参数、ADS 端口等。典型的 TwinCAT Module 如图 1.14 所示。

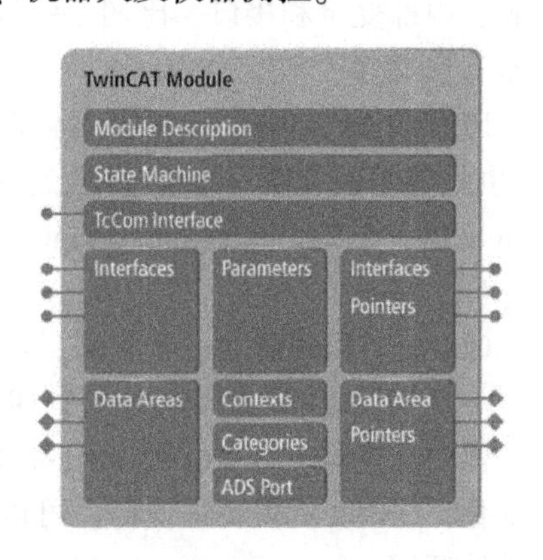

图 1.14　典型的 TwinCAT Module

Module 可以把功能封装在 Module 里面而保留标准的接口，与调用它的对象代码隔离开来，既便于重复使用，又保证代码安全。TC3 运行内核上能够执行的 Module 数量几乎无限。下面试图用最简略的方式来表达 TwinCAT Runtime 的运行机制，对于灵活多变的 TC3 应用来说，某些文字可能并不严谨，但适用于大多数应用场景。

TC3 的实时核的运行机制分为 4 个层次：Module、Object、Task 和 Core，其引用关系如图 1.15 所示。

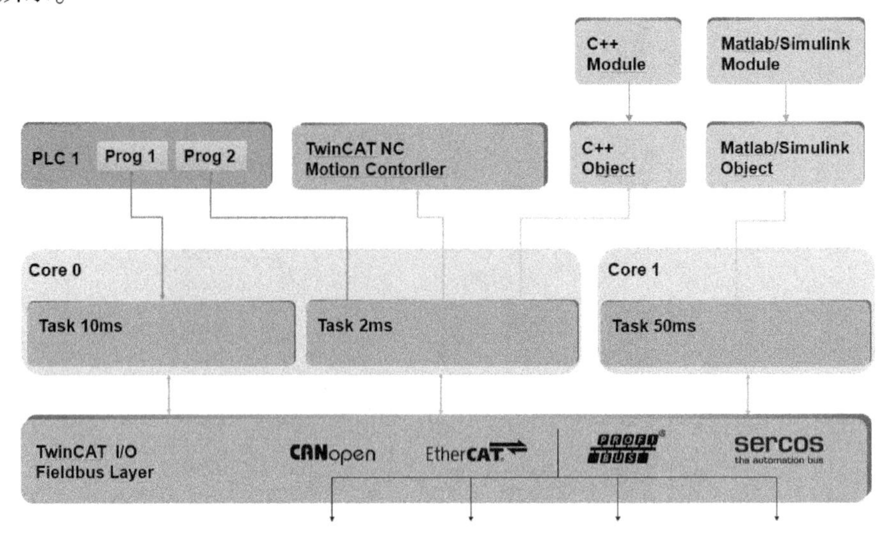

图 1.15　Module、Object、Task、Core 之间的关系

图 1-15 中，TcCOM Module 实例化为 Object，Object 由 Task 调用，Task 设置周期并指定到 Core。图上没有表达的是，Core 需要指定 Base Time 和 CPU Limit，而 Task 的周期必须是 Base Time 的整数倍。

(2) Module

Module 中定义了一段内存和内存中各个变量之间的关系。当然这块内存里面，有的是接口变量，有的是内部变量。内存里面的数组可能有一些独特的组织方式，比如它自定义的结构。内存中各个变量之间遵循 Module 代码所描述的关系。

Module 类似于高级语言中的 Class。Module 可以多次实例化，生成的 Object 具有相同的代码、内部变量和接口。比如 C++和 MATLAB 的 Module，可以在同一个项目中基于同一个 Module 创建多个对象 Object。

PLC 和 NC 是两个特殊的 Module，同样代码的 PLC 程序只能实例化一次，同样配置的 NC 也只能实例化为一次。并且这两种 Module 是自动实例化的，而开发人员几乎看不出 Module 这种形式，这是由于 TwinCAT XAE 提供了 PLC 编程模板。

(3) Object

Object 可以理解为一个实体，可以存在或者不存在，执行或者不执行。

一旦用 Module 实例化为一个 Object，它就存在了，TwinCAT 就会为它分配一块内存。

但内存变量之间要保持 Module 代码所描述的关系，一个输入变量变了，其他变量要相应变化，Object 就需要被执行，可以由 Task 周期性地无条件调用，或者由另一个 Object 有条件地调用。

对 PLC 这种 Object 来说，系统会自动为它建一个 Task，并且默认的 Cycle Time 是 10 ms。对于 C++和 MATLAB 对象来说，需要手动指定 Task。

(4) Task

Task 是所有 Object 执行的唯一入口，一个 Task 必须指定 Cycle Time 和它运行的 CPU 核。

Cycle Time 必须是所运行的 CPU 核的 Base Time 的整数倍。可以将多个 Object 指定给同一个 Task。

同样 Cycle Time 的 Task 尽量合并成一个，以节约 CPU 线程切换的时间。

对于 PLC 这种特殊的 Object，除了默认的 PLC Task 之外，还可以手动添加 Reference Task，以实现 PLC 内不同代码可以设置不同的执行周期。

默认所有的 Task 都在 Default CPU 上运行，所以多核系统要手动指定 Task 运行的 CPU。

(5) Core

无论是单核还是多核 CPU，都需要为 TwinCAT 用到的每个核指定 Base Time 和 CPU Limit。对于多核 CPU，默认只有第一个核才用于 TwinCAT。所以首先要设置 TwinCAT 可以使用哪些核，分别可以用到的最大占用率 CPU Limit 是多少，以及每隔多长时间（Base Time）去检查一次是否要执行 Task 所调用的 Object。

Base Time 的默认值为 1 ms，TwinCAT 允许该值最小可以设置为 50 μs。所以如果要实现小于 1 ms 的任务周期，先要把所在的 CPU 的 Base Time 修改为 1 ms 以下，然后再设置任务周期为 Base Time 的整数倍。

执行 TwinCAT 任务的 CPU 运算时间比例也可以根据项目需要做出修改。通常情况下，TwinCAT 任务并不需要 80%的 CPU 运算能力。至于实际占用了多少，用户可以从开发工具或者 PLC 程序中查看。

2. TwinCAT 的启动过程

一台 TwinCAT 控制器上电以后，启动顺序如图 1.16 所示。

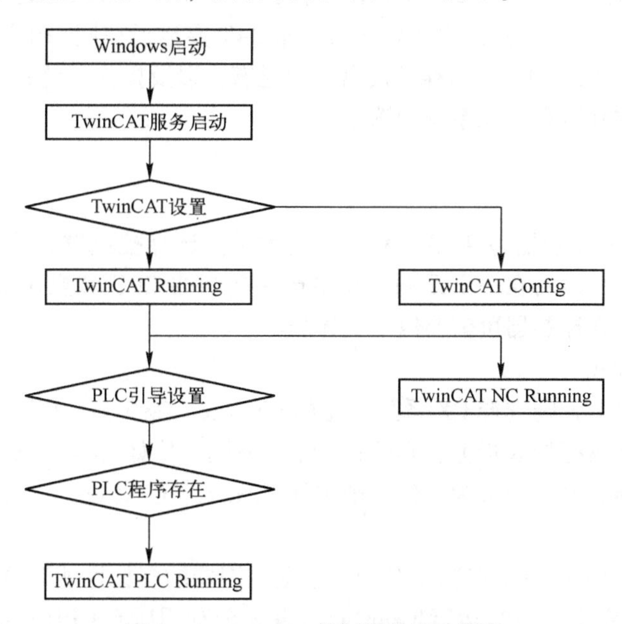

图 1.16 TwinCAT 控制器的启动顺序

Windows 操作系统成功启动后，TwinCAT 服务才能启动。根据 TwinCAT 引导设置，可能进入 Running 模式或者 Config 模式。如果进入 Running 模式，则 TwinCAT NC 会自动启动，而 TwinCAT PLC 是否启动则取决于 TwinCAT PLC 的引导设置，以及 PLC 引导程序是否存在。

1.4 选型设计

由于倍福公司的软件、硬件产品都持续推出新的版本、系列和型号，本节中所涉及的硬件型号仅限于 2019 年之前的产品。以下内容仅为选型提供思路，具体的产品型号，请咨询倍福当地办事处。

配套文档 1-1
倍福 2019 薄样本

配套文档 1-2
倍福 2019 厚样本

配套文档 1-3
倍福产品选型手册

一个完整的控制系统包括控制器、I/O 系统和人机界面。如果设备不是单独工作，还要考虑与其他控制系统的连接，比如有没有上一层的主系统，或者下一层的子系统。

在 I/O 系统中，如果是标准电信号，那么可以接入相应的 I/O 模块。如果是通信方式，比如 RS485 接口的温控表、CANopen 接口的变频器、TCP/IP 接口的机器视觉，那么设备控制系统还需要准备相应的通信接口以及从 PLC 程序使用这些接口的软件包。

人机界面部分虽然不参与直接的设备控制，但设计方案时必须清楚人机界面的硬件、软件以及与 PLC 的通信方式。如果 HMI 软件与 TwinCAT 要运行在同一个硬件平台上，那么在控制器选型时，就要注意 CPU、内存及硬盘是否足够，以及操作系统是否合适。

本节分别介绍控制器和 I/O 系统的选型。

1.4.1 控制器

倍福的 PC-Based 控制器包括 EPC 和 IPC 两大类。选择控制器，首先要确定安装方式，也就是确定产品系列，然后在一个系列产品中选择适当的 CPU 和操作系统，也就确定了控制器的基本型号。选择控制器可依照以下具体步骤。

（1）确定安装方式

如果安装在导轨上，则选择 CX 系列，比如 CX8xxx、CX9xxx、CX5xxx、CX2xxx。

如果直接安装在盘柜的底板上，则选择 C6xxx 系列，比如 C60xx、C66xx、C69xx。

如果需要控制器和显示面板为一体，则选择 CPx2xx、CPx6xx、CPx7xx 等系列。

（2）选择 CPU

根据 CPU 的性能及项目要求选择 CPU，倍福控制器的多核性能对照表如图 1.17 所示。

图 1.17 呈现的是各个 CPU 运行 TwinCAT 3 并充分利用所有 CPU 多核时的相对性能。这里强调 TwinCAT 3 和充分利用所有 CPU 多核，是因为 TwinCAT 3 支持多核，但用户可以只使用多核控制器中的部分 CPU，而 TwinCAT 2 则即使安装在多核控制器上也只能使用一个 CPU。由于运行环境的可能性太多，很难提供适用于各种应用场合的绝对性能量化图表，所

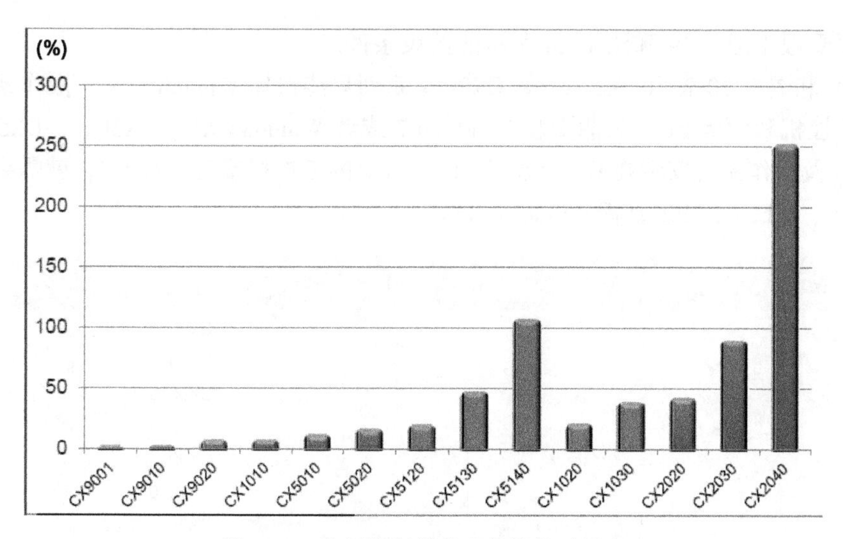

图 1.17　倍福控制器的多核性能对照表

以倍福公司会每年发布所有控制器的性能对照表，通常又叫作“TwinCAT 跑分表”。对此，作者曾在个人微信公众号“Lizzy 的倍福园地”上发布过一篇名为“TwinCAT 控制任务的 CPU 耗时统计与分析”的专题文章。

确定了产品系列和 CPU 之后，就能在选型样本中找到正确的控制器型号了。最准确的信息是在倍福官网上，搜索该型号，找到“Features”中的标准配置，如果标配不能满足要求，可以在“Options”项搜索需要的选件，如图 1.18 所示。

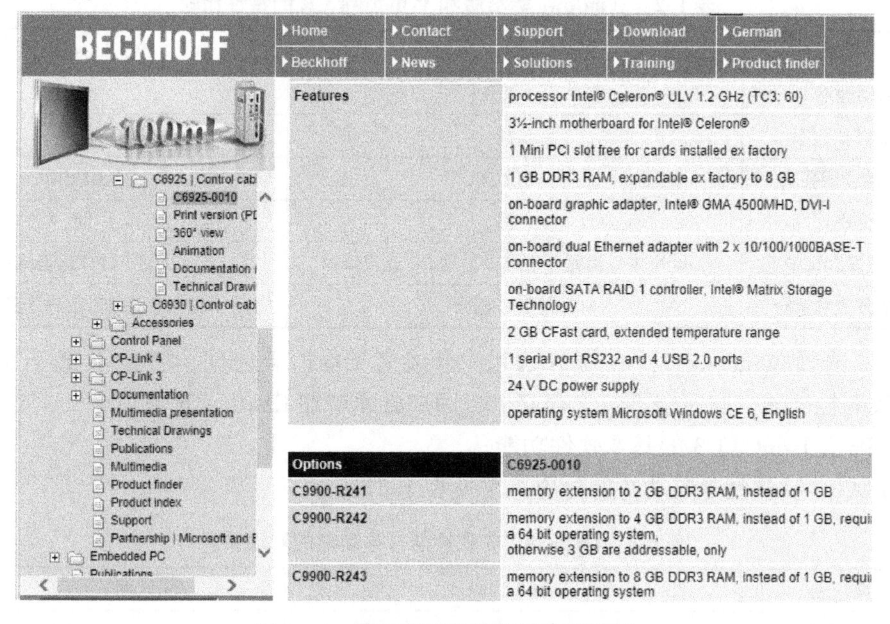

图 1.18　倍福官网的控制器选型示例

（3）确定操作系统

TwinCAT 运行核依赖于操作系统和硬件平台，不是任意控制器都可以运行任意操作系统，也不是任意控制器和操作系统的组合都可以运行 TC3。对于使用硬盘作为系统盘的工控机来说，用户可以任意选择使用 TC2 还是 TC3，但是对于嵌入式控制器 CX 系列，选择控制软件时还要受限于图 1.19 和图 1.20 所示的约束条件。

图 1.19 和图 1.20 表示，CX80xx、CX90xx 系列只能选择 Windows CE。操作系统安装在硬盘上的工控机和面板 PC，只能安装 Windows 7 或者 Windows XP。CX50xx、CX51x0 系列、CX20x0，以及操作系统安装在 CF 卡或者 CFast 卡上的工控机或者面板 PC，就需要选择使用 WES7 32 Bit、WES7 64 Bit 或者 Windows CE。

Device	CE5	CE6	CE7	WES 2009	WES7 32 Bit	WES7 64 Bit
CX9000	✓					
CX9001	✓	✓				
CX9010	✓	✓				
CX80x0		✓				
CX9020			✓			
CX1010		✓		✓		
CX5010		✓		✓		
CX5020		✓		✓	✓	
CX51X0			✓		✓	✓
CX1020/ CX1030		✓		✓		
CX20X0			✓		✓	✓

图 1.19 控制器可选的操作系统列表

Device	TC2	TC3
CX9000	✓	
CX9001	✓	
CX9010	✓	
CX80x0	✓	
CX9020	✓	✓
CX1010	✓	
CX5010	✓	✓
CX5020	✓	✓
CX51X0	✓	✓
CX1020/ CX1030	✓	
CX20X0	✓	✓

图 1.20 控制器可选的 TwinCAT 版本

表 1.2 说明了两种操作系统的优点和缺点。

表 1.2 Windows 标准版和 Windows CE 的特性比较

项　目	WES 7	Windows CE
启动速度	慢	快
Tc 实时核效率	高	低
CF 卡的空间要求	≥2 GB	<64 MB
价格	高	低
程序开发和维护	既可本地编程，也可以另用 PC 远程编程	只能用 PC 远程编程
HMI 的开发和运行	与 IPC 相同	必须使用 CE 版的开发平台

注意：选择 Windows 7，必须订购 CF 卡或者 CFast 卡选件，容量不低于 2 GB。而 CX51xx 系列控制器，则完全不包含存储卡，用户必须增加 CFast 卡选项。

（4）确定 TwinCAT 3 的基本软件功能

TwinCAT 3 软件型号与功能的对应关系见表 1.3。

表 1.3 TwinCAT 3 软件型号与功能的对应关系

订 货 号	TwinCAT Level	功　能
TC1200-00x0	TwinCAT PLC	软 PLC
TC1250-00x0	TwinCAT PLC 及 TwinCAT NC PTP（10 轴以内）	软 PLC 点对点的运动控制
TC1260-00x0	TwinCAT PLC 及 TwinCAT NC PTP（10 轴以内） TwinCAT NC I	软 PLC 点对点的运动控制 3 轴插补功能

（续）

订　货　号	TwinCAT Level	功　　能
TC1270-00x0	TwinCAT PLC 及 TwinCAT NC PTP（10 轴以内） TwinCAT NC I TwinCAT CNC	软 PLC 点对点的运动控制 3 轴插补功能 5 轴以内插补

注意：即使是对于 CX 控制器，TC3 的 Runtime 也必须单独订购；软件订货号不区分操作系统 CE 或者 Windows 7；软件订货号根据控制器性能级别不同而不同，“-00x0”中的 x 就表示控制器的 Performance 级别，性能越强的 CPU 级别越高，价格越贵。单独订购 TC3 软件，该值为“-0090”，即按最高性能级别计算。在倍福官网及选型手册上，每款控制器都有 TC3 Performance Class 标注，如图 1.21 所示。

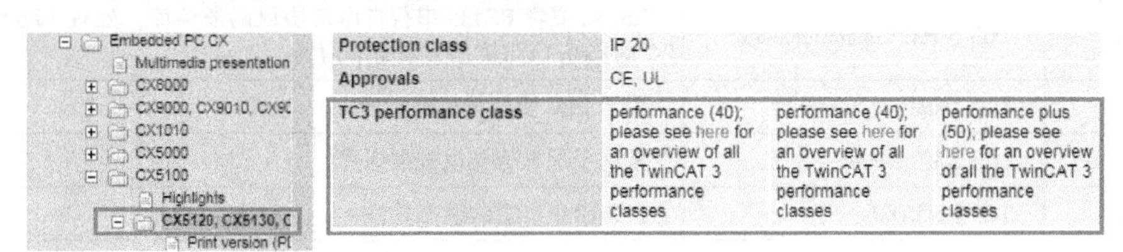

图 1.21　倍福官网上 CPU 性能等级示例

如果是包含 NC 控制，还必须确定轴的数量范围。超过 10 轴就需要订购扩展轴包，TwinCAT NC 的订货号与带轴数量的对应关系见表 1.4。

表 1-4　TwinCAT NC 的订货号与带轴数量的对应关系

NC 轴数	软件订货号	说　　明
1-10 轴	TC1250	等效于 TC1200+TF5000
11-25 轴	TC1250+TF5010	
26-255 轴	TC1250+TF5020	

注意：TF5010 和 TF5020 都是指在 TwinCAT NC PTP 10 轴的基础上增加轴数的补充授权，而不是单独的 25 轴或者 255 轴 NC 授权。

（5）确定 TwinCAT 3 的扩展软件功能

TC2 中的 supplement 在 TC3 称为 Function，必须为每个控制器购买需要的 Function 授权，即使只是 library 也不例外，比如温控库、扩展的 Motion 库、各种通信库等。虽然这些库的收费也很便宜，但必须订购才能使用，因为 TwinCAT 研发团队需要根据销售的授权数量判断哪些功能用得多，哪些功能用得少，从而把研发资源投向使用更广泛的软件产品。

在 TC3 平台下客户常用的 Function 见表 1.5。

表 1.5　TwinCAT 3 常用 Function 列表

订　货　号	软 件 名 称	功 能 简 述
TF4100	TC3 Controller Toolbox	PID，Filter，Ramp Generator 等
TF4110	TC3 Temperature Controller	温控库
TF5050	TC3 MC Camming	凸轮
TF5055	TC3 MC Flying Saw	飞锯
TF5060	TC3 NC Fifo Axes	FIFO 轴组

（续）

订　货　号	软件名称	功能简述
TF5065	TC3 Motion Control XFC	常用于 EL1252、EL2252 等 XFC 模块完成的 Touch Probe 及 Cam Switch 功能
TF6100	TC3 OPC UA	统一架构的 OPC 通信，向下兼容 OPC DA 的功能，并可用于与非 Windows 系统的通信
TF6120	TC3 OPC DA	基于微软 COM 技术的经典 OPC，用于 TwinCAT PLC 与 Windows 应用程序的通信
TF6250	TC3 Modbus TCP	常用于与触摸屏或者仪表经以太网通信，并使用 Modbus TCP 协议
TF6255	Modbus RTU	常用于与触摸屏或者仪表经串口通信，并使用 Modbus RTU 协议
TF6310	TC3 TCP IP	与视觉系统等第三方设备的以太网通信
TF6340	TC3 Serial Communication	RS232 或者 RS485 串行自由口协议的通信库，处理 EL60x1 或者经 PC 的 Com 口与第三方设备通信
TF6420	TC3 Database Server	用于 PLC 直接操作数据库
TF6421	TC3 XML Server	常用于配方等掉电数据保存
TF1800	TC3 PLC HMI	TC3 PLC 自带的组态软件

（6）确定扩展选件

通常控制器的存储介质和内存容量是可以扩展的，有的 IPC 支持硬盘 RAID 功能，用户可以选择配置成双硬盘。更常见的是为了存储数据与系统盘分开，而采用双 CFast 卡或者硬盘+CFast 卡。当然如果标配已经满足要求，就不必扩展了。

1）CF 卡选件。除了 CX51 系列外，通常标配都包含了 Windows CE 操作系统和 CF 卡。如果选择 Windows 7 或者 Windows 10 系统，可能就需要订购 CFast 卡扩容的选项，具体请咨询倍福厂家。注意 CX51xx 控制器标配没有卡，无论 CE 还是 Windows 7 或者 Windows 10 都需要订购 CFast 卡。

2）内存选件。内存扩展选项不是必需的，对于 Windows 7 操作系统，由于 OS 本身占用内存大，如果 HMI 复杂的话，建议扩展内存到 2 GB 或者更大。

3）CPU 选件。对于 IPC，如果标配的 CPU 性能不够，还可以订购 CPU 升级的选项。对于 CX，型号确定了 CPU 就确定了，提高性能只能更换控制器的型号。

（7）电源、UPS 和电池

如果选择了 Windows Standard 或者 Windows Embedded Standard 操作系统，由于 PLC 允许随时断电，而 PC 随时断电可能导致文件损坏，所以通常会配上 UPS 和电池。

以 24 V 直流供电的 IPC 和 Panel PC 为例，如果需要 UPS 功能则必须同时订购 C9900-U330（UPS）和 C9900-U209（电池）。

在支持 Windows Standard 的控制器中，CX50xx、CX51xx 的电池是和 CPU 集成在一起的，并且内置 UPS。只有 CX20x0 系列需要配置电源模块，电源型号见表 1.6。

表 1.6　CX20x0 的电源选件

技术数据	CX2100-0004	CX2100-0014	CX2100-0904	CX2100-0914
电源	DC 24V（-15%～+20%）			
最大输出功率/W	45	90	45	90
I/O 连接	E-bus 或 K-bus，自动识别			

（续）

技术数据	CX2100-0004	CX2100-0014	CX2100-0904	CX2100-0914
可提供 E-bus/K-bus 电流	2 A			
UPS	—	—	集成电路	外置电池
UPS 容量	—	—	75As	取决于外置电池容量

CX2100-0xy4 是电源型号，x 为 0 表示不带 UPS，x 为 9 表示带 UPS，y 为 0 表示功率 45 W，用于 CX2020 和 CX2030，为 1 表示 90 W，用于 CX2040。

注意：与 CX2040 相配的 UPS 电源 CX2100-0914 还必须购买电池 CX2900-0192。因为 CX2040 的 CPU 最强，需要的 UPS 容量大体积也大，无法内置到电源模块，所以必须另加电池选件。

1.4.2 系统扩展模块

系统扩展模块，包括串行通信模块、现场总线模块等。对于使用 EtherCAT 的系统，这两种模块都有相应的 EL 模块来代替。由控制器主板上扩展出的串口模块速度快、价格便宜，缺点是串口故障时需要整个控制器返修。而通过主板扩展的现场总线模块，已经完全被 EL 模块代替。

1. 串行通信模块

CX 系列控制器最多可以扩展 2 个串口模块，即最多 4 个串口，其订货号见表 1.7。

表 1.7 CX 控制器扩展串口的订货员

订货号	串 口
CXxxxx-N030	RS232：Com1+Com2
CXxxxx-N041	RS485：Com3+Com4
CXxxxx-N031	RS485：Com1+Com2
CXxxxx-N040	RS232：Com3+Com4

注意：如果只扩一个模块就选 Com1 和 Com2。如果要扩两个模块就“Com1+Com2”和“Com3+Com4”各选一个。扩展的 Com 口与普通 PC 的 Com 口完全兼容，在 TwinCAT PLC 中的用法也完全相同。

注意：实际应用中，不建议用户在控制器上扩展 COM 口，而是使用串行通信模块 EL60xx 代替。好处是数量不受限制，并且模块更换方便。另外不带系统通信模块的控制器也更容易统一型号，减少备货库存。

2. 现场总线模块

EtherCAT 现场总线接口模块和普通的 E-Bus 端子模块一样，可以位于 EtherCAT 网络的任何位置，数量也不受 CPU 限制。各种现场总线模块的型号见表 1.8。

表 1.8 EtherCAT 现场总线接口模块的种类

订 货 信 息	主 站	从 站
LIGHTBUS	EL6720	—
PROFIBUS	EL6731	EL6731-0010

（续）

订货信息	主　站	从　站
CANopen	EL6751	EL6751-0010
DeviceNet	EL6752	EL6752-0010
PROFINET	EL6631	EL6631-0010
EtherNet/IP	EL6652	EL6652-0010

1.4.3 I/O 系统

在 I/O 选型之前，必须确定控制器与 I/O 连接的总线种类。在新实施的项目中，通常使用 EtherCAT。I/O 系统的选型包括耦合器、信号模块、系统模块、电缆和接头以及总线分支选件（可选）。下面分别说明。

（1）从站耦合器

对于 EtherCAT 系统，主站不用选择，因为控制器上已经集成了 EtherCAT 主站网卡。RJ45 接口的从站耦合器标准型号为 EK1100，如果要使用热连接功能则要选择带拨码的 EK1101。此外倍福公司还提供多种特别功能的 EtherCAT 耦合器，必要时可咨询倍福厂家。

（2）信号模块

DI：最普通的 DI 信号是 DC 24V 的，但要根据信号类型是 PNP 还是 NPN，选择不同型号的模块。

DO：选择 DO 输出时要注意负载是要求高电平还是低电平有效，以及负载电流的大小。最普通的 DO 模块是晶体管输出，每个通道的负载能力在 0.5 A 以内，如果超过该值，比如 2.0 A 或者更大，就要选择继电器输出甚至是更高的大电流输出模块了。

AI：对于模拟量输入模块，首先要确定信号类型是电压还是电流，以及其信号范围，如果是温度信号，也要确定是热电阻还是热电偶，以及其测温范围。其次要选择分辨率，倍福提供 12 位、16 位和 24 位分辨率的 AI 模块，分辨率越高当然价格也更贵。

AO：对于模拟量输出模块，首先要确定信号类型，和 AI 模块一样，最普通的是 12 位分辨率，也可以选择 16 位分辨率的 AO 模块。

编码器模块：首先确定是绝对编码器还是增量编码器，如果是增量编码器，那么是单端还是差分信号，是否需要 C 相或者 Latch 点。根据编码器线数和最大转速，可以计算出最高频率。普通的编码器模块最高频率是 1 MHz。倍福还提供多种特殊型号的编码器模块，包括最高 5 MHz 的编码器模块，每个 PLC 周期返回多个数值的超采样编码器模块，以及带细分功能的编码器模块等。

PWM 输出模块：关键参数是负载电流和切换频率。

高速计数模块：关键参数是信号类型（NPN 或 PNP）和最高计数频率。超过 100 kHz 的脉冲，应选择编码器模块来计数。

智能测量模块：倍福提供端子模块形式的智能仪表，比如电力测量、称重、气压或者其他毫伏信号的智能测量模块，测量结果直接作为 I/O 过程数据传送到 PLC，不仅节约安装空间，也节约编程调试时间。

总线网关模块：当前控制系统如果要接入其他现场总线（PROFINET、EtherNet/IP、PROFIBUS 及 CANopen 等），选型时应明确本系统是作为从站还是主站，以便选择正确的总线网关模块。如果需要串行通信，则应明确是 RS232 还是 RS485 接口，以便选择正确的串行通信模块。

驱动模块：200 W 以内的电机可以由 I/O 模块直接驱动。

XFC 模块：XFC 技术可以实现数字量 1 MHz、模拟量 100 kHz 的采样频率，100 kHz 内的信号发生器、计数器都可以轻松实现。而时间戳功能的 XFC 模块则可以实现探针和凸轮输出功能与伺服驱动器和位置反馈装置的独立。

1. 系统模块

终端模块：对于 KL 模块组而言，最重要的系统模块是终端模块 KL9010。对于 EL 模块组来说，终端模块是 EL9011。

负载电源模块：总线耦合器或者电源模块，最多能提供 24 V、10 A 的负载容量。对于 DO 通道较多的 I/O 站，要仔细核算负载电源的容量，如果超过 10 A，就要增加负载电源模块 EL/KL9100。

控制电源模块：总线耦合器或者电源模块，最多能提供 5 V、2 A 的控制电源容量。选型手册（厚样本）上每个 KL 或者 EL 模块都标注了消耗的 E-bus 电流或者 K-bus 电流。把每个 I/O 站上电流消耗相加，如果超出 2 A 就必须增加控制电源模块 EL/KL9410。

其他电源模块：以上 3 种系统模块是必需的，不是必须但可能用到的电源模块请参考厚样本。

2. 电缆和接头

对于 EtherCAT，有预装好的定长电缆，型号为 ZK1090-9191-××××。如下所示。

ZK1090-9191-0005：0.5 m。

ZK1090-9191-0010：1 m。

ZK1090-9191-0020：2 m。

EtherCAT 预装电缆的外观如图 1.22 所示。

如果不能确定每条网线的长度，又不想预留太多，用户可以订购总长若干米的长网线和数量不等的可拆装 RJ45 接头，然后自己制作 EtherCAT 网线。网线和接头的型号如下。

- EtherCAT 接头 ZS1090-0003，4 针，IP 20，每盒 10 个。
- EtherCAT 电缆 ZB9010，固定安装，CAT 5e。

可拆装的 EtherCAT 接头和电缆外观如图 1.23 所示。

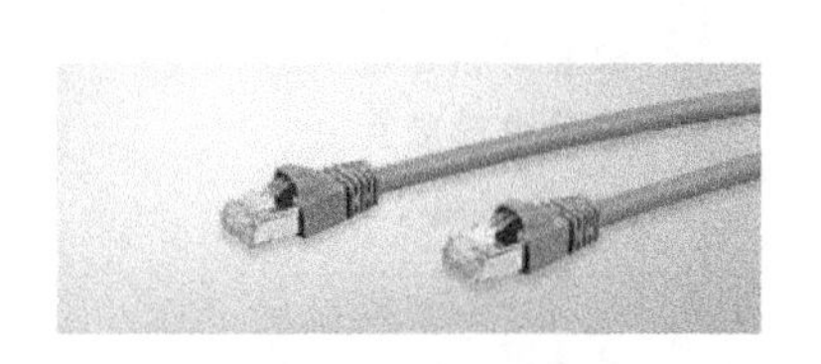

图 1.22　EtherCAT 预装电缆的外观

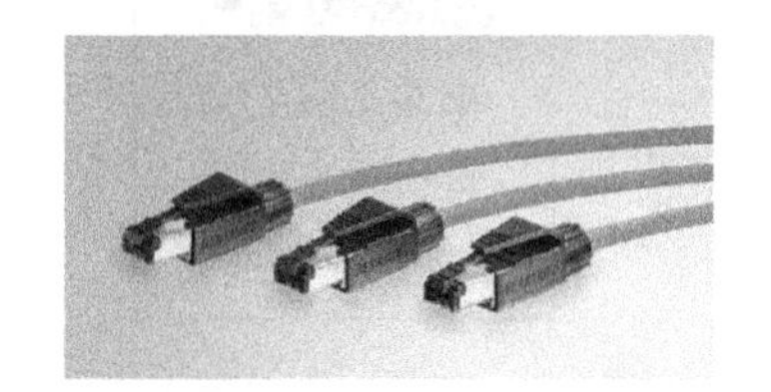

图 1.23　可拆装的 EtherCAT 接头和电缆外观

如果是其他总线，或者光纤形式的 EtherCAT，请参考厚样本或者倍福官网选型，网址为：http://www.beckhoff.com/english/ethercat/accessories_ethercat.htm?id=443317296563。

3. 总线分支选件（可选）

EtherCAT 最简单的拓扑方式是链式。除 I/O 模块之外，所有 IP20 的 EtherCAT 从站都有 In 和 Out 两个 RJ45 型式的 EtherCAT 接口，只要将各个从站的 In 和 Out 接口串接即可，不需要其他选件。

假如用户需要树形或者星形连接，就需要专门的 EtherCAT 分支选件。其中 CU1128 是独立安装独立供电的 8 口 EtherCAT 交换机，可以方便地实现各 I/O 站的星形连接。多个 CU1128 还可以堆叠，实现更复杂的树状结构。CU1128 的外观如图 1.24 所示。

EK1122 是作为模块安装在 I/O 站中，实现 EtherCAT 主干道上两路分支。其外观及安装如图 1.25 所示。

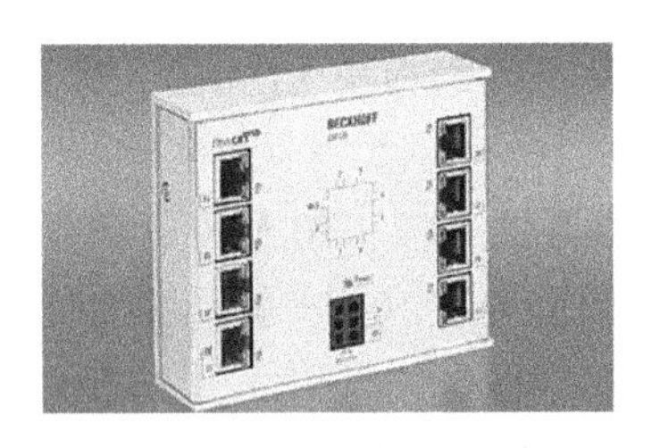

图 1.24 EtherCAT 交换机 CU1128 的外观

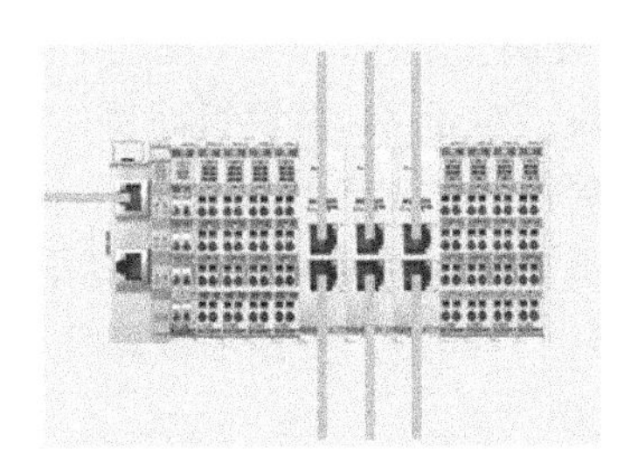

图 1.25 EtherCAT 分支模块 EK1122 的外观及安装

就实际效果而言，3 个 EK1122 就等效于 1 个 CU1128，并且可以几乎不限数量地拼接。用户可以根据项目需要，选择使用或者不使用以及使用哪种组件实现 EtherCAT 分支。

1.5 安装和接线

详细的安装要求，请参考配套文档 1-4。

对于硬件的安装尺寸、安装要求及接线说明，可以查阅硬件的用户手册和图纸，但是厂家并不随货物提供图纸或者纸质说明书，用户可以到倍福官网下载。在官网还可以下载大部分产品的 STD 三维图纸，以及可以集成到 EPLAN 的硬件产品图库。

各种资料的下载地址，请参考配套文档 1-5。

配套文档 1-4
倍福产品简明
操作指南

配套文档 1-5
倍福中国客户
可用的网络资源

第2章　TwinCAT PLC 编程入门

TwinCAT 3 软件分为开发版和运行版。运行版是用户订购，通常在出厂前就预装好的。TwinCAT 项目开发主要是在开发版中进行编程和各种操作，本章要介绍的就是 TwinCAT 3 开发版（XAE）的使用，包括安装过程、配置编程环境以及一些常用的基本操作步骤。

由于 TwinCAT 软件的持续升级，本节中的截屏可能与最新的 TC 版本不完全相同。在 TwinCAT 3 软件升级的过程中，软件的框架、基本技术理念是连贯的，基本的操作步骤不会变，所以本章内容仍然可以作为 TwinCAT 3 编程入门的参考资料。

为了保持全书的系统性和完整性，虽然倍福官方关于 TwinCAT 3 已有各种主题的详细教程和视频，本节仍然简要描述 TwinCAT 3 项目开发的基本步骤、常用操作的实现和常见问题的处理。

更新的操作教程版本，请参考倍福中国不定期更新的以下官方资料：

ftp://ftp. beckhoff. com. cn/TwinCAT3/TC3_training/

配套文档 2-1
TwinCAT 3 入门
教程 V4. 1

配套文档 2-2
TwinCAT 3 运动
控制教程 V1. 0

配套文档 2-3
TwinCAT 3_PLC_OOP
教程 V3. 1

配套文档 2-4
TwinCAT 3_C++_
Simulink 教程 V3. 1

配套文档 2-5
TwinCAT 3 FAQ
集 V2. 1

2.1　在编程 PC 上安装 TwinCAT 开发环境

1. 准备工作

（1）关闭杀毒软件

安装 TwinCAT 之前，建议关闭杀毒软件。

（2）选择是否安装 Visual Studio

不需要用到 C++编程或者 MATLAB/Simulink 建模功能的用户，不要为了大而全去安装完整版的 Visual Studio，以免浪费时间和电脑资源。

（3）选择安装的 TwinCAT 3 版本

由于 TwinCAT 3 软件持续推出新功能，用户要谨慎升级软件版本。根据作者的个人经验，建议如下。

1）对于新用户，可以直接安装最新版本。

2）对于已经用 TwinCAT 3 完成项目开发的用户，最好使用原来的版本。

3）同一个公司最好统一 TwinCAT 3 版本，可咨询倍福公司选择相对稳定的版本。

4）如果不是要测试新版本的新功能，尽量不要脱离团队独自升级 TwinCAT 3。

（4）编程 PC 的配置要求

2019 年初，TwinCAT 3 的最新全版安装包为 744 MB，离线帮助系统 445 MB。不含 Visual Studio，TwinCAT 3 安装完成后占用的空间通常也有几个 GB。由于 TwinCAT 3 项目由许许多多的小文件组成，编译或者装载时要处理一个个的小文件，所以内存和 CPU 的升级会对 TwinCAT 3 开发环境的操作顺畅程度有明显改善。

总之，TwinCAT 3 的编程 PC 应尽量选择高配置的。如果是在办公室编程，尽可能配备大显示器，因为 Visual Studio 的菜单、按钮及窗体都多，在笔记本电脑或者小显示器上用于代码调试的工作区非常有限。

编程 PC 的操作系统，Windows 7 或者 Windows 10，32 位或者 64 位都可以。为了管理 3 GB 以上的大内存，推荐使用 64 位系统。

2. 安装 TwinCAT 3 开发版

TwinCAT 3 支持 C++编程和 MATLAB/Simulink 建模，但只有少量用户使用这个功能。本节仅讲述入门操作，因此以不带 C++功能和 MATLAB/Simulink 建模功能的 TC3 安装为例，不需要安装 Visual Studio，也不涉及 C++开发环境的配置。

具体的步骤如下。

（1）下载安装包

倍福中国 ftp 服务器上有 TC3 的安装包，路径为

ftp://ftp.beckhoff.com.cn/TwinCAT3/install/InstallationPackage/

该路径下的文件组织如图 2.1 所示。

图 2.1 中的 3 个文件夹依次如下。

最新版本：通常只把当前的最新版本放在根目录下，比如图 2.1 中的“4022.27”。

历史版本：其他历史版本放在“Other”。

远程管理安装包：“RM”中存放各种历史版本的 Remote Manager。Remote Manager 要在基础版的 TC3-Full-Setup 安装完成后才能补充安装，用于高版本的 TC3 调试 Runtime 版本较低的控制器，或者打开低版本的 TC3 项目。

在图 2.1 中，选中需要的 TC3 版本可以见到 3 个安装包，如图 2.2 所示。

名称	大小	修改日期
4022.27/		2018/11/22 下午4:16:00
other/		2018/4/12 下午4:44:00
RM/		2018/11/21 上午11:52:00

图 2.1　ftp 上 TwinCAT 3 的安装包

名称	大小	修改日期
TC31-ADS-Setup.3.1.4022.27.exe	98.7 MB	2018/11/10 上午12:20:00
TC31-FULL-Setup.3.1.4022.27.exe	724 MB	2018/11/10 上午12:21:00
TC31-XAR-Setup.3.1.4022.27.exe	119 MB	2018/11/10 上午12:21:00

图 2.2　TwinCAT 版本下的 3 个安装包

在图 2. 2 中，各个安装包的区别如下。

标记“ADS”的安装包：安装第三方 PC 的 Windows 系统上，可以和 TwinCAT 控制器做 ADS 通信。比如组态软件、高级语言编写的应用程序所在的 PC。

标记“FULL”的安装包：安装在需要开发和调试 TwinCAT 3 项目的 PC 上。

标记“XAR”的安装包：安装在需要运行 TwinCAT 3 实时核并控制现场设备的控制器上。倍福控制器通常出厂已预装 TC3 的 XAR，所以仅当使用第三方 IPC 运行 TC3，或者使用倍福 IPC 但到货后补订 TC3，或者升级控制器的 TC3 版本的时候才需要用户安装 XAR。

所以在 PC 上安装 TwinCAT 3 开发环境，应下载带“FULL-Setup”字样的安装包。

（2）运行 TC3-FULL-Setup. 3. 1. ××××. ××. exe

配套文档 2-6
微软的安装清除
工具 cleanup tool

TC3 安装包的执行步骤如下。

1）卸载原来的 TC3 版本（可选）。

如果 PC 上已经安装 TC2 或者低版本的 TC3，不需要卸载。如果原来安装了高版本的 TC3，就要先卸载。如果担心卸载不完全，可以使用再运行“cleanup tool. exe”进行清除。

cleanup tool. exe 的运行界面如图 2. 3 所示。

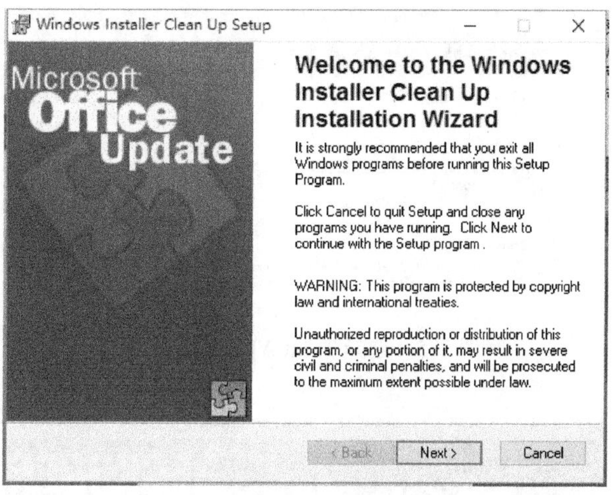

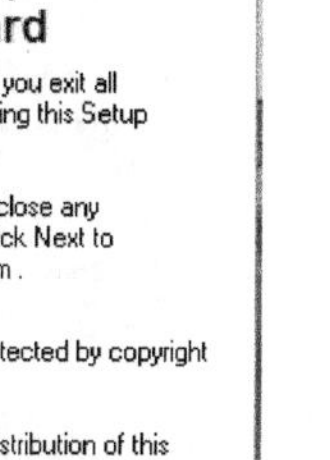

图 2. 3　cleanup tool. exe 的运行界面

2）以管理员身份运行 TC3-FULL-Setup. 3. 1. ××××. ××. exe。

执行 TwinCAT 3 安装文件的界面如图 2. 4 所示。

安装文件自动释放完成后，图 2. 4 中的 Next 按钮会变成可用。单击 Next 按钮，会弹出安装类型选择消息窗，如图 2. 5 所示。

在图 2. 5 中选择 complete 安装，安装导航会自动识别出 PC 中 VS 的版本。如果 PC 中安装有多个版本的 VS 或者 VS Shell，系统会提示用户选择 TC3 需要集成到哪个环境，允许多选，如图 2. 6 所示。

由于卸载 TC3 时 VS Shell 不会卸载，所以之前的 Shell 版本都会显示出来。如果没有安装过 VS，系统会自动安装 VS2015 Shell。可以只勾选想要的版本，然后单击 Next 按钮继续。

安装时间可能持续很久，需要耐心等待。作者实测在 i7 6600U CPU @ 2. 6 GHz 主频 PC 上，操作系统 Windows 10 64 位，无 Visual Studio 环境下安装 TC3.1 Build 4022.27，需要时间约 5 min。

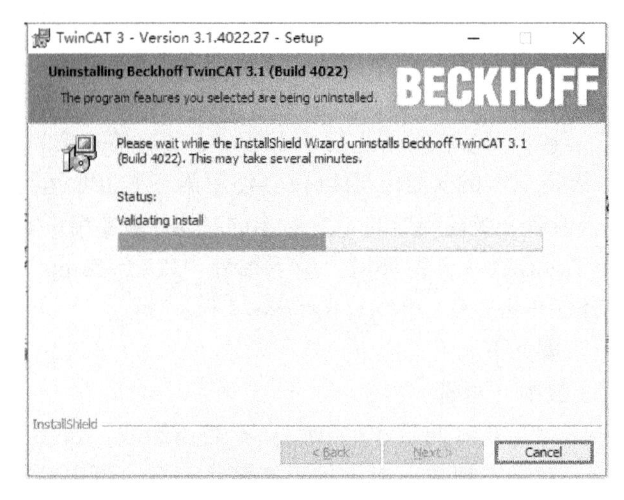

图 2.4　执行 TwinCAT 3 安装文件的界面

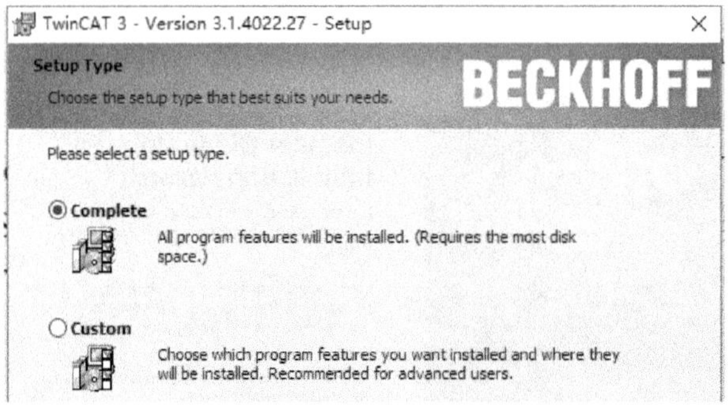

图 2.5　选择 TwinCAT 3 安装类型

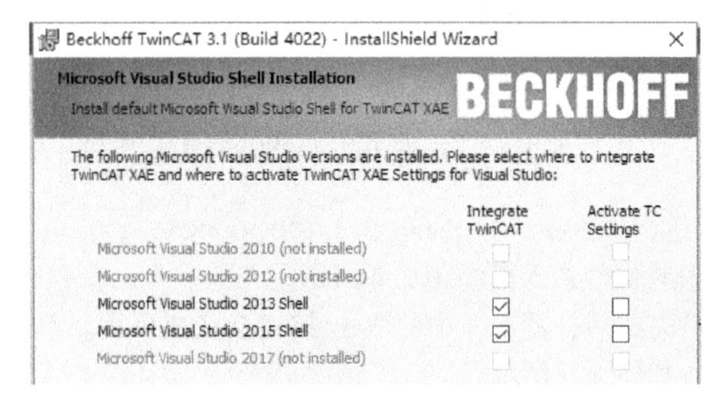

图 2.6　选择 TwinCAT 集成到 VS 环境

3. 安装帮助系统

倍福官方在线帮助系统中，包含了以上两个安装包的所有内容，并且是最新版本。所以在具备上网条件的时候，尽量使用在线帮助系统。网址：

http://infosys.beckhoff.com/english/

本节所说的安装帮助系统，是指离线帮助系统的安装。倍福的帮助系统有两个安装包，一个是 TC2，另一个是 TC3。前者除了 TC2 还包含了所有硬件产品手册和帮助信息，而后者只包含 TC3 软件的帮助信息。所以最好两个安装包都装上，电脑上才有完整的倍福离线帮助系统。

（1）TC2 帮助系统的安装

TC2 帮助系统包含了所有硬件产品手册和帮助信息，采用传统的 CHM 格式，需要手动下载最新的安装包重新安装，才能更新。

下载地址：

ftp://ftp.beckhoff.com/software/TwinCAT/TwinCAT2/InfoSystem/1033/install/InfoSys.exe

（2）TC3 帮助系统的安装

TC3 帮助系统采用 Microsoft Help Viewer 的格式，安装后会集成在 Visual Studio 的帮助系统中。默认启用自动更新功能，联网时自动从 Internet 更新帮助文件，不需要用户自己下载安装包重新安装。

下载地址：

ftp://ftp.beckhoff.com/software/TwinCAT/TwinCAT3/InfoSystem/TC3-InfoSys.exe

https://download.beckhoff.com/download/Software/TwinCAT/TwinCAT3/InfoSystem/TC3-InfoSys.exe

TC3 的离线帮助系统安装完成后，为了使将来该帮助可以自动联网更新，需要在最后一步勾选“Yes, check for program updates (Recommended) after the setup completes.”，如图 2.7 所示。

配套文档 2-7
TC3-InfoSys 安装包

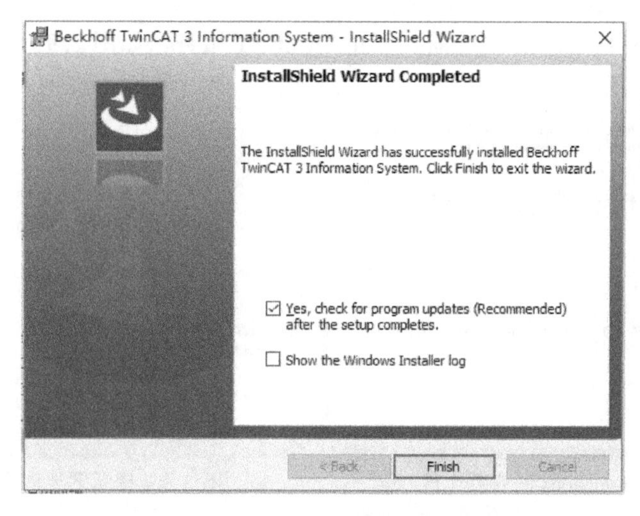

图 2.7　TC 3-InfoSys 安装时勾选自动更新

4. 安装 Functions

TwinCAT 3 提供一系列的扩展功能包，称为 Functions。需要用到这些功能包的控制器上都需要购买 Functions 授权。最普遍的做法是 TC3 及 Functions 授权与控制器同时订购，控制器出厂时倍福厂家就会预装所有已订购的授权以及必要的 Functions 安装包。

因为部分 Functions 并不需要独立的安装包，而有的 Functions，比如通信服务类的软件功能，就需要独立的安装包。对于补订的授权，或者是借用的控制器要临时测试某个 Function 的功能，就需要手动安装。常用的需要独立安装包的 Functions 见表 2.1。

表 2.1　单独购买授权时需要手动安装的 Functions

订货号	软件名称	功能简述
TF6100	TC3 OPC UA Server	常用于与非 Windows 系统通信
TF6120	TC3 OPC DA Server	常用于与高级语言或者 HMI 通信
TF6250	TC3 Modbus TCP Server	常用于与触摸屏或者仪表经以太网通信，并使用 Modbus TCP 协议
TF6310	TC3 TCP IP Server	与视觉系统等第三方设备的以太网通信
TF6420	TC3 Database Server	用于 PLC 直接操作数据库
TF6421	TC3 XML Server	常用于配方等掉电数据保存

(1) 下载安装包

强烈推荐用户直接在 Beckhoff 官网"http://www.beckhoff.com"下载最新的 Functions。因为最新的控制器通常匹配最新版 TC3 的 Functions，所以尽可能与官网版本保持一致。

下载地址：

https://www.beckhoff.com/english/download/tc3-downloads.htm?id=1948695119572814

从官网下载，建议注册个人账号。如果以游客身份下载，每次都需要填写个人信息以及收件邮箱，多有不便。

(2) 在 Windows 7、Windows 10 及其嵌入版上安装 Functions

把安装包复制到操作系统的任意路径，以管理员身份运行。下面以 Modbus TCP Server 的安装为例，描述 Functions 的安装过程。

首先，执行安装文件，如图 2.8 所示。

系统提供在安装 Functions 之前需要停止 TwinCAT 服务，如图 2.9 所示。

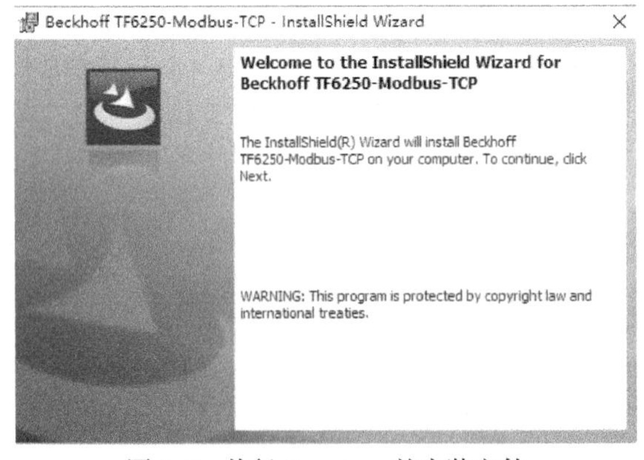

图 2.8　执行 Functions 的安装文件

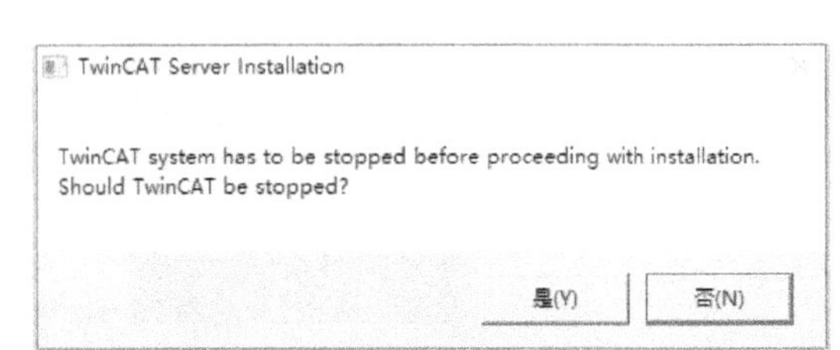

图 2.9　提示需要停止 TwinCAT 服务

安装过程中，部分 Functions 会自动注册一些库文件，如图 2.10 所示。

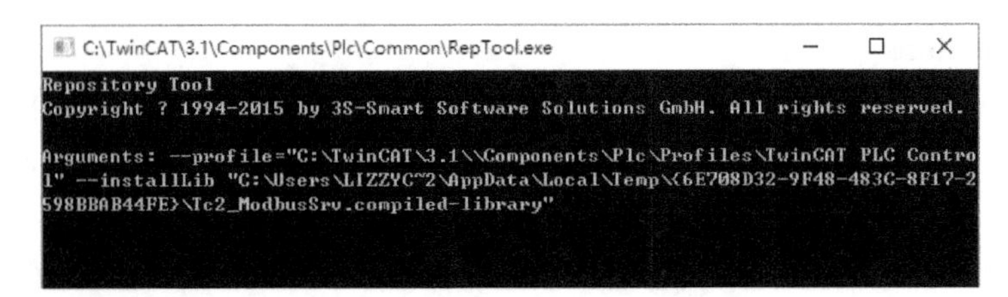

图 2.10　安装程序自动注册库文件

对于类似图 2.10 这种界面，通常不需要用户干预，耐心等待即可。安装完成后，在 TC3 的路径下寻找以下“TFxxx”文件夹，例如：

C:\TwinCAT\Functions\TF6250-Modbus-TCP

该路径下有 3 个文件夹，如图 2.11 所示。

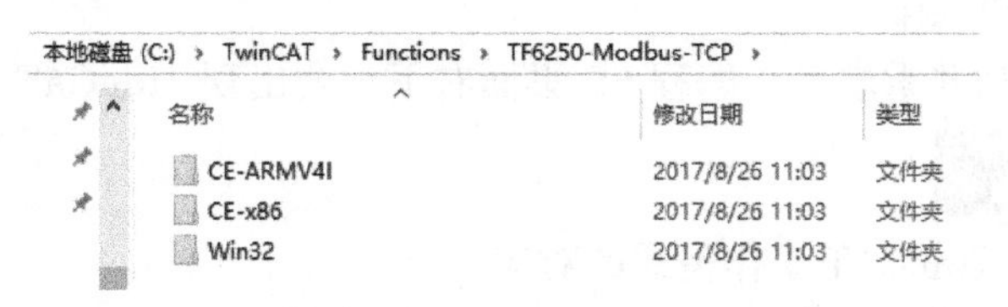

图 2.11　安装完成后 Functions 的文件夹

在图 2.11 中，各文件夹的内容如下。

Win32：用于 Windows 7、Windows Embedded Standard 7 以及 Windows 10。

CE-ARMV4I：用于 ARM 平台的 Windows CE 系统，例如 CX8xxx、CX9xxx。

CE-x86：用于 x86 平台的 Windows CE 系统，例如 CX5xxx，CX2xxx 等。

（3）在 Windows CE 控制器上安装 Functions

TC3 的 Functions 授权不再区分 CE 或者 Standard 系统，同一个安装包适用于 CE 和 Windows 7 及 Windows 10。如果在 CE 上安装 Functions，先按上一节所述的步骤，在编程 PC 上安装 Functions。然后在编程 PC 的“C:\TwinCAT\Functions\TFxxxx”路径下找到 CE-ARMV4I 或者 CE-x86 文件夹下的 CAB 文件，如图 2.12 所示。

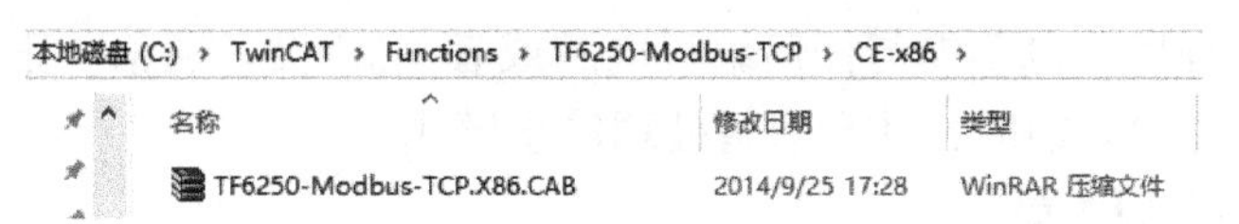

图 2.12　编程 PC 上用于 CE 系统的 CAB 文件

将图 2.12 中的 CAB 文件复制到控制器，然后进入控制器的 CE 操作系统，并双击运行 CAB 文件，该 Function 就会自动安装完成。然后执行 Suspend，重启 CE 系统。

注意：CAB 文件安装完成后会自动清除。如果想在控制器上保留副本，需要在安装前复制到其他路径。

5. 安装 TwinCAT ADS（可选）

在运行 HMI 程序的第三方 PC 的 Windows 系统上，不需要 TwinCAT Runtime，也不需要编程调试，而只需要提供 AMS Rounter，以便和 TwinCAT 控制器做 ADS 通信。HMI 所在的 PC 上就只需要安装 TwinCAT ADS。ADS 安装包在倍福中国 ftp 服务器上的下载地址为

ftp://ftp.beckhoff.com.cn/TwinCAT3/install/InstallationPackage/

该路径下面有 3 个安装包，如图 2.13 所示。

名称	大小	修改日期
TC31-ADS-Setup.3.1.4022.27.exe	98.7 MB	2018/11/10 上午12:20:00
TC31-FULL-Setup.3.1.4022.27.exe	724 MB	2018/11/10 上午12:21:00
TC31-XAR-Setup.3.1.4022.27.exe	119 MB	2018/11/10 上午12:21:00

图 2.13　ftp 上的 TwinCAT 3 安装目录内容

下载标记“ADS”的安装包，复制到 HMI 所在的 PC 上，然后以管理员身份运行即可。

2.2 初步认识开发环境

1. TC3 图标和 TC3 Runtime 的状态

(1) 找到 TwinCAT 图标

TwinCAT 安装成功并重启后，编程 PC 桌面右下角会出现 TwinCAT 图标。

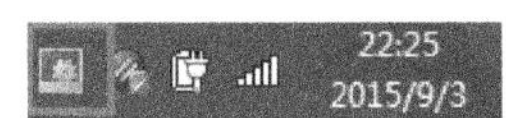

(2) 图标颜色与 TwinCAT 工作模式的对应

此处图标的颜色代表了编程 PC 上的 TwinCAT 工作模式。

：图标为蓝色表示配置模式，此时控制器可以扫描 I/O 模块，但不能运行 PLC 程序。

：图标为绿色表示运行模式，此时控制器不能扫描 I/O 模块，但可以运行 PLC 程序。

：图标为红色表示停止模式。此时控制器 TwinCAT 服务停止。

(3) TwinCAT 工作模式与传统 PLC 工作状态的对应

任何运行了 TwinCAT Runtime 的 PC-Based 控制器上都有这三种工作模式，如果用传统的硬件 PLC 来比喻 TwinCAT Runtime 的三种模式，可以表述为：配置模式——PLC 存在，但没有上电。所以不能运行 PLC 程序，但可以装配 I/O 模块；运行模式——PLC 存在，已经上电，可以运行 PLC 程序，但不能再装配 I/O 模块；停止模式——PLC 不存在。

(4) TwinCAT 处理停止模式的影响

TwinCAT 图标不存在或者显示为红色，都表示 TwinCAT 服务没启动或者已停止。此时不仅不能运行 PLC 程序，也不能与任何编程电脑或者 HMI 设备通信。正常情况下 TwinCAT 仅在 Config 和 Run 之间切换时，才会短暂处理停止模式。

2. TC3 常用的快捷菜单

(1) 编程 PC 的 TwinCAT 状态切换

单击 TwinCAT 图标，在弹出的菜单中选择 System，就显示出左边的子菜单，如图 2.14 所示。

在图 2.14 中单击 “Start/Restart”，编程 PC 就进入仿真运行模式；单击 “Config”，就进入配置模式。状态切换失败，或者服务启动失败，才会进入停止模式。

(2) 进入 TwinCAT 开发环境

如果开发 PC 上安装有多个 Visual Studio 版本，单击右下角的 TC3 图标，就可以选择进入哪个版本的 Visual Studio 中的 TC3，如图 2.15 所示。

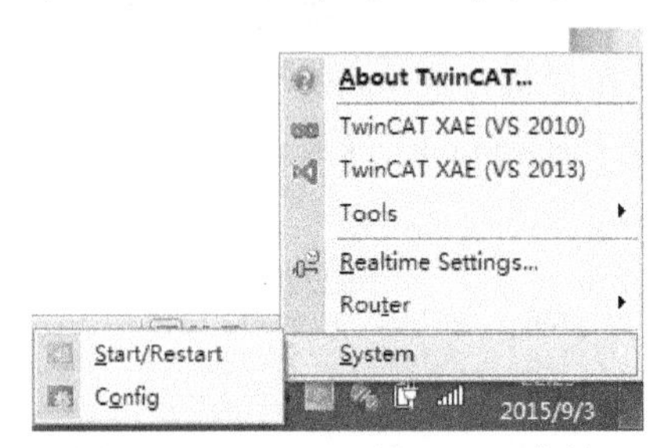

图 2.14 TwinCAT 的 System 菜单

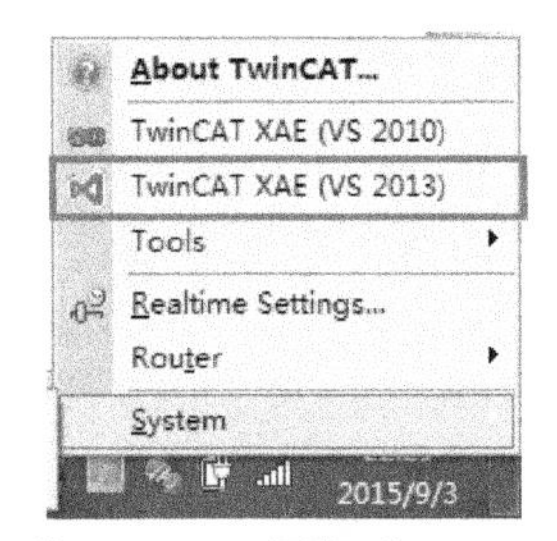

图 2.15 从 TwinCAT 图标进入 TC3 开发环境

(3) 本机的 ADS 路由信息查看和编辑

在编程 PC 的 TwinCAT 图标快捷菜单中，可以查看和编辑本机的 ADS 路由信息，如

图 2.16 所示。

（4）启动 TC3 的帮助系统

在 VS2013 Shell 的开发环境下按〈F1〉，或者从“开始”菜单可以启动 TC3 帮助系统。“开始”菜单中 TC3 帮助系统的选项如图 2.17 所示。

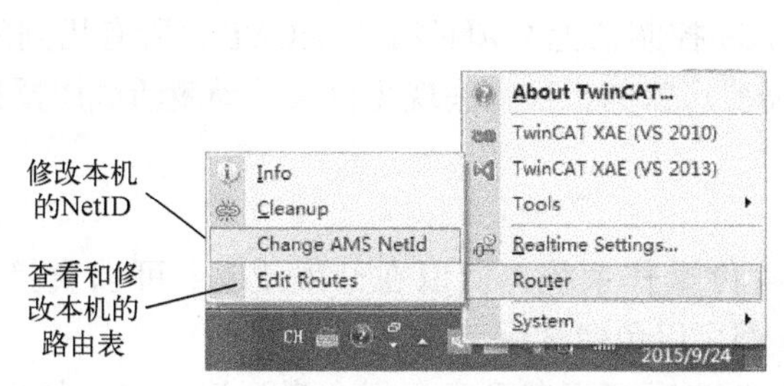

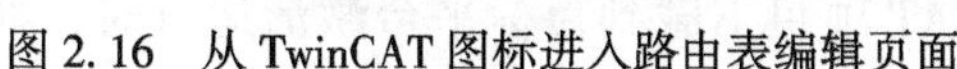

图 2.16　从 TwinCAT 图标进入路由表编辑页面

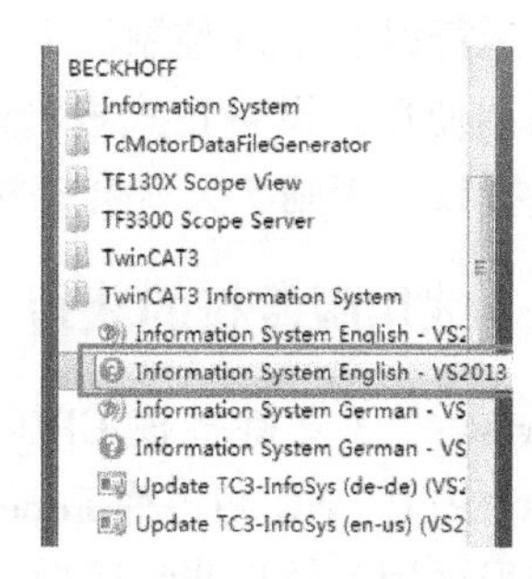

图 2.17　启动 TC3 帮助系统

在图 2.17 中，不仅可以打开 TC3 帮助系统，还可以单击“Update TC3-InfoSys”手动更新 TC3 帮助系统。

（5）TC3 Quick Start 教程

TC3 帮助系统中有完整的入门教程，如图 2.18 所示。

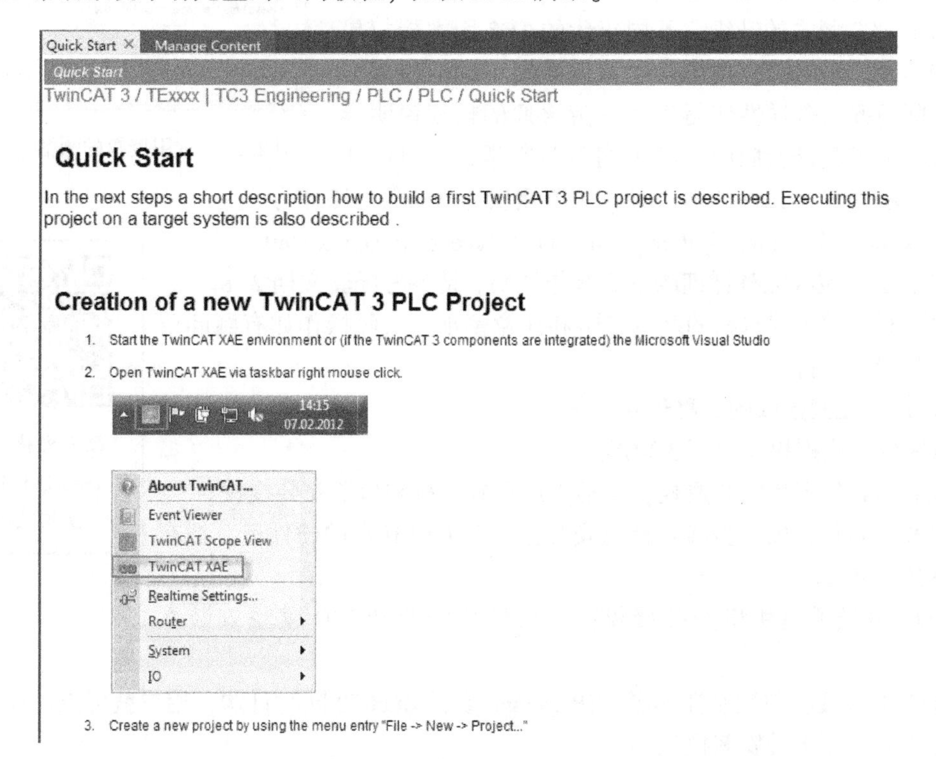

图 2.18　TC3 帮助系统中的入门教程

虽然有各种中文版本的 TC3 教程，但是中文资料本身的更新也大大滞后于英文版，而用户得到的版本也可能不是最新的中文版，所以对于熟悉高级语言和习惯英文阅读的用户，直接学习 TC3 英文帮助系统中的 Quick Start，不失为一个专业的途径。

2.3 获取和注册正版授权

倍福提供 TwinCAT 3 的试用版授权和正式授权。顾名思义，试用版授权用于编程 PC 上的仿真运行以及 TC3 控制器上的功能试用。试用版授权只能连续运行 7 天，而正式授权可以无限期使用。设备正式投产时，TC3 控制器上必须具有 TwinCAT 和所有用到的 Functions 的正式授权，否则 7 天就会停机，需要厂家的工程师去现场再次手动激活试用授权。

2.3.1 试用版授权的获得

TwinCAT 3 支持多核 CPU 和 64 位操作系统，所以在开发 PC 上可以直接仿真运行。TwinCAT PLC、NC 和各种 Functions 都可以免费试用。

获得试用版授权非常简单，TwinCAT 项目下载到目标平台激活运行时，如果授权缺失，系统就会提示需要试用授权。用户只需要根据提示输入字符即可。试用授权可以用 7 天，之后会再次收到提示，重复以上动作可以再用 7 天。试用授权的激活对话框如图 2.19 所示。

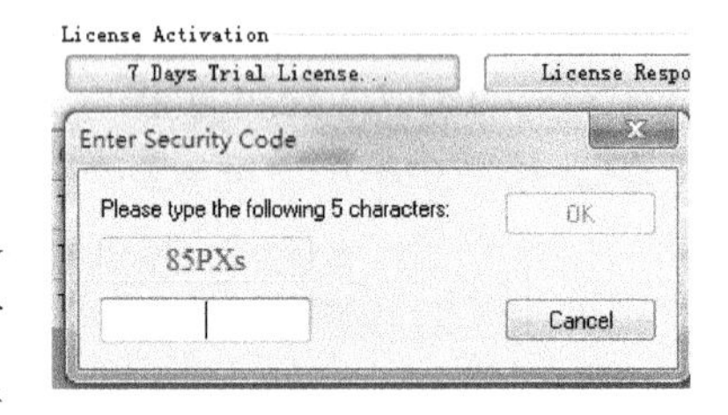

图 2.19 试用授权的激活对话框

2.3.2 完整版授权的激活方式

1. 最新最完整的授权说明：在线帮助

由于 TC3 版本的升级，不同年代的 TC3 版本授权界面可能不同。不同的应用场合也可以采用不同的授权方式。实际情况的多样性使得编写一劳永逸的授权说明异常困难。最完整最新版的授权说明是英文帮助，可以从 TC3 开发环境按〈Ctrl+F1〉打开，关于授权部分的信息路径为

Beckhoff Information System/TwinCAT 3/Licensing/Quick start

关于 TC3 授权完整详细的中文操作说明，请参考配套文档 2-8。

本章只介绍正式授权的基本步骤和注意事项，实际操作如有疑问请联系倍福当地支持。

配套文档 2-8 TwinCAT 3 的授权激活

2. TC3 正式授权的 3 种形式

TC3 的正式授权有如下 3 种形式。

控制器存储卡里安装授权：包括出厂预置授权和后期安装授权。

USB Dongle 里安装授权：授权安装在一个类似 U 盘的硬件里，插在控制器的 USB 口。

EL6070 端子模块里安装授权：授权模块安装和 I/O 模块安装在一起。

如果 TC3 授权与控制器或者 USB Dongle 或者 EL6070 同时订购，用户就可以选择出厂预装，否则就需要手动安装授权。

3. 手动安装软件授权到控制器

上述 3 种授权形式中最常用的是“控制器存储卡里安装授权”。这时，倍福公司提供与 CPU 唯一匹配的授权文件，存放在控制器的指定路径，授权才能正常工作。如果软件单独订购，就要手动安装这种授权，步骤如下：从倍福公司获取软件订单的 ID 号，根据 ID 号生成授权请求文件 TLR_BI_id_CI_ct. tclrq，发邮件到 tclicense@ Beckhoff. com，收到授权激活文

件，激活授权。

下面简述具体操作。

(1) 从倍福公司获取软件订单的 ID 号

用户联系倍福公司，提供订单号及软件订货号，可以得到 License ID。

(2) 根据 License ID 生成授权请求文件 TLR_BI_id_CI_ct. tclrq

选中目标系统（Choose Target），进入以下授权管理界面，如图 2. 20 所示。

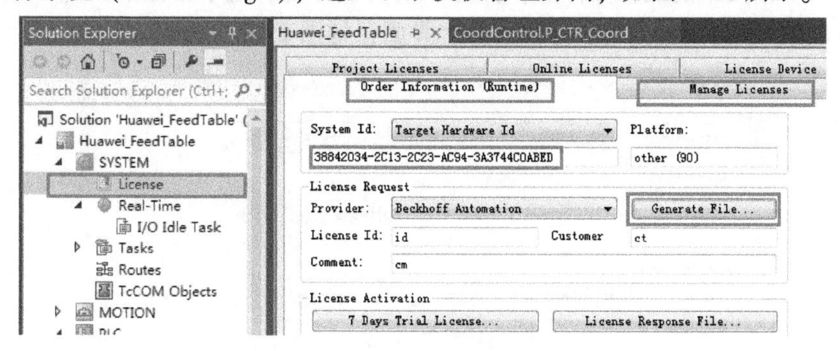

图 2. 20　生成授权请求文件

只有 Target 选择正确，系统才会显示正确的 System ID 和 Platform 等级。在 “Manage Licenses” 选项卡选中需要的授权，如图 2. 21 所示。

Order Information (Runtime) | Manage Licenses | Project Licenses | Online Licenses

☐ Disable automatic detection of required licenses for project

Order No	License	Add License
TC1000	TC3 ADS	☑ cpu license
TC1100	TC3 IO	☐ cpu license
TC1200	TC3 PLC	☑ cpu license
TC1210	TC3 PLC / C++	☐ cpu license
TC1220	TC3 PLC / C++ / MatSim	☐ cpu license
TC1250	TC3 PLC / NC PTP 10	☐ cpu license

图 2. 21　Manage Licenses 选项卡

在 Order Information (Runtime) 选项卡的 “License Request” 处填写 License ID 和 Customer，如图 2. 22 所示。

Order Information (Runtime) | Manage Licenses | Project Licenses | Online Licenses

License Device　Target (Hardware Id)　Add...

System Id:　Platform:

38842034-2C13-2C23-AC94-3A3744C0ABED　other (90)

License Request

Provider:　Beckhoff Automation　Generate File...

License Id:　Customer

Comment:

图 2. 22　填写授权 ID 和用户名称

图 2.22 中，License ID 就是第（1）步中从倍福公司获取的 License ID，Customer 指用户名称，应填写英文，用户可以自定义，方便自己识别就行。单击“Generate File”，并选择保存路径。然后按提示发邮件到 tclicense@ Beckhoff. com。如果安装 TC3 开发环境的 PC 不能收发邮件，也可以复制该授权文件到其他 PC 再发送。

（3）收到授权文件并激活

收到授权邮箱发来的授权文件后，打开 TC3 开发环境，选中目标系统（Choose Target），进入授权管理的 Order Infomation（Runtime）界面，如图 2.23 所示。

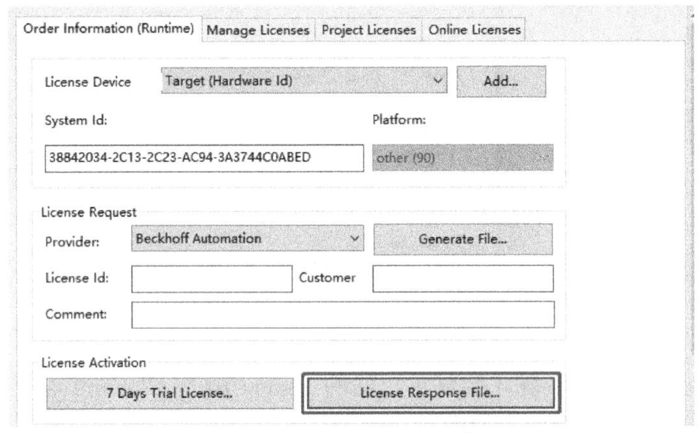

图 2.23　选择授权文件并激活

在图 2.23 中，单击“License Response File”，选择收到的授权文件，按提示操作即可完成授权激活。

2.3.3　常见问题

（1）备份和恢复控制器上的授权

重装系统或者刷 Image 时，务必备份好控制器上的授权文件夹：“C:\TwinCAT\3. ×\Target\License”，重装系统时恢复该文件夹即可恢复授权。

（2）授权不可迁移

授权文件与控制器唯一对应，不可迁移到其他控制器。

2.4　添加路由（Add ADS Router）

ADS 通信和 ADS 路由是一个很基础又很大的话题，初学者或者只是偶尔使用 TwinCAT 做测试而不是开发项目调试设备的用户，可以暂时略过本节，在项目调试时遇到问题分析原因时再详细阅读本节内容。

2.4.1　网线连接

1. 网线直接连接

如果编程 PC 只需要连接 1 台控制器，可以直接用普通网线直连。如果倍福控制器上有两个内置交换机的网口，比如 CX90xx、CX1020，三个设备联网可以不用交换机，接线方式如图 2.24 所示。

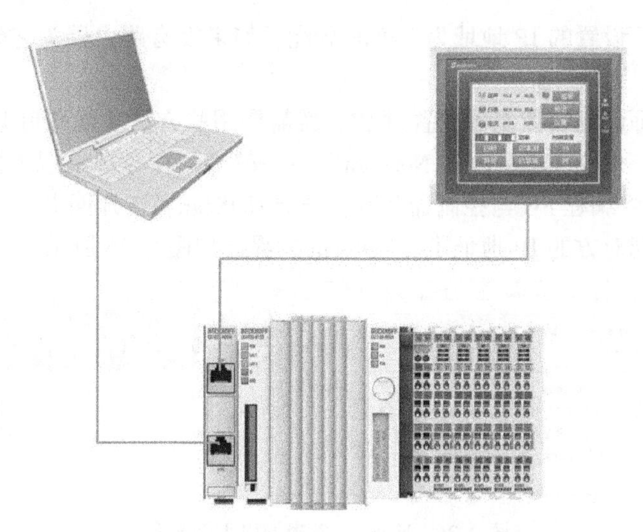

图 2.24 编程 PC 网线直连控制器的接线

2. 经交换机组成局域网

实际应用中经常还有第三方以太网设备要接入，或者编程 PC 要连接多台控制器，这时就需要使用交换机将编程 PC、倍福控制器和触摸屏或者其他第三方设备组成局域网。

注意，对于 EPC（CX5xxx、CX2xxx）、IPC（C69xx、C60xx、C66xx）、Panel PC（CP2xxx、CP6xxx），控制器上的两个网口是独立网卡，超过两个设备要联网时，就必须使用交换机。

编程调试对交换机没有特殊要求，有线无线均可。通常现场调试的时候，工程师都会随身携带无线路由器，以便选择最方便观察机器动作的位置来工作。此时接线如图 2.25 所示。

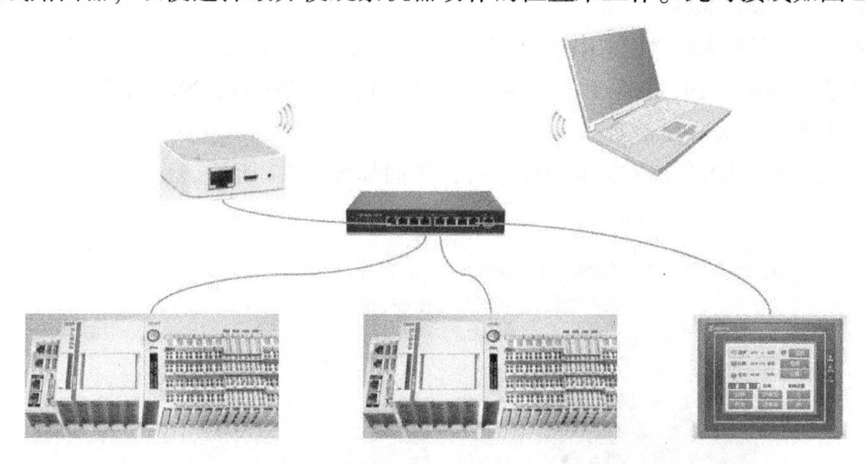

图 2.25 编程 PC 与控制器经过无线局域网连接

2.4.2 设置控制器的 IP 地址

编程 PC 总是通过以太网对 PC-Based 控制器进行编程和配置，和其他 PC 之间的通信一样，通信双方必须处于同一个网段。为此，必须先确定控制器的 IP 地址，才可能把编程 PC 和控制器的 IP 地址设置为相同网段。

1. 确定控制器的 IP 地址

必须知道控制器的 IP 地址，才可能把编程 PC 和控制器的 IP 地址设置为相同网段。

倍福控制器出厂设置的 IP 地址为 DHCP 分配，如果没有路由器为它分配地址，默认 IP 为 169. 254. ××. ××。

如果其他工程师已经给控制器设置过 IP，就需要用些方法才能知道 IP 是多少了。倍福中国工程师开发的一个小工具——“NetScan”——就专门用于抓取以太网数据包，并分析出其中的 IP 地址。将编程 PC 与控制器联网，开启 NetScan，选择网卡，令控制器重新上电，就可以在界面上发现对方的 IP 地址了。NetScan 的界面如图 2. 26 所示。

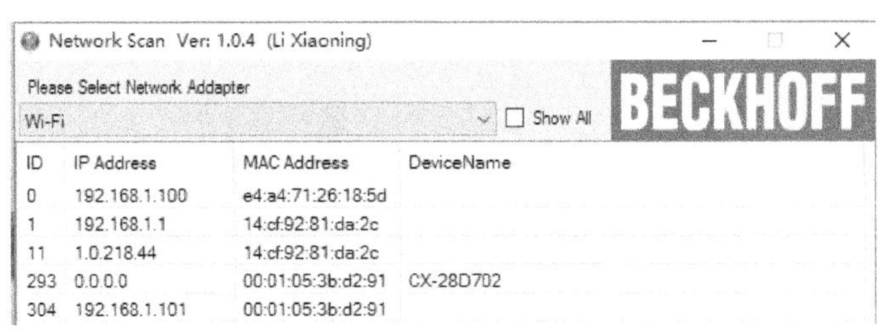

图 2. 26　NetScan 发现的以太网设备

该工具的安装文件详见配套文档 2-9。

配套文档 2-9
NetScan 抓包工具

2. 设置 IP 地址

确定控制器的 IP 地址之后，修改编程 PC 或者 TwinCAT 控制器的 IP 地址，使两者处在同一个网段。如果控制器接了显示器、键盘和鼠标，就可以直接进入控制面板，修改网络连接。如果没有显示器，则需要从编程 PC 访问控制器的 IP。

有多种方法可以远程修改控制器的 IP 地址，推荐使用以下方法。

（1）对于 CE 操作系统

可以从 Web 配置界面“BECKHOFF Device Manager”设置 IP。

Web 地址：http://192. 168. 1. 101/config 或者 http://CX-3BD290/config

用户名和密码：webguest/1

成功登入 BECKHOFF Device Manager 后，界面如图 2. 27 所示。

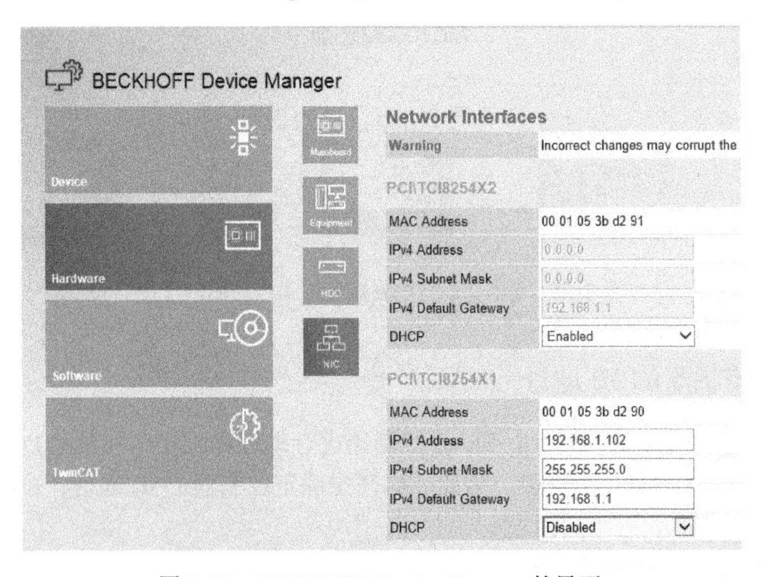

图 2. 27　BECKHOFF Device Manager 的界面

提示：经测试用 IE 打开以上地址，显示正常。用 QQ 浏览器则不能正常显示。

（2）对于 Windows 7、Windows 10 操作系统

对于标准的 Windows 操作系统，可以用编程 PC 的操作系统 Windows 自带的远程桌面（Remote Desk）功能，接管控制器的桌面后进入控制面板，设置“网络连接”。

3. 验证 PC 与控制器的以太网通信

控制器的 IP 如果改到了不同网段，它与编程 PC 的连接就会中断。必须再次修改 PC 的 IP 地址，与控制器改后的新 IP 同一网段，才能恢复与它的连接。

在编程 PC 上进入命令模式，运行“Cmd”，然后用“Ping”指令验证局域网是否连通。

例如：假如控制器的 IP 是 169.254.5.88，如图 2.28 所示。

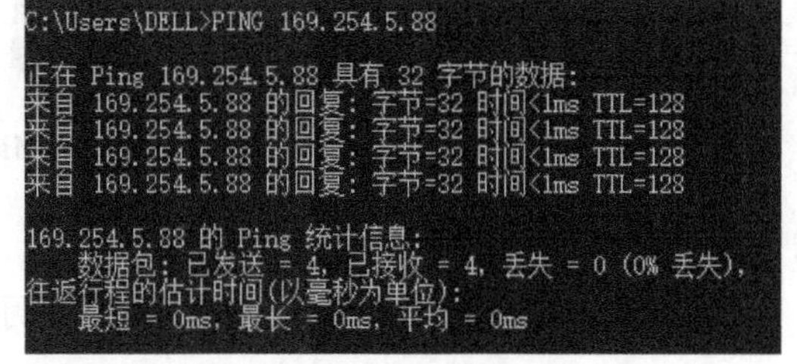

图 2.28　在命令界面用 Ping 指令

2.4.3　配置 NetID

1. 关于 AMS Router 和 AMS NetID

每个 TwinCAT 控制器都有一个特定的列表，登记了若干远程设备的信息，如图 2.29 所示：

Current Routes | Static Routes | Project Routes | NetId Management

Route	AmsNetId	Address	Type
VM-WIN7-32BIT	192.168.130.12.1.1	192.168.130.12	TCP_IP
CX-39158E	192.168.0.102.1.1	192.168.0.102	TCP_IP
CX-20B83A	5.32.184.58.1.1	169.254.1.10	TCP_IP
CX-3BD290	5.59.210.144.1.1	192.168.1.102	TCP_IP

图 2.29　TwinCAT 的路由表示例

图 2.29 中每一项叫作“AMS Router”，简称“Router”或者“路由”，整个列表叫作“路由表”。TwinCAT 控制器只与自己路由表中的设备通信。以编程 PC 为例，在它对一个控制器编程之前，必须把该控制器的信息加到自己的路由表，这个过程就叫“Add Router”。

每个 Router 项都包括 IP 地址（或者 Host Name）、AmsNetId、Type 等信息，其中 AmsNetId，简称 NetId，是一个 6 段的数字代码，最后两段总是“1”。TwinCAT 控制器都有一个默认的 NetId。在大型项目中，为了方便识别每个控制器，习惯把 NetId 修改为 IP 地址加上后缀“.1.1”。比如 IP 地址是“192.168.1.101”的控制，NetID 就设置为“192.168.1.101.1.1”。

不同的操作系统，不同的 TwinCAT 等级，设置 NetID 的方法有所不同。只要局域网内所有设备的 IP 地址和 NetId 没有重复，使用默认值也是可以的。

2. 设置 Windows CE 上 TC3 的 NetID（可选）

在 TwinCAT 3.1.4022.27 中，无法从开发环境设置目标系统的 NetID，也无法从 IE 访问 Device Manager 修改控制器的 NetID，甚至从 CX5130 的 CE 系统执行路由管理器程序“\Hard Disk\System\TcAmsRemoteMgr.exe”也不能修改 NetID。此时，可行的办法是进 CE 操作系统。

（1）先启用远程桌面

从 IE 访问 Device Manager，如图 2.30 所示。

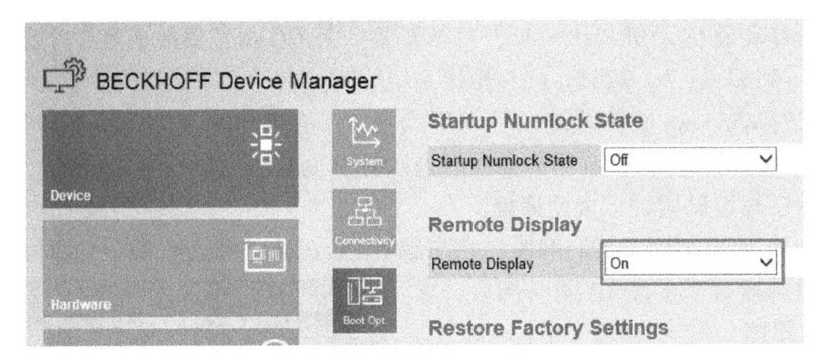

图 2.30　从 Device Manager 启用 CE 远程桌面

(2) 用 CERHost. exe 工具接管 CE 桌面

可用两种方式设置 NetID，如图 2.31 所示。

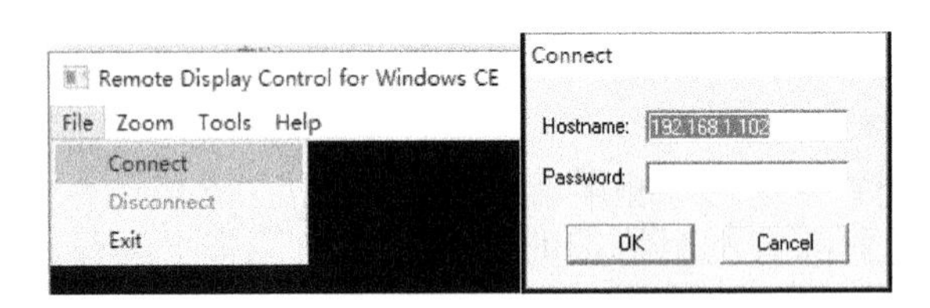

图 2.31　从 CERHost 菜单连接 CE 桌面

(3) 运行 CX Configuration

运行 Control Panel 进入控制面板，运行 CX Configuration，在 General 右方的 TwinCAT 选项中单击“Edit”，可以设置 AMS NetId。如图 2.32 所示。

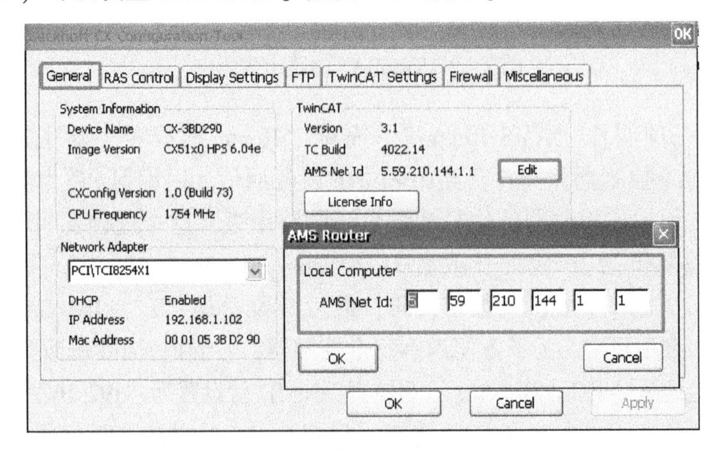

图 2.32　修改 AMS Router

(4) 从注册表修改 NetID（可选）

如果 Image 中没有上述按钮，则运行 Regedit 修改注册表，在“Local Machine/Software/Beckhoff/TwinCAT3/System”下，可以找到注册表项“AmsNetId”，这是 16 进制的 6 字节数据，如图 2.33 所示。

推荐优先选用 CX Configuration 的方法，所有方法都无效才修改注册表。

(5) 验证 NetId 修改成功

修改后重启控制器，从 IE 进入“BECKHOFF Device Manager”验证 NetID，如图 2.34 所示。

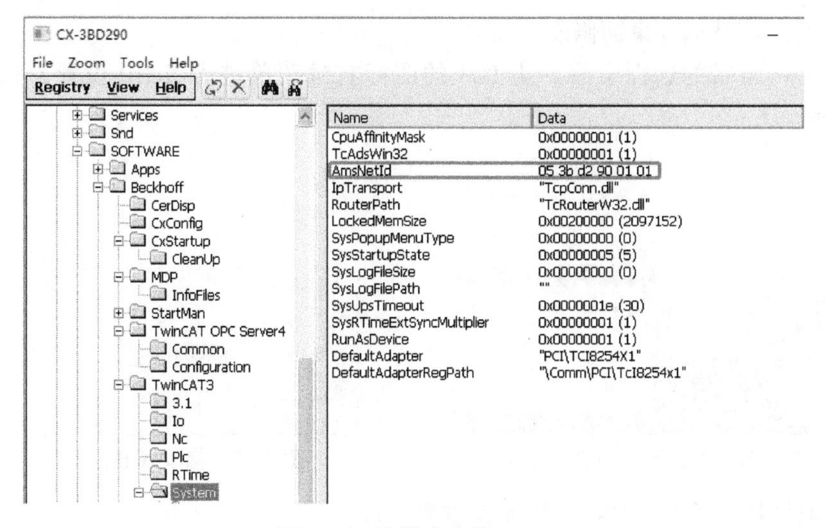

图 2.33　注册表中的 NetId

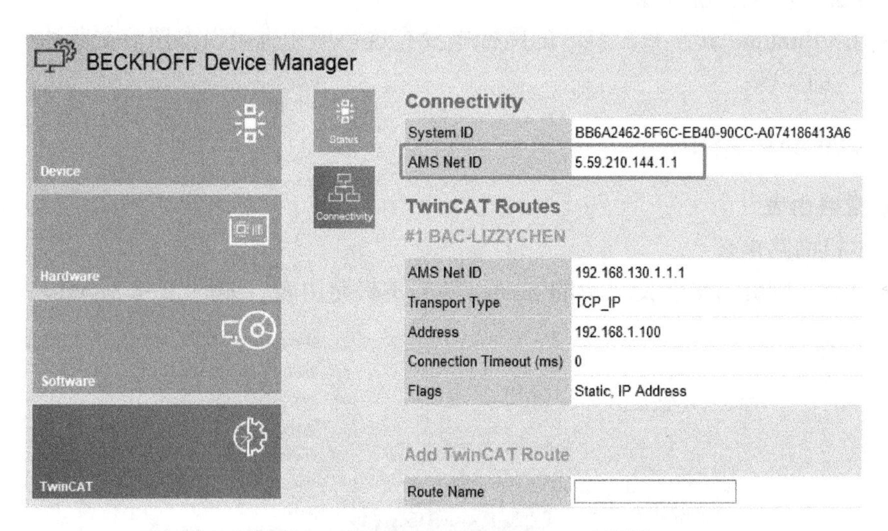

图 2.34　在 BECKHOFF Device Manager 中验证 NetId

3. 设置 Windows 7、Windows 10 上 TC3 的 NetID

（1）方法一：在 TwinCAT 3 开发环境中修改

可在 TwinCAT 3 开发环境中查看目标控制器的路由表并对 NetID 进行修改，如图 2.35 所示。

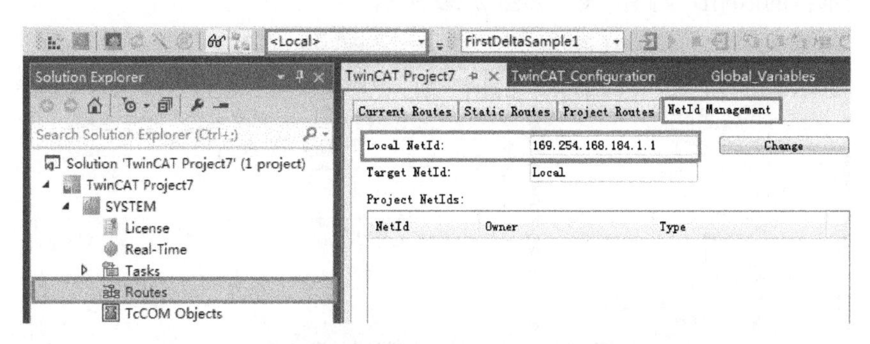

图 2.35　查看目标控制器的路由表并对 NetID 进行修改

(2) 方法二：从远程桌面修改

用 Windows 自带的远程桌面，从 TC3 的图标右键菜单进入 NetID 设置，如图 2.36 及图 2.37 所示。

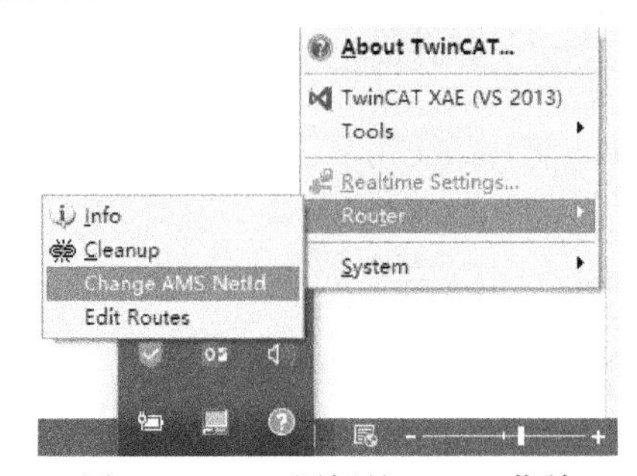

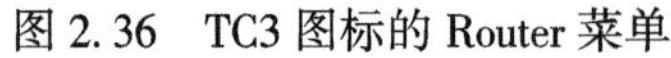

图 2.36　TC3 图标的 Router 菜单

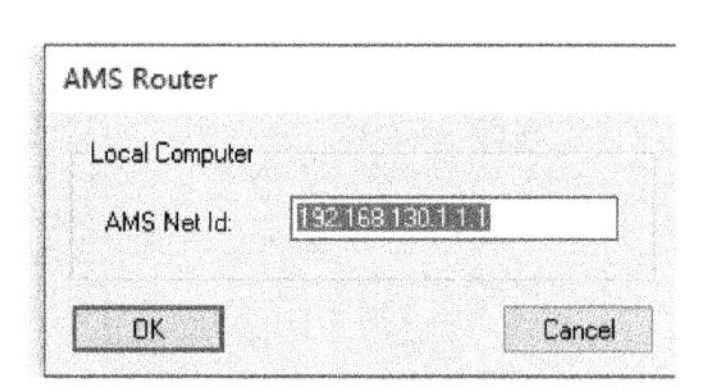

图 2.37　修改 NetId

在弹出对话框中单击“OK”，控制器重启生效。

(3) 方法三：从注册表修改

如果 TC3 Runtime 或者 TC3 ADS 的图标中没有这一项，也可以参照前文所述“从注册表修改 NetID”的步骤。

2.4.4　添加 ADS 路由

1. 查看路由表

(1) 本机的路由表

可以从 TC3 图标右键快捷菜单的 Router 访问本机路由表，如图 2.38 所示。

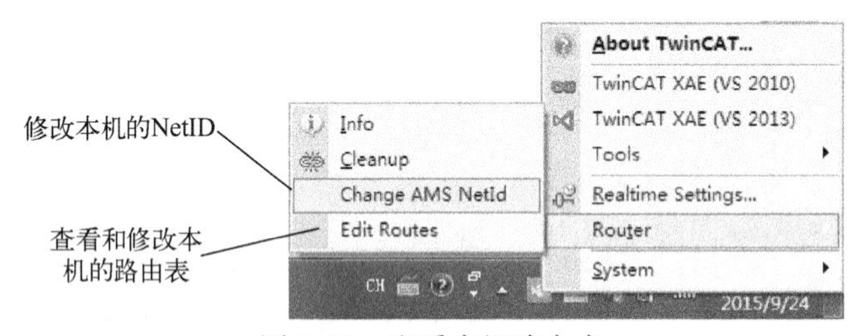

图 2.38　查看本机路由表

从这里修改路由表，不需要输入用户名和密码。

(2) 目标控制器的路由表

新建一个空白 TwinCAT 项目，选中目标系统为 Local 或者 TwinCAT 控制器，就可以从以下界面看到本机的 NetID 及路由表，如图 2.39 所示。

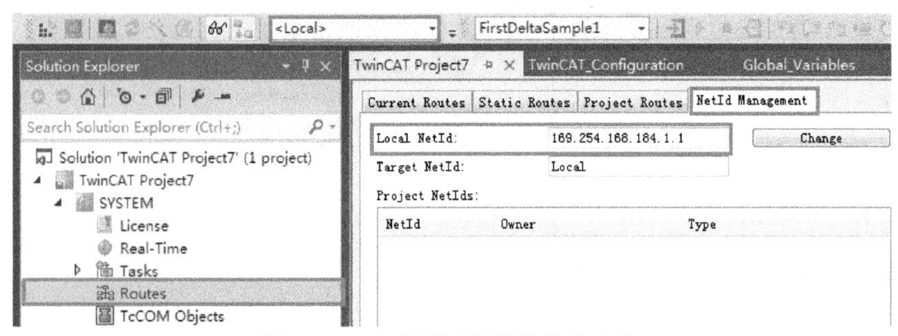

图 2.39　查看目标控制器的路由表

单击 Current Routes 选项卡，如图 2.40 所示。

图 2.40 中可以看到编程 PC 的当前路由表，一共有 3 行，每行表示一台 TwinCAT 控制器。第 1 列是控制器的名字，第 2 列是 AmsNetID，第 3 列是 IP 地址，第 4 列是连接类型。编程 PC 只能对自己路由表中的控制器进行编程。

Current Routes | Static Routes | Project Routes | NetId Management

Route	AmsNetId	Address	Type	Comment
GUANGZHOUTEC...	169.254.54....	192.168.1.127	TCP_IP	
CX-1DC32C	5.29.195.44...	169.254.188...	TCP_IP	
CX-1DBE2E	5.29.190.46...	169.254.211...	TCP_IP	

图 2.40　当前路由表

从这个页面，不仅可以查看路由表，也可以删除（Remove）或者添加（Add）路由表项。

实际上，每个 TwinCAT 控制器都有一个路由表，每个控制器只接受自己路由表中的 PC 编程。控制器的路由表要在“添加路由表”完成以后才能从 System Manager 页面看到。

2. 添加路由表

按照前面设置好 IP 地址和 NetID 后，就可以添加路由表了，方法如下。

(1) 进入添加路由“Add Routes”界面

有 3 种方式打开“Add Route”界面。

方法一：在 VS 单击“Choose Target System”，然后“Search EtherNet”，如图 2.41 所示。

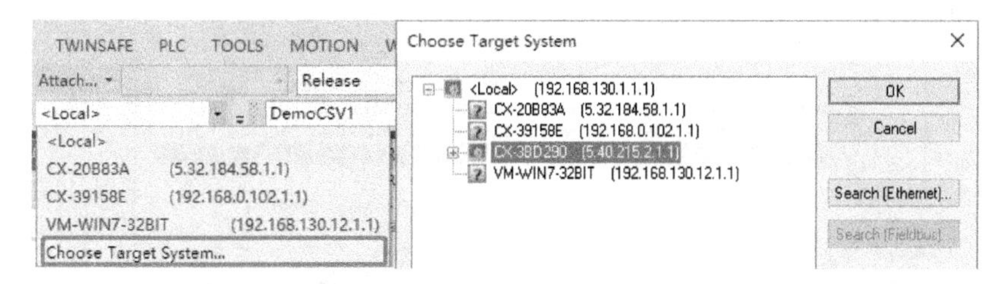

图 2.41　从 Choose Target System 进入 Add Route 界面

方法二：从编程 PC 的 TC3 图标右键菜单 Router 进入 Edit Routes，如图 2.42 所示。

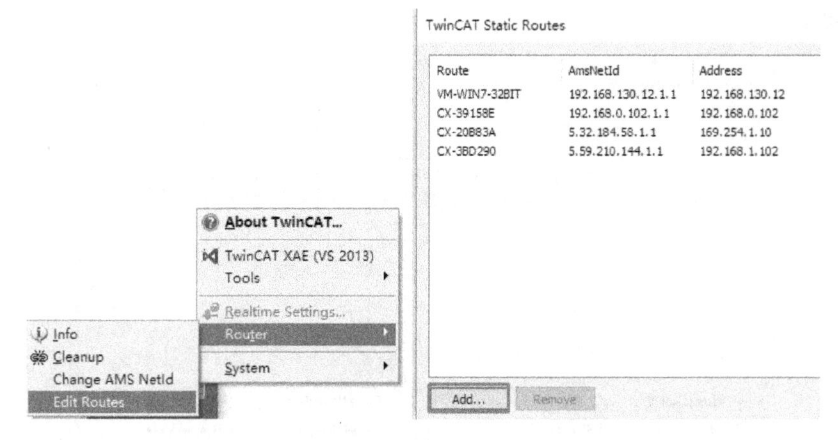

图 2.42　从 TC3 图标菜单进入 Add Route 界面

方法三：选中目标系统后，从 Routes 项进入，如图 2.43 所示。

(2) Broadcast Search

上面介绍的 3 种途径之一都可以弹出 Add Route 对话框。在网卡选择对话框中选择实际

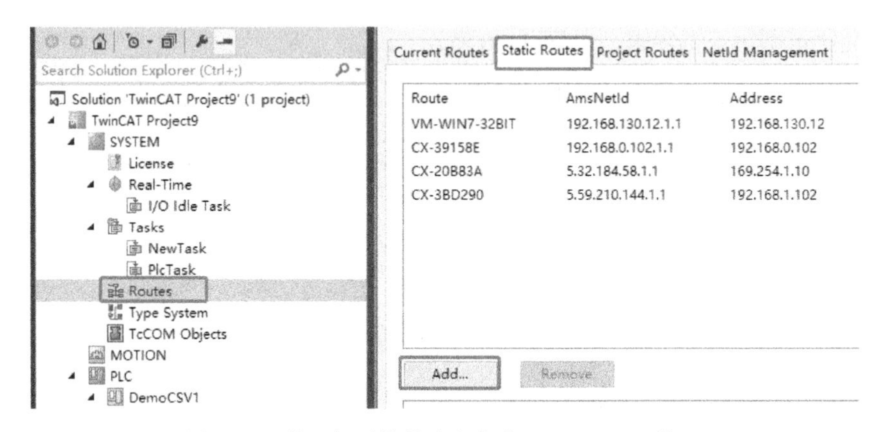

图 2.43　从目标系统的路由表进入 Add Route 界面

连接控制器的网卡，如图 2.44 所示。

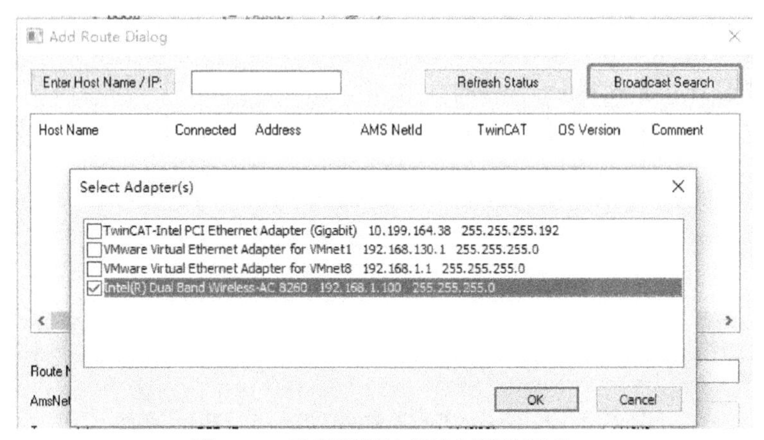

图 2.44　选择实际连接控制器的网卡

然后就会自动搜索到网内的 TwinCAT 系统，无论它在运行还是配置模式。选中目标，如图 2.45 所示。

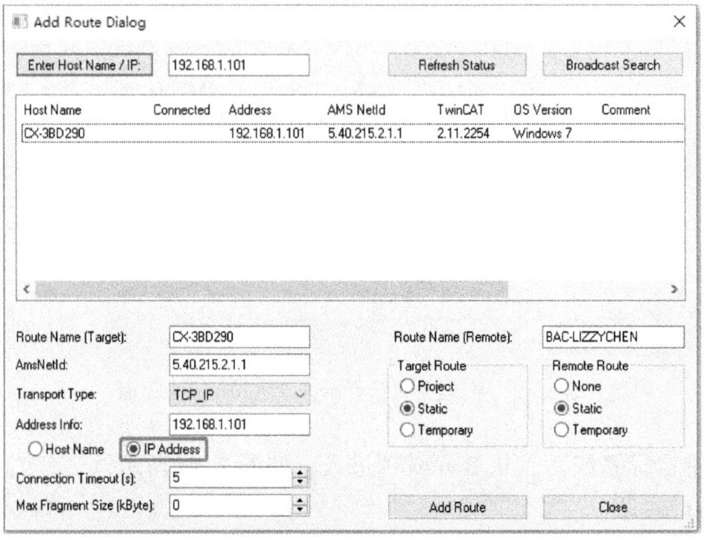

图 2.45　选择发现的 TwinCAT 系统之一

只要控制器在同一个局域网并且 IP 在同一网段，通常用 Broadcast Search 都能搜索出来。如果没有搜索到，可以在左上方的“Enter Host Name/IP：”处，输入已知的控制器 IP。如果仍然不显示，请参考本节末尾的“常见问题”。

有的系统只支持 IP Address 方式，并且这种方式当连接中断后再恢复时速度比较快。所以初学者推荐选用 IP Address 的方式。

在右下方的 Target Route 和 Remote Route 中，通常默认都是 Static，表示静态路由，在编程 PC 和目标控制器之间建立固定关系，换一个 TwinCAT 项目甚至重启后路由仍然有效。推荐使用这种方式，添加路由时记得确认此处的选项为 Static。

（3） Add Router

在 Add Router 对话框中选择目标控制器，单击“Add Route”进入用户登录验证，如图 2.46 所示，输入用户名和密码。

当出厂设置为非 CE 系统时，用户名：administrator，密码：1。

当出厂设置为 CE 系统时，用户名和密码均为空白。

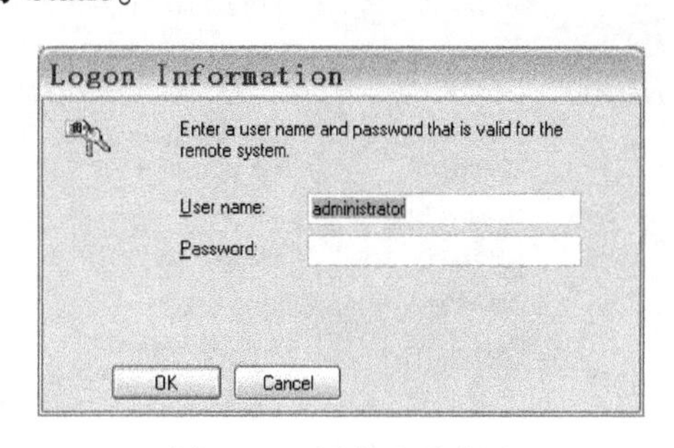

图 2.46　用户登录验证

（4） 添加成功的标记

若添加成功则 Connected 项会显示 X 标记，如图 2.47 所示。

Host Name	Connected	Address	AMS NetId	TwinCAT	OS Version	Comment
CX-3BD290	X	192.168.1.101	5.40.215.2.1.1	2.11.2254	Windows 7	

图 2.47　成功添加路由表项的标记

（5） 单击 Close 按钮，返回前一对话框，可以见到刚刚添加的路由表项出现在列表中。选中要配置的控制器，单击 OK 按钮，如图 2.48 所示。

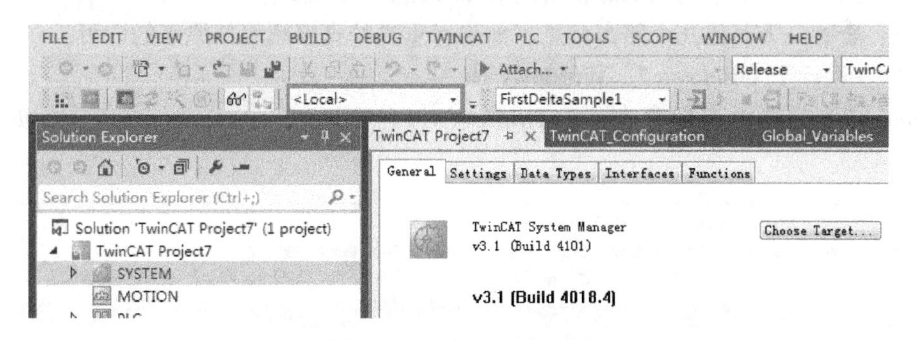

图 2.48　选择目标控制器

在图 2.48 所示窗口左上部红色框中会显示当前登录的目标控制器，如果显示“Local”则表示开发环境所在的 PC，否则显示目标控制器的名称和 NetID，如“CX2020(192.168.1.118.1.1)”。

2.4.5　手动添加 ADS 路由（可选）

TwinCAT 系统与 TwinCAT 系统的 ADS 通信，可以使用 Broadcast 的方式自动添加路由。

但是有时候 TwinCAT 系统要与没有安装 TwinCAT Runtime 或者 TwinCAT ADS 的设备进行 ADS 通信，比如 ADS 触摸屏，这里就需要手动添加路由。对于不同的倍福控制器，有不同的操作系统和 TwinCAT 版本，其手动添加 ADS 路由的方式也不同，下面依次描述各种情况。

1. TC2 或者 TC3 运行于 Windows CE

1）方法一：用 BECKHOFF Device Manager 添加路由，如图 2.49 所示。

2）方法二：用 CE 系统自带的路由管理器添加路由。进入资源管理器后，运行 HardDisk\System\TcAmsRemoteMgr. exe，单击 Add，如图 2.50 所示。

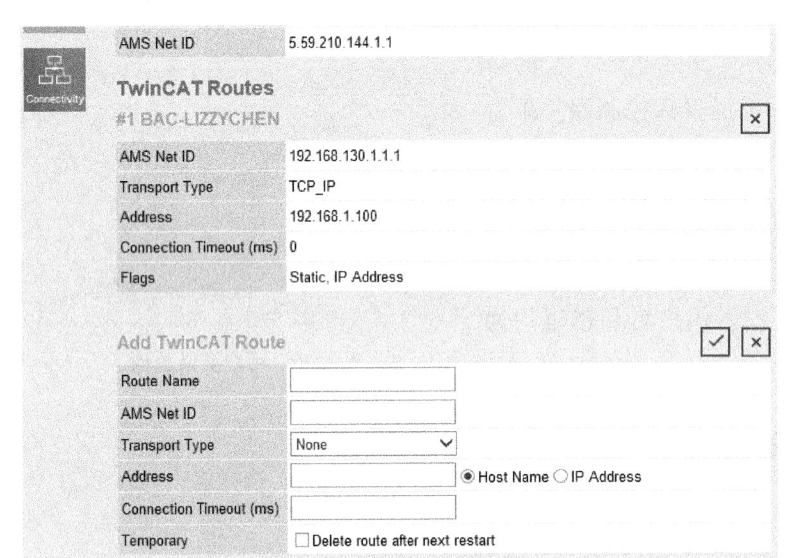

图 2.49　用 BECKHOFF Device Manager 添加路由

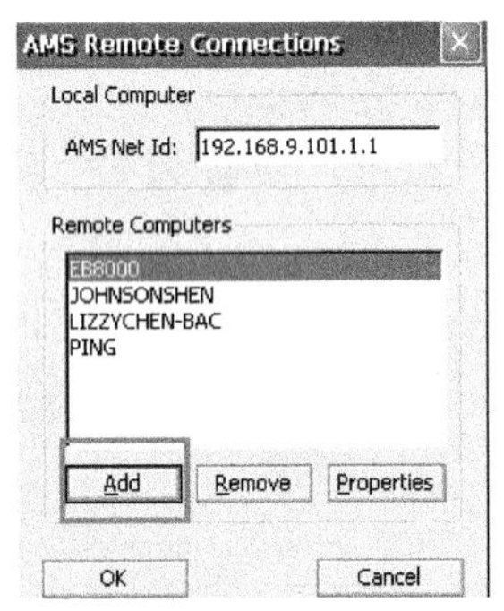

图 2.50　用 CE 系统自带的路由管理器添加路由

在新弹出的对话框中输入所加设备的 AMS 信息及 IP 地址。

注意：查看一下其他几个路由信息，如果有重复的直接删除掉原来的即可。

2. TC3 运行于 Windows 7、Windows 10

TwinCAT 3 的路由表保存在 C:\TwinCAT\3.1\Target\StaticRoutes. xml 中，如图 2.51 所示。

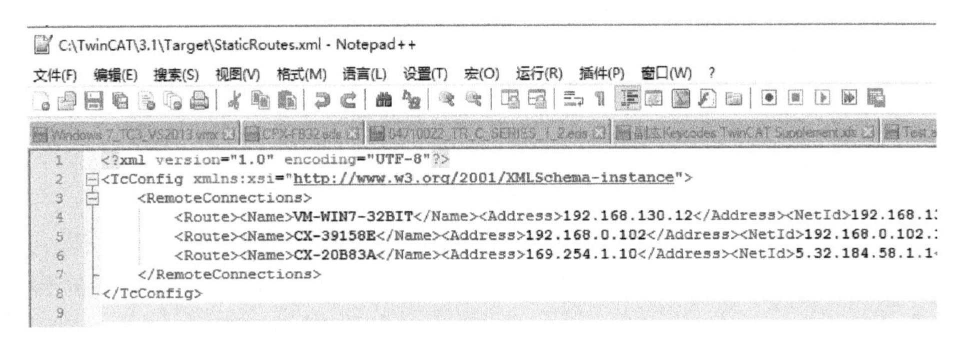

图 2.51　TC3 的路由表 XML 文件

复制、粘贴 RemoteConnections 下的一项 Route，修改 Name、Address 和 NetId 就行了。

3. TC2 运行于 Windows 7、Windows 10

接管桌面后，可以从右下角的 TwinCAT 图标访问控制器的 AMS 路由表，如图 2.52 所示。

单击 Add 添加路由表项，如图 2.53 所示。

在 AMS Router 选项卡单击 Add，就可以手动添加 AMS Router。把触摸屏的 IP 和默认 NetId 填入，并在 Name 中取个名字就可以了。注意：这 3 项都不能与局域网中的其他设备重复。

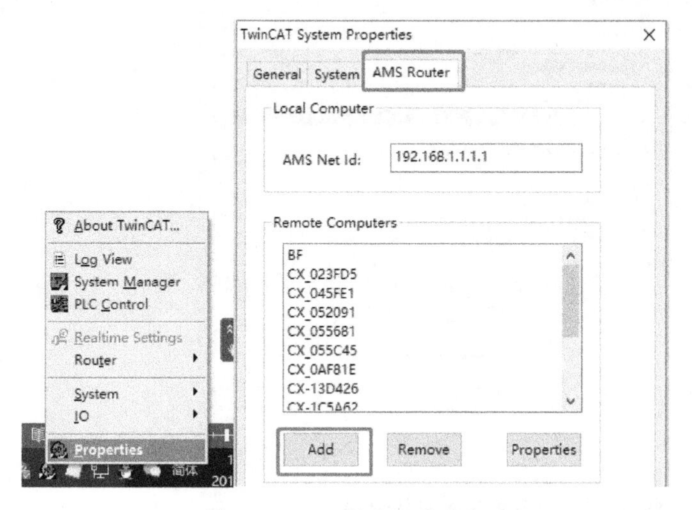

图 2.52 TC2 的本机路由表

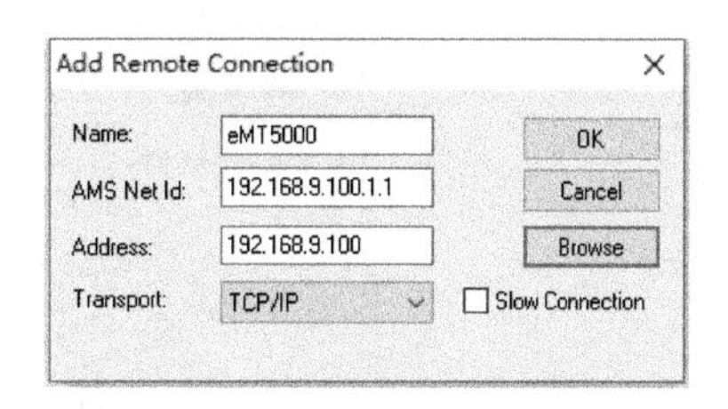

图 2.53 添加路由表项

2.4.6 常见问题

配套文档 2-10
加不上路由的若干
可能性 V1.04

1. 如果扫描不到控制器或者加不上路由

可参见配套文档 2-10。

2. 连接中断后如何恢复连接

只要 TC3 中没有选择其他 Target，编程 PC 就会连续尝试恢复与目标控制器的连接，直到与连接恢复为止。中间可能导致对其他应用程序的响应缓慢甚至半死机状态。如果想中断连接尝试，可以从编程 PC 的 TwinCAT 图标快捷菜单中将本机的 TwinCAT 状态切换到 Stop，再切回 Config。

2.5 开发第一个 PLC 项目

1. 编程环境的设置

为了提高写代码的效率，以及兼容 TwinCAT 2 的编程习惯，在正式开始编写 PLC 程序之前，建议先对编程环境做一些基本设置。

（1）TwinCAT 快捷键

TwinCAT 3 中默认只延续了 TwinCAT 2 的快捷键〈F1〉（Help）和〈F2〉（Input Assistant），以至于从 TwinCAT 2 升级到 TwinCAT 3 的用户，第一个不习惯的就是常用快捷键没有了。但是 TwinCAT 3 中提供自定义快捷键的功能。在编程之前，先配置这些快捷键。

从主菜单 Tool 进入 Options，在 Environment 中选择 Keyboard，如图 2.54 所示。

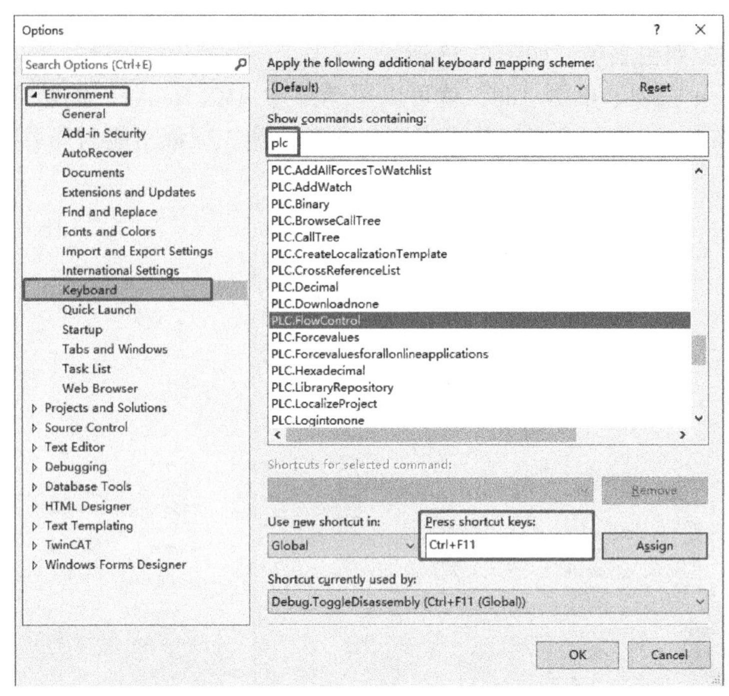

图 2.54　TwinCAT 3 开发环境设置快捷键

在“Show commands containing”中填写 plc，所有 PLC 编程的操作就会显示出来，选择目标操作，直接从键盘按键，单击 Assign 即可。常用的快捷键见表 2.2。

表 2.2　兼容 TwinCAT 2 的常用快捷键列表

功　能	命　令	快　捷　键
PLC 写变量	Plc. writevalues	〈Ctrl+F7〉
显示执行的 PLC 代码行	Plc. flowcontrol	〈Ctrl+F11〉
登录 PLC	Plc. LoginToNone;	〈F11〉
登出 PLC	Plc. LogoutFromNone	〈F12〉
PLC 启动	Plc. StartNone	〈F5〉
PLC 停止	Plc. StopNone	〈Shift+F5〉

(2) Smart Coding

TwinCAT 3 中编写 PLC 代码时，输入前面的字符，就会像高级语言一样提示后面的字符。从主菜单 Tool 进入 Options，在 TwinCAT 中选择 Smart coding，如图 2.55 所示。

启用 Smart coding 后，假如程序中有个变量叫“fbLamp_Dimm”，编程时要使用该变量时，只要输入前面几个字符“fbla”，就会自动定位到这个变量。如图 2.56 所示。

按回车选择它，程序中就出现了该变量的全名。

(3) 项目默认路径设置

默认的项目路径总是在 VS 安装路径下，如果 VS 装在系统盘下，测试 TC3 功能或者开发 TC3 项目时总是使用默认路径，因为 TC3 项目通常都比较大（10 MB 以上），这样系统盘

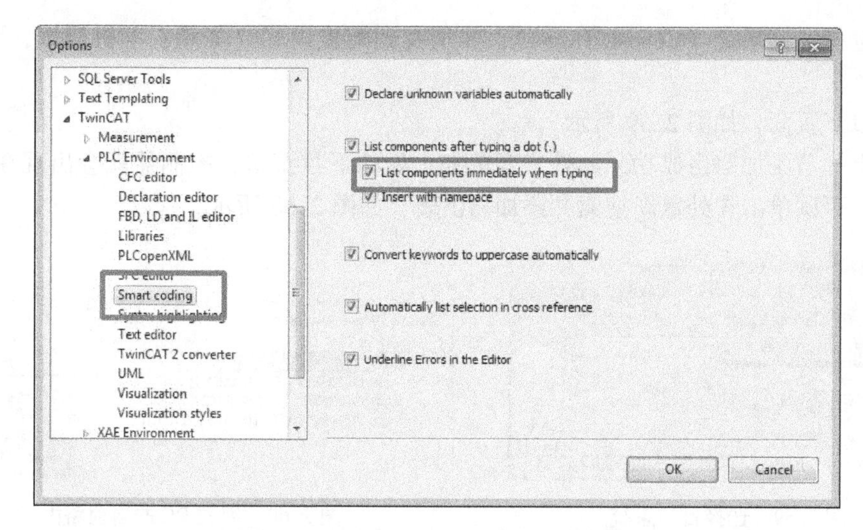

图 2.55　用 Smart coding 启用字符提示

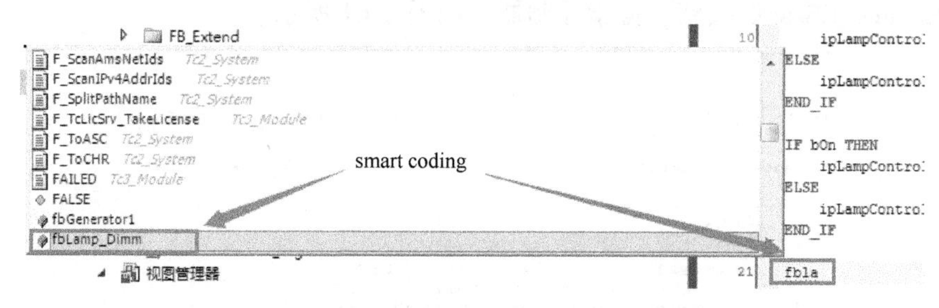

图 2.56　键盘输入时的字符提示功能

就会越来越大。所以建议把默认项目路径改成其他硬盘分区，如图 2.57 所示。

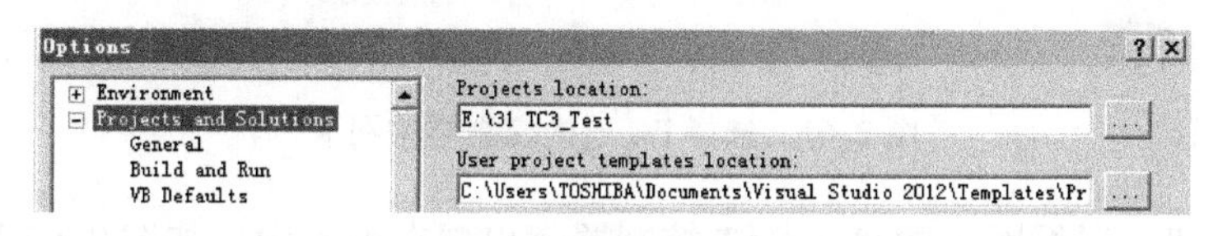

图 2.57　项目默认路径修改

2. 建一个 TwinCAT 项目

(1) 创建 TwinCAT 项目

File | New | Project 进入以下页面，如图 2.58 所示。

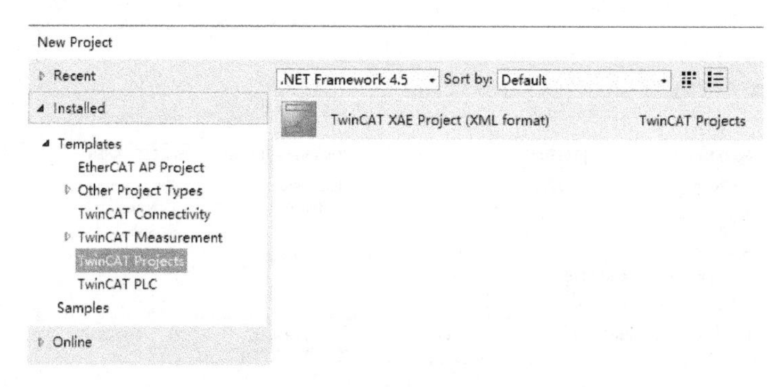

图 2.58　新建项目

（2）选择目标系统（Choose Target），并切换到配置模式（如果在本机测试，可以跳过这一步）

进入以下页面，如图 2.59 所示。

如果上一节添加路由成功，此处只要单击 1 处的下拉菜单，控制器就会出现在列表上，选中即可。否则单击 3 处重新搜索并添加路由表，如图 2.60 所示。

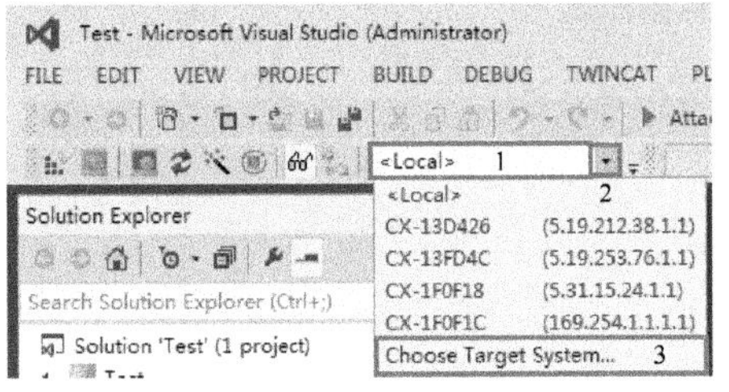

图 2.59　选择目标系统

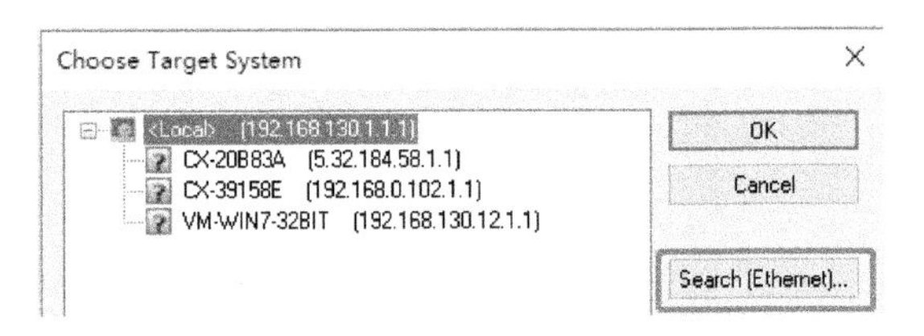

图 2.60　编程 PC 的当前路由

单击 Broadcast Search 按钮，搜索控制器，如图 2.61 所示。

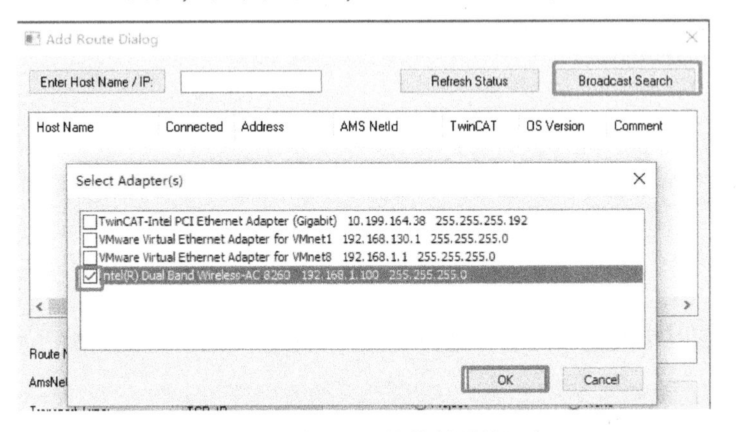

图 2.61　选择 PC 连接控制器的网卡

单击 OK 按钮，局域网里的 TwinCAT 控制器就出现在列表中，如图 2.62 所示。

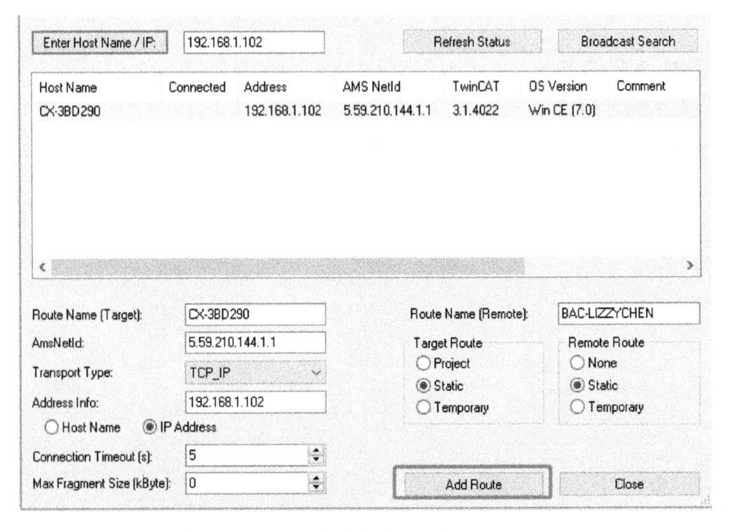

图 2.62　选择找到的控制器 Add Router

单击 Add Router，提示输入用户名和密码，如图 2.63 所示。

输入用户名和密码，当出厂设置为非 CE 系统时，用户名：administrator，密码：1。

当出厂设置为 CE 系统时，用户名和密码均为空白。

若成功则 Connected 项会显示 X 标记。

单击 OK 按钮，返回前一对话框，可以见到刚刚添加的路由表项出现在列表中，如图 2.64所示。

选中目标系统，在 Geneval 选项卡可以看到 Target 的 TC3 版本，如图 2.65 所示。

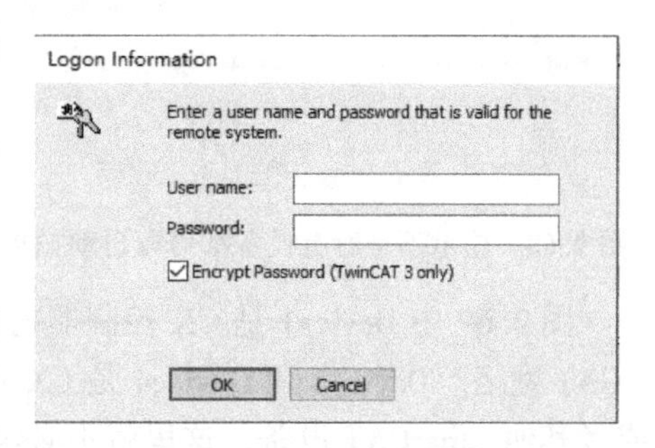

图 2.63　输入用户名和密码

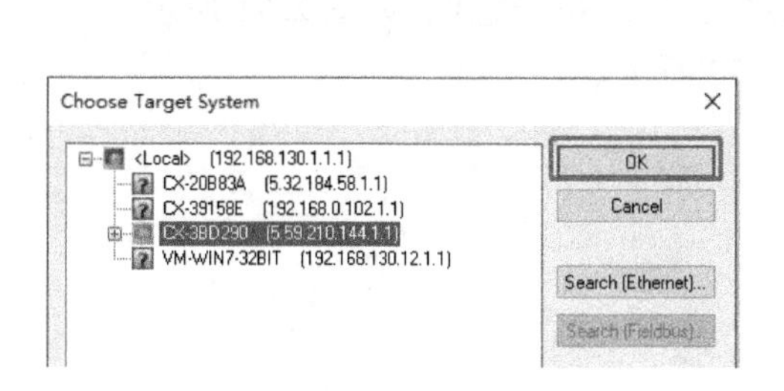

图 2.64　路由添加成功

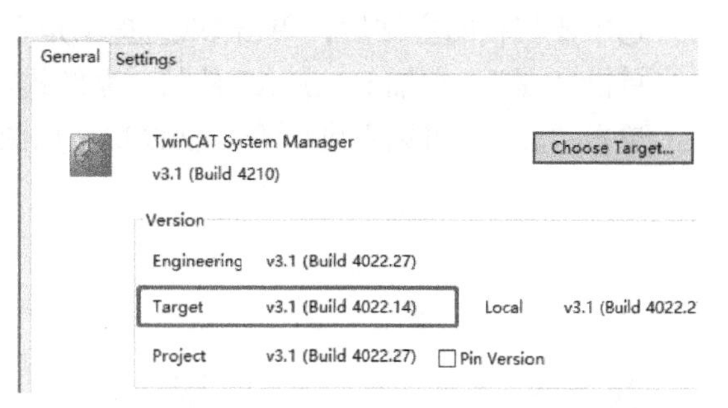

图 2.65　查看目标控制器的 TC3 版本

3. 扫描（Scan）I/O

（1）把目标系统切换到 Config 状态

单击框内右侧的蓝色图标，可切换到 Config 状态，在弹出对话框选择“确定”按钮，可见 VS 右下角的 TC 图标变成了蓝色，表示目标系统处于 Config Mode，如图 2.66 所示。

（2）扫描主站

右键菜单中选择“Scan”，如图 2.67 所示。

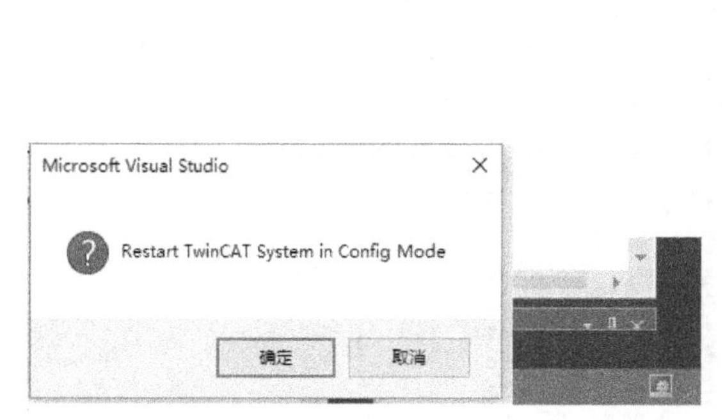

图 2.66　切换 Config Mode

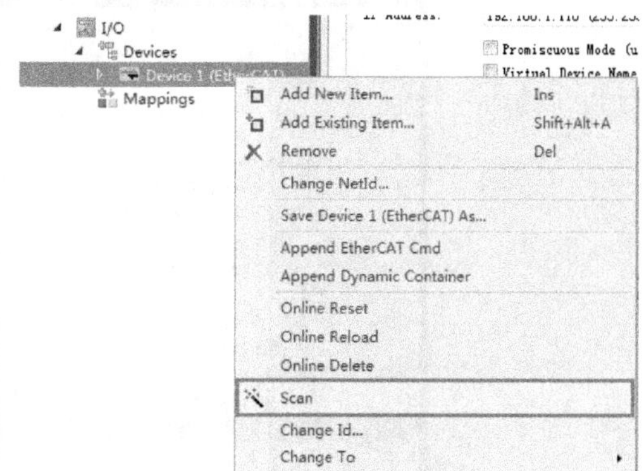

图 2.67　扫描 Device

提示不是所有设备都可以自动扫描，单击“确定”按钮，如图 2.68 所示。

提示找到的主站接口，如图 2.69 所示。

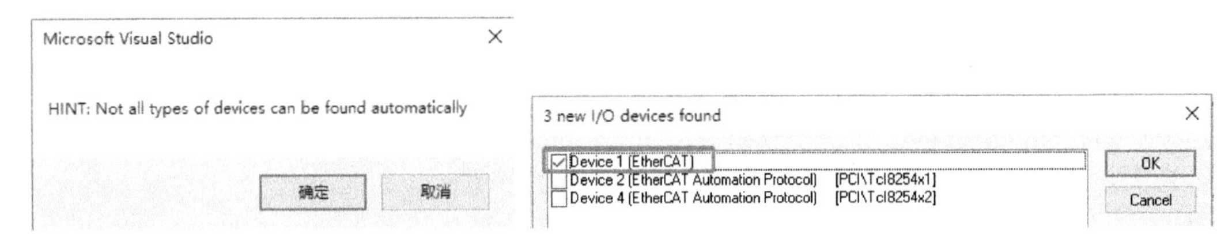

图 2.68　提示不是所有设备都可以自动扫描　　图 2.69　提示找到的主站接口

图 2.69 中 Device1 是 CX 控制器内置的 EtherCAT 主站接口，EL 模块通常接在这个 EtherCAT 网络。Device2 和 Device4 是 CX 控制器左边的两个独立网口，如果没有连接 EK1100 或者其他 EtherCAT 设备，这里就不必勾选。

（3）扫描从站

选中要扫描的主站后，单击 OK，提示是否扫描从站，如图 2.70 所示。

单击“是”，扫描 EtherCAT 从站，系统提示进入 Free Run 模式，如图 2.71 所示。

单击“是”，可以看到所有 I/O 模块，如图 2.72 所示。

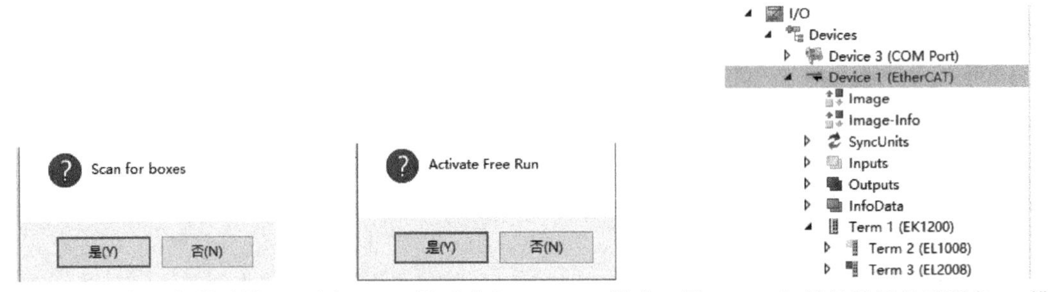

图 2.70　提示扫描从站　　图 2.71　提示进入 Free Run 模式　　图 2.72　扫描的结果显示所有 EL 模块

并且 VS 右下角的 TwinCAT 图标在红色与蓝色之间循环切换，表示处于 Free Run 状态。

（4）用 Free Run 功能测试 I/O 模块

选中模块，比如 EL1008，右击进入 General 选项卡。在 Online 列可以查看各通道状态，如图 2.73 所示。

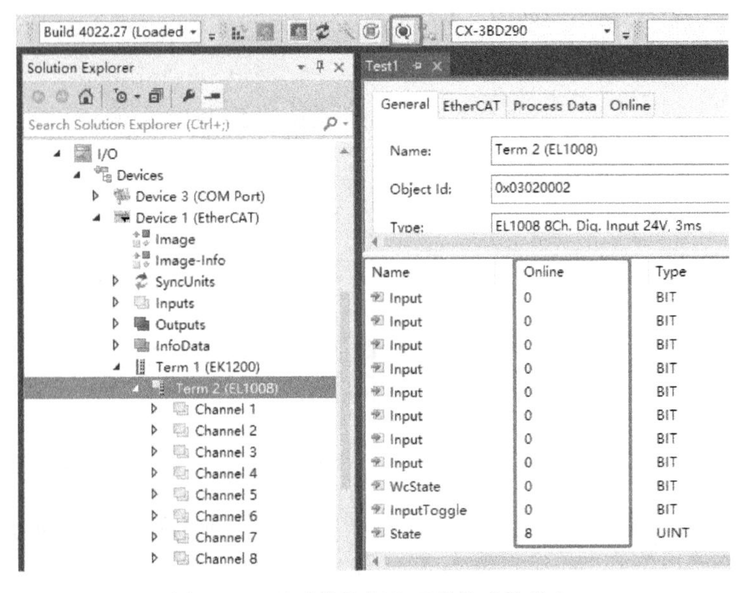

图 2.73　显示模块每个通道的当前状态

对于输出模块，还可以修改每个通道的值。

在 Online 选项卡，单击“Write”，在弹出对话框中设置目标值，如图 2.74 所示。

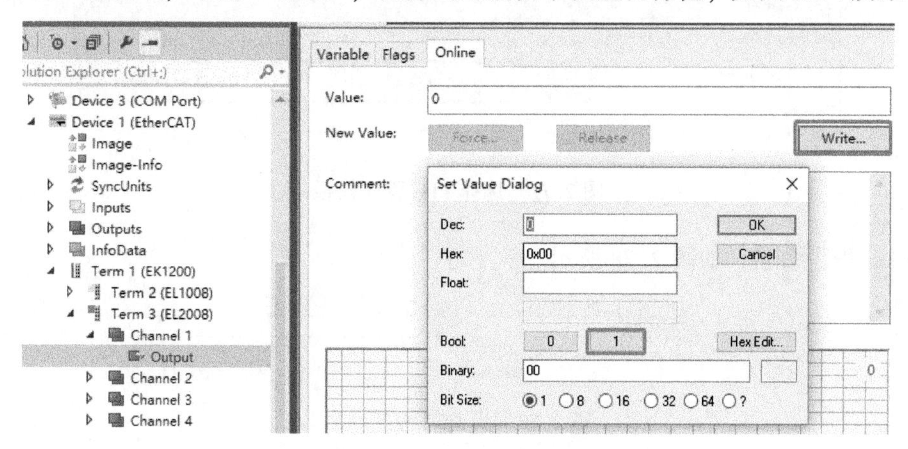

图 2.74　可以修改单个输出通道的值

回到 Online 选项卡，可以看到输出值修改了，模块上的指示灯也可以看到相应的变化，如图 2.75 所示。

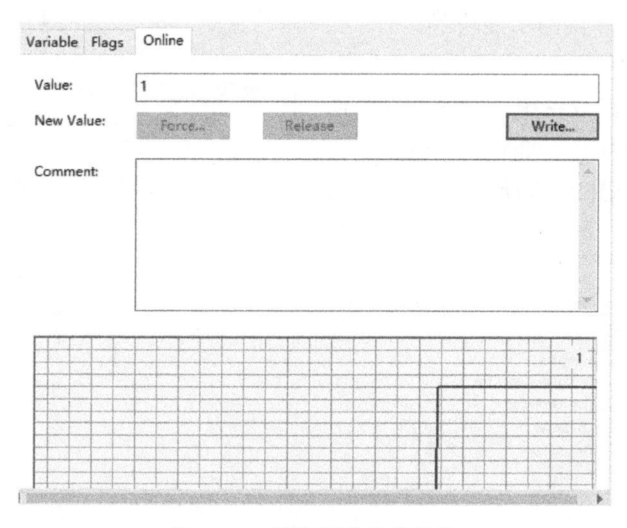

图 2.75　模块通道的当前值

4. 建一个 PLC 项目

添加一个 PLC 项目，如图 2.76 所示。

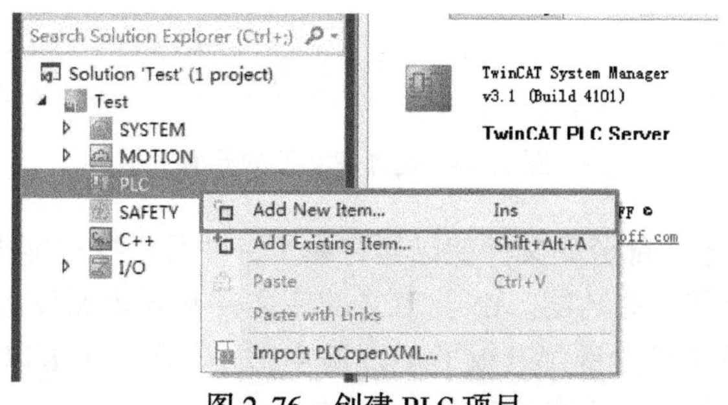

图 2.76　创建 PLC 项目

选择标准的 PLC 模板，如图 2.77 所示。

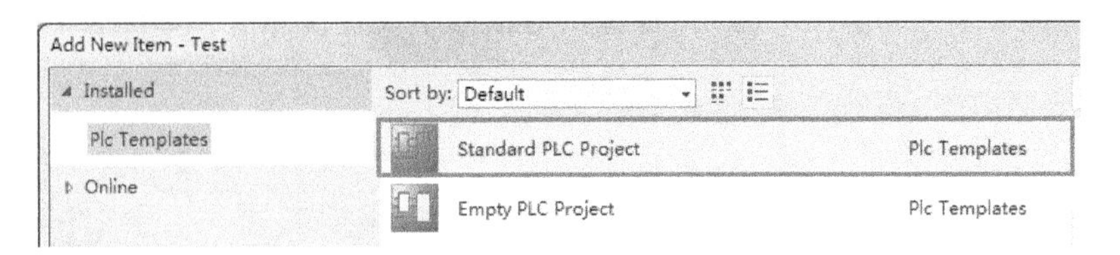

图 2.77　选择 PLC 程序模板

为 PLC 程序命名，如图 2.78 所示。

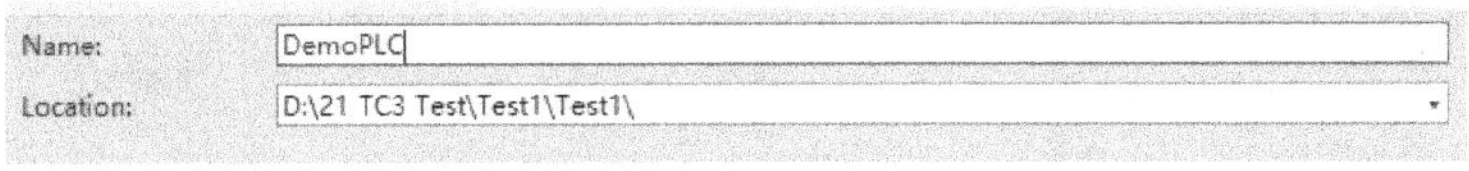

图 2.78　为 PLC 程序命名

注意 PLC 项目名称必须是英文名，这是由于 PLC 项目其实是一种厂家预定义的 Module，Module 实例的名字必须是英文名。

以下步骤会演示完整的常用 PLC 编程步骤，包括引用库文件和调用功能块等。

(1) 添加库文件

本例中要写一个读取系统时间的程序，所以要先引用 TC2_TcUtilinty。如图 2.79 所示。

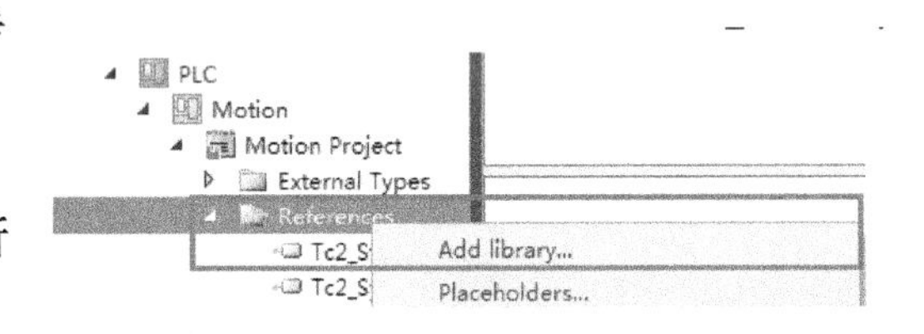

图 2.79　添加 Library

选择库文件，如图 2.80 所示。

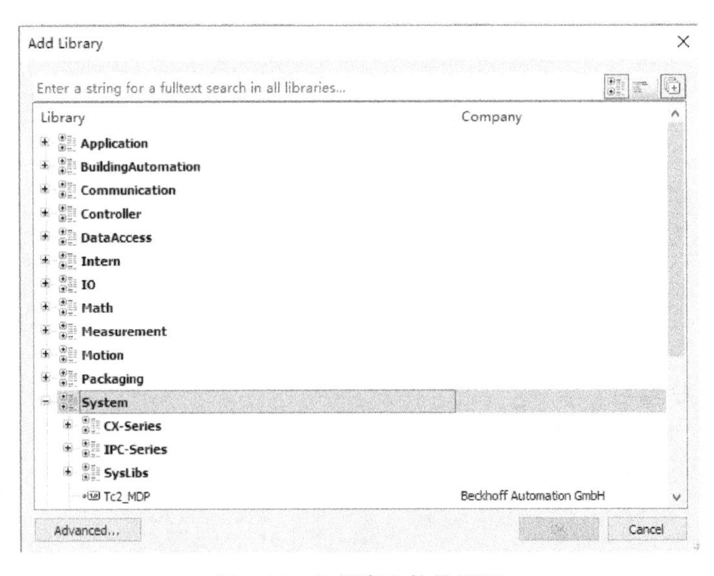

图 2.80　选择库文件的界面

TwinCAT 3 安装后绝大部分库文件就已经存在了，并且已按功能类别组织好。即使没有购买授权，也可以先试用这些功能。由于 TC2 的库文件必须由原作者升级才能在 TC3 中使用，所以倍福的 TC2 库文件全部都升级了 TC3 版本，并在名称中冠以 Tc2_xxx。本例中想引用的读取系统时钟的功能块，就在 Tc2_Utilities 中。

展开 System，可以找到 Tc2_Utilities，如图 2.81 所示。

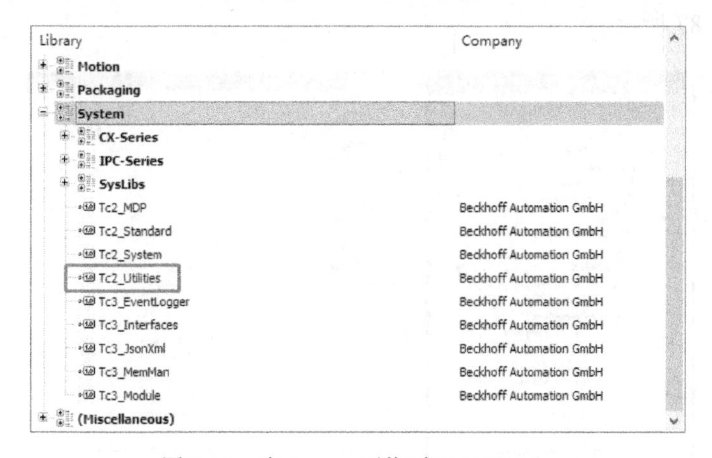

图 2.81　在 System 下找到 Tc2_Utilities

单击 OK 后，可见 References 中除了默认的 Standard 和 System 库之外，还有 Utilities，如图 2.82 所示。

创建全局变量，如图 2.83 所示。

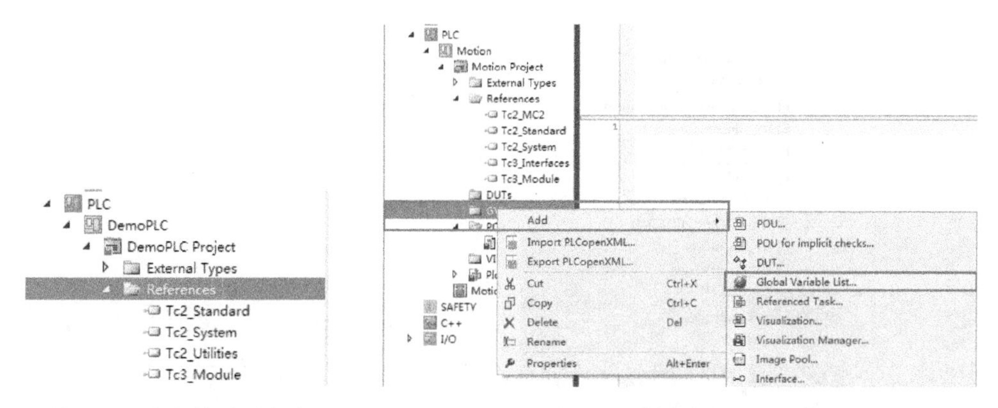

图 2.82　库文件引用成功　　　　图 2.83　创建全局变量文件

使用默认的全局变量文件名：GVL，如图 2.84 所示。

打开 GVL 就可以在里面新建变量了，如图 2.85 所示。

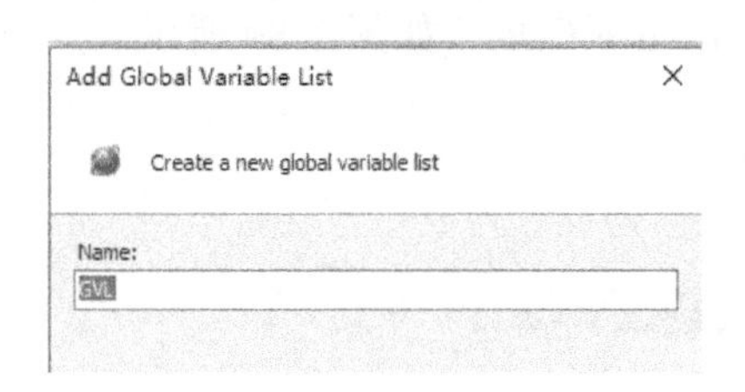

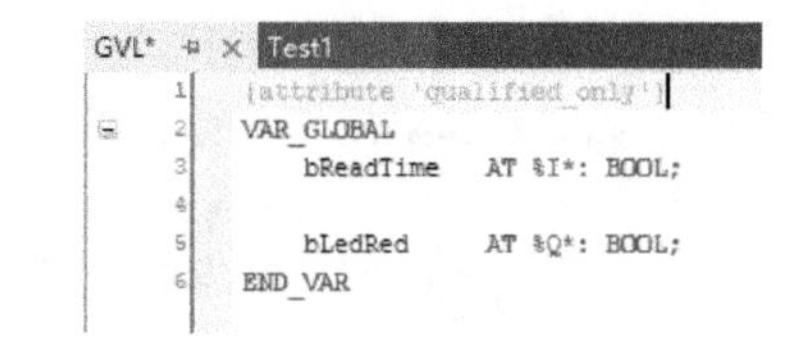

图 2.84　全局变量文件命名 GVL　　　　图 2.85　在全局变量文件 GVL 中新建变量

(2) 声明 FB 实例

可在 MAIN 的局部变量声明区声明 FB 实例。

手动输入变量名后，在应该输入类型的时候，单击快捷键〈F2〉打开辅助输入窗。

库里的功能块应该在 Structured Types 中，找到 Tc2_Utilities，滚动搜索到 NT_GetTime，如图 2.86、图 2.87 所示。

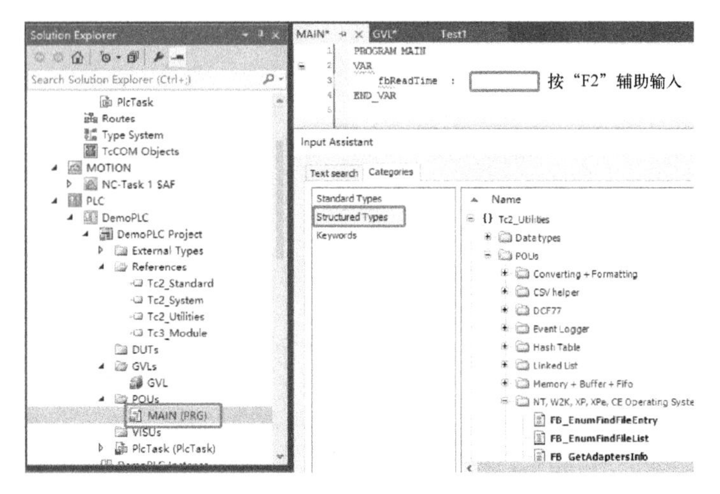

图 2.86 利用〈F2〉辅助输入键查找功能块

回到 Main 窗体，可见功能块实例已经声明，如图 2.88 所示。

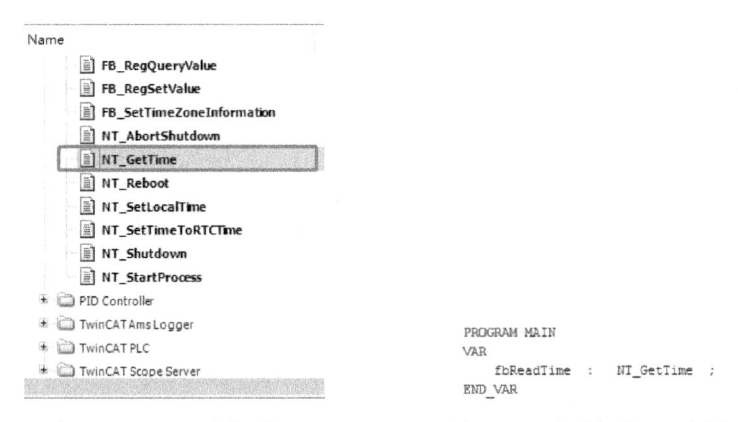

图 2.87 在 Tc2_Utilities 中找到 NT_GetTime 图 2.88 声明好的 FB 实例

注意：实例名称与功能块之前，用“:”隔开，末尾以“;”结束，均为英文半角符号。

(3) 调用实例 Instance Calls

在 MAIN 程序的代码区，按〈F2〉键，选择 Instance Calls，如图 2.89 所示。

图 2.89 选择 Instance Calls

回到 Main 代码区，可以见功能块及其接口变量已经列出，如图 2.90 所示。

```
MAIN*  GVL*  Test1
1  PROGRAM MAIN
2  VAR
3      fbReadTime  :   NT_GetTime  ;
4  END_VAR
5

1
2  fbReadTime(
3      NETID:= ,
4      START:= ,
5      TMOUT:= ,
6      BUSY=> ,
7      ERR=> ,
8      ERRID=> ,
9      TIMESTR=> );
```

图 2.90　代码区的 FB 调用含接口变量

填写接口变量，在“START：=”之后，“，”之前，按〈F2〉键，选择先前创建的 bReadTime，如图 2.91 所示。

回到 Main 代码区，并添加赋值语句：

GVL. bLedRed ：= GVL. bReadTime；

直接把 Input 变量赋给 Output 变量，如图 2.92 所示。

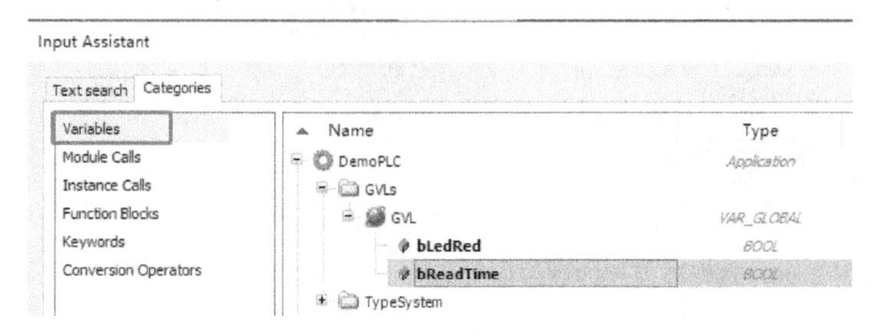

图 2.91　选择 START 的触发条件 bReadTime 变量

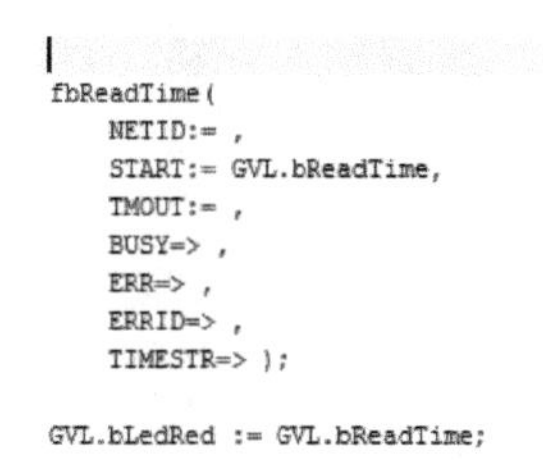

图 2.92　完成的代码

至此，一个最简单的 PLC 程序就写完了。

提示： 编辑器实际上并没有 FB 识别功能，而是根据代码行的缩进来决定如何折叠的。

（4）编译和试运行

先编译 PLC 程序，如图 2.93 所示。

编译成功才会出现 PLC 程序名的 Instance，比如本例中的 DemoPLC Project，展开可见 Inputs 和 Outputs 变量，如图 2.94 所示。

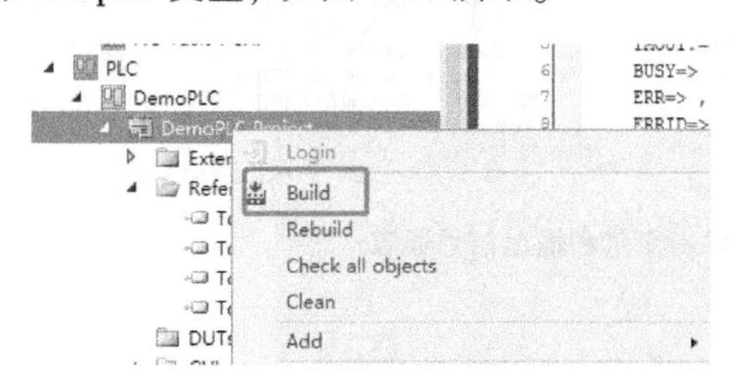

图 2.93　编译 PLC 程序

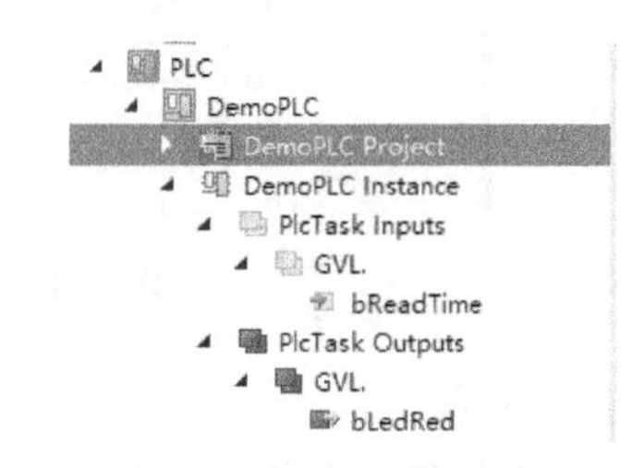

图 2.94　PLC 的 Instance

5. PLC 变量映射

选中输入变量，双击，或者单击“Linked to…”，如图 2.95 所示。

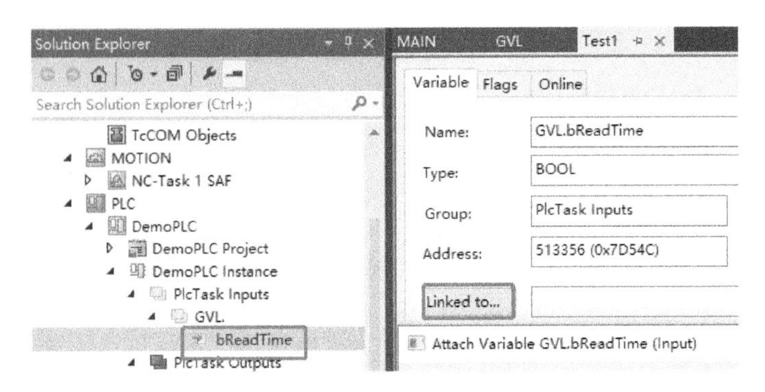

图 2.95　选择要映射的变量

选择要使用的硬件信号通道，如图 2.96 所示。

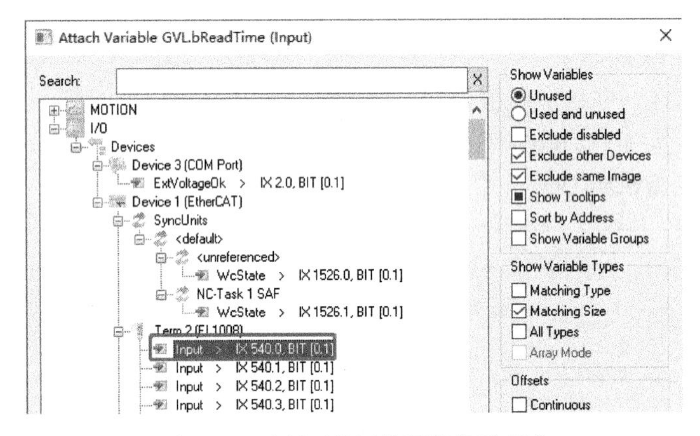

图 2.96　选择要使用的硬件信号通道

同样方法，链接输出变量和输出信号通道，如图 2.97 所示。

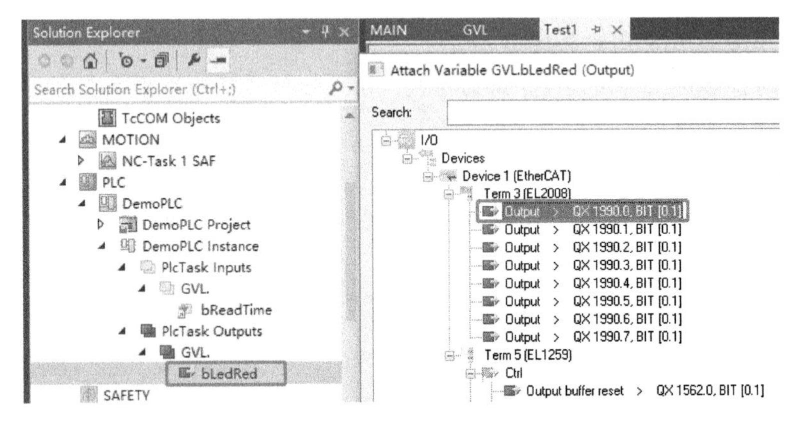

图 2.97　链接输出变量和输出信号通道

6. 激活配置

单击激活按钮，如图 2.98 所示。

在弹出的提示窗中单击“确定”。

如果配置中用到的 TwinCAT 授权不存在，系统会自动提示申请试用版授权，如图 2.99 所示。

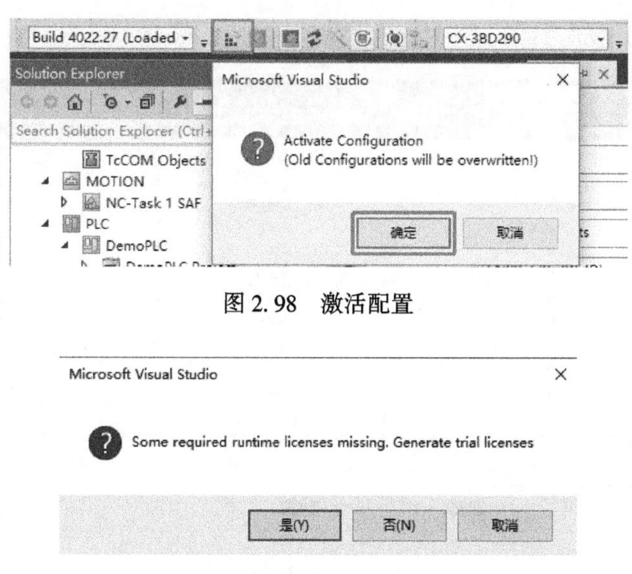

图 2.98　激活配置

图 2.99　提示申请试用版授权

按提示输入 5 个字符，如果输入完全正确就会显示为绿色，如图 2.100 所示。

然后系统提示进入运行模式，如图 2.101 所示。

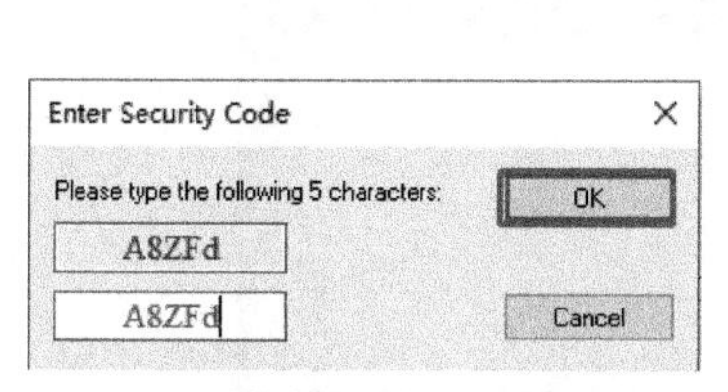

图 2.100　按提示输入试用授权码

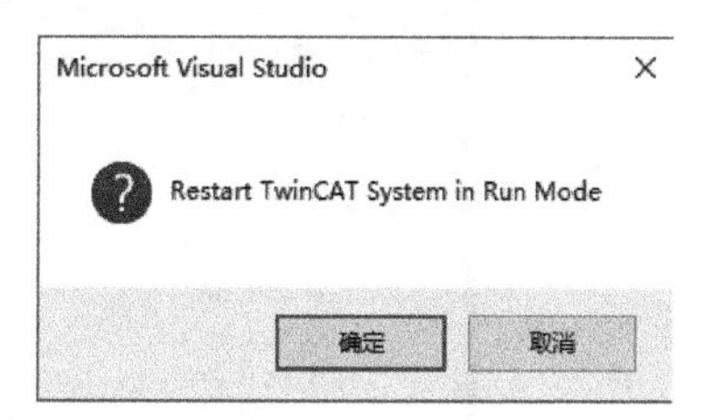

图 2.101　提示 TwinCAT 进入运行模式

成功运行后，VS 右下角的 TwinCAT 图标变为绿色，如图 2.102 所示。

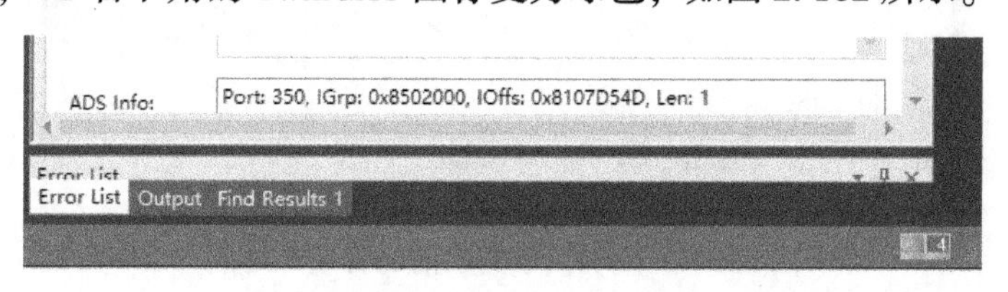

图 2.102　TwinCAT 成功切换到运行模式

7. 运行 PLC 程序

回到 PLC 程序窗体，单击 Login 按钮。

Login 之后程序不会启动，还要再单击运行按钮。

这样 PLC 程序就开始运行了，可以看到 PLC 变量的实际变化。

在 MAIN 的变量声明区，展开 fbReadTime 实例，找到内部变量 TIMESTR，如图 2.103 所示。

现在功能块 fbReadTime 的执行结果 TIMESTR 中全部为 0。在 EL1008 模块的 Channel1 接入 24 V，比如按下按钮，就可以触发 fbReadTime 的 START 信号，如图 2.104 所示。

当 Channel 1 有信号时，读取时间的功能块就有输出，图 2.104 表示当前为 2019 年 3 月

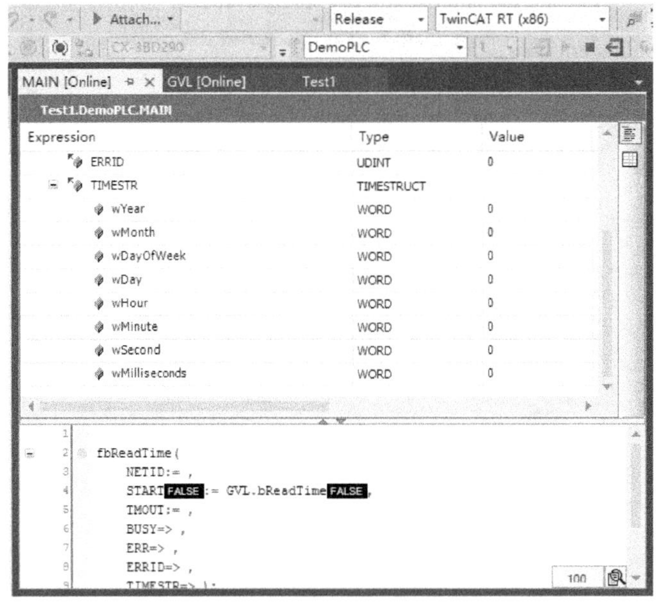

图 2.103　当前读取结果全部为 0

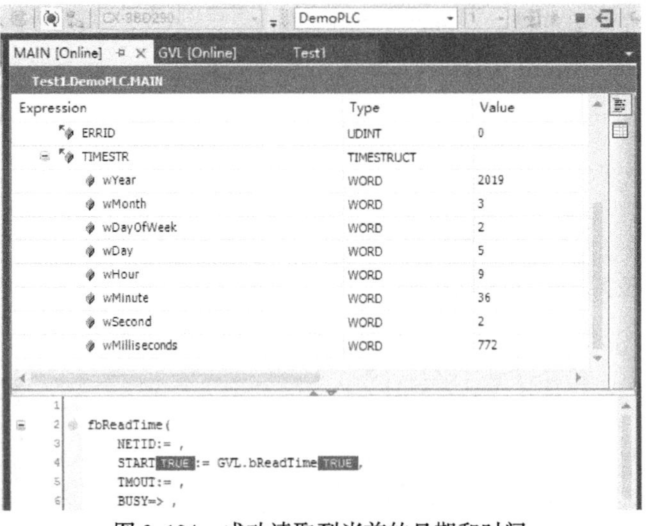

图 2.104　成功读取到当前的日期和时间

5 日，星期二，9 点 36 分 2 秒 772 毫秒。

同时观察全局变量中的 bLedRed，根据 PLC 的逻辑，也随 bReadTime 一起置为了 True，如图 2.105 所示。

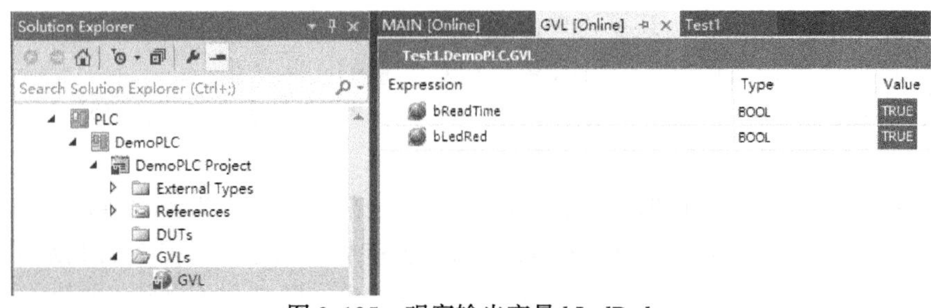

图 2.105　观察输出变量 bLedRed

至此，一个包含程序和 I/O 输出的完整 PLC 项目就实施完成了。

2.6 设置开机自启动

在前面的调试阶段，当 Login 时，程序只是下载到内存运行。为了让控制器断电重启后还能按调试成功的程序运行，必须把程序执行码下载到控制器存储卡或者硬盘的指定路径。经过若干设置步骤，控制器重启后，TwinCAT 会自动到该路径下找到指定文件，并装载到内存里运行。这个操作就称为“设置开机自启动”。设置开机自启动分为 3 个步骤，依次如下。

1）TwinCAT 启动模式如图 2.106 所示。

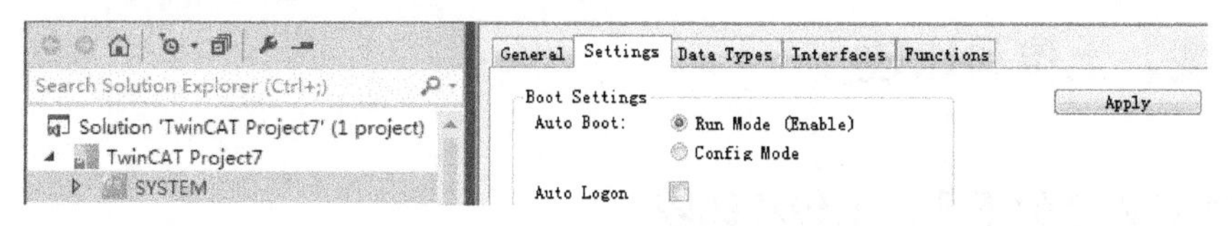

图 2.106　TwinCAT 启动模式

2）将 Boot Settings 的 Auto Boot 项目设置为 Run Mode（Enable），单击 Apply 按钮，出现输入用户名和密码对话框，如图 2.107 所示。

3）对 CE 系统，User name 和 Password 都为空白。对标准的 Windows Standard 7/10 或者 Windows Embedded 7 系统，默认的 User name 为“Administrator”，Password 为“1”。如果是 IPC，则输入操作系统上具有管理员权限的某个用户名和密码。

如果设置成功，下次 Windows 启动完成后，TwinCAT 将自动进入 Runing 模式。

PLC 启动设置如图 2.108 所示。

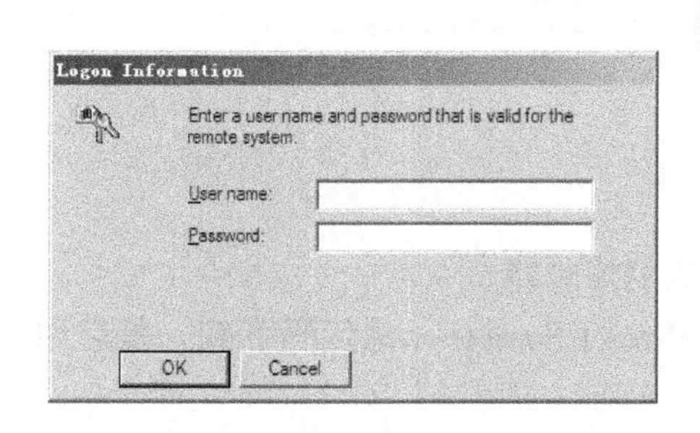

图 2.107　输入用户名和密码

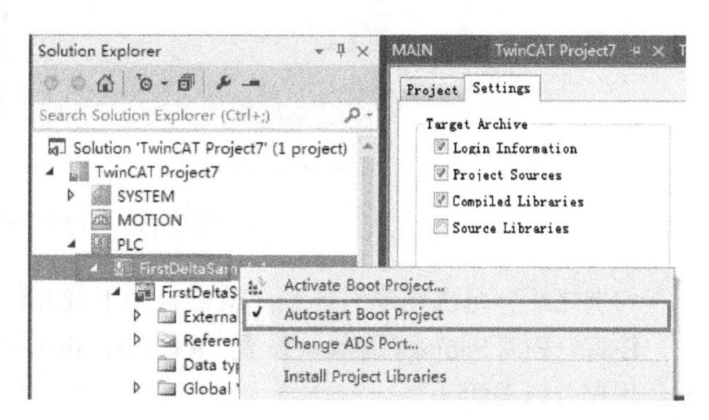

图 2.108　设置 Autostart Boot Project

如果设置成功，下次 TwinCAT 进入 Runing 模式后，将自动到指定路径下找到指定文件，装载到内存里运行。特殊情况下，不想让 PLC 程序自启动，也可以在此取消设置。

创建引导程序，如图 2.109 所示。

Login 状态下，单击图 2.109 中的 Activate Boot Project 菜单项，开发 PC 就会把程序执行码下载到控制器的存储卡或硬盘的指定路径\TwinCAT\3.1\Boot\Plc，这样下次 TC3 启动时就会到这个路径下找到相应的 PLC 程序来启动运行。

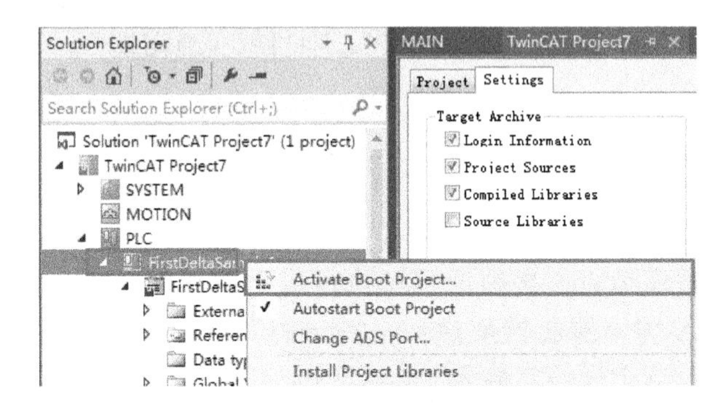

图 2.109　创建引导程序

2.7　下载、上传和比较

2.7.1　PLC 程序的下载、上传和比较

1. 下载源代码

下载源代码，如图 2.110 所示。

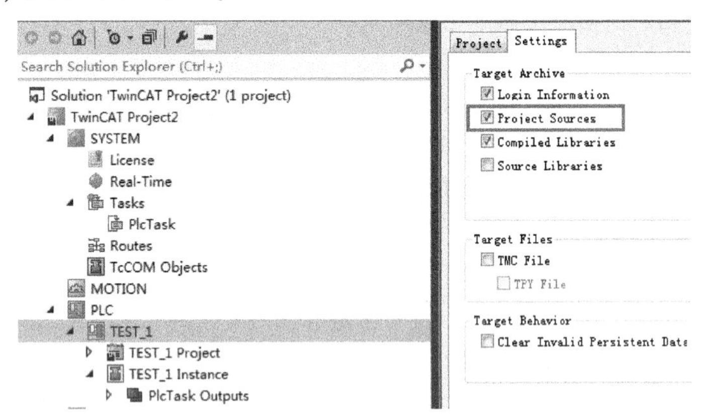

图 2.110　下载源代码

勾选之后，每次创建引导程序就会自动下载源代码到控制器。

注意：PLC Settings 的默认设置 Target Archive 中 Project Sources（源代码下载）是启用的，用户可以关闭。

2. 上传源代码

必须关闭 TC3 开发环境，再重新打开，然后选择 FILE | Open | Open Project From Target，如图 2.111 所示。

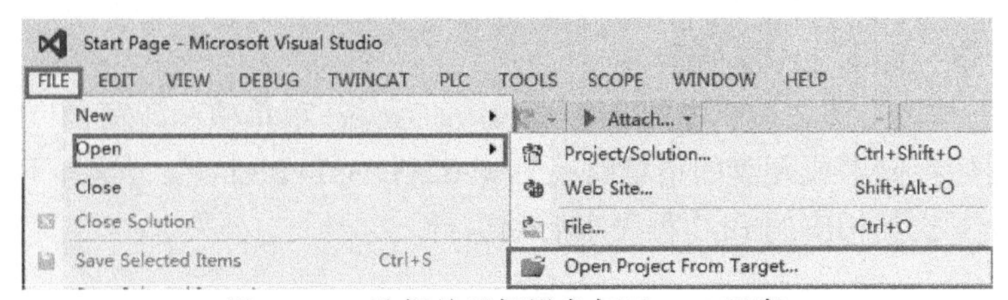

图 2.111　选择从目标设备打开 PLC 程序

上传的 PLC 程序用户需要指定路径重新为项目命名。

3. 比较 PLC 程序

假如要对 PC 上的 PLC 程序和目标控制器上的 PLC 程序进行编程，则在 PLC 项目的右键菜单中选择 "Compare OOP with Target"，其中 OOP 是当前程序的名称，如图 2.112 所示。

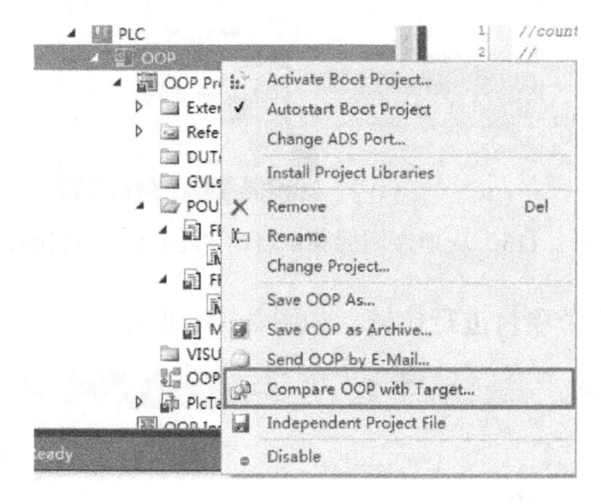

图 2.112　比较当前程序和目标系统中的 PLC 程序

比较的结果显示如图 2.113 所示。

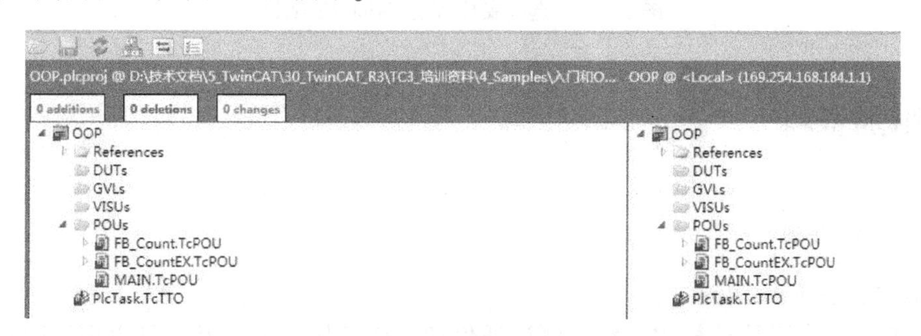

图 2.113　PLC 程序比较的结果

2.7.2　TwinCAT 项目的下载、上传和比较

1. TwinCAT 配置的下载

TwinCAT 项目的下载，实际上就是激活运行的过程。

2. TwinCAT 配置的上传

要读取目标控制器的当前配置，需要新建一个空白项目，选择菜单 FILE→Open→Open Project From Target，就可以上传整个当前运行的 TwinCAT Project。如图 2.114 所示。

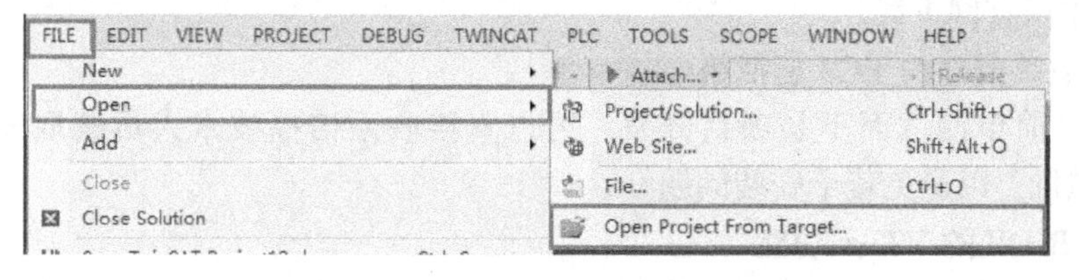

图 2.114　读取目标控制器的当前配置

3. TwinCAT 配置的比较

整个 TwinCAT 项目的比较是在 VS 开发环境之外独立进行的。

从 TC3 图标的右键菜单处进入，如图 2.115 所示。

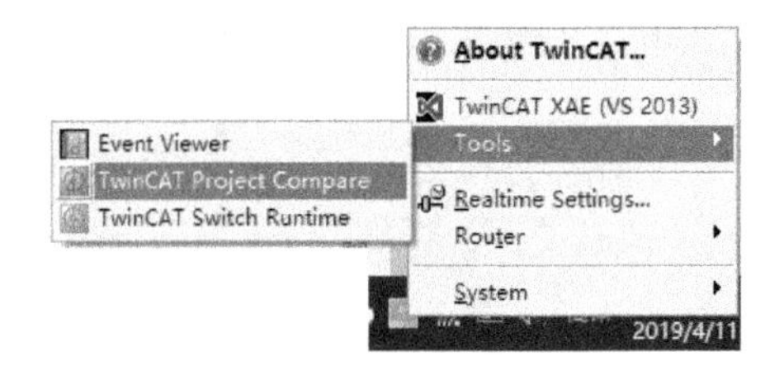

图 2.115 从 TC3 图标菜单启动 TwinCAT 项目比较

用户可以指定任意两个项目进行比较，如图 2.116 所示。

图 2.116 选择要比较的 TwinCAT 项目

2.8 附加资料

2.8.1 常见问题

1. 自由运行 Free Run

Free Run 的作用是脱离 PLC 程序测试通信和 I/O 模块是否正常，可以用于验证现有项目配置的 I/O 与实际硬件是否相符。本节是在扫描 I/O 之后系统自动提示进入 Free Run，实际上，在任何时候，TwinCAT 开发环境都可以切到 Free Run 模式。方法如下。

打开项目，Choose Target 后，依次单击左边线框中的两个按钮，就可以切到 Config Mode，并重新装载 I/O，系统会自动提示进入 Free Run 状态。

然后就可以在 EtherCAT 的 Online 页面查看通信状态，以及手动 Write Output 变量了。如果想关闭或者再次打开 Free Run，则单击按钮。

2. 定期更新的 TwinCAT 3 常见问题集

请参考配套文档 2-5 TwinCAT 3 FAQ 集 V2.1。倍福中国会不定期更新该文件，最新版本请在倍福中国官网下载。

3. 使用安装成功的 TC3 虚拟机

如果只是简单测试而不是项目开发，可以直接联系倍福技术人员索取安装好 TC3 的 VMWare 虚拟机，以避免若干安装问题。

4. 开启 BIOS 的 VT-x 功能

在编程 PC 上仿真运行 TwinCAT 到 Runtime 模式时，需要在 BIOS 中开启 VT-x 功能。VT-x 选项通常在 BIOS 的 Security 设置页面，视主板品牌和型号而定。如果仍然运行不了，可以在 TC3 的 Realtime Setting 中把其中一个 CPU 核设置为 Isolated。

TwinCAT 3 的 Runtime 与各种虚拟机功能冲突，所以要切到 Runtime 之前要关闭 VMWare、Hyper-V 等软件和服务。

5. 升级 TwinCAT 3 开发版

对于已经用 TwinCAT 3 完成项目开发的用户，应谨慎升级 TC3 最新版本。

升级 TwinCAT 不需要卸载当前版本，只要找到新版本的安装文件，直接安装，然后重启操作系统即可。升级后的 TwinCAT 延用之前的设置参数和授权，扩展功能包 Supplement 也不需要重装安装。

6. 在 TC3 和 TC2 之间切换

很多用户同时使用 TC2 和 TC3 的开发版，但两个服务不能同时运行。TC3 的图标菜单包含了切换小工具“TwinCAT Switch Runtime”，如图 2.117 所示。

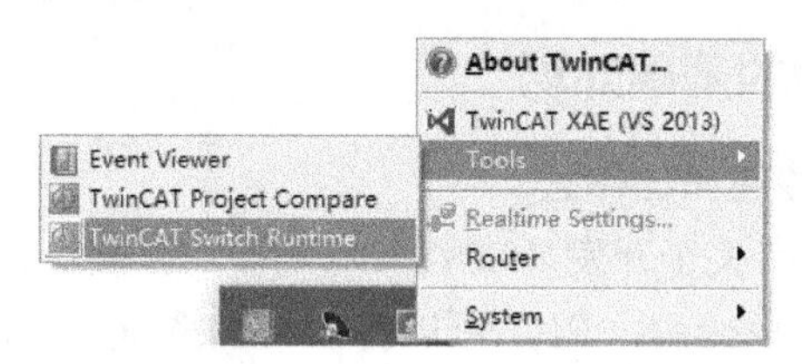

图 2.117　TC3 图标菜单中的 TwinCAT Switch Runtime

如果要从 TC2 切换到 TC3，则运行 C:\TwinCAT\TcSwitchRuntime\TcSwitchRuntime. exe。对于经常要切换 TC2 和 TC3 的读者，建议在桌面建立 TcSwitchRuntime 的快捷方式。

2.8.2　TwinCAT 2 PLC 编程入门

TwinCAT 2 PLC 编程入门请参考配套文档 2-11。

配套文档 2-11
TwinCAT 2 PLC
编程入门

第 3 章　TwinCAT 3 开发环境的深入介绍

3.1　基础知识

为了节约篇幅，在其他资料中可以找到的基础知识，本章不再重述。这些资料包含在配套资料中，必要时读者可以下载阅读。

3.1.1　英文帮助系统中的基础知识

1. 开发环境的菜单、按钮和工作区

TwinCAT 3 帮助系统中有关于开发环境的系统完整的说明，包括主菜单、子菜单每个选项、每个设置参数的作用。快捷键〈F1〉可以打开帮助系统，如图 3.1 所示。

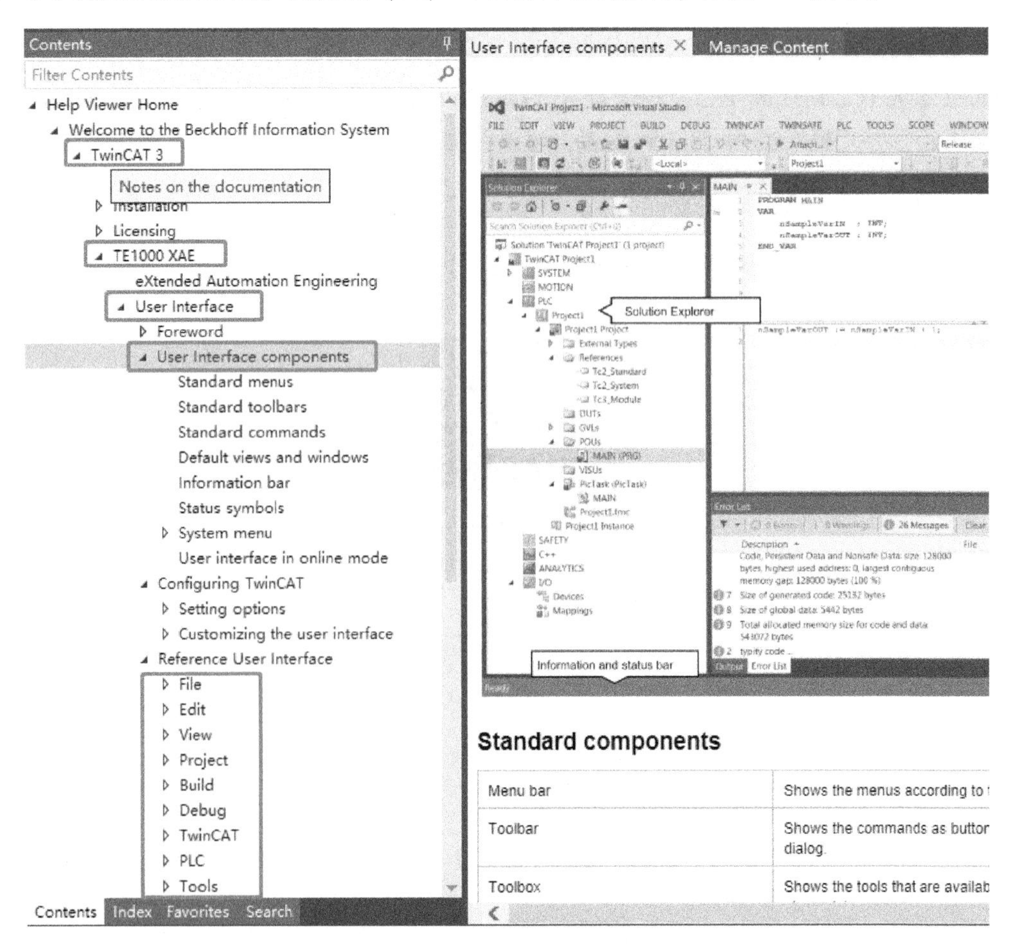

图 3.1　开发环境介绍

2. 变量声明

TC3 帮助系统中有变量声明的完整介绍，路径为

TE1000 XAE/PLC/Reference Programming/Programming languages and their editors/Declaration Editor

3. 编程语言的介绍

在 TC3 帮助系统中的路径为

Reference Programming/Programming languages and their editors

可以找到 IEC61131-3 的 5 种编程语言的使用介绍，如图 3.2 所示。

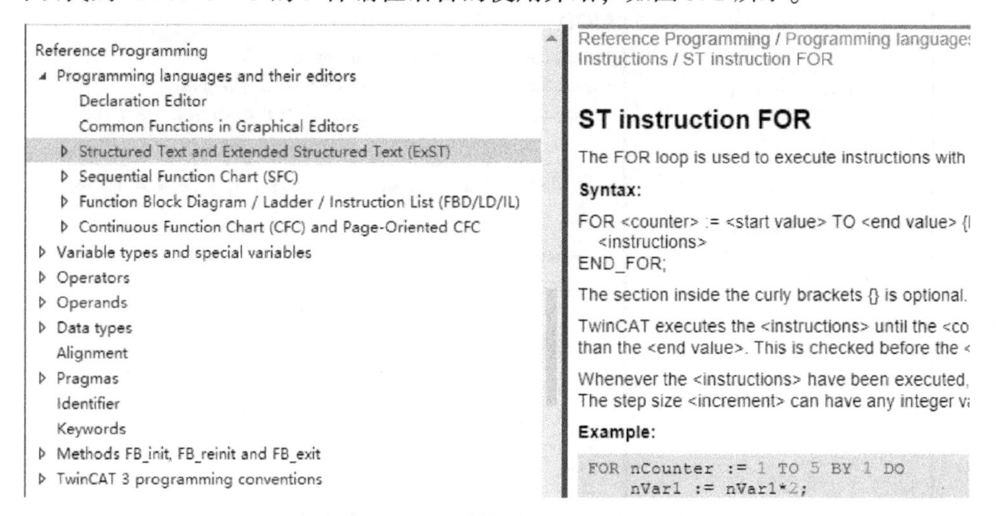

图 3.2　5 种编程语言的使用介绍

4. 定时器、计数器、上升沿和下降沿

这些常用功能块位于 Standard. lib，在帮助系统的以下路径：

TE1000 XAE/PLC/Libraries/TwinCAT 3 PLC Lib：Tc2_Standard/Function blocks

可以找到这些基础功能块的使用说明，如图 3.3 所示。

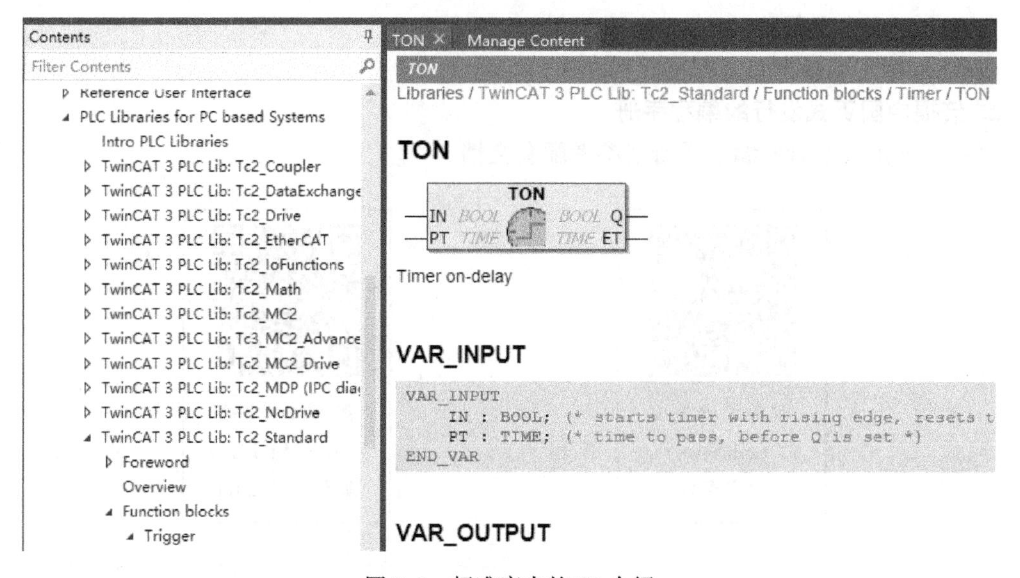

图 3.3　标准库中的 FB 介绍

5. PLC Open 默认的操作符和操作数

在帮助系统的以下路径:

PLC/Reference Programming/Operators

可以找到 PLC Open 默认操作符和对操作数进行的完整而详细的描述。比如数学运算、字符运算、比较指令及移位指令等,如图 3.4 所示。

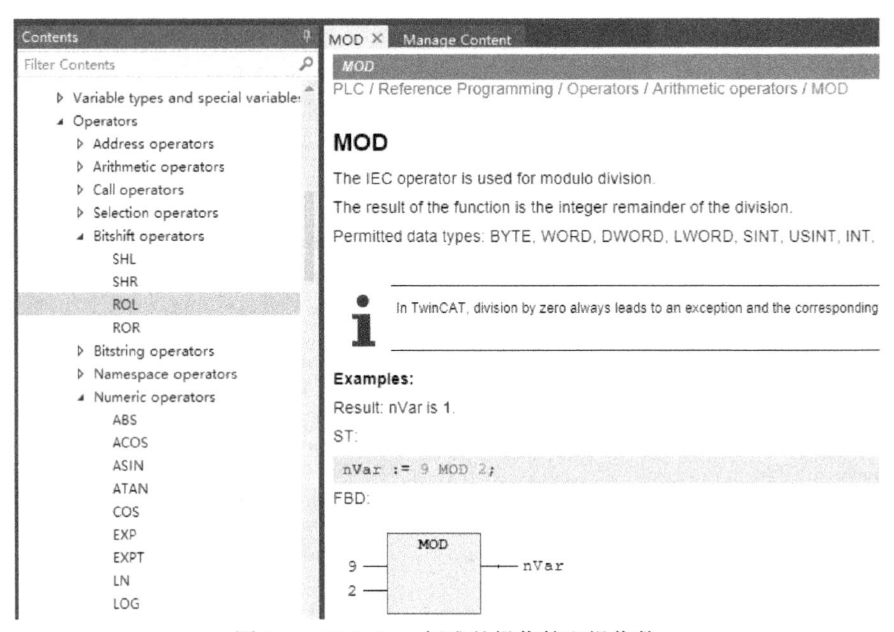

图 3.4 PLC Open 标准的操作符和操作数

3.1.2 中文帮助的资料

关于 TwinCAT 编程的基本语法,如果用户不习惯阅读英文资料,可以参考以下中文文档。虽然这些中文资料都是基于 TwinCAT 2 的平台,但是除了操作画面截图不适用于 TwinCAT 3 之外,其他功能大部分与 TwinCAT 3 兼容。这些资料都包含在附件的配套文档中。

1. CodeSys 中文帮助

CodeSys 中文帮助请参考配套文档 3-1。

2. 倍福中国正式发行的编程手册

倍福中国正式发行的编程手册请参考配套文档 3-2。

配套文档 3-1
CodeSywn
中文帮助

配套文档 3-2
TwinCAT PLC
编程手册 2011

3. 倍福中国网络技术培训视频

倍福中国提供了大量的 TwinCAT 3 专门培训视频，Ftp 下载路径为
ftp://ftp. beckhoff. com. cn/TwinCAT3/Video/
TwinCAT 3 培训视频 Webinar 如图 3. 5 所示。

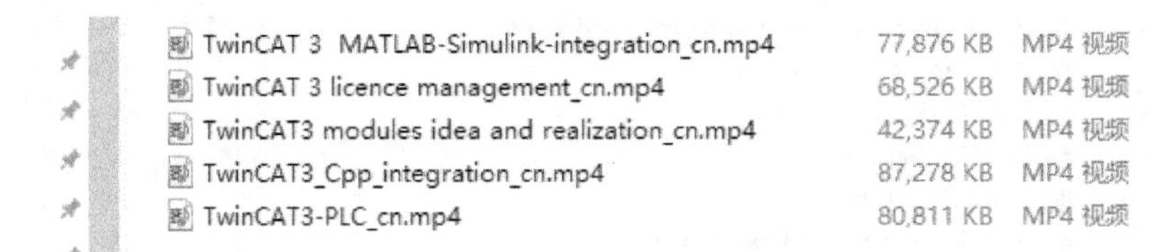

图 3. 5 TwinCAT 3 培训视频 Webinar

TwinCAT 3 培训视频 TwinCAT 3 PLC 如图 3. 6 所示。

TC3_Connet_ScanIO_Freerun.mp4	15,704 KB	MP4 视频
TC3_FunctionBlock_System.mp4	43,954 KB	MP4 视频
TC3_install .mp4	5,957 KB	MP4 视频
TC3_Interface_introduction.mp4	62,013 KB	MP4 视频
TC3_Program_Autostart.mp4	16,811 KB	MP4 视频

图 3. 6 TwinCAT 3 培训视频 TwinCAT 3_PLC

TwinCAT 3 培训视频 Video 如图 3. 7 所示。

Beckhoff_Webinar_TwinCAT-3_C++_integration_e.mp4
Beckhoff_Webinar_TwinCAT-3_MATLAB-Simulink-integration_e.mp4
Beckhoff_Webinar_TwinCAT-3_Motion-Control_e.mp4
Beckhoff_Webinar_TwinCAT-3_NC-I_CNC_e.mp4
Beckhoff_Webinar_TwinCAT-3_Object-oriented-programming_e.mp4
Beckhoff_Webinar_TwinCAT-3_Robotic-Control_e.mp4
Beckhoff_Webinar_TwinCAT-3-modules_e.mp4
Beckhoff_Webinar_TwinCAT-3-PLC_e.mp4
Beckhoff_Webinar_TwinCAT-3-Scope_e.mp4
Cam_plate_application_in_the-TwinCAT_editor_and_runtime_system.mp4
EL6070 licence key terminal for TwinCAT 3.1 licence management.mp4
TwinCAT 3 Optimised utilisation of multi-core features.mp4
TwinCAT 3 Database Server, Part1_Database connectivity easily established with TwinCAT
TwinCAT 3 Visualisation from engineering to target and web.mp4
TwinCAT 3.1 New features in Build 4020.mp4
TwinCAT ADS protocol introduction and details.mp4
TwinCAT HMI _The next HMI generation.mp4
TwinCAT IoT Fast and standardised cloud communication.mp4
TwinCAT_3_Automatic_code_generation_using_the_Automation_Interface.mp4
TwinCAT_3_Source_code_management.mp4

图 3. 7 TwinCAT 3 培训视频 Video

TwinCAT 3 培训视频 Video Chinese 如图 3. 8 所示。

EL6070_licensing.mp4	81,978 KB	MP4 视频
EL6070_operation.mp4	24,242 KB	MP4 视频
TC3_database_server1_Overview.mp4	5,989 KB	MP4 视频
TC3_database_server2_Topology.mp4	13,656 KB	MP4 视频
TC3_database_server3_Configure_mode.mp4	79,657 KB	MP4 视频
TC3_database_server4_PLC_Expertmode.mp4	26,994 KB	MP4 视频
TC3_database_server5_SQL_Expert_mode.mp4	21,550 KB	MP4 视频
TC3_preparation.mp4	23,610 KB	MP4 视频
TwinCAT_3_primer.mp4	254,172 KB	MP4 视频
TwinCAT3_cn.mp4	26,184 KB	MP4 视频
TwinCAT3_IEC_61131-3.mp4	95,641 KB	MP4 视频
TwinCAT3_install_attention.mp4	45,088 KB	MP4 视频
TwinCAT3_Measurement.mp4	115,076 KB	MP4 视频
TwinCAT3_Multi-core and multi-tasking support_cn.mp4	22,638 KB	MP4 视频
TwinCAT3_OPC_UA.mp4	147,215 KB	MP4 视频
TwinCAT3_PLC_OOP.mp4	92,604 KB	MP4 视频
TwinCAT3_PLC-HMI.mp4	84,982 KB	MP4 视频

图 3.8　TwinCAT 3 培训视频 Video Chinese

3.2　变量声明

3.2.1　变量声明的基本语法

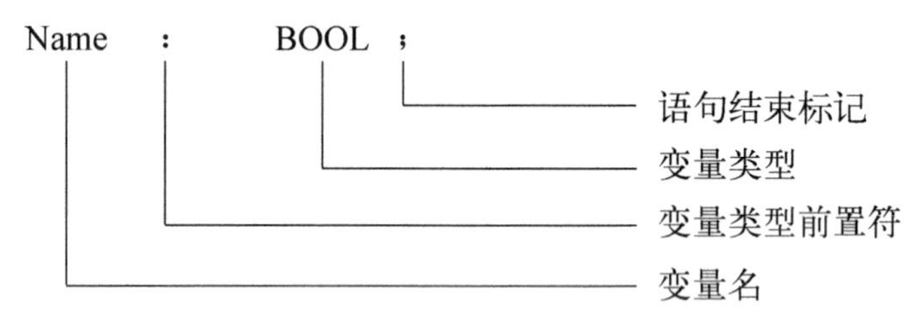

任何类型的变量声明都包含这 4 个基本要素，最简单的变量声明只包含这 4 个要素。

在基本要素之外，可能的设置项包括：

- 类型。
- 初值。
- 地址。
- 属性。
- 作用域：Global 或 Local。
- 对于 Local，是 Input、Output、In_Out，还是纯粹内部变量。
- 常数 Constant。
- 掉电保持 Persistent。

以上设置项中，根据作者经验，在其他中文资料中已经包含的常见内容，本节不再重述。以下仅对相对于传统 PLC 和 TwinCAT 2 来说比较新颖的设置项做出解释。

3.2.2　变量类型

TwinCAT 3 除了兼容 TwinCAT 2 及传统 PLC 的数据类型之外，新增类型包括以下内容。

1. 64 位整数

LINT：64 位有符号整数。

ULINT：64 位无符号整数。

LWORD：8 字节 WORD。

这些 64 位的整型变量可以直接进行数学运算，或者与 16 位、32 位数据混合运算。而此前必须引用专门的 Lib 和函数才能进行 64 位运算。比如在计算分布时钟（Distribute Clock）和文件时间的时候，就大大简化了代码。

2. 64 位时间

LTIME：最大可以表达 584 年。

由此，定时器指令 TON、TOF、TP 也派生出了 LTON、LTOF 和 LTP，这种前缀 L-的定时器，可以定时的时间范围也相应长达 584 年，而已耗时间 ET 的分辨率则从 1 ms 变成了 1 ns。但是由于 TwinCAT 的任务周期最短仍然是 50 μs，虽然 ET 分辨率为 1 ns，定时器的时间刻度最小只能到 50 μs。与 TON 等普通定时器的定时精度 1 ms 相比，是个不小的改善。

3. Unicode 格式的字符：WSTRING

有了 WSTRING 这个类型，PLC 中的字符串变量就可以直接识别亚洲语言，包括中文。配合变量属性 attribute {attribute 'TcEncoding' := 'UTF-8'}，可以保存 UTF-8 格式的文本。

另外，为了操作 WSTRING 类的变量，字符串运算符 CONCAT 等派生为 WCONCAT，其他查找、删除、插入及截取等运算符，也前置以 W-，包括：WCONCAT、WDELETE、WFIND、WINSERT；WLEFT、WLEN、WMID、WREPLACE、WRIGHT。

4. UNION

多种数据类型共享内存区。类似于结构，但 UNION 里面的各元素首地址是对齐的，而 Structure 里的各元素首地址是顺序排列。

UNION 有多种用法，比如通信时字符串变量的编码和解码。

在 UNION 类型 String_Bytes 里定义一个 String 和一个 Byte 数组，如图 3.9 所示。

在程序里声明一个变量 uSendString，类型为 String_Bytes。给发送字符串赋值“Hello 123”，如图 3.10 所示。

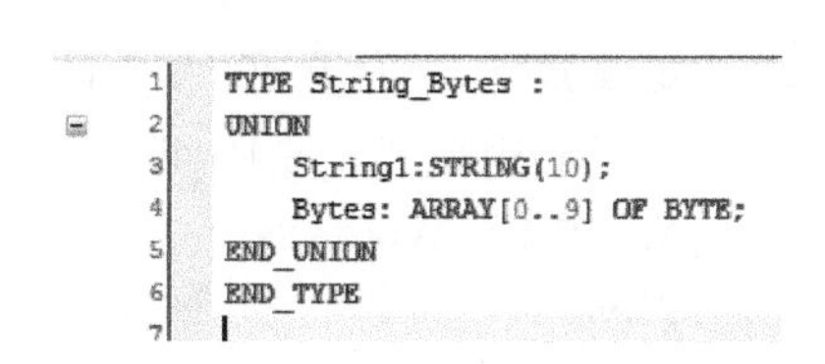

图 3.9 在 Union 中定义不同的元素

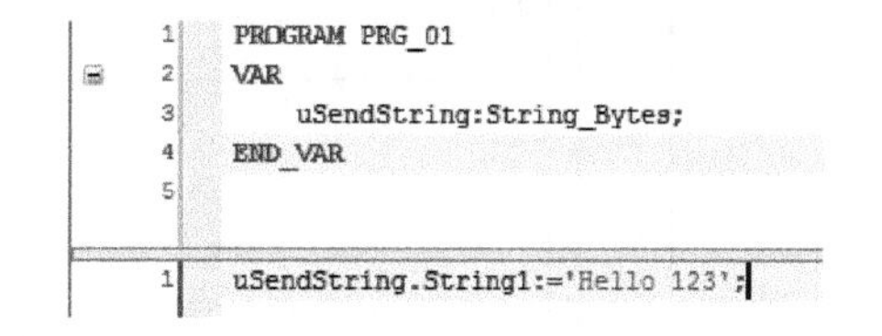

图 3.10 声明类型为 Union 的变量

程序运行起来后，可以看到 Union 的另一个元素 Bytes 的值就是“Hello 123”的 ASCII 码。“123”的 ASCII 码就是 16#31、16#32、16#33。如图 3.11 所示。

5. XINT、UXINT、XWORD 和 PVOID

TwinCAT 3 支持 32 位和 64 位操作系统。为了让 PLC 代码尽量独立于操作系统，TwinCAT 提供了几个自动适应的数据类型，编译器会自动检查控制器是什么操作系统，然后自动转换成相应的数据类型。

XINT or __XINT：64 位系统下转成 LINT，32 位系统下转成 DINT。

UXINT or. __UXINT：64 位系统下转成 ULINT，32 位系统下转成 UDINT。

TwinCAT_Device.PLC_851.PRG_01

表达式	类型	值	准备值
uSendString	String_Bytes		
String1	STRING(10)	'Hello 123'	
Bytes	ARRAY [0..9] OF BYTE		
Byte...	BYTE	72	
Byte...	BYTE	101	
Byte...	BYTE	108	
Byte...	BYTE	108	
Byte...	BYTE	111	
Byte...	BYTE	32	
Byte...	BYTE	49	
Byte...	BYTE	50	
Byte...	BYTE	51	
Byte...	BYTE	0	

```
1  uSendString.String1 'Hello 123' :='Hello 123'; RETURN
```

图 3.11　Union 的运行效果

XWORD or. __XWORD：64 位系统下转成 LWORD，32 位系统下转成 DWORD。

PVOID：64 位系统下转成 ULINT，32 位系统下转成 UDINT。

最典型就是指针，或者变量地址。因为很多功能块都要求提供变量地址和长度，而在 32 位系统下变量地址是 4 字节，在 64 位系统下变量地址是 8 字节，所以指针变量的类型要设置为 PVOID。

3.2.3　变量地址

1. PLC 变量地址、ADS 地址和地址对齐

输入变量、输出变量和需要按地址访问的 M 区变量，声明时需要增加“地址”部分，语法如下：

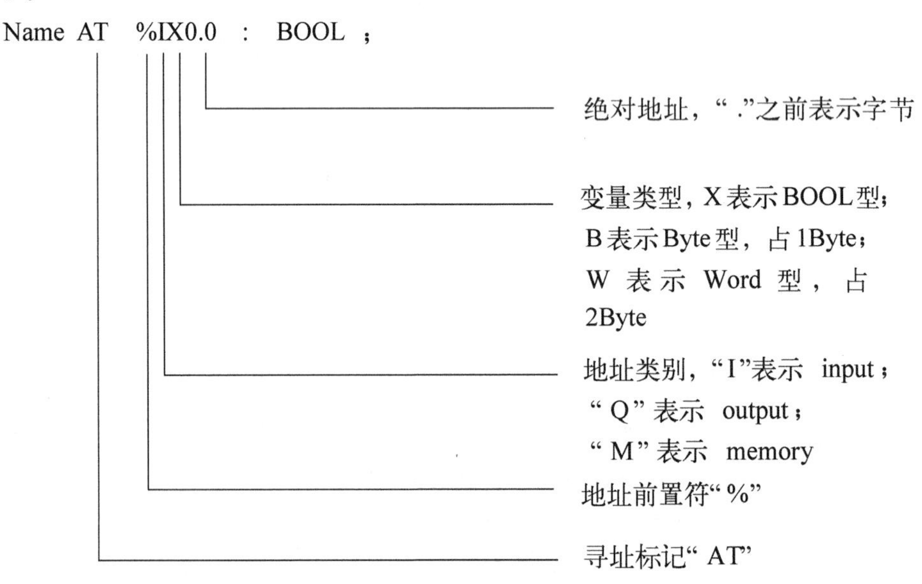

在 TwinCAT 3 中，每次编译都会为使用自动分配地址符号“%I *”或者“%Q *”的 I/O 变量自动重新分配地址。如果 I/O 变量的数量或者大小有变化，那么重新分配的变量地址也会有变化。

2. %IBn、%IWn、%IDn 地址的对应关系

TC2 的老用户需要特别注意，TC3 的 PLC 中，%IBn、%IWn、%IDn 在内存里占用的起始字节并不相同，对应规则如图 3.12 所示。

DWords / Words				Bytes	X (bits)					
byte addressing		word oriented IEC addressing			byte addressing			word oriented IEC addressing		
D0	W0	D0	W0	B0	X0.7	...	X0.0	X0.7	...	X0.0
D1	W1			B1	X1.7	...	X1.0	X0.15	...	X0.8
...	W2		W1	B2	...			X1.7	...	X1.0
	W3			B3				X1.15	...	X1.8
	W4	D1	W2	B4						
	...			B5						
			W3	B6						
				B7						
		D2	W4	B8						
		...		...						
		...		...						
		...		...						
D(n-3)		D(n/4)	...							
	W(n-1)		W(n/2)							
				Bn	Xn.7	...	Xn.0	X(n/2).15	...	X(n/2).8

n = byte number

图 3.12　PLC 地址与内存对应关系

为了兼容 TwinCAT 2，给任何变量类型指定地址时，都用%IB、%QB、%MB。

3. 地址对齐

不同的操作系统，数据对齐的规则不同。TC3 的 InfoSys 中明确解释如下。

TC2（arm）：4 字节对齐。

TC2（x86）：1 字节对齐。

TC3：8 字节对齐（以结构里最长的元素计）。

所以 TC3 中对于自己定义地址，推荐直接按 8 字节对齐。而项目从 TC2 升级到 TC3 时，如果出现异常，可以重点检查绝对地址的对齐是否符合 TC3 的规则。比如是否把一个变量地址定义为奇数字节等。

不同系统之间通信时，一个常见的问题就是变量对齐方式的不同，引起 A 系统中显示正常的数据通信到 B 系统中时显示为乱码。比如触摸屏、组态软件、高级语言应用程序通过 ADS 与 TC3 系统通信时，通常会把交换数据放到一个结构变量中。如果双方的变量对齐方式不同，从第二个元素开始就有可能地址对不齐，以至出现无效数据，显示为乱码。

3.2.4　变量声明中的赋初值

TwinCAT 2 中变量赋初值的代码是在变量类型之后加“:= 值”，比如：

Name :BOOL:=TRUE;

如果是数组或者结构型变量，需要为多个元素赋初值，则以逗号分隔。多个相同变量以()标记。比如：

Array1 :Array[1..6] OF INT:=[1,2,3,3(10)];

如果每个变量的值不同，或者数组特别长，声明时以逗号分隔，就很容易数错顺序。在 TwinCAT 3 中，数组赋初值有如下更简捷的方法。

在 Table 显示的变量声明区，单击  ，如图 3.13 所示。

只要在表格声明状态单击 Inti value 列的右上角，就会弹出赋初值的表格，以元素顺序排列，非常直观。

Expression	Init value	Data type
aINT		ARRAY [1..10] OF INT
aINT[1]	10	INT
aINT[2]	10	INT
aINT[3]	10	INT
aINT[4]	10	INT
aINT[5]	10	INT
aINT[6]	10	INT
aINT[7]	0	INT
aINT[8]	0	INT
aINT[9]	0	INT
aINT[10]	0	INT

10　Apply value to selected lines　Reset selected lines to default values

图 3.13　给数组赋初值

3.2.5　自动分配 I/O 地址

在 TwinCAT PLC 中，理论上只有需要与硬件对应的 I/O 变量，才需要分配绝对地址。并且由于 PLC 的 Input 区和 Output 区与 I/O 模块的安装位置无关，所以即使是 I/O 变量，编写程序时也可以没有确切的地址。

在 TwinCAT 3 中，PLC 程序编译成功会出现它的 Instance，即 TMC 接口对象，如图 3.14 所示。

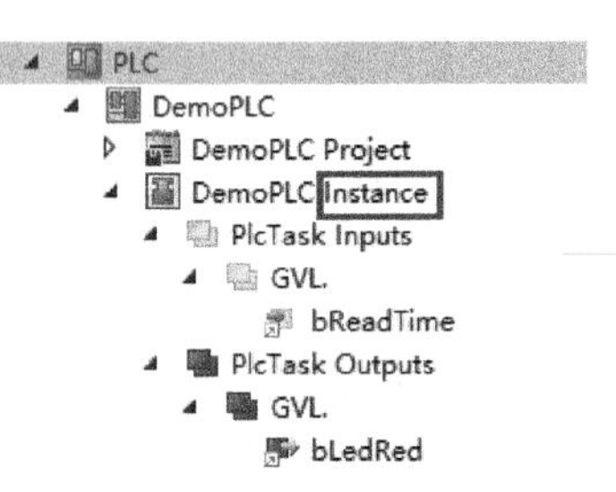

图 3.14　PLC 的 Instance 中有全部 I/O 变量

这时就已经为 I/O 变量自动分配好 PLC 地址了。如果是重新编译，那么 TMC 接口也会自动更新。如果一定要知道 TC3 中 PLC 变量的地址，需要在编译成功后双击 PLC Instance，在右边的对话框中选择 Data Area 选项卡，如图 3.15 所示。

Object　Context　Parameter (Init)　Data Area

Area ...	Name	Type	Size
0 (0)	PlcTask Inputs	InputDst	1179648
	.EL1008	BYTE	1.0 (Offs: 515862.0)
	.EL1252	ARRAY [0..1] ...	2.0 (Offs: 548148.0)
	.EL3204	ARRAY [0..3] ...	8.0 (Offs: 548664.0)
	.aAxis[1].Ref.NcT...	MC.NCTOPL...	256.0 (Offs: 548816.0)
	.aAxis[2].Ref.NcT...	MC.NCTOPL...	256.0 (Offs: 581920.0)
	.aAxis[3].Ref.NcT...	MC.NCTOPL...	256.0 (Offs: 615024.0)
	.aAxis[4].Ref.NcT...	MC.NCTOPL...	256.0 (Offs: 648128.0)
	.aAxis[5].Ref.NcT...	MC.NCTOPL...	256.0 (Offs: 681232.0)
	.aAxis[6].Ref.NcT...	MC.NCTOPL...	256.0 (Offs: 714336.0)
	.Enc_Master	UDINT	4.0 (Offs: 748332.0)
	.Enc_Slave	UDINT	4.0 (Offs: 748360.0)
1 (0)	PlcTask Outputs	OutputSrc	1179648
	.EL2008	BYTE	1.0 (Offs: 515863.0)
	.aAxis[1].Ref.PlcT...	MC.PLCTON...	128.0 (Offs: 548688.0)
	.aAxis[2].Ref.PlcT...	MC.PLCTON...	128.0 (Offs: 581792.0)
	.aAxis[3].Ref.PlcT...	MC.PLCTON...	128.0 (Offs: 614896.0)
	.aAxis[4].Ref.PlcT...	MC.PLCTON...	128.0 (Offs: 648000.0)

图 3.15　TMC 的 Data Area 中有全部变量的地址

图 3.15 中的 Offs（偏移量），就是变量的绝对地址。

3.2.6 变量的属性

TwinCAT 3 PLC 中，可以为变量设置丰富的属性。声明变量的时候，属性用“{}”括起来，如图 3.16 所示。

例如：定义变量 aINT 的属性 attribute 'display-mode'：='hex'，显示为表格，如图 3.17 所示。

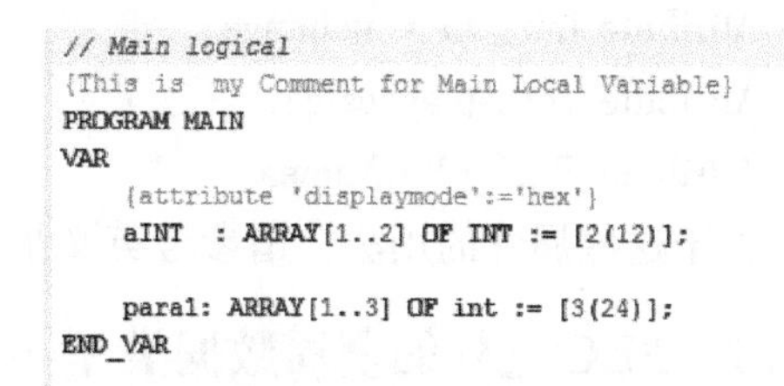

图 3.16 变量的属性

	Scope	Name	Address	Data type	Initialization	Comment	Attributes
1	VAR	aINT		ARRAY[1..2] OF INT	[2(12)]		attribute 'displaymode':='hex'
2	VAR	para1		ARRAY[1..3] OF int	[3(24)]		

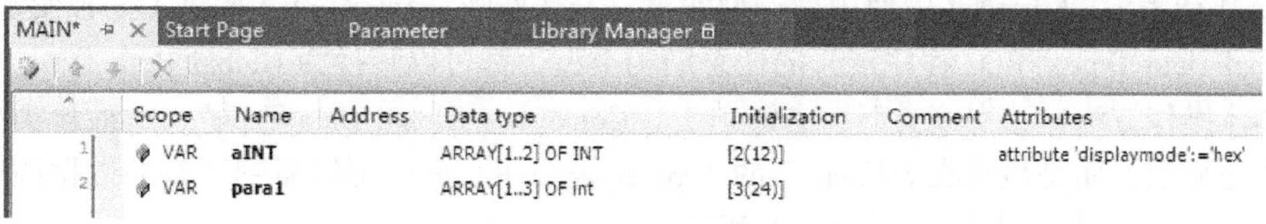

图 3.17 表格显示的变量属性

在线显示时，定义了属性的变量 aINT，按指定的格式“hex”显示，而其余变量，按右键菜单 Display Mode 选择的“Decimal”显示，如图 3.18 所示。

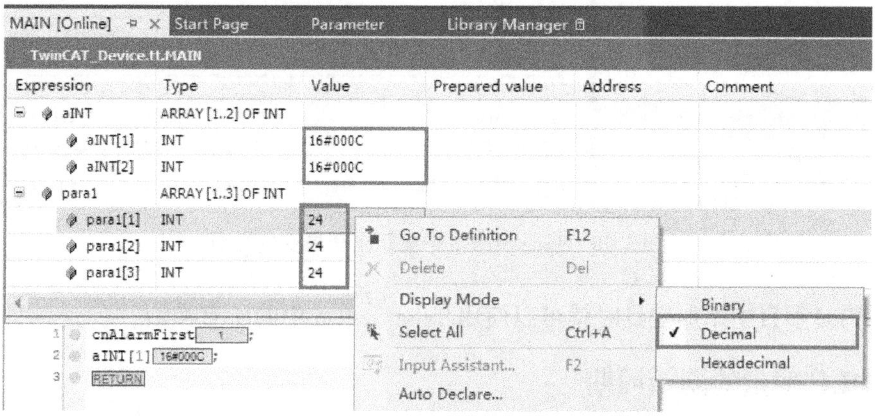

Expression	Type	Value	Prepared value	Address	Comment
aINT	ARRAY [1..2] OF INT				
aINT[1]	INT	16#000C			
aINT[2]	INT	16#000C			
para1	ARRAY [1..3] OF INT				
para1[1]	INT	24			
para1[2]	INT	24			
para1[3]	INT	24			

图 3.18 定义过 hex 显示模式的变量与其他变量不同

所以例中的 aINT 就显示为“16#000C”，而另一个变量 para1 显示为“24”。

属性的关键词不能写错，在 TC3 帮助系统的以下路径：

TE1000 XAE/PLC/Reference Programming/Pragmas/Attribute pragmas

或者

https://infosys.beckhoff.com/content/1033/tc3_plc_intro/1351079913506819 95.html?id=7329361059637671970

可以查到可自定义的属性包括但不限于：

User-defined Attributes；

Attribute Call_after_init；

Attribute displaymode；

Attribute Hide；

Attribute hide_all_locals;

Attribute Init_On_Onlchange;

Attribute TcDisplayScale;

Attribute Tc2GvlVarNames。

关于这些属性的用法，请参考英文帮助系统，本书不再赘述。

3.2.7 PLC 之外的全局数据类型

PLC 程序中定义的结构类型，在 PLC 之外就不可用了。比如要在 Additional Task、NOVRAM 或者 RT EtherNet 中使用结构型变量，怎么办呢？TwinCAT 3 提供了一种变量类型，即 Global Data Type：PLC 程序定义的任意结构类型，都可以转换为 Global Data Type。

具体操作方法：选中该类型，右键单击“Convert to Global Data Type”，此后该类型就不再在原处显示，而是显示在 System 下的 Type System 中。此处可以看到所有的数据类型，包括 PLC 程序和引用库里的。如图 3.19 所示。

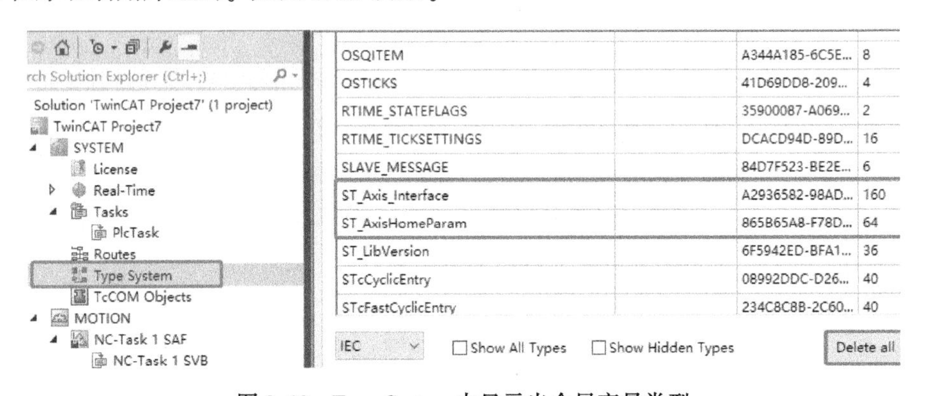

图 3.19　Type System 中显示出全局变量类型

在非 PLC 项目中添加变量时就可以使用 Type System 中的所有类型。

3.2.8 PLC 变量的刷新周期

在 TC3 中 PLC 的 I/O 变量，无论局部变量还是全局变量，其刷新周期就是它被调用的代码所在的任务周期。

对于没有被调用过的 I/O 变量，默认分配给所有 PLC 引用的 Reference Task 中优先级最低的任务。如图 3.20 所示。

图 3.20 中可以看出，同样是在 MAIN 中定义的局部变量，x1 在 MAIN 代码中引用过，x2 没有在任何地方引用过，结果 x1 出现在代码所在的 PlcTask 中，而其他变量出现在优先级更低的 Task_4 中。

经测试，未用变量分配给哪个任务，与周期无关，仅与任务优先级有关。进一步的测试表明，如果一个变量在 PLC 程序的多个地方引用，无论读写，都按优先级高的那个任务刷新。这个特点虽然有一定合理性，但是因为规则太过智能，人工无法干预，使用时就必须清楚并遵循这个规则。

典型的场景是使用 NOVRAM 做掉电保持的时候，为了节约 CPU 资源，通常希望变量的刷新周期较慢。在 TC2 中可以通过在 system manager 中的变量拖放来实现，在 TC3 中就必须

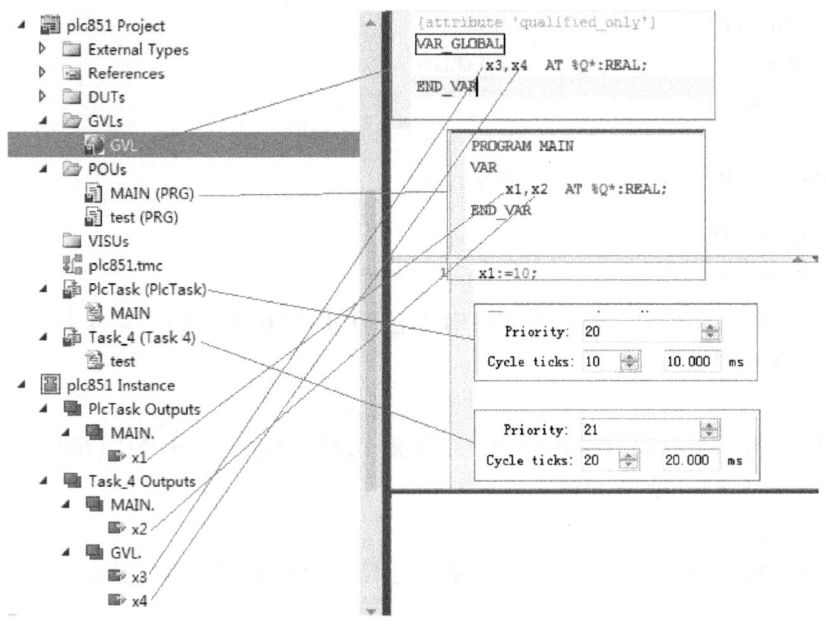

图 3.20 PLC 变量的刷新周期

另建一组中转变量，先在其他 PLC 程序中给中转变量赋值，然后在较慢的任务中把中转变量赋给 Mapping 到 NOVRAM 的 I/O 变量。还要考虑第一个 PLC 周期，让数据反向流动，即把 I/O 变量的初始值赋给中转变量。

3.3 编程语言和新增功能

3.3.1 ST 中增加了 Continue 和 Jump 语句

Continue 和 Jump 语句示例如图 3.21 所示。

CONTINUE instruction

As an extension to the IEC 61131-3 standard the CONTINUE instruction is supp

CONTINUE makes the execution proceed with the next loop-cycle.

Example:

```
FOR Counter:=1 TO 5 BY 1
DO
 INT1:=INT1/2;
 IF INT1=0 THEN
 CONTINUE; (* to avoid division by zero *)
 END_IF
 Var1:=Var1/INT1; (* only executed, if INT1 is not "0"
*)
END_FOR;
Erg:=Var1;
```

Example

```
aaa:=0;
_label1: aaa:=aaa+1;
(*instructions*)
IF (aaa < 10) THEN
 JMP _label1;
END_IF;
```

图 3.21 Continue 和 Jump 语句示例

3.3.2 TwinCAT 3 新增的指令

这是只介绍常用的几个新增的指令，完整的指令集请参考 TC3 帮助系统。

1. BitAdr( )

求位地址的函数，例如：

```
VAR
```

```
        Var1 AT %IX2.3          :  BOOL;
        BitOffset               :  DWORD;
    END_VAR

    BitOffset:=BITADR(var1);(*结果为19*)
```

2. 浮点数的操作

(1) Real_To_Int

四舍五入取整，结果是 INT。例如：REAL_TO_INT(65537.8)，结果是 2；REAL_TO_INT(1.8)，结果也是 2。

(2) Trunc

直接去除小数部分，保留整数部分，结果是 DINT。例如：TRUNC (65537.8)，结果是 65537；TRUNC (1.8)，结果是 1。

(3) Trunc_Int

直接去除小数部分，保留整数部分，结果是 INT。例如：TRUNC_INT (65537.8)，结果是 1；TRUNC_INT (1.8)，结果也是 1。

3. ANY_函数

(1) ANY_NUM_TO_<numeric data type>

这个类型的指令用于将任意数字类型之间进行转换，包括 UINT_TO_INT、UINT_TO_REAL 等。例如：REAL _TO_INT(1.234)，结果为 1。

(2) ANY_TO_<any data type>

这个类型的指令用于任意数字类型之间的转换，例如：STRING_TO_INT('123.8')，结果是 123。

4. 次方和开平方

(1) EXPT

这个指令用于计算次方，结果为 LREAL，例如：EXPT(3,2)，结果为 9；EXPT(2,3)，结果为 8。

(2) SQRT

这个指令用于计算开平方，结果为 LREAL，例如：SQRT (9)，结果为 3；SQRT (8)，结果为 2.8284。

3.3.3 UML 编程

除了原来的 IEC 编程方式外，TC3 还增加了 UML Chart Sate 编程。

在线帮助系统：

https://infosys.beckhoff.com/content/1033/tf1910_tc3_uml/81064794117405067.html?id=4348958211082140521

1. 什么是 UML 语言

统一建模语言（UML）是一种图形语言，可用于软件分析、设计和文档编制。UML 特别适合面向对象的实现。PLC 应用程序的统一建模创建了易于理解的软件文档，也可以由编程以外的部门进行分析和讨论。

UML 图可以归为结构图和行为图两大类。结构图主要用于静态建模和分析，因为它们以图形的方式表示软件架构。行为图用于动态建模，它们是可执行的模型，可以从中直接生成程序代码。

TC3 UML 功能包以 Class 图表和 State 图表的形式提供每个类别的图表类型：Class 图是 UML 结构图的一部分，State 图是 UML 行为图的一部分。

2. TC3 UML 语言的功能

TC3 UML 提供以下功能。

：UML Class 图表对象的功能。

：在 UML State 图表实现语言中编写 POU。

安装 TC3 开发环境之后，用户就可以使用 UML 语言了。但是 UML 语言需要相应的编译器，TC3 开发环境中可以选择编译器版本或者升级版本。所有倍福 TC3 控制器都支持 UML 语言，包括 ARM、x86 和 x64 平台。但是用户需要购买 TF 1910 软件授权，才能在控制器上使用。

3. TC3 UML 语言的优势

UML 图表用于软件分析、设计和归档具有很多优势，主要包括以下几点。

首先，UML 图表并不纠结于技术细节，而是提供直观的概述性图形说明，在实施项目之前可以用它检查软件需求，以避免应用程序的不完整或错误实现。

控制代码的图形化说明非常有助于规划良好的软件架构。基于这样的体系结构，可以简便地实现面向目标的系统或者要求。此外，良好的软件架构还有助于开发可以复用的自主软件模块，从而节省时间和成本。一般来说，规划良好的软件更少出现编程错误，因此代码质量也更高。

对软件的图形访问有助于维护和调试。

通常在 UML 图的帮助下创建软件的通用文档。一方面，这可以用作开发团队中的协调工具，例如交换想法和概念或定义需求。另一方面，UML 图表可以用来向其他技术专家（例如机械工程师或过程技术人员）说明控制应用程序。

在线帮助系统：

https://infosys.beckhoff.com/content/1033/tf1910_tc3_uml/81064794117405067.html?id=4348958211082140521

3.3.4 指针和枚举的新增功能

1. 指针的新建、清除和有效性检查

指针功能里，支持指针的新建、清除和有效性检查等操作，具体参考 TC3 InfoSys，如图 3.22 所示。

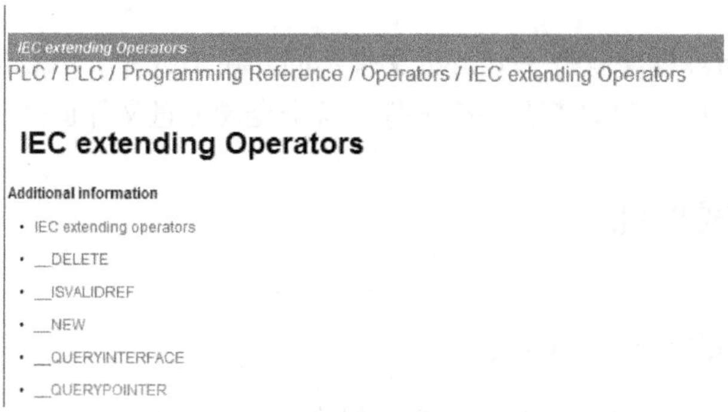

图 3.22　指针的新建、清除和有效性检查

2. 支持不同枚举类型里相同的枚举字符

属性 no-analysis 示例如图 3.23 所示。

color:=Colors.Blue;//Access to enum value Blue in type Colors

feeling:=Feelings.Blue;//Access to enum value Blue in bype Feelings

枚举 Colors 中的 Blue，与枚举 Feelings 中的 Blue，虽然字符相同，却具有完全不相关的含义。对于多人合作编程的情况，在枚举中碰巧使用了相同的字符是很常见的，在 TwinCAT 2中就会引发歧义甚至程序报错，TwinCAT 3 解决了这个问题。

3.3.5 通过程序注释实现特殊功能

通过程序注释可以有很多特殊功能，比如条件编译，是否包含在 OPC 服务的采集变量中等，Infosys 上有详细说明。充分利用属性，编程调试通信可以更加高效。

以{attribute 'no-analysis'}为例，只要在 POU 之前加上这句话作为注释，如图 3.23 所示，MAIN 就不会参与静态分析（coding rules，naming conventions，forbidden symbols）

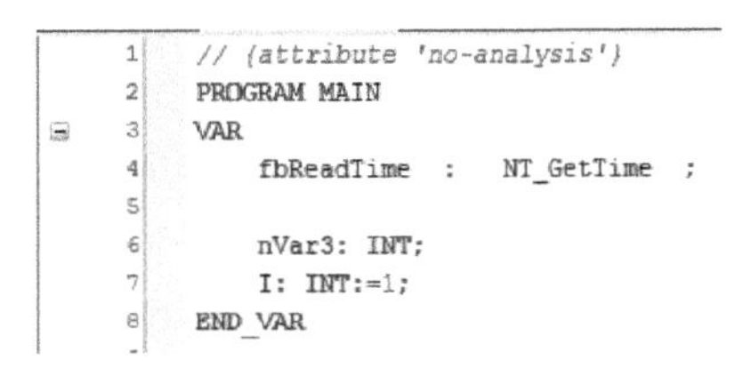

图 3.23 属性 no-analysis 示例

3.3.6 隐藏内部变量

对于结构体或者 FB，可以通过变量的属性设置它是否出现在外部引用的提示列表中：通过添加属性{Attribute ‘hide’}或者{Attribute ‘hide_all_locals’}。

3.3.7 引用全局变量是否需要命名空间

比如 TC2 升级到 TC3 的全局变量，自动会添加属性“Tc2GvlVarNames”，引用时就不需要命名空间了。在 TC3 中创建的全局变量，也可以冠以这个属性，使用这里的变量时，不必加前缀 Namespace，即全局变量的文件名。例如：

```
{attribute 'Tc2GvlVarNames '}
VAR_GLOBAL
    nVar AT%Q * :UINT;
END_VAR
```

这个属性的用法之一，是在高级语言与 PLC 通信为变量建立句柄时，是否加上文件名作为前缀。

与 TC2 中一个 PLC 程序就是一个 .pro 文件不同，在 TC3 中，PLC 项目是由无数个小文件组成的，每个 FB、FC、PRG 都是一个文件，每个全局变量文件也是一个单独的文件。

3.4 诊断和调试功能

3.4.1 兼容 TC2 的 Watch window

在 TC2 System Manager 中，如果任意变量想临时监视一下，可以从它的右键菜单中选择 Add to Watch，在窗体底部就会出现临时监视列表。如图 3.24 所示。

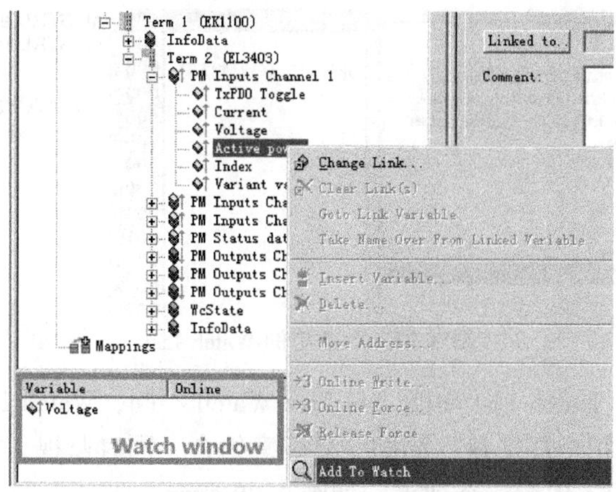

图 3.24　TC2 中的 Watch window 功能

关闭 TC2 System Manager 时，变量监视表并不保存，它的优点是使用便捷。这个功能在 TC3 中通过 ADS Symbol Watch 功能实现，如图 3.25 所示。

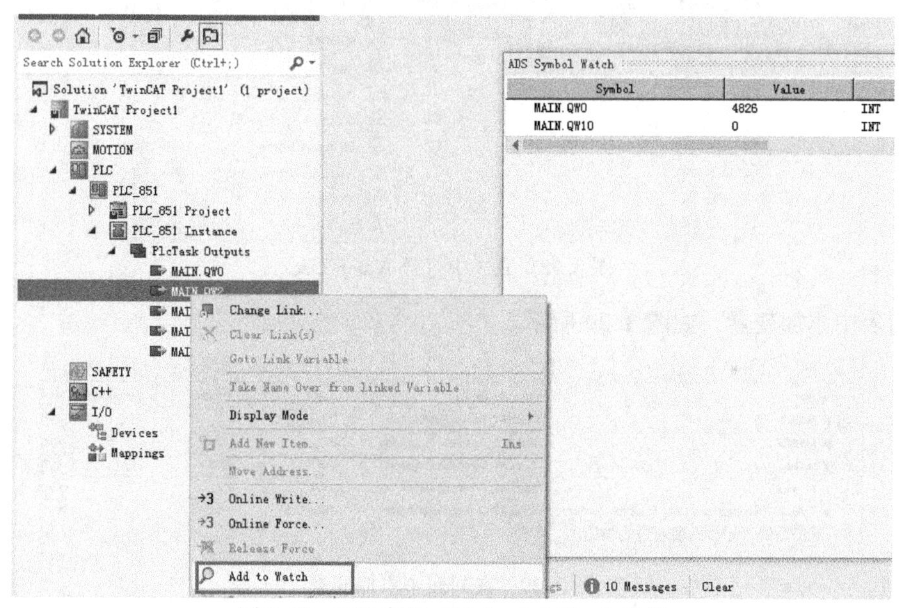

图 3.25　TC3 中的 ADS Symbol Watch 功能

如果要打开或者关闭 ADS Symbol Watch，可以从下面的图标进入，如图 3.26 所示。

图 3.26　打开 ADS Symbol Watch

注意：不能向 Symbol Watch 直接加变量，必须先选中变量在右键菜单中单击 Add to Watch。

3.4.2　兼容 TC2 的 Watch List

在 TC2 的 PLC Control 中，可以建立变量监视表，集中监视及强制变量，如图 3.27 所示。

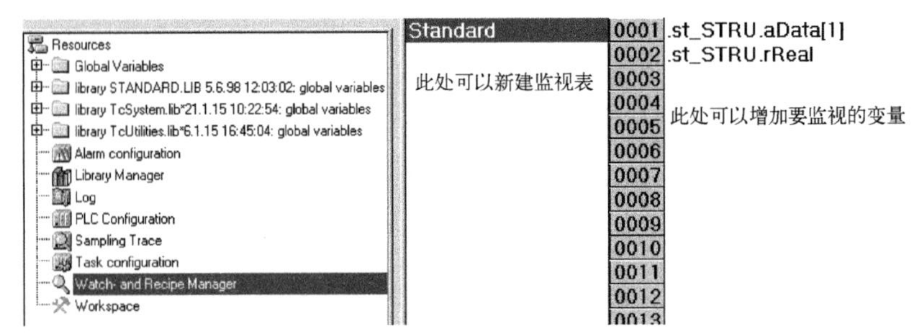

图 3.27　TC2 中的 Watch List

在 TC3 中也继续了 Watch List 功能。与 Live Watch 不同，Watch List 是可以选择变量的，但不能同时多选。可以把全局变量、局部变量任意组合，同时监视，方法如下。

选中 Watch1～Watch4 任意一个列表，如图 3.28 所示。

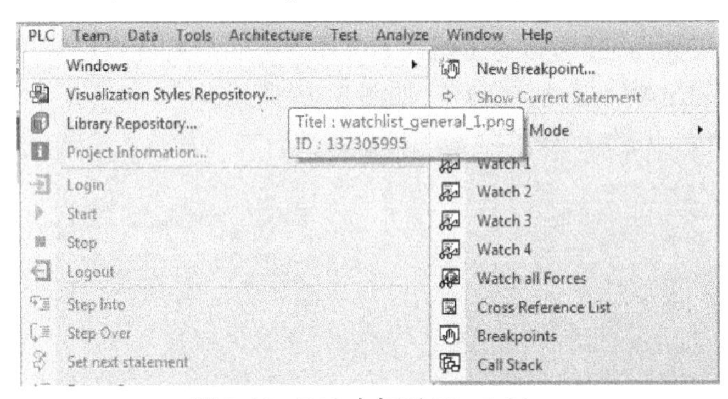

图 3.28　TC3 中打开 Watch List

在列表中添加变量，如图 3.29 所示。

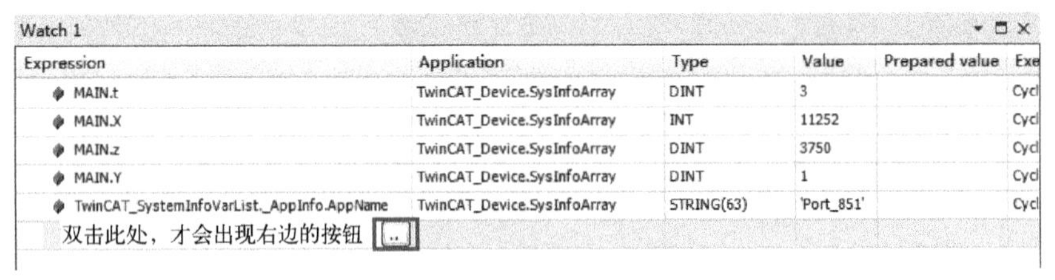

图 3.29　在列表中添加变量

3.4.3　常见问题

1. 搜索和替换

搜索和替换按钮如图 3.30 所示。

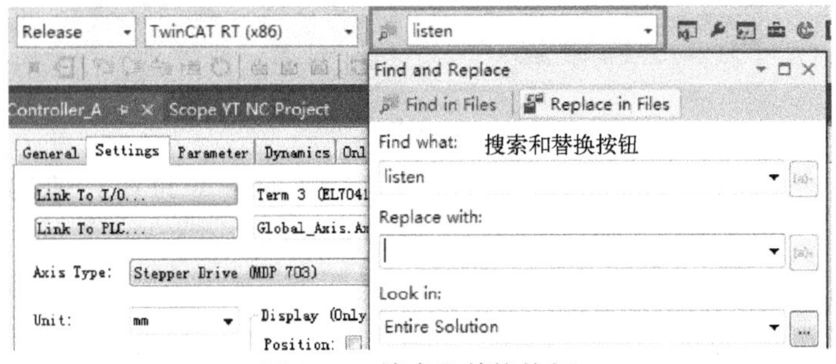

图 3.30　搜索和替换按钮

2. 数组 Online 时显示的元素数量

按照默认设置，最多在线显示 999 个数组元素。如果想查看 999 以后的元素值，就要修改显示范围。在 Online 的时候，双击数组变量，弹出 Monitoring Range 的对话框。如图 3.31 所示。

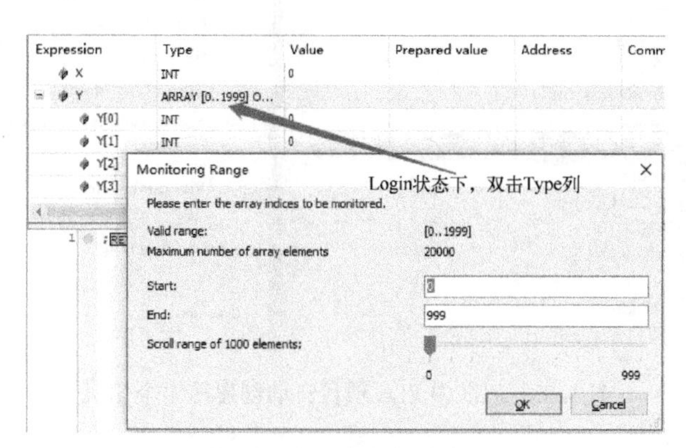

图 3.31　修改在线数据监视的最大数量

3.5　任务和程序

3.5.1　PLC 程序下的多个 Task

在 TC2 中，PLC 项目的 Task 与和 TwinCAT Realtime 的 Task 有预先设定的对应关系，例如 PLC Run-time 1 的 Task 0~Task 3 总是对应 TwinCAT Realtime 的 Task 25~Task 28。如图 3.32 所示。

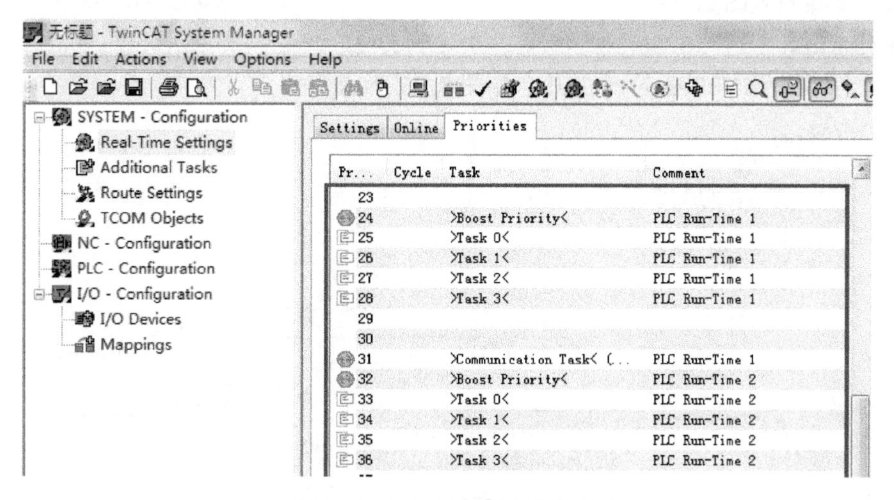

图 3.32　TC2 下的任务优先级

但在 TC3 中，TwinCAT 任务与 PLC 项目并没有关联。所以，为 PLC 项目中的程序指定调用它的 Task 之前，必须先在 PLC 项目中添加对该 Task 的引用（Add Referenced Task）。

实际操作时，新建 1 个 PLC 项目系统就会自动新建一个名为 PlcTask 的任务（Task）和一个名为 Main 的程序（PRG），并指定在 PlcTask 中调用 MAIN 程序。如图 3.33 所示。

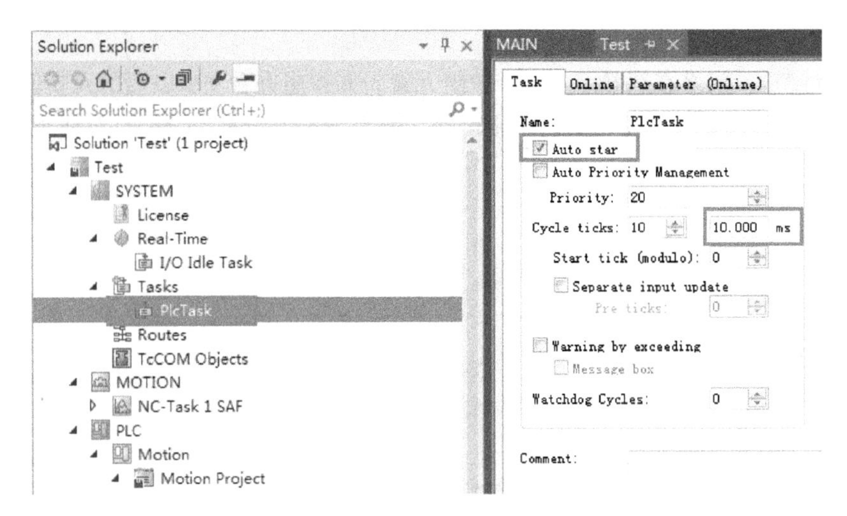

图 3.33　TC3 中 PLC 项目自动创建第 1 个 Task

自动创建的 Task 默认已经在 PLC 项目中引用，如图 3.34 所示。

如果 PLC 项目中有不止一个程序，如何在 Task 中调用它？

这要分两种情况，一种是其他程序与 MAIN 的执行周期相同，那么可以直接把 PRG 拖放到图 3.34 中的 PlcTask 下。另一种情况则是与 MAIN 的执行周期不同，那么就要按以下步骤操作。

a）新建任务。

b）在 PLC 项目中引用任务。

c）把程序指定给任务。

这几个步骤的截图如下。

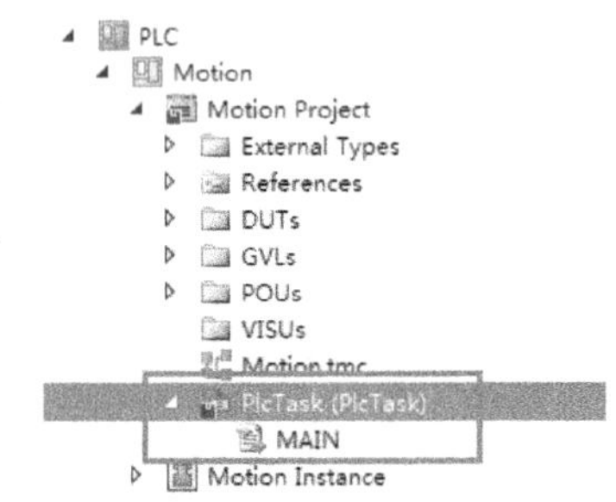

图 3.34　自动创建的 Task 默认已经在 PLC 项目中引用

1. 新建 Task

在 PLC 项目中添加 Reference Task，如图 3.35 所示。

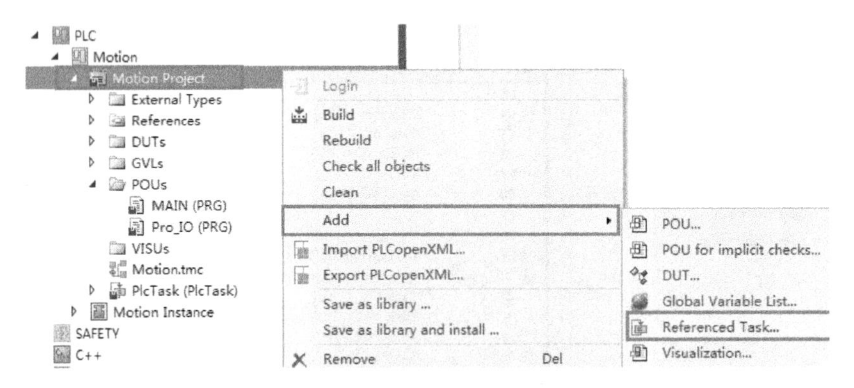

图 3.35　在 PLC 项目中添加 Reference Task

选择任务，如图 3.36 所示。

2. 把程序指定到任务

方法一：直接拖放。

选中 POUs 下的 Pro_IO，直接拖放到 PlcTask 下面。如图 3.37 所示。

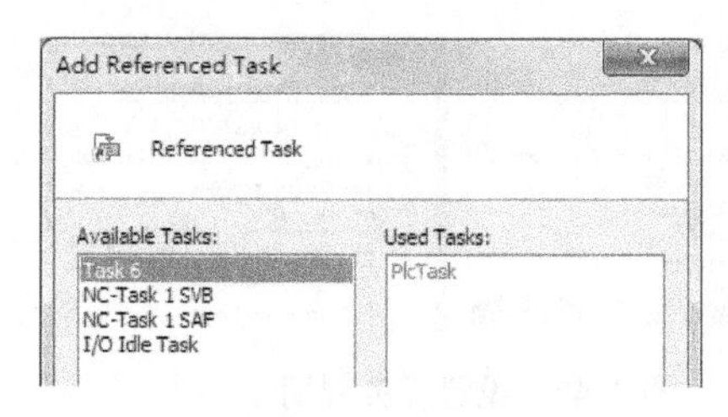

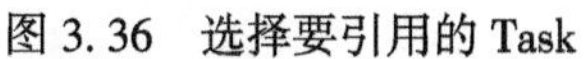

图 3.36　选择要引用的 Task

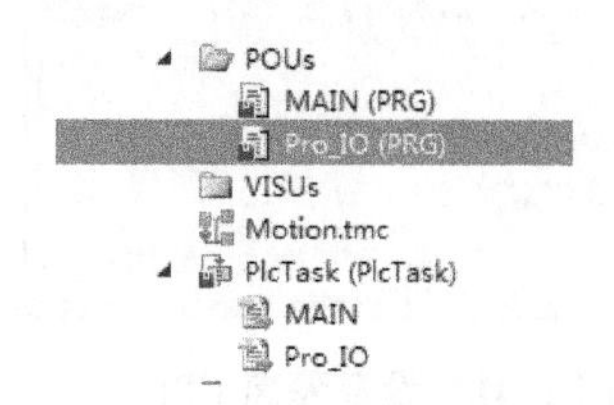

图 3.37　拖动 PLC 程序到 Plc Task 下

方法二：从 PLC 项目中的 Task 右键菜单中选择 Add | Existing Item，如图 3.38 所示。

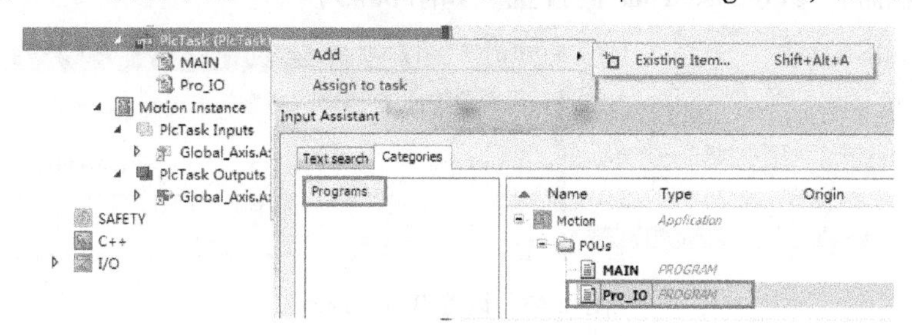

图 3.38　在 Task 中添加程序

结果，指定的 Task 下面就出现了要引用的 PLC 程序，如图 3.39 所示。

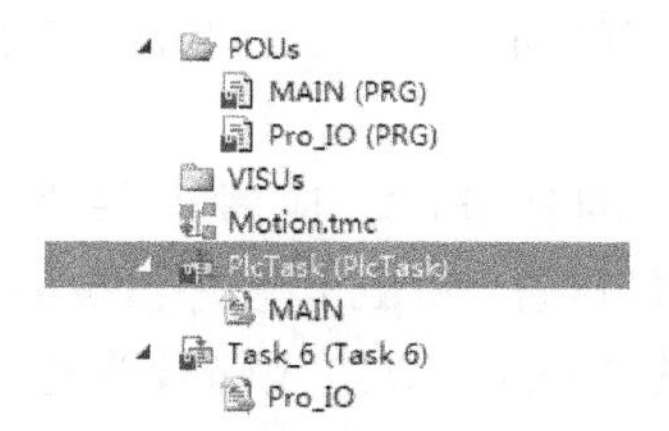

图 3.39　程序指定到 Task 的结果

为 Task 指定 CPU、优先级及周期等如图 3.40 所示。

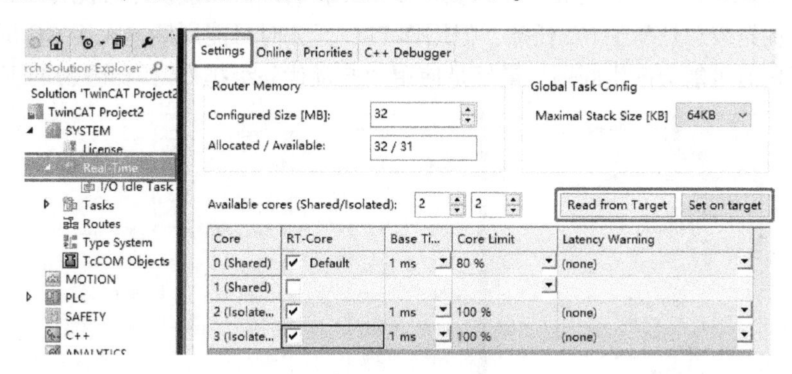

图 3.40　Task 的设置

3. 指定 CPU

图 3.40 中的设置表示控制器 CPU 一共有 4 个核。CPU0 和 1 给 Windows 使用，CPU2 和 3 给 TwinCAT 独占使用。因为是独占，所以 CPU 利用率允许到 100%。单击图 3.40 中的 Set On Target，可以设置操作系统使用的 CPU 和其他（TwinCAT）的 CPU 划分，如图 3.41 所示。

设置任务周期如图 3.42 所示。

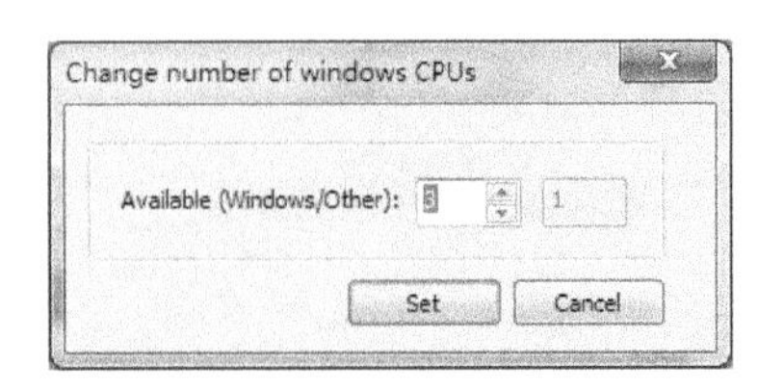

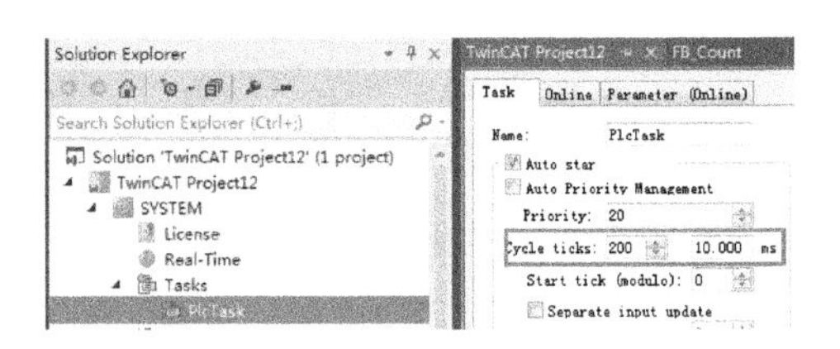

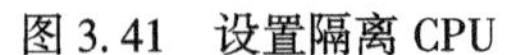

图 3.41 设置隔离 CPU　　　　图 3.42 设置任务周期

默认的 Base Time 为 1 ms，可以满足绝大多数的应用。如果要求 PLC 或者 NC 的任务周期低于 1 ms，就需要修改 Base Time 的设置。如图 3.43 所示。

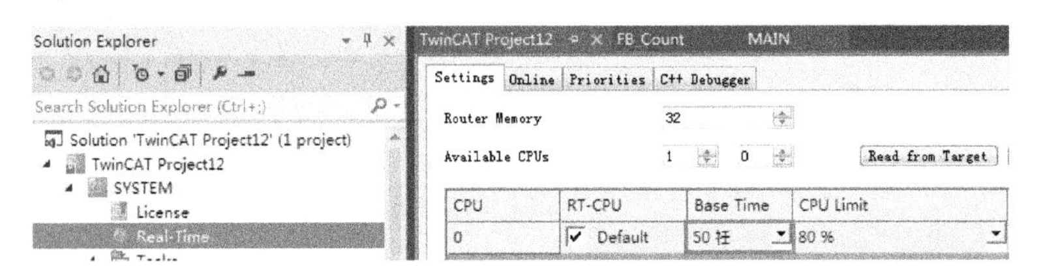

图 3.43 设置 Base Time

Base Time 可选的最小值为 50 μs，最大值为 1 ms。所有任务周期必须是 Base Time 的整数倍。同样的程序，同样的任务周期，Base Time 越小，由于线程切换频繁，所以 CPU 消耗越大。因此，在满足任务周期设定的前提下，Base Time 应尽可能设置得大，比如等于最小任务周期。

当设置 Base Time 小于 1 ms 的任务时，应考虑硬件 CPU 的运算能力。根据经验，CX2020 及以上控制器、工控机可以执行 50 μs 但程序量少的 PLC 任务，而 CX50x0、CX90x0 系列 EPC 一旦 Base Time 设置为 50 μs，即使代码行为空，TwinCAT PLC 一旦运行起来，CPU 利用率也会直接飙高甚至崩溃。

4. 设置任务优先级

由于 TC3 手动增加的任务优先级不再受限于 PLC，所以必须谨慎考虑优先级排列。默认手动增加任务的优先级总是高于 NC 任务，但用作 PLC 任务时可能周期远大于 NC 周期。这在触发 I/O 总线通信时可能会产生问题，最好是使用“自动优先级排列”，如图 3.44 所示。

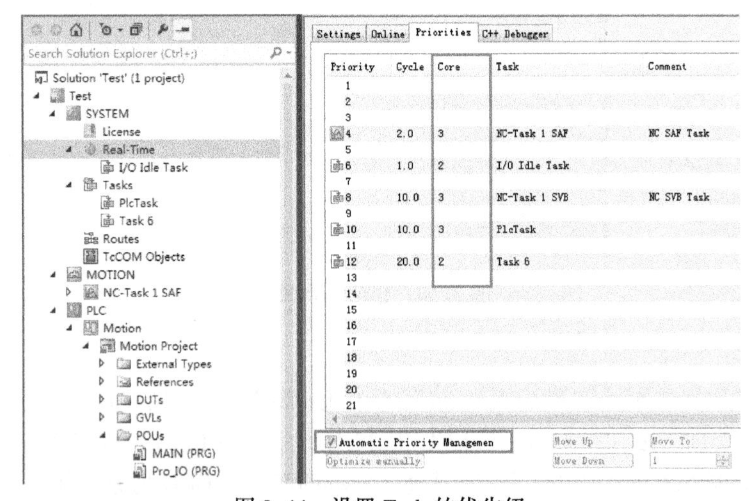

图 3.44 设置 Task 的优先级

说明：在 TwinCAT 3 的 Real Time | Priorities 优先级排列时，有了“Core”这一列显示使用 CPU 的哪个核。但总的优先级仍然是 1~61，与 TC2 相同。

3.5.2 关于 Task 的其他提示

1. Task with image

类似 TC2 的 Additional Task，仅有 TwinCAT I/O 功能，适用于仅有 TC3 I/O 级别的控制器，比如在第三方工控机安装的 TC1100-0090，如图 3.45 所示。

而普通不带 Image 的 Task，就不能手动添加 Input 和 Output 变量。

2. IO at task beginning

从 POU 的注释里，通过特殊的注释，设置 IO at task beginning \NO CHECK 等功能。

同一套 PLC 程序的多个任务必须指定到同一个 CPU 核，否则可能引起优先级错误。

关于 I/O Idle Task 的优先级如图 3.46 所示。

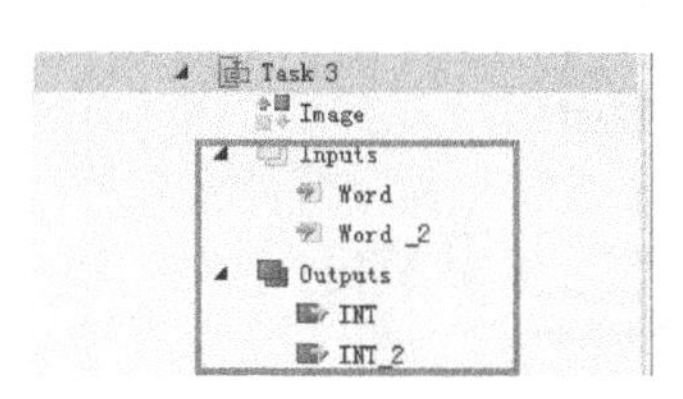

图 3.45 自带接口变量的 Task

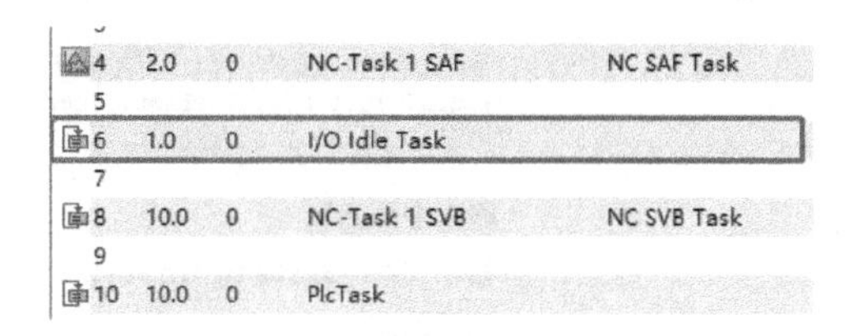

图 3.46 I/O Idle Task 的优先级

TwinCAT 项目总是自动建立一个 I/O Idle Task，负责处理主站和从站之间的异步通信。对于 EtherCAT 来说，I/O Task 处理状态机、发送 Mailbox 帧、初始化分布时钟、检查实际的拓扑结构与配置是否相符。

特殊情况下，如果有很多异步帧，可以延长周期以降低网络负载。

I/O Idle Task 的周期应为 1~4 ms，它的优先级应该比使用 DC 的任务低，如果是 NC，最好介于 SAF 和 SVB 之间。但对于 NC I，有时候它的优先级应该低于 SVB。

关于 PLC AuxTask 应为 50 0 PlcAuxTask

新建一个 PLC 项目，系统就会自动建两个任务：PlcAuxTask 和 PlcTask。但是创建第 2 个 PLC 项目就不会新建任务了。PlcAuxTask 处理 ADS Client 的 Request，属于事件触发固定在极低的优先级 50，不需要周期性执行，所以它没有 Cycle Time。

3.6 隐含的变量和函数

3.6.1 TwinCAT_SystemInfoVarList

在 TC2 中有一些全局变量比如 First Cycle 标记等，是需要引用 TcSystem.lib 等库才能使用的。在 TC3 中不需要引用任何库，可以直接从全局变量 TwinCAT_SystemInfoVarList 结构体中获得。

该变量包括 1 个_AppInfo 结构体和 1 个_TaskInfo 结构型数组。

_AppInfo 结构体包含以下信息：

AppName

AppTimeStamp
OnlineChangeCnt:在线修改次数
……

_TaskInfo 结构型数组元素包含以下信息：

FirstCycle   :首周期标志
LastExcuteTime   :上周期任务执行时间
CycleTimeExceeded   :任务未在设定时间内完成

……

这两个结构体的完整的元素描述，可以参考在线帮助，或者 Infosystem。

注意：为了读取正确的任务编号的信息，首先要获取当前程序代码所在的任务编号，需要用到函数 GetCurTaskIndex()，如图 3.47 所示。

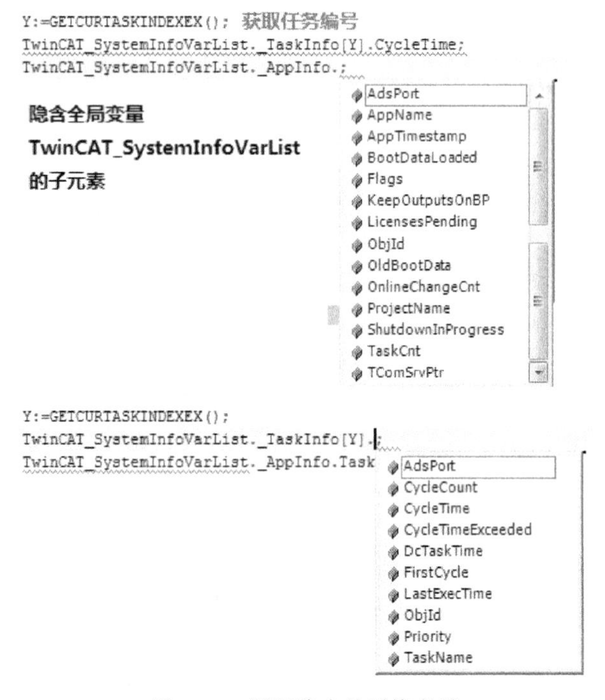

图 3.47　调用隐含的系统变量

注意：这两个 AdsPort 是不一样的。TaskInfo 里的 AdsPort 是针对任务的，AppInfo 里的 AdsPort 才是针对 PLC 变量的。与 HMI 通信的，通常是指后者_AppInfo 里的端口，比如默认的 851。

3.6.2　除零溢出及指针校验

在 TC2 中要校验除零、数组下标超限及指针错误等，必须引用 SysFunction.lib，或者自己建立一个 Check Bounds 类似的函数。在 TC3 中，默认已打开这些校验功能，如图 3.48 所示。

如果要关闭，可以在图 3.48 中取消勾选。

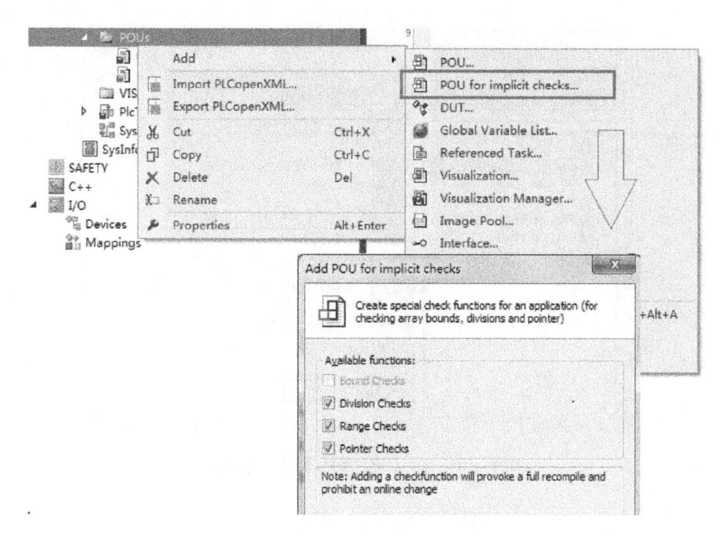

图 3.48　默认开启的程序检查功能

3.6.3　隐含的函数

还有一些函数是不用引用任何库，而是系统自带的。比如用于获取当前时间的函数 TIME()。

声明变量：systime：TIME；

程序代码：systime：=TIME()；

执行结果：systime 就会获取到当前的系统时间。

3.7　兼容 TC2 的功能

3.7.1　多语言混合编程（Action）

一个程序（PRG）中的代码可能包含逻辑运算，也包含数学运算。前者适合用梯形图，而后者用结构文本写起来就比较方便。TwinCAT PLC Control 中提供向 POU 中添加 Action 子程序的功能。在 POU 的 Action 中，可以直接使用所在程序的所有变量，可以选用跟所在程序相同的语言，也可以另外选一种语言，这就是多语言混合编程。

使用 Action 的操作方法如下。

第 1 步：添加 Action。

第 2 步：在 Action 中编写代码。

第 3 步：在 PRG 程序中调用 Action。

和调用其他程序一样，调用 Action 也只需要直接写上其名称，此处应写"Action_Ladder"，等效于"ProgramA. Action_Ladder"。如图 3.49 所示。

提示：

1. 主程序若用结构文本 ST 编程，调用子程序会比较简洁方便。

2. Action 不仅用来换一种编程语言，还可以把实现不同功能的代码放在不同的 Action 中，增加主程序的可读性。

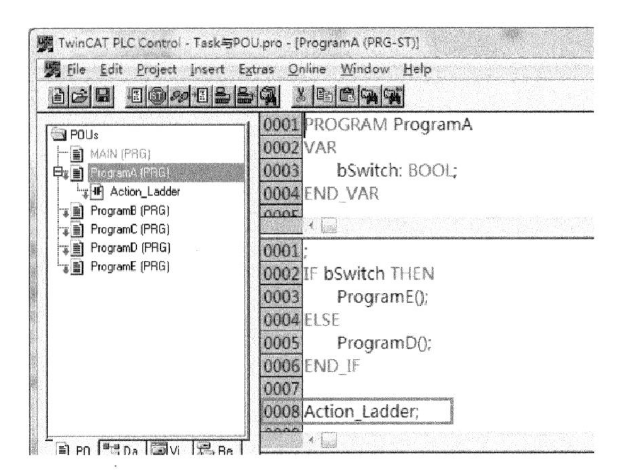

图 3.49　在主程序中调用 Action

3.7.2　可供使用的操作符、函数和功能块

PLC 程序可以使用 IEC61131-3 标准规定的函数和操作符，以及新建 PLC 程序时默认引用的库文件 Standard. lib 中的 Function 和 Function Block。

这些默认可以使用的操作符、Function、Function Block 以及变量类型转换函数具体包括哪些内容，请参考配套文档 3-2。

3.7.3　数组和指针

数组的定义，例如：

```
Motors   :   Array[1..100]          OF    Axis_Interface;
Points   :   Array[1..10,  1..2]    OF    Real;
```

Motors 就是一个一维数组，每个元素都是上节定义的结构 Axis_Interface 类型。

Points 就是一个二维数组，每个元素都是 Real 类型，相当于一个两行 10 列的矩阵。

数组的访问：

```
Motors[1],Motors[2],......
Points[1,1],Points[1,2],......
```

指针的定义：

```
pMotor   :   Pointer   to   Axis_Interface;
pPoint   :   Pointer   to   Real;
```

指针的赋值：

```
pMotor   := ADR(Motors[1]);
pPoint   :=ADR (Points[1,2]);
```

指针的取值：

后置“^”，指可以取出指针中的值。如果是指向结构的指针，可以通过“.”取出子元素。如图 3.50 所示。

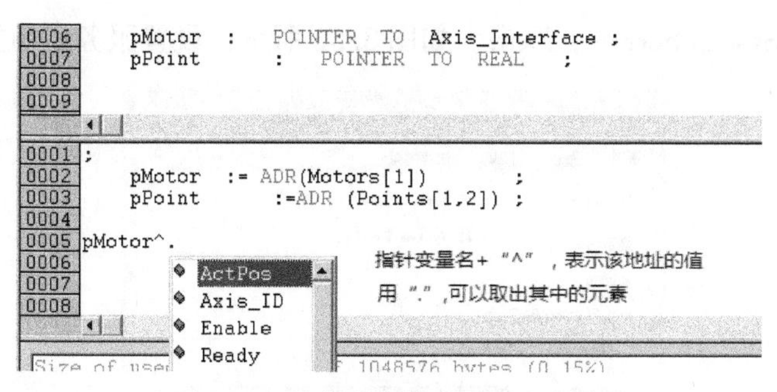

图 3.50　从指针定位变量中的元素

提示：指针一定要初始化，即指定一个地址给它，否则初始值为 0。

3.7.4　添加 EtherCAT 第三方从站设备

所有生产 EtherCAT 设备的厂商都会提供设备的 XML 描述文件，调试前请将该文件复制到以下路径：

C:\TwinCAT\3.1\Config\Io\EtherCAT

在 TC2 中需要关闭 TwinCAT System Manager 再重新打开，才会装载新增设备。在 TC3 中，这个步骤简化为主菜单 TwinCAT 下的 EtherCAT Devices | Reload Device Descriptions。

3.8　附加资料

3.8.1　常见问题

1. 禁止 TwinCAT 的开机自启动

对于同时安装了 TC2 和 TC3 的开发 PC，同时最多只能运行两者之一。如果要切换请参考 2.8.1 中关于“在 TC3 和 TC2 之间切换”的内容。如果开机时两个都要禁用，则按下面的说明操作。

TwinCAT 作为 Windows 系统下优先级别最高的服务，默认为开机自启动，所以每次开机启动的时间都比较长。对于不是经常使用 TwinCAT 开发的用户，为节约时间，可以将 TwinCAT 服务设为手动启动，方法如下。

打开“控制面板”|“管理工具”|“服务”，进入服务窗口，如图 3.51 所示。

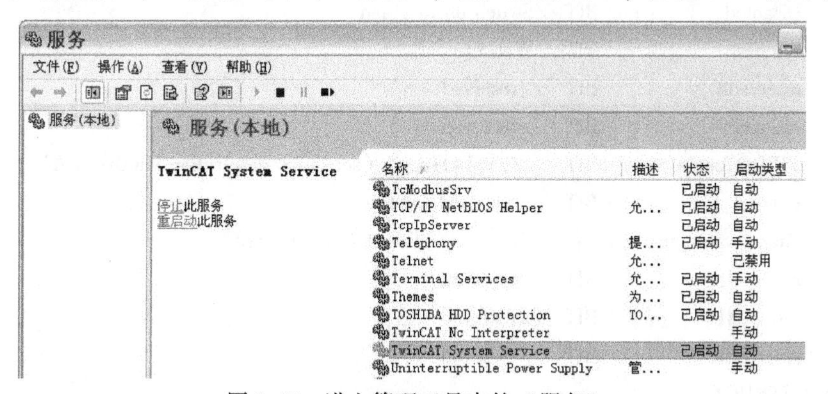

图 3.51　进入管理工具中的“服务”

选中 TwinCAT System Service，双击，如图 3.52 所示，设置服务启动类型为“手动”。

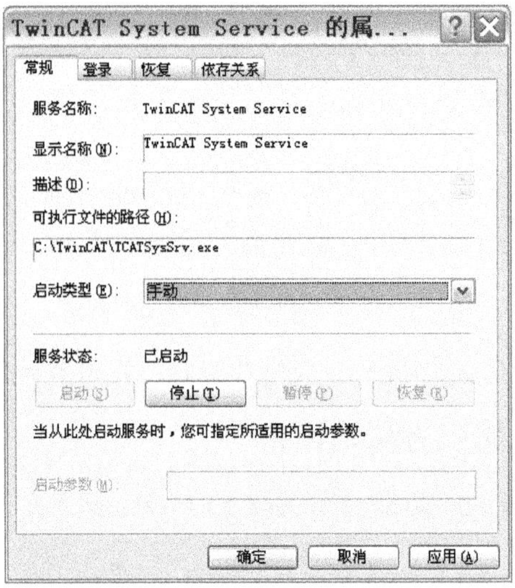

图 3.52　设置服务启动类型为“手动”

2. BIT 变量合并成 Word 的用法

TC3 中新增了变量类型 BIT，与 BOOL 型变量不同，BIT 型的变量位于一个数组或者结构中时也只占一个位，而 BOOL 型变量在结构中却要占用一个字节。利用这个特点，可以把 16 或者 32 个 BIT 型的变量定义为一个结构，该结构的长度为 2 Byte 或者 4 Byte。

例如：新建一个控制字的结构　ST_DS402_Status：

```
TYPE ST_DS402_Status :
STRUCT
    // DS402 Statusword
    Ready_to_On      :    BIT //Ready to switch on
    Switched_on      :    BIT //Switched on
    Enabled          :    BIT //Operation enabled
    Fault            :    BIT //Fault
    reserved4        :    BIT  //reserved
    reserved5        :    BIT //reserved
    Disabled         :    BIT //Switch on disabled
    Warning          :    BIT //Warning
    reserved8        :    BIT  //reserved
    reserved9        :    BIT  //reserved
    TxPDOToggle      :    BIT   //TxPDOToggle (selection/deselection via 0x60DA)
    Internal_limit   :    BIT   //Internal limit active
    Target_value_ignored   :    BIT   //(Target value ignored)
    reserved13       :    BIT  //reserved
    reserved14       :    BIT  //reserved
    reserved15       :    BIT  //reserved
END_STRUCT
END_TYPE
```

再定义一个变量：

StatusWord AT %IW0 : ST_DS402_Status;

编译后这个长度为 2 Byte 的输入变量就可以直接链接到伺服驱动器的状态字，如图 3.53 所示。

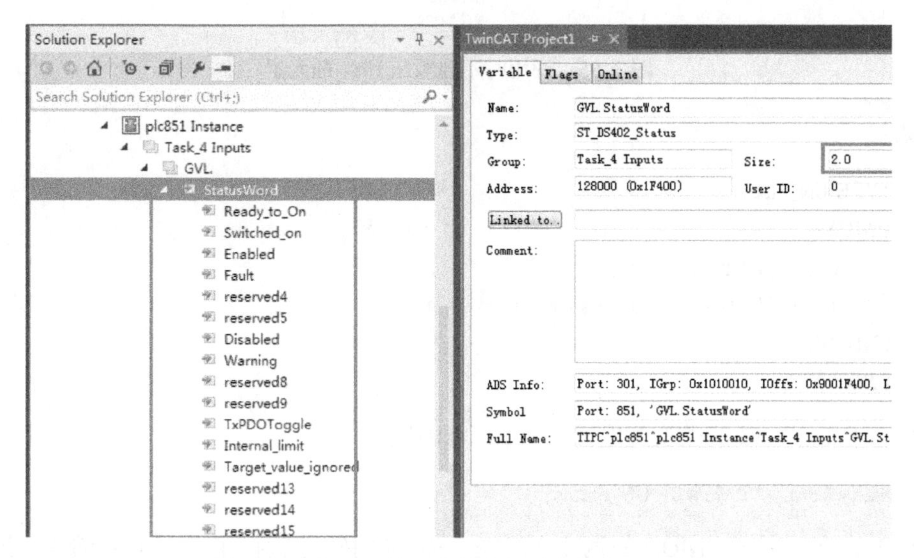

图 3.53　在 PLC 接口变量中显示出每个 Bit 元素

而在程序中又可以直接使用 StatusWord. Ready_to_On 等元素，简化了取状态位的步骤。

对于保留的 BIT，可以不显示出来。此时需要在结构定义处修改元素的属性为“Hide”，具体写法和结果如图 3.54 所示。

```
TYPE ST_DS402_Status :
STRUCT
    // DS402 Statusword
    Ready_to_On :   BIT ;//Ready to switch on
    Switched_on :   BIT ;//Switched on
    Enabled     :   BIT ;//Operation enabled
    Fault       :   BIT ;//Fault
    {attribute 'hide'} reserved4  :  BIT ; //reserved
    {attribute 'hide'} reserved5  :  BIT ;//reserved

    Disabled    :   BIT ;//Switch on disabled
    Warning     :   BIT ;//Warning

    {attribute 'hide'} reserved8  :  BIT ;//reserved
    {attribute 'hide'} reserved9  :  BIT ; //reserved

    TxPDOToggle :   BIT ; //TxPDOToggle (selection/deselection via 0x60DA
    Internal_limit          :   BIT  ; //Internal limit active
    Target_value_ignored    :   BIT  ; //(Target value ignored)

    {attribute 'hide'} reserved13  :  BIT  ;//reserved
    {attribute 'hide'} reserved14  :  BIT  ;//reserved
    {attribute 'hide'} reserved15  :  BIT  ;//reserved
END_STRUCT
END_TYPE
```

图 3.54　隐藏备用的 BIT

以后在程序里调用时也不会显示这些属性为“hide”的元素。如图 3.55 所示。

注意：对结构型的变量不能直接赋值，或者显示其组合值。为了实现这个目的，可以配合 UNION 实现。

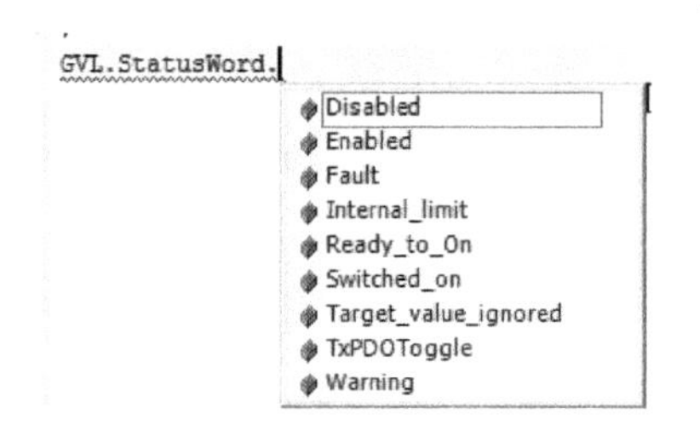

图 3.55　调用时不会显示 Hide 的元素

比如：

```
TYPE UN_Status :
UNION
    wStatus:WORD;
    stStatusWord:ST_DS402_Status;
END_UNION
END_TYPE
```

再修改 StatusWord 的类型为刚才定义的 UNION：

```
StatusWord    AT %IW0: UN_Status;
```

链接 I/O 变量时把 UNION 的两个元素之一链接到硬件就行了。要简洁看 16 个 BIT 的值，就直接看 StatusWord. wStatus 的值，例如值为 15 时，表示低 4 位都为 TRUE。

这个方法有利有弊，利在可以看起来直观，弊在每次在程序引用的时候都要多写一层：

```
从原来的    StatusWord. Ready_to_On
变成了      StatusWord. stStatusWord. Ready_to_On
```

读者可以根据个人喜好选择使用。

3. Reference 用于双向操作变量

Reference 变量类似指针，又像别名，当它指向一个变量时，可以用 Reference 变量名来操作原变量，而实际上并不会占用另外的内存。利用这个特点，可以用来实现通信时对 Process Data 的拆分和组装。

比如通信变量为 aPlcToHmi：

```
VAR_GLOBAL
    aPlcToHmi      :  ARRAY[0..2] OF UDINT;
    refCommand     :  REFERENCE TO UDINT;
    refCmdFlag     :  REFERENCE TO UDINT;
    refCmdType     :  REFERENCE TO UDINT;
END_VAR
```

PLC 代码：

```
refCommandREF= aPlcToHmi[0];
refCmdFlagREF= aPlcToHmi[1];
refCmdTypeREF= aPlcToHmi[2];
```

```
refCommand  :=  21  ; // Start Homing
refCommand  :=  1   ; // Set Command Flag
```

这样在程序中就可以单独操作变量，而不用直接操作数组元素了，提高了程度的可读性。

使用 Reference 比起另建一个变量的好处在于，另建一个变量时，变量的值只能通过赋值语句单向传递，而使用 Reference 时，因为实际上是指向同一个地址，所以随时操作一个变量，另一个变量都会相应变化。

这个特性用到 HW 项目上，可以解决上位机通信时，是发送所有数据打包，还是发送单个结构变量的问题。如图 3.56 所示。

```
1  TYPE ST_STA_Total :
2  STRUCT
3      STA_Sytem       :   ST_STA_System;
4      STA_HW_Output   :   ST_STA_HW_InputOutput;
5      STA_Axis        :   ARRAY[0..iMaxAxis] OF ST_STA_Axis;
6      STA_Coord       :   ARRAY[0..iMaxCoord] OF ST_STA_Coord;
7  END_STRUCT
8  END_TYPE

STA_Total       : ST_STA_Total;

STA_Sytem       :   REFERENCE TO ST_STA_System;
STA_HW_Output   :   REFERENCE TO ST_STA_HW_InputOutput;
STA_Axis        :   REFERENCE TO ARRAY[0..iMaxAxis] OF ST_STA_Axis;
STA_Coord       :   REFERENCE TO ARRAY[0..iMaxCoord] OF ST_STA_Coord;

STA_Sytem REF= STA_Total.STA_Sytem;
STA_Axis REF= STA_Total.STA_Axis;
STA_Coord REF= STA_Total.STA_Coord;
STA_HW_Output REF= STA_Total.STA_HW_Output;
```

图 3.56　Reference 的使用

在上位机程序中，无论句柄指向 Reference 变量，还是指向实际的 STA_Total 都可以通信。在 HW 项目中，客户提出有时要操作总的结构体 STA_Total，有时又要操作它的 4 个子结构之一，Reference 功能正好解决了 ADS 通信中 CreateHandle 不能指向结构体元素的问题。

4. 弹出窗和提示

因为 TC2 的消息窗大家都很熟悉了，种类也不多，常常凭记忆操作。但 TC3 中的消息窗种类较多，使用初期也还不熟悉，所以要认真观察再决定点“Yes”还是“No”。

例如：使用自动分配地址（%I *），需要 Clean All/Rebuild All 操作的时候就要注意看提示窗，问“是否清除地址”时要选择“No”。否则重新自动分配的地址可能与之前不同，导致之前的链接丢失，就需要重新链接。

5. TC2 的控制器可以刷 TC3 的 IMAGE 试用

用户购买的 TC2 的 CE 控制器可以刷成 TC3 的 IMAGE，使用 7 天免费的试用授权。

反之，如果购买控制器时是 TC3 的授权，却不能刷成 TC2 的试用版。

这一点对于现场各种测试时尤其要小心，如果 TC3 控制器刷成了 TC2，会导致 CE 控制器无法工作。

6. 如何批量链接变量

在实际应用中，如果 I/O 模块很多，单个链接变量就会非常烦琐。

以批量链接多个 EL2008 的 DO 变量为例，选择 EtherCAT 下的 Device 1 Image，如图 3.57 所示。

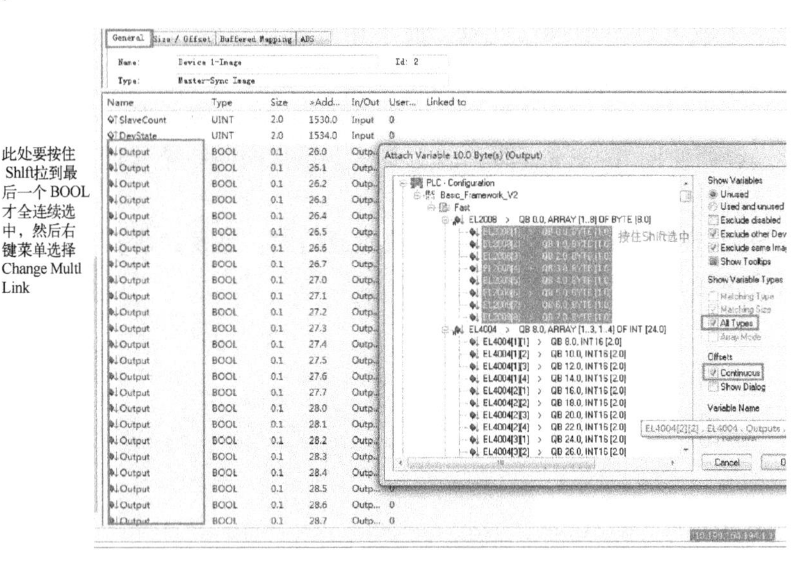

图 3.57　批量快速链接变量

在图 3.57 中，按住〈Shift〉可以连续选择变量，然后在右键菜单中选择“Change Multi Link”，就可以选中多个 Byte 型的 PLC 输出变量了。

用这种方式链接，要注意实际的 I/O 模块是不是装在相邻位置，而 PLC 中的%Q 变量地址是否连续。只有物理地址和逻辑地址都连续的时候，批量链接并选择 Continuous 方式才能最大程度地节约工作量。

倍福工程师总结了一些简便方法，请参考配套文档 3-3。

配套文档 3-3
变量映射的小技巧

7. 数据格式与对齐方式引发的问题

（1）数据对齐方式

在 TwinCAT 控制器之间通信，ARM 平台下的 TC2 控制器和 x86 平台下的 TC2 之间通信，常见的问题是数据对齐方式不同引起的数值显示错误。这是由于在 ARM 平台下，PLC 变量是 4 字节对齐，而在 x86 平台下，PLC 变量是 1 字节对齐。以下面的结构体举例。

```
STRUCTURE ST_DATAALIGHN(
    VAR1:BYTE;
    VAR2:DWORD;)
END_STRUCTURE
```

在 ARM 平台（CX90x0，CX80x0，CPx6xx）上，这个结构体占 8 字节，而在 CX10x0、CX50x0、CX51x0、CX20x0 和 IPC 上则占 5 字节。因为用户做通信时，设定通信字节数时经常用 SIZEOF( )这个函数，而在不同的运行平台上 SIZEOF( )的结果可能会不同。

在 CPx6xx 做 HMI 显示 CX 控制器中的变量值时，要 ADS 读写结构体数据。经常出现的问题是前面一部分字节显示正常，而后面的变量全部显示 INVALID 或者乱码。

在高级语言和 CX 控制器通信时，无论是 TCPIp 通信还是 ADS 通信读写结构体，如果数据的源和目的方对不齐，也会出现上述问题。

(2) 数据格式

TwinCAT 是基于 PC 平台的控制软件，其数据格式采用 Intel 格式，通常和高级语言、组态软件通信没有问题。而传统的 PLC，比如西门子则采用 Motorola 格式，对于整数的高低字节正好与 Intel 格式相反。在传统触摸屏中 Real 数据的高低字也可能与 TwinCAT 相反。可能出现的问题如下。

与西门子 PLC 传输一个整数 16#10（Dec256），对方可能识别为 16#01（Dec 1）。

与触摸屏通信传输一个实数 1.0，对方可能识别为：这时需要在 PLC 程序中把通信数据重新处理，Lib 中有函数 SwapReal 或者 SwapWord。

3.8.2 TwinCAT 2 开发环境深入介绍

TwinCAT 2 开发环境的深入介绍请参考配套文档 3-4。

配套文档 3-4
TwinCAT 2 开发环境的深入介绍

第 4 章　TwinCAT 3 扩展功能

本章内容不是初学者必须掌握的，但是作为 TwinCAT 长期用户，迟早会提出这些需求，比如程序加密、OEM 授权、制作自己的库文件、高版本的开发环境给低版本的控制器编程等。由于 TwinCAT 3 的持续更新，本章的描述文字可能与将来的 TwinCAT 3 版本不完全匹配，但仍然可以作为参考。

4.1　库文件

新建 TwinCAT 3 PLC 项目时，通常会选择 Standard PLC Project 模板，PLC 项目中就会自动新建 “References” 文件夹，双击可显示 Library Manager，可见引用的库，如图 4.1 所示。

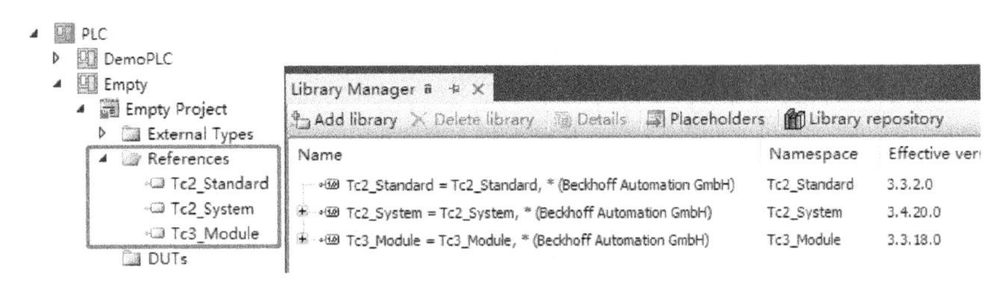

图 4.1　Standard 模板自动添加的库

图 4.1 中这 3 个库是利用模板自动添加的，而倍福公司给用户提供了更多其他库。使用这些库，就需要手动添加引用。用户也可以把自己的算法封装成库，只把 FC、FB 的名称和接口变量开放出来。封装库的时候，还可以选择显示或者隐藏源代码。此外，TwinCAT 3 还允许引用同名的库，调用库里 FB 的时候以版本来区分。

本节就介绍 Library 使用的各个环节如何操作。

4.1.1　引用 Beckhoff Automation GmbH 的库

在 TwinCAT 3 中，要先在编程 PC 安装库文件后才能使用。倍福原厂的库，有的收费有的免费。在 TwinCAT 2 中，通常收费的库需要安装并填写正确的授权码才能使用，对于 TwinCAT 3，安装开发版时已自动安装所有库文件到编程 PC，授权不是针对编程 PC 而是针对控制器。TwinCAT 3 的收费库也提供 Trial License，下载到控制器运行时，即使没有购买相应的授权，也可以免费使用 7 天，到期后重新输入试用授权码，又可以使用 7 天。

引用倍福原厂库的步骤如下。

1. 打开 Library Manager

在 PLC 项目的 References 的右键菜单中选择 “Add Library”，就会弹出全部可用的库。所有已经安装的库，都按分类显示在这里，用户只要展开目标类别，选择想要引用的库就可以了。

在 Advanced 模式下，引用目标库，并可指定版本，如图 4.2 所示。

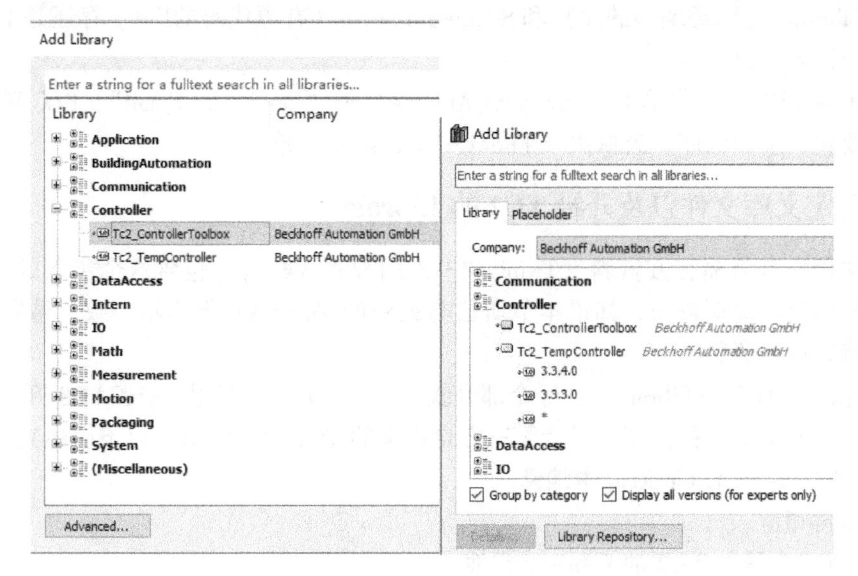

图 4.2　Advanced 模式可以显示同一个库的不同版本

图 4.2 的左图是普通显示，默认引用该库的最高版本。单击下方的“Advanced”按钮，就可以显示同一个库的多个版本，用户可以选择引用哪个版本。试着添加 Controller 中的 Tc2_TempController，Version 3.3.4.0。

返回上一界面，可见库已引用，如图 4.3 所示。

Add library　Delete library　Details　Placeholders　Library repository

Name	Namespace	Effective version
Tc2_Standard = Tc2_Standard, * (Beckhoff Automation GmbH)	Tc2_Standard	3.3.2.0
Tc2_System = Tc2_System, * (Beckhoff Automation GmbH)	Tc2_System	3.4.20.0
Tc2_TempController, 3.3.4.0 (Beckhoff Automation GmbH)	Tc2_TempController	3.3.4.0
Tc2_ControllerToolbox = Tc2_ControllerToolbox, * (Beckhoff Automation GmbH)	Tc2_ControllerToolbox	3.4.1.4
Tc2_Standard = Tc2_Standard, * (Beckhoff Automation GmbH)	Tc2_Standard	3.3.2.0
Tc2_System = Tc2_System, * (Beckhoff Automation GmbH)	Tc2_System	3.4.20.0
Tc2_Utilities = Tc2_Utilities, * (Beckhoff Automation GmbH)	Tc2_Utilities	3.3.34.0
Tc3_Module = Tc3_Module, * (Beckhoff Automation GmbH)	Tc3_Module	3.3.18.0

图 4.3　添加引用库的结果

2. PLC 的 Settings 选项卡关于引用库的保存

TwinCAT 3 中安装过的库，默认放在“\TwinCAT\3.1\Components\Plc\Managed Libraries”路径下。PLC 项目引用这些库的时候，可以把库文件复制到 PLC 项目的文件夹，也可以不复制，这取决于 PLC 的 Settings 选项卡中的选项。

按标准模板新建一个 PLC 项目的时候，默认 PLC 的 Settings 选项卡设置如图 4.4 所示。

Project　Settings

Target Archive	File/E-Mail Archive
☑ Login Information	☐ Login Information
☑ Project Sources	☑ Project Sources
☑ Compiled Libraries	☑ Compiled Libraries
☐ Source Libraries	☑ Source Libraries

图 4.4　PLC Settings 的默认设置

Target Archive 表示编程 PC 的当前项目路径下是否需要保存的文件，其中就包括 Compiled Libraries（已经编译的库）和 Source Libraries（有源代码的库）。存还是不存，各有利弊，用户需要自己权衡。

在 PLC 项目的右键菜单中 “Save…as Archive” 和 “Send…by Email”，PLC 项目打包的时候是否要包含引用的库，就取决于 File/E-Mail Archive 选项。

4.1.2 自定义库文件以及升级 TC2 的 Library

配套文档中有倍福官方资料《TwinCAT3 入门教程 V4.1》，包含这个步骤的完整描述，并且该教材的更新周期较短，如果本节所述与最新的 TwinCAT 版本不一致，请联系倍福当地技术支持索取该资料。

倍福原厂的 TC2 的 Library，已经全部升级为 TC3，并且在安装 TwinCAT 3 开发环境时自动安装。需要升级的往往是用户或者第三方自定义的 TC2 的 Library，以下简述其步骤。

1. 在 TC2 的 PLC Control 中编译

不出错再存盘。

2. 在 TC3 中导入 TC2 的 Library 文件

在 TC3 中新建项目，PLC 项下 Add Exist Item（添加现有项），导入 TC2 的 LIB 文件。

3. 编辑将要创建的库文件信息

从 PLC 项目的右键菜单中选择 Property（属性），如图 4.5 所示。

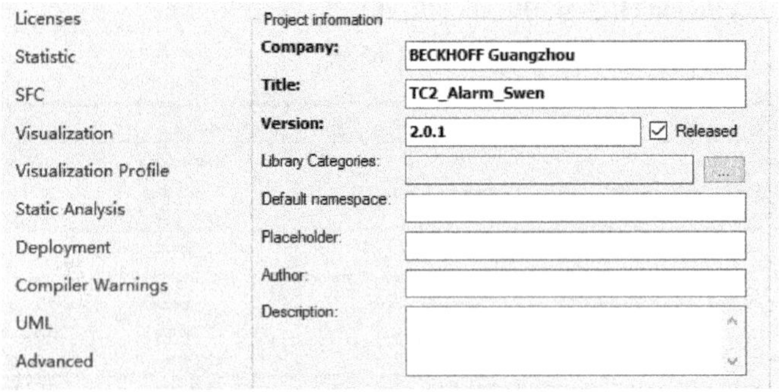

图 4.5 填写库文件版本信息

图 4.5 中黑体加粗的部分是必填项，Version 至少包含 3 位数字。从全球视野考虑，Company 和 Title 都尽量用英文。

4. 删除 Task 和 PRG

由于库文件用于封装功能块 FB、函数 FC、结构体和枚举、全局变量等，而任务和程序会引用库文件的 PLC，所以 TwinCAT 的库里也尽量不要包含任务和程序（PRG）。默认新建 PLC 项目里都会自动添加 Task 和 Main 程序，所以制作库文件之前要手动删除。

虽然最新版的 TC3 中引用的库包含了任务和程序也不会报错，但调用时库里的 PRG 就很令人迷惑，因为封装成库就是为了代码复用，而一个 PRG 通常只在每个 PLC 周期至多调用一次，如果调用两次，后面的运行结果就会完全覆盖前一次。

5. 保存为库文件

从 PLC 项目的右键菜单中选择 “Save as library…”，按提示设置路径和文件名，如图 4.6 所示。

图 4.6　设置保存类型和文件名

在图 4.6 中可以选择发布 TC3 库时，是发布 Library files 还是 Compiled library files 库。通常如果不想显示源代码就选择 Compiled library files，否则发布为 Library file，引用 Library file 时不仅可以看到源代码，调试时还可以 Step In 和 Step Over。

如果生成的库文件马上要在本机使用，就单击 Save as library and install，如图 4.7 所示。

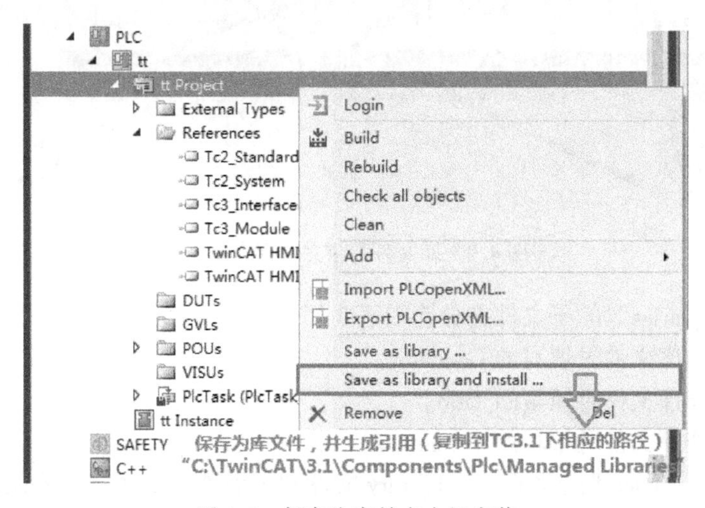

图 4.7　保存为库并在本机安装

至此，升级成的库文件就可以复制发布给其他用户引用了。

4.1.3　引用第三方的库文件

凡是不随 TwinCAT 3 软件一起安装的库都叫作第三方库文件，可能是用户自己写的，也可能是其他设备制造商提供的库文件。在 TC3 中，这种库文件需要先安装再引用。

1. 安装库文件

双击 PLC 项目中的 References，选择 Library repository 选项卡，如图 4.8 所示。

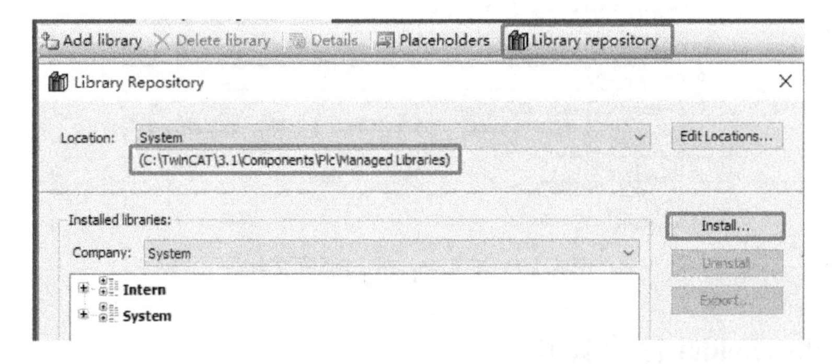

图 4.8　Library repository 选项卡

单击 Install，选择要安装的库文件即可，默认是安装路径为

\TwinCAT\3. 1\Components\Plc\Managed Libraries

如果需要修改则单击“Edit Locations”。

所有安装过的库文件默认都是在“Managed Libraries”下，制作库文件时填写的版本信息与它被安装时保存的子文件夹名称是对应的，如图 4.9 所示。

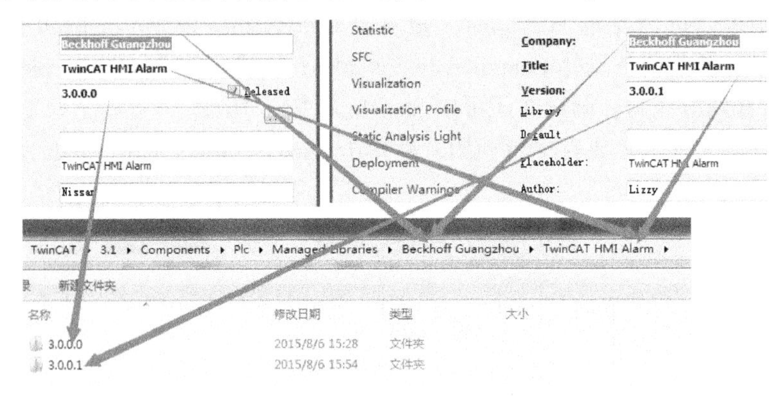

图 4.9　库文件的信息与保存路径

“Managed Libraries”的子文件夹分为以下 3 层。

第一层：制作库文件时填写的 Company。

第二层：制作库文件时填写的 Title。

第三层：制作库文件时填写的 Version。

每一个 Version 下面都包含了 1 个 Library 文件和 3 个描述文件。如果仅仅复制而不安装库文件，就不能产生 3 个描述文件，它与本机的 TwinCAT 开发环境还没有产生关联，就不能在 PLC 项目中被检索到。

2. 引用库文件

库文件安装完成后，就可以像引用倍福原厂的库一样引用它了。引用时默认只显示最高版本的库，如果同时有多个版本而要引用的不是最高版本，就需要单击 Advanced（高级），并勾选“显示全部版本”。

如果第三方库较多，还可以在“Advanced”选项卡选择 Company，如图 4.10 所示。

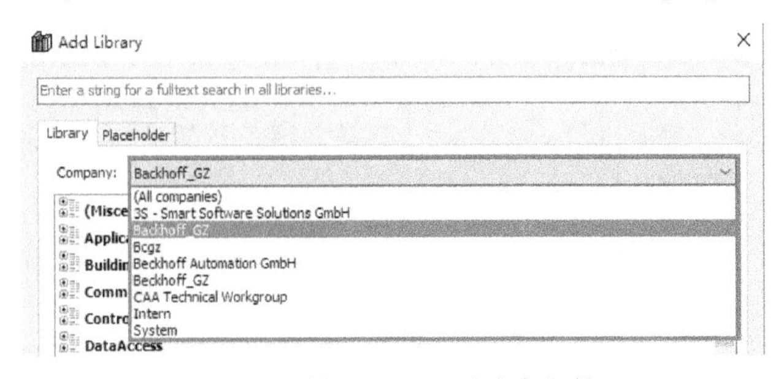

图 4.10　按 Company 过滤库文件

4.1.4　用 Placeholder 区分版本

在上一节引用第三方库文件的不同版本时，相同 Company 相同 Title 而 Version 不同的两

个库，用户在选择引用哪一个时并不能很快判断两者的区别。这种情况可以在制作库文件时，通过使用 Placeholder 来提示，如图 4.11 所示。

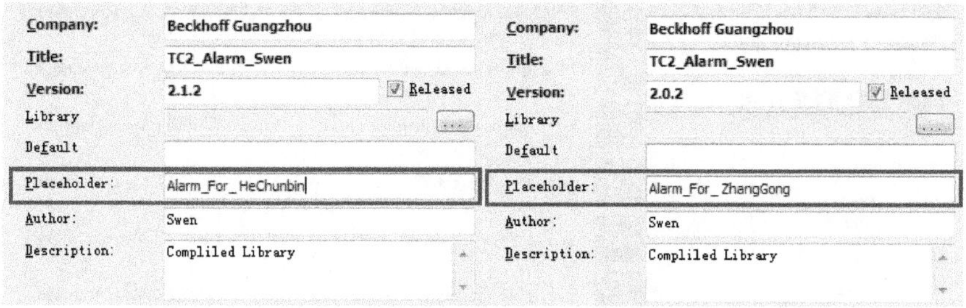

图 4.11　同样功能不同版本的库以 Placeholder 来标注差别

可以用不同的 Placeholder 区分一个库的不同版本，不同版本的库里可以有同样的变量和 FB，引用时只要先选择 Placeholder，然后通过“.”号引出。这样引用时就比单纯的版本号更容易分辨相互之间的区别。

如果没有重复的库，就可以直接引用全局变量名和 FB、FC 及结构类型了。

4.1.5　库文件版本升级

TC3 支持同一个库文件的多个版本同时存在于开发环境中，新建项目时默认使用最高版本的库文件，但打开低版本的 TC3 项目时就会自动装载相应版本的库文件。TC3 力求向下兼容，因此高版本的 TC3 上总是尽可能包含此前所有版本使用的库。

打开旧版本的 TC3 项目编译通不过时，经常是因为 Reference 中有的库文件不存在。这时就需要找到该版本的库文件（比如从原来开发这个项目文件的 PC 上）并安装生效。

对应版本的库文件在原开发 PC 的“C:\TwinCAT\3.1\Components\Plc\Managed Libraries\”，单纯复制是不够的，还要安装才生效。

4.2　Measurement 和 TC3 Scope View

4.2.1　概述

1. Measurement 和 Scope View 的关系

简单地说，TwinCAT 3 Scope View 就是监视和记录 TwinCAT 变量曲线的电子示波器，它是 TwinCAT Measurement Project 下的一种类型，与之并列的是频率响应分析工具——波特图(Bode Plot)。在 TwinCAT 3 的发展过程中，很长时期内 Measurement 下只有 Scope 项目，所以很多用户习惯了把 TwinCAT 3 下的 Scope View 称为 Measurement。

在 TwinCAT 3 的开发环境中新建项目时，可以选择 Measurement，系统就会提供若干 Scope 和 Bode Plot 的模板，如图 4.12 所示。

2. 从 TC2 的 Scope View 到 TC3 的 Measurement

倍福的老用户对于 Scope View 不会陌生，为什么在 TwinCAT 3 中实现同样的功能又归到了 Measurement 项目下呢？作者的个人理解是这样的。

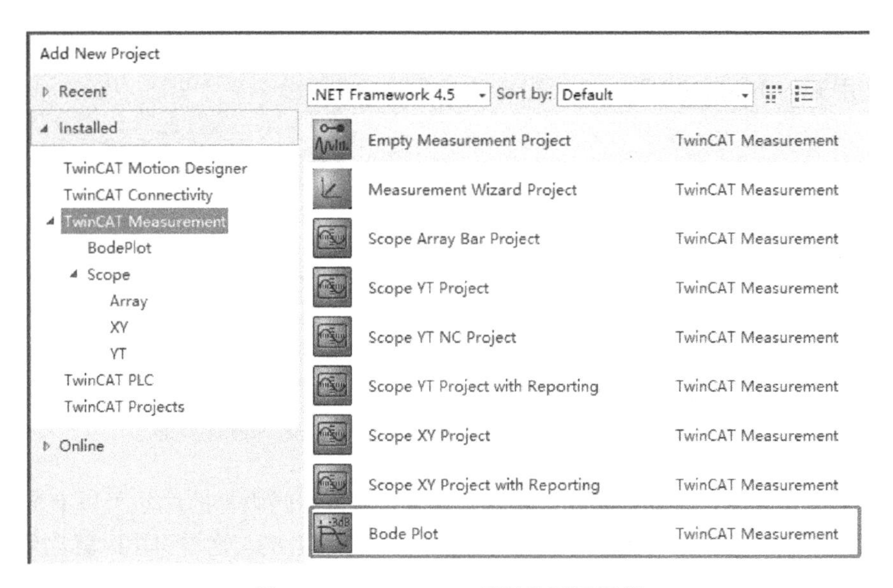

图 4.12　Measurement 项目的不同模板

倍福产品的传统用法是在自动化领域，近年随着 EtherCAT 的大型数据实时传输，基于 TwinCAT 3 的 TcCOM 技术的扩展性，以及 PC 控制的强大运算能力越来越被广泛认识，在 TwinCAT 3 平台上搭载自动化的外延应用成为可能。Measurement 就是倍福推出的若干自动化外延应用之一：自动化测量。

对于测量项目而言，需要测量级别的 Input 模块、常用的测量算法、人机界面等，其中测量信号的实时追踪、滤波器的配置及响应带宽测试都需要专门的工具去完成。所以倍福的软件和硬件产品都开发了一个新的子系列“测量（Measurement）”。Measurement 系列软件最基本的一个功能就是信号的实时曲线显示，即电子示波器 Scope View。

绝大部分自动化的非测量用户，并不关心频率响应，也不用修改滤波参数，只要简单地显示变量曲线就足够了，对他们来说，把 Measurement 和 Scope View 并为一谈也无不可。

3. 相关授权和对应功能

对于非测量用户，使用 TwinCAT 3 Scope Viewer 不需要购买授权，在安装 TC3 开发环境时自动就会安装 Scope View，无须用户参与。

对于测量用户，需要用到深度的 Scope 功能。有授权和没授权的 Scope 功能对比，在 TC3 帮助系统里有详细描述，路径为 TwinCAT 3/TExxxx | TC3 Engineering/TE13xx | TC3 Scope View /Overview，如图 4.13 所示。

普通用户就是在 TC3 编程电脑上运行 Scope Base，可以不限时免费使用。

4.2.2　TC3 Scope View 的安装

通常情况下，安装 TwinCAT 3 开发环境时会自动安装 Scope View，如果没有，用户可以自行下载单独的安装包，手动安装。

安装包有两个：Full Installation 和 Update 版，如果之前没有装过的就执行 Full Installation。安装成功后，在 TC3 开发环境的主菜单上就会出现 Scope PLC TOOLS SCOPE MOTION。

Features	Scope Base		Scope Server Full License		Scope View Professional	
	Server	View	Server		View	
			Full	7 days trial version	Full	7 days trial version
General:						
Free of charge	✔	✔	✗	✔	✗	✔
Local record	✔	✔	✔	✔	✔	✔
Remote Record using Target Server	✗	✔	✔	✔	✔	✔
Remote Record using Local Server	✔	✔	✔	✔	✔	✔
Scope Control Integration	-	✗	-	-	✔	✔
Long Time Records > 1h	-	✗	-	-	✔	✗
Application Settings (TC 3.0)	-	✗	-	-	✔	✔
Ring Buffer	✔	✔	✔	✔	✔	✔

图 4.13　有授权和非授权的 Scope 功能对比

4.2.3　基本操作

1. 英文帮助系统中的 First Step

(1) TwinCAT 3 Scope View 基本操作步骤

Scope View 基本操作步骤在 TC3 英文帮助系统的以下路径：

TwinCAT 3/TExxxx | TC3 Engineering/TE13xx | TC3 Scope View/Samples/TwinCAT 3 Scope View-first steps

(2) TwinCAT 3 Bode Plot 基本操作步骤

Bode Plot 基本操作步骤在 TC3 英文帮助系统中有完整描述。

中文完整截屏见配套文档 2-1 TwinCAT 3 入门教程 V4.1 中 “TwinCAT3 Scope View 的使用”。

为了保持本教程的完整性，本节只是按作者的经验和理解简述大致步骤。如果与在线帮助或者官方教材冲突或者遗漏，以后者为准。

2. Scope View 基本操作步骤简述

(1) 准备 PLC 程序并下载运行

先在 PLC 程序中准备好数据，如图 4.14 所示。

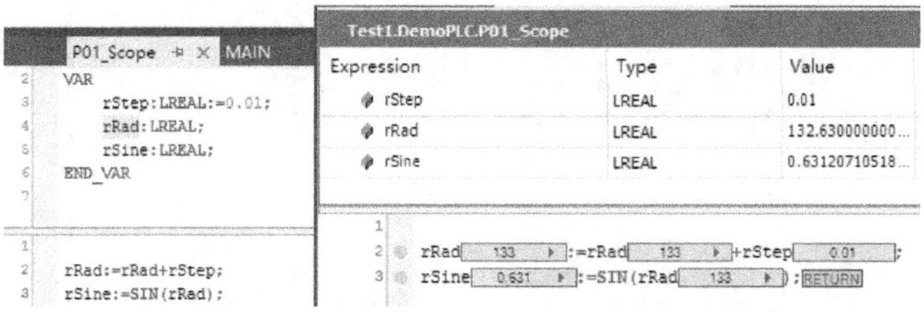
P01_Scope
MAIN
VAR
rStep:LREAL:=0.01;
rRad:LREAL;
rSine:LREAL;
END_VAR
rRad:=rRad+rStep;
rSine:=SIN(rRad);
Test1.DemoPLC.P01_Scope
Expression
Type
Value
rStep
LREAL
0.01
rRad
LREAL
132.630000000...
rSine
LREAL
0.63120710518...
rRad 133 :=rRad 133 +rStep 0.01 ;
rSine 0.631 :=SIN(rRad 133); RETURN

图 4.14　准备用 Scope 监视的 PLC 变量

(2) 新建 Measurement 项目

选择菜单 File→New→Project 或者现有 Solution 的右键菜单项 Add→New Project：

Templates(模板)下选择 Measurement

右边主窗体中选择 Scope YT Project

(3) 打开 Target Browser，选择变量

在 Scope YT Project→Chart→Axis 的右键菜单中选择 Target Browser，如图 4.15 所示。

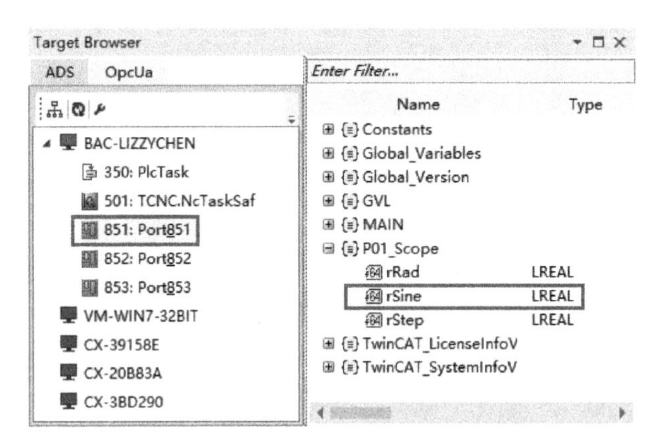

图 4.15　在 Target Browser 中选择变量

Target Browser 默认选择 ADS 设备，列表显示开发 PC 路由表中的所有项目，绿色代表目标系统在运行模式，蓝色表示该设备在配置模式，红色表示不在线。

如果项目中有多套 PLC 程序，默认就分别为 851、852、853 端口。找到目标端口，选择变量，本例中是找到程序 P01_Scope 的局部变量 rSine。根据前面准备的 PLC 代码，它的曲线应该是一条 sin 曲线。

(4) 开始和停止记录

开始记录的图标为 。

开始记录以后，主窗体显示变量的曲线，如图 4.16 所示。

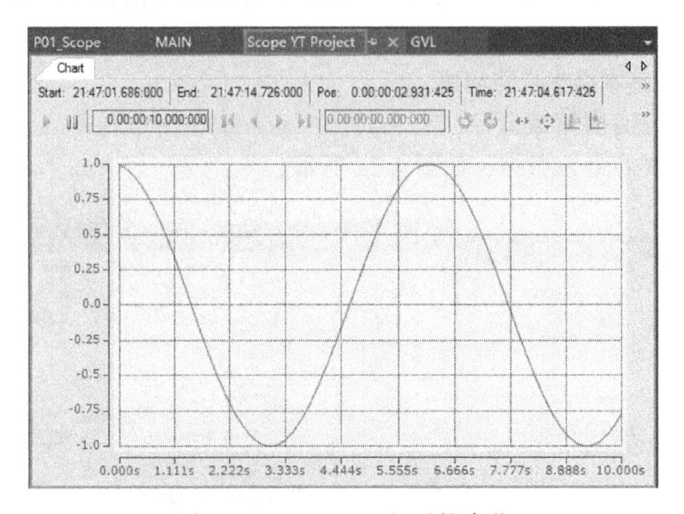

图 4.16　Scope View 记录的波形

默认的曲线显示范围是自动的，所以随着变量的最大值和最小值区间越来越大，显示比例会渐渐缩小，最后稳定在 sin 值的范围：-1.0 到 1.0 之间。

菜单栏连续 3 个按钮 依次为记录、停止和保存数据。

3. 属性设置

一个 Scope 项目分为“Chart（图表）、Axis（纵坐标轴）、Channel（通道）” 3 层，每一层都可以从右键菜单选择 Property（属性），进行如下若干配置。

（1）Chart 的属性

Y-Settings/Stacked Y-Axis：一个 Chart（图表）中的多个坐标轴是否合并显示到同一个视图。

（2）Axis 的属性

取值范围相同或者接近的变量才会放到同一个 Axis，比如轴控中的设定速度和实际速度。假如把开关量和模拟量放到同一个 Axis 就会出现开关量无法分辨的情况，所以一定要新建一个 Axis 来显示不同取值范围的变量。每个 Axis 常改的属性包括以下内容。

Scale/Auto Scale 及 Scale Mode：是否自动调整显示范围，以及调整模式。

Style 下可以设置颜色、线宽以及是否可见等。

（3）Channel 的属性

一个 Channel 通常对应一个 TwinCAT 变量，创建时通常从 Target Browser 中选择。但有时候默认选项需要进行以下修改。

Acquisition/Use local server：因为 TwinCAT 控制器中通常都没有 Scope server，所以访问控制器的变量通常都要选中此项为 True，表示使用编程 PC 上的 Scope Server。

Mark 下可以设置每个采样点的标记，包括是否显示标记及其颜色、符号。

Modify 中可以设置该通道的缩放比例 Scale 和偏移 Offset，比如两个 Bool 变量的曲线很容易重叠，就可以设置 Offset 以方便观察跳变的时间。

4.2.4 Scope 常用功能

1. Scope 保存数据（Save Data）

保存数据是为了下次在 Scope View 中显示，单击以下按钮，按提示操作，如图 4.17 所示。

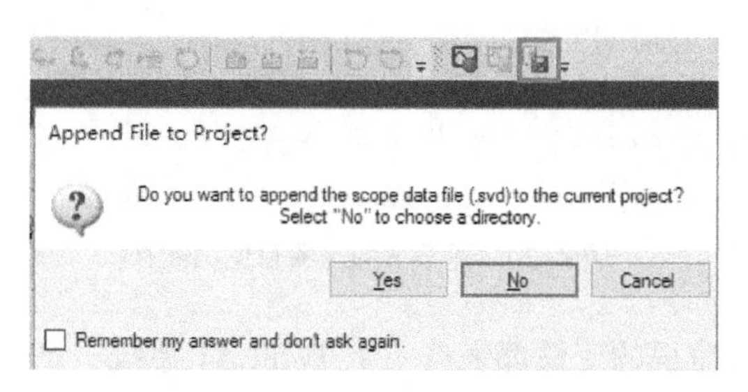

图 4.17　提示保存记录的路径

2. Scope 导出数据（Export）

导出数据既可以将来在 Scope 中显示，也可以供 Excel 或者其他第三方文字工具使用。

主菜单 Scope | Export，根据导出模板一步一步操作即可，如图 4.18 所示。

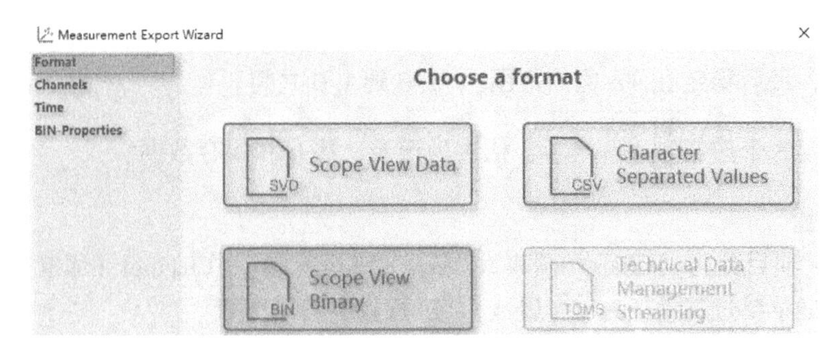

图 4.18　选择 Scope 导出数据的格式

3. 更换 Scope 显示通道的变量

在 Chart 和 Axis 的右键菜单中，都有"Change Ads Symbol"和"Change Index Group"。如图 4.19 所示。

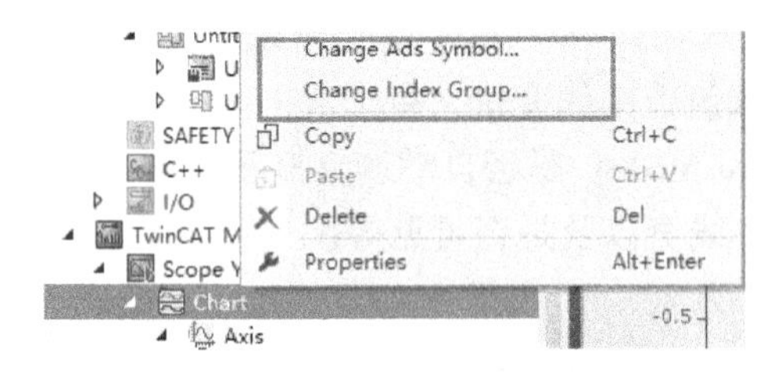

图 4.19　更换变量和更换地址

这个功能用于复制 Chart 或者 Axis 后，方便地修改里面的变量名。比如第一个 Chart 中显示 NC 轴 1 的系列数据，复制 Chart 之后显示轴 2 的系列数据，就不用每个 Channel 去改 Acquisition 属性，而是使用"Change Ads Symbol"，把 Axes. Axis 1 改成 Axes. Axis 2，下属的所有 Channel 就改过来了。之后再把改后的 Channel 拖放到原 Chart 相应的 Axes 下就可以了。

4. 更换 Scope Project 的 NetID 功能

Scope Project 的右键菜单中有 Change NetID 功能，如图 4.20 所示。

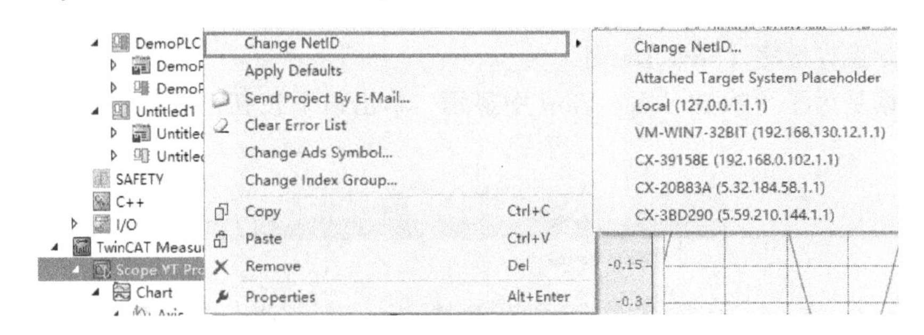

图 4.20　更换 Scope 项目的 NetID

通常一个 Scope 项目监视的变量都来自一个 TwinCAT 系统，虽然选择每个监视通道的时候都包含了 NetID，但其实每个变量的 NetID 都相同。更换控制器时，直接 Change NetID，就不用每个通道去修改了。

最典型的是在编程 PC 上仿真运行的程序，和控制器上带设备运行的程序，当然是使用同一套 Scope 配置。只要修改项目的 NetID，就可以很方便地在两套 TwinCAT 之间切换。

5. 超采样变量的波形显示

超采样的变量在 PLC 中是一个数组，如果每个元素显示为一条曲线，超采样倍数 100 就会有 100 条平行的曲线。实际用户需要的却是将其中的 99 个点插到相邻两个周期采集到的第 1 个元素值之间，形成一条细致 100 倍的曲线。

例如有一个变量：

```
aScopeDisplay:ARRAY[0..99] OF INT := [30(100), 30(0),20(200),20(0)];
```

在 Target Browser 中选择变量时直接选择数组即可，查看其属性，如图 4.21 所示。

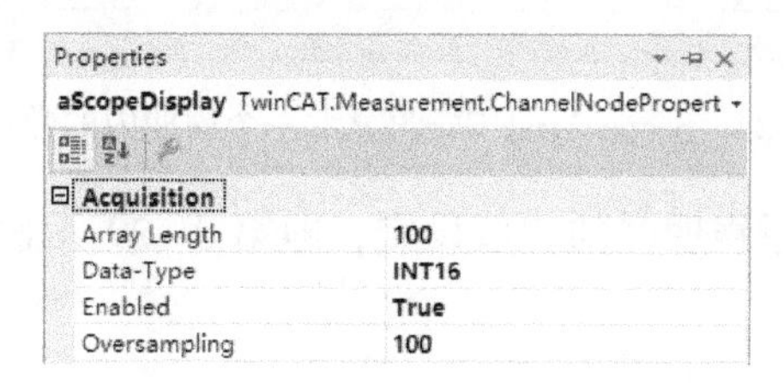

图 4.21 监视数组变量时自动识别 Oversampling 倍数

监视曲线选择数组型的变量时，Acquisition 参数中自动增加了 Array Length 和 Oversampling 这两项，自动设置为相同。

4.2.5 Scope Array Project

如果用户想显示数组内的每个元素在 1 个任务周期内的值所连成的波形，就可以在创建 Scope 项目的时候选择 Scope Array Bar Project，如图 4.22 所示。

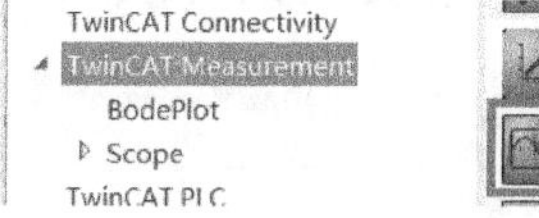

图 4.22 创建 Measurement 项目

然后添加 Project 模板，如图 4.23 所示。

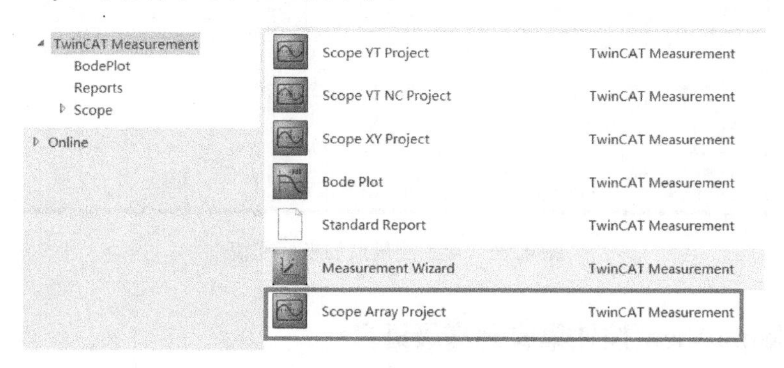

图 4.23 在 Measurement 项目中建 Scope Array Project

还是以这个含 100 个元素的数组为例：

```
aScopeDisplay:ARRAY[0..99] OF INT := [30(100), 30(0),20(200),20(0)];
```

Chart 里面就只显示 0~99 这 100 个值，如图 4.24 所示。

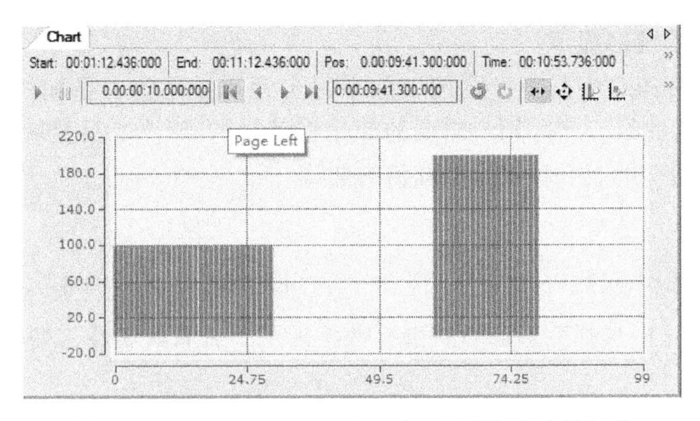

图 4.24　Scope Array Bar 只显示一个周期内的数组值

图 4.24 的显示符合变量声明时的初值设定，即第 0~29 元素为 100，第 60~79 元素为 200，其余为 0。

4.2.6　光标测量 Cursor

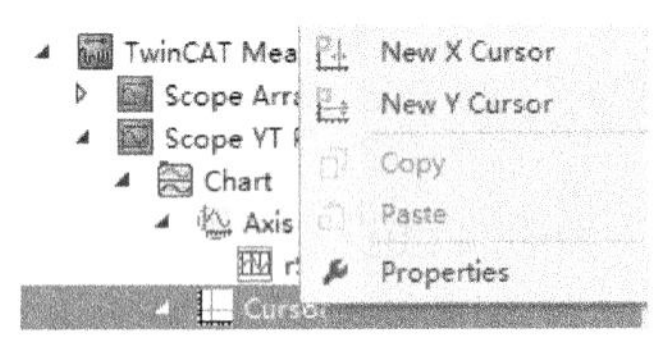

图 4.25　添加 XY 量尺

在 Cursor 右键菜单中选择“New X Cursor”和“New Y Cursor”就可以分别添加横坐标和纵坐标的测量线，如图 4.25 所示。

以 Sine 曲线的显示为例，当 X、Y 测量交叉于曲线的某个点时，在 Cursor 的右键菜单显示 Cursor Window，窗体中就会显示该点的坐标。如图 4.26 所示。

如果添加两条 X 和两条 Y 的测量线，就可以测量两个点之间的（X、Y 轴的）差值。

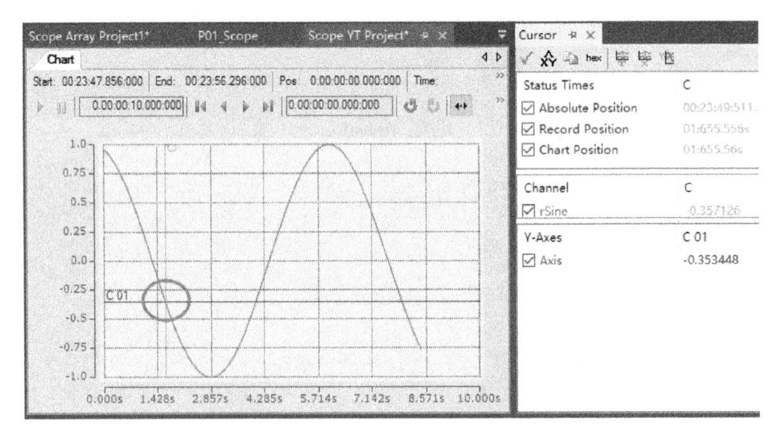

图 4.26　显示测量点的坐标和值

4.2.7　把 Scope View 控件集成到高级语言

TwinCAT 3 的 Scope View 也开放了“.Net API”接口，用户可以在自己的 C#界面中集成 Scope 控件。

ScopeView 控件要求 .NET Framework 4.5.1 及以上版本。注意 C#、VB.Net 或者 WPF 应用中只能集成 Scope View，而 Scope Server 还必须安装运行。

4.2.8 常见问题

1. 刷新变量

如果增减了变量个数，但在 Scope 的 Target Browser 中选择变量的时候，显示的还是之前 PLC 程序变量，此时要刷新一下变量。

2. Scope Server 启动错误

如果提示缺授权，就在 TwinCAT Project→System→License 界面，先在 Manage License 选项卡中勾选 TE1300 和 TF3300，然后在 Order Information 选项卡中激活 7 天试用版授权。

如果 Scope Server 没能随 TC3 启动，则进入"计算机管理 | 服务设置"里手动将其启动。如图 4.27 所示。

图 4.27　在服务设置里启动 Scope Server

4.3 程序归档

4.3.1 概述

TwinCAT 3 的项目文件包含 Solution 目录下的许多子文件夹和小文件，每个程序、功能块、结构体、画面及全局变量表都是独立的文件。它相比于两个文件（.pro 和 .tsm）包含全部项目信息的 TwinCAT 2 要复杂得多，使用起来也灵活得多。在复制、移动及更新的时候，如果能理解这些子文件夹和文件的命名和作用，就会更加胸有成竹。本章讲述的就是这些文件的组织、打包解包、导入/导出的规则和方法。

TwinCAT 3 的开发环境集成在 Visual Studio 中，它的程序归档也是以 Solution 为总文件夹的，其内部组织通常如图 4.28 所示。

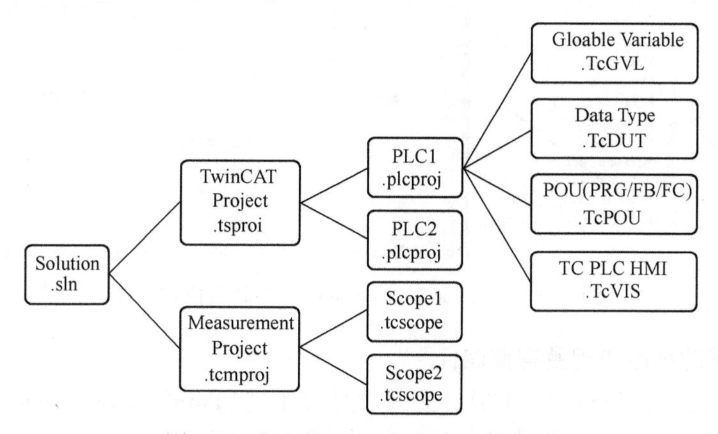

图 4.28　TwinCAT Solution 的文件组织

新版的 TwinCAT 3 允许单独建立 PLC 项目，归档文件只包含图 4. 28 的一个子集，就是“. plcproj”子文件。

4. 3. 2　TwinCAT 项目的存储路径

1. 编程 PC 上的项目存储路径

新建项目时，系统会推荐 Solution 的存储路径，这是依据 Tool→Option→Projects and Solutions→Projects location 来决定的。默认是在 Visual Studio 的安装目录下，如图 4. 29 所示。

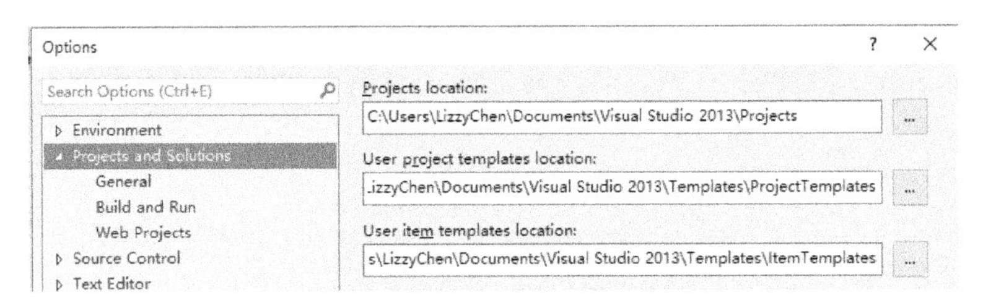

图 4. 29　TwinCAT Solution 的默认路径设置

默认路径和推荐路径都可以修改，项目建好以后，还可以通过 Solution 的右键菜单“Open Folder in File Explorer”查看项目文件的路径。Solution Explorer 和文件在编程 PC 上的保存路径对应关系如下，如图 4. 30 所示。

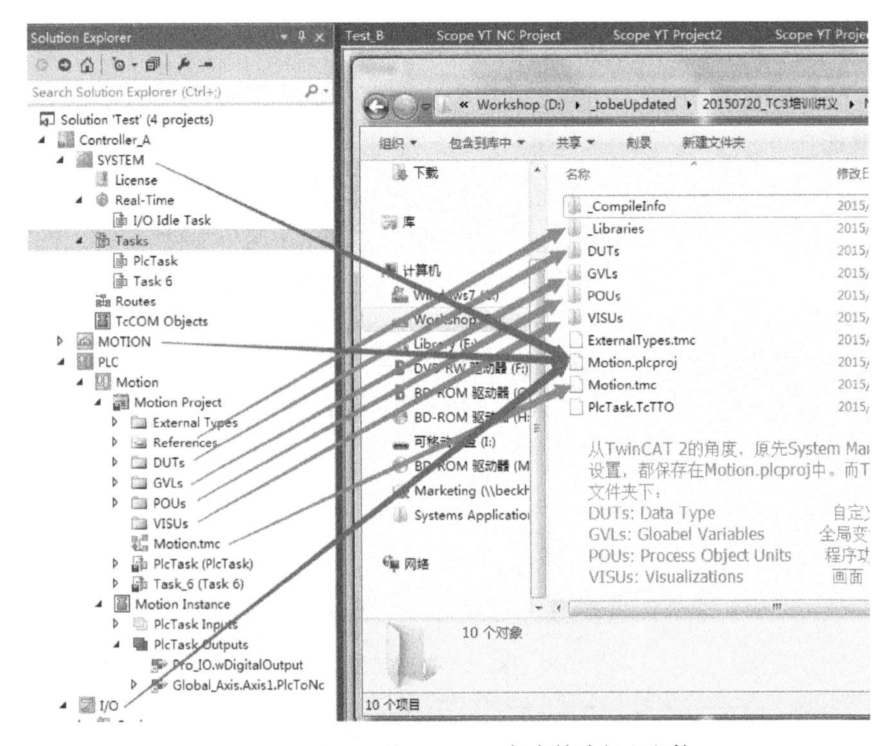

图 4. 30　Solution 的 Tree Item 与存储路径和文件

2. 在控制器的程序和配置存储路径

在目标控制器上，TwinCAT 3 项目文件总是位于“\TwinCAT\3. 1\Boot”，而 PLC 运行的代码总是位于“\TwinCAT\3. 1\Boot\Plc”，如图 4. 31 所示。

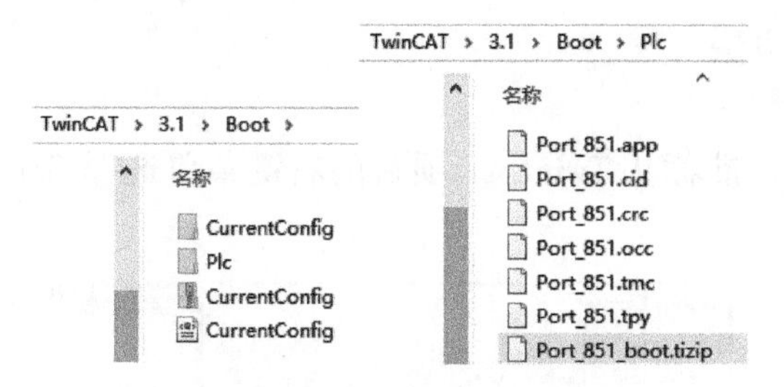

图 4.31　存储在控制器上的配置和程序文件

Boot 文件夹下的文件用途、产生和更新的机制，以及是否创建的选项条件见表 4.1。

表 4.1　Boot 文件夹的内容和作用

序号	文件类型	用　　途	文件路径 C:\TwinCAT\3.1\Boot	产生/更新	选 项 条 件
1	Target Runtime 文件	TC 启动时装载的配置文件	CurrentConfig. xml	系统激活 Activate Configuration	
2		PLC 引导程序	\Plc\Port_851. app	系统激活，或者 PLC 右键 Activate Boot Project	
3		Persistent 掉电保持变量	\Plc\Port_851. bootdata 及 Port_851. bootdata_old	TC 停止时产生 bootdata；重启时复制 bootdata 并加上后缀_old重命名；启动装载 bootdata 完成后自动删除	
4		PLC 当前程序	\Plc\Port_851_act. tizip	PLC 项目 Login 时产生，Login 时当前程序可以和 Target 中的_act 程序比较	
5	Target 辅助文件	Login 信息	\Plc\Port_851_boot. tizip	每次 PLC 右键 Activate Boot Project 时产生	Plc 项目 Setting 页 Target Archive | Login Infomation
6		TcCOM 描述 Module Class	\Plc\Port_851. tmc	系统激活，或者 PLC 右键 Activate Boot Project	Plc 项目 Setting 页 Target Files | TMC File
7		兼容 TC2 的 tpy 文件	\Plc\Port_851. tpy	系统激活，或者 PLC 右键 Activate Boot Project	Target Files | tpy File
8	Target Archive 文件	供 TC3 上传的配置文件	CurrentConfig. tszip	系统激活 Activate Configuration	
9		PLC 源代码	\CurrentConfig\plcname	系统激活 Activate Configuration	Plc 项目 Setting 页 Target Archive | Project Sources
10		PLC 项目引用的库	\CurrentConfig\plcname. tpzip_Libraries	系统激活 Activate Configuration	Target Archive | Compiled Library 及 Sources Library

这些文件分为以下 3 类。

1）TwinCAT Runtime 文件：控制器启动时装载的硬件配置和 PLC 程序、掉电保持变量等。

2）Target 辅助文件：辅助开发环境、辅助第三方通信比如 OPC Server 读取的变量等。

3）Archive 文件：准备将来给工程师上载到编程 PC 的。

其中，只有 TwinCAT Runtime 文件是必不可少的。正常情况下，Boot 文件都是 TwinCAT 自动生成和维护的，只有需要个别备份或者对比分析的时候，才需要人工查看。

4.3.3　TwinCAT 项目打包和解包

程序移植时，可以单独复制其中一个文件夹，在新项目中 Add Exist Item。如果要整个项目打包，就用下面的方法。

1. 打包

TwinCAT 项目打包，推荐从 TwinCAT 项目的右键菜单选择 Save <Project Name> as Archive。如图 4.32 所示。

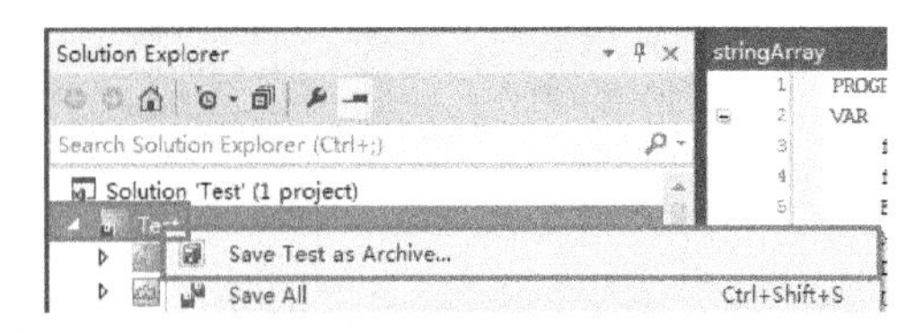

图 4.32　TwinCAT 项目打包

打包结果就是把整个项目文件夹压缩为 . tszip 文件。

2. 解包

打包是生成 . tszip 文件，解包就是从 . tszip 的文件中还原项目。解包的步骤如下。

1）Solution→Add→Existing Project。

2）选择 . tszip 文件。

3）选择解包后的 TwinCAT 项目的存放路径。

4.3.4　PLC 程序的打包和解包

PLC 程序打包有两种方法：“文件夹复制” 或者 “项目压缩包”，两种方法各有优劣，用户可以酌情选用。

1. 文件夹复制

（1）备份

利用 PLC 项目的 “另存为”：选中 PLC 项目，在右键菜单中选择 Save <ProjectName> as，则直接把 PLC 相关文件复制到另一个文件夹，而没有压缩。等效于手动复制文件夹，以后引用的时候不用解包。如图 4.33 所示。

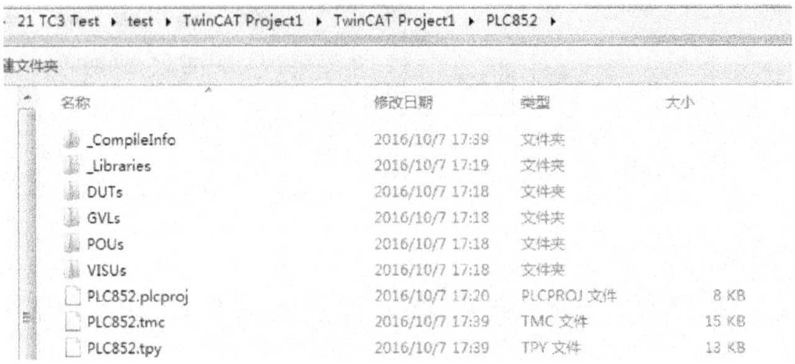

图 4.33　PLC 项目 “另存为” 的结果

当然，备份时手动复制这个文件夹也是可以的。这些文件夹里包含什么内容呢，除了必需的配置和程序之外，还包括 Settings 中设置的 Target Archive 中勾选的内容。

（2）引用

在另一个项目中引用时，在树形结构的 PLC 节点从右键菜单选择 Add Existing Item，如图 4.34 所示。

然后选择以前备份的 PLC 文件夹的中的后缀名为 plcproj 的文件即可。

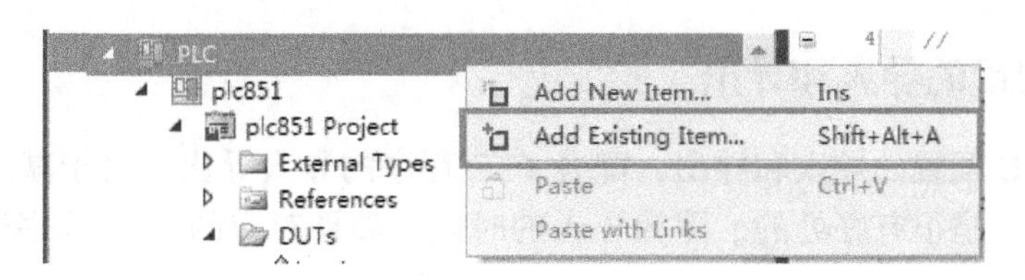

图 4.34　引用现有文件夹中的 .plcproj

2. 项目打包

由于复制多个小文件比复制一个大文件的效率要低得多，所以通常会把 PLC 程序打包成标准的 TC3 压缩文件，再在别的编程 PC 上解包。

(1) 打包

先选中 PLC 项目名称，右键菜单中选择“Save <Plc Project> as Archive”，按提示选择压缩文件 tpzip 的名字和存放路径即可。

哪些文件会被打包呢？除了必需的配置和程序之外，还包括 PLC 项目的 Settings 中设置的 File/E-mail Archive 中勾选的内容，如图 4.35 所示。

(2) 解包

在 TwinCAT 项目的 PLC 下面，右键菜单中选择“Add Existing Item”，选择前面打包的 .tpzip 文件，就可以导入前面打包的 PLC 程序，如图 4.36 所示。

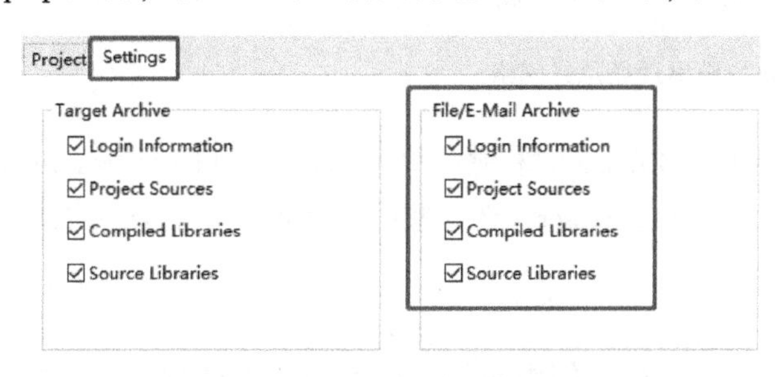

图 4.35　PLC 项目打包的内容

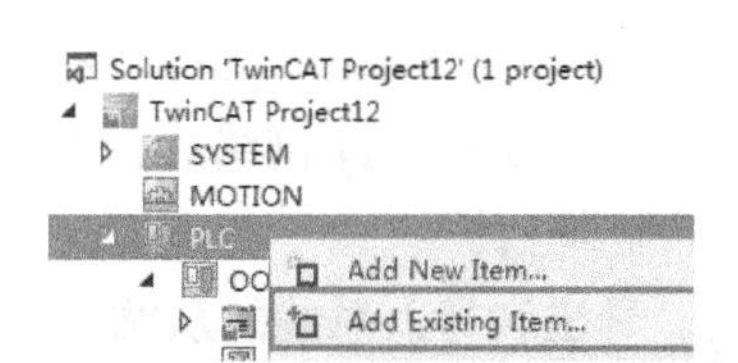

图 4.36　导入打包的 PLC 项目

4.3.5　PLC 程序组件的导出和导入

1. 经 .TcPOU 文件

与 TC2 中所有代码对象保存在一个 PRO 文件中不同，在 TC3 中所有的 POU、DataType、Global Varlist 都是单独保存成 .TcPOU 文件。用户可以灵活地复制个别文件，需要导入时则在需要插入的位置，选择右键菜单 Add→Existing Item 即可。

2. 经 XML 文件

所有 POU、全局变量表及 DataType 都可以导出为 PLCopenXML 文件，包括它们所在的文件夹。如图 4.37 所示。

需要导入时则在目标 PLC 程序的右键菜单选择 Import 即可。

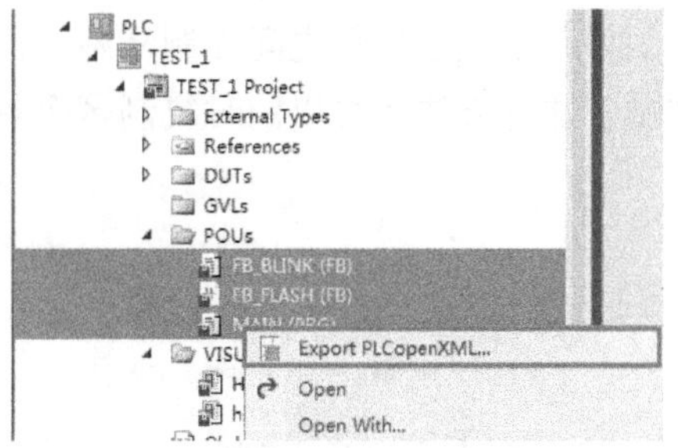

图 4.37　导出 PLCopenXML 文件

4.3.6 I/O 配置的导入和导出

灵活应用 I/O 配置的导入和导出，配合 PLC 程序的导入导出，对于减少变量映射和参数调试的工作量，是很有好处的。因为导入的时候，如果对应的 PLC 程序还在，默认可以导入变量链接关系。

1. 导入和导出现场总线网络

TwinCAT 中，可以导出整个现场总线网络，比如 EtherCAT。更换控制器或者更换主站网口的时候，可以导出/导入整个 EtherCAT 网络，再修改它的 Adapter。方法如下。

选中总线，比如 EtherCAT，在右键菜单中选择“Save Device 1（EtherCAT）As”，如图 4.38 所示。

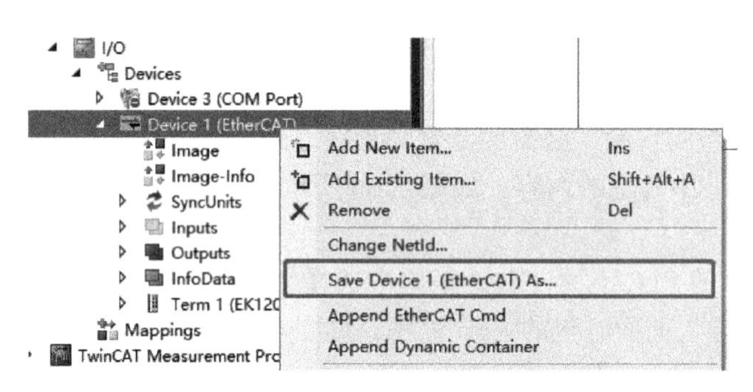

图 4.38 导出现场总线网络

导出的文件格式是 .xti，导入的时候要在 Device 的右键菜单中选择“Add Existing Item”即可。导入 EtherCAT 网络后，可以再修改它的 Adapter，选择实际连接的网卡，就可以用到新的控制器上了。

2. 导出和导入总线的从站

TwinCAT 也可以单独导出一个从站，比如 CoE 伺服驱动，或者一个 I/O 模块。比如系统中有几台同样型号的伺服驱动器时，调好一台参数后就可以导出了，可以多次导入到不同的位置，以对应实际不同的伺服驱动器。方法如下。

导出从站时，先选中该从站，在右键菜单中选择“Save <Name> As...”，如图 4.39 所示。

导出的文件格式是 .xti。需要导入的时候，先选中总线，比如 EtherCAT，再选择右键菜单中的“Add Existing Item”。

如果不是在项目之间复制从站，而是在同一个项目中，还有一个简单的方法，即复制、粘贴。这种方法还可以同时复制多个从站。如图 4.40 所示。

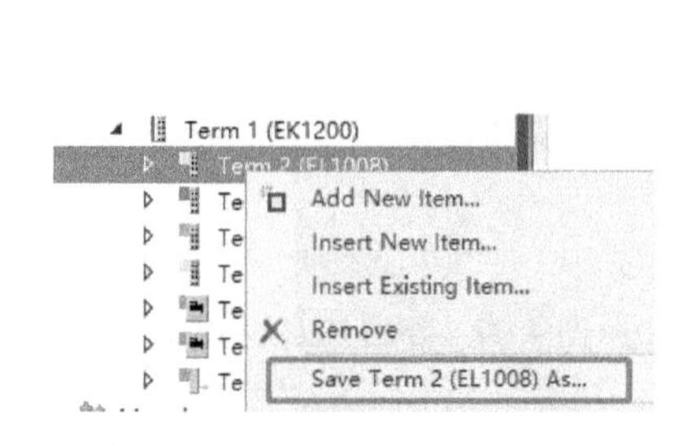

图 4.39 导出总线的从站模块

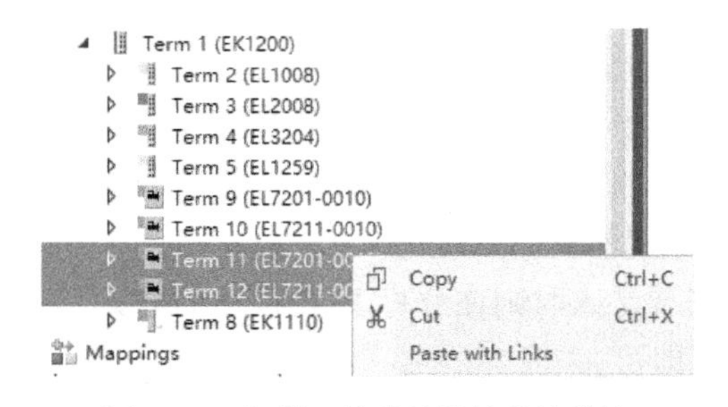

图 4.40 复制、粘贴总线的从站模块

4.3.7 Measurement 项目的存储路径

Measurement 项目包括项目本身和若干个 Scope 窗体设置，都保存为单独的文件。如图 4.41 所示。

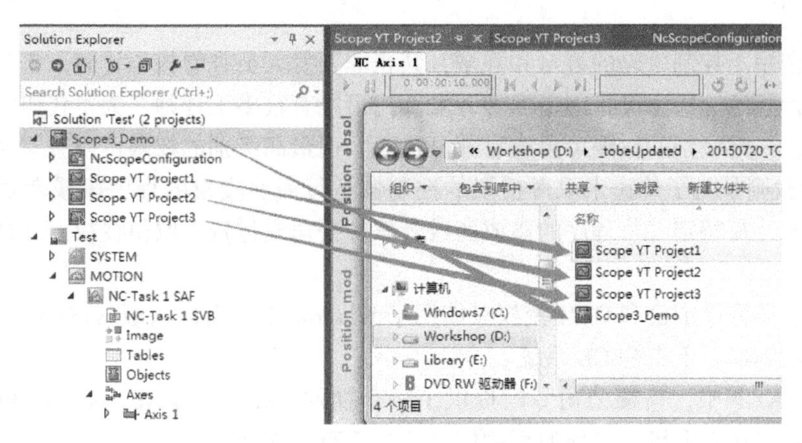

图 4.41 Measurement 项目的文件保存

记录的数据可以保存，默认是和 Scope 文件同路径，用户也可以重新指定。

4.3.8 归档文件的后缀名列表

TwinCAT 3 归档文件的后缀名见表 4.2。

表 4.2 TwinCAT 归档文件的后缀名列表

序号	后 缀	类 型	生成方式	打开方式
1	.tpzip	PLC 归档文件	PLC Project 右键菜单 Save…As Archive	PLC 右键菜单 Add Existing Item
2	.tszip	TwinCAT 项目归档	TwinCAT Project 右键菜单 Save…As Archive	Solution 右键菜单 Add | Existing Project
3	.tnzip	Solution 方案归档	Solution Project 右键菜单 Save…As Archive	File | Open | Open From Archive File | Open | Open From Target
4	.tcscope	示波器配置	Measurement Project 右键菜单 Add | New	Measurement Project 右键菜单 Add | Existing Item 还可以选择 Scope2 的示波器配置文件 .sv2 和数据文件 .svd
5	.tcmproj	Measurement 项目文件	Solution Project 右键菜单 Add New Project	
6	.xti	导出文件	I/O Device、Axis 都可以导出成 xti 文件	同样位置，右键菜单 Add Existing Item
7	.pro	TC2 PLC 程序		PLC 右键菜单 Add Existing Item（选择 .pro）
8	.lib	TC2 PLC 库		PLC 右键菜单 Add Existing Item（选择 .lib）
9	.tsm	TC2 项目		新建空白的 TwinCAT 项目，在 Project 右键菜单选择 Load Project from TwinCAT2.××

4.4　程序加密及 OEM 授权

4.4.1　概述

程序加密用于控制代码的显示和隐藏，禁止非开发人员查看核心代码。但程序加密不影响控制器运行程序。大型设备制造商的开发部门可能有很多工程师，为了代码管理，也会进行授权分级，一定级别的权限可以查看部分代码，而最高级别的权限可以查看所有代码。

OEM 授权则是为了禁止未取得授权的控制器运行需要授权的程序段或者功能块。设备制造商应该向编写特定工艺程序的集成商或者软件公司支付费用取得授权，才能使用特定的程序代码。

注意：引导程序加密和 OEM 授权只能用于 Windows 7 或者嵌入版 Windows 7 及以上操作系统的倍福控制器，不支持 CE 系统。

在 TwinCAT 3 中，倍福公司专门提供了一个插件 TwinCAT XAE Security 来实现以上功能。由于该功能还在升级，最新的帮助信息请参考英文文档：

TE1000 XAE/Technologies/Software Protection/Quick start/Protection of the application against cloning

中文帮助请参考配套文档 4-1　TwinCAT3 安全管理 V1.0。

配套文档 4-1
TwinCAT3 安全管理 V1.0

4.4.2　获取授权管理证书

1. 准备工作：创建目录

C:\TwinCAT\3.1\CustomConfig\Certificates
C:\TwinCAT\3.1\CustomConfig\UserDBs

进入 Security Manager 对话框的途径如下。

方法一：选择菜单 View→Toolbar，勾选 TwinCAT XAE Security，然后从快捷键进入。

方法二：选择菜单 TwinCAT→Security Management。

2. 生成 OEM 授权请求文件

如果仅仅是测试功能，而不是真正的项目开发加密，可以把以前申请的授权签发证书发给其他客户，此时可直接跳到第 4 步，把收到的 .tccert 文件复制到开发 PC 的 C:\TwinCAT\3.1\CustomConfig\Certificates 下。如图 4.42 所示。

填好信息，单击 Start，系统会提示选择文件路径和命名，然后自动生成 .tccert 文件。

3. 把生成的 .tccert 文件发送给倍福技术人员

把生成的 .tccert 文件发送给 Support@Beckhoff.com.cn，倍福技术人员会核实信息后转发到专门的授权认证邮箱，过几天就会收到该邮箱发回的授权许可文件 name.tccert。

4. 把收到的 .tccert 文件复制到开发 PC

存放路径为 C:\TwinCAT\3.1\CustomConfig\Certificates 下。

这个文件默认是两年有效期，如果需要延期，则在到期前把原来的授权管理证书发邮件到 Support@Beckhoff.com.cn，倍福公司会有专人处理。

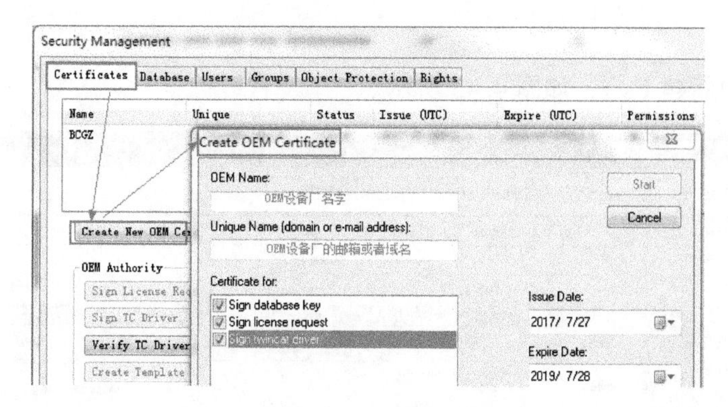

图 4.42　创建 OEM 授权请求文件

4.4.3　项目程序加密

1. 创建 UserDB

再次打开 TC3，进入 Security Management 对话框，单击“Create New User DB”，如图 4.43 所示。

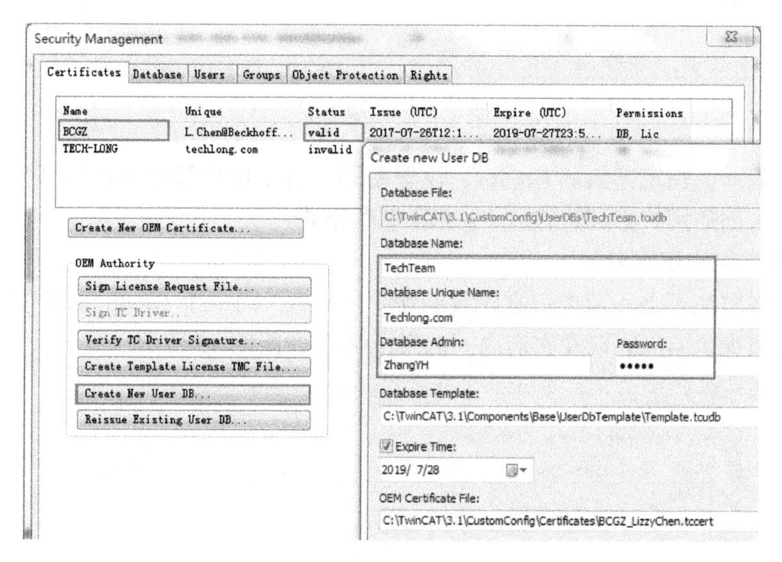

图 4.43　创建用户库 User DB

如果系统弹出提示，如图 4.44 所示。

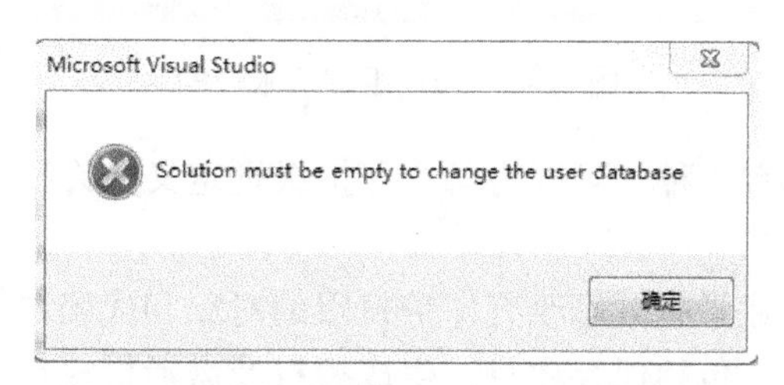

图 4.44　提示 Solution 应为空

则按要求，Close 当前的 Solution，重复操作即可。

2. 创建用户

在 User DB 中新建 User，如图 4.45 所示。

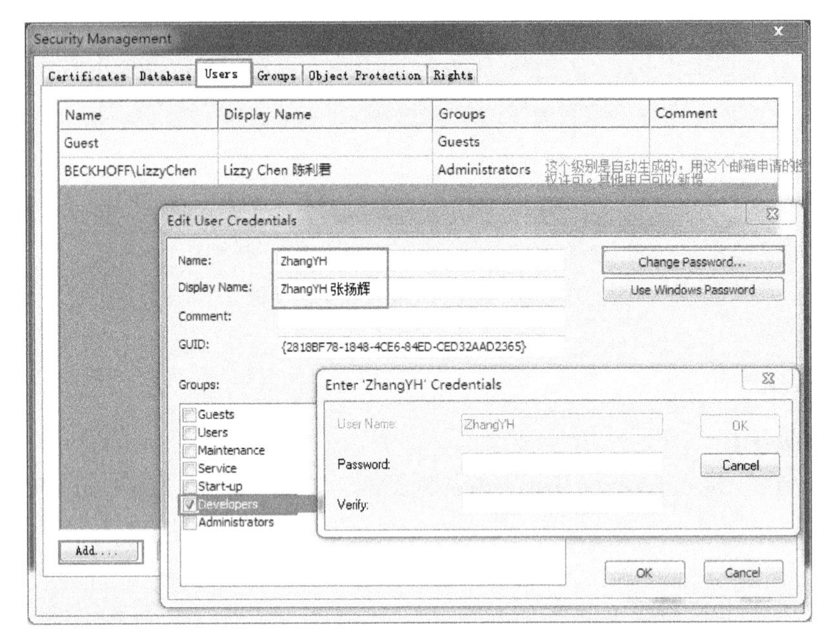

图 4.45　新建 User

填写用户信息，指定归属的 Groups，设置密码。每个用户都要设置密码。

注意：每次创建用户都要选输入 UserDB 库的密码。

3. 每个用户组的权限分配

用户的权限取决于上一节中把它配置到哪个 Group，同一个 Group 的所有用户有相同的权限。一共有多少个 Group 以及它们之间的继承关系如图 4.46 所示。

Security Management

Certificates | Database | Users | Groups | Object Protection | Rights

Name	Derived from	Grant	Deny	Comment
Guests				
Users	Guests			
Maintenance	Users			
Service	Maintenance			
Start-up	Service			
Developers	Start-up			
Administrators	Developers			

图 4.46　用户组的权限分配

对象保护级别默认的有 4 种，可以为每个保护级别定义允许哪些组别的用户进行何种操作，如图 4.47 所示。

属于不同组的用户，除了查看修改有保护权限的对象和代码之外，还可以执行部分或者全部项目管理级别的操作，包括保存项目、生成授权及激活授权等操作。

用户名称和级别设置好后，保存在 C:\TwinCAT\3.1\CustomConfig\UserDBs 下，文件名后缀为 .tcudb。文件名可以复制到其他电脑，并可以用“Reissue Existing User DB”（最后一个按钮）导入 .tcudb 文件：Reissue Existing User DB...　C:\TwinCAT\3.1\Components\Base\UserDbTemplate\Template.tcudb。

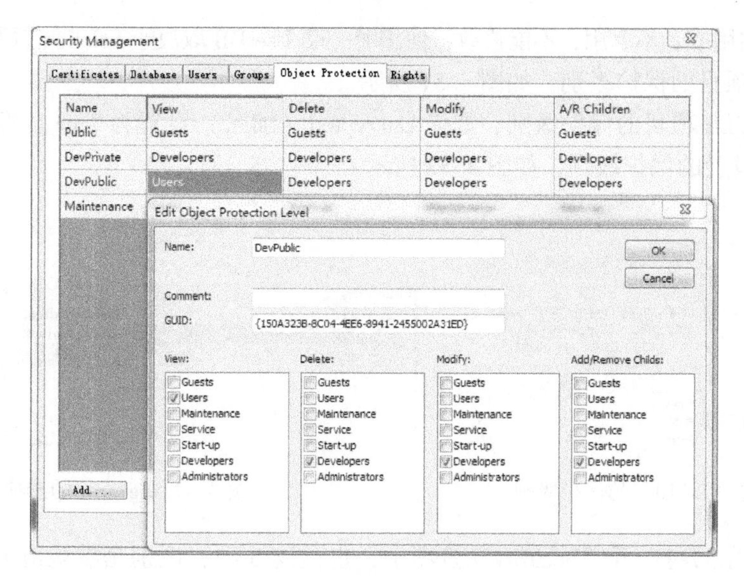

图 4.47　Object 的保护级别

4. 设置对象的保护级别

在打开 Solution 之前，要选择项目使用的 UserDB。只有 UserDB 里的用户可以打开 Solution，并根据 UserDB 的设置执行相应权限的操作。此前应关闭所有 Solution，如图 4.48 所示。

选择当前的有权限的用户名，如图 4.49 所示。

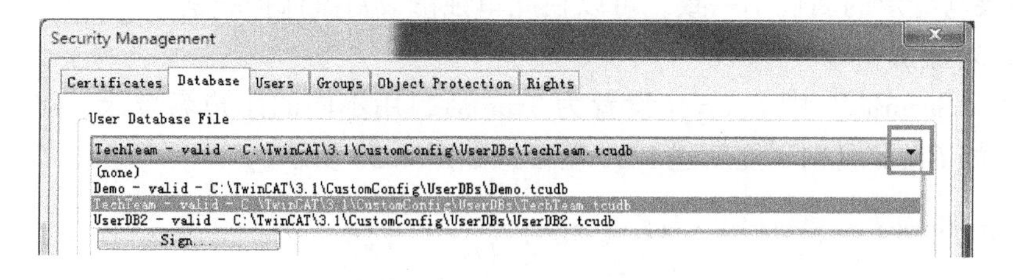

图 4.48　选择 UserDB

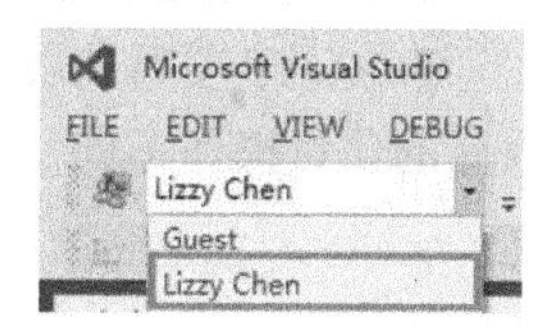

图 4.49　选择用户名

启用用户权限管理功能，如图 4.50 所示。

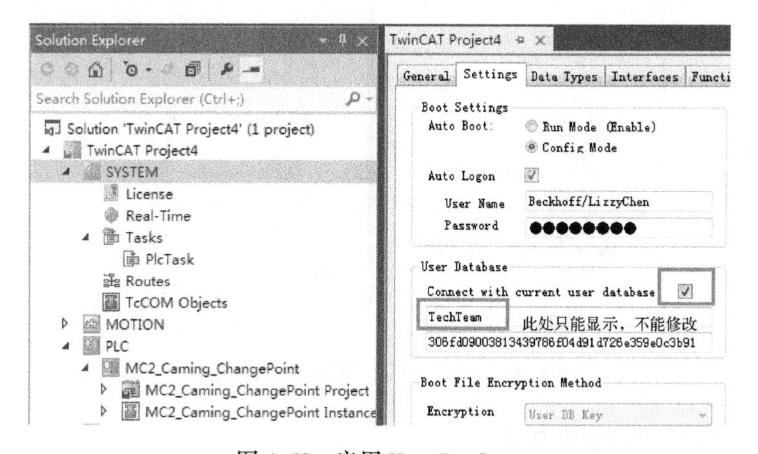

图 4.50　启用 User Database

只能勾选启用或者不启用，不能修改，使用哪一套 UserDB 取决于 Solution 打开之前的选择。

设置 PLC 项目的保护级别，如图 4.51 所示。

这是整个 PLC 项目的保护级别，如果 Encrypted（加密）设置为 True，那么所有子对象都会继承此处设置的保护级别，如图 4.52 所示。

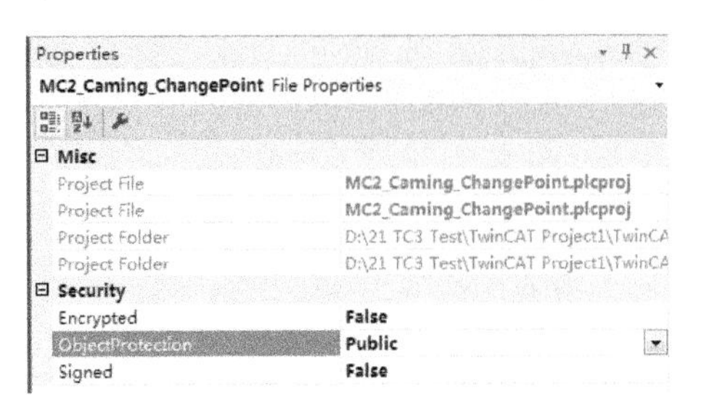

图 4.51 设置 PLC 项目的保护级别

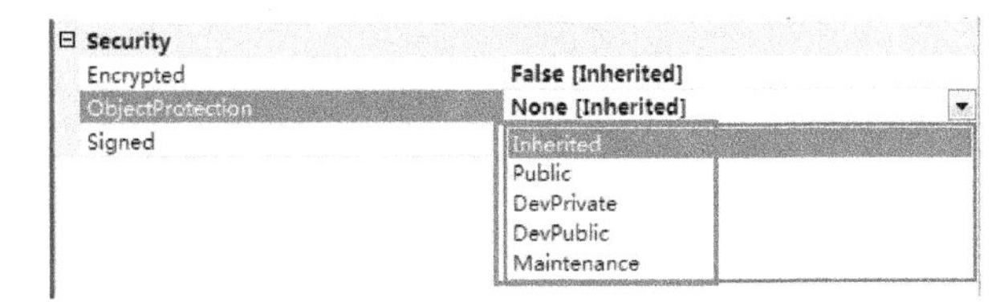

图 4.52 Security 的选项

在 POU 对象的属性页“Security”选项中，也是这 3 项，区别是默认值为 Inherited，即从 PLC 项目的安全属性中继承。

在 Security 下面有以下 3 种选项。

Encryped：此对象、此项目是否加密，如果加密了就要看当前用户所在组的权限和 Object Protect 级别所允许组别权限是否匹配。若匹配，则允许操作，否则禁止所试图的操作。

Signed：指本部分代码需要签入用户级别才允许修改。最好是整个 PLC 属性设置为 Signed。

ObjectProtection：如果与继承的属性不一致，可以在此单独修改对象保护级别。

5. PLC 项目和 POU 对象加密

TwinCAT 项目的属性“Security”中 Encrypt 设置为 True 后，用不同的用户名登录，可以做的项目操作不同。比如 Guest 级别不能新建 PLC 项目，如图 4.53 所示。

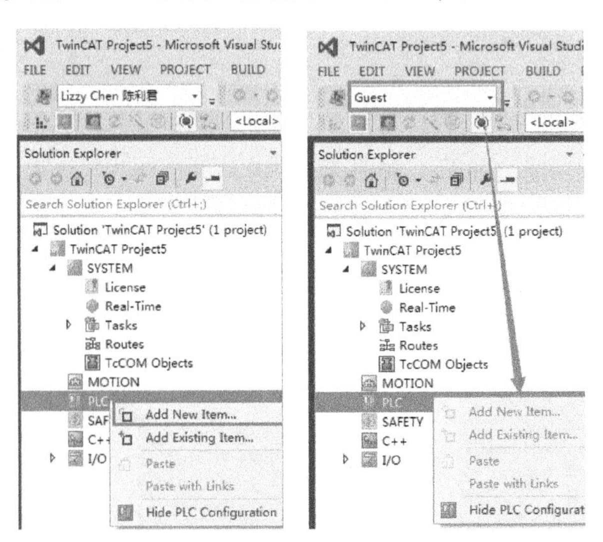

图 4.53 Guest 登录不能新建 PLC 程序

6. 控制器上 PLC 引导程序加密

通过 256 位的 AES-encryption 私有及公共密钥，可以保护以下内容。

- 源代码。
- 自定义的库。
- 项目文件。
- PLC 引导程序。

需要保护的引导程序应做以下设置，如图 4.54 所示。

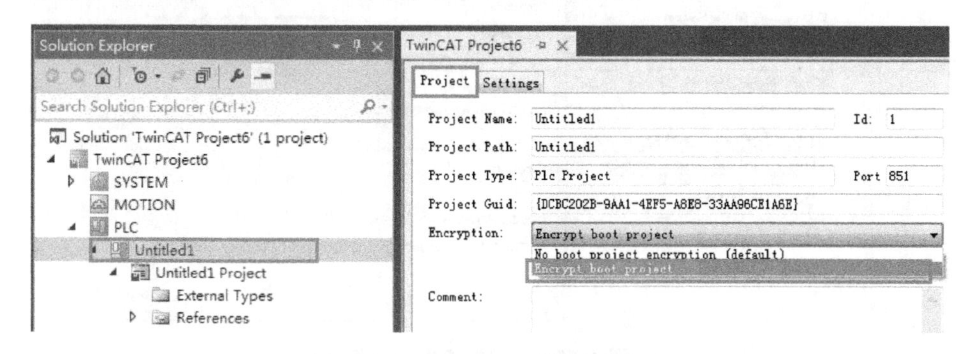

图 4.54　Boot Project 引导程序加密

在 TC3 帮助系统中，有此内容的详细描述，路径为

TE1000 XAE/Technologies/Software Protection/Protection of the OEM application software/Encryption

4.4.4　OEM 项目授权

OEM 授权要求使用倍福 IPC，不支持第三方的 IPC。暂时只能使用文件加密，不支持用 Dongle 授权。操作系统需 Windows 7 或者更高，TC3 Build 4022 及以上。

1. 准备工作

在控制器上新建目录。

C:\TwinCAT\3.1\CustomConfig\Licenses
C:\TwinCAT\3.1\Components\Base\License

复制“CreateLicense.exe”到 C:\TwinCAT\3.1\Components\Base\License。

附件有这个工具，亦可发邮件索取：tccertificate@beckhoff.com。

2. 创建给最终用户的授权申请模板.tmc

在 OEM 设备厂的授权管理 PC 上创建授权申请，如图 4.55 所示。

通常一个 OEM 设备厂只能从倍福公司得到一个授权管理的文件，即 OEM Certification File。这个 Application 专用的.tmc 文件要发给最终用户。

注意：这个文件一旦创建完成，就不能修改了。没有打开现有文件的功能。

3. 最终用户生成授权请求文件，发送给 OEM 厂家

最终用户把.tmc 文件复制到控制器以下路径：

\TwinCAT\3.1\CustomConfig\Licenses

重新打开 TC3 开发环境，授权管理界面（Manager Licenses）就出现了 OEM 厂家自定义项，如图 4.56 所示。

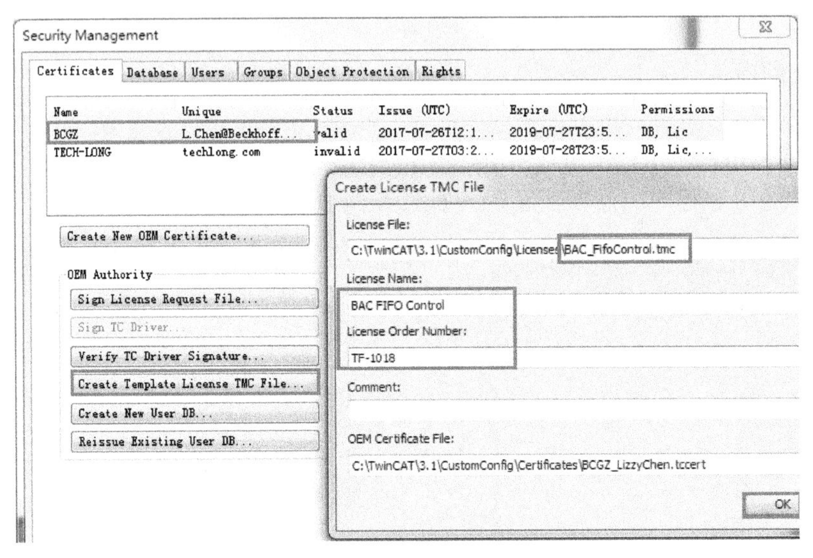

图 4.55　创建授权申请模板

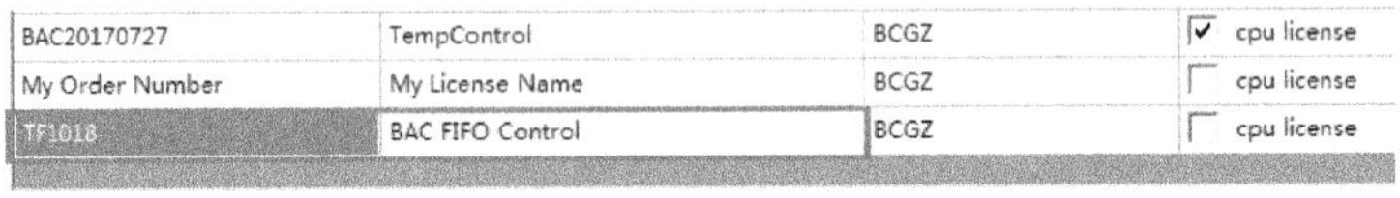

BAC20170727	TempControl	BCGZ	☑ cpu license
My Order Number	My License Name	BCGZ	☐ cpu license
TF1018	BAC FIFO Control	BCGZ	☐ cpu license

图 4.56　Manager Licenses 显示的 OEM 授权

这 3 个授权，就是前面文件夹下的自定义授权。

最终用户勾选已购买的授权，到 Order Information（Runtime）选项卡中，生成授权请求文件，如图 4.57 所示。

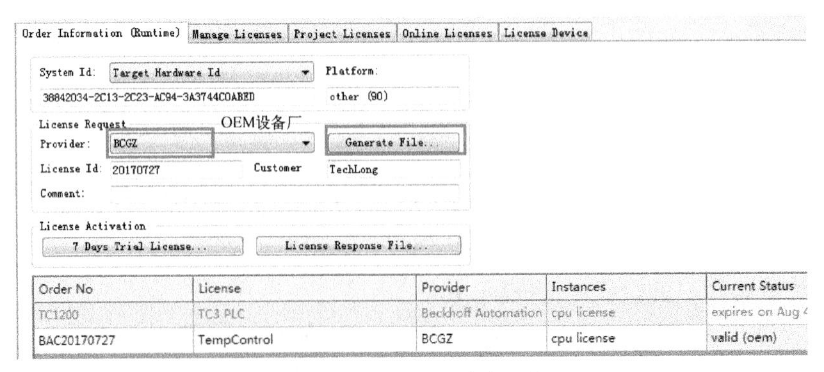

图 4.57　生成授权请求文件

例如：OEM 厂批量出机时，预先把 .tmc 文件放到指定路径，直到客户付款，才生成授权文件给他。

4. OEM 设备厂签发授权许可

OEM 设备厂的授权管理 PC 上，根据收到的授权请求，签发一个授权许可，发送给最终用户。如图 4.58 所示。

授权管理证书需要输入密码，如图 4.59 所示。

输入授权管理证书的密码，就是最早向倍福公司申请的那个文件的密码。此时，就可以生成与授权请求文件 .tclrq 同名的许可文件 .tclrs，然后把 .tclrs 文件发给最终用户。

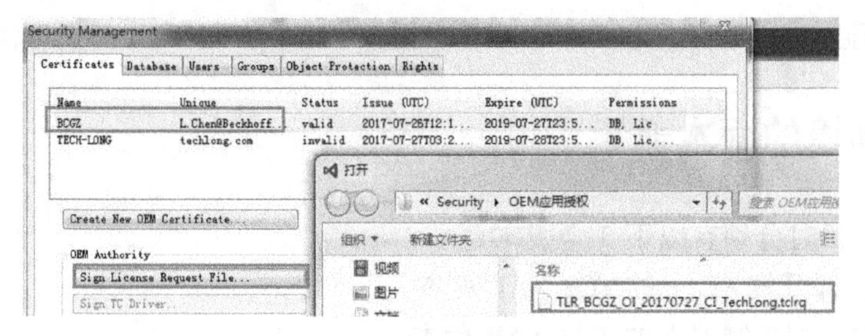

图 4.58　签发授权许可

5. 最终用户激活授权

最终用户在 TC3 的授权管理界面上，选中控制器作为目标系统，并激活授权许可文件。如图 4.60 所示。

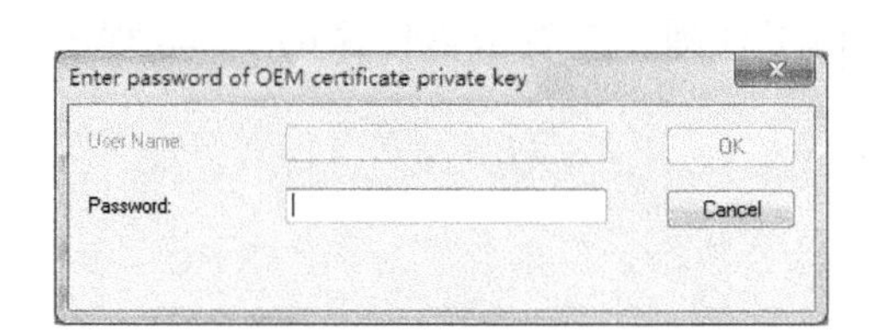

图 4.59　授权管理证书的密码

图 4.60　激活授权许可文件

然后 TC3 控制器重启，就可以看到 OEM 授权已经有了，如图 4.61 所示。

Order No	License	Provider	Instances	Current Status
TC1200	TC3 PLC	Beckhoff Automati...	cpu license	expires on Aug 4,
BAC20170727	TempControl	BCGZ	cpu license	valid (oem)
My Order Number	My License Name	BCGZ	cpu license	valid (oem)
TF1018	BAC FIFO Control	BCGZ	cpu license	valid (oem)

图 4.61　激活成功的 OEM 授权

6. PLC 程序读取当前授权

OEM 设备厂的软件开发人员在 TC3 的 PLC 程序中，可以读取当前有的授权。

对于 OEM 设备，运行的程序和需要的授权应该是确定的，所以 OEM 厂家可以把授权请求模板事先放在\TwinCAT\3.1\CustomConfig\Licenses 中。再通过程序去找相应的授权许可在不在。在库文件或者功能块中，加上读取当前授权的功能块 FB_GetLicenses，如果读回来的结果中不含必要的授权许可，则弹出消息窗，显示缺什么授权，然后停机，或者延期停机，由 OEM 厂家决定。

FB_GetLicenses 的读取结果如图 4.62 所示。

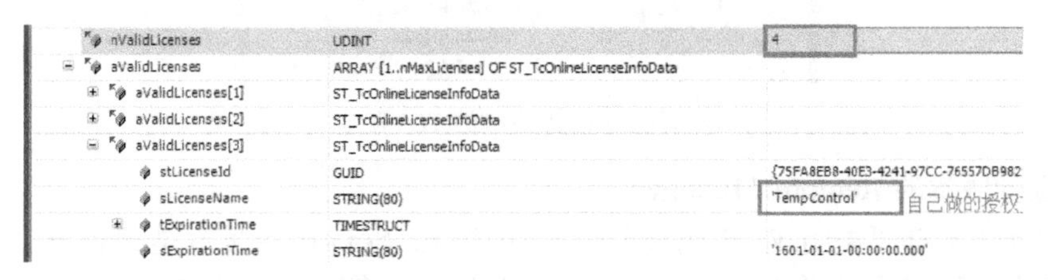

图 4.62　PLC 读回来的授权状态

图 4. 62 中显示当前有效授权 4 个，第 3 个授权“TempControl”就是本例中所做的授权。

4.5 开发环境的版本兼容

开发 TC3 项目时分别有以下 3 个版本。

Local 版本，即开发 PC 上的 TC3 XAE 版本。

Remote 版本，即控制器上的 TC3 XAR 版本。

Project 版本，就是开发项目的时候使用的 TC3 版本。

这三个版本可能完全不同。TwinCAT 3 的开发环境版本升级相对较快，比如一年之内就有多个版本，工程师的开发笔记本总很容易地升级到最高版本。而对于控制器来说，不同月份订购的同样型号的控制器，收货时实际的 Runtime 版本也可能不同，所以一台 PC 可能要为不同 Remote 版本的控制器编程。至于 Project 版本，客户使用 TC3 的时间越长，电脑里的各种项目的版本就越多。还有有的项目文件来自其他工程师，或者来自厂家的 Demo 程序，这些都是很容易发生版本不同的情况。

本节要讨论的就是这些版本兼容性问题。

4.5.1 开发 PC 为不同版本的控制器开发程序

为不同 Runtime 版本的控制器编程时，可能需要不同的开发版本。倍福提供专门的插件（TwinCAT Remote Manager）来解决这个问题。基本步骤如下。

1. 下载 RM 安装包

例如：

TC31-RM-Setup. 3. 1. 4016. 28. exe

TC31-RM-Setup. 3. 1. 4020. 32. exe

根据控制器的 Runtime 版本，选择适当的 RM 安装包

2. 在编程 PC 上运行 RM 安装包

选中安装包，例如“TC31-RM-Setup. 3. 1. 4016. 28. exe”，在其右键菜单中选择“Run as administrator”或“以管理员方式运行”。

3. 在 VS 的 View→Toolbar 中勾选 TwinCAT XAE Remote Manager

选择 TC3 打开的时候装载了哪个版本的开发环境。如图 4. 63 所示。

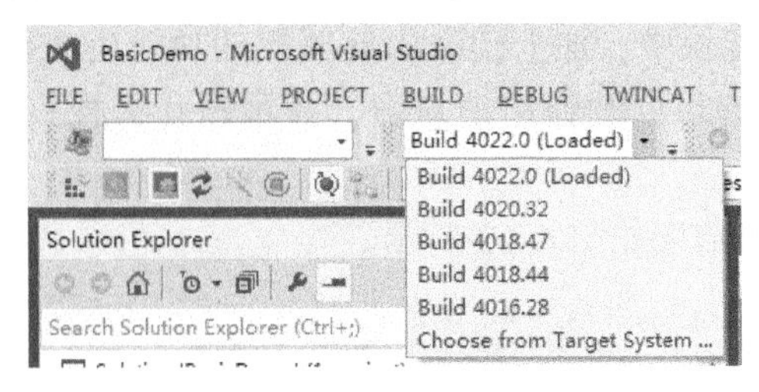

图 4. 63 选择装载的 TC3 版本

4. 装载低版本的 Remote Manager

每次切换版本都要关闭 VS 再重新打开才能选择。默认初始版本是编程 PC 本地的最高 TwinCAT 版本，可以在菜单 Tools→Options 中选择，在菜单 TwinCAT→XAE Environment→General 中设置，如图 4. 64 所示。

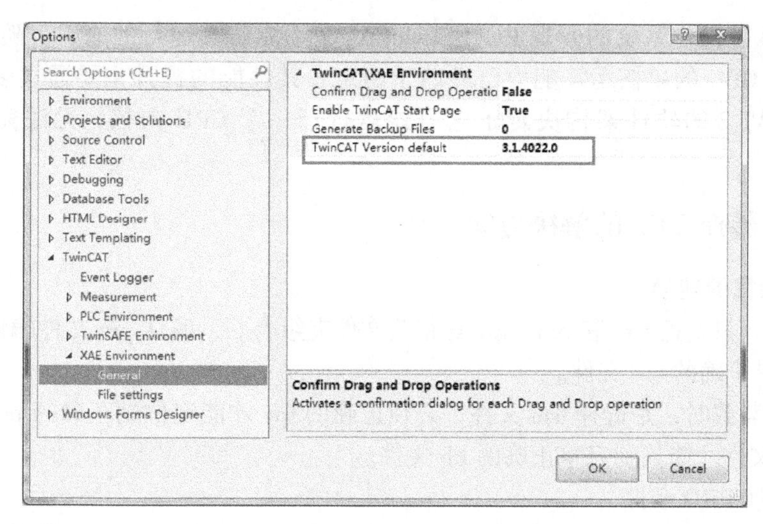

图 4.64　设置默认装载的 TwinCAT 版本

4.5.2　低版本的程序如何运行在高版本的控制器上

以前开发的项目，要下载到最新的控制器上运行，尽量把项目版本升级到与控制器相当。

如果不想修改项目程序，就把控制器上的 TC3 授权备份下来，然后重装低版本的 TwinCAT XAR，CE 系统可能需要重刷 image，然后把备份的授权导回控制器。

批量生产时，把授权放在 EL6070 或者 USB Dongle 上就不会影响刷系统了。

4.5.3　关于版本升级的建议

以下为根据 2019 及之前版本的个人经验所提的建议，可能随着 TwinCAT 3 的未来升级，版本兼容情况会改善。

1. 如果不是必须，尽量延用当前 TC3 开发环境的版本

如果有新硬件，或者新功能，只有高版本的 TC3 才支持，才需要升级。

2. 哪些版本最稳定

同一个 TC3 大版本中，末位数越大越稳定。一个大版本的升级后，若末位数为 0，则慎用。

4.6　从 TwinCAT 2 到 TwinCAT 3

倍福公司正式发布的 TwinCAT3 培训教材，可从倍福中国官方 ftp 下载：

ftp://ftp.beckhoff.com.cn/TwinCAT3/TC3_training/

本节内容为该教材相关章节的补充，是个人工作经验的总结，在普适性、权威性及时效性方面如果与官方资料冲突，请以官方资料为准。

4.6.1　概述

TwinCAT 2 的软件是 20 世纪 90 年代开发完成的，虽然软件的功能模块不断增加，但其程序框架是基于微软公司 32 位的 Windows 操作系统，以及单核 CPU 的硬件平台，这也是为什么在64位操作系统的开发PC上TwinCAT 2不能仿真运行的原因。随着IT技术的发展，计算机CPU的单核运算能力已经趋于稳定，其性能的提升主要通过多核并行来实现。而TwinCAT 2的软件架构决定了它只能运行于一个CPU内核，无法完全发挥多核CPU的性能。

4.6.2 TC2转换TC3的解决方案

1. TC2项目的转换

在TC2中，只要把tsm和pro、tpy等相关文件夹组合好，确认pro文件编译不出错，在tsm中引用的是正确的tpy文件。

因为TC3装载时，是选择tsm文件，必须正确的tpy才能定位到正确的pro文件，而编译通过的pro文件才能找到完整正确的lib文件。

（1）仅转换PRO文件

在TwinCAT 3中新建一个空白的TwinCAT Project，然后在PLC右键菜单中选择“Add Exist Item（添加现有项）”。选择Plc 2. ×的两项，就可以转换pro文件或者lib文件。

（2）转换PRO及TSM文件

在TwinCAT 3中新建一个空白的TwinCAT Project，在Project的右键菜单中选择“Load Project from TwinCAT 2. ×× Version”，如图4. 65所示。

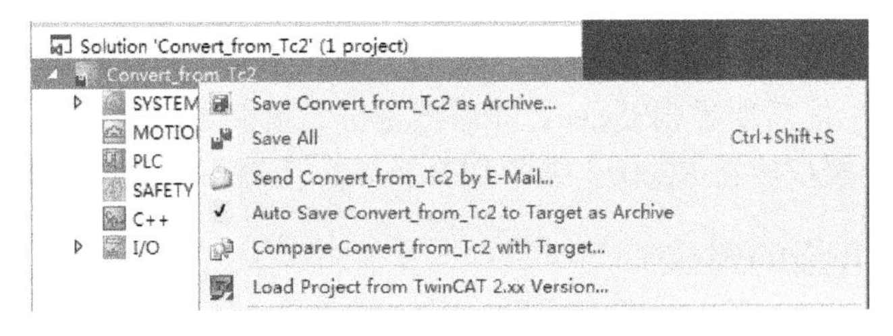

图4. 65　打开TC2的 . tsm文件

选择要转换的tsm文件就可以了。

2. 库文件的替换

如果是倍福提供的库，默认按图4. 66所示的规则替换。

TcSystemC69xx	System|IPC-Series	Tc2_SystemC69xx
TcSystemCX	System|CX-Series	Tc2_SystemCX
TcSystemCX1000	System|CX-Series	Tc2_SystemCX
TcSystemCX1010	System|CX-Series	Tc2_SystemCX
TcSystemCX1020	System|CX-Series	Tc2_SystemCX
TcSystemCX1030	System|CX-Series	Tc2_SystemCX
TcSystemCX5010	System|CX-Series	Tc2_SystemCX
TcSystemCX5020	System|CX-Series	Tc2_SystemCX
TcSystemCX9000	System|CX-Series	Tc2_SystemCX
TcSystemCX9010	System|CX-Series	Tc2_SystemCX
TcIoFunctions	IO	Tc2_IoFunctions
TcRaidController	IO	Tc2_IoFunctions
TcEtherCAT	IO	Tc2_EtherCAT
TcSUPS	IO	Tc2_SUPS
TcPlcCoupler	IO	Tc2_Coupler

图4. 66　TC2与TC3库文件的功能对照表

如果程序全部使用倍福的库文件，这样就算完成了。如果程序使用了自定义的或者是如果引用了第三方的 lib 文件，就需要先把 TwinCAT 2 的 lib 转换成 TwinCAT 3 的库。最好是请原 lib 的作者转换成 TC3 版本后再引用。

3. TC3 ADS 通信的转换

TC3 的 ADS 通信兼容了 TC2 的 ADS 通信。确定一个 ADS 设备的要素仍然是 NetID 和 Port，访问 ADS 设备仍然可以通过变量名和地址的方式，而地址仍然是由 IndexGroup 和 Offset 来确定。

不同之处在于，TC3 增加了 TcCOM 和 Workspace 这两个概念，所以使用 ADS 访问 TC3 时需要注意以下问题。

1）端口（Port）。TC3 开辟了更多的 ADS Device 端口，原则上一个 TcCom 对象就是一个 ADS 设备，就可以占用一个端口。所以不仅仅 PLC 和 NC 有固定的端口，C 语言编写的 Module 对象和 MATLAB/Simulink 生成的对象也可以有自己的端口并提供 ADS 访问。注意，默认第 1 个 PLC 项目的 ADS 端口是 851。

2）变量名。由于命名空间（Workspace）这个概念的引入，在 TC3 中要指向一个全局变量，不仅要明确它的变量名，还要明确它所在的命名空间，即全局变量文件名。如图 4.67 所示。

要访问全局变量 gbStart，在 ADS 客户端程序中应写为 GVL. gbStart。

如果不想加命名空间，则变量声明之初要加上属性：Tc2GvlVarNames。

4. 经 ADS 或者 OPC 访问 PLC 的 HMI 转换

对于经 ADS 或者 OPC 访问 PLC 的组态软件或者触摸屏，除上一节 ADS 协议转换之外，还有一点是如何找到 tpy 文件。该文件在 PLC 项目的文件夹下，如图 4.68 所示。

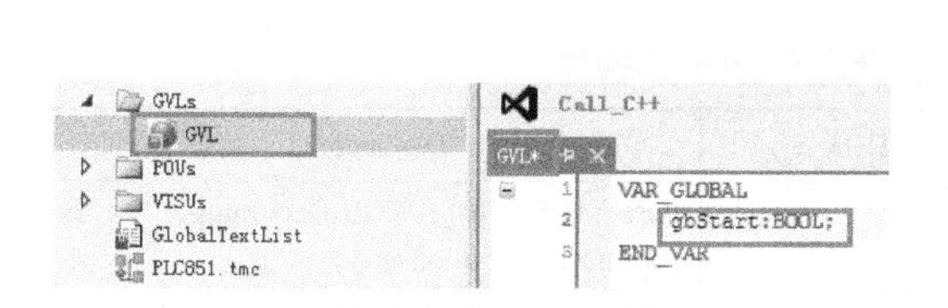

图 4.67　示例全局变量

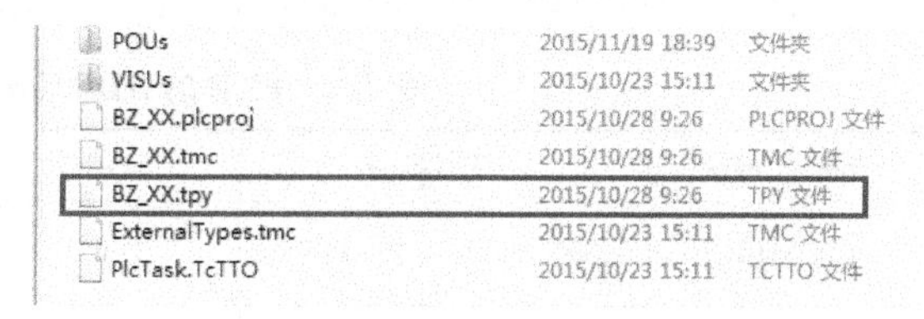

图 4.68　PLC 项目下的 tpy 文件

该文件在 PLC 程序编译时自动产生，与 TMC 文件同一路径。如果是高级语言写的 HMI，所在的 PC 上至少要安装 TC3 ADS，其功能类似 TwinCAT 2 CP。

5. 经 Modbus TCP 访问 PLC 的 HMI 转换

TwinCAT 3 的 Modbus TCP 地址映射规则与 TC2 大致相同，端口都是 502。按默认配置都可以通过 3 个固定名称的 PLC 数组型变量和%M 区。但 TC2 支持 I 区和 Q 区的 Modbus 映射，而 TC3 默认不支持。TC2 和 TC3 的 Modbus TCP 地址对应见表 4.3。

表 4.3　TC2 和 TC3 的 Modbus TCP 地址对应表

Modbus 地址		PLC 变量及地址		
		TC2	TC3	变量定义
1x	0x8000	. mb_Input_Coils	GVL. mb_Input_Coils	PLC 数组变量：Array［0..255］OF Bool
0x	0x8000	. mb_Output_Coils	GVL. mb_Output_Coils	

（续）

Modbus 地址		PLC 变量及地址		
	TC2	TC3	变量定义	
3x	0x8000	. mb_Input_Registers	GVL. mb_Input_Registers	PLC 数组变量：Array [0..255] OF Word
4x	0x8000	. mb_Output_Registers	GVL. mb_Output_Registers	
1x	0x0000	F021 (%IX)	无	
0x	0x0000	F031 (%QX)	无	
3x	0x0000	F020 (%IB)	无	
4x	0x0000	F030 (%QB)	无	
4x	0x3000	4020 (%MB)	4020 (%MB)	
4x	0x6000	4040	4040	

对于 TC2 升级到 TC3 的系统，通常 Modbus TCP 触摸屏侧的画面和变量都已经做好，最好尽量减少改动量，通常是修改 TC3 的地址对应表，使之与原来的 TC2 中的配置兼容。最简单是找到原来 TC2 中 Modbus 配置的 XML 文件，再复制到 TC3 控制器上：

\TwinCAT3\Functions\TF6250-Modbus-TCP\Server\ TcModbusSrv. xml

如果找不到 TC2 的 XML 文件，就要用配置工具或者自己修改 TC3 的 TcModbusSrv. xml 配置工具只能工作在 Windows Standar 下：

C:\TwinCAT\Functions\TF6250-Modbus-TCP\Win32\Server\ TcModbusSrvCfg. exe

如果是 CE，就找到 TcModbusSrv. xml，然后在写字板里修改。

说明：ADS 分组 0×4040 很少使用，帮助系统中对这个地址的描述见表 4. 4。

表 4. 4　PLC 的 ADS Group 分组 0x4040 的描述

Index Group	Index Offset	Access	Data type	Description
0x00004040	0x00000000~0xFFFFFFFF	R/W	UINT8	PLCADS_IGR_RWDB Data range. The index offset is byte offset
0x00004045	0x00000000	R	ULONG	PLCADS_IGR_RDSIZE Byte length of the data range

4. 6. 3　常见问题

1. FB 名字或者接口变量类型有变化

TC3 上的库文件升级，极个别的 FB 出现接口变化，需要手动调整代码。

2. 数组赋初值

在 TC2 中，ArrayData : Array[0..9] OF INT := 2(100)。

在 TC3 中，ArrayData : Array[0..9] OF INT := [2(100)]。

3. Action 调用

在 TC2 中，Action 后面带不带括号()都可以。

在 TC3 中，Action 后面必须带括号()。

4. 隐含变量任务信息 TaskInfo 和系统信息 SysInfo

在 TC2 中，PLC 项目变量是 SystemInfo，任务变量是 SystemTaskInfoArr。

在 TC3 中，分别是 TwinCAT_SystemInfoVarList 结构体中的元素_AppInfo 和_TaskInfo。

5. 梯形图转到 TC3 容易出错

先手动翻译成 ST 再行转换。

6. 中文注释乱码

有部分中文注释转换乱码，但大部分中文注释转换正常，原因不详。

7. 地址对齐方式的改变

在 TC2 中 x86 系统是单字节对齐，而在 TC3 中是 8 字节对齐。所以对于结构体里面的变量，要有意识地按 4 字节或者 8 字节排序，否则 TC3 会自动插入空白字节，而在通信的另一方还是按 TC2 中的偏移量去读数据，就会出现意外的数据。

（1）32 位和 64 位系统的指针变量类型

在 TC2 中，把指针型变量定义为 UDINT 是允许的。

在 TC3 中，如果是 32 位系统仍然可以，但是 64 位系统中的指针不再是 UDINT，要改成 PVOID，这样程序下载到 32 位和 64 位系统都可以运行了。因为 PVOID 这种类型在 32 位系统下是 32 位，在 64 位系统下就是 64 位。

（2）TC2 与 TC3 的 ADS 兼容性

1）一个网络中，TC2 与 TC3 可以共存吗？

ADS 标准统一，同一个 ADS Client，可以同时访问 TC2 和 TC3，比如组态软件中的 OPC Client 和 ADS 触摸屏。此应用已经验证可行。

2）TC2 和 TC3 可以互相通信吗？

可以。例如，运行 TC3 服务的开发 PC 上，可以同时运行 TC2 的开发环境，并对 TC2 控制器编程并调试。相当于一台笔记本，可以同时开发 TC2 和 TC3 项目。此应用已经验证可行。

第 5 章　控制器硬件、操作系统和 UPS

5.1　概述

TwinCAT 软件自问世以来，其运行核的平台操作系统包括 Windows CE 和 Windows Standard 两大类。它们的存储介质、空间要求及备份方式都不同，详见表 5.1。

表 5.1　不同的操作系统需要不同的存储和备份

操作系统	Windows CE	Windows Standard	
		Embedded 嵌入版	标准版
OS 版本	CE4.0、CE5.0、CE6.0、CE7.0	Windows Embedded Standard 7 (WES 7)	Windows 7 Windows 10
存储介质	CF 卡、CFast 卡、Mini SD 卡	CF 卡、CFast 卡固态硬盘	硬盘 Hard Disk、固态硬盘 SSD
容量要求	不小于 64 M	不小于 8 GB	容量不小于 80 GB
适用的控制器	CXxxx（CX7000 除外）	CX5xxx，CX2xxx，CPxxxx，C60xx	所有 IPC 内置硬盘的 CPxxxx
推荐的备份方式	用 BST 工具直接复制	用 BST 工具	用 BST 工具或第三方备份工具

系统备份，一是为了设备故障或者操作系统意外损坏时可以恢复回去，二是为了批量生产。对于国内的 OEM 设备用户，控制器上通常要安装中文语言包、各种和 TwinCAT 扩展功能包、设置 IP 地址和 NetID、添加到编程 PC 及其他关联 ADS 设备的路由等，如果每台设备都要操作一遍，也是个不小的工作量。系统备份就大大简化了这个过程，只要把标准机型的控制器存储卡上的内容全盘备份，复制到一个新的控制器上，控制器就可以装在新设备上工作运行了。

5.2　Windows CE 操作系统

5.2.1　英文帮助文档

在 Beckhoff Information System 中，有关于 Windows CE 系统详细完整的描述。

在线帮助地址为

https://infosys.beckhoff.com/content/1033/sw_os/2018319627.html?id=2682368848173692742

在线帮助系统中有关于 CE 操作系统的详细描述，如图 5.1 所示。

Windows CE 系统的离线帮助在 TwinCAT 2 的帮助安装包中：

ftp://ftp.beckhoff.com/software/TwinCAT/TwinCAT2/InfoSystem/1033/install/InfoSys.exe

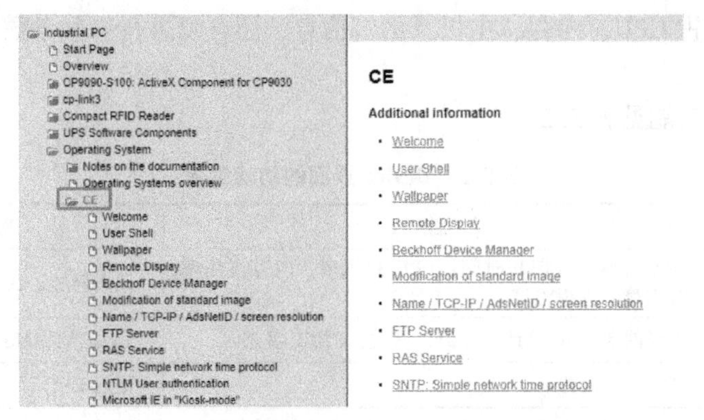

图 5.1　在线帮助系统中关于 CE 的帮助信息

安装完成后，在 Industrial PC/Operating System/CE 下有关于 CE 操作系统的详细描述，如图 5.2 所示。

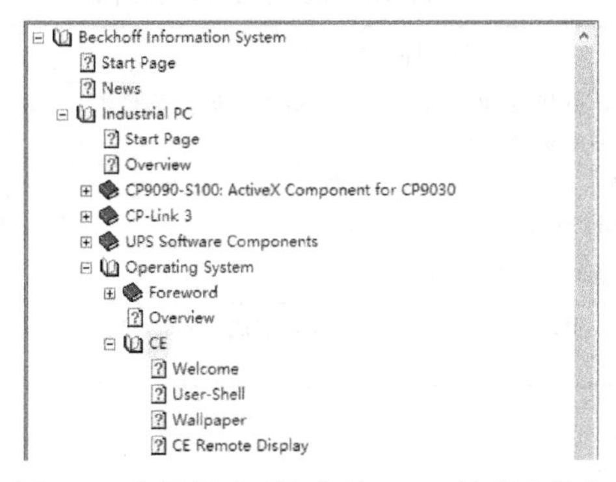

图 5.2　离线帮助系统中关于 CE 的帮助信息

5.2.2　Web 配置和诊断

倍福提供一个配置和诊断 CE 系统的 Web 界面：Beckhoff Device Manager。例如，用 IE 浏览器打开 Web 地址：http://192.168.1.101/config 或者 http://CX-3BD290/config。

用户名/密码：webguest/1。

Beckhoff Device Manager 的界面如图 5.3 所示。

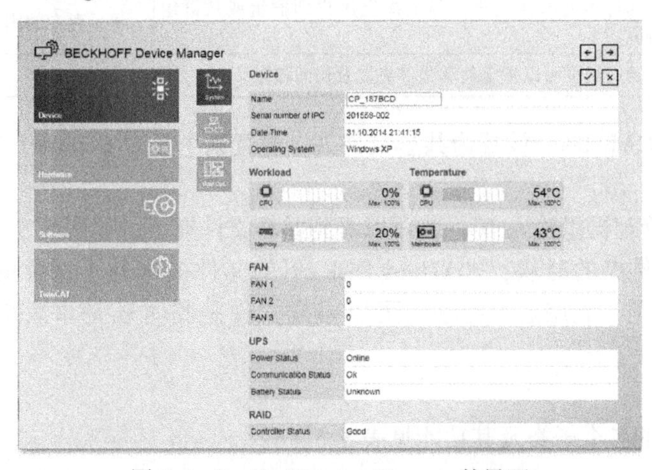

图 5.3　Beckhoff Device Manager 的界面

该工作可以监视 CPU、内存、主板及网卡信息，还可以进行一些参数的设置。

1. Device

Device 页面的功能见表 5.2。

表 5.2 Device 页面的功能列表

子　类	功　能　1	功　能　2
System	设备名称，日期和时间；CPU 利用率，内存占用率；CPU 温度，主板温度；	风扇转速，UPS 状态电池电压
Connectivity	每张网卡的 IP 地址，掩码，网关，DHCP 状态	TwinCAT AMS NetId
BootOption	恢复出厂设置	重启 EPC

2. Hardware

Hardware 页面的功能见表 5.3。

表 5.3 Hardware 页面的功能列表

子　类	功　能　1	功　能　2
Mainboard	主板信息：开机次数，运行时间，最高温度，最低温度，当前温度主板及 Bios 版本	电压状态：CPU，芯片，内存的电压，电池电压，以及各级电源电压
Equipment	CPU 主频，负载率，温度，内存及 CFast 卡占用率，与 Device 中的 System 相近	显示分辨率，风扇速度。UPS 状态：失电计数
HDD	存储卡的盘符，卷标，格式	
NIC	网卡信息：MacID，IP 等，与 Device 中的 Connectivity 相近	

3. Software

Software 页面的功能见表 5.4。

表 5.4 Software 页面的功能列表

子　类	功　能　1	功　能　2
OS	操作系统的版本	安装的应用和驱动
System Settings	SNTP 网络对时设置（不常用），修改系统时间，选择时区	显示器分辨率选择
File System	存储卡的盘符，卷标，格式	与 Hardware 中的 HDD 相同
Access Right	通过网页添加用户、群组指定用户到群组或从群组删除	显示存在的用户和群组名称
SMB	通过网页可以指定共享文件夹以及访问权限	

例如：把 TwinCAT\Boot\设置为共享文件夹，设置某个账户 Counter1 具备读写权限，如图 5.4 所示。

在 PC 的资源管理器里输入 IP，就可以看到共享文件夹了。如图 5.5 所示。

注意：指定文件夹的时候，非\Hard Disk\下的文件夹都是不保存的，写到这里的文件掉电重启就没有了。利用这个特性，可以根据文件是临时还是永久来选择共享文件夹的路径。

4. TwinCAT

TwinCAT 界面的各个子类及其功能见表 5.5。

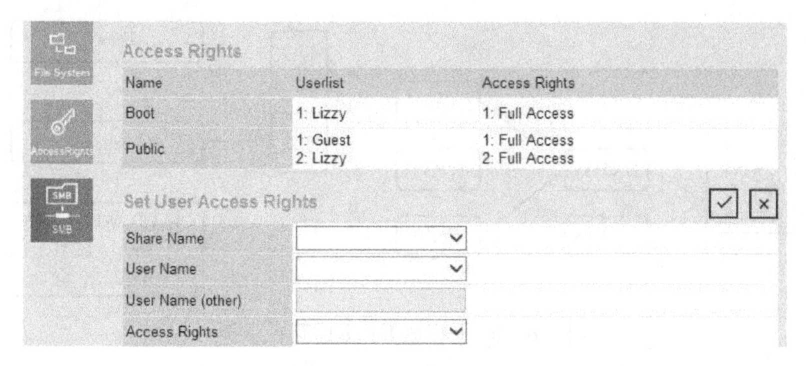

图 5.4　共享设置界面

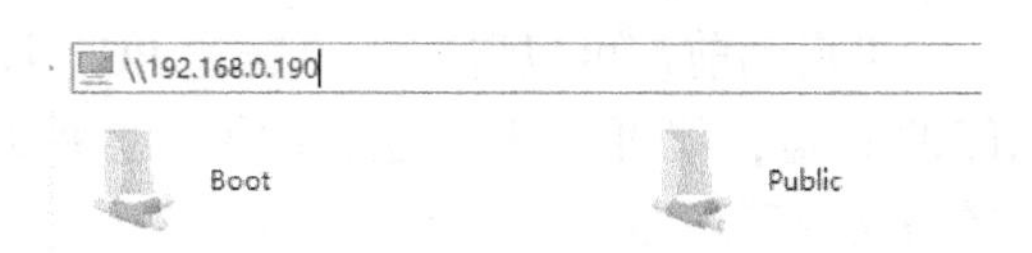

图 5.5　在 PC 端通过共享文件件访问 CE 系统

表 5.5　TwinCAT 界面的功能列表

子　类	功　能　1	功　能　2
Status	TwinCAT 状态：Config 或者 Run 授权级别：CP/PLC/NC/NC I TwinCAT 版本：包括主版本和小版本	是否启用 PLC HMI CE
Connectivity	System ID AMS Net ID 当前路由表	添加和删除路由表项：填写 NetID，IP 或者 Host Name，是否临时路由

5.2.3　系统备份和还原

倍福的 Windows CE 控制器通常采用外置的存储卡，比如 Micro SD 卡、CF 卡或者 CFast 卡。备份时只需要把卡里的内容全部复制到 PC 上的某个文件夹即可。还原 CE 系统可以按照以下步骤。

1）准备工具。根据存储卡的类型不同，需要准备相应的读卡器。通常 Micro SD 卡、CF 卡可以用万能读卡器，但是 CFast 卡需要专门的读卡器。

2）格式化 CF 卡或者 CFast 卡为 FAT 格式。

3）把备份文件夹下的内容复制到 CF 卡的根目录下。

4）常见问题。

① 还原出厂设置的 Image。

如果忘记备份，或者不想使用自己的备份而要恢复出厂设置，可以从倍福官网下载相应的 Image，地址为 ftp://ftp.beckhoff.com/Software/embPC-Control/。

倍福公司有多种嵌入式控制器，ftp 服务器上以“系列→操作系统→TC2/TC3→版本号”的层级来组织 Image 的存放。如图 5.6 所示。

② 制作 CE 引导盘

大部分新买的 CF 卡，出厂时已经预装了引导文件。如果发现恢复的 CE 系统启动不了，可能是因为 CF 卡没有预装引导。用户可以百度搜索“制作 CE 引导盘的方法”重新制作。

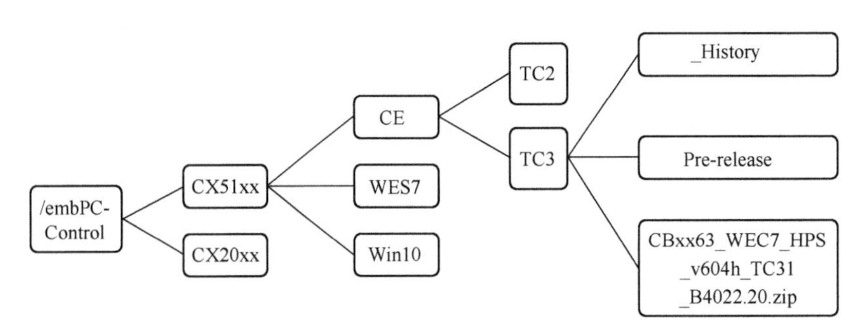

图 5.6　ftp 上存放 Image 的路径示例

③ 从 U 盘启动控制器

倍福 PC 控制器在 TwinCAT 启动前都可以看成一个普通 PC，设置它的 Bios 选项为从 U 盘引导，再插上带引导功能的 U 盘，就可以从 U 盘启动了。这种方法用于紧急情况下，没有读卡器，又需要存储卡的备份或者还原。

不同的主板 Bios 设置不同，这里不再截屏。熟悉 PC 的用户在控制器接上显示器，有键盘鼠标就可以无师自通地找到相应的设置项了。如果不行，找 IT 网管或者百度就可以了。

5.2.4　远程桌面连接

倍福的控制器上不仅可以运行控制程序，还可以运行 HMI。在项目开发阶段，可能显示器还没有安装，要想预览 HMI 的效果，就可以从编程 PC 运行工具软件 CERHOST，接管 CE 桌面。从本书的配套文档可以找到该工具。

1. CE 系统默认禁用远程桌面服务

编程 PC 用 CERHOST 工具接管 CE 桌面有一个前提条件：CE 系统上必须运行“\windows\CerDisp.exe”。但从 2014 年底开始，倍福 CE 控制器默认设置禁用了远程桌面的服务，理由是出于安全考虑。实际上运行 CerDisp 也消耗了较多 CPU 资源，用户可以用 Telnet 命令调用 CerDisp 临时开启远程桌面功能，但不建议用户长期开启该服务。

（1）CE 远程桌面的 CPU 消耗

在 CX5020-0112（Atom 1.6 GHz 单核 CPU）上测试显示，执行 CerDisp.exe 前后，CPU 负荷为 1%以内，一旦有远程桌面接入，CPU 负荷迅速上升为 35%左右，远程桌面开始操作后，CPU 负荷最高上升到 48%，基本维持在 40%以上。

（2）CE Image 禁用远程桌面的原理

前面的测试表明，CerDisp 消耗较多 CPU 资源，对于 CX5xxx 及以下性能的 CPU，有时是不可承受的。至于 Telnet，只要知道用户名和密码，就可以从其他 PC 通过 Telnet 命令执行控制器上的任何程序，或者执行其他破坏性的操作，这里也潜藏着巨大的风险。

所以目前的 CE Image 禁用了 Telnet 和 CerDisp 功能。禁用的原理是：在 NK.bin 中默认开启该功能，第一次启动 CE 时，从“\Hard Disk\Reg Files”文件夹中找到注册文件 Telnet_Disable.reg 和 CeRemoteDisable 并运行。如图 5.7 所示。

（3）永久开启或者关闭 Telnet 和 CerDisp 的方法

用户可以根据实际情况永久开启或者关闭 Telnet 和 CerDisp，安全性由用户自己保证。方法如下。

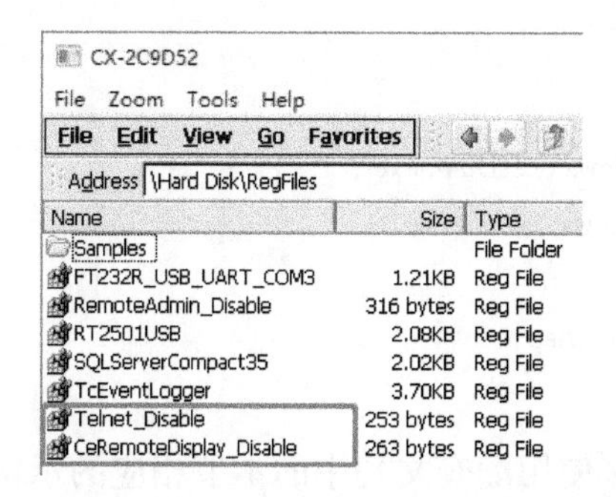

图 5.7　禁用 Telnet 和 CeRemoteDisplay 的注册表项

打开 Telnet_Disable. reg 文件：

```
[HKEY_LOCAL_MACHINE\Services\TELNETD]
    "Flags"=dword:14
```

想要永久打开 Telnet，修改 Flags 为 dword:16 即可。因为删除 Telnet_Disable. reg 后，通 Beckhoff Device Manager 恢复出厂设置后进注册表，看到此项值为 0x10(16)。

打开 CeRemoteDisplay_Disable. reg 文件：

```
[HKEY_LOCAL_MACHINE\init]
    "Launch90"="_CeRDisp.exe"
```

想要永久打开 CerDisp，修改"Launch90"为"CeRDisp. exe"即可。

相反，想要关闭这两个功能，也可以修改这两个 Reg 文件。记住修改保存后，需要重启控制器，修改过的注册表项才会重新注册生效。

（4）临时开启 Telnet 和 CerDisp

想要临时打开远程桌面，需要执行一次"\windows\CerDisp. exe"。可以通过 PLC 程序执行，或者通过 Telnet 客户端调用该程序。

2. 从 PLC 程序执行"\windows\CerDisp. exe"

代码如下：

```
VAR
    bEnableCerDisp: BOOL;
    NT_StartProcess_Test:NT_StartProcess;
    fbDelay:TP;
END_VAR

(*本程序用于临时启用 CE 系统的远程桌面功能,断电重启后该功能恢复原状*)
(*本程序需要引用 TcUtility.lib*)
(*bEnableCerDisp 在程序开始后接通 1 s*)
fbDelay(
    IN:=TRUE,
    PT:=T#1S,
    Q=>bEnableCerDisp    );
```

```
NT_StartProcess_Test(
      NETID:='',
      PATHSTR:='\windows\CerDisp.exe',
      DIRNAME:='\windows',
      COMNDLINE:=,
      START:=bEnableCerDisp,
      ERRID=> );
```

复制以上代码，或者直接使用配套文档中的本节相应的示例程序。

3. 使用 Telnet 临时开启 CE 系统的远程桌面服务

1）确认编程 PC 的 Telnet 客户端已开启

在控制面板 | 程序和功能 | 启动关闭 Windows 功能的窗体中，勾选 Telnet 客户端，如图 5.8 所示。

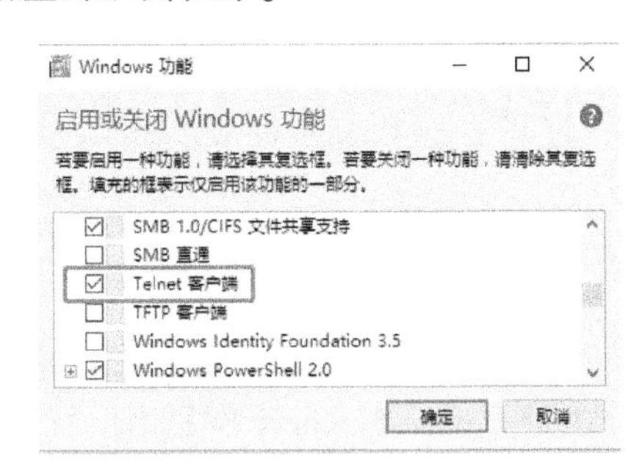

图 5.8　启用 Telnet 客户端

2）确认 CE 上的 Telnet 服务已开启

用读卡器或者远程桌面访问，用第 1）步中描述的方法修改 Telnet_Disable.reg 文件：

```
[HKEY_LOCAL_MACHINE\Services\TELNETD]
   "Flags" =dword:14
```

把 dword:14 改成 dword:16，重启控制控制。

3）在 PC 上运行 cmd 命令启用 Telnet 连接，并以 Guset 登录。

执行：c:\windows\system32\cmd.exe。

发送命令：telnet 192.168.0.110。

系统响应：Welcome to the Windows CE Telnet Service on CX_06A056。

提示输入用户名和密码：

```
login: guest
Password:1
```

系统响应：Pocket CMD v 6.00。

4）进入 Windows 目录，执行 cerdisp.exe。

```
\> cd windows
\windows> cerdisp.exe
```

5）在编程 PC 上用 CERHost 接管桌面。

5.2.5　中文语言包的安装

配套文档 5-1
Windows CE 系统安装中文字库

对于中国用户，要在 HMI 上显示中文字符，需要在操作系统安装中文字库。如果能找到现成的已经安装了中文语言包的同版本 Image 备份文件，可以直接恢复到 CF 卡。否则，需要用下面的办法安装中文包。

1）找到配套文档中的“Windows CE 系统安装中文字库”。

复制文件到 CE 系统上，如图 5.9 所示。

名称	修改日期	类型	大小
AUTOEXEC	2012/5/26 0:04	Windows 命令脚本	1 KB
Mingliu	2012/5/26 0:04	注册表项	1 KB
mingliu	2012/5/26 0:04	TrueType Colle...	8,616 KB
Simsun	2012/5/26 0:03	注册表项	1 KB
simsun	2009/6/11 5:25	TrueType Colle...	14,965 KB
安装中文字库_摘自《TwinCAT_HMI中文...	2013/9/6 16:40	Adobe Acrobat ...	101 KB

图 5.9　字体、注册表和批处理

用 U 盘、网络或者读卡器，复制红线框内的文件到控制器上。

① Autoexec. bat 和 mingliu. ttc 复制到 \hard disk\system\。

② mingliu. reg 复制到 \hard disk\Regfiles\。

Mingliu. ttc 和 . reg 是字体文件和字体注册表文件，如果要更换字体，比如想换成简宋体，就复制使用图 5.9 中的 Simsun. ttc 和 . reg。

2）执行注册表文件“\hard disk\Regfiles\mingliu. reg”。

3）执行 Reset，操作系统 CE 软重启。

重启完成之后，Windows CE 就可以显示中文路径和中文文件名了。

5.2.6　CE 系统与编程 PC 的文件交换

1. CE 共享文件夹与 PC 交换文件

按照 CE Image 的默认设置，局域网内的其他 PC 只要从资源管理器访问控制器的 IP 地址，比如：\\169. 254. 36. 87，就能看到 CE 控制器的默认共享文件夹“Public”，如果提示输入用户名，则为 Guest，密码为 1。

由于 Public 文件夹掉电后内容就会清空，如果想要保存共享来的文件，就要修改或者添加共享文件夹到“\Hard Disk\”下的某个文件夹。

进入 Beckhoff Device Manger，在 Software | SMB 页面可以设置共享路径和访问权限。

2. 开启 FTP Server 与 PC 交换文件

在 PC 和 Windows CE 操作系统之间复制文件，还可以用读卡器和 FTP Server。用读卡器方便，但是必须断电、重启，花费的时间较长。Windows CE 系统自带 FTP Server，但是默认并不开启该功能。操作步骤如下。

开启 Windows CE 的 FTP Server：用 CERHOST 接管 CE 桌面，在控制面板中单击 CXConfiguration 图标。

在 FTP 标签，选中 Server active，如图 5.10 所示。

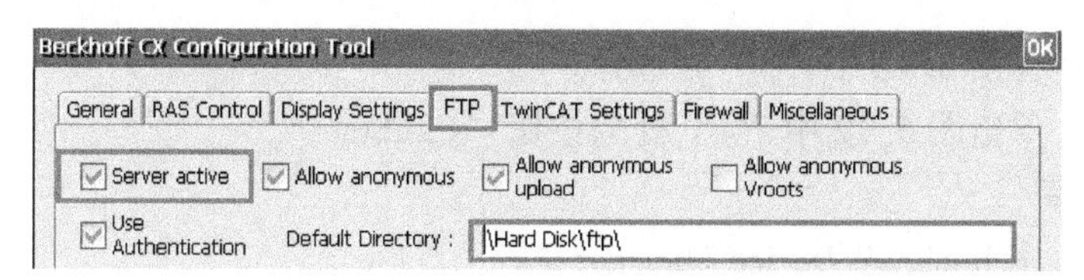

图 5.10　CE 系统的 FTP 设置

改变 FTP Server 设置后，Windows CE 会要求重启。重启完成后可以试着验证 FTP Server 是否正常工作。例如：在 PC 中通过 FTP 访问 CE 的指定文件夹。在 PC 的资源管理器输入

ftp://192.168.0.123，即可访问 CX 上的指定 FTP 路径\Hard Disk\ftp\，该路径是默认的 FTP 共享路径，可以在上一步的 Default Dictionary 中修改。

往该路径下复制一个文件夹“NewFolder”，然后在 CE 中查看新建的文件夹。用 CERHOST 接管 CE 桌面，点开始菜单“Start | Run”，进入 Command 窗体，输入“Explorer.exe”或者直接输入“.”，打开 CE 的资源管理器，定位到 FTP 文件夹“Hard Disk\FTP”，可以看到的内容与从 PC 的资源管理器看到的相同，如图 5.11 所示。

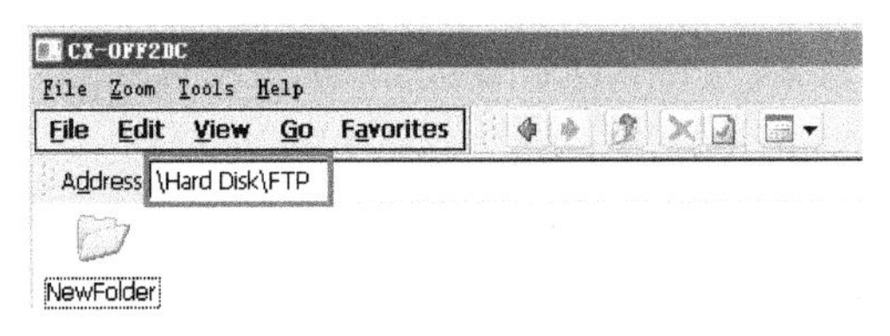

图 5.11　在 CE 上查看从 PC 新建的文件

5.2.7　显示器分辨率设置及屏幕校准

当控制器连接 Beckhoff 面板的时候，还涉及屏幕校准。屏幕校准功能与不同显示面板使用液晶屏幕硬件是相关的，首先操作系统上必须安装触摸液晶屏的驱动。比如使用 CP2xxx 和 CP3xxx 的液晶屏，与使用 CP6xxx 和 CP7xxx 的液晶屏就有不同的驱动。

默认倍福控制器上自带原厂控制面板的触摸屏驱动，特殊情况下才要手动安装。

1. 屏幕校准

用 CERHOST 接管 CE 桌面，在控制面板中单击 CXConfiguration 图标。

单击 Display Settings 标签，如图 5.12 所示。

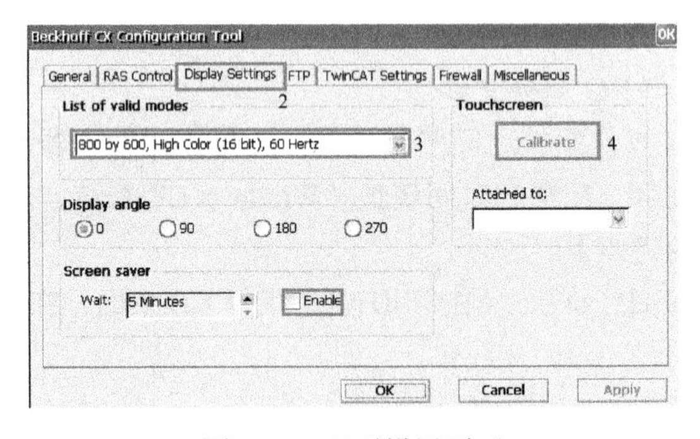

图 5.12　显示设置页面

设置分辨率：在图 5.12 中“3”处选择。

触摸屏校准：单击图 5.12 中“4”处的按钮“Calibrate”。

2. 设置分辨率

(1) 方法一：用 Beckhoff Device Manager

用 IE 浏览器打开 Web 地址：http://192.168.1.101/config 或者 http://CX-3BD290/config。

用户名/密码：webguest/1。

(2) 方法二：执行注册表文件

以 CX1010 为例，系统盘上有各种注册表文件，如图 5.13 所示。

CX1000_DeviceName	2012/5/26 0:05	注册表项	1 KB
CX1000_Resolution_640_480_60	2012/5/26 0:05	注册表项	1 KB
CX1000_Resolution_800_600_60	2012/5/26 0:05	注册表项	1 KB
CX1000_Resolution_1024_768_60	2012/5/26 0:05	注册表项	1 KB
CX1000_Wallpaper	2012/5/26 0:05	注册表项	1 KB
LargeKeyboard	2007/11/9 10:15	注册表项	1 KB

图 5.13　CE 的 Image 中自带若干注册表项

将线框内的 REG 文件，复制到 CE 下的“RegFiles”，然后选择运行，即可设置分辨率。

5.3　Windows Standard 操作系统

Windows Standard 系统指非 CE 版本，包括 Windows 7、Windows 7 Embeded 和 Windows 10。

5.3.1　系统备份和还原

倍福提供系统备份工具 BST（BECKHOFF Service Tool），需要单独订购，订货号：C9900-H35x。BST 相当于一个 U 盘启动工具，U 盘上安装了 Windows 7 Embedded 操作系统和 True Image 备份软件。它的形状如图 5.14 所示：

和 U 盘一样，BST 也有多种容量可选，并对应不同的订货号。由于操作系统的容量和 U 盘的容量都越来越大，所以 BST 也不断有新的更大容量的型号。具体请联系倍福公司。

从 BST 启动 IPC 或者 EPC 后，进入 BECKHOFF Service Tool 的界面如下，如图 5.15 所示。

图 5.14　BECKHOFF Service Tool

图 5.15　BECKHOFF Service Tool 的操作界面

这个工具可以用来备份所有倍福控制器的操作系统，无论是 CE、WES 还是 Windows 7/10。在图 5.15 中单击 Backup 可以备份系统，单击 Restore 则恢复系统。

如果是 Easy mode，则用默认设置。源盘为 D 盘，即 CF 卡，备份文件存放路径为 C:/Image/Image.tib。C 盘指 BST 所在的 U 盘。如果用 Advanced mode，可以修改以上设置。

5.3.2　远程桌面连接

用 PC 上的 WinXP 或者 Windows 7 自带的远程桌面工具，以 Windows 7 为例，进入方式为“开始 | 所有程序 | 附件 | 系统工具 | 远程桌面”。

实际上这个菜单调用的是可执行文件“C:\Windows\system32\mstsc.exe”。

也可以在笔记本电脑上，直接输入命令行 mstsc，如图 5.16 所示。

选择要连接的远程计算机，如图 5.17 所示。

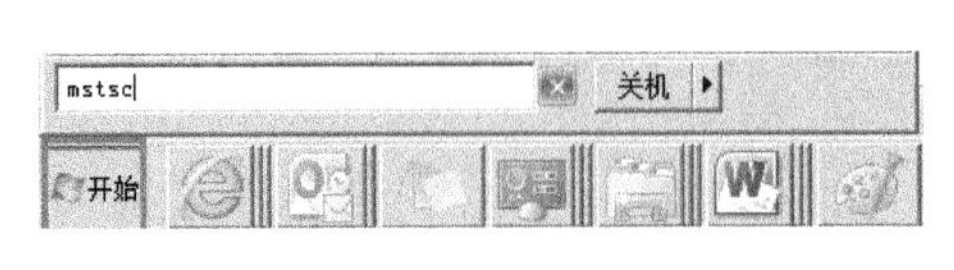

图 5.16　执行命令 mstsc

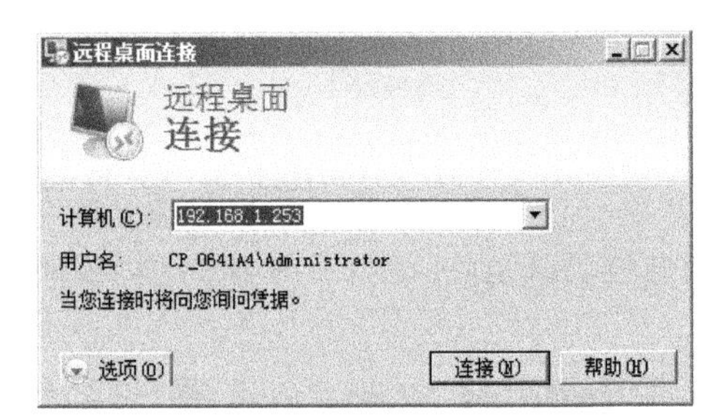

图 5.17　在远程桌面连接窗口中输入 IP

成功接管对方桌面的前提是对方的安全设置选项中允许了远程桌面功能，并且防火墙允许通过。这是 Windows 的功能，可以百度其用法。

5.3.3　Standard 系统中文语言包的安装

用户订购的操作系统，只支持英文。因为德国生产的控制器，标配的系统里面，没有中文操作系统的选项。如果买的是英文版，则需要安装中文包，如果买的是多语言版，则需要手动设置为默认中文显示，否则不支持显示中文路径。

如果能找到现成的已经安装了中文语言包的同版本 Image 备份文件，可以直接恢复到 CF 卡。否则，就安装中文包。英文系统安装中文包，推荐使用 Beckhoff IPC Feature Manager，其使用方法及最新在线帮助网址为 https://infosys.beckhoff.com/：Industry PC/Operation System/WES7/Tools/Beckhoff IPC-FeatureManager /Install Packages。

相关附件及操作步骤详见配套文档 5-2。

配套文档 5-2
Windows 7 及 Windows XP 系统安装中文语言包

修改系统语言：如果是购买的是多语言系统，只需要在控制面板上进行设置，就可以修改显示的语言了。

Windows 10 系统，改动都在控制面板的“区域”项下；Windows 7 系统，改动在控制面板的“区域和语言”项下。改后系统提示重启生效。

改动分 3 处，下面这 3 个页面都要修改，缺一不可。

1）区域 | 格式 | 格式：设置为 中文（中国）。

2）区域 | 位置 | 当前位置：中国。

3）区域 | 管理 | 更改系统区域—Page 区域设置 | 当前系统区域设置：中国。

5.3.4　操作系统写保护

控制器上的 Windows XP 或者 Windows 7 和我们的笔记本电脑一样，需要正常关机。但是在工厂的生产车间里面，按照使用传统 PLC 的习惯，操作工人通常是等生产停止后就直接断电，这样很容易造成 Windows 系统损坏。

解决这个问题有两个办法，一是加装 UPS，检测到 UPS 进线断电后，PLC 程序调用功能块 NT_Shutdown 令操作系统正常关闭。另一个办法，就是启用 Windows 7 Embedded 自带的写保护功能（FBWF，即 File Based Write Filter）。Windows 10 没有嵌入版，但也自带一个类似于 FBWF 的文件写保护功能。

FBWF 的前身是 EWF，EWF 只能针对整个系统盘提供保护，启用 EWF 功能后，所有在 C 盘做的文件改动都不保存，重启后恢复原样。而 FBWF 则在此基础上增加了“例外”功能，可以指定某些文件夹允许修改。最常见的是“TwinCAT\Boot\”。

最新版的 FBWF 集成在的工具软件 Beckhoff IPC-FeatureManager 中，使用方法及最新在线帮助网址为 https://infosys.beckhoff.com/：Industry PC/Operation System/WES7/Tools/Beckhoff IPC-FeatureManager/Reset the Writefilter。

5.3.5 经共享文件夹与 PC 交换文件

对于 WES 7 和 Windows XP Embedded 来说，要与局域网内的其他 PC 交换文件，只需要和普通 PC 一样设置文件夹的共享属性就可以了。

选中文件夹，右键菜单“属性”。添加 Everyone 之后就可以了，如图 5.18 所示。

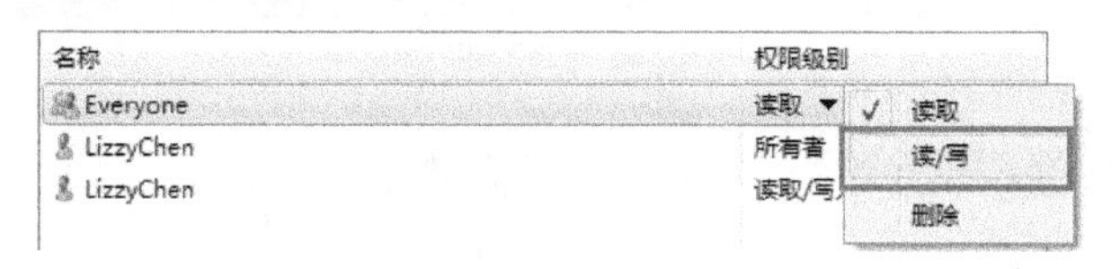

图 5.18 设置共享文件夹的授权用户及权限

5.3.6 显示器分辨率设置及屏幕校准

对于 WES 7 和 Windows 10 来说，显示器分辨率设置与标准 PC 完全一致，这里不再详述。当控制器连接 Beckhoff 面板的时候，还涉及屏幕校准。屏幕校准功能与不同显示面板使用的液晶屏幕硬件是相关的，首先操作系统上必须安装触摸液晶屏的驱动。比如使用 CP2xxx 和 CP3xxx 的液晶屏，与使用 CP6xxx 和 CP7xxx 的液晶屏就有不同的驱动。

通常倍福控制器出厂就已经安装了倍福触摸屏的驱动，例外的情况通常发生在很旧的控制器要连接最新的控制面板，此时请联系倍福厂家索要单独的液晶屏驱动，或者从官网下载。

5.4 UPS 硬件

配套文档 5-3 倍福 UPS 的用法

为了避免意外断电对操作系统的破坏，用户可以选择订购 UPS。倍福提供 24 V 和 220 V 的 UPS，由于现在倍福主流的控制器，包括 IPC 和 EPC 都使用 24 V 供电，所以本章只介绍 24 V 的 UPS。

倍福中国的工程师汇总了几种 UPS 使用注意事项，由于倍福公司的硬件产品持续更新，该文档可能不适用于将来的硬件，所以没有放在本书的正文。具体请参考配套文档 5-3。

5.4.1 UPS 及电池

1. CX1xxx 及 CX2xxx 系列的 UPS 电源模块

当 CX1xxx 及 CX2xxx 的操作系统为 WES7 或者 Windows 10 的时候，通常推荐用户加订

UPS 电源模块。比如 CX2xxx 系列的 UPS 电源模块为 CX2100-0904(45 W) 及 CX2100-0914(90 W)，功率较小的 UPS 电源模块会内置 UPS 电池，而 CX2100-0914(90 W) 由于功率较大，只集成了 UPS 而没有集成电池，必须另外选购电池 CX2900-0182 且外置安装。

2. IPC 上的 UPS 选件

当 IPC 的操作系统为 WES7 或者 Windows 10 的时候，通常推荐用户加订 UPS 选件 C9900-U209 及电池 C9900-U330。出厂时 C9900-U209 内置于 IPC，而电池 C9900-U330 则独立包装，用户需要在电箱的适当位置安装 UPS 电池。

3. UPS 配置软件

WES7 或者 Windows 7/10 的 IPC 及 EPC，出厂时操作系统里已经预置了 UPS 配置软件，其使用方法见最新在线帮助的网址为 https://infosys.beckhoff.com/。

UPS 配置软件的帮助文件和操作界面如图 5.19 所示。

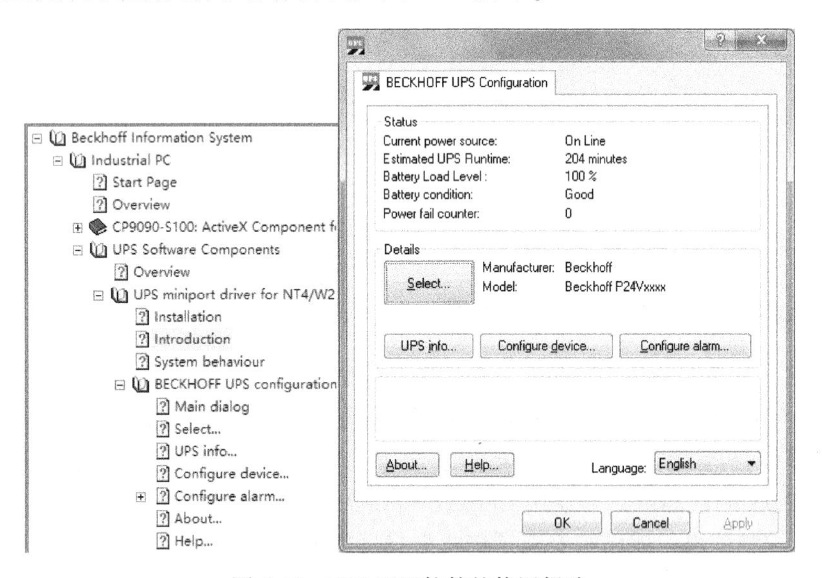

图 5.19 UPS 配置软件的使用帮助

5.4.2 CX5xxx 及 CX8xxx 上集成的 1 s UPS

倍福新推出的嵌入式 PC，CX5xxx 及 CX8xxx 上都集成了 1s 的 UPS，它的用途主要是在电池耗尽之前让系统安全关机。关于 1 s UPS 的用法，倍福通过库文件 Tc2_ SUPS 提供了两个功能块 FB_QuickShutdown 和 FB_S_UPS。TC3 帮助系统中有示例程序和详细说明：

TwinCAT 3/TE1000 XAE/PLC/Libraries/TwinCAT 3 PLC Lib：Tc2_SUPS

5.5 常见问题

1. TC3 控制系统量产机型的批量复制

由于 TC3 的授权是与控制器是一一对应的，所以批量复制的过程中，如果授权安装在控制器，复制 Image 的时候要注意做好授权备份，步骤如下。

1）备份控制器卡中的授权文件夹为 C:\TwinCAT\3.1\Target\License，并备注授权所属控制器的序列号（在控制器的标签上）。

2）将此前备份好的 CE 镜像恢复到控制器的卡中。

3）将第 1）步中备份好的授权，复制到第 2）步中的控制器卡中的相应位置。

对于量产用户而言，推荐使用授权模块 EL6070，模块安装在哪个系统，哪个系统就自动有了授权，控制器上的文件备份和恢复就自由得多了。

2. 故障 CPU 的单个更换

在最终用户现场，如果发现 CPU 有问题则需要更换。因为要直接带机器，所以最简便的方法当然是直接把旧卡插到新的控制器上。TC2 这样做是完全没有问题，但是对于 TC3 的系统，现场有熟悉倍福的工程师可以人工操作，否则开发工程师可以自行用高级语言编写一个文件复制的程序，放在 U 盘，插到控制器上自动运行，即可完成授权复制的工作。

3. 远程诊断和调试

最常用的远程调试是 VPN，即 Virtual Private Network（虚拟专用网络）。它的功能是：在公用网络上建立专用网络，进行加密通信。这在企业网络中有广泛应用。VPN 网关通过对数据包的加密和数据包目标地址的转换实现远程访问。

推荐实现 VPN 的方法是使用第三方的 3G 路由器。路由器上需要插一张用于上网的 3G/4G 移动数据卡，3G 路由器厂家的后台服务器就会提供一个虚拟的局域网服务，工程师就可以在办公室连到这个“局域网”。用户现场这个路由器的一个 LAN 口连到控制器，工程师的电脑就可以通过“局域网”连到控制器。具体操作可参考 3G 路由器厂家提供的手册。

第 6 章　面向对象编程

6.1　概述

6.1.1　什么是面向对象编程

面向对象编程，即 Object Oriented Programming，简称 OOP，是 TwinCAT 3 编程工具的新功能之一，也是 IEC61131-3 第 3 版的新增内容。

1. 代码复用：TC2 中的 FB

在 TwinCAT 2.0 的 PLC 编程中，需要重复使用的代码，用户可以写成一个功能块 FB。最典型的就是把一类设备的内部逻辑封装成一个 FB，比如轴控 FB、温控 FB、气缸 FB，每个 FB 有自己的输入变量、输出变量和中间变量。输入变量会怎样影响输出变量，这其中的逻辑就用代码来实现。同一类设备有多少，就把同一个 FB 实例化多少次。每个实例与外部交互的方式，就是接口变量。

2. 由简单到复杂：TC3 中 FB 的继承

在 TwinCAT 3.0 中，FB 的内部变量对外不可见。但是对外可见的除了接口变量之外，还增加了两种内容：Method 和 Property。这种“方法”和“属性”的思路，就不像传统的 PLC 而更接近高级语言的面向对象编程，这就是 TC3 OOP。

根据面向对象的理念，FB 不仅有 Method 和 Property，它们还可以继承。有继承关系的两个 FB 之间，父对象的更新会令子对象也自动更新。

TC3 还引入了一个概念：Interface。在 Interface 中只有 Method 和 Property 的接口定义，却没有任何代码。对于 IT 工程师，很容易接受这些概念，对于传统的 PLC 工程师和电气工程师，尤其是还习惯于梯形图编程的自动化工程师，这是个全新的概念。

3. TC3 项目开发，OOP 不是非用不可

需要澄清的是，OOP 是 TC3 的新功能，虽然很强大，但并不是非用不可。在 TC3 中，不仅支持 Method、Property、Interface，同时也支持 Input、Output 变量和 Action 代码。用户根据项目结合两者使用，甚至完全不理会 OOP 的新功能，只使用 Input、Output 变量也一样可以完成项目。

6.1.2　关键名词：Method 和 Property

1. Method 和 Property 分别在 TC2 和 TC3 中的实现

对一个对象的控制，简单说就是通过发送命令、设置参数，使对象的状态改变。在 TC3 OOP 中，把对象封装成 Function Block，发送命令就是调用 Method，设置参数就是写入 Property，读取状态就是读取 Property。Method 触发的动作，以及 Property 与内部变量的关系，都需要在 FB 中写代码来实现。外部程序可以调用某个 Method 或者 Property，也能给 Input

赋值和使用 Output 变量，但不可以访问 FB 的中间变量。

Method 功能在 TC2 中通过把一段实现特定功能的代码放到一个 Action 来实现。

Property 包括参数和状态，在 TC2 中通过 Input 和 Output 变量来访问。

TC2 中每次执行 FB 实例都会刷新所有 Input 和 Output 变量，执行所有内部逻辑。而 TC3 可以单独调用某个 Method 或者操作某个 Property，实际上节约了 CPU 资源。

2. Action 与 Method 的异同

Action 中编写代码以完成一连串相对独立的动作，对应一个设备的逻辑，Method 也有同样的作用。但是 FB 下的 Action 只有代码，没有自己的输入/输出变量，而 Method 却有自己的接口变量，可以从外部单独调用。Method 可以有反馈变量，也可以没有。当它使用反馈变量的时候，类似 Function。

在 Method 中变量声明时，要注意选择 Object 是 Method 的变量还是所在 FB 的变量。Method 的普通变量每次调用都会初始化，而 FB 的变量则会保持。此外还要选择它是接口变量（Input、Output、In_Out）、局部变量还是全局变量，如果是局部变量，是否是静态变量（VAR_STAT），Method 中的静态变量则会保持。如图 6.1 所示。

3. Property 的用法

Property 表示对象的特征值，包括状态、参数等。在 FB 中添加一项 Property 之后，就自动出现了 Get 和 Set，里面可以编辑属性与内部变量之间的关系。

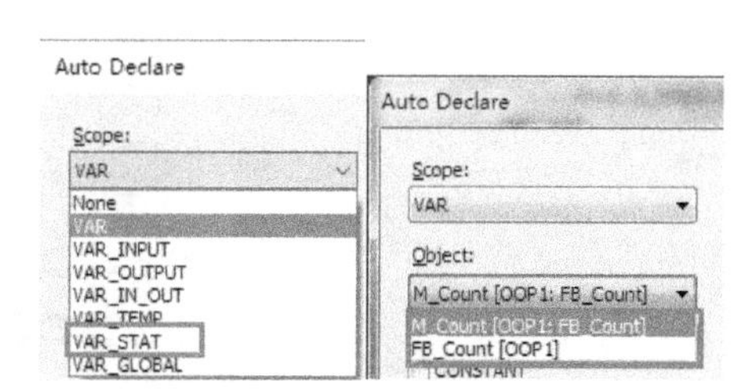

图 6.1　静态变量

Get( ) 里面必须编写代码，如果只有 Get( ) 没有 Set( ) 代码，表示这是“只读”的属性。

从外部读取该属性时会触发 Get，而从外部修改该属性时会触发 Set。只读的属性可以手动删除 Set 函数。

如果从中间变量直接赋值到属性，等效于把这个中间变量设置为 Output 变量。

如果在程序中直接使用外部写入的属性，等效于把该变量设置为 Input 变量。

6.1.3　关键名词：Function Block 和 Interface

OOP 里面有两个关键的名词功能块（Function Block）和接口（Interface）。Function Block 在 TC2 中已经存在，但在 OOP 中却具有了许多新的特点。而 TC2 中完全没有 Interface 的概念，在 TC3 中则是标准的 OOP 术语。

1. Interface 和 Implement

OOP 中，把 Method 和 Property 从 FB 中独立出来，用一个新的概念“Interface”来表达。Interface 不包含任何代码，它的代码必须在 FB 中实现。

基于一个 Interface 至少可以建立多个 FB，其内部代码完全不同，却有一致的外部接口。基于 Interface 建立 FB，就叫作“Implement”。

一个 Interface 更新后，如果增加或者修改了 Method 和 Property，由它实现的 FB 可以“一键更新”。但是如果删除 Method 或 Property，在它实现的 FB 中就只能手动删除。

2. FB 与 Interface 的关系

FB 可以有一个或者多个 Interface，也可以不用 Interface。Interface 中只包含变量、方法、属性、临时变量和接口变量，没有代码和静态变量。

TC3 支持用 Interface 实例来操作 FB 实例。FB 的实例占用一块内存，而 Interface 的实例只是一个指针。所以在使用 Interface 实例来操作 FB 实例之前，必须将 Interface 指针指向基于它实现（Implement）的 FB 实例内存地址，否则就无法通过这个 Interface 操作该 FB 实例。

如果 Interface 指针不指向某个地址，或者指向地址存放的内容与 Interface 定义不匹配，这个指针就无效。

实际上，如果不是要用一个指针操作多个 FB，就完全没有必要实例化 Interface。尤其是 TC2 的用户，或者对指针概念不熟练的用户，使用 Interface 操作 FB 反而弄巧成拙。

6.1.4 关键动词：Extend

TwinCAT 3 编程里面新增了一个关键的动词：继承（Extend）。有继承关系的两个对象之间，父对象的更新会令子对象也自动更新。可以使用 Extend 功能的对象包括 Function Block、Interface、Structure。在 TC3 的 PLC 项目中添加这 3 种元素时有 Extends 选项出现，如图 6.2 所示。

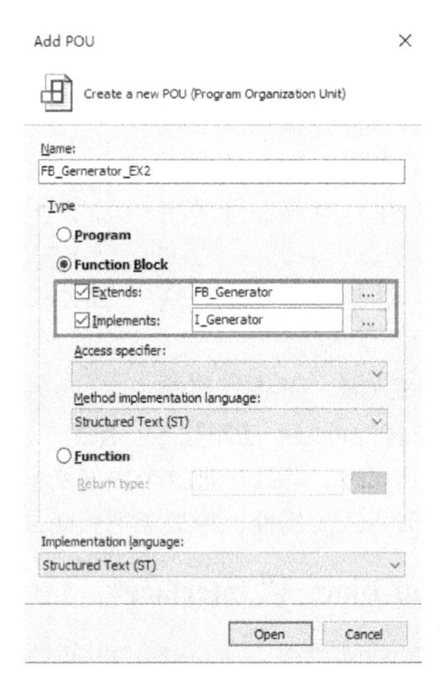

图 6.2　Extends 和 Implements 选项

这 3 种继承的效果对比见表 6.1。

表 6.1　不同类型的 POU 可以继承的内对比

Function Block	继承了所有的 Method、Property、所有变量和 Action	子对象可以重新编写某个 Method 的代码，即重构。引用时默认使用重构的 Method。如果要引用父对象中 Method，应前置 Super^
Interface	继承了所有的 Method、Property	
Structure	继承了所有的元素	

6.1.5 关键代词：This 和 Super

使用 Extends，可以由一个简单的对象，派生出若干复杂的对象。因为有了继承的关系，对象和父对象之间，就有了 This 和 Super 的说法。This 特指对象本身，而 Super 指它的父对象。当继承的 Method、Property 或者变量做了重构，对象和它的父对象下的同名元素（Method、Property 或者变量）就有了不同的含义，此时就需要前置 This 和 Supper 来区分。如果没有前置这两个关键词，默认使用本对象的定义。

需要重构一个函数，就是为了有不同的应用。为什么还要调用父对象的同名函数呢？出于演示的目的，会做出一些例程。但在 Automation 的实际应用中，使用的机会不多。

TC3 帮助系统中，有关于 Super 和 This 的示例代码路径为

TE1000 XAE/PLC/Reference Programming/Variable types and special variables/THIS

6.1.6 面向对象编程的 3 个用法

面向对象编程是一种编程的思路，具体实施的时候总是指 FB 的写法不同。总结起来，在 TC3 中创建功能块时有 3 种选择。

1. 建立一个空白的 FB

定义 Method 和 Property，就是 OOP。没有 Method 和 Property，仅定义 Input 和 Output 变量，就是传统的 PLC 编程。

提示： *在 TwinCAT 2 中就只能建立空白的 FB，然后自定义所有的 I/O 变量和逻辑。*

2. 基于已有的 FB，建立 FB（Extend）

继承所有 Method、Property 和代码。

3. 基于 Interface，建立 FB（Implement）

使用预定义的 Method 和 Property，自行编写代码。

使用 Method 和 Property 是面向对象编程的基本特征。而 Interface 和 Extend 则是扩展应用。灵活运用这些新功能，可以大大提高程序的安全性、可移植性和可读性。本章后续的内容更侧重于 OOP 的“进阶”式体验。

完整的示例、操作及截图，请参考配套文档 2-3。

TC3 帮助系统也有 OOP 编程的例子，路径为

TwinCAT 3/TE1000 XAE/PLC/Samples/Sample: Object - oriented program to control a sorting system

6.2 简单的示例

6.2.1 建立一个带 Method 和 Property 的 FB

1. 编写 FB

（1）创建 FB

新建程序 OOP1，创建功能块 FB_Generator，编写语言是 ST。

（2）添加 Method

右键功能块 Add Method，名为 Flash，并且选择返回类型为 BOOL。

（3）编写 Method 的代码

在 Flash 这个 Method 中编写代码，如图 6.3 所示。

```
fbTon1(IN:=NOT fbTon1.Q , PT:=_tCycletime , Q=> , ET=> );

IF fbTon1.Q THEN
    bFlashVar := NOT bFlashVar;
END_IF

Flash := bFlashVar;
```

图 6.3　编写一个 Method

并且注意所有的变量声明都声明在 FB_Generator 中，而不是 Flash 中，Object 都选择 FB_Generator。如图 6.4 所示。

(4) 添加 Property "Cycletime"

右键功能块 Add Property，名为 Cycletime，返回类型设置为 TIME。

(5) 编写 Property "Cycletime" 代码

分别对 Property 中的 Set 和 Get 进行编程。

Get 的代码为 Cycletime := _tCycletime。

Set 的代码如图 6.5 所示。

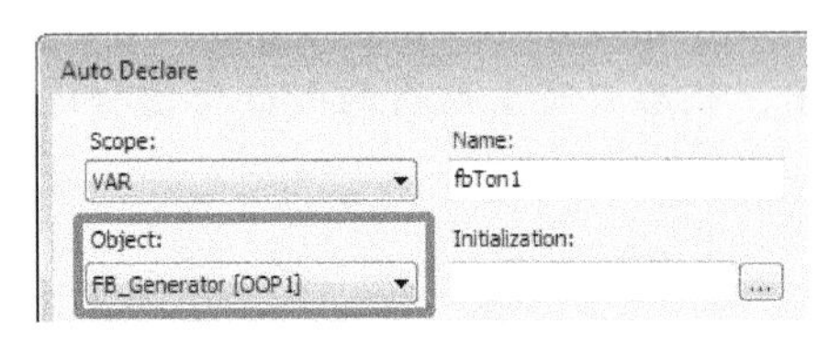

图 6.4　所有变量声明在 FB_Generator 而不是 Method 中

```
IF Cycletime < T#50MS THEN
    _tCycletime := T#50MS;
ELSIF Cycletime > T#5S THEN
    _tCycletime := T#5S;
ELSE
    _tCycletime := Cycletime;
END_IF
```

图 6.5　属性的 Set 代码

(6) 再添加 Property "Vendor"

右键功能块 Add Property，名为 Vendor，返回类型设置为 STRING。

(7) 编写 Property " Vendor" 代码

Get 的代码如图 6.6 所示。

因为 Vendor 只是一个标签，所以只读不能写，因此把 Set 给删除。

2. 在 Main 中实例化 FB_Generator

MAIN 程序中的代码如图 6.7 所示。

```
FB_Generator.Vendor.Get    FB_Generator.Vendor
VAR
END_VAR

Vendor:='Company X';
```

图 6.6　属性的 Get 代码

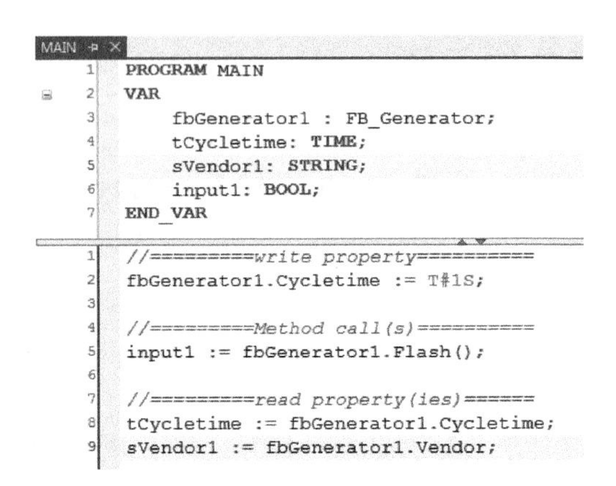

图 6.7　FB_Generator 的实例化

运行后可以发现读取到了 Property 的 2 个变量。如图 6.8 所示。

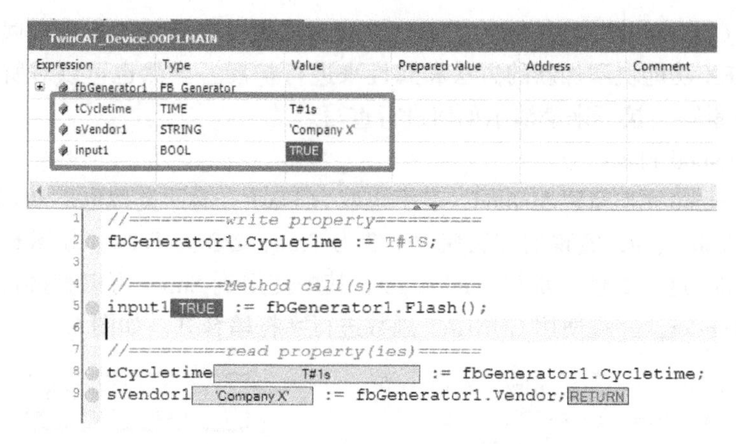

图 6.8　FB_Generator 的运行结果

注意：调用 Method 的时候必须加括号( )，才代表是方法而不是变量。

3. 通过 Scope View 观察波形

假定用户已经熟练 TC3 Measurement 的使用，创建 Scope View 视窗，可以观察到变量 input1 为 1 s 循环闪烁，如图 6.9 所示。

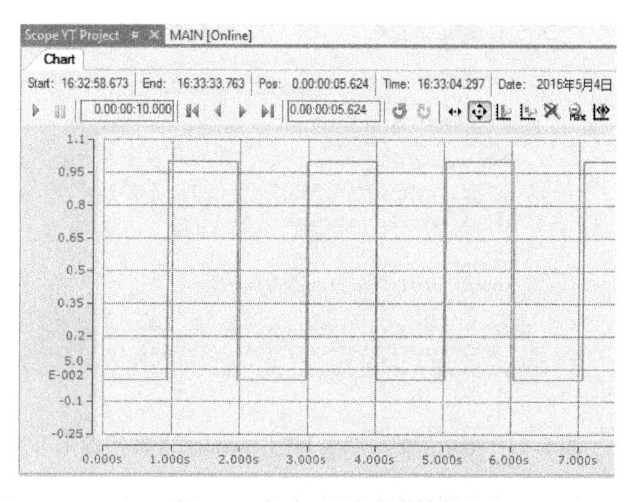

图 6.9　在 Scope 中观察结果

6.2.2　建立一个 FB 的扩展 FB（Extend）

在本节前例的基础上增加 Extend 功能，将前面建立的 FB 作为父对象。

1. 编写功能块扩展的 FB_GeneratorEX

（1）新建功能块

新建功能块，并且取名为 FB_GeneratorEX，勾选 Extends。

在选项框中找到被扩展的功能块 FB_Generator。

选中后单击 OK 可以发现被扩展功能块名出现在 Extends 框中，单击 Open。如图 6.10 所示。

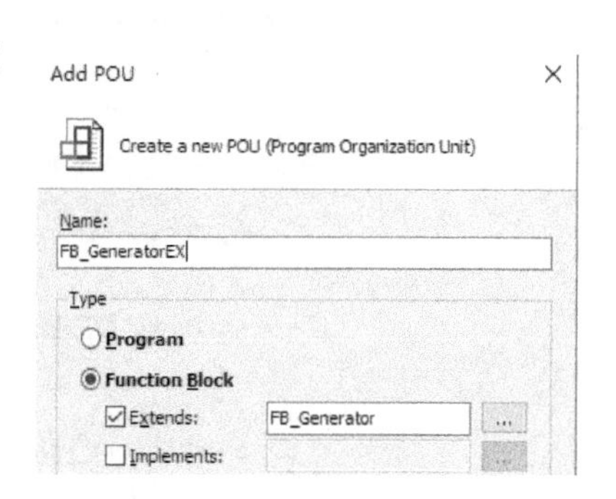

图 6.10　选择扩展的父对象

功能块 FB_GeneratorEX 已经继承了 FB_Generator 的所有变量、方法和属性，此时可以对 FB_GeneratorEX 功能块添加新的方法和属性来进行扩展，当然也可以对所继承的原有的方法和属性进行重写，接下来就演示如何进行重写。

（2）编写 Method Flash

右键 FB_GeneratorEX 新建 Method，名字也取为 Flash，返回类型也是 BOOL。

重新编写 Flash 代码，实现的方法变为 1/3 为 True，2/3 为 False。如图 6.11 所示。

再重写 Vendor 这个属性，重写 vendor.get，其中使用到 Super 可以直接访问父对象 FB_Generator 中的 Vendor，并且使用 CONCAT 函数进行字符串合并。如图 6.12 所示。

图 6.11　编写 Method 的代码　　　　图 6.12　编写属性的 Get 代码

2. 在 MAIN 中实例化 FB_GeneratorEX

在 MAIN 程序中只需要修改功能块声明和 Cycletime 的值为 T#3S 即可实例化 FB_Generator EX，如图 6.13 所示。

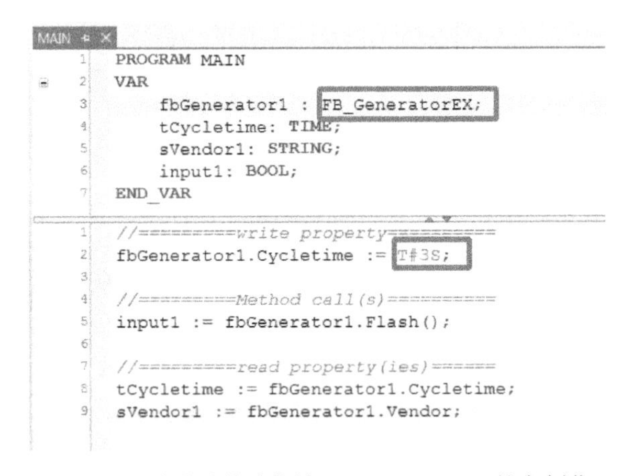

图 6.13　继承后的功能块 FB_GeneratorEX 的实例化

Login 后可以观察到 Vendor 读取到的字符串为“Company Y and Company X”。如图 6.14 所示。

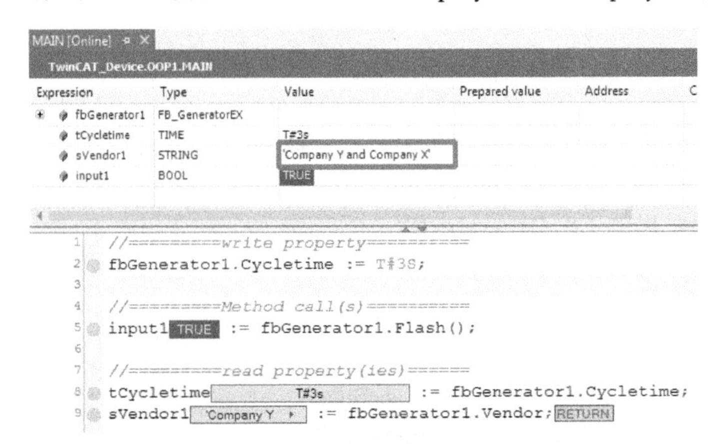

图 6.14　FB_GeneratorEX 的运行结果

3. 通过 Scope View 观察波形

通过 Scope View 观察到 input1 为 1 s True，2 s False。如图 6.15 所示。

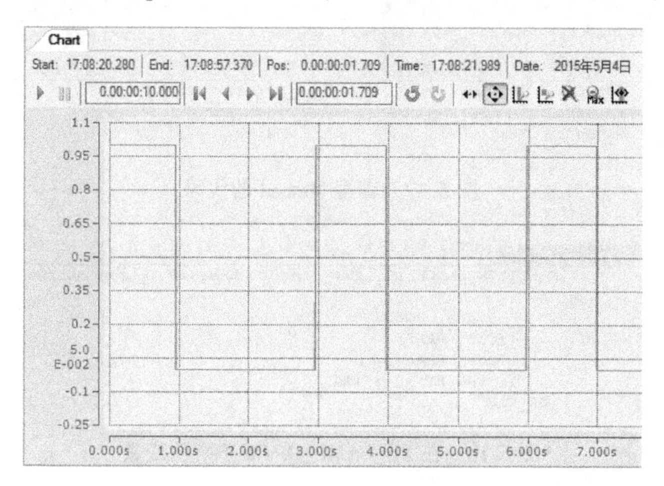

图 6.15　在 Scope 中观察结果

6.2.3　建立一个 Interface 并实现（Implement）

1. 建立 Interface "I_LampControl"

（1）新建 Interface

新建 PLC 项目，取名为 OOP2。

右键 POUs 添加 Interface，取名为 I_LampControl。

（2）添加方法和属性

右键 I_LampControl 添加 2 个方法，On 和 Off 分别代表灯的 2 个功能，即开灯和关灯，返回类型是 BOOL。

2. 编写 "I_LampControl" 的实现 "FB_Lamp_ONOFF"

右键 POUs 新建功能块，取名为 FB_Lamp_ONOFF，并且勾选 Implements，在选项框选择之前创建好的接口 I_LampControl。

在 FB_Lamp_ONOFF 中声明变量，如图 6.16 所示。

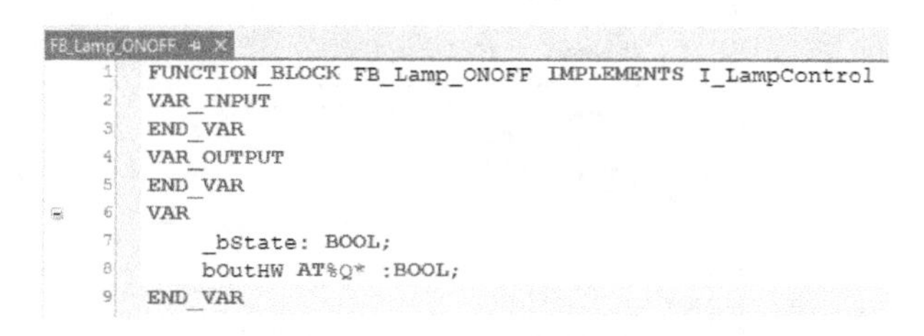

```
1  FUNCTION_BLOCK FB_Lamp_ONOFF IMPLEMENTS I_LampControl
2  VAR_INPUT
3  END_VAR
4  VAR_OUTPUT
5  END_VAR
6  VAR
7      _bState: BOOL;
8      bOutHW AT%Q* :BOOL;
9  END_VAR
```

图 6.16　在 FB_Lamp_ONOFF 中声明变量

在 On 和 Off 中写实现代码，如图 6.17 所示。

3. 编写 "I_LampControl" 的另一实现 "FB_LAMP_DIMM"

右键 POUs 新建功能块，取名为 FB_LAMP_DIMM，并且勾选 Implements，在选项框选择之前创建好的接口 I_LampControl。

在 FB_LAMP_DIMM 中声明变量，如图 6.18 所示。

```
FB_Lamp_ONOFF.On
{attribute 'object_name
METHOD On : BOOL

_bState := TRUE;
// Output
bOutHW := TRUE;
```

```
FB_Lamp_ONOFF.Off
{attribute 'object_name' := 'Of
METHOD Off : BOOL

_bState := FALSE;
// Output
bOutHW := FALSE;
```

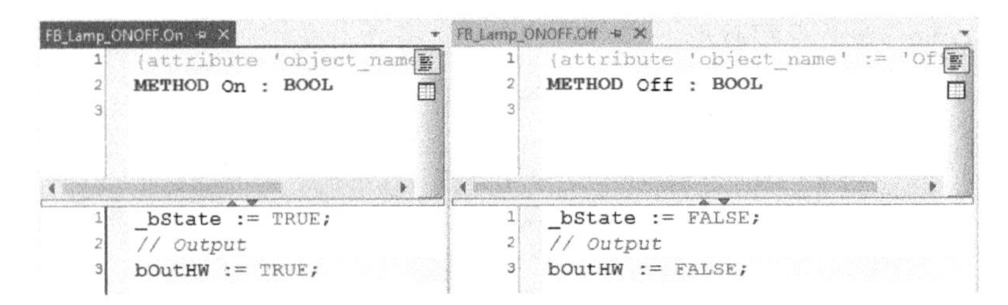

图 6.17　编写 Method 的代码

```
FB_LAMP_DIMM
FUNCTION_BLOCK FB_LAMP_DIMM IMPLEMENTS I_LampControl
VAR
    _bState: BOOL;
    _fOut: REAL;
    _fInc: REAL := 0.5;
    iOutHw AT %Q*: INT;
END_VAR
```

图 6.18　在 FB_LAMP_DIMM 中声明变量

在 On 和 Off 中写实现代码，如图 6.19、图 6.20 所示。

```
FB_LAMP_DIMM.On
{attribute 'object_name' := 'On'}
METHOD On : BOOL

_bState := TRUE;
_fOut :=_fOut + _fInc;
IF _fOut > 100.0 THEN
    _fOut :=100.0;
END_IF
iOutHw := LIMIT (0,REAL_TO_INT(_fOut),100);
```

图 6.19　编写 Method On 的代码

```
FB_LAMP_DIMM.Off
{attribute 'object_name' := 'Off'}
METHOD Off : BOOL

_bState := FALSE;
_fOut :=_fOut - _fInc;
IF _fOut < 0.0 THEN
    _fOut :=0.0;
END_IF
iOutHw := LIMIT (0,REAL_TO_INT(_fOut),100);
```

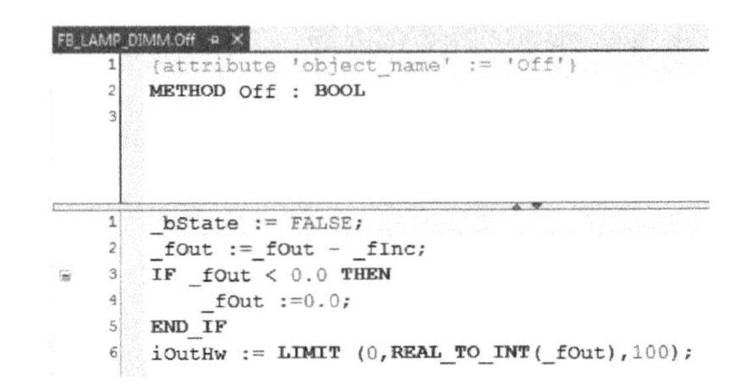

图 6.20　编写 Method Off 的代码

这个 FB 虽然是实现同一个接口 I_LampControl，但实现代码与前一个截然不同。

4. 在 MAIN 中实例化

在 MAIN 程序中可以利用接口的实例化实现多个对象的切换，如图 6.21 所示。

```
MAIN
PROGRAM MAIN
VAR
    fbLamp1 : FB_Lamp_ONOFF;
    fblamp2Dimm :FB_LAMP_DIMM;
    ipLampControll : I_LampControl;
    change : BOOL;
    bOn : BOOL;
END_VAR

IF change THEN
    ipLampControll := fbLamp1;
ELSE
    ipLampControll := fblamp2Dimm;
END_IF

IF bOn THEN
    //fbLamp1.On();
    ipLampControll.On();
ELSE
    //fbLamp1.Off();
    ipLampControll.Off();
END_IF
```

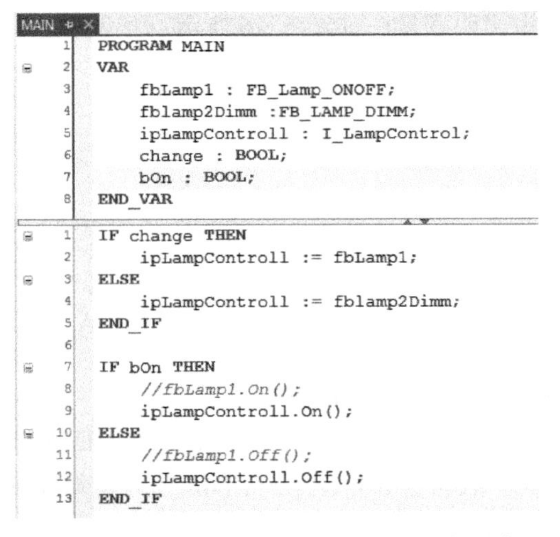

图 6.21　利用接口的实例化切换多个对象的代码

下载运行这个程序，可以看到改变 Change 变量，可以改变按钮 bOn 控制的逻辑，因为它实际上是操作的不同“对象”。

如果对象很多，当然也可以通过创建一个接口数组，并且利用 FOR 循环实现一条语句对所有对象进行操作，如图 6.22 所示。

```
1  PROGRAM MAIN_OPP2
2  VAR CONSTANT
3      nNROFLAMPS : UINT := 4;
4  END_VAR
5  VAR
6      fbLamp1 : FB_Lamp_ONOFF;
7      fbLamp2 : FB_Lamp_ONOFF;
8      fbDimmerLamp1 : FB_LAMP_DIMM;
9      fbDimmerLamp2 : FB_LAMP_DIMM;
10     iLamp : ARRAY[0..(nNROFLAMPS - 1)] OF I_LampControl;
11     ni: INT;
12     bSWitch: BOOL;
13 END_VAR
```

```
1  ilamp[0]:= fbLamp1;
2  ilamp[1]:= fbLamp2;
3  ilamp[2]:= fbDimmerLamp1;
4  ilamp[3]:= fbDimmerLamp2;
5
6  FOR ni := 0 TO nNROFLAMPS -1 DO
7      IF ilamp[ni] <> 0 THEN
8          IF bSWitch THEN
9              ilamp[ni].On();
10         ELSE
11             ilamp[ni].Off();
12         END_IF
13     END_IF
14 END_FOR
```

图 6.22 用接口数组和 FOR 循环实现多个对象的操作代码

5. 注意事项

(1) 需要关注以下步骤

注意代码的写法，用接口处理多个对象的关键步骤见表 6.2。

表 6.2 用接口处理多个对象的关键步骤

接口和 FB 的实例化	PROGRAM MAIN VAR Count1:FB_Count; Count2:FB_Count_ex; iCount:I_Count;

指针的确定	IF NOT input THEN
	iCount:=Count1;
	ELSE VAR MAIN.iCount : I_Count
	iCount:=Count2;

用一个接口，处理所有的对象	iCount.M_Count(bEnable:= Startcount, i_Work=>i , k_Work=>k);
	iCount.P_Max_i:=100;
	max_i:=icount.P_Max_i;
	iCount.P_Max_k:=300;
	max_k:=icount.P_Max_k;

(2) 建 FB 时选择 Implement 的含义

建 FB 时可以选择 Extend 及 Implement，后者表示基于接口去写代码和定义局部变量，如图 6.23 所示。

这里表明了 FB 和 Interface 关联。即使代码相同，变量相同，有或者没有 Implement，在于是否允许指针赋值，如图 6.24 所示。

```
FUNCTION_BLOCK FB_Count IMPLEMENTS I_Count
VAR_INPUT
END_VAR
VAR_OUTPUT
END_VAR
VAR
    i: INT;
    max_i: INT := 755;
    k: INT;
    max_k: INT := 2265;
END_VAR
```

图 6.23　用 Implement 基于 Interface 建 FB

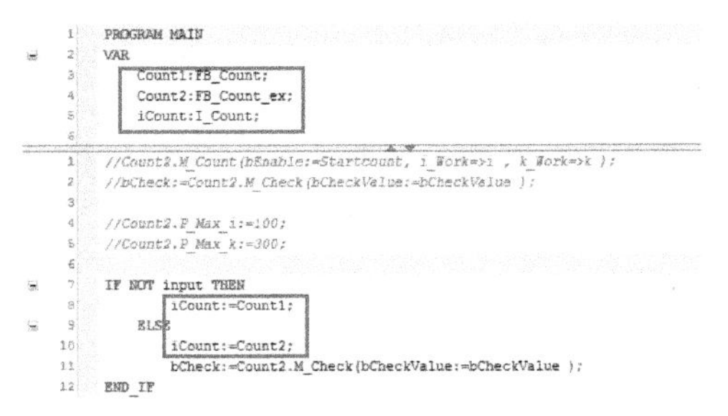

图 6.24　指针赋值的代码

6.3　示例：NC 轴控的 FB

上一节中的例子非常简单，用于帮助读者理解 OOP 的关键词，体验 OOP 代码的基本语法。本节以实际项目中常用的轴控功能为例，重新编写示例代码并截屏。用户可以照着将代码重输一遍，也可以直接使用配套文档 6-1。

6.3.1　用 Interface 和 FB 建立一个 NC 轴对象

配套文档 6-1
例程：MotionDemo_OOP_V4

1. 定义 3 个结构体

ST_AxisPara：NC 轴的参数，比如运动速度、点动速度、原点位置及寻参模式等。

ST_DrvIn：伺服驱动器的 Input 信号，比如限位开关、原点开关及当前力矩等。

ST_AxisStatus：NC 轴的当前状态，比如：Ready、Error 及当前位置等。

2. 定义 Interface，名称 ITF_Axis

本例只做最基本的功能，有上下使能和启动停止，便于最快地在虚轴上看到动作。如图 6.25 所示。

Method：

M_PowerOn：无 Input

M_PowerOff：无 Input

M_MoveVel：Input 变量 Execute：BOOL；

M_Stop：Input 变量 Execute：BOOL；

Property：

P_Status：ST_AxisStatus 只读，所以删除 Set()

建立 FB，Implement ITF_Axis，名称 Axis_PTP，如图 6.26 所示。

图 6.25　定义名为 ITF_Axis 的 Interface　　　图 6.26　建立名为 Axis_PTP 的 Implement

3. 建 FB 局部变量

除了定义 Axis_REF 轴之外，就是第 1 步中的 3 个结构体各建 1 个实例。2 个输入变量，

1 个中间变量。如图 6.27 所示。

写 FB 的周期性执行代码，处理内部变量。如图 6.28 所示。

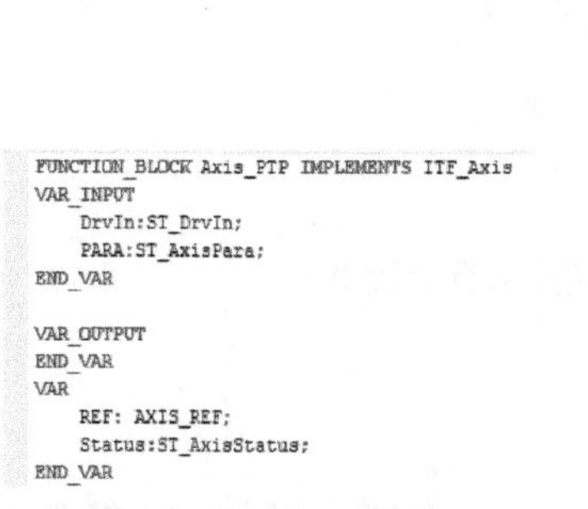

```
FUNCTION_BLOCK Axis_PTP IMPLEMENTS ITF_Axis
VAR_INPUT
    DrvIn:ST_DrvIn;
    PARA:ST_AxisPara;
END_VAR

VAR_OUTPUT
END_VAR
VAR
    REF: AXIS_REF;
    Status:ST_AxisStatus;
END_VAR
```

图 6.27　建立局部变量

```
FUNCTION_BLOCK Axis_PTP IMPLEMENTS ITF_Axis
VAR_INPUT
    DrvIn:ST_DrvIn;
    PARA:ST_AxisPara;
END_VAR

VAR_OUTPUT
END_VAR
VAR
    REF: AXIS_REF;
    Status:ST_AxisStatus;
END_VAR
```

```
REF.ReadStatus();
Status.Axis_Ready:=REF.Status.ControlLoopClosed;
Status.Axis_Err:=REF.Status.Error;
Status.Axis_IsPTP:=REF.Status.PTPmode;
Status.Current_Pos:=REF.NcToPlc.ActPos;
```

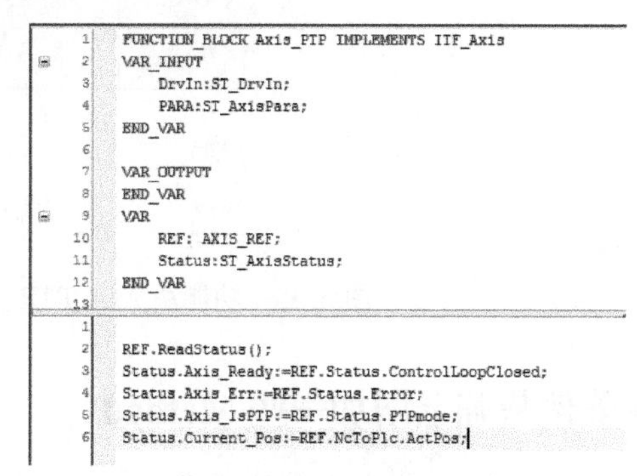

图 6.28　写 FB 的周期代码

编写 Method 和 Property 的实现代码，如图 6.29、图 6.30、图 6.31、图 6.32 所示。

Scope	Name	Address	Data type
VAR_STAT	mcPower		mc_Power

```
mcPower(
    Axis:= REF,
    Enable:=TRUE ,
    Enable_Positive:=TRUE ,
    Enable_Negative:=TRUE ,
    Override:=PARA.rOverride  );
```

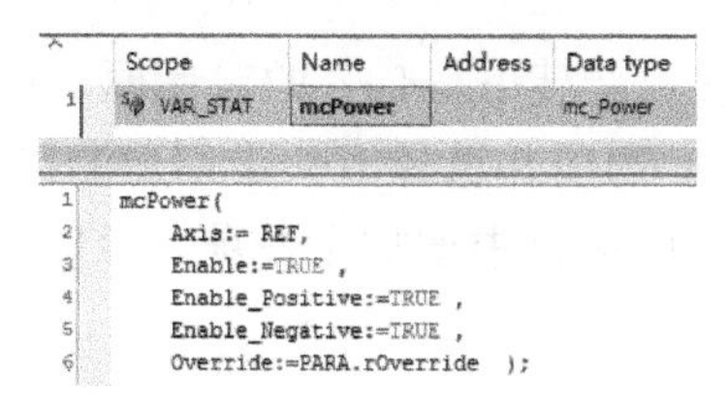

图 6.29　Method mcPower 的代码

Scope	Name	Address	Data type
VAR_INPUT	Execute		BOOL
VAR_STAT	mcStop		Tc2_MC2.MC_Stop

```
mcStop(
    Axis:= REF,
    Execute:=Execute );
```

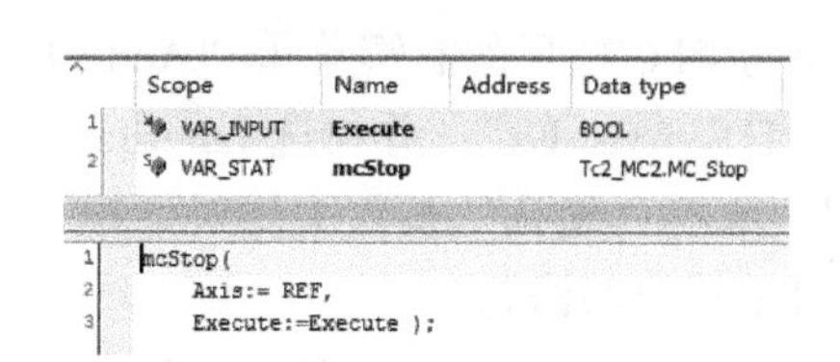

图 6.30　Method mcStop 的代码

Scope	Name	Address	Data type
VAR_INPUT	Execute		BOOL
VAR_STAT	mcMoveVel		Tc2_MC2.MC_MoveVelocity

```
mcMoveVel(
    Axis:= REF,
    Execute:= Execute,
    Velocity:= PARA.MoveVelo  );
```

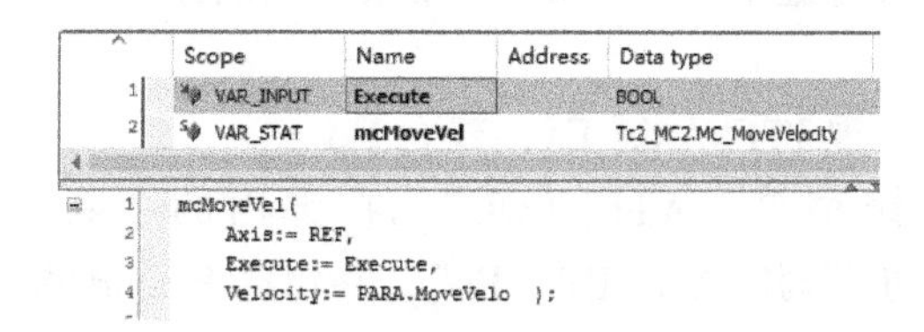

图 6.31　Method mcMoveVel 的代码

```
//Can handle the elments of property structure seperately.
//P_Status.Axis_Ready:=REF.Status.ControlLoopClosed;
//P_Status.Axis_IsPTP:=REF.Status.PTPmode;

P_Status:=Status;  // only for property demo, equal to use Status as output variables.
```

结构型的属性，不能单个元素操作

图 6.32　状态刷新的代码

在 MAIN 中建立 FB 的实例及内部变量，如图 6.33 所示。

在 MAIN 中写调用 FB 实例的代码，如图 6.34 所示。

```
PROGRAM MAIN
VAR
    Ax:Axis_PTP;
    bPowerOn: BOOL;
    bPowerOff: BOOL;
    bMove: BOOL;
    bStop: BOOL;

    DrvIn:ST_DrvIn;
    PARA:ST_AxisPara;
    Status:ST_AxisStatus;

    bReady: BOOL;
END_VAR
```

图 6.33　创建实例及交互的变量

```
;
PARA.MoveVelo:=1000;        //准备运动的速度

Ax(DrvIn:=DrvIn , PARA:=PARA ); //调用FB实例

// 以下为4个Method的引用，实现轴的使能和启停
IF bPowerOn THEN
    Ax.M_PowerOn();
END_IF

IF bPowerOff THEN
    Ax.M_PowerOff();
END_IF

Ax.M_MoveVel(Execute:=bMove );
Ax.M_Stop(Execute:=bStop );

// 刷新轴的状态
Status:=Ax.P_Status;
```

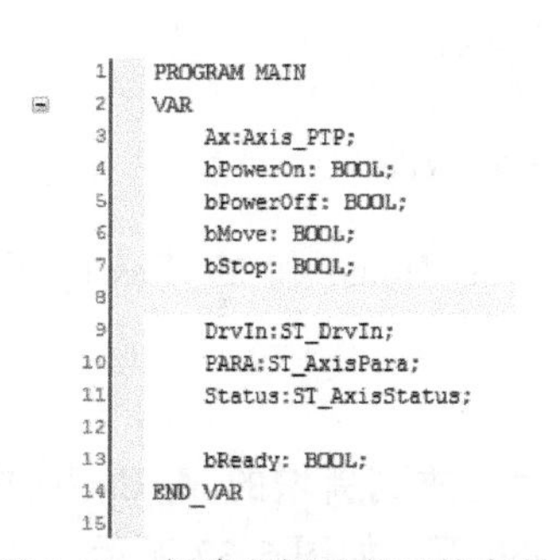

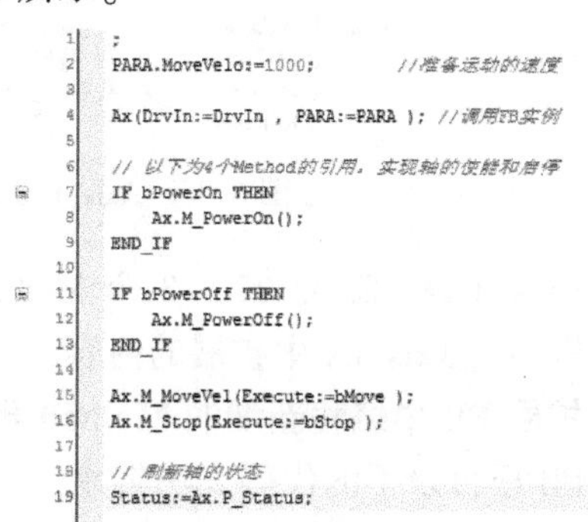

图 6.34　在 MAIN 中写调用 FB 的代码

在 MAIN 中强制变量，或者在画面 P1 中查看状态和操作 NC 轴，如图 6.35 所示。

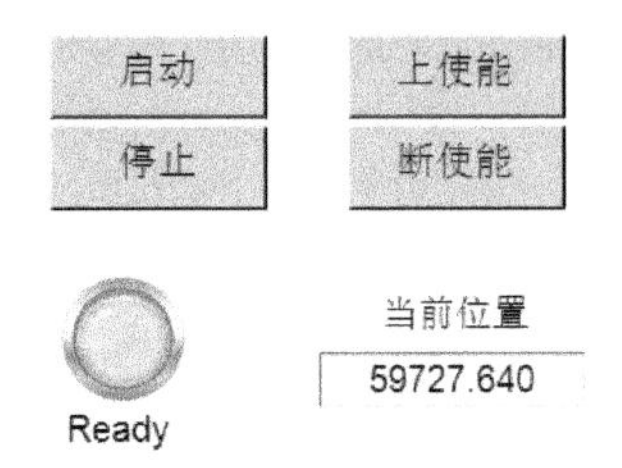

图 6.35 功能块 Axis_PTP 实际运行的效果

6.3.2 在前例基础上增加一些 Method

前面的例子只实现了最基本的动作，实际项目中至少还应增加 NC 轴的复位和寻参功能。

1. 继承 ITF_Axis 定义 Interface

单击 PLC 项目的右键菜单“Add | Interface”，进入新建 Interface 的对话框。在 Name 处填写“ITF_Axis_Ex”，并勾选 Inheritance 下的 Extends 选项并选择上一步创建的接口“ITF_Axis”。单击“确认”按钮关闭对话框，就会看到 PLC 项目中增加了一项“ITF_Axis_Ex”，双击可见其声明语句为

INTERFACE ITF_Axis_Ex EXTENDS ITF_Axis

选中 ITF_Axis_Ex，从右键菜单“Add | Method”依次添加 3 个 Method：M_Cyclic、M_Home 和 M_Reset。

2. 继承 Axis_PTP，实现 ITF_Axis_Ex，建立 FB

单击 PLC 项目的右键菜单“Add | POU”，在弹出的“新建”对话框中选择新建 Function Block。在 Name 处填写“Axis_PTP_Ex”，并勾选 Extend 和 Implements。Extend 中选择 Axis_PTP，Implements 中选择 ITF_Axis_Ex。单击“确认”按钮关闭对话框，就会看到 PLC 项目中增加了一项“Axis_PTP_Ex”，双击可见其声明语句为

FUNCTION_BLOCK Axis_PTP_Ex EXTENDS Axis_PTP IMPLEMENTS ITF_Axis, ITF_Axis_Ex

依次查看 ITF_Axis_Ex、Axis_PTP 和 Axis_PTP_Ex 下的 Method，如图 6.36 所示。

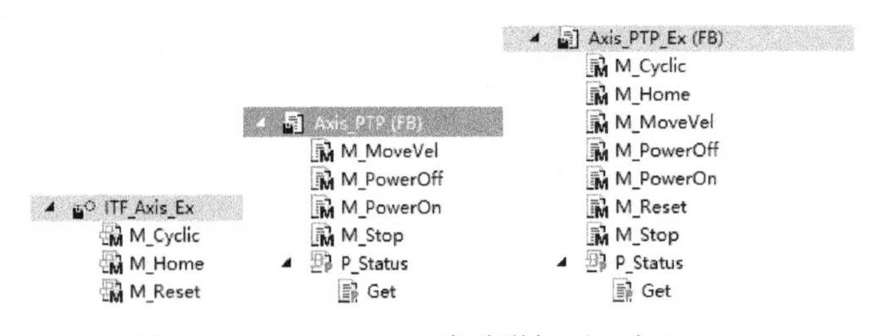

图 6.36 Axis_PTP_Ex 自动增加了 3 个 Method

可见 Axis_PTP_Ex 增加了 3 个 Method：M_Cyclic、M_Home 和 M_Reset，而这 3 个 Method 正是 ITF_Axis_Ex 中扩展的内容。

3. 在扩展 FB 中编程新增的 Method 代码

由于 FB 根目录下的代码无法继承，所以把那部分代码放到新增的 M_Cyclic 中，每个 PLC 周期都调用。把前面例子中 FB 的代码复制到 M_Cyclic 下，如图 6.37 所示。

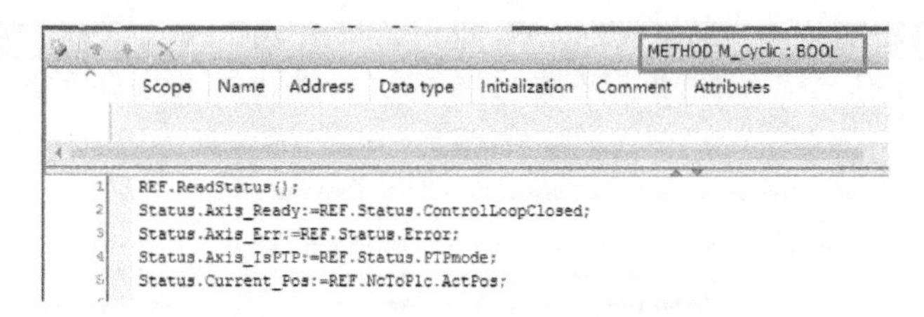

图 6.37　在 M_Cyclic 中粘贴代码

新增寻参的代码，如图 6.38 所示。

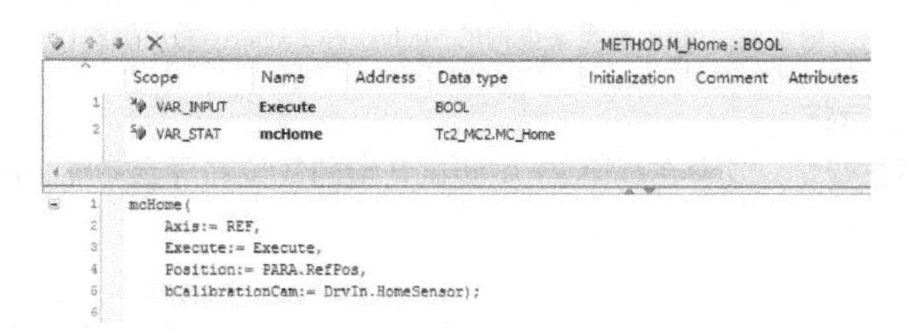

图 6.38　新增寻参的代码

新增复位的代码，如图 6.39 所示。

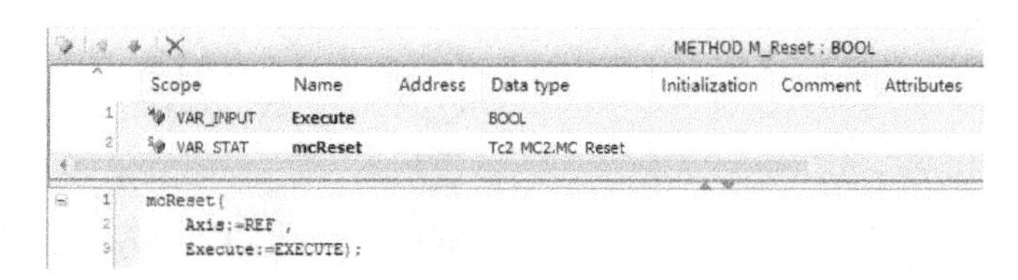

图 6.39　新增复位的代码

4. 在 MAIN 中更新 FB 的引用

修改 FB 实例的类型，并增加复位和寻参的触发变量，如图 6.40 所示。

并在代码中增加 3 个 Method 的调用。如图 6.41 所示。

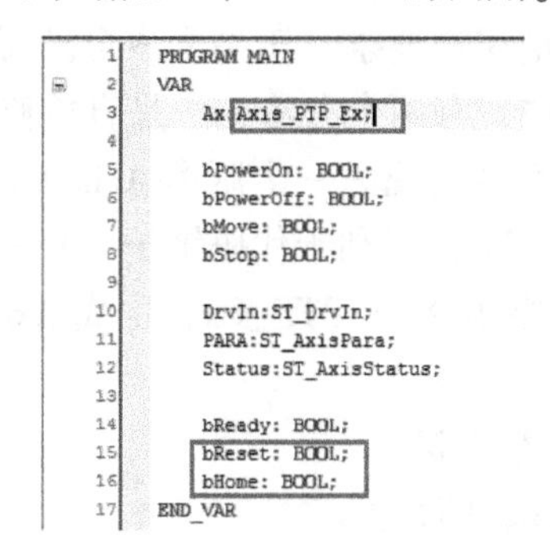

图 6.40　更新 FB 的引用

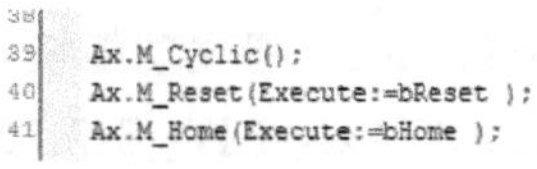

```
Ax.M_Cyclic();
Ax.M_Reset(Execute:=bReset );
Ax.M_Home(Execute:=bHome );
```

图 6.41　增加 3 个 Method 的调用

编译，提示错误，如图 6.42 所示。

这些报错是因为在扩展的功能块中，继承了父对象中的全部 Method 和 Property，对于不需要重构的 Method 和 Property，需要删除。需要重构的，就编写重构代码。

所以本例按提示删除父对象中存在的 Method 和 Property，只保留 ITF_Axis_Ex 相对于 ITF_Axis 增加的 3 个 Method，如图 6.43 所示。

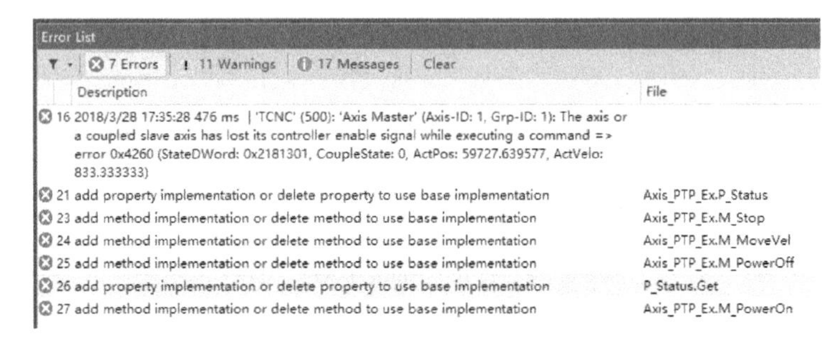

图 6.42　提示不需要重构的 Method 和 Property 需要删除

5. 下载程序，运行

在 MAIN 中强制变量，或者在画面 P1 中测试新增的复位和寻参功能。运行效果如图 6.44 所示。

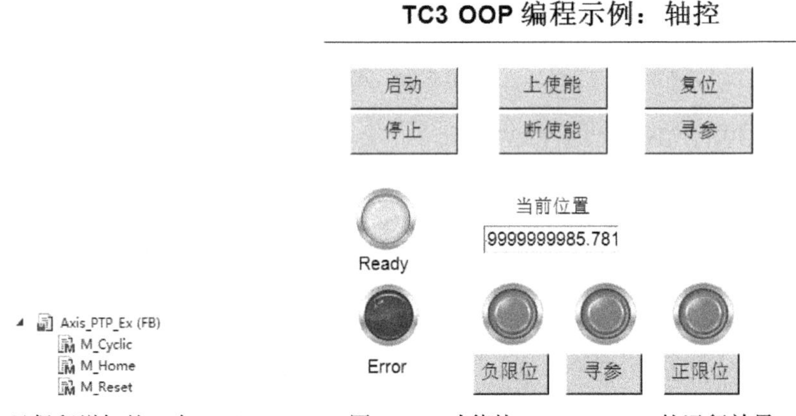

图 6.43　只保留增加的 3 个 Method　　　图 6.44　功能块 Axis_PTP_Ex 的运行效果

6.3.3　重构寻参的 Method “M_Home”

在运动控制中，默认的 MC_Home 常常不能满足客户要求。于是客户自己写了一个寻参的功能块 FB_Home_ByLimit。要使用这个寻参功能块，有两个办法，一是直接修改前例中的功能块 Axis_PTP_Ex 中的 M_Home，但修改之后，就会出现另一个版本 Axis_PTP_Ex，以此类推，就会像 TC2 一样衍生出很多版本的 Axis_PTP_Ex，不利于代码维护。TC3 提供另一个办法：Method 的重构，可以解决这个问题。只需要继承 Axis_PTP_Ex，生成 Axis_PTP_Ex2，然后修改它的 M_Home 中的代码即可。

1. 继承 Axis_PTP_Ex，建立功能块 “Axis_PTP_Ex2”

```
FUNCTION_BLOCK Axis_PTP_Ex2 EXTENDS Axis_PTP_Ex
```

2. 手动添加 Method，M_Home

注意需要与前例中同名，才能重构，如图 6.45 所示。

3. 在 MAIN 中更新 FB 的引用

只要修改 FB 的类型，其他代码不变，如图 6.46 所示。

4. 下载程序，运行

在 MAIN 中强制变量，或在画面 P1 中测试新增的复位和寻参功能，运行效果如图 6.47 所示。

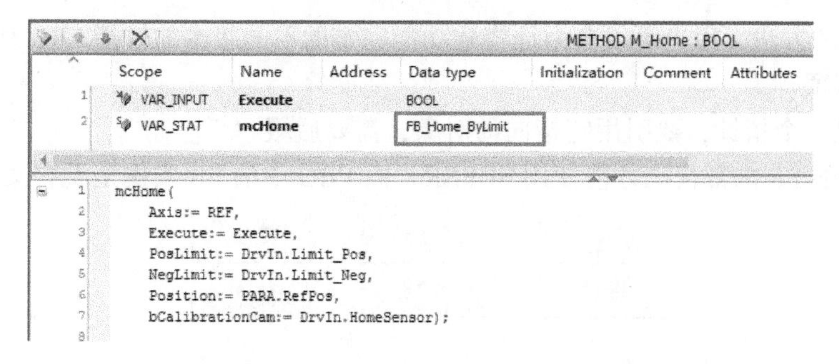

图 6.45　手动添加的同名 Method M_Home

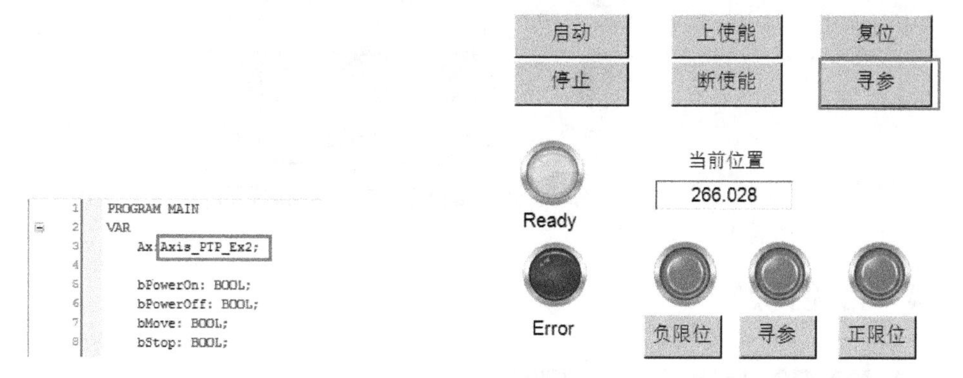

图 6.46　更换 FB 实例的类型为 Axis_PTP_Ex2

图 6.47　Axis_PTP_Ex2 的运行效果

再次单击“寻参”按钮，可以看到需要持续按下“寻参”按钮，才能运动，而且位置也是从当前位置递增，没有像上一步那样位置立即跳变到 9999999999。这是由于新的寻参功能块 FB_Home_ByLimit 生效了，而该模块的寻参动作一开始是一个 Jog 运动（打开该功能块的源代码可以看到）。

5. 选择执行父对象还是当前对象的 M_Home

如果在 Axis_PTP_Ex2 中选择执行父对象 Axis_PTP_Ex 中的 M_Home，或者本功能块中重构的 M_Home，则修改代码，如图 6.48 所示。

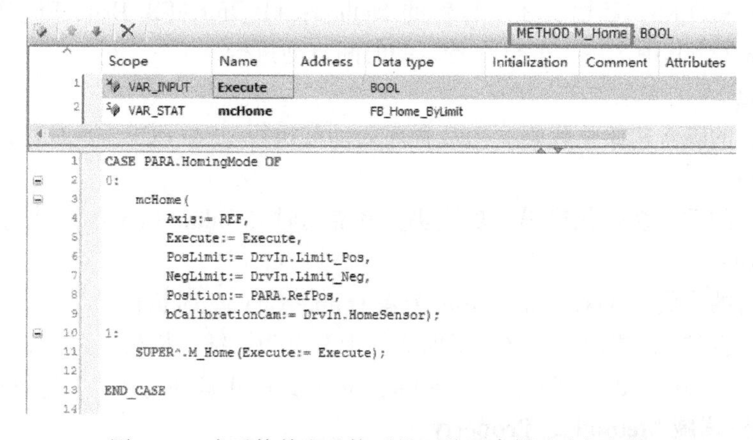

图 6.48　在重构前和重构后的两种寻参模式之间切换

图 6.48 代码中用 Axis_PTP 的 Input 变量中的 HomingMode 来选择寻参的模式。

在画面 P1 中增加寻参方式的输入框，查看结果，如图 6.49 所示。

按照上面的方法，用户可以自由地搭建功能完整的不同版本的轴控 FB，代码维护方便。

6. 注意事项

SUPER 是一个指针，要引用它指向的对象，需要后缀“^”。

只有继承的 FB 内部代码才能使用 SUPER，而 PRO 中的 FB 实例是没有父对象的。

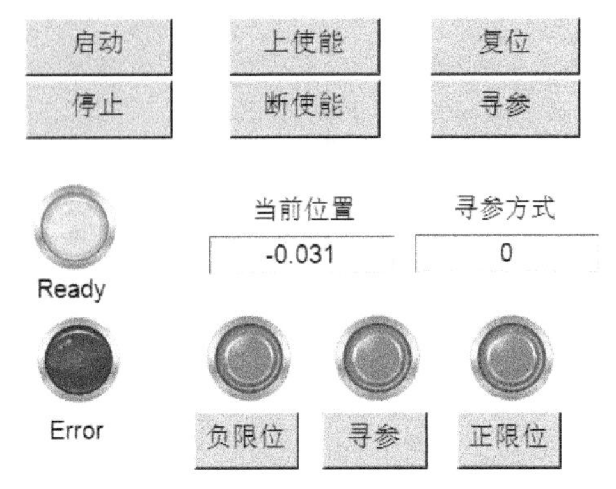

图 6.49　可以选择寻参方式的调试界面

6.4　常见问题

1. 静态变量（Static）和临时变量（Temp）

VAR（局部变量）、VAR_TEMP（临时变量）及 VAR_STA（静态变量）在不同 POU 下有区别。临时变量和静态变量的生命时间对比见表 6.3。

表 6.3　临时变量和静态变量的生命时间

	VAR	VAR_Temp	VAR_Sta
PRG 和 FB	有记忆	没记忆每次调用都初始化	有记忆首次调用时初始化
FC 和 Method	没记忆		

2. 特殊的 Method：FB_Init，FB_Exit，FB_Reinit

TwinCAT 3 中的 FB，新增了 3 个特殊的 Method：FB_Init，FB_Exit，FB_Reinit。只要新建 的 Method 命名为其中之一，就会在特定的时间自动执行。

（1）FB_init

包括功能块的隐含初始化代码，PLC 程序启动前执行（SAFEOP => OP）。

（2）FB_reinit

包括功能块的重新初始化代码。功能块实例复制时（Online Change）执行。

（3）FB_exit

资源释放时的代码。Download、Reset 或者 Online Change 时执行。

关于这几个特殊 FB 的说明，TC3 帮助文件中有更为详细的描述，路径如下：

TwinCAT 3/TE1000 XAE/PLC/Reference Programming/Methods FB_init，FB_reinit and FB_exit

3. Interface 增减 Method 或 Property

Interface 中的 Method 或者 Property 增加后，在使用它的 FB 中，右键“Implement interfaces”，即可自动增加相应的 Method 或者 Property。但是减少时，并不会自动更新。因为 FB 允许在 Interface 之外，另行增加 Action 和 Method，此时需要手动删除。

第 7 章　C++编程

C++编程是 TC3 的扩展功能之一。C++编程的代码可以封装成 Module（模型）重复使用，基于 Module 的 Object 具有统一的 Input 和 Output 变量，它们可以直接映射到物理 I/O，也可以映射到 PLC 的 Input 和 Output 变量，从而实现 C++程序与 PLC 程序的实时数据交换。C++对象也可以建立 Interface，PLC 程序通过 Interface 下的 Method 来操作 C++模型对象。C++的 Module 还可以发布给其他项目调用。同样的，其他项目调用的时候也可以用变量映射，或者用 Interface 的方式与项目的其他 Module 包括 PLC 程序互相作用。

本章的主要目的在于简述常用功能、基本步骤和注意事项。更完整的功能描述，请查阅英文原版的帮助文档，链接地址为

https://infosys.beckhoff.com/content/1033/tc3_c/54043195639119243.html?id=3451794791233347087

在线帮助信息如图 7.1 所示。

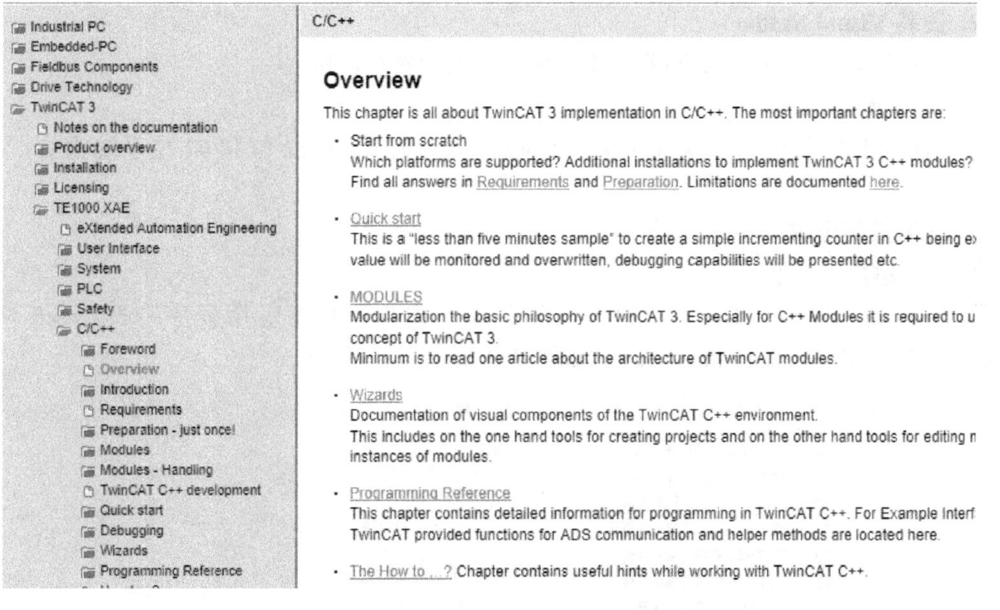

图 7.1　TwinCAT C/C++编程在线帮助

7.1　C++编程环境的安装

7.1.1　安装 C++编程环境的最新帮助

由于 Windows 系统和 Visual Studio 版本不同组合，并且一两年就会升级换代，C++编程环境的安装截屏很难固定不变。具体请参考倍福官方教材：TwinCAT3_C++_Simulink 教

程 V3.1。

或者使用在线帮助：

https://infosys.beckhoff.com/content/1033/tc3_c/16212958684597850 7.html? id = 7772063469791215461

在线帮助系统中，安装 C++环境的相关内容如图 7.2 所示。

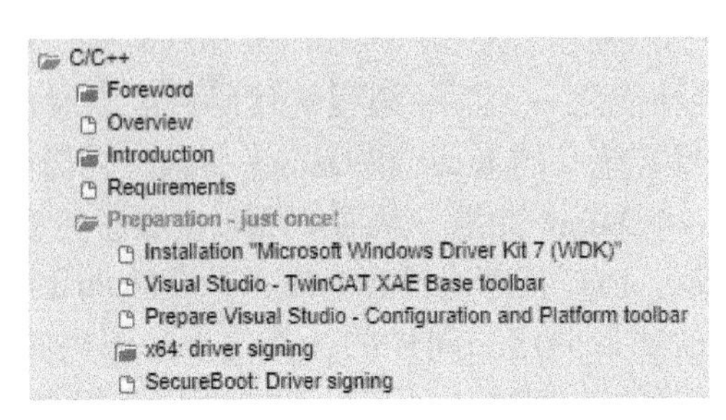

图 7.2　TwinCAT 3 C/C++编程环境的安装

7.1.2　安装示例：Windows 7 32 位和 VS2013

1. 准备工作

如果原先装有 TwinCAT 3，先卸载。卸载后最好再用 CleanUp 工具清除。

2. 安装 Visual Studio

正版的 Visual Studio 售价不菲，用户可以下载免费社区版。

3. 安装 WINDDK

WINDDK 的安装包分为 Windows 7 和 Windows 10，但是 32 位和 64 位系统没有严格的区分。

4. 安装数字证书

(1) 创建数字证书

打开 Visual Studio 2013（VS2013）命令提示窗口：所有应用程序→Microsoft Visual Studio 2010/2012→Visual Studio Tool，如图 7.3 所示。

名称	修改日期	类型	大小
Microsoft 反馈客户端 2013	2015/11/24 14:38	快捷方式	2 KB
Remote Debugger Folder	2015/11/24 14:22	快捷方式	2 KB
VS2013 ARM 兼容工具命令提示	2015/11/24 13:18	快捷方式	3 KB
VS2013 x64 本机工具命令提示	2015/11/24 13:19	快捷方式	3 KB
VS2013 x64 兼容工具命令提示	2015/11/24 13:18	快捷方式	3 KB
VS2013 x86 本机工具命令提示	2015/11/24 13:18	快捷方式	2 KB
VS2013 开发人员命令提示	2015/11/24 14:29	快捷方式	2 KB
生成通知	15:06	快捷方式	2 KB

打开 Visual Studio 2013 x86 本机工具命令提示

图 7.3　打开 VS2013 命令窗口的快捷方式

直接单击“VS2013 开发人员命令提示”，弹出以下窗口，如图 7.4 所示。

图 7.4　VS2013 命令窗口

创建证书并保存。输入以下指令：makecert -pe -r -ss PrivateCertStore -n CN=MyTest，回车后提示 Succeeded，如图 7.5 所示。

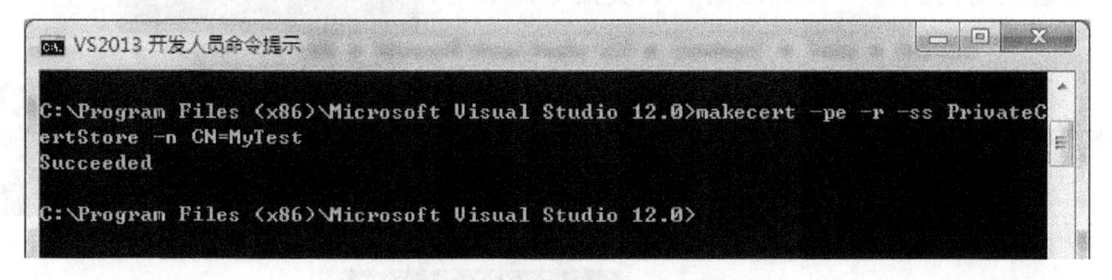

图 7.5　创建数字证书的命令

验证数字证书创建成功。在上述命令窗体中输入 certmgr. msc，打开证书管理查看到刚才的证书创建成功。

注意：千万不要多次添加，如果看到有重复的证书必须手动删除，如图 7.6 所示。

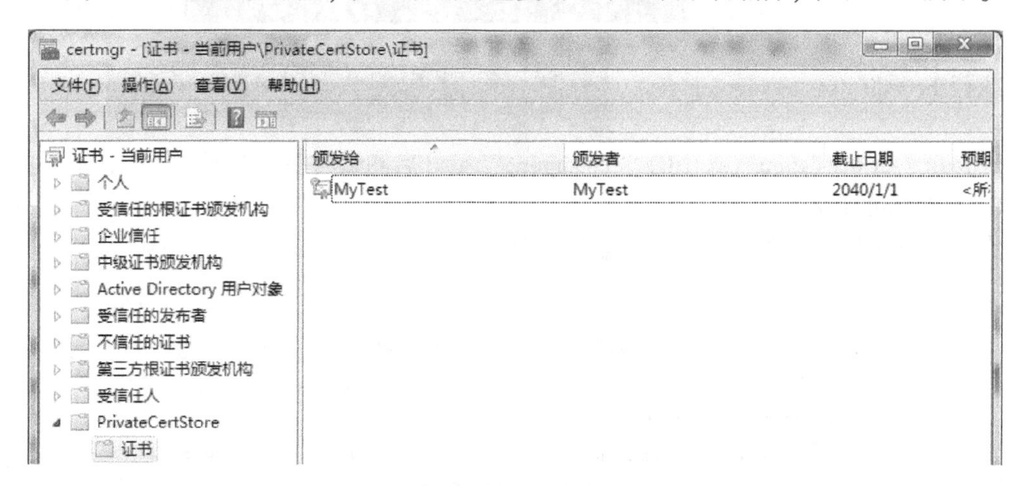

图 7.6　证书管理器中查看数字证书

从图 7.6 中可以看到，创建证书时的命令“makecert -pe -r -ss PrivateCertStore -n CN=MyTest”中，PrivateCertStore 指证书存储路径，Mytest 指证书的颁发者和使用者。

ss 和-n 分别为路径和名字的引导符，必不可少。其中，-r 表示自我认证的证书，-pe 表示这是可导出的证书。TC3 中的 C++编程示例，可以直接用此例中的字符串，除了证书名字外一个字母也不能写错。

如果有兴趣，可以用 makecert /? 和 makecert /!查到这些引导符的文本提示，如图 7.7 所示。

图 7.7　创建数字证书的相关命令

(2) 激活数字证书

以管理员身份运行“VS2013 开发人员命令提示”：

```
管理员: VS2013 开发人员命令提示
C:\Windows\system32>
```

输入命令 bcdedit /set testsigning yes 激活测试证书：

```
管理员: VS2013 开发人员命令提示
C:\Windows\system32>bcdedit /set testsigning yes
操作成功完成。

C:\Windows\system32>
```

可以用手动输入“cd/”回根目录：

用 cd Path 进入 VC 目录：

```
管理员: VS2013 开发人员命令提示
C:\>cd Program Files (x86)\Microsoft Visual Studio 12.0\VC
C:\Program Files (x86)\Microsoft Visual Studio 12.0\VC>
```

执行 bcdedit /set testsigning yes：

```
C:\Program Files (x86)\Microsoft Visual Studio 12.0\VC>bcdedit
yes
操作成功完成。
C:\Program Files (x86)\Microsoft Visual Studio 12.0\VC>
```

bcdedit /set testsigning yes 中的“testsigning”指开启测试功能，与证书无关，不可更改。

5. 配置环境变量

在“系统属性”中单击“环境变量”按钮，如图 7.8 所示。

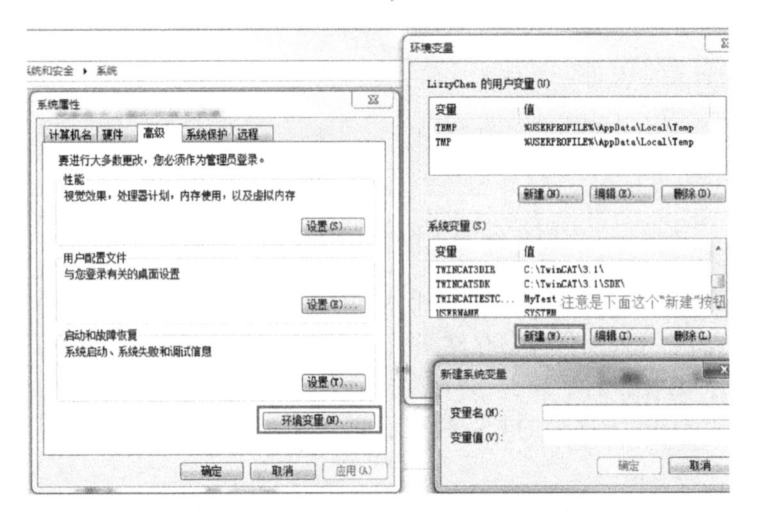

图 7.8　Windows 7 操作系统的环境变量设置界面

(1) 验证 TWINCATTESTCERTIFICATE 的变量值为“MyTest”

变量名：TWINCATTESTCERTIFICATE。

变量值：MyTest。

(2) 新增 WINDDK7 的变量值

找到编程 PC 上安装完 WINDDK 的实际路径，如图 7.9 所示。

将该路径填到环境变量，如图 7.10 所示。

做好以上步骤后必须重启计算机，你会发现计算机屏幕右下角显示以下内容，如图 7.11 所示。

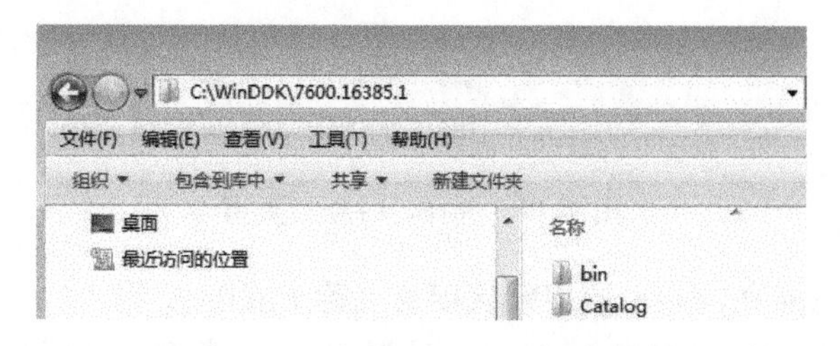

图 7.9　WINDDK 的实际路径

图 7.10　填写环境变量 WINDDKK7

图 7.11　Windows 7 测试模式标记

6. 验证 C++编程环境安装成功

随后打开 TC3，新建 C++项目，用户就会发现调用测试证书编译成功。

最后如果用户的计算机进行以上操作后运行程序还是会有报错，则可以把环境变量中 WDK 的变量值最后加“\”。

7.2　实现 C++项目模板

最简单的 C++项目，只要选择 C++模板创建，不必编写代码就可以看到运行结果。这是由于模板本身自动创建了一个 .h 和 .cpp，并且自动创建了必要的代码，包括一行变量自累加的代码。工程实例化以后，在编程 PC 上直接运行，就能看到变量的变化了。

通过观察分析模板创建的项目 C++相关文件和代码，并试运行，可以感受 C++编程的基本原理和步骤。这些操作非常简单，为了节约篇幅，本节描述不截屏，步骤如下。

1. 新建 C++项目

在 Solution 的 TwinCAT 项目中，在 C++下面新建项目，选择项目类型，如图 7.12 所示。

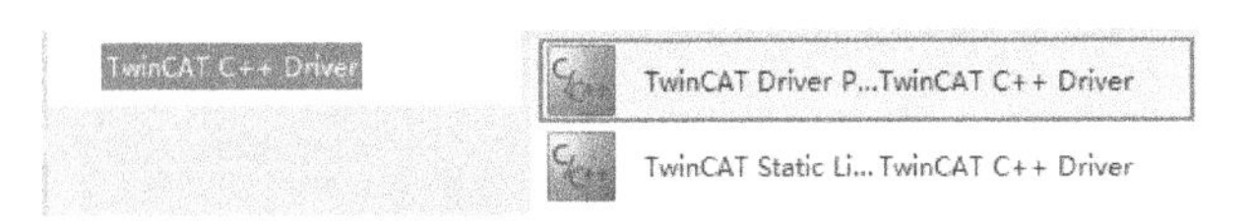

图 7.12　选择 C++项目类型

选择 TwinCAT Driver Project，使用默认项目名称 Untitle1。

按模板提示新建 TwinCAT Module Class，选择 Module 类型，如图 7.13 所示。

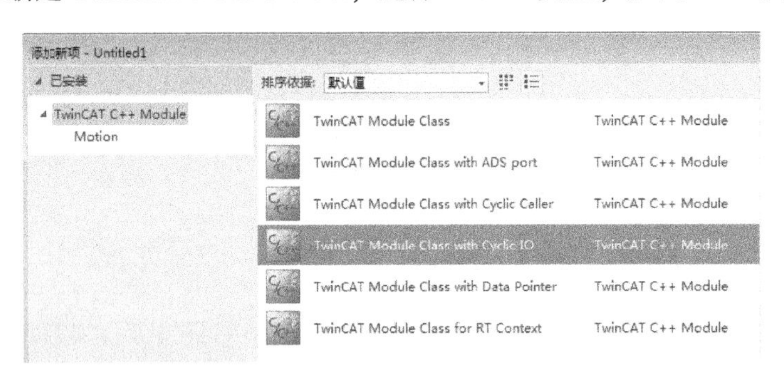

图 7.13　选择 C++ Module 类型

选择 Cyclic IO 类型，模板提示新建 Class、. h 文件和 . cpp 文件，如图 7.14 所示。

使用默认名称 Module1，模板会自动创建 Module1. h 和 Module1. cpp 等相关文件，如图 7.15所示。

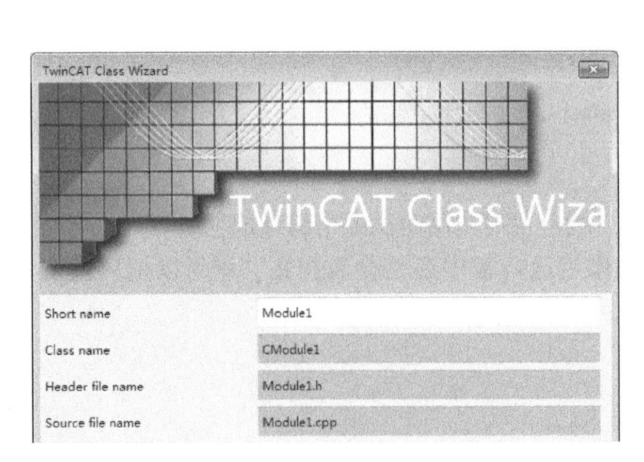

图 7.14　C++ Module 文件命名

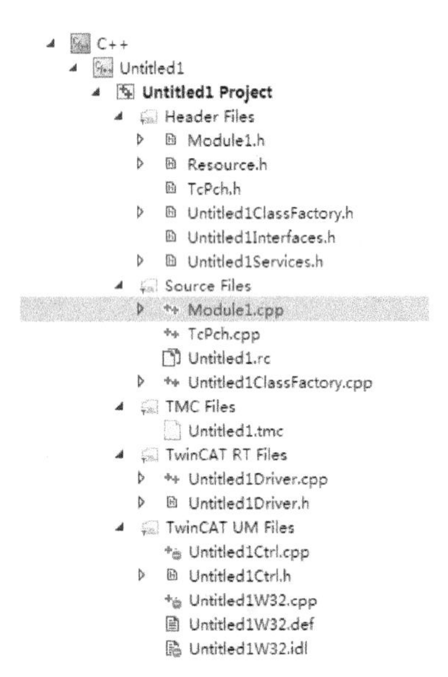

图 7.15　自动新建的 C++文件

第一次创建这些文件，需要等待一段时间。

2. 编译 C++ Class

模板自动创建的文件中，包含了将来被 TwinCAT 调用的所有接口以及状态机。其中最重要的是 Module1. cpp 中的 CycleUpdate，如图 7.16 所示。

CModule1
~CModule1()
AddModuleToCaller()
CycleUpdate(ITcTask *, ITcUnknow
RemoveModuleFromCaller()
SetObjStateOS()
SetObjStatePS(PTComInitDataHdr)
SetObjStateSO()
SetObjStateSP()

图 7.16　C++ Module 中的 CycleUpdate

双击 CycleUpdate 显示代码，如图 7.17 所示。

```
Module1.cpp    Module1.h    TcDef.h
(全局范围)

///<AutoGeneratedContent id="ImplementationOf_ITcCyclic">
HRESULT CModule1::CycleUpdate(ITcTask* ipTask, ITcUnknown* ipCaller, ULONG_PTR context)
{
    HRESULT hr = S_OK;

    // TODO: Replace the sample with your cyclic code
    m_counter+=m_Inputs.Value;
    m_Outputs.Value=m_counter;

    return hr;
}
///</AutoGeneratedContent>
```

图 7.17　CycleUpdate 中的代码

以后创建的所有代码都是要在 CycleUpdate 里面被调用，然后才可以被 TwinCAT Runtime 所执行。它的作用相当于 PLC 里面的 Main。现在只是观察自动创建的 C++代码，不要做任何改动，编译项目即可。

选中 C++下的 “Untitile1 Project”，从右键菜单选择 “Build”（有的中文 VS 译为 “生成”）。

如果 TC3 的 C++开发环境安装成功，编译就会通过。否则，请检查 7.1 节 “C++编程环境的安装”。

3. 创建 C++ Module 的 TcCom Object

C++代码编译成功后，他的 TMC 文件就自动生成了。和其他 C++的 Class 一样，需要实例化为 Object 才会运行，如图 7.18 所示。

选择要插入的 Module，如图 7.19 所示。

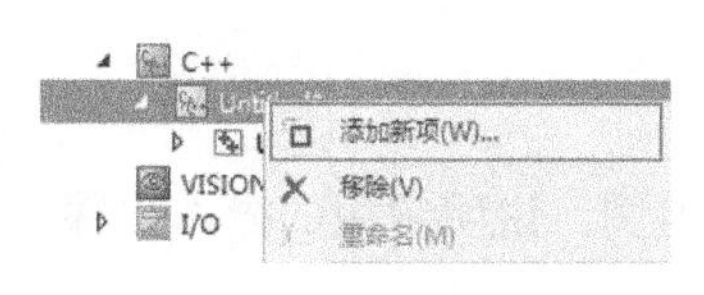

图 7.18　添加新项

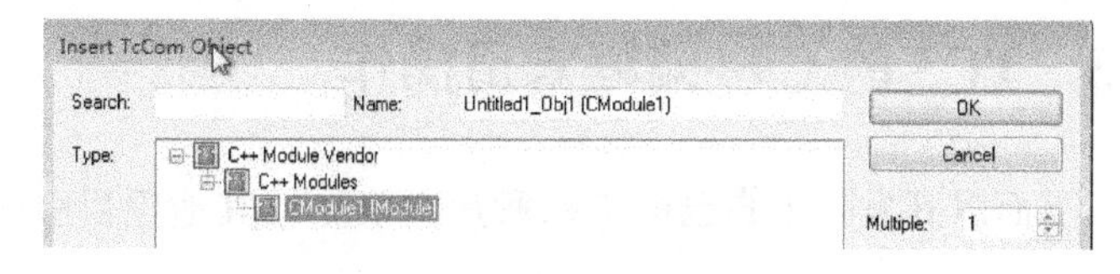

图 7.19　选择要插入的 Module

这里只有一个 Module，所以按默认选择的 Module1，用默认的名字 Untitled1_Obj1，单击 OK 后可以看到 C++项目中增加了 Untitled1_Obj1，展开可见其 Input 及 Output 变量，如图 7.20 所示。

4. 把 C++的 TcCom Object 指定到任务

实例建好之后，每个 Module 需要对应一个任务。因为 C++里面不会默认创建一个标准的任务，所以要手动新建，然后就可以给 Module 绑定一个任务。双击 Untitled1_Obj1，在其配置界面的 Context 页 Result 表的 Task 列，选择调用这个 Object 的任务。如图 7.21 所示。

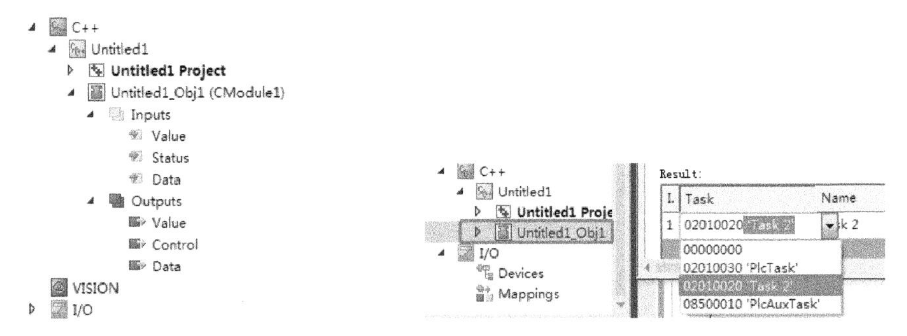

图 7.20　插入的 Module 下的接口变量　　　　图 7.21　选择执行 Object 的任务

图 7.21 中引用了新建的任务 Task 2。

5. 激活工程

激活工程，把工程下载到 TwinCAT 实时核运行。找到 Untitled1_Obj1，根据 CycleUpdate 中的代码：

```
m_counter+=m_Inputs.Value;
m_Outputs.Value=m_counter;
```

修改输入变量 Value 的值为 10，输出变量 Value 就会以 10 为步长自累加，如图 7.22 所示。

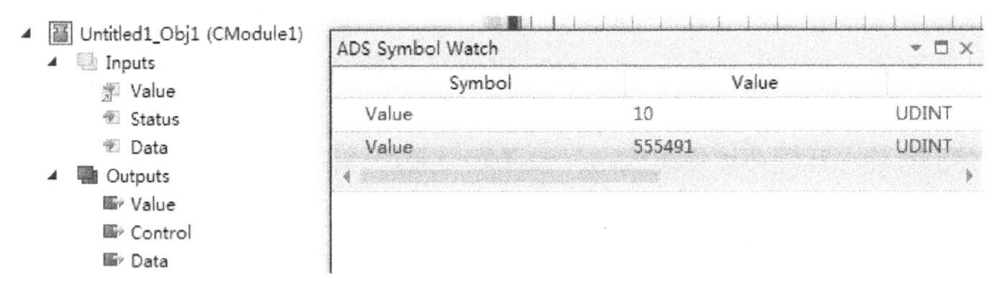

图 7.22　输入变量和输出变量的变化

提示：选中变量 Value，右键选择 “Add to watch”，才能显示上面的 ADS Symbol Watch。

7.3　TC3 的 C++编程常用操作

下面以开发一个自己的 C++程序并发布给其他项目引用为例，说明常用的操作步骤。

7.3.1　编辑 Class 并添加自定义函数

在上一节按向导创建的 C++项目的基础上，增加一个 Module。

1. 创建第 2 个 Module

通过工程向导来创建一个 Class，名为 “CMyClass”，如图 7.23 所示。

选择第 1 个，普通的 C++ Module，如图 7.24 所示。

Module 命名为 MyClass，如图 7.25 所示。

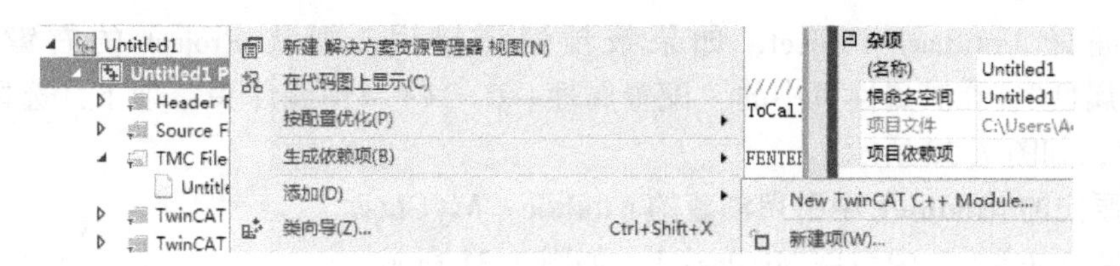

图 7.23　添加 C++ Module

图 7.24　选择 C++ Module 的类型

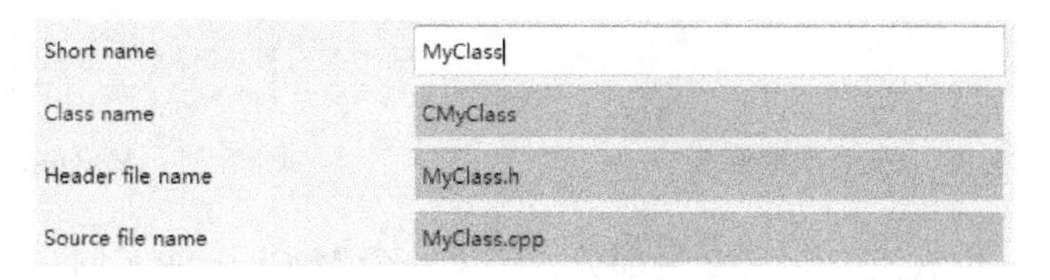

图 7.25　C++ Module 的命名

模板主会自动创建 . h 和 . cpp 文件，默认为 public。

可以看到 MyClass. h 和 MyClass. cpp，如图 7.26 及图 7.27 所示。

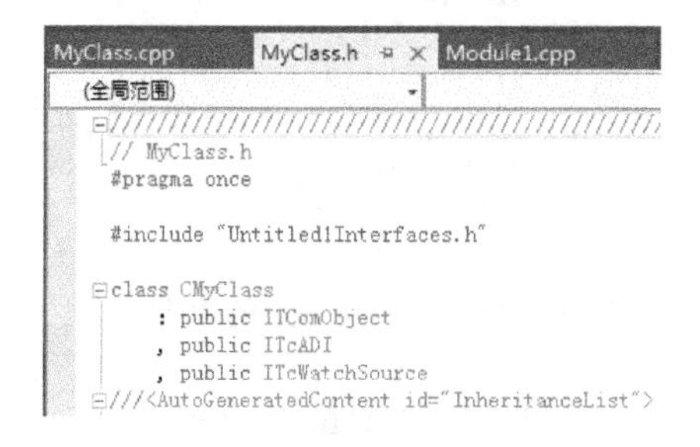

图 7.26　MyClass. h 的内容

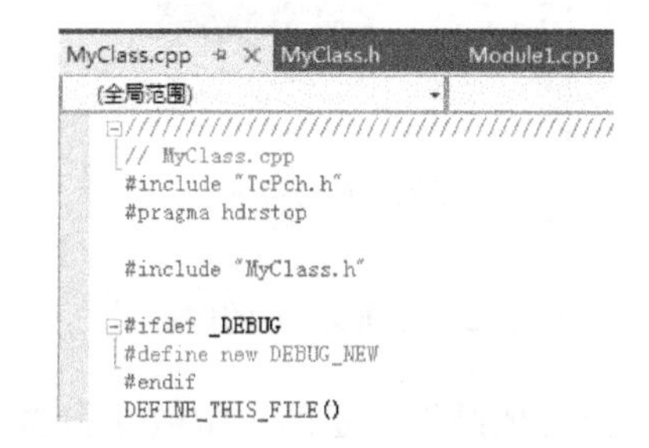

图 7.27　MyClass. cpp 的内容

在 . h 里增加一个加法的函数，然后在 . cpp 里写实现的代码，如图 7.28 及图 7.29 所示。

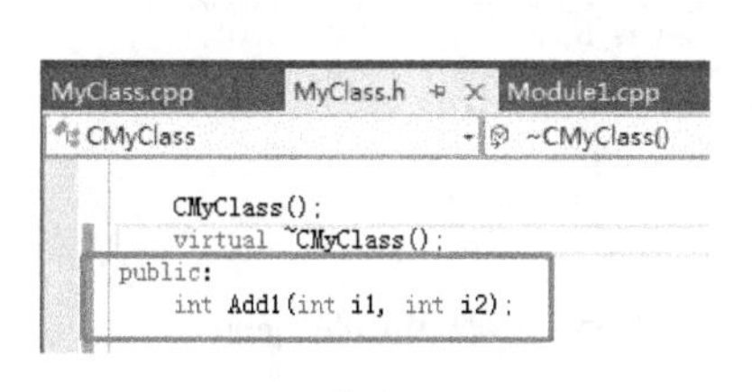

图 7.28　修改 MyClass. h

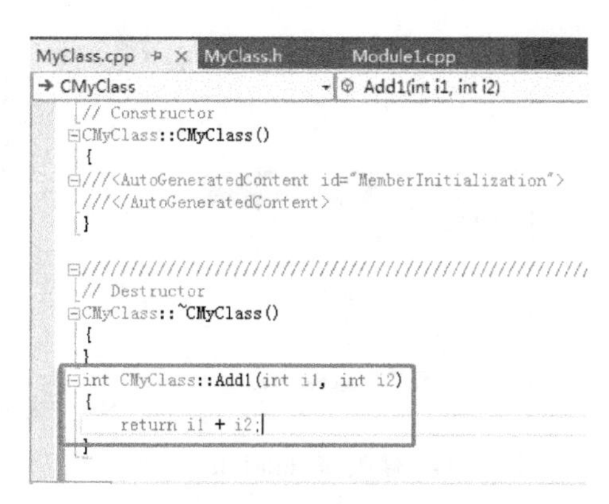

图 7.29　修改 MyClass. cpp

重新编译 Untitled1 Project，如果报预编译错误，则从 Project 的右键菜单选择“Property/属性”，在其属性页中的“配置属性→C/C++→预编译头”项下，选择“不使用预编译头”，如图 7.30 所示。

2. 在原先的 Module1 中引用创建的 Module：MyClass

首先在 Module1.h 中引用 MyClass.h，如图 7.31 所示。

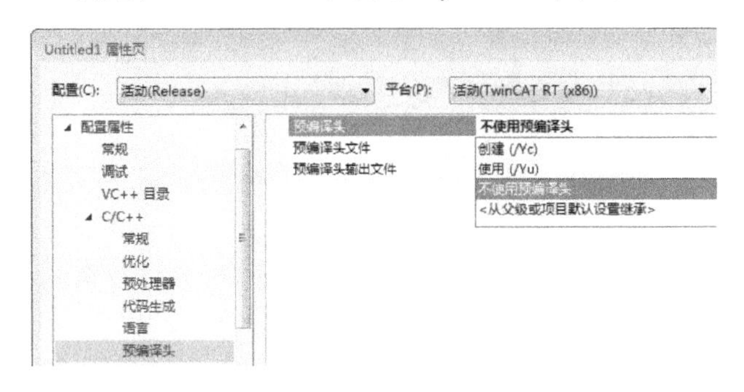

图 7.30　取消预编译头

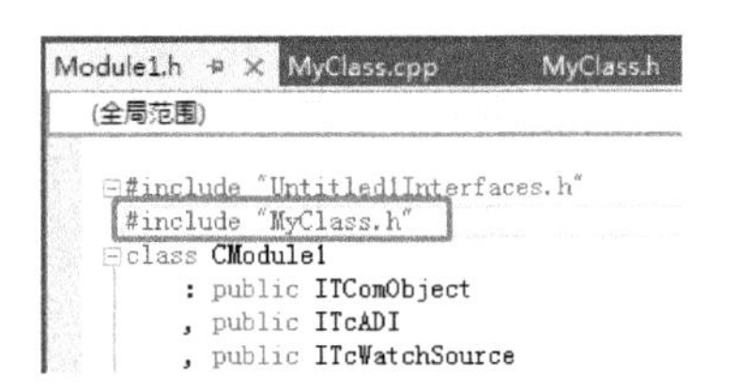

图 7.31　Module1 中引用 MyClass.h

再在 Module1.h 中找到自定义变量部分，定义一个 MyClass 的实例。

然后就可以在 Module1.cpp 中使用函数 Add1()了，如图 7.32 及图 7.33 所示。

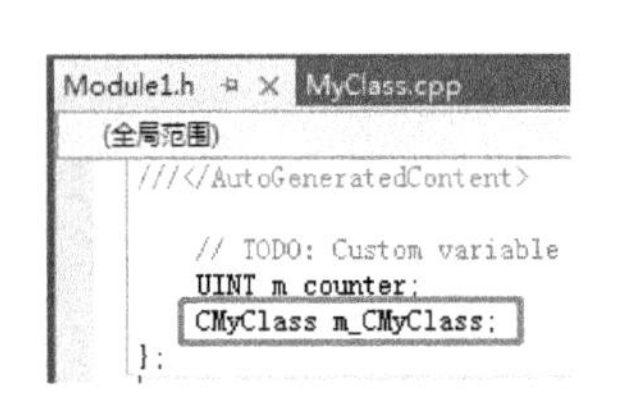

图 7.32　Module1.h 的内容

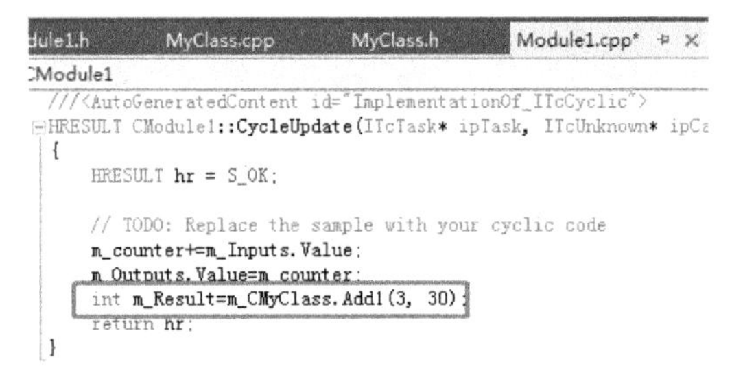

图 7.33　Module.cpp 的内容

例中运算的结果，是两个常数 3 和 30 相加的结果赋给中间变量 m_Result。

实际上这样的运算是没有意义的，通常程序中是需要用 Add1()函数来计算两个变量，输出给另一个变量。这就需要先在 Module1.h 中找到自定义变量部分，增加两个整数变量，并在 Module1.cpp 的构造函数中给这两个变量赋初值，如图 7.34 及图 7.35 所示。

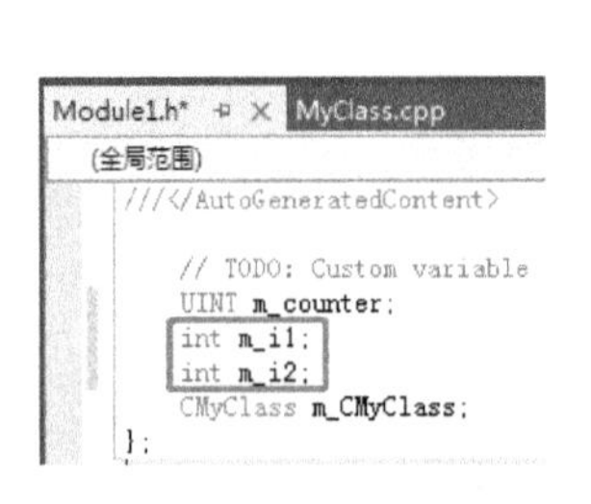

图 7.34　修改 Module1.h

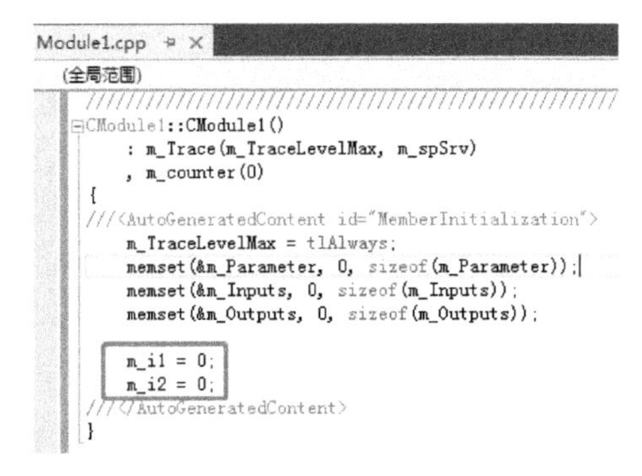

图 7.35　修改 Module1.cpp

注意：与 PLC 中变量定义自动赋初值不同，在 C/C++中，定义变量后需要在构造函数初始化的时候手动赋初值。

最后在 Module1. cpp 中的 Add1( ) 函数运算代码如下，如图 7. 36 所示。

3. 调试代码，验证计算结果

首先在 Real-Time 的 C++ Debugger 选项卡中勾选 “Enable C++ Debugger”，如图 7. 37 所示。

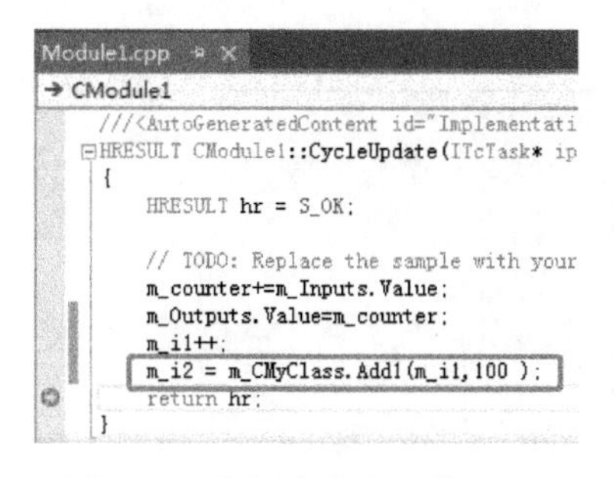

图 7. 36　调用自定义函数 Add1

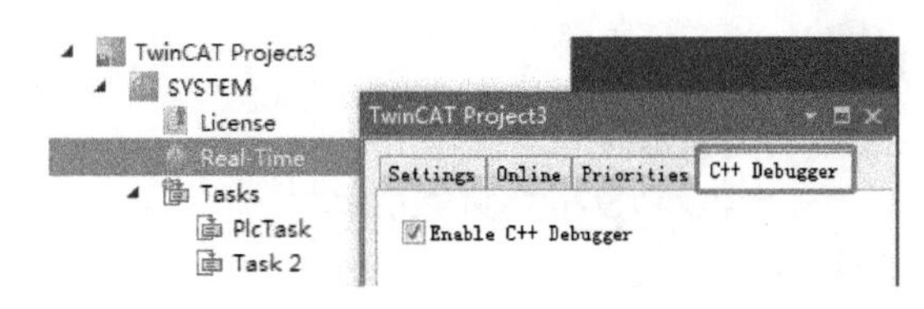

图 7. 37　启用 C++ Debugger

然后激活当前工程（假定已添加和绑定了任务），如图 7. 38 所示。

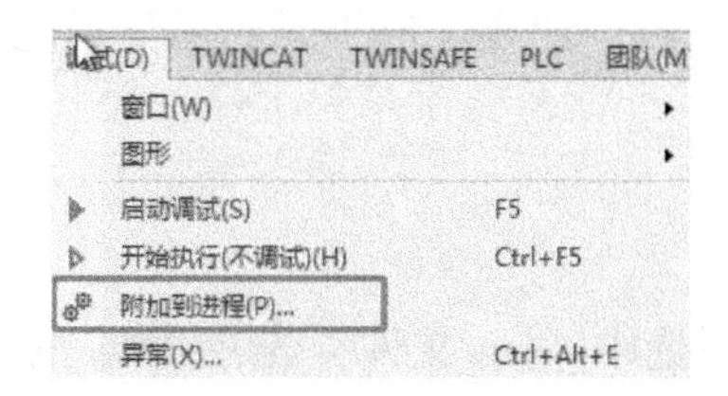

图 7. 38　从主菜单进入附加进程

在弹出的对话框中选择 TwinCAT XAE，如图 7. 39 所示。

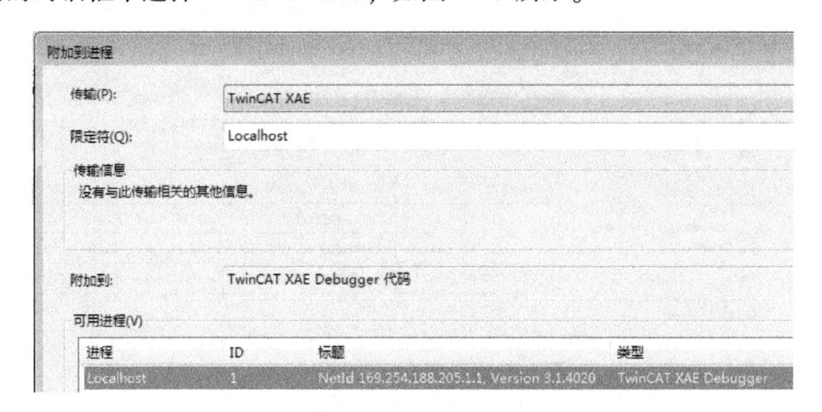

图 7. 39　选择 TwinCAT XAE 附加进程

这样设置之后，就可以在代码中加断点了。在 PLC 里有 OnlineChange 功能，C++中没有这个功能，有任何修改都要重新编译和激活。现在可以启动调试了，如图 7. 40 所示。

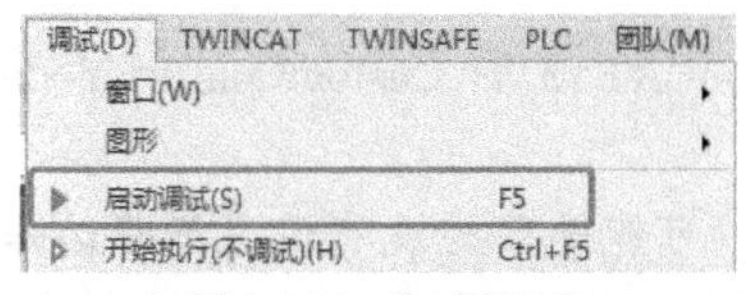

图 7. 40　启动调试

用过 VS 在 User Mode 下的 C/C++编程的人都知道，想监视程序某个变量的话必须要设置一个断点才能看到这个变量的当前值。为了方便调试，TwinCAT 3 给 C++调试提供了一个功能“Live Watch”，可以看到当前运行的这个对象里所有变量。

从主菜单：Debug→Windows→TwinCAT Live Watch，可以打开 Live Watch，如图 7.41 及图 7.42 所示。

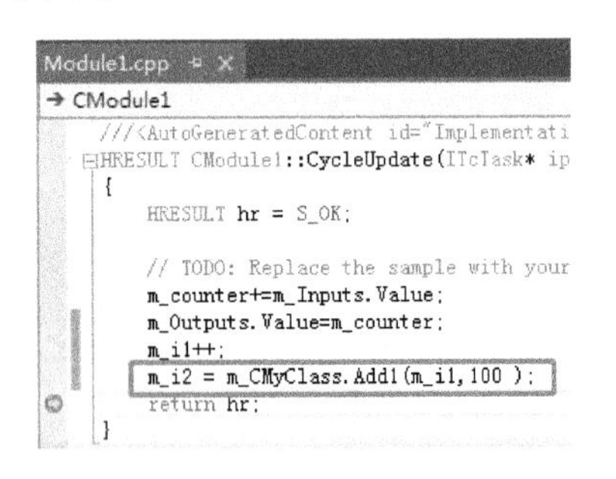

图 7.41　在 Module1. cpp 中设置断点

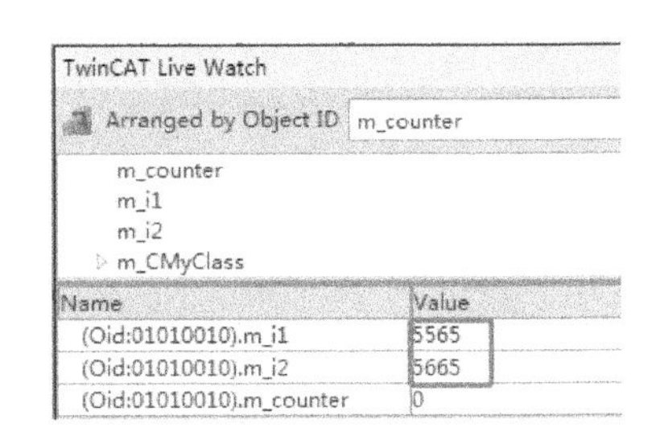

图 7.42　在 Live Watch 中观察变量

在 Live Watch 中双击想要显示的变量，其值就显示在窗口下方的列表中。如果想验证函数运算是否正确，就可以设置断点，让程序停下来再看变量之间的关系。

7.3.2　发布自己的代码

1. 选择发布平台

在 C++项目的 TMC Files 下选中 . tmc 文件，先在 TMC 的 Deployment 中设置发布的目标平台，如图 7.43 所示。

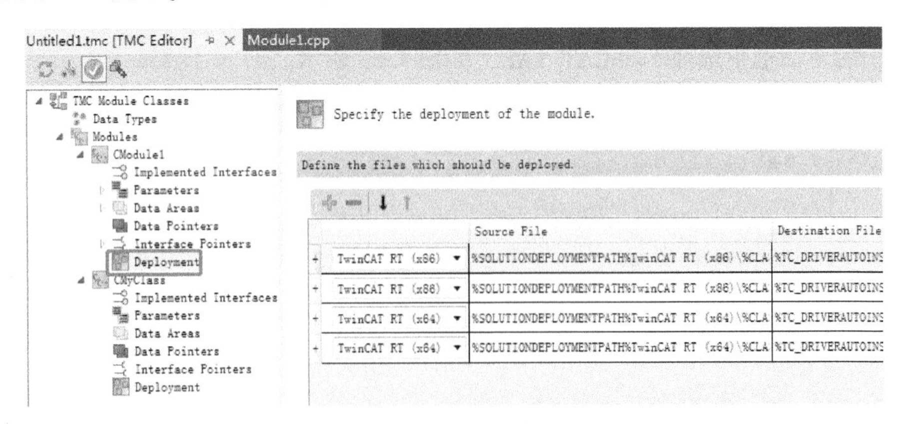

图 7.43　设置发布的目标平台

2. 更新 TMC，发布 C++模块

然后先单击 TwinCAT TMC Code Generator，更新 TMC 代码，再单击 TwinCAT Publish Modules，发布 C++模块，如图 7.44 所示。

3. 查找和复制导出的模块

如果导出成功，在 C:\TwinCAT\3. 1\CustomConfig\Modules 可以找到导出的模型，如图 7.45 所示。

提示： 如果没有导出模型，可能是因为没有设置好预编译的环境。

TMC 非常重要，所有 TcCOM 模型都通过 TMC 的 UI 的方式来实现代码的编辑。

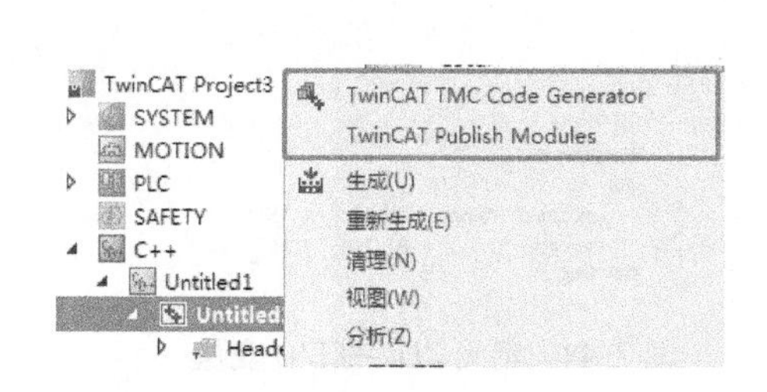

图 7.44　更新和发布 C++ Module

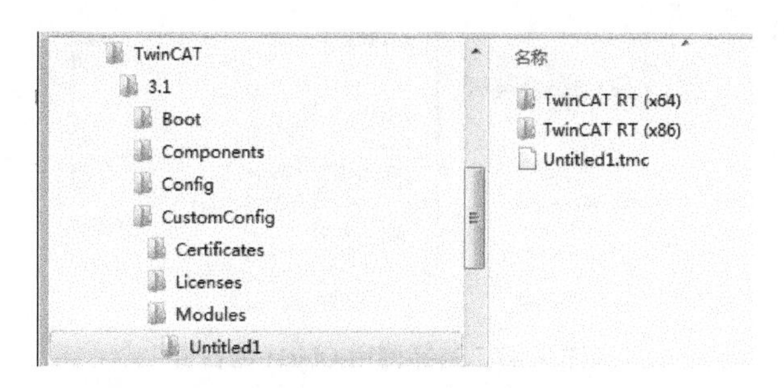

图 7.45　编程 PC 上的自定义 C++ Module

7.3.3　C++模块的引用

上一步导出的 C++模型，要在新的项目中引用，可以在本机的新项目中引用，复制到其他 TC3 编程 PC 的"\TwinCAT\3.1\CustomConfig\Modules"路径下供新项目引用。

步骤如下。

1）添加 Task。

默认的任务名称为 Task 2，设为 Auto Start，周期 10 ms。

2）加入 TcCOM 组件的实例对象。

在 SYSTEM 下的 TcCOM Objects 右键菜单中选择"添加新项/ Add New Item"，弹出的对话框中就包含了编程 PC 的"\TwinCAT\3.1\CustomConfig\Modules"路径下的所有 Module 类，如图 7.46 所示。

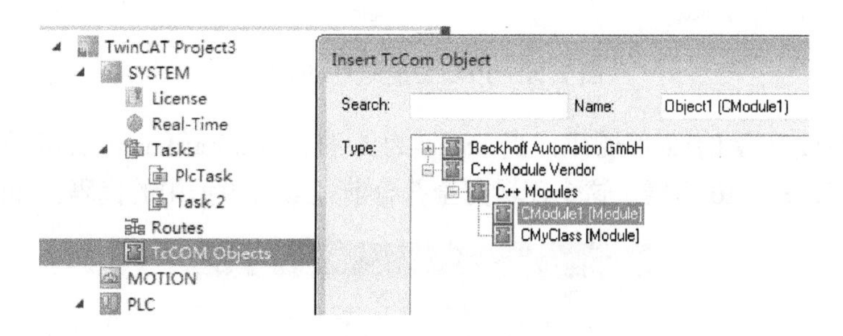

图 7.46　在 SYSTEM 下添加 TcCOM Objects

上例中的 Module1 是带 I/O 刷新的模块，而 CMyClass 只定义了一个函数供 Module1 引用。为了与 PLC 通过简单 I/O 映射就能交换数据，选择 Module1。

3）指定 C++的实例 Object1 的调用任务。

双击 Object1，可见其 Input 和 Output 变量。

在其 Context 页面中选择 Task2 为调用任务，如图 7.47 所示。

4）添加和编辑 PLC 程序。

不用编写任何代码，只建立两个变量与 C++模型的两个接口变量对应。

注意要建成为%I 和%Q 型，以便生成 TMC 文件时，显示在 I/O 变量中，如图 7.48 所示。

编译成功后，就可以在 PLC 程序的 TMC 文件中看到这两个变量。

在 PLC 的变量映射到 C++模型对象变量，如图 7.49 所示。

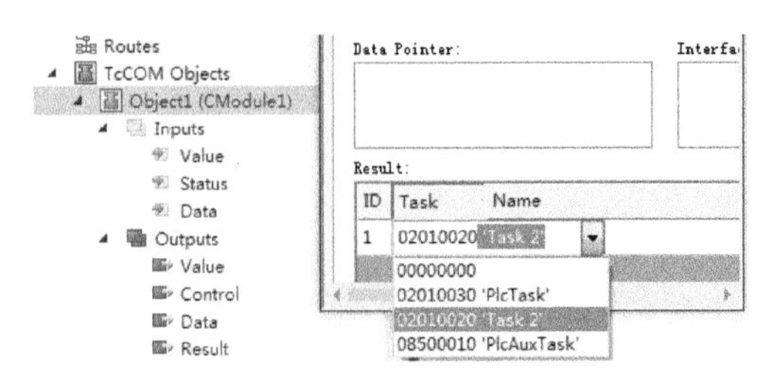

图 7.47 选择调用 Object 的任务

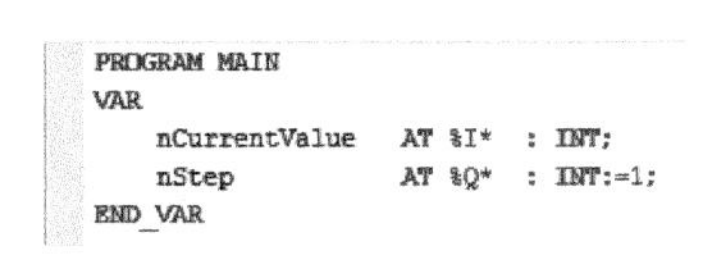

图 7.48 定义 PLC 的 I/O 变量

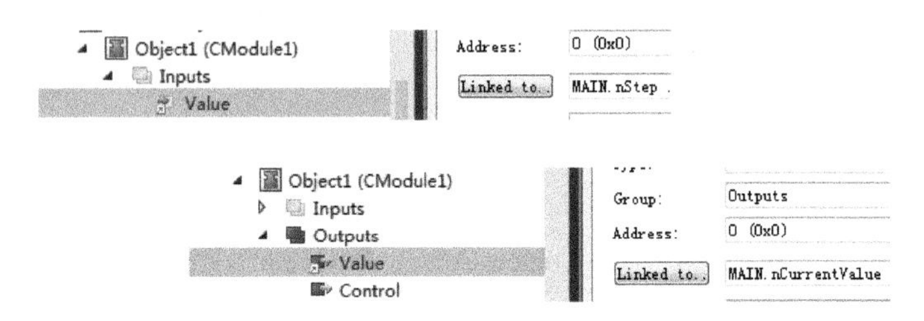

图 7.49 C++ Object 与 PLC 的变量映射

5）激活配置，测试结果。

激活配置，观察 Main 程序的变量，如图 7.50 所示。

TwinCAT_Device.Untitled2.MAIN

Expression	Type	Value
nCurrentValue	INT	24306
nStep	INT	1

图 7.50 PLC 变量的 Online 值

可以看到 PLC 变量的改变规律：当 nStep 为 1 时，nCurrentValue 以步长为 1 递增，当 nStep 为 10 时则以步长 10 递增。这个逻辑完全符合前述 C++模型中的代码，如图 7.51 所示。

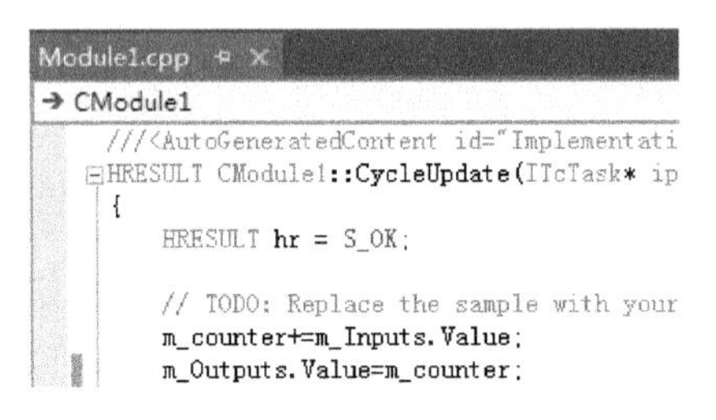

图 7.51 C++ Module 的源代码

虽然这段代码在新的项目中已经完全不可见，但其逻辑通过 TcCOM 组件的对象生效。

7.3.4 功能拓展

读者可以思考以下问题，并做测试来验证。为节约篇幅，这里不提供截屏。

1）修改 Module1 中的 CycleUpdate 代码，更新运算的逻辑。

2）PLC 如何才能调用 Module1 引用的 MyClass 中的函数 Add1？

3）C++的 Module 是否可以引用到没有 VS 环境的编程 PC 开发的项目中？

4）C++的 Module 是否可以下载到没有 TC3 C++授权的控制器上运行？

7.4 常用功能的实现方法

7.4.1 定义 C/C++项目的数据区域

(1) 普通数据区

在 TMC 中可以看到 Module1 的 Data Area，可以增加多个数据区，如图 7.52 所示。

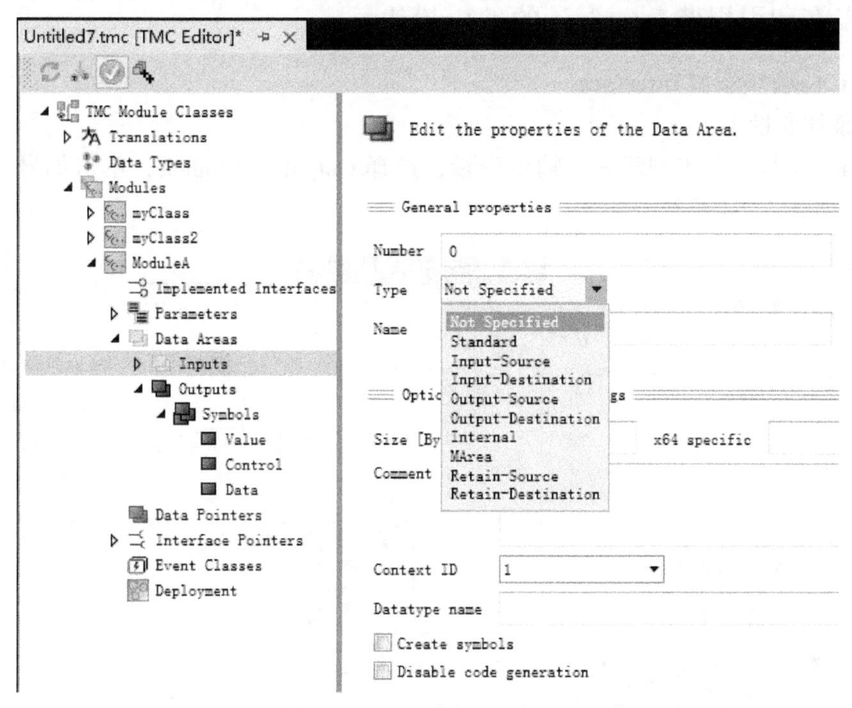

图 7.52 TMC 中的 Data Area

在 TMC 中定义的数据区，可以在 .h 文件中看到自动生成的变量声明代码，如图 7.53 所示。

```
Module1.h
CModule1
    CTcTrace m_Trace;

///<AutoGeneratedContent id="Members">
    TcTraceLevel m_TraceLevelMax;
    Module1Parameter m_Parameter;
    Module1Inputs m_Inputs;
    Module1Outputs m_Outputs;
    ITcCyclicCallerInfoPtr m_spCyclicCaller;
///</AutoGeneratedContent>

    // TODO: Custom variable
    UINT m_counter;
    int m_i1;
    int m_i2;
    CMyClass m_CMyClass;
};
```

图 7.53 自动生成的变量声明代码

再定义一个 C++的工程，就可以演示两个模型之间，以变量映射的方式进行通信。

（2）数据区指针

可以定义 DataArea Pointer，指向 Data Area。

使用指针时，需要在 Module 里初始化。

（3）CMoulde 对象的 ADS 接口

如果创建 C/C++项目时，选择 With ADS Port，基于这个 Class 建立 Object 时，就要求给它分配 ADS 端口。然后对象的内部变量就允许通过 ADS 端口和变量名访问了。

7.4.2 发布和引用带 Interface 的 C++模块

1. 为 C++模块添加 Interface

（1）添加变量

打开 tmc 文件，首先创建一个输出变量，选择 Outputs→Symbols，单击加号“+”新建一个变量。如图 7.54 所示。

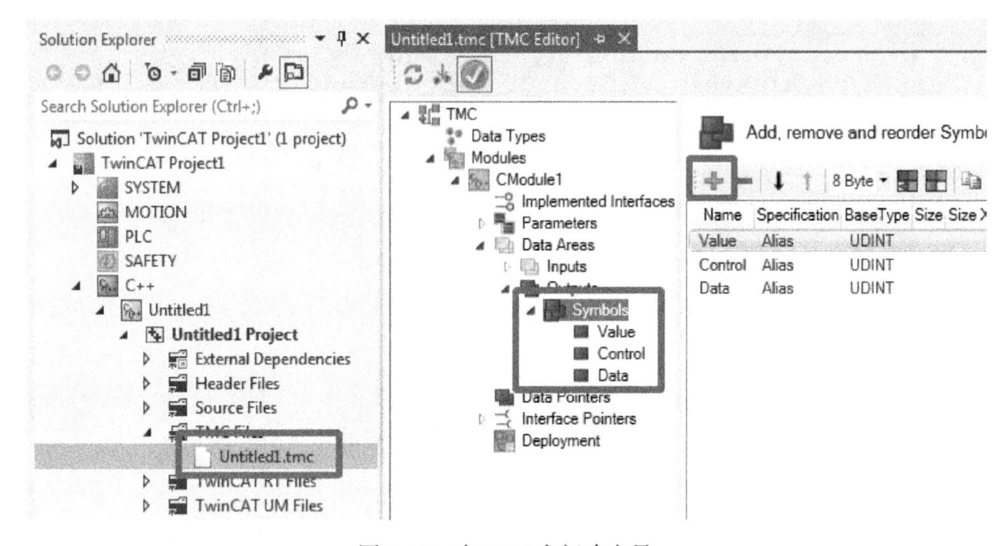

图 7.54 在 TMC 中新建变量

随后修改新建变量的变量名和类型为 BOOL，如图 7.55 所示。

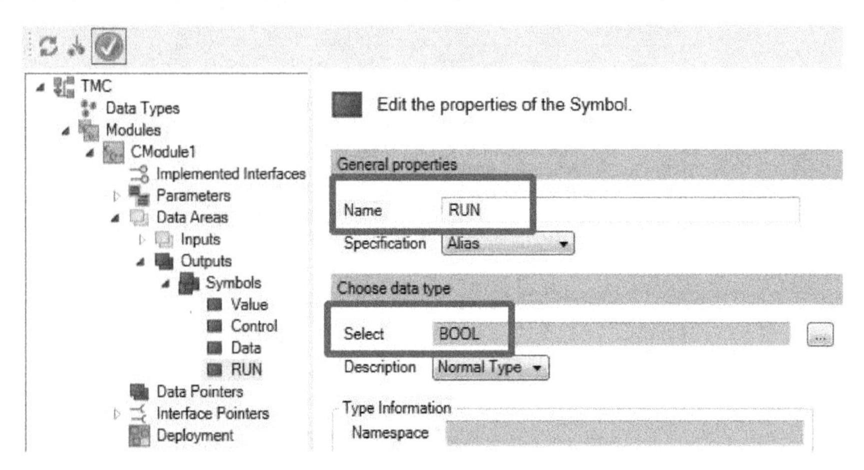

图 7.55 修改变量名和类型

（2）添加 Interface

右键 Data Types，单击 Add new interface，如图 7.56 所示。

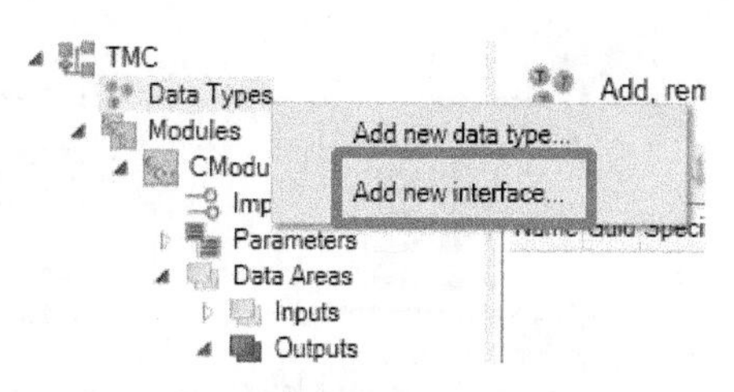

图 7.56　添加 Interface

随后在新建接口下新增一个方法，并且修改接口名字和两个方法的名字。

例如，接口名：I_Plccontrol，方法名：Set 和 Reset，另外再加个 Clear（仅供测试）。

操作完成后，可以在树形结构中看到新增的 Method，如图 7.57 所示。

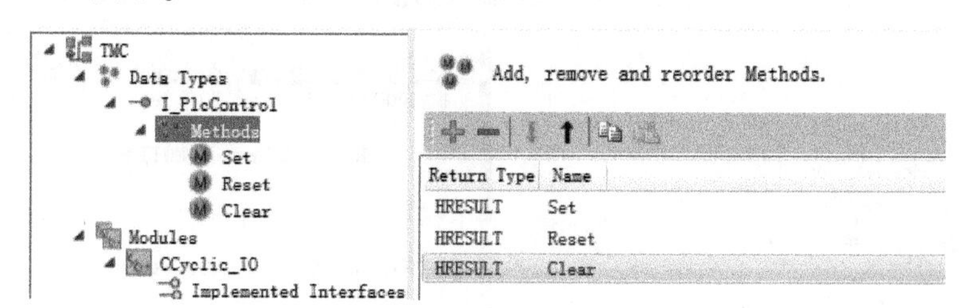

图 7.57　增加 Method

（3）实现 Interface

接口和方法创建好后，开始实现它，所以选择 Implemented Interfaces，单击加号“+”，如图 7.58 所示。

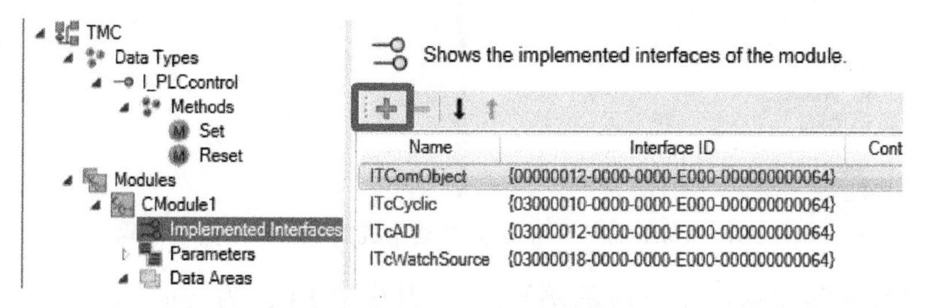

图 7.58　增加 Implemented Interface

找到刚才创建的 Interface 进行添加，如图 7.59 所示。

Choose data type...

Name	Namespace	Guid	Specification	Size
I_PLCcontrol (local)		{d8f1c134-4cef-48c4-94dd-e5ec7b2b3a93}	Interface	
ITcAppServices		{08500102-0000-0000-e000-000000000064}	Interface	4.0 (8.0)
ITcAppServices2		{08500104-0000-0000-e000-000000000064}	Interface	4.0 (8.0)
ITcBaseClassFactory		{00000018-0000-0000-e000-000000000064}	Interface	4.0 (8.0)

图 7.59　找到现有的 Interface

随后就出现在了 Implemented Interfaces 栏中，如图 7.60 所示。

（4）生成 TMC 代码

TMC 编辑完毕后，右键 C++项目，单击 TwinCAT TMC Code Generator，即生成 TMC 代码。

2. 为 Interface 添加代码

在 Module1.cpp 中就可以看到 TMC Code Generator 自动生产的 Interface 实现代码，如

图 7.61 所示。

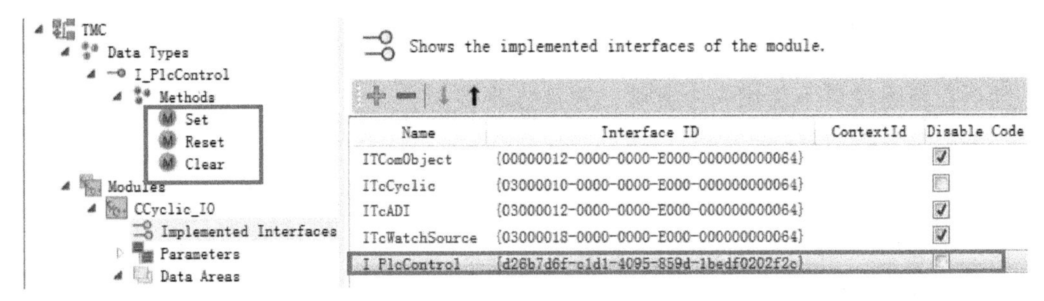

图 7.60　成功添加的接口实现

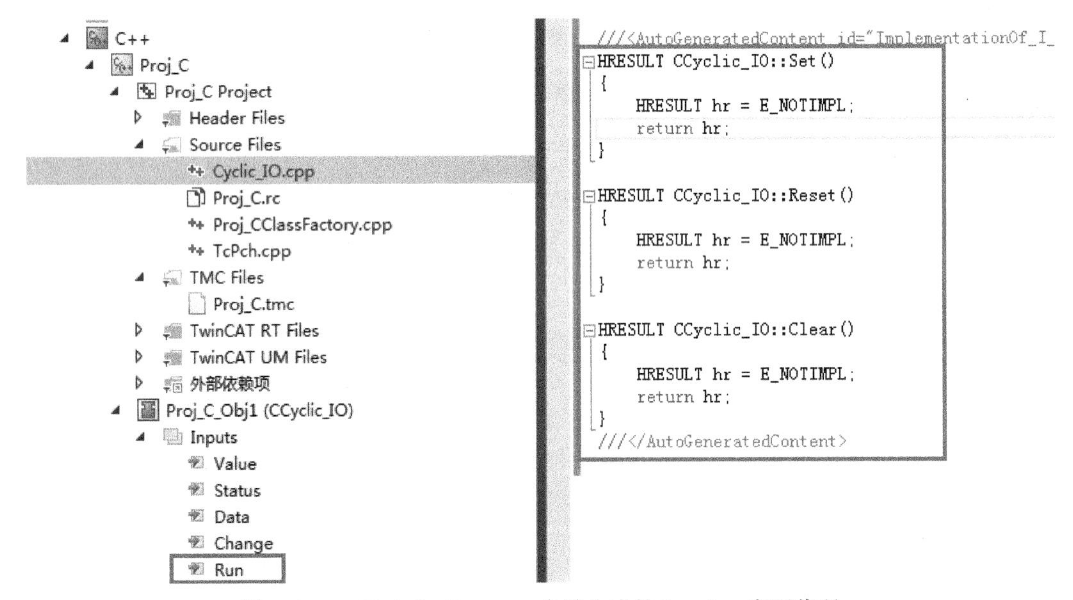

图 7.61　TMC Code Generator 自动生成的 Interface 实现代码

写一个简单的实现这两个方法的例子，Set 方法中 RUN 为 true，Reset 方法中 RUN 为 false，如图 7.62 所示。

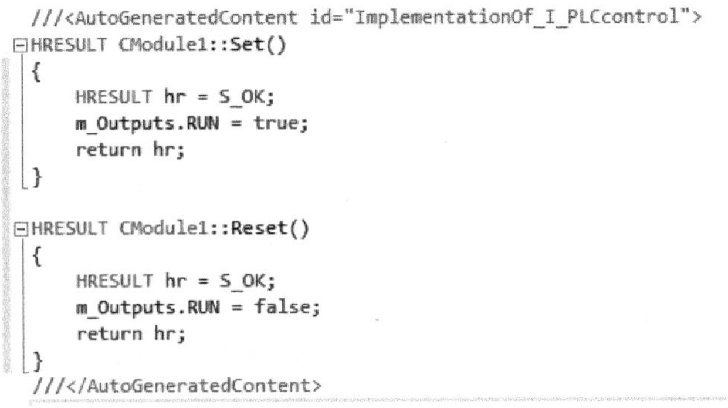

```
///<AutoGeneratedContent id="ImplementationOf_I_PLCcontrol">
HRESULT CModule1::Set()
{
    HRESULT hr = S_OK;
    m_Outputs.RUN = true;
    return hr;
}

HRESULT CModule1::Reset()
{
    HRESULT hr = S_OK;
    m_Outputs.RUN = false;
    return hr;
}
///</AutoGeneratedContent>
```

图 7.62　修改 Set 和 Reset 中的代码

写好实现代码后右键项目进行编译检查是否有错，注意区分大小写。

3. 建立引用 C++模块 Interface 的 PLC 程序

新建 PLC 项目，如图 7.63 所示。

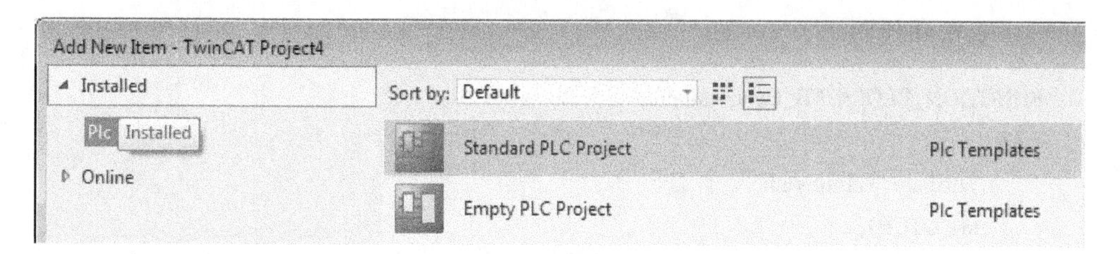

图 7.63　选择 Standard PLC Project

（1）新建功能块

添加功能块，修改功能块名称并把“实现”打勾，如图 7.64 所示。

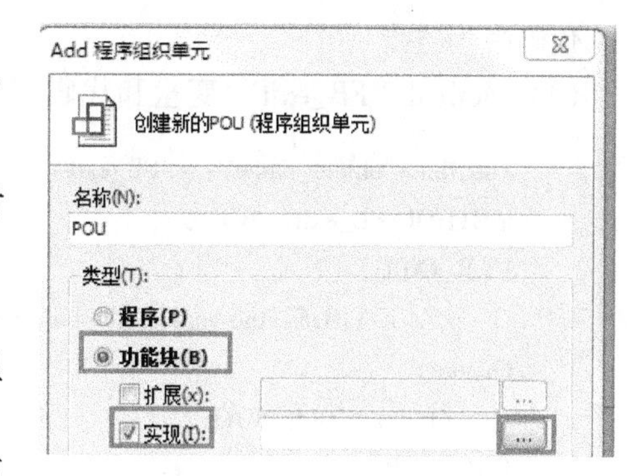

图 7.64　添加 Function Block

选择实现 Interface 的功能块，并选择 C++对象带来的 I_PlcControl，如图 7.65 所示。

（2）编辑功能块

默认实现这个接口的功能块是空的，所以里面有很多 Method 需要自己写，如图 7.66 所示。

首先把不必要的一些 Method 删除，只留下 Reset 和 Set，并且根据需求可以增加 FB_init 和 FB_exit 等。对于要与 CModule 通过 Interface 交互的 FB，必须要有 FB_Init，用于初始化接口指针，以避免指针为 0 时被程序调用，导致程序异常，如图 7.67 所示。

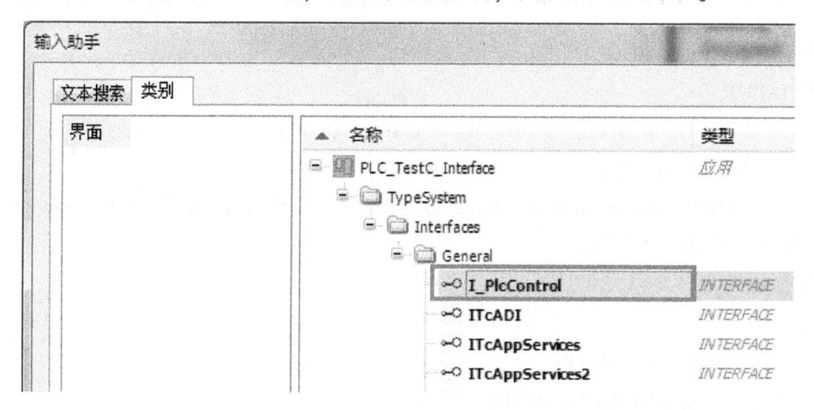

图 7.65　选择 Interface

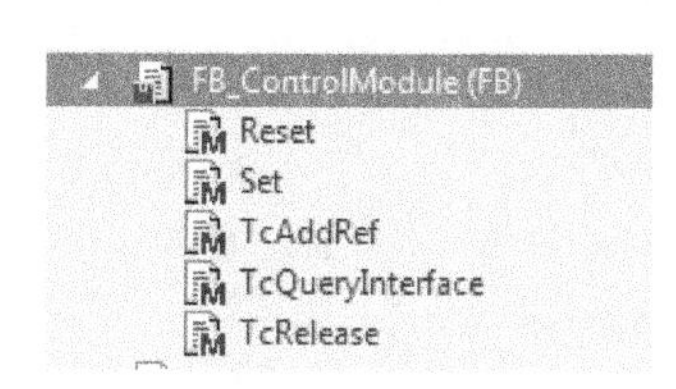

图 7.66　实现 Interface 的 FB 自动生成 Method

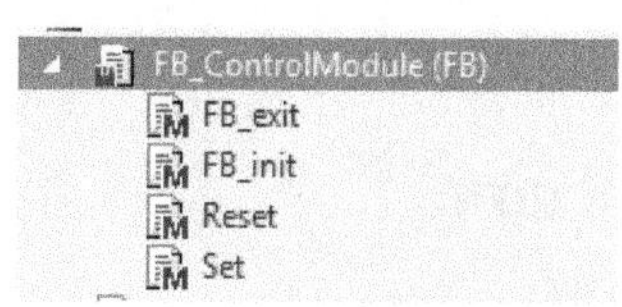

图 7.67　特殊功能的 Method

配套文档 7-1
例程：PLC 经 Interface 访问 C++模型对象

接下来写简单的代码，以下代码仅供参考。

说明：以下代码中，FB_exit 和 FB_init 的代码最好从例程中复制。例程见配套文档 7-1。

(3) FB 变量和代码

```
FUNCTION_BLOCK FB_ControlModule
VAR
    {attribute 'TcInitSymbol' := ''}
    oid: OTCID;
    ip_PlcControl: I_PLCControl;(*要换成实际 Interface 的名字*)
END_VAR
```

代码区为空。

(4) Method "FB_exit" 变量和代码

```
{attribute 'object_name' := 'FB_exit'}
METHOD FB_exit : BOOL
VAR_INPUT
    /// if TRUE, the exit method is called for exiting an instance that is copied afterwards (online
change).
    bInCopyCode: BOOL;
END_VAR
```

代码区为空。

(5) Method "FB_Init" 变量和代码

以下代码是为了获取 CMoulde 的 Interface，使用时直接复制，如果不理解就不要改动。

```
METHOD FB_init : BOOL
VAR_INPUT
    /// if TRUE, the retain variables are initialized (warm start / cold start)
    bInitRetains: BOOL;
    /// if TRUE, the instance afterwards gets moved into the copy code (online change)
    bInCopyCode: BOOL;
END_VAR
VAR
    nResultGetObjSrv: DINT;
    nResultGetip_PlcControl: DINT;
    ip_ObjectServer: ITComObjectServer;
END_VAR
```

代码：

```
IF ip_PlcControl = 0 THEN
    // get objectserver
    nResultGetObjSrv := FW_ObjMgr_GetObjectServer(oidApp:= _Appinfo.ObjId, pipSrv:=ADR(ip
_ObjectServer));

    IF nResultGetObjSrv = 0 AND ip_ObjectServer <> 0 THEN
        // pointer to opjectserver ok, get interfacepointer to module
        nResultGetip_PlcControl := ip_ObjectServer.TcQueryObjectInterface(oid:=oid , iid:=IID_I_
```

```
PLCControl , pipItf:=ADR(ip_PlcControl) ); (* IID_I_PLCControl 基于 Interface 名 *)
        IF nResultGetip_PlcControl <> 0 THEN
            FB_init := TRUE;
        ELSE
            FB_init := FALSE;
        END_IF
        ip_ObjectServer.TcRelease();
        FB_Init := TRUE;
    ELSE
        FB_Init := FALSE;
    END_IF
END_IF
```

(6) Method "Reset" 和 "Set" 的变量和代码

根据接口不同，要实现的功能不同，以下示例仅供参考。

```
METHOD reset : HRESULT
```

代码：

```
IF ip_PlcControl <> 0 THEN
    Reset := ip_PlcControl.Reset(); // call of C++ Method
END_IF

METHOD set : HRESULT
IF ip_PlcControl <> 0 THEN
    Set := ip_PlcControl. Set(); // call of C++ Method
END_IF
```

在主程序中编写调用 C++中方法的代码，如图 7.68 所示。

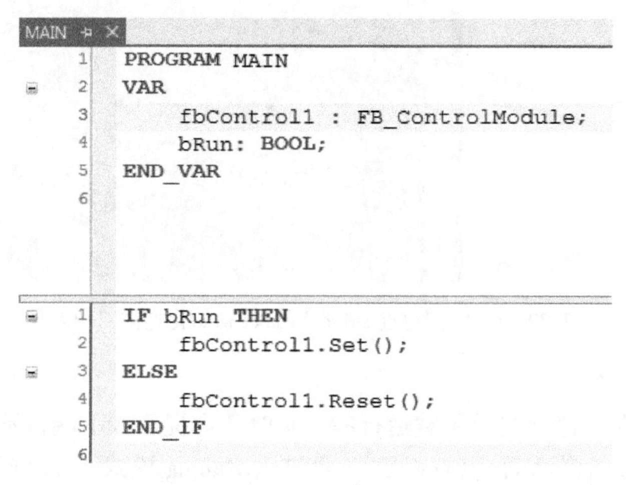

图 7.68　PLC 调用 C++的 Method

4. 指定 PLC 对象与 C++模型对象的对应关系

PLC 代码写完编译之后，就可以指定 TMC 文件中 FB 实例与 C++对象之间的对应关系了。

注意：C++对象应该提前添加且指定到Task，最好是独立于PLC Task之外的任务，如图7.69所示。

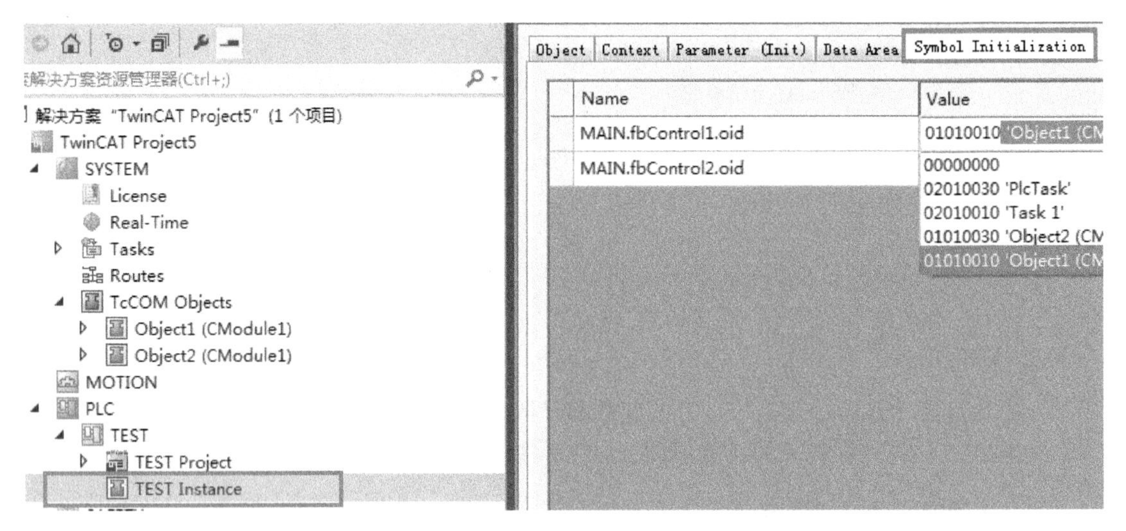

图7.69　PLC的FB实例与C++对象之间的关系指定

在图7.69的Symbol Initialization页面把fbControl1指定给Object1，把fbControl2指定给Object2，如图7.70所示。这样以后就可以通过PLC中的Main.fbControl1操作C++对象Object1，而通过Main.fbControl2操作C++对象Object2了。

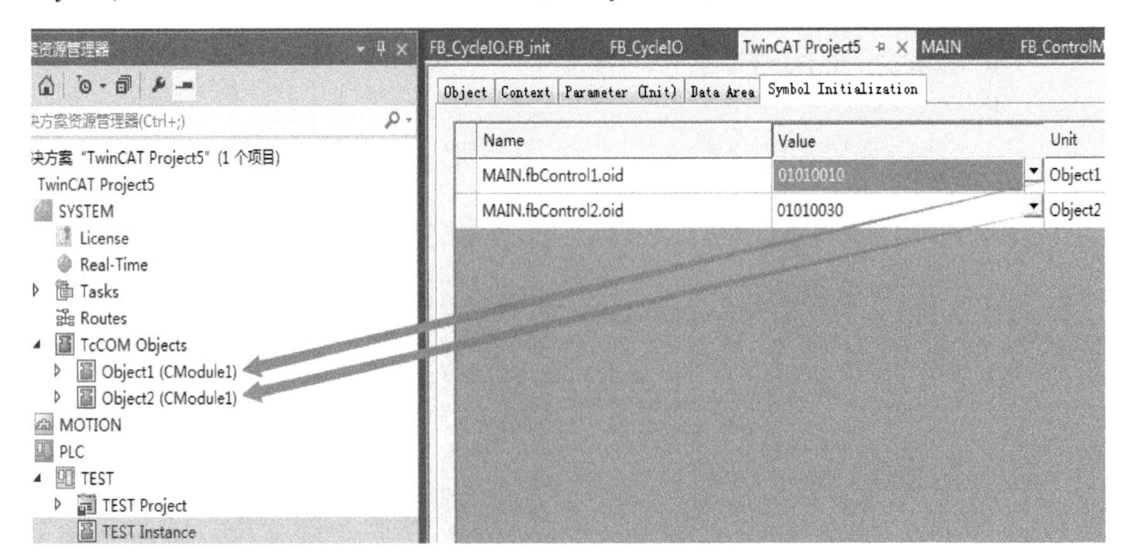

图7.70　FB实例通过oid的Symbol初始化指向C++对象

5. 激活项目并运行

只有PLC程序是要激活之后装载运行的，有时还会提示851端口不存在。而C++模型对象指定到Task，系统激活后，TwinCAT一旦进入Runing模式，C++模型对象就会自动运行，如图7.71所示。

bRun为FALSE时调用fbControl2.set()的结果，如图7.72所示。

bRun为TRUE时调用fbControl1.set()的结果，如图7.73所示。

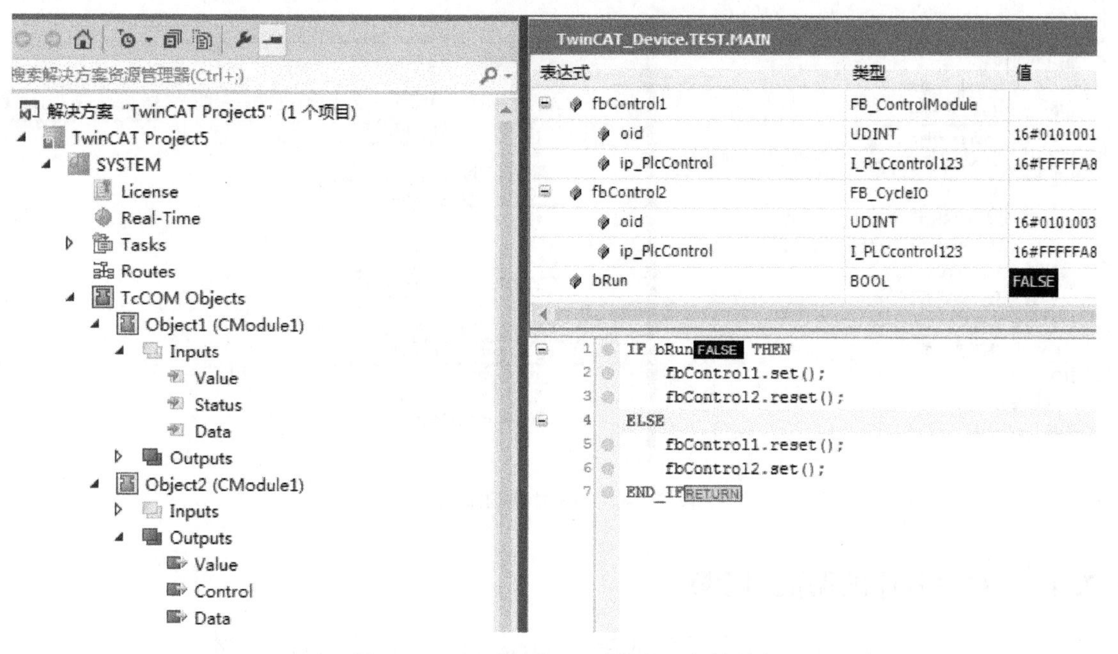

图 7.71　PLC 调用 C++对象的运行效果

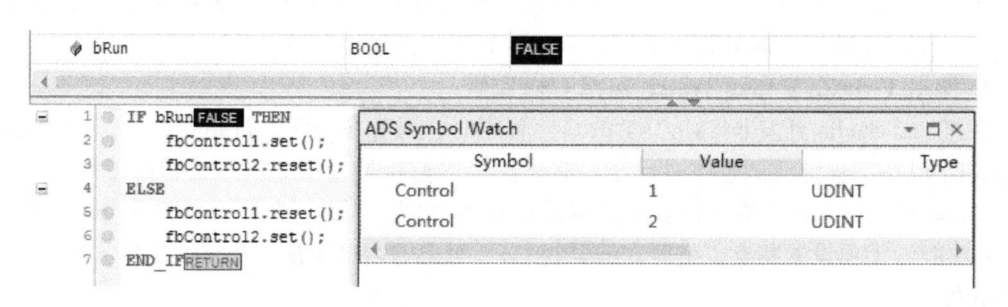

图 7.72　bRun 为 FALSE 时调用 fbControl2. set（）

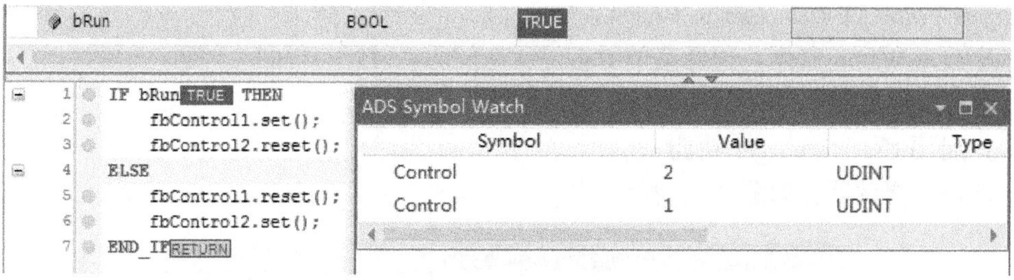

图 7.73　bRun 为 TRUE 时调用 fbControl1. set( )

由图 7.72 和图 7.73 可见，改变 MAIN 中的 bRun 值，刚好两个 C++对象中的 Outputs. Control 值对调了一下。这是由于 C++代码中 Set 和 Reset 时 m_Outputs. Control 的值不同，如图 7.74 所示。

从 MAIN 里面访问 Interface 实现加法的功能，这里有个很关键的参数叫 ObjectID，在 TC3 中模型与模型的访问非常灵活，可以完全通过代码的方式来实现，也可以通过映射的方式来实现。如果设计好的模型不希望使用者看见任何参数，可以用内部代码的方式实现模型与模型之间的访问。

```
C++
  Untitled1
    Untitled1 Project
      Header Files
      Source Files
        Module1.cpp
        TcPch.cpp
        Untitled1.rc
        Untitled1ClassFactory.cpp
      TMC Files
      TwinCAT RT Files
      TwinCAT UM Files
      外部依赖项
I/O
  Devices
  Mappings
```

```
VOID CModule1::RemoveModuleFromCaller() { ... }

///<AutoGeneratedContent id="ImplementationOf_I_PLCcontrol123
HRESULT CModule1::set()
{
    HRESULT hr = S_OK;
    m_Outputs.Control = 1;
    return hr;
}

HRESULT CModule1::reset()
{
    HRESULT hr = S_OK;
    m_Outputs.Control = 2;
    return hr;
}
///</AutoGeneratedContent>
```

图 7.74　C++对象的源代码

7.4.3　C++程序的调试和诊断

C++中可以直接使用 VS 开发环境的断点调试功能，只有遇到断点时才能监视到中间变量的值。为了像在 TwinCAT PLC 中监视变量一样监视 C++程序中的变量变化，TwinCAT 提供了 Live Watch 插件。本节就介绍 Live Watch 和断点的用法。

1. 使用 TwinCAT Live Watch 监视 C++变量

在 Visual Studio 开发非 TwinCAT 的 C++程序时，只有在程序运行到断点时，才能监视变量值。而 PLC 工程师调试程序时，任何时候都可以监视变量值。PLC 工程师使用 C++开发 Automation 程序时，没有变量的实时监视就会很不方便。为此，TC3 中提供了 TwinCAT Live Watch 功能，无须设置断点，就能在线监视 C++ 对象的内部变量。TwinCAT Live Watch 的使用步骤如下。

启用 C++ Debugger 功能：

Attach TwinCAT Debugger to Process

打开 Live Watch 窗体：选择菜单 Debug→Windows→Live Watch。

以下为步骤截图。

(1) 启用 C++ Debugger 功能

开启 C++调试器，如图 7.75 所示。

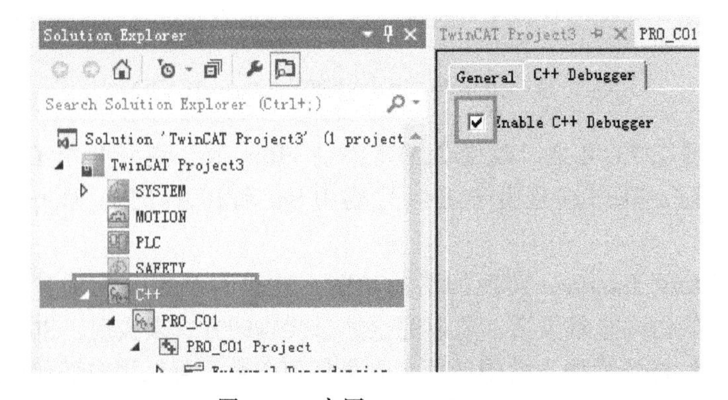

图 7.75　启用 C++ Debugger

（2）Attach to Process

单击调试菜单下的“Attach to Process”，如图 7.76 所示。

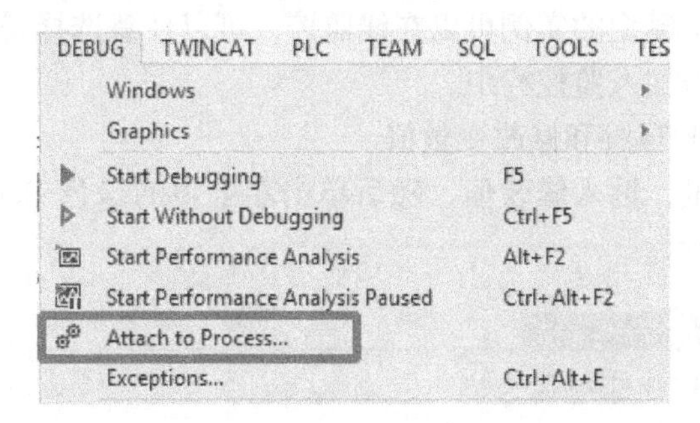

图 7.76　附加到进程

弹出对话框，把传输（Transport）改成 TwinCAT XAE，限定符（Qualifier）改成 All Routes，随后双击可用进程中想要调试的那一个进程，如图 7.77 所示。

Attach to Process

Transport: TwinCAT XAE

Qualifier: All Routes

Transport Information

There is no additional information available for this transport.

Attach to: TwinCAT XAE Debugger code

Available Processes

Process	ID	Title	Type	User Name
Localhost	1	NetId 192.168.2.104.1.1, Version 3.1.4018	TwinCAT XA...	

图 7.77　选择 TwinXAE 附加到进程

（3）Start new instance

随后右键 C++项目找到 Debug→Start new instance，如图 7.78 所示。

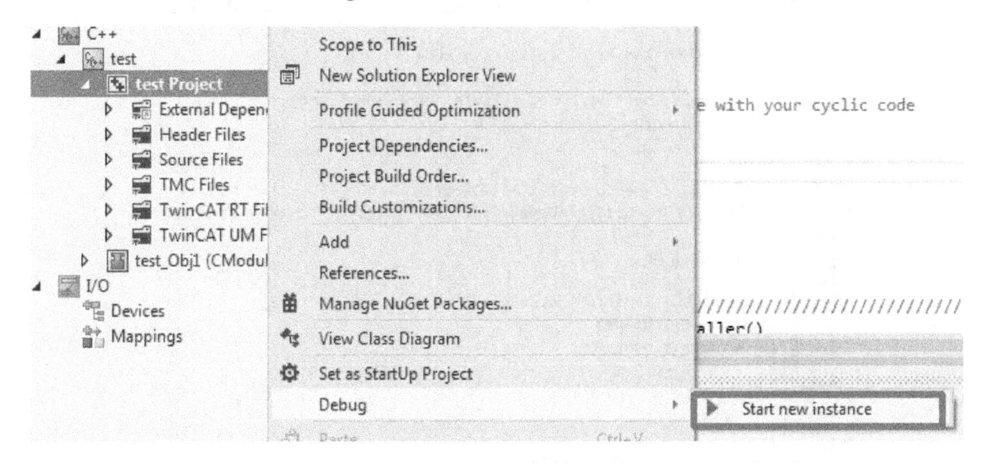

图 7.78　开启新的实例

随后会自动弹出 TwinCAT Live Watch，如果没有弹出，可以在主菜单 Debug→Windows 下选择“TwinCAT Live Watch”。

随后就可以看到一个模型的实例可以在线监控，可以任意选择需要监控的变量，比如把之前创建的两个变量双击加入监控栏中。

（4）使用 Live Watch 观察和修改变量值

双击需要修改的变量，输入修改值，随后单击左上角的绿色 Download 按钮就可以在线修改变量，如图 7.79 所示。

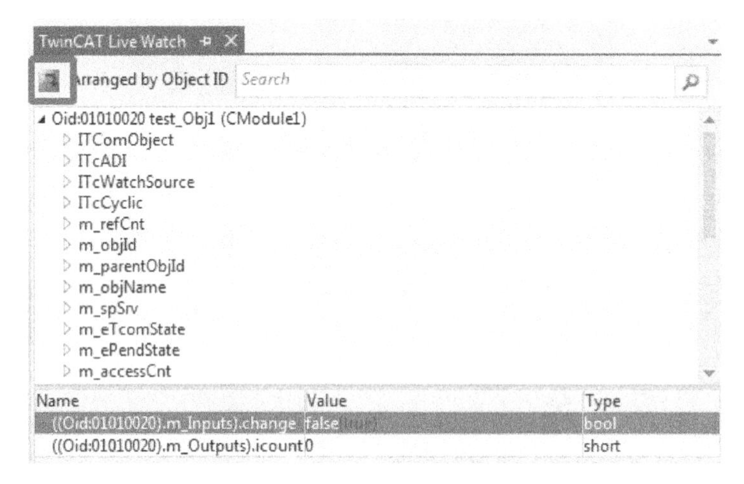

图 7.79　TwinCAT Live Watch 的界面

修改 .change 变量为 true 后，可以观察到 icount 开始循环累加，如图 7.80 所示。

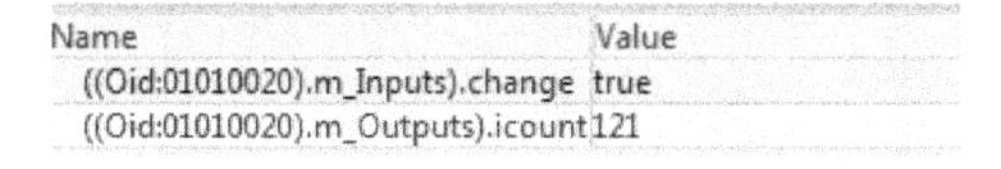

Name	Value
((Oid:01010020).m_Inputs).change	true
((Oid:01010020).m_Outputs).icount	121

图 7.80　在线观察变量

2. 在 C++代码中使用断点

当然也可以在程序中直接添加断点进行调试，添加断点的方式很简单，只需要在右边灰色框中直接单击就可以添加新断点。如图 7.81 所示。

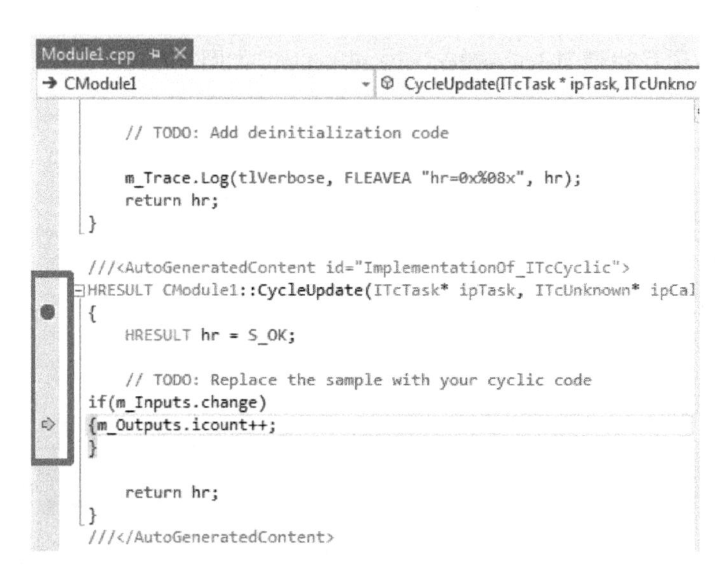

图 7.81　在程序中设置断点

通过工具栏也可以进行 step into、step over、step over 等功能，同时在消息窗口可以观察到断点位置和当前调试的整个过程，如图 7.82 所示。

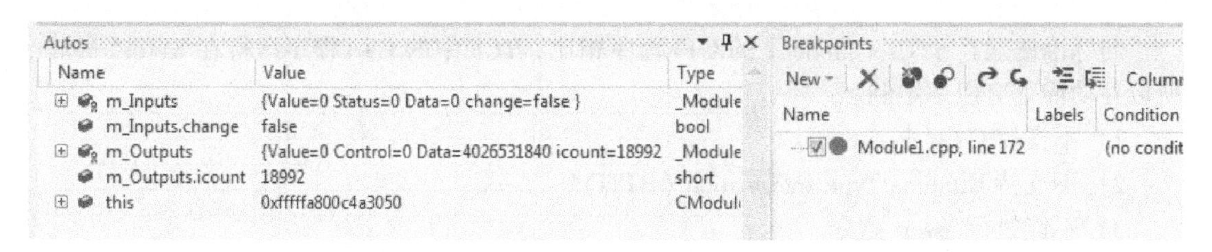

图 7.82　断点显示

7.5　集成客户 C/C++代码时的几点说明

7.5.1　哪些代码可以集成

使用 TC3 的 C++编程，极少是从空白的 C++项目开始，而是把现有的 C++代码集成到 TC3 的 C++中运行。由于 TC3 中的 C++对象是工作在 Windows 内核中，使用 TwinCAT 实时核来调度，可以精确保证实时性。所以不是所有的 C++代码都可以集成进来。

可以集成进来的文件包括两种类型：头文件“.h”和静态库“.lib”，并且文件中不能包含对 Windows API 的引用。客户自定义的头文件和静态库，在确保没有包含画面操作等 Windows API 引用的前提下，可以引用。常见的 Microsoft 提供的 .h 文件并不是为实时系统设计的，不能直接引用。为了方便用户调用，TC3 的研发部门把常用的头文件按 TC3 的要求重写了一遍，比如用 TcMath.h 实现 Math.h 的功能。这些头文件放在 TC3 的安装路径“C:\TwinCAT\3.1\sdk\Include”下。

总之，可以集成的 C++代码包括：“C:\TwinCAT\3.1\sdk\Include”下的所有 .h 文件；用户自定义的 .h 和 .lib 文件，不包含 Windows API 调用；用户现有的 .cpp 文件。

7.5.2　集成 C++代码步骤

1. “C:\TwinCAT\3.1\sdk\Include” 下的所有 .h 文件

直接在 C++代码中用“#include ××××.h”实现。

2. 用户自定义的 .h 和 .lib 文件

不得包含 Windows API 调用。

将 .h 和 .lib 文件复制到项目路径下，再使用 Add Exist Item/添加现有项。

3. 用户现有的 .cpp 文件

不得包含 Windows API 调用。

将 .cpp 文件复制到项目路径下，再使用 Add Exist Item/添加现有项。

7.5.3　TC3 中的 C++支持的功能

动态分配内存的大小受限于 Router Memory，可以在开发环境中配置。

支持 C++ 运行库函数（CRT）的子集；支持 STL 子集。

7.5.4 TC3 中的 C++不支持的功能

与标准的运行于 User Mode 下的 C++程序相比，TC3 中的 C++程序运行在 Kernel Mode，所以在功能上有以下限制。

1）不支持 C++ exceptions。

2）不支持 Runtime Type Information（RTTI）。

3）不能执行 assert 指令。

因为 assert 相当于一个中断，Kernal Mode 下用中断，程序会直接停下来，就蓝屏了。

4）硬件输入/输出函数都不支持。

User Mode 下常用的，以及 Printf、MessageBox、LoadFile、SaveFile，在 Kernal Mode 下都不能用。如果在 Kernal 模式下弹出来 MessageBox，直接就蓝屏。

5）不能使用用户模式的库文件（.dll）。

6）不能使用 Win32 API。

不能直接使用 Windows 内核模式 API，对应的功能由 TwinCAT SDK 提供。即使是倍福 ADS 相关的 API 函数也不能使用，因为那些函数也是 User Mode 下用的。倍福另外提供了 Kernel Mode 下用的 ADS Api 函数，用户可以用那些函数。

7.5.5 TC3 中的 C++需要替换实现的功能

1. Windows 的头文件的替换

在 User Mode 下编程都用 Windows 的头文件，而在 TC3 下 C/C++编程是在 Kernal Mode，都用 stdio.h 和 stdlib.h 等头文件，这是 TC3 底层为 Kernal Mode 提供的头文件，如图 7.83 所示。

```
# if defined(ANDROID_NDK)|| defined(_BORLANDC_) || defined (_QNXNTO_)
#    include <ctype.h>
#    include <limits.h>
#    include <stdio.h>
#    include <stdlib.h>
#    include <string.h>
#    if defined (_PS3_)
#       include <stddef.h>
#    end_if
```

图 7.83 TwinCAT C/C++项目中的头文件引用

2. 数学运算用 Fpu87.h 替换 Math.h

TC3 的 C++编程支持 Math.h 中的所有功能，但不能直接调用 Math.h，而是调用 TcMath.h。与 Math.h 中的函数相比，TcMath 中所有相应函数都加上后缀“_”。如果用户的 .h 或者 .cpp 中引用了 Math.h，则将“#include Math.h”替换为“#include Fpu87.h”。并将用到的函数都加后缀“_”，比如 sin 替换为“sin_”，cos 替换为“cos_”，rands 替换为“rands_”。

Fpu87.h 的作用仅仅是重新指向 TcMath.h，而 TcMath.h 中又引用了“C:\TwinCAT\3.1\sdk\Include\TcMath”下的所有 .h 文件。

3. 其他 Win32 API 的同等功能的替换

标准的 Win32 API 不能工作在 Windows 内核模式，为此 TwinCAT 3 提供了若干代替

Win32 API 的功能，见表 7.1。

表 7.1　TwinCAT 3 替代 Win32 API 的功能

Win32API	TwinCAT 3 替代功能
WinSock	TF6311 TCP/UDP real-time
Message boxes	Tracing
File I/O	Interface ITcFileAccess Interface ITcFileAccessAsync Sample19：Synchronous File Access Sample20：FileIO-Write，Sample20a：FileIO-Cyclic Read/Write
Synchronization	模块之间的通信：C 模块调用另一个 C 模块的 Method
Visual C CRT	See RtlR0. h

7.6　常见问题

7.6.1　VS2013 中打开低版本例程

此时需要升级 VC++编译器和库，如图 7.84 所示。

一旦升级过后，这个右键菜单就不再出现，正常时菜单如图 7.85 所示。

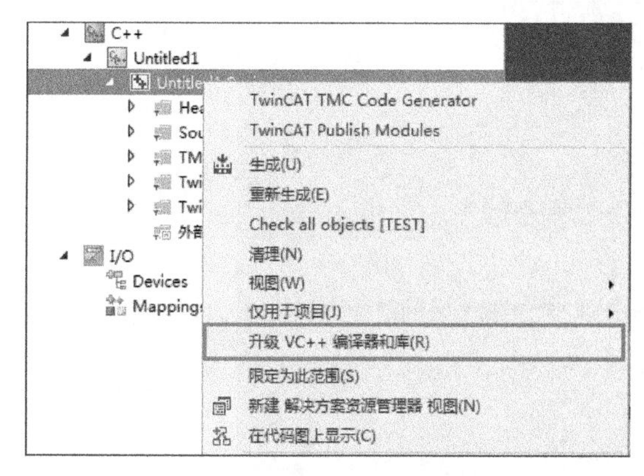

图 7.84　升级 VC++编译器和库

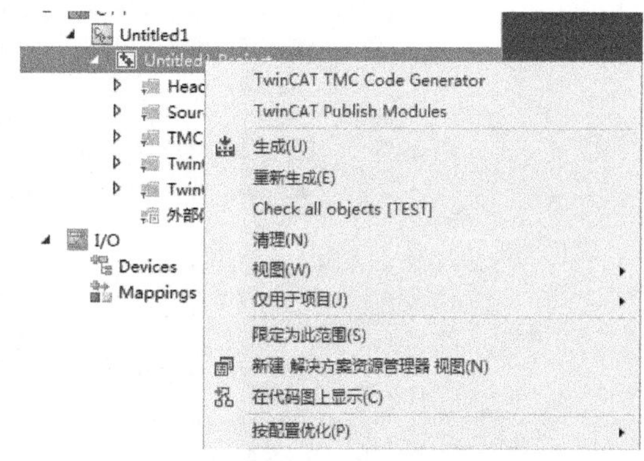

图 7.85　版本一致时不再提示升级

单击“升级 VC++编译器和库”后，系统提示升级信息，如图 7.86 所示。

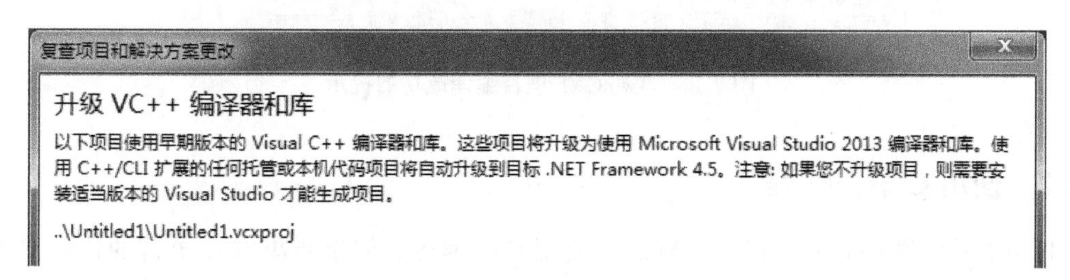

图 7.86　VC++编译器升级提示

单击“确定”按钮，开始升级，如图 7.87 所示。

```
输出
显示输出来源(S): 常规
正在升级项目“Untitled1”...
    配置“Debug|TwinCAT UM (x64)”: 将平台工具集更改为“v120”(之前为“v110”)。
    配置“Debug|TwinCAT UM (x86)”: 将平台工具集更改为“v120”(之前为“v110”)。
    配置“Release|TwinCAT UM (x64)”: 将平台工具集更改为“v120”(之前为“v110”)。
    配置“Release|TwinCAT UM (x86)”: 将平台工具集更改为“v120”(之前为“v110”)。
    配置“Debug|TwinCAT RT (x86)”: 将平台工具集更改为“v120”(之前为“v110”)。
    配置“Debug|TwinCAT RT (x64)”: 将平台工具集更改为“v120”(之前为“v110”)。
    配置“Release|TwinCAT RT (x86)”: 将平台工具集更改为“v120”(之前为“v110”)。
    配置“Release|TwinCAT RT (x64)”: 将平台工具集更改为“v120”(之前为“v110”)。
重定目标结束: 1 个已完成，0 个未通过，0 个已跳过
正在升级项目“Untitled1”...
    配置“Debug|TwinCAT UM (x64)”: 将平台工具集更改为“v120”(之前为“v110”)。
    配置“Debug|TwinCAT UM (x86)”: 将平台工具集更改为“v120”(之前为“v110”)。
    配置“Release|TwinCAT UM (x64)”: 将平台工具集更改为“v120”(之前为“v110”)。
    配置“Release|TwinCAT UM (x86)”: 将平台工具集更改为“v120”(之前为“v110”)。
    配置“Debug|TwinCAT RT (x86)”: 将平台工具集更改为“v120”(之前为“v110”)。
    配置“Debug|TwinCAT RT (x64)”: 将平台工具集更改为“v120”(之前为“v110”)。
    配置“Release|TwinCAT RT (x86)”: 将平台工具集更改为“v120”(之前为“v110”)。
    配置“Release|TwinCAT RT (x64)”: 将平台工具集更改为“v120”(之前为“v110”)。
重定目标结束: 1 个已完成，0 个未通过，0 个已跳过
```

图 7.87　编译器成功升级的提示

重新编译 TwinCAT 项目，显示“生成：成功 1 个，失败 0 个，最新 0 个，跳过 0 个”，如图 7.88 所示。

```
输出
显示输出来源(S): 生成
1>PostBuildEvent:
1>  The following certificate was selected:
1>      Issued to: MyTest
1>
1>      Issued by: MyTest
1>
1>      Expires:   Sun Jan 01 07:59:59 2040
1>
1>      SHA1 hash: 9053C1C476CE5BBC1C7EC68F6D0339E895D68579
1>
1>
1>  Done Adding Additional Store
1>  Successfully signed: C:\TwinCAT\3.1\SDK\\_products\TwinCAT RT (x64)\Release\U
1>
1>
1>  Number of files successfully Signed: 1
1>
1>  Number of warnings: 0
1>
1>  Number of errors: 0
1>
1>
1>生成成功。
1>
1>已用时间 00:00:12.91
========== 生成: 成功 1 个，失败 0 个，最新 0 个，跳过 0 个 ==========
```

图 7.88　TwinCAT 项目编译成功的提示

7.6.2　使用 C 语言编程

TC3 中要创建 C/C++项目时，默认是使用 C++编程。如果要集成 C 语言的代码或者新建 C 语言的 Class，推荐一个简便的方法。

先创建一个 Class，名为 MyClass2，然后把 .cpp 中默认的 Class 定义删掉，并且把 MyClass.cpp 中的函数 Add1 复制过来，为了区别改名为 Add2，对比两个 .cpp 文件，如图 7.89 和图 7.90 所示。

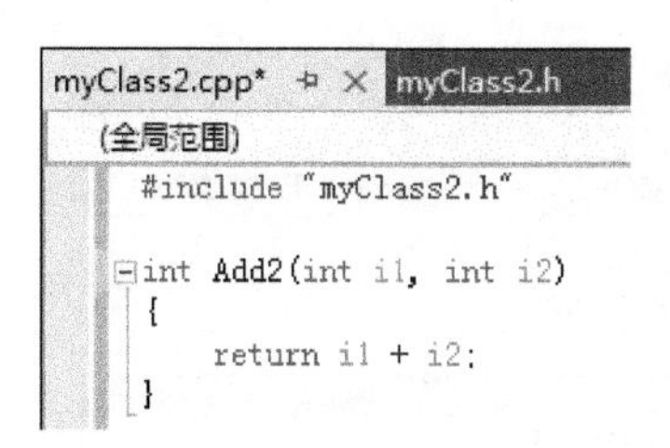

图 7.89　MyClass2.cpp 的内容

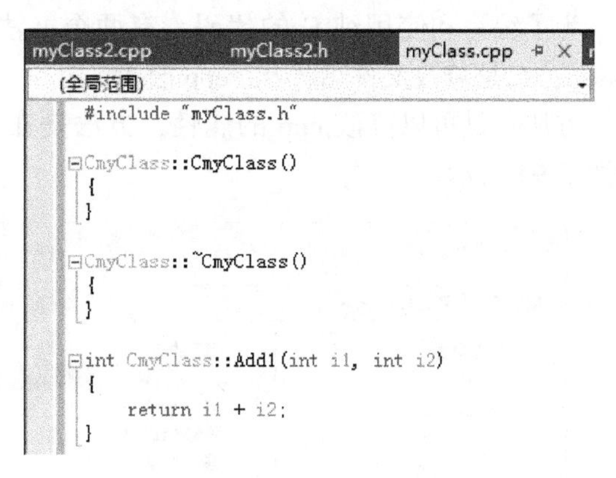

图 7.90　MyClass.cpp 的内容

同样，编辑 .h 文件，先删除 Class 相关的代码，再声明 Add2 函数，与 MyClass.h 对比，如图 7.91 和图 7.92 所示。

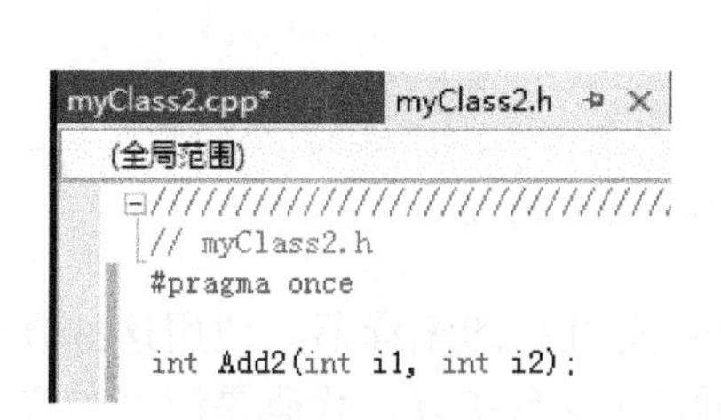

图 7.91　MyClass2.h 的内容

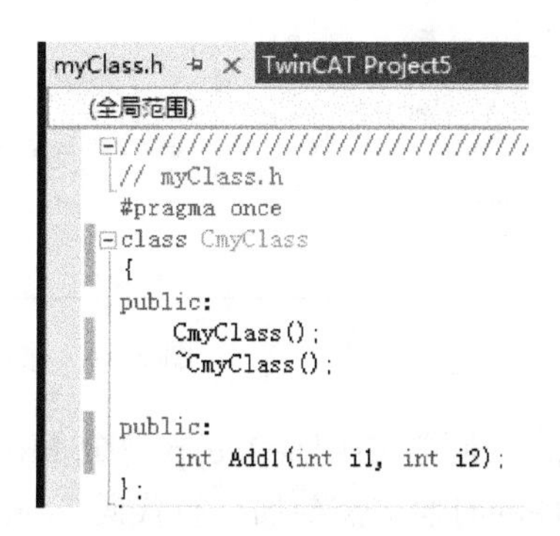

图 7.92　MyClass.h 的内容

左边 MyClass2.h 就是标准的 C 语言的代码。在 Module1.cpp 中调用 MyClass2 中的函数 Add2()，先在 .h 中使用 Include，再在 Cpp 的 CycleUpdate 中使用函数，如图 7.93 所示。

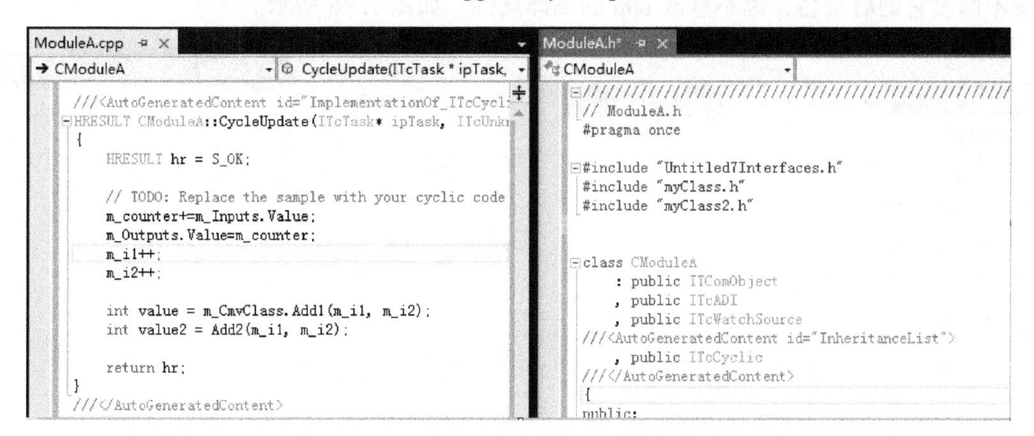

图 7.93　修改 Module1.h 和 Module1.cpp

这时候还是编译的C++的代码，也就是说，可以用C语言的方式来定义C++的代码。因为首先文件名叫.cpp，就表示这是C Plus Plus（++）代码。其次TwinCAT默认采用C++的编译器，所以编译的还是C++的代码。

为了编写和使用纯C的代码，有两个办法：一是把cpp的属性设置为“Compile as C Code”；二是修改文件名，从.cpp改为.c。

方法一是可以修改cpp的属性，方法是在“高级”里面定义它编译成C语言的代码，如图7.94所示。

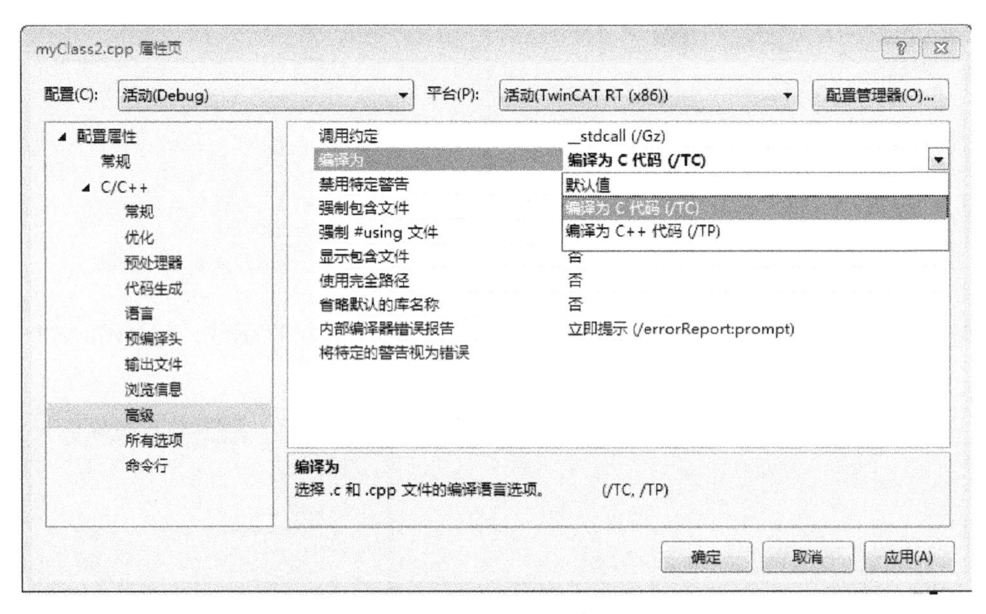

图7.94　修改.cpp文件的属性为C Code

方法二是把MyClass2.cpp改成MyClass2.c，就会使用C的编译器。使用这种方式在引用头文件的时候，需要加一行代码extern“C”，告诉该头文件关联的代码是用C编译器。否则会报编译错误，如图7.95所示。

这种方式可以用，但是不太好。除非这个C代码是其他工程师写的，而他在封装的时候没有封装好。一般来说，在TC3中要调用C代码是在C类本身的.h中通过宏命令实现，而既不修改它的后缀名，也不修改cpp的编译属性，如图7.96所示。

图7.95　用extern C明确使用C编译器

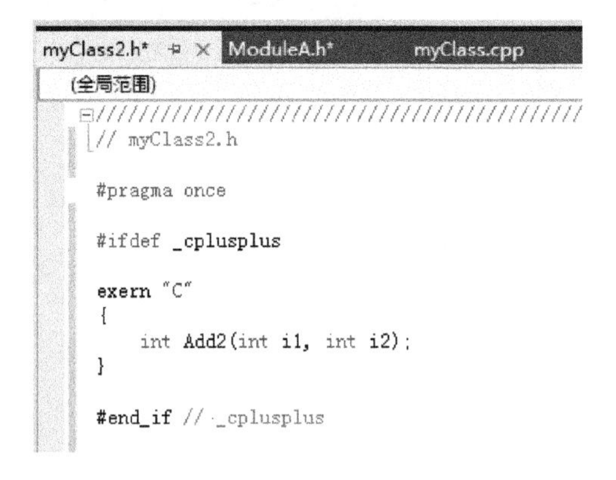

图7.96　通过宏命令调用C代码

第 8 章　数据存储、配方和文件处理

8.1　概述

8.1.1　TwinCAT PLC 保存数据的机制

在自动化项目中，经常会涉及数据存储、配方和文件处理，尤其是掉电保持数据，几乎是每个 PLC 都需要用到。传统 PLC 通常有特定的掉电保持数据区，但 TwinCAT PLC 是基于 PC 控制的，它对掉电保持数据的处理与传统 PLC 有很大不同。

TwinCAT PLC 的所有运行数据都在 RAM 里面，掉电即清零。需要掉电保持的变量，必须写入 CF 卡或者硬盘，或者保存在一种特殊的硬件“NOVRAM”中。TwinCAT PLC 没有一个固定的掉电保持区，当声明变量为掉电保持型之后，关机时这种数据就保存在存储介质上的指定路径的指定文件中。

此外，TwinCAT PLC 还可以读写标准格式的文件，包括 . bin、. txt 及 . csv，其中 . txt 及 . csv 可以供其他应用程序（比如 Excel、Notepad）访问。配合特定的功能扩展包，TwinCAT PLC 还支持 XML 文件读写。

8.1.2　保存数据的类型和适用方法

TwinCAT PLC 提供多种数据保存方式，每种保存方式的硬件要求、软件要求、使用的难易程度以及对 PLC 资源的消耗程度都不同。目标数据到底适合用什么方式保存，答案并不是唯一的。用户可以根据软硬件特点、要保存的数据类型以及自己的使用偏好自行选择。

PLC 需要保存的数据有以下几类：

- 配方。
- 数据记录。
- 报警记录。
- 计数器、当前位置等。

PLC 提供的本地数据保存方式包括：

- NOVRAM 区。
- Persistent 变量。
- XML 文件。
- 二进制文件。

数据保存方式与需要保存的数据类型的推荐配合见表 8.1。

表 8.1　数据保存方式与需要保存的数据类型

	软硬件要求及存储位置	适宜存储的数据种类
NOVRAM 区	CX20x0-00xx 和 CX90x0 自带 NOVRAM，IPC 可选配 NOVRAM 组件 C9900-R23x，或者 128 KB NOVRAM 端子模块 EL6080	计数器值、位置值等实时变化的 PLC 变量当前值
Persistent 文件	PC 控制器的以下路径： “\TwinCAT\3.1\Boot\Plc\Port_851.bootdata”	配方，数据记录和报警记录
XML 文件	PC 控制器的任意路径 要求软件授权 TF6421：TwinCAT XML Server	配方，数据记录和报警记录
.bin、.txt、.csv	PC 控制器的任意路径	配方，数据记录和报警记录

8.2　掉电保持数据

8.2.1　用 Persistent 变量实现掉电保持

1. 变量声明

在变量声明窗体 Auto Declare 中，勾选“PERSISTENT”可以声明掉电保持型变量，如图 8.1 所示。

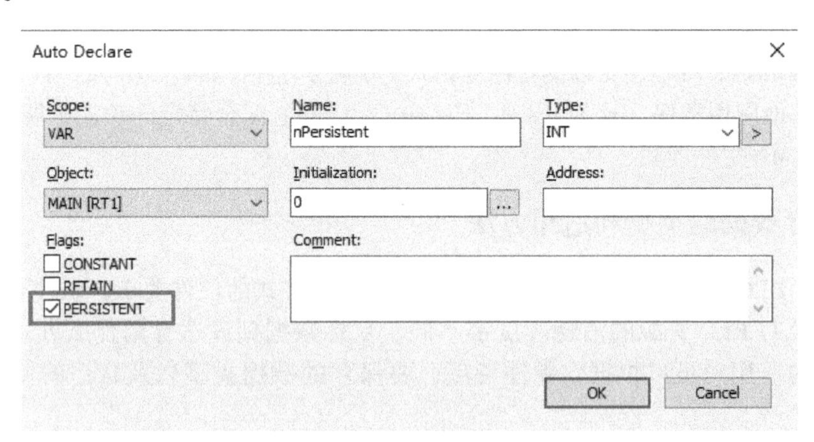

图 8.1　声明掉电保持型变量

TiwnCAT PLC 程序中的 Persistent 变量，运行在不同的控制器上，保存的方法不同。

A：使用硬盘的控制器。

B：使用 CF 卡或者 CFast，但没有 1 s UPS 的控制器。

C：带 1 s UPS 的控制器。

2. 使用硬盘的 TwinCAT 控制器

倍福 IPC 和面板 PC 配置有标准的电脑硬盘，操作系统有 Windows 7、Windows 10 等。这种控制器上的 TwinCAT PLC，只要把变量声明为 Persistent 类型，操作系统正常关机、启动，Persistent 变量就会自动恢复为关机前的值。

如果出现突然断电，操作系统异常关机的情况，关机前的 Persistent 变量值将来不及保存，所以通常这种系统需要配置 UPS，以保证每次都正常关机。

3. 使用 CF/CFast 卡无 UPS 的 TwinCAT 控制器

倍福目前的 CX 控制器，包括 CX90x0、CX20x0 系列，以及使用 CF 和 CFast 卡的 CP6xxx 面板式 PC，标配都不含 UPS。这种控制器的 TwinCAT PLC，除了变量声明为 Persistent 类型之外，还要调用 FB_WritePersistentData 才能实现掉电保持。具体步骤如下。

（1）调用功能块 FB_WritePersistentData

在 PLC 程序中先引用库文件 Tc2_Utilities，然后调用 FB_ WritePersistentData，如图 8.2 所示。

```
PROGRAM P81_WritePersistent
VAR
    fbWriteData:FB_WritePersistentData;
    bWrtie: BOOL;
    nTaskNo: INT;
END_VAR
```

```
nTaskNo:=GetCurTaskIndex( );

fbWriteData(
    NETID:= ,
    PORT:= 851,
    START:= bWrtie
            OR TwinCAT_SystemInfoVarList._TaskInfo[nTaskNo].FirstCycle,
    TMOUT:= T#500MS,
    MODE:= SPDM_2PASS,
    BUSY=> ,
    ERR=> ,
    ERRID=> );
```

图 8.2　使用 FB_WritePersistentData

输入变量“Start”的上升沿，将触发保存变量的动作，即写入文件

“\TwinCAT\3. 1\Boot\Plc\Port_851. bootdata”

Start 的条件中，加上“OR TwinCAT_SystemInfoVarList. _TaskInfo[nTaskNo]. FirstCycle”这个条件，这是为了在 PLC 启动的第一个周期，就立即写入 Persistent 文件，即更新备份文件“\TwinCAT\3. 1\Boot\Plc\Port_851. bootdata-old”。

程序代码中要编写“bWrite”的逻辑，确定何时写入 Persistent 文件，至少要在变量改变之后，系统掉电之前。

（2）创建 PLC 引导程序

在 TC3 的 PLC 项目的右键菜单中，选择“Autostart Boot Project”，然后单击“Activate Boot Project”创建引导程序。

4. 带 1 s UPS 的控制器

倍福目前的 CX 控制器，包括 CX80x0、CX50x0、CX51x0 系列都是自带 1 s UPS。针对这种硬件，倍福提供一个专门的库文件 Tc2_ SUPS。针对不同的控制器，该库提供了不同的功能块，如图 8.3 所示。

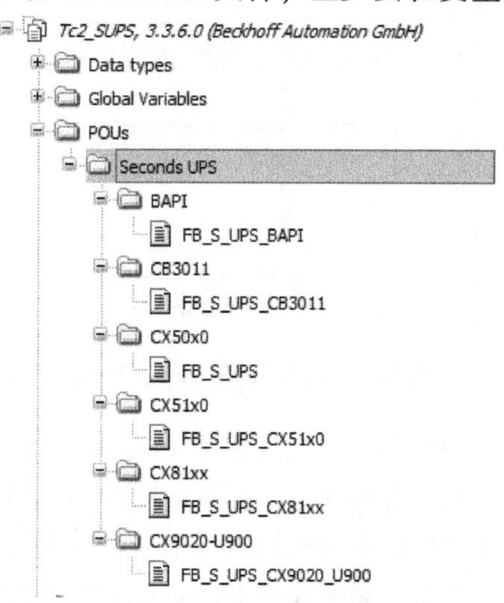

图 8.3　Tc2_SUPS 提供的功能块

下面以 CX51x0 控制器为例，说明 Persistent 变量的保存。

调用功能块 FB_S_UPS_CX51x0，如图 8.4

所示。

Inputs/Outputs　Graphical　Documentation

FUNCTION_BLOCK FB_S_UPS_CX51x0

Name	Type	Initial	Comment
sNetID	T_AmsNetId	''	'' = local netid
iPLCPort	UINT	0	PLC Runtime System for writing persistent data
iUPSPort	UINT	16#588	Port for reading Power State of UPS, dafault 16#588
tTimeout	TIME	DEFAULT_ADS_TIMEOUT	ADS Timeout
eUpsMode	E_S_UPS_Mode	eSUPS_WrPersistData_Shutdown	UPS mode (w/wo writing persistent data, w/wo shutdown)
ePersistentMode	E_PersistentMode	SPDM_2PASS	mode for writing persistent data
tRecoverTime	TIME	TIME#10s0ms	ON time to recover from short power failure in mode eSUPS_
bPowerFailDetect	BOOL		TRUE while powerfailure is detected
eState	E_S_UPS_State		current ups state

图 8.4　FB_S_UPS_CX51x0 的接口变量

由于大部分变量都可以直接使用初始值，所以 PLC 代码中只需要指定端口号，如图 8.5 所示。

程序中只要引用了一个功能块 FB_S_UPS 的实例，并确保每个 PLC 周期执行，那么掉电关机时所有定义为 Persistent 的变量就会自动保存。在 FB_S_UPS 的输出变量中，还可以检测到 UPS 当前的状态，是否外部供电故障等信息，可以用 PLC 代码实现其他掉电处理。

注意：1 s UPS 外部断电后，只有控制电源可以维持几秒，CPU 和通信可以延续，但是 UPS 并不给负载电源供电，所以如果真的发生供电意外，气缸、继电器及指示灯等设备会立即断电。

（1）创建 PLC 引导程序

在 TC3 的 PLC 项目的右键菜单中，选择“Autostart Boot Project”，然后单击“Activate Boot Project”创建引导程序，如图 8.6 所示。

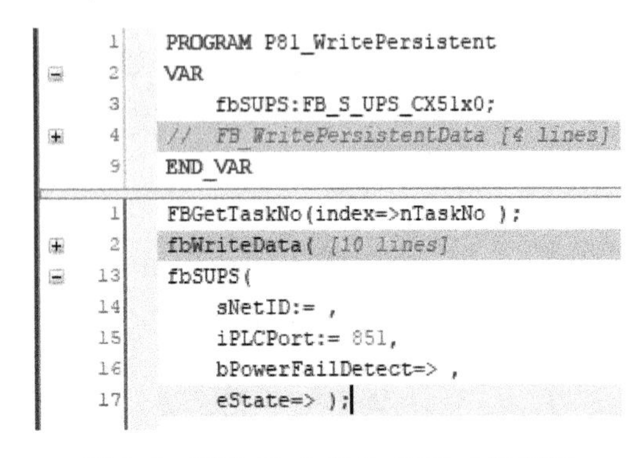

图 8.5　调用 FB_S_UPS_CX51x0 的实例

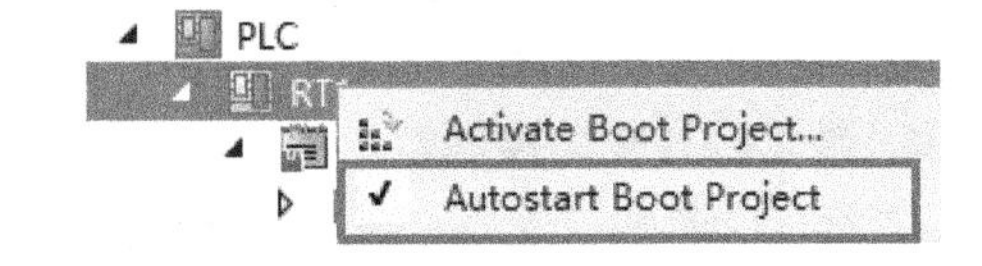

图 8.6　创建引导程序

（2）不要清除无效的 Persistent Data

无论哪种硬件，Persistent 变量写入文件时，总是存在写入失败的可能性。推荐读入上一次成功保存的数据，否则一旦写入失败，PLC 启动时装载进来的数据就是全部是 0。

为此，需要确保 Plc Setting 界面的设置，如图 8.7 所示。

图 8.7 中不要勾选 Target Behavior 中的“Clear Invalid Persistent Data”。

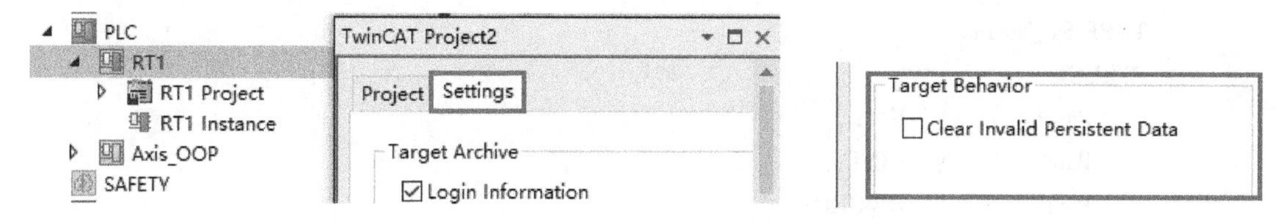

图 8.7 取消 Clear Invalid Persistent Data

8.2.2 用 NOVRAM 区实现变量的掉电保持

1. 背景介绍

（1）NOVRAM 的基本知识

存储器按功能可分为只读存储器 ROM 和随机存储器 RAM，说起 E^2ROM 和计算机内存 RAM 这两种典型的 ROM 和 RAM 大家都非常熟悉。ROM 是只读的，能保持数据，要用专门工具才能写，并且写入次数有限，而 RAM 随时可读写，速度非常快，次数也不限制，但掉电即数据清零。

工业控制器上使用的 NOVRAM，是一种特殊的存储器，它综合了 ROM 和 RAM 的优点，读写次数几乎无限，随时可读写，并且掉电后数据能保持，理论寿命达到 10 年，但是造价昂贵。

（2）含 NOVRAM 的倍福组件

不是所有型号的控制器都配置 NOVRAM，倍福控制器的 NOVRAM 配置情况见表 8.2。

表 8.2 倍福控制器的 NOVRAM 配置

IPC 和面板型 PC	标准配置不包含 NOVRAM 区，有两个办法补上 NOVRAM：一是增加 NOVRAM 选件，比如 C9900-R230（128 KB），二是购买 NOVRAM 模块 EL6080（128 KB）
CX10x0	标准配置包含 8 KB 的 NOVRAM 区
CX90x0 和 CX20x0	标准配置包含 128 KB 的 NOVRAM 区
CX5xxx、CX8xxx	标配已有 1 s 的 UPS，不再配 NOVRAM 区

C9900-R230（128 KB）的用法与 CX 标配的 Novram 用法相同，而 EL6080 的用法就不一样。仅当 IPC 临时决定需要增加 Novram 时才选择 EL6080，下面仅描述标配 Novram 的用法。关于 EL6080 用法，参考在线帮助系统。

（3）NOVRAM 的使用原则

对于 PLC 来说，NOVRAM 区不是一块内存，而是一个 I/O 硬件，可以通过 Process Data 周期性地访问，也可以通过功能块以事件触发的方式写入数据。

由于 NOVRAM 空间小，写入速度慢，必须写入完成才能开始下一个 PLC 周期，所以强烈建议不要用 NOVRAM 区保存配方、数据记录及报警记录等大数据块信息。如果用 Process Data 方式交换数据，链接到 NOVRAM 区的 PLC 变量应拖放到一个较慢的 Task，以更长的周期写入数据。

2. Process Data 方式写入 NOVRAM

以 CX90x0 为例，NOVRAM 区的使用步骤如下。

1）建立 PLC 变量，地址定义到%Q 区。

为了方便使用，尽量将需要存到 NOVRAM 的变量放到一个结构体，例如：

```
TYPE ST_Novram :
STRUCT
    Para1       :   INT;
    Para2       :   UINT;
    Para3       :   DWORD;
END_STRUCT
END_TYPE

VAR_GLOBAL
        stNovramAT %QB1000 :   ST_Novram;
END_VAR
```

2）为 Novram 专门建一个周期较长的 Task。

定义周期为 200ms 的任务 Task200ms，并在 PLC 中添加对它的引用。

PLC 中建一个程序，必须包含一行引用了 Persistent 变量“stNovram”的代码，例如：

```
GVL. stNovram. Para1;
```

把这个 PLC 程序拖放到 Task200 ms 下。

3）在 I/O Device 的 NovRAM 下建立映射的变量。

为了 PLC 变量与 NovRAM 中映射的变量匹配，有两个办法。

① 结构体 ST_Novram 转为全局变量：右键菜单“Convert To Globle Type”，然后在 Device（NOVRAM）的 Output 下插入变量就可以使用这个类型了。

② 在插入变量时不用严格对应的结构体，而只要建一个足够的数组即可。

链接 Output 的 PLC 变量和 NOVRAM 如图 8.8 所示。

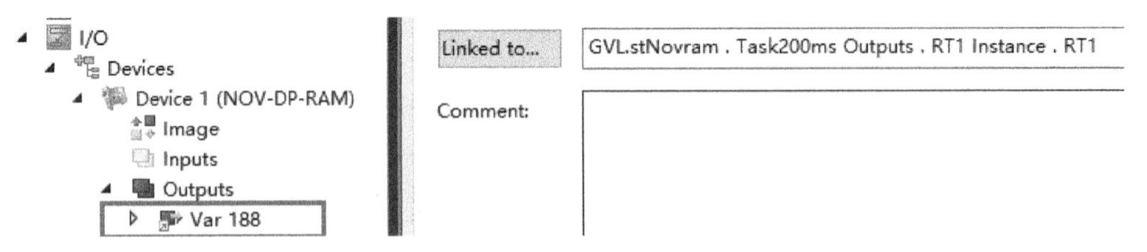

图 8.8　链接 Output 的 PLC 变量和 NOVRAM

4）设置 Auto_Init_Linked_PLC_Outputs。

找到 NovRAM 的 Generic NOV-DP-RAM Device 页面，勾选“Auto_Init_Linked_PLC_Outputs”，如图 8.9 所示。

图 8.9　设置 Auto_Init_Linked_PLC_Outputs

这是指每次 TwinCAT PLC 启动时，用 NOVRAM 中的值去初始化所链接的 PLC 变量。

5）激活配置，下载运行 PLC 程序，创建引导程序。

6）读取 NovRAM 中的实际值（可选）。

NovRAM 中也有 Input 区，因为根据 NovRAM 的特性，它的 Input 区总是与 Output 区数据相同。如果 PLC 想知道 Output 区的数据，就可以在 Input 建一个同类型变量，链接之后每个 PLC 周期 NOVRAMR 的 Output 区的值都会自动复制到 PLC 变量中。

3. 用功能块触发写入 NOVRAM

引用倍福标准库 Tc2_IOFunction，可以调用功能块 FB_NovRamReadWriteEx，以事件触发的方式写入 NOVRAM 区。这种方法比周期性写入更节约资源，但是用户需要自己考虑写入动作的触发条件。

功能块 FB_NovRamReadWriteEx 的接口如图 8.10 所示。

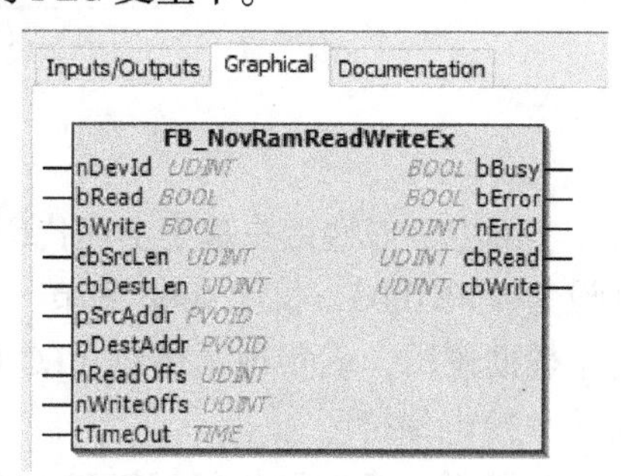

图 8.10　功能块 FB_NovRamReadWriteEx

功能块 FB_NovRamReadWriteEx 的接口变量描述如图 8.11 所示。

FUNCTION_BLOCK **FB_NovRamReadWriteEx**

Name	Type	Inherited from	Address	Initial	Comment
nDevId	UDINT				Device id of the FCxxxx card. Map the FC card as
bRead	BOOL				Rising edge starts read data block from NovRam
bWrite	BOOL				Rising edge starts write data block to NovRam
cbSrcLen	UDINT				Number of data bytes to write
cbDestLen	UDINT				Number of data bytes to read
pSrcAddr	PVOID				Address of the write data buffer
pDestAddr	PVOID				Address of the read data buffer
nReadOffs	UDINT				Offset in the DPRAM to start reading from
nWriteOffs	UDINT				Offset in the DPRAM to start writing to
tTimeOut	TIME				Max timeout for this command
bBusy	BOOL				The fb is working
bError	BOOL				The fb returns an error
nErrId	UDINT				Error code
cbRead	UDINT				Number of succesfully read data bytes
cbWrite	UDINT				Number of succesfully write data bytes

图 8.11　功能块 FB_NovRamReadWriteEx 的接口变量

实例代码如图 8.12 所示。

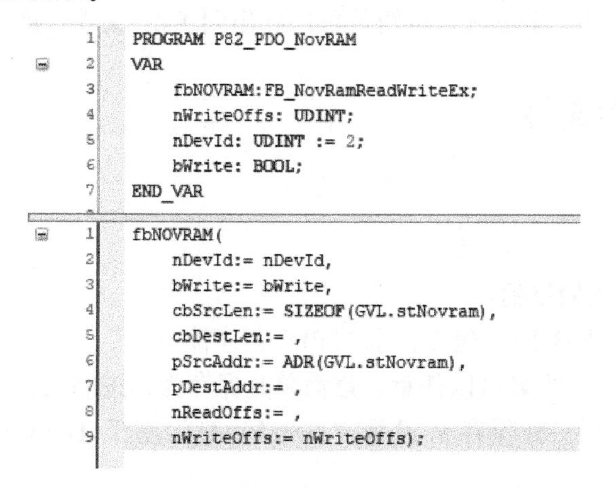

```
1  PROGRAM P82_PDO_NovRAM
2  VAR
3      fbNOVRAM:FB_NovRamReadWriteEx;
4      nWriteOffs: UDINT;
5      nDevId: UDINT := 2;
6      bWrite: BOOL;
7  END_VAR
```

```
1  fbNOVRAM(
2      nDevId:= nDevId,
3      bWrite:= bWrite,
4      cbSrcLen:= SIZEOF(GVL.stNovram),
5      cbDestLen:= ,
6      pSrcAddr:= ADR(GVL.stNovram),
7      pDestAddr:= ,
8      nReadOffs:= ,
9      nWriteOffs:= nWriteOffs);
```

图 8.12　FB_NovRamReadWriteEx 的实例

注意：nDevId 的值应来自于 NovRAM 作一个 I/O 设备的 Id，如图 8.13 所示。

图 8.13　nDevID 的值

实际上，有些用户基于上述代码编写了一个 FB，将 stNovRAM 的地址设为%MB1000，长度 1000 字节，bWrite 信号每 1s 触发一次，并添加若干辅助逻辑，就实现了传统 PLC 的掉电保持功能，%MB1000 到 1999 就是“掉电保持区”。

配套文档 8-1
例程：用 NOVRAM 实现兼容传统 PLC 的掉电保持区的功能

4. 清除、备份和恢复 NOVRAM 区的数据

如果要把一台控制器的 PLC 程序移植到另一台控制器，而该程序中又使用了 NOVRAM 区，那就需要先在旧的控制器上备份 NOVRAM 数据，然后在新控制器上恢复 NOVRAM 数据。

如果手上还没有旧控制器的备份 NOVRAM 数据，而要将 PLC 程序放到一台旧的控制器上运行，并且不确定之前其 NOVRAM 区中的数据值，那么有可能会产生意外的结果。这时就需要清除 NOVRAM 区数据。清除 NOVRAM 区最简单的办法是在 PLC 程序中调用 FB_NovRamReadWriteEx。

如果想手动备份和恢复 NOVRAM 数据，可以使用 TwinCAT 中集成的 NovRAM 的 Generic NOV-DP-RAM Device 页面，如图 8.14 所示。

图 8.14　NOVRAM 的导入和导出

单击“Export”或者“Import”按钮就可以导出到 XML 文件，或者从 XML 文件导入了。

8.3　数据存储到文件

8.3.1　概述

1. 文件操作有不同的目的：

1）文件中的数据来自 PLC 程序，也供 PLC 程序读取。

这种文件的格式、后缀名可以任意，最简单是保存为二进制文件。只要读取的变量顺序和写入的一致即可。另一种保存格式是“.wtc”，专门用于 TwinCAT HMI 上的变量配方保存。

2）文件中的数据来自第三方程序，供 PLC 程序读取。

PLC 能够识别的文件格式有限，通常有两种：二进制文件“.bin”或者文本文件“.txt”。

二进制文件“.bin”不涉及换行符、分列符等，程序识别起来最快捷，但不能在记事本或者其他软件中打开，对于“人”来说没有可读性。

文本文件“.txt”可以在记事本中打开，对于“人”来说方便阅读，但 PLC 程序识别困难，并且只能用标准的 ASCII 字符集，用户可以简单理解为只支持英文。如果要从 PLC 程序写“.txt”文件，就要注意插入“空格”、“制表符”及换行符等。

对于第三方程序产生的数据文件供 PLC 读取时，通常会制作成二进制文件“.bin”。对于高级语言来说，在文本文件和二进制文件中进行转换并不复杂。附件提供一个 Bin 文件转换工具“ASCII2BIN.exe”。该软件不需要安装，可直接运行于 Windows XP、Windows 7/10。该工具的操作界面如图 8.15 所示。

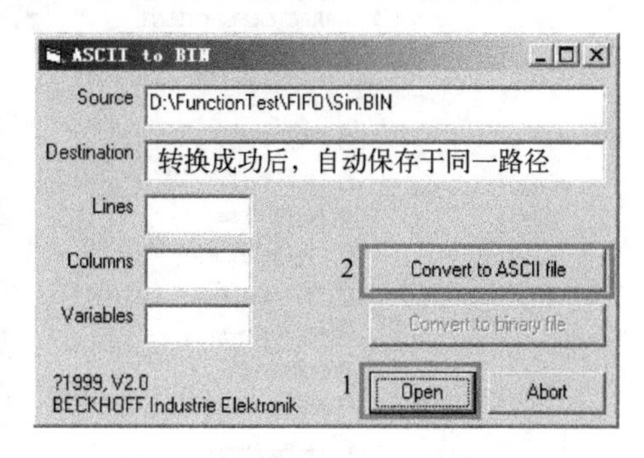

图 8.15　ASCII2BIN 的操作界面

3）文件中的数据来自 PLC 程序，给第三方程序读取。

PLC 程序能够写入并供第三方程序读写的文件格式也很有限，最简单的是“.txt”文件。其次是“.csv”文件和“.xml”文件。读写“.txt”和“.csv”不需要特殊的库，而读写“.xml”不仅需要专门的 Lib 文件，还必须依赖于后台运行的 TwinCAT XML Server。

配套文档 8-2
Bin 文件转换工具
ASCII2BIN

2. 文件操作需要引用的库

PLC 程序要访问文件，必然涉及路径和文件名，都必须是英文的。PLC 程序中除了调用读写功能块所在的“Tc2_System”文件之外，如果是 TwinCAT 2 PLC 还必须调用字符串处理的库文件“ChrAsc.lib”和其关联文件“ChrAsc.obj”。

通过 FileWrite 写数据时的换行处理：写入 Bin 文件时使用 CR+LF 来做换行，也就是 0D0A，而写入 txt 文件时使用 $n 来做换行。

8.3.2　读写二进制文件

由于文件操作的独占性，读取文件必须依照“打开→读取→关闭”的顺序，写入文件必须依照“打开→写入→关闭”的顺序。

文件读写涉及的功能块包括以下内容。

FB_FileOpen：打开文件，获取句柄。

FB_FileClose：关闭句柄指向的文件，释放句柄。

FB_FileWrite：写入数据到句柄指向的文件。

FB_FileRead：从句柄指向的文件读取数据。

这些功能块在“Tc2_System”的 File Access 中，如图 8.16 所示。

文件操作的 FB 都是从 bExecute 的上升沿触发，其余接口变量可参考帮助文件，这里不再详述。

值得说明的是，打开文件获取句柄时，需要指定打开的模式。各种模式的功能见表 8.3。

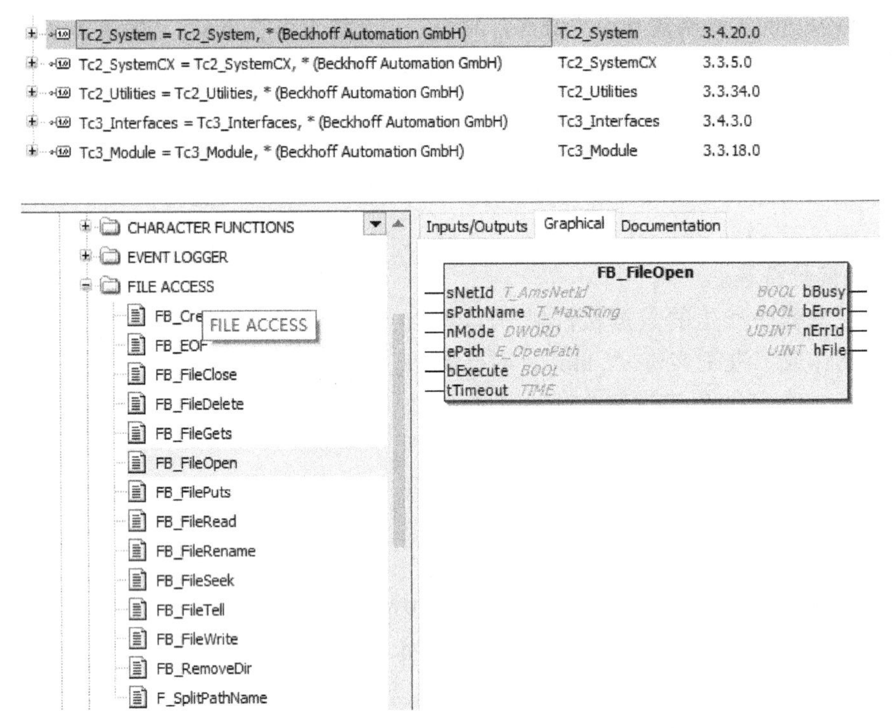

图 8.16　Tc2_System 中的 File Access 文件访问功能块

表 8.3　FileOpen 时 nMode 的含义

nMode	说　明
FOPEN_MODEREAD	读取模式，打开一个现有文件。如果文件不存在就报错
FOPEN_MODEWRITE	写入模式，打开或者创建一个空白文件
FOPEN_MODEAPPEND	追加写入模式，打开一个文件，从末尾处写入数据，写入后 EOF 标记位于写后文件末尾。如果文件不存在，则创建之
FOPEN_MODEREAD OR FOPEN_MODEPLUS	读取及写入模式，打开一个现有的文件。如果文件不存在就报错
FOPEN_MODEWRITE OR FOPEN_MODEPLUS	读取及写入模式，打开或者创建一个空白文件。如果文件已存在，则被清空
FOPEN_MODEAPPEND OR FOPEN_MODEPLUS	读取及追加写入模式，写入后 EOF 标记位于写前文件末尾
FOPEN_MODEBINARY	以二进制模式打开文件
FOPEN_MODETEXT	以文本文件格式打开文件

8.3.3　读写 CSV 文件

CSV 文件虽然是一种比较通用的文件格式，但是 TwinCAT PLC 读写 CSV 时并不提供一个标准的功能块，而是提供一个简化的例程，用户可以在例程的基础上，抽取自己需要的部分，并修改成自己想要的格式。

在例程中读写 CSV 文件时，仍然使用的是读写二进制或者文本文件的功能块“FB_FileRead”和“FB_FileWrite”，在此基础上，除了把变量值写入文件之外，还按 CSV 格式要求，附加写了一些特殊的 ASCII 字符，比如分隔符、换行符等。其中最重要的就是 CSV 文件的分隔符，在英语操作系统里，该分隔符为逗号“,”，而在德语等欧系操作系统中，分隔符为分号“;”，中国用户使用英文操作系统。

8.3.4 读写 XML 文件

配套文档 8-3
例程：读写
CSV 文件

相比于二进制文件和文本文件，XML 文件可以在写字板、IE 浏览或者专门的 XML 编辑软件（比如“Altova XMLSpy”）中打开，使用更加方便。而与 CSV 文件和 TXT 文件相比，在 PLC 程序中读写 XML 文件更加方便。

倍福公司提供 TwinCAT XML Data Server 扩展功能包，用户需要购买授权。编程 PC 上自带库文件“Tc2_TcXmlDataSrv”，调用 XML 功能块的程序下载到目标控制器上，如果 XML Server 授权存在，PLC 程序就可以读写 XML 文件。如图 8.17 所示。

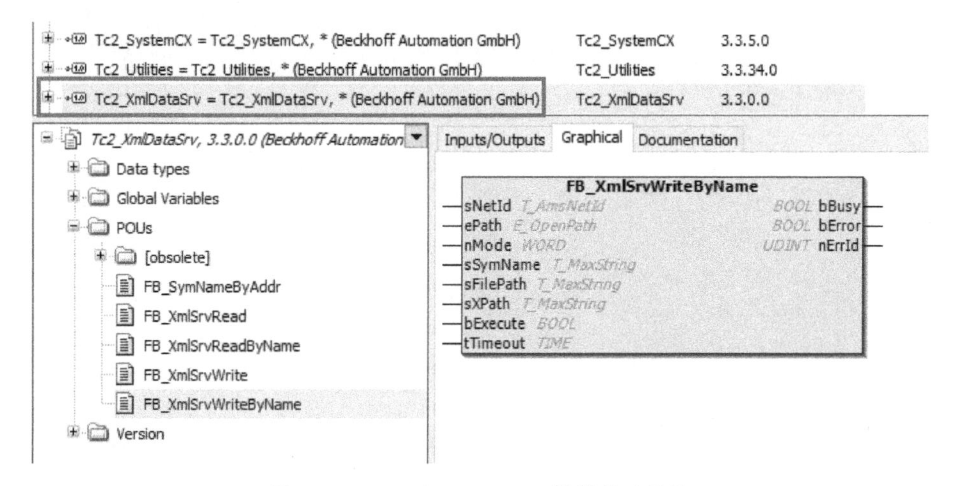

图 8.17 Tc2_TcXmlDataSrv 提供的功能块

在线帮助中关于 TwinCAT XML Server 的信息链接为

https://infosys.beckhoff.com/content/1033/tf6421_tc3_xml_server/index.html?id=3768188065449835837

TC3 帮助文件中关于 XML 的信息，路径为

TwinCAT 3/TFxxxx | TC3 Functions/TF6xxx - Connectivity/TF6421 TC3 XML Server/Overview

8.4 配方功能及文件操作综合例程

在自动化项目中，经常需要把数组或者结构体保存成 TXT 或者 CSV 文件，以便复制移动，并且在 Excel 或者写字本中打开，或者用其他应用程序来处理、分析。TwinCAT 提供了一系列的功能块，包括 FileOpen、FileWrite 及 FileCreateDir 等，可以创建文件夹、新建文件，以及往文件里写数据。用户可以这些功能块自己编写存文件的代码，效果因人而异。每个人都要面临同样的问题如怎样回车、怎样分列、怎样确定读写的行数以及浮点数存到文件里怎样表示等，这些问题说难也不难，但处理起来也颇费功夫。

关于配方，TwinCAT 3 HMI 中提供了专门的配方功能，但用户基于 XML 和 Persistent 也可以自己编写配方功能。可以说，配方功能是文件操作的一个典型应用。倍福中国工程师总结多年的使用经验，把文件操作和配方功能的相关代码封装成库“Lib_FileOperation”，用户只要调用其中的功能块，填写相关的接口变量，就可以创建及读写 TXT 或者 CSV 文件，以及实现配方功能了。

该库既有 TC2 版本，又有 TC3 版本。经过 Windows 10、Windows 7 及 Windows CE 系统下测试，代码稳定可靠，使用简单。但是考虑到软件版本更新的情况，该例程不放在配套文档，读者需要时可以联系倍福公司索取。

第9章 经库文件扩展的功能和算法

9.1 TwinCAT 3 提供的所有库

新建一个 TwinCAT PLC 项目，默认引用的只有很少的几个库，可以使用的功能和功能块也很少。倍福公司经过30多年的应用积累，开发了大量的库。安装 TwinCAT 3 开发环境时这些库已经复制到编程用计算机上，它们有的可以直接使用，有的需要控制器上运行了授权才能使用，有的需要控制器上安装了服务才能使用。本章将全面介绍这些库文件的功能，但仅对少数几个常用的库做进一步的描述。

倍福公司每年都在推出和更新应用库，最新的完整描述请参考在线帮助：

https://infosys.beckhoff.com/content/1033/tcplclibs_overviewtc3/html/tcplclibs_overview.htm?id=151228677378242782

在 TwinCAT 3 的离线帮助系统中，这部分的内容在以下路径：

Beckhoff Information System/TwinCAT 3/TE1000 XAE/PLC/Libraries

9.1.1 免费使用的库

1. PLC 类

TwinCAT 3 提供的免费 PLC 库见表 9.1。

表 9.1 TwinCAT 3 提供的免费 PLC 库

类　别	用　途
Tc2_Coupler	访问 KL 模块的注册字以及控制 BK 耦合器
Tc2_DataExchange	TwinCAT PLC 和其他 ADS 设备进行数据交换
Tc2_EtherCAT	访问 EtherCAT 主站和从站设备，状态机切换和通信诊断
Tc2_IoFunctions	多种 I/O 服务，包括 I/O-Reset 、Lightbus 设备的光纤断裂点定位
Tc2_Math	数学运算的各种扩展函数 FLOOR：取整，Floor(-2.8)=-3 LTRUNC：取整数部分（含符号），LTRUNC(-2.8)=-2 FRAC：取小数点后的值（含符号），FRAC(-2.8)=-0.8 LMOD：取模（含符号），LMOD(-400.56,360)=-40.56 MODABS：取模，得绝对余数。MODABS(-400.56,360)=319.44 MODTURNS：取模，得圈数。MODTURNS(-400.56,360)=-2
Tc2_MDP	提供功能块访问 MDP 设备，诊断倍福 IPC 及 EPC。可以访问：操作系统、TwinCAT 版本、PLC 信息及系统时间；主板、CPU、内存、网卡、风扇及 UPS 等
Tc3_Module	TcCOM 组件的编译和注册（通常无须人工干预）

（续）

类　别	用　途
Tc2_Standard	IEC61131-3 标准功能和功能块：定时器，计数器，上升沿，下降沿，置位，复位；String 及 WString 字符串操作
Tc2_SUPS	控制 1 s UPS 的功能块
Tc2_System	与操作系统接口的功能块：包含 ADS 通信，文件处理；操作系统的关机、重启、内存拷贝及 ASCII 码转换；读各种时间，如系统时间、CPU 时间、任务时间
Tc2_SystemCX	CX 系列嵌入式 PC 专用的功能块 适用于（CX10x0、CX50x0、CX90x0） FB_CXxxx0SetWatchdog：硬件看门狗，超过 2 s 不执行就会强制重启 FB_CXGetTextDisplayUSB：用于控制带 LED 屏的控制器显示字符 FB_CxGetDeviceIdentificationEx：用于读取 CX 身份验证信息，包含控制器硬件、操作系统和 TwinCAT 版本信息
Tc2_SystemC69xx	C69 系列 IPC 专用的功能块 FB_C69xxSetWatchdog：硬件看门狗，超过 2 s 不执行就会强制重启 FB_C69xxSetLedColor：控制 C69 上自定义 LED 灯的颜色
Tc2_Utilities	各种有用的服务和功能，包含以下内容 TwinCAT Runtime：重启/停止，AMD 路由相关 TwinCAT PLC：启动/停止，读取变量信息（数量和大小） 操作系统：关机/重启，调用 exe，修改注册表，读网卡信息 电子示波器 Scope View：连接，开始/停止/保存记录，复位等 Basic PID，Memory+Buffer+Fifo，读取 Event Logger 各种变量格式转换，CRC 校验码，时间换算，哈希表计算
Tc3_EventLogger	使用 TwinCAT 3 EventLogger 需要的功能和功能块
Tc3_JsonXml	创建和浏览 Json 和 Xml 文件的解析服务
Tc3_BA_Common	该库简化了楼宇自动化的总线端子编程

2. NC PTP 类

TwinCAT 3 提供的免费 PTP 运动控制库见表 9.2。

表 9.2　TwinCAT 3 提供的免费 PTP 运动控制库

分类：运动控制	用　途
Tc3_MC2_AdvancedHoming	用于机器应用编程的功能块：高级回零库 "Step" 功能块：阶段式回零 Finalizing 功能块：常规回零，终于指定位置 flying homing 功能块：运动中回零
Tc2_MC2	包含 PLCOpen 标准化的运动控制功能块
Tc2_MC2_Drive	访问 SoE 伺服驱动器的功能块，经由 TC2_MC2 的轴控变量，类型 Axis_Ref
Tc3_PackML	与现有的 PackML 机器状态模型通信
Tc3_PackML V2	与现有的 PackML V2 机器状态模型通信

3. NC I 类

TwinCAT 3 提供的免费插补运动控制库见表 9.3。

表 9.3　TwinCAT 3 提供的免费插补运动控制库

引用的库	用　途
Tc2_NCI	配置和运行插补通道的功能块
Tc2_PlcInterpolation	直接从 PLC 发送插补运动，而不是执行 G 代码

9.1.2　需要购买 TF 授权的库

1. 算法及工艺类

TwinCAT 3 提供的算法工艺收费库见表 9.4。

表 9.4　TwinCAT 3 提供的算法工艺收费库

引用的库	软件授权	用　途
Tc2_ControllerToolbox	TF4100 Controller Toolbox	控制算法集如下 多种 PID 算法、滤波和仿真 线性插值及线性化 死区、限幅、PWM 输出 信号发生器、斜波发生器、给定点发生器
Tc2_TempController	TF4110 Temperature Controller	功能块：FB_CTRL_TempController 支持多种输入和输出，控制参数通过结构体来设置

2. 运动控制类

在 TwinCAT 3 PLC 中，即使是最简单的凸轮应用也需要购买授权，类似的还有 MC XFC 和飞锯。Fifo 和各种机器人相关功能包，使用的用户较少，一般都要购买授权。TwinCAT 3 提供的运动控制收费库见表 9.5。

表 9.5　TwinCAT 3 提供的运动控制收费库

引用的库	软件授权	用　途
Tc2_ MC2_Camming	TF5050 MC Caming	电子凸轮相关功能块 CamIn/CamOut 及读写凸轮表
Tc2_ MC2_XFC	TF5065 MC XFC	XFC 模块用于运动控制项目，包括：XFC 时间与运动轴位置的换算，XFC 模块用于凸轮输出和探针
Tc2_ MC2_FlyingSaw	TF5055 MC Flying Saw	电子飞锯相关功能块：MC_GearInVelo、MC_GearInPos、MC_ReadFlyingSawCharacteristics 等
Tc2_ NcFifoAxes	TF5060 MC Fifo Axes	Fifo 通道的配置、运行及数据装载 位置点先入先出的一种运动模式
Tc2_NcKinematic Transformation	TF511x 坐标变换	处理多种模型的机器人坐标变换
Tc3_mxAutomation	TF5120, 与 Kuka 机器人通信的 mxAutomation 控制包	构建运动指令给 KUKA 机器人 指定系列的 KUKA 机器人，需启用相应的模式
Tc3_uniValPlc	TF5130 与 Stäubli 机器人通信 的控制包 uniVAL PLC	构建运动指令给 Stäubli 机器人
Tc3_Mc CollisionAvoidance	TTF5410 防撞运动	PTP 运动库，用于控制两个轴之间的防撞
Tc3_Mc CoordinatedMotion	TF5420 抓放运动	功能块，用于配置 MC-Group 做“抓放”插补运动

3. 通信类

在 TwinCAT 3 PLC 中，要实现串口通信，除了要购买通信的硬件，比如 EL60xx 模块，还要购买通信软件，自由口用 TF6340，Modbus RTU 用 TF6255。而基于以太网的各种通信：OPC UA、Modbus TCP、TcpIp、Database Server 及 XML Server 等，调用功能块的同时不仅控制器上要有授权，还得有相应的 Server。当 TFxxxx 授权和控制器同时订购时问题不大，如果是补订授权，就要记得在控制器上手动安装 Server。TwinCAT 3 提供的通信收费库见表 9.6。

表 9.6　TwinCAT 3 提供的通信收费库

引用的库	软件授权	用　途	软硬件要求
Tc2_OpcUA	TF6100	包含与外部进行 OPC UA 通信的功能块	控制器需要安装运行 TC 3 OPC UA Server
Tc3_EtherCATExtSync	TF6225	TwinCAT 可以与外部时钟同步，TC 主时钟通常选择 EtherCAT 网络中的某个分布时钟 当用到 FB 才需要授权：FB_EcExtSyncExt-Times	EL6688（IEEE1588） EL6695（EC 桥接）、EL125x（任意电信号）
Tc2_ModbusSrv	TF6250	包含实现 Modbus Functions 的功能块	控制器需要安装运行 TC 3 Modbus Server
Tc2_Modbus_RTU	TF6255	包含其于串口实现 Modbus RTU Function 的功能块	系统中应有串行通信模块或者 COM 口
Tc2_TcpIp	TF6310	包含用实现 TcpIp 通信 Host 或者 Client 的功能块	控制器需要安装运行 TC 3 TcpIp Server
	TF6311 TCP UDP Realtime	在实时环境下直接访问网卡，可以用 TC3 的 PLC 或者 C++编程，支持 TCP、UDP 及 ARP 协议	有网卡及授权即可
Tc2_SerialCom	TF6340 TC3 串行通信	提供串行通信的功能块和数据结构	控制器需要有串口模块或者 COM 口
Tc2_SMS	TF6350 TC3 SMS SMTP	包含经 TwinCAT SMTP 服务器和 GSM Modem 发送的短信和邮件的功能块	需要有串口模块或者 COM 口及 GSM Modem
	TF6360	用高级语言实现的，在 CE 下也可以把 EL60xx 用户虚拟串口的系列函数	需要有串口模块 EL60xx
Tc2_Database	TF6420	包含控制和配置 TF6420 Database Server 的功能块	该 Server 必须存在，但不必是控制器本身
Tc2_XmlDataSrv	TF6421	包含读写 XML 文件的功能块	控制器上应运行 TC3 XML Server
Tc2_IEC60870_5_10x, Tc2_TcpIp Tc2_SerialCom	TF6500	包含电力遥控系统中的标准报文格式 IEC 60870-5-10x 的通信功能块	控制器上应用串口设备或者 TC3 TCP/IP Server
Tc2_RFID Tc2_SerialCom	TF6600	提供从 PLC 程序控制 RFID 读卡器的功能块	需要能与 RFID 通信的硬件设备，比如串口

9.1.3　配合特殊硬件使用的库

库本身是免费的，但用户需要购买相应的通信模块。TwinCAT 3 提供的配合硬件使用的库见表 9.7。

表 9.7　TwinCAT 3 提供的配合硬件使用的库

引用的库	硬件要求	用　途
Tc2_Dali	DALI 通信模块 KL/EL6811	包含为 DALI 通信编程和配置的功能块
Tc2_EnOcean	EnOcean 通信模块 KL6021-023/KL6032 KL6581/KL6583	包含为 EnOcean 通信编程和配置的功能块
Tc2_DMX	DMX 主站模块 EL6851	包含控制 DMX 设备的功能块
Tc2_EIB	EIB 通信模块 KL6301.	包含大约 40 个函数和功能块，用于 EIB 通信
Tc2_LON	LON 通信模块	包含用于向 Lonworks 网络发送和接收标准网络变量类型（SNVT）数据的功能块
Tc2_MBus	MBus 通信模块	包含用于 Mbus 通信的功能块，适用于来自不同厂家的多个设备之间的通信
Tc2_MPBus	MPBus 通信模块	包含控制和寻址 MP 设备的功能块
Tc2_SMI	SMI 通信模块	包含用于控制、寻址和配置的相关 SMI 命令
Tc2_GENIBus	GENIbus 通信模块	包含用于 GENIbus 从站设备通信的功能块

9.2　TcTempCtrl. lib 温控库

最新帮助文档请参考倍福帮助系统，路径为 TwinCAT 3/TwinCAT Functions/TF4xxx-Control/TF4110 TC3 Temperature Controller/Configuration

TwinCAT 温控库包含大量的功能块，主要有以下几项。

1）自整定算法（FB_Selftuner）。

2）控制算法（FB_ControlAlgorithm）。

3）设定值发生器（FB_SetpointConditioner）。

4）控制值发生器（FB_ControlValueConditioner）。

5）报警（FB_Alarming）。

功能块依次调用其他子功能块实现整个完整的温控过程，如图 9. 1 所示。

TwinCAT 温控模块可以工作在自动（闭环）模式和手动（开环）模式。

控制值：可以是开关量也可以是模拟量，开关量控制值是 PWM 信号，可以用两点输出或者三点输出的方式。控制值可以设置上限和下限。

设定值：也可以设置上限和下限，可以是阶跃或者斜坡。功能块接口中有一个 Bit 用于把设定值切换到 Standy-by 状态。可以设置软启动参数，以支持“加热器烧烤”。这涉及设定值（可选带斜坡上升）的初始值较低，在一段时间内保持不变，然后再切换到真正的设置值（也要选择带斜坡上升）。

实际值：可以数字滤波。

控制算法：基于 PID 的控制算法，为了最小化过冲，可以额外插入一个预调节。

控制器包含大量可配置的监视功能：容差范围监视（两个不同的误差带）；绝对值监视；传感器监视（开路，电压接反，反向）；加热电流监视（开路，短路，漏电）。

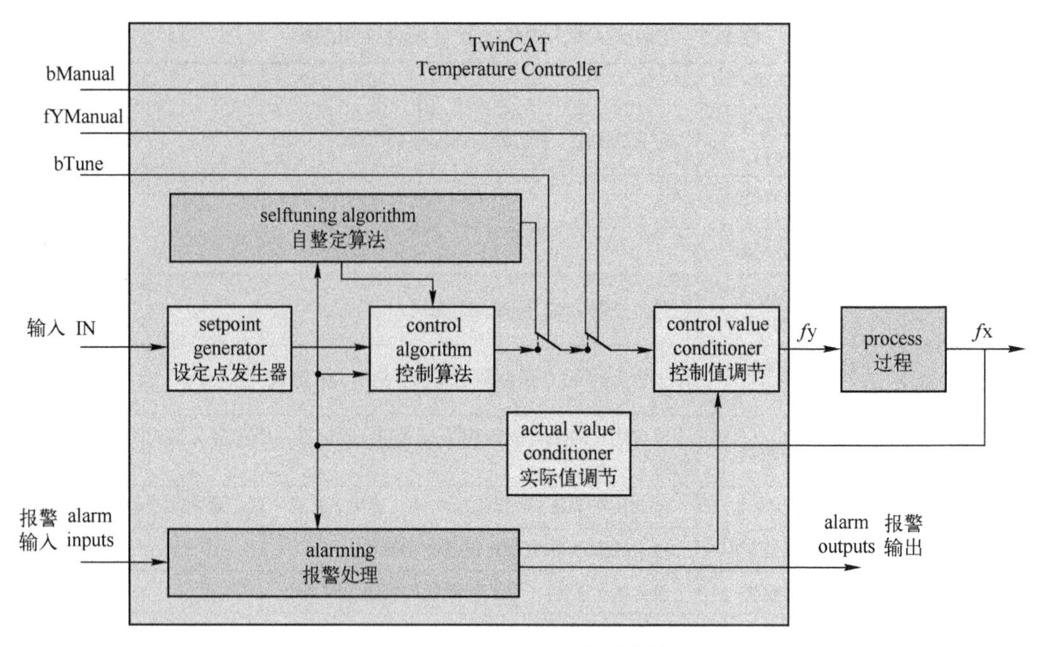

图 9.1　TwinCAT 温度控制的算法

控制器还包括优化控制参数的算法，大大简化了调试过程。这个算法评估阶跃响应，通过找拐点的办法确定控制回路的最大加热速度和延时时间，根据 Chien、Hrones 和 Reswick 规则，这些数据就可以定义一个控制器，预控制器的参数也由此确定。如果已知控制器参数，那么也可以使用这些外部提供的参数来操作这个控制器。

在 TC3 帮助系统中还包括温控调试步骤以及功能块和结构体的文档，倍福中国的工程师也根据应用经验编写了例程及说明文档，参见配套文档 9-1、9-2。

配套文档 9-1
例程：温度控制（含视频及说明文档）

配套文档 9-2
基于 PC 的温度控制解决方案

9.3　TcPlcControllerToolbox

这个库包含了大量用于各种工程转换、控制的功能块，分为控制类，含 PID；滤波类；PWM 输出；设定点发生器。

9.3.1　控制类

ControllerToolbox 提供的控制算法见表 9.8。

表 9.8　ControllerToolbox 提供的控制算法

序号	功 能 块	描　述
1	FB_CTRL_2POINT	单 DO 输出
2	FB_CTRL_2POINT_PWM_ADAPTIVE	调数字量的占空比，实现类似模拟量输出的效果
3	FUNCTION_BLOCK FB_CTRL_3POINT	作用刚好相反的双 DO 输出，比如一个加热一个制冷
4	FB_CTRL_3POINT_EXT	输出为模拟量，但有开关阈值，可能的工作点有三个
5	FB_CTRL_nPOINT	输出为模拟量，但有多个阈值，可能的工作点有 N 个
6	FB_CTRL_PID	模拟量输出，连续可调，可设置限幅
7	FB_CTRL_PID_EXT	带上下限幅报警的 PID

TcPlcControllerToolbox. lib 中提供的多种 PID 控制，分别对应最简单的 ON/OFF 输出或者模拟量输出。但是最基础的 PID 不需要 Controller Toolbox，只需要免费的 Tc2_Utility. lib 中的“FB_BasicPID”。

9.3.2　滤波类

比较常用的是移动平均滤波“FB_CTRL_MOVING_AVERAGE”和数字平均滤波“FB_CTRL_ARITHMETIC_MEAN”，其他滤波方式请参考帮助文档，列举如下。

- FB_CTRL_ACTUAL_VALUE_FILTER
- FB_CTRL_MEDIAN_FILTER
- FB_CTRL_DIGITAL_FILTER
- FB_CTRL_LEAD_LAG
- FB_CTRL_NOISE_GENERATOR (only on a PC system)
- FB_CTRL_NOTCH_FILTER

9.3.3　PWM 输出

ControllerToolbox 提供的 PWM 输出功能块见表 9.9。

表 9.9　ControllerToolbox 提供的 PWM 输出功能块

序号	功 能 块	描　述
1	FB_CTRL_2POINT_PWM_ADAPTIVE	调数字量的占空比，实现类似模拟量输出的效果
2	FB_CTRL_PWM_OUT	作用刚好相反的双 DO 输出，比如一个加热一个制冷
3	FB_CTRL_MULTIPLE_PWM_OUT	把多路模拟量分别转换成多路 PWM 输出，但是会协调各路 PWM 输出的通断次序，以使总体效果不变而执行器的最大输出功率降低
4	FB_CTRL_PWM_OUT_EXT	输出为模拟量，但有开关阈值，可能的工作点有三个

9.3.4　SetpointGeneration

ControllerToolbox 提供的设定点发生器的功能块见表 9.10。

表 9.10　ControllerToolbox 提供的设定点发生器的功能块

序号	功 能 块	描 述
1	FB_CTRL_3PHASE_SETPOINT_GENERATOR	三相设定点发生器。每个任务周期生成给定加速度、速度、位置
2	FB_CTRL_FLOW_TEMP_SETPOINT_GEN	根据环境温度，生成温度设定值
3	FB_CTRL_RAMP_GENERATOR	斜坡发生器为了以指定的速度达到指定的位置，在每个任务周期生成适当的目标位置
4	FB_CTRL_RAMP_GENERATOR_EXT	扩展型斜坡发生器，在斜坡发生器的基础上，增加了工作模式的选择
5	FB_CTRL_SETPOINT_GENERATOR	设定点发生器，从表格中获取设定值，再以平滑或者阶跃方式插值
6	FB_CTRL_SIGNAL_GENERATOR	信号发生器，可以产生三角波、正弦波和锯齿波

9.4　TcUtility. lib

TcUtility. lib 在 TC3 帮助系统中的路径如下：

TE1000 XAE/PLC/Libraries/TwinCAT 3 PLC Lib：Tc2_Utilities/Overview

9.4.1　调用 Windows 的功能

关机：NT_Shutdown。

退出关机：NT_AbortShutdown。

重启：NT_Reboot。

读取系统时间：NT_GetTime。

设置系统时间：NT_SetLocalTime，其接口如图 9.2 所示。

以上操作都是由 START 的上升沿触发，如果 NetID 为空，表示操作控制器本身的 Windows 操作系统功能，比如关机、重启及获取系统时间等。

图 9.2　调用 Windows 的功能块举例

如果要操作其他 PC，比如读取对方的系统时间的功能块“NT_GetTime”，对方应安装有 TwinCAT 并且处于 Config Mode 或者 Runing Mode，并且互相已添加路由。此时只要在“NetID”处输入对方 PC 的 Ams NetID 即可。

9.4.2　读取 IP 地址和修改注册表

读取 IP 地址的功能块：FB_GetAdaptersInfo。

此功能块可以读出目标控制器上所有以太网卡的信息，IP 地址只是其中一个子项。

修改注册表的功能块：FB_RegSetValue。

用这个功能块，可以操作任何一个注册表项，包括修改 IP 地址。

配套文档 9-3
例程：设置 IP 地址

9.4.3　启动和停止应用程序

启动应用程序：NT_StartProcess，功能块的接口如图 9.3 所示。

Dirname：EXE 文件所在的路径。

PathStr：路径和 EXE 文件名。

Start：上升沿触发操作。

若要停止应用程序，可使用同一个功能块，但接口变量 PathStr 的值为

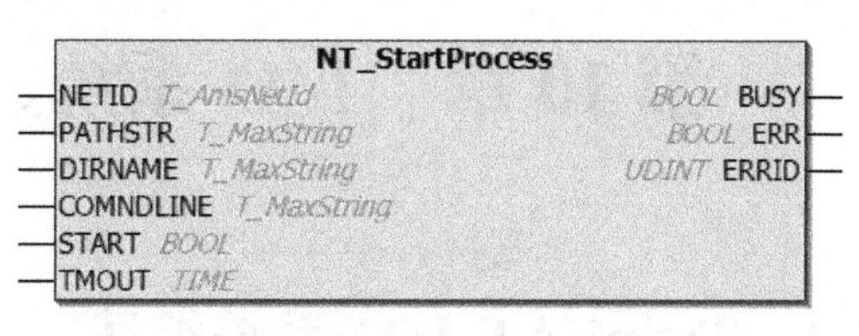

图 9.3　功能块的接口

'C:\Windows\System32\taskkill /imHMI_name　/t';

(＊其中 HMI_name 是应用程序名称＊)

9.4.4　内存操作

配套文档 9-4
例程：启用和中止应用程序

在 Tc2_System. lib 中，以下功能块用于内存操作。

内存比较：MEMCMP。

内存复制：MEMCPY。

内存移动：MEMMOVE。

内存设置：MEMSET，从指定地址开始的 N 个字节都设置为一个固定值。

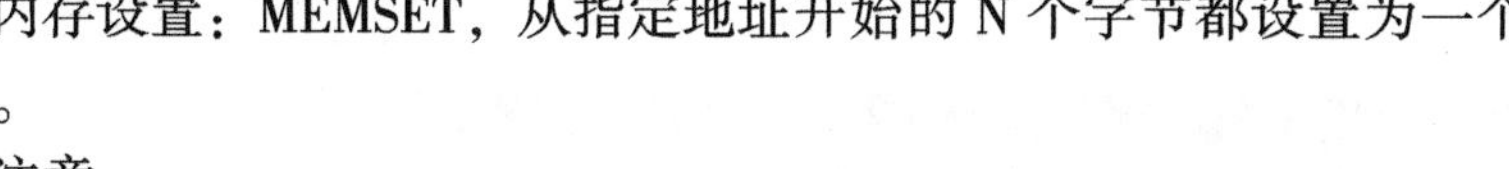

注意：

1）内存操作是底层数据访问，它忽略了变量的类型，所以移动和复制时要小心。

2）内存操作是函数 Function，不是功能块，所以使用时不用声明实例变量。

3）直接针对数据地址的访问，经常配合 ADR( ) 函数或者指针变量来操作。

9.4.5　调用 TwinCAT 的功能

TC_Restart：TwinCAT 重启。

TC_CpuUsage：读 TwinCAT 占用 CPU 的百分比。

PLC_Reset、PLC_Stop、PLC_Start：PLC 复位、停止、启用。

通常只针对其他 PLC 操作，否则自己停止后不能启动。

9.4.6　BCD 码转换

BCD_TO_DEC 和 DEC_TO_BCD，例如：当使用 Modbus 通信，经 ASCII 码传输变量值的时候，有可能会需要在 BCD 码和 DEC 值之间转换。

第 10 章　I/O 系统、EtherCAT 和 K-Bus

10.1　TwinCAT I/O 系统综述

10.1.1　TwinCAT 支持的 I/O Device 汇总

在 TwinCAT 控制系统中，TwinCAT PLC 与 TwinCAT I/O 是两个独立的设备，PLC 运算可以完全脱离 TwinCAT I/O，完全在内存中运行。但实际应用中自动化控制必然是根据输入设备状态以及操作指令，经过符合工艺的运算，控制输出设备。TwinCAT I/O 的作用就是通过总线刷新物理 I/O 的实际状态，PLC 经由 TwinCAT I/O 间接访问 I/O 设备。

本章要讨论的就是 TwinCAT I/O 与硬件的连接。

TwinCAT I/O 支持的设备接口类型有多种，如果在 TwinCAT 中添加就会弹出总线接口的选择框，如图 10.1 所示。

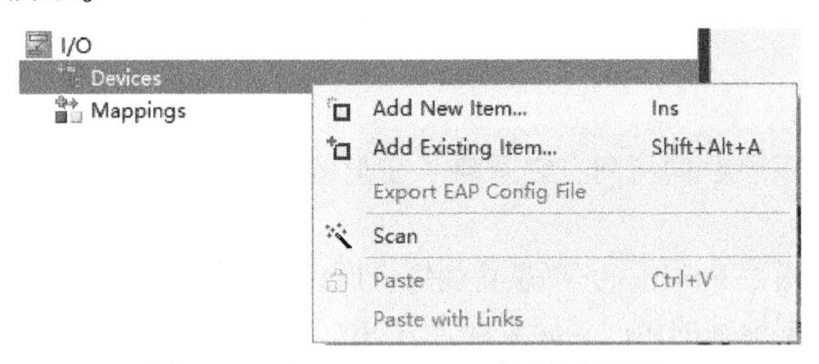

图 10.1　在 TwinCAT I/O 中添加新项目

可供插入的总线类型有多种可选，如图 10.2 所示。

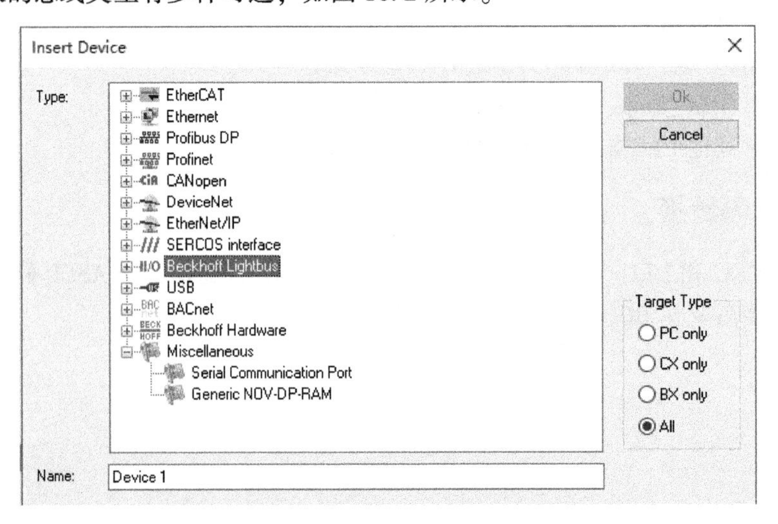

图 10.2　TwinCAT I/O 支持的设备接口类型

总的来说，TwinCAT I/O 支持的设备接口类型主要分为以下 4 种。

1. 现场总线

可以连接现场总线接口的耦合器和 KL 模块、传感器、驱动器和智能仪表等。包括：

- PROFIBUS-DP
- PROFINET
- CANopen
- DeviceNet
- EtherNet/IP
- SERCOS
- BACnet

TwinCAT 提供这些现场总线的主站接口，可以和这些总线的从站设备通信。除了 SERCOS 之外，TwinCAT 还提供其他总线的从站接口，可以和这些总线的主站进行通信。

2. EtherCAT

和现场总线主站一样，可以连接 EtherCAT 接口的耦合器、I/O 模块、传感器、驱动器和智能仪表。TwinCAT 提供多种 EtherCAT 接口，如图 10.3 所示。

(1) Master 和 Slave 用于设备级通信

Master 用于挂从站设备，Slave 用于把自己作为从站设备挂到其他控制系统的 EtherCAT 主站。

(2) EtherCAT Automation Protocol (Network Variables)。

简称 EAP 通信，用于 TwinCAT 控制器之间的通信。EAP 的节点是对等的，不分主从，它们通过网络变量交互数据。网络变量分为 Publisher 和 Subscriber，分别用于发布和接收数据。

(3) EtherCAT Automation Protocol via EL6601, EtherCAT

通过 EL6601 模块运行在 EtherCAT 网络上的 EAP。EL6601 是一个具有 E-Bus 接口的普通 EL 模块，相当于一个交换机，但是可以放在任何一个 I/O 站，插在模块之间。如图 10.4 所示。

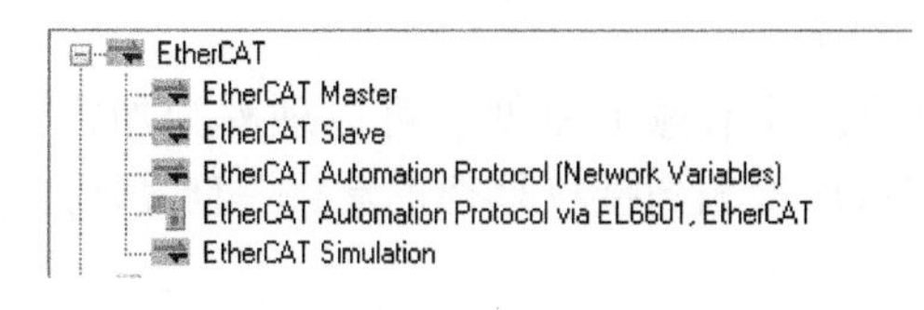

图 10.3　TwinCAT 支持的 EtherCAT 接口种类

Term 5 (EL6601)
EL6601 1 Port Switch (Ethernet, CoE)
AutoIncr Addr: FFFE
EtherCAT Addr: 1003

图 10.4　EAP via EL6601 的拓普图

EL6601 上的 RJ45 网口可以连接其他控制器，运行 EAP 协议，但所有 EAP 通信的数据只能搭载在 EtherCAT 通信的主干道上。EL6601 的好处是组网布线方便，节约一个网卡，弊端是带宽受限——EtherCAT 只预留给它 500 kbit/s 的带宽，适合通信量不大的 EAP 通信。

由于 EtherCAT 速度快，成本低，实施简便，新项目推荐使用 EtherCAT。

3. 非开放总线的倍福专用驱动

包括 Lightbus、EtherNet 和 USB，除了面板集成的 I/O 按键还使用 USB 接口外，其他通信基本已经被替代。但是考虑到早期倍福控制系统的维护（很多德国进口设备会服役几十年），这里也做个简单介绍。

(1) Lightbus

这是倍福早在 Profibus 普及之前就推出的光纤总线，并没像 EtherCAT 一样向市场开放，无论主站、从站都只支持倍福产品。

（2） EtherNet

针对通用的以太网卡，倍福公司开发了专门的实时驱动，用来连接自家的硬件设备。如果选择 EtherNet 总线，还有 3 种协议可选，如图 10.5 所示。

Real-time EtherNet Adapter （Multiple Protocol Handler）：这是 EAP 协议的前身，用于 TwinCAT 控制器之间经由网络变量的对等通信，现在已经被 EAP 取代。

Realtime EtherNet Protocol （BK90xx，AX2000-B900）：可以理解为 EtherCAT 的前身，用于现场级主从通信：TwinCAT 控制器连接倍福以太网耦合器 BK90xx 和以太网伺服驱动器 AX2000-B900。这种技术始于 Lightbus 之后 EtherCAT 之前，现在已经被 EtherCAT 取代。

Virtual EtherNet Interface：虚拟以太网，用于与倍福早期的小型控制器 BC90x0 的通信接口。

（3） USB

USB 原本也是通用的 PC 接口，倍福开发了专门的驱动，用于 TwinCAT 实时控制系统。在总线选择窗体中可以看到 TwinCAT 支持的 USB 设备类型，如图 10.6 所示。

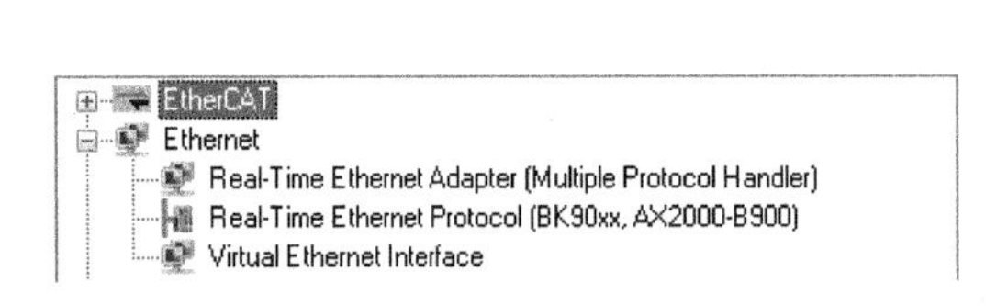

图 10.5　TwinCAT 支持的 EtherNet 通信种类

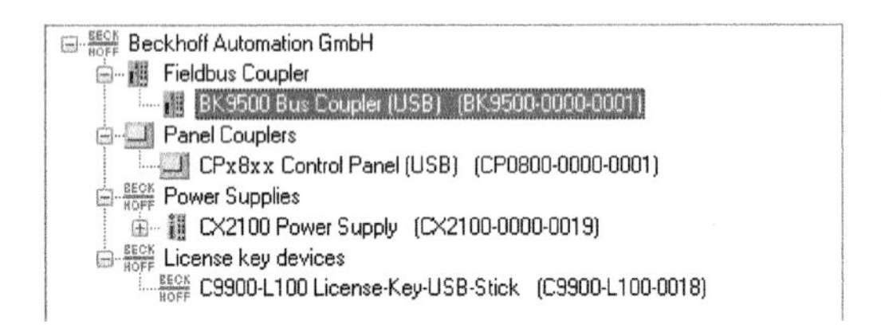

图 10.6　TwinCAT 支持的 USB 设备种类

BK9500：倍福早期的 USB 耦合器，可以连接所有 K-Bus 的 I/O 模块。

CPx8xx：倍福控制面板上集成的按钮指示灯的接口电路板。从外面不可见，而是在面板内部以扁平电缆连接到控制器主板。

CX2100-Power Supply：CX2000 系列 EPC 的电源模块 CX2100 上的摇杆按键（又称导航键）的上、下、左、右及中间键的状态。如图 10.7 所示。

C9900-L100：这是 TwinCAT 3 的硬件授权介质，外形像个 U 盘，可以理解为加密狗。如果选择了这种授权方式，TwinCAT 3 每个周期都可以检测到授权是否正常。一旦发现加密狗被拔掉了，TwinCAT 就会停止工作。

4. Miscellaneous

Miscellaneous 包括 TwinCAT 目前支持的附加设备，如图 10.8 所示。

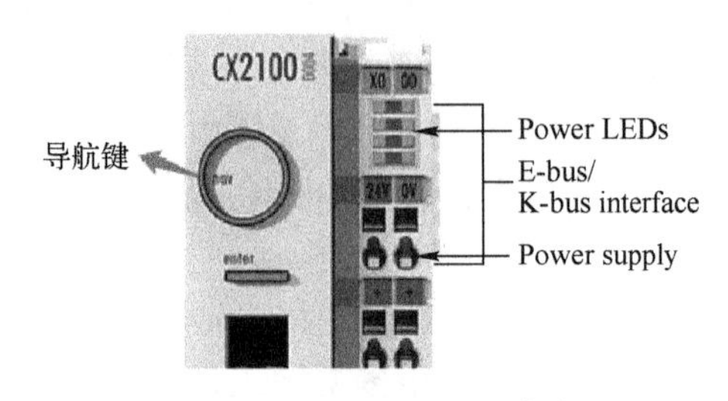

图 10.7　CX2100 上的导航键

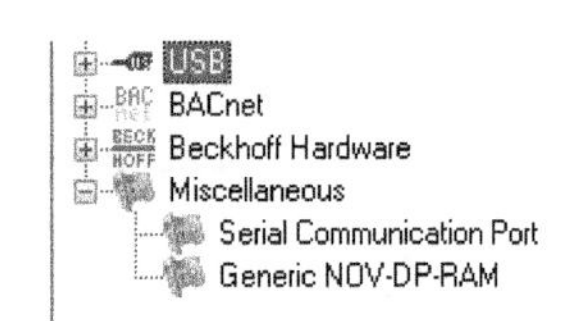

图 10.8　TwinCAT 支持的附加设备

（1） Serial Communication Port

标准 PC 主板上通常有 Com 1～Com 4 共 4 个串口，但平时接到机箱外面的只有 1 个，并且是 RS232 口。运行 TwinCAT 的 IPC 或者 EPC，可以选择把这 4 个口的部分或者全部都引接到外壳，连接自动化设备并参与 TwinCAT 实时控制。这些串口由 TwinCAT 控制时，在I/O 中的配置界面就在这里添加。

Serial Communication Port 可能是 RS232 也可能是 RS485，可以连接温控器、变频器及智能仪表等支持串口通信的设备。

（2）Generic NOV-DP-RAM

这是倍福控制器或者电源模块自带的 NOVRAM（非易失性随机读写存储器），用于 PLC 数据的掉电保持。

10.1.2 倍福控制器的 I/O 系统

使用倍福控制器的新建项目，最主流的 I/O Device 是 EtherCAT，因此本章将花大量篇幅在正文中介绍 EtherCAT 相关的各种资料。当需要连接第三方设备，比如伺服驱动器、变频器或智能仪表时，如果对方没有 EtherCAT 接口，才需要使用其他总线。

1. EtherCAT 与 E-Bus

TwinCAT 系统连接倍福的 I/O 系统时，默认使用 EtherCAT 作为 I/O 总线，I/O 模块之间使用 E-Bus 作为背板总线，E-Bus 的本质也是 EtherCAT，只是传输介质使用弹簧片触点，而不是常见的 CAT5e 超五类网线。所谓一网到底的技术，就是每个 I/O 模块都是一个 EtherCAT 从站。习惯上把 EtherCAT 用于连接相邻的 I/O 模块叫作 E-Bus，连接空间上有距离的设备时叫 EtherCAT，实际在控制上两者并无区别。

2. 现场总线与 K-bus 综述

许多用户会迷惑倍福公司为什么有两套 I/O 系统：E-Bus 和 K-Bus。这是由于产品技术升级换代的历史原因造成的。早期的倍福控制器使用 KL 模块，经过 Lightbus、Realtime-EtherNet、PROFIBUS-DP 或者 USB 连接 I/O 系统。KL 模块之间的背板总线叫作 K-Bus，不是开放的标准总线。

3. 其他 I/O 型式

EL、KL 是应用最广泛的 IP20 的倍福 I/O 模块，倍福还有 IP67 的 I/O 产品，以及同样是 IP20 但可以作为元器件插在 PCB 上的 I/O 模块。完整的倍福 I/O 产品系列见表 10.1。

表 10.1　倍福 IO 产品系列

I/O 产品系列	功能描述
BC：总线控制器	带总线从站接口的小型 PLC
BK/EK：各种耦合器	总线耦合器
KL/EL：普通信号模块	IP20 的标准信号 I/O 模块
EL15xx：计数端子模块 EL25xx：高速脉冲输出模块	IP20 高速脉冲模块 计数器、PWM
EL5xxx：位置测量/位置反馈	编码器模块
XFC：极速控制技术的端子模块	带分布时钟的微秒级 I/O 模块 超采样，时间戳
EL6xxx：总线间通信模块	网关模块
EL7xxx：电机驱动模块 接伺服、步进、直流电机	紧凑驱动模块

（续）

I/O 产品系列	功 能 描 述
EL3xxx：能源测量，称重，万用表 ELM3xxx：高速高精度测量	测量模块
EL92xx：电源保护端子	电源保护装置
EP，IL，IP IP67 的 I/O 端子模块/端子盒子	IP67 的端子模块
EPP 模块，EK13xx 耦合器	EtherCAT P 模块 IP20，IP67
EJ 系列：即插即用型端子	用于 PCB 的 I/O 解决方案
ELX：防爆 I/O 端子模块 （支持 HART，Namur）ELX	防爆 I/O 模块
EK9600：支持与 Cloud 云通信协议（MQTT，AMQP，OPC UA 等）	IoT 耦合器

不是每个系统都需要用到全部的 I/O 产品，但用户在选型设计时了解的产品系列越全，选择的余地就越大。这里只简单提供一个线索，需要用到时再咨询原厂的技术支持。

10.1.3　用高级语言直接控制 TwinCAT I/O

TwinCAT I/O 的作用就是通过总线刷新物理 I/O 的实际状态。PLC 经由 TwinCAT I/O 间接访问 I/O 设备，此时 I/O 的刷新由 PLC 任务触发。TwinCAT 也支持用 TC3 的 C/C++对象或者第三方的高级语言程序来控制这些 I/O，此时 TwinCAT 就相当于一个硬件驱动。I/O 的刷新需要另外新建 Task 来触发。

这种用法不是很普遍，仅在此简述要点。

添加任务时，选择 Task with Image，如图 10.9 所示。

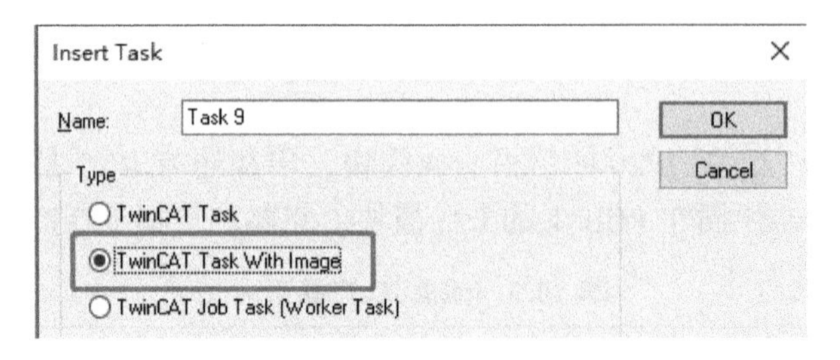

图 10.9　添加带 I/O 变量的 Task

设置周期和 Auto Start，如图 10.10 所示。

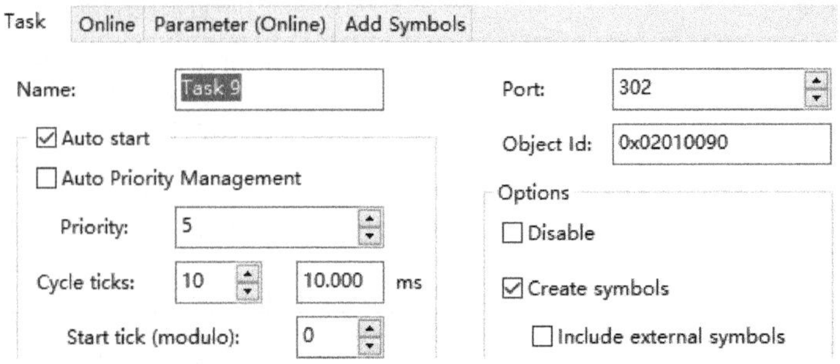

图 10.10　设置任务周期和 Auto Start

以这种方式刷新的 I/O 数据，可以从高级语言程序经 ADS 通信访问。比如图 10.10 中的 Port 302，勾选了“Create symbols”还可以用变量名的方式访问。

1）Task 下添加 I/O 变量。

选择任务，在右键菜单“Add New Item”下可以添加变量，如图 10.11 所示。

2）链接 Task 的 Input 及 Output 到 I/O 设备的 Process Data。

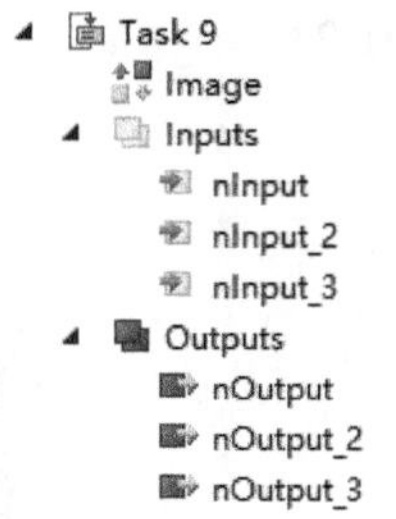

图 10.11　Task With Image 的 I/O 变量

10.2　EtherCAT 与 E-bus

EtherCAT 最早是由德国倍福公司研发的工业以太网，负责推广 EtherCAT 技术的组织叫作 ETG（EtherCAT Technology Group），到 2019 年初，ETG 全球会员数量超过 5000。截至 2019 年 4 月，从 ETG 官网（https://www.ethercat.org）的 Product Guide 查询到经过认证的 EtherCAT Slave 产品系列为 558 个，其中驱动器产品系列 260 个。实际上，在运动控制领域，EtherCAT 已经取代 SERCOS 成为了新一代的主流通信总线。2016 年，EtherCAT 正式成为中国国家推荐标准。

1. 通信机制

相比于 EtherNet，它最大的改进在于“共享帧转发”和“飞速处理（Process on the fly）”机制。这是 EtherCAT 的核心机制，在多节点、大数据量及高带宽占用率的情况下，性能远超其他总线。这是 EtherCAT 获得如此成功的根本原因。

（1）共享帧转发

共享帧，是指所有从站的数据可以放到一个 Frame。装着所有从站数据的共享帧就像一列长长的火车，它总是从主站出发，依次经过所有从站，最后又回到主站。

虽然 EtherCAT 也是基于 EtherNet 的数据帧格式，但在整个 EtherCAT 网络上，只有主站能发送 Frame，并沿着物理链路的固定轨道单向行驶，所以不存在“撞车”的可能性，也不需要考虑各个节点之间的协调。

（2）飞速处理（Process On The Fly）

装着所有从站数据的共享帧从主站出发，依次经过所有从站，最后又回到主站。

从站在数据包经过自己的时候提取和插入数据，这就是飞速处理。

（3）图解 EtherCAT 通信过程

图 10.12 有助于更形象地理解共享帧和飞速处理。

Master 周期性地发送共享帧，可以同时收发，即全双工传输。这样即使前一帧还没有回收，也可以继续发送，可以更好地利用带宽。实际上，EtherCAT 在 90%以上的带宽占用率下仍然可以正常工作。而普通的 EtherNet 网络超过 30%可能就有问题。

通常，共享帧经过的所有从站应该使用相同的波特率。标准的 EtherCAT 物理层使用 100 Mbit/s 的以太网，即使主站使用 1 Gbit/s 的网卡，也会自适应到到 100 Mbit/s。如果没有特殊说明，所有 EtherCAT 设备的通信速率都是 100 Mbit/s。

2. EtherCAT 的性能

（1）速度

标准的 EtherCAT 网络使用控制器集成以太网卡，不需要特殊硬件，实测传输性能见

表 10.2。

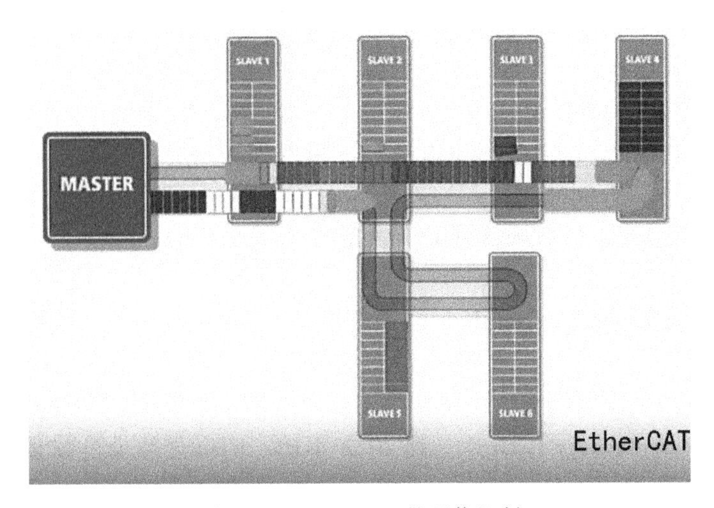

图 10.12　EtherCAT 的通信机制

表 10.2　EtherCAT 的传输性能

传输数据	刷新时间	备　　注
1000 个 DI/DO 数据	30 μs	假定 1000 路数字信号位于 125 个 8 路数字量 EL 模块
100 个伺服驱动器的数据	100 μs	假定每个伺服的输入/输出各 8 Bytes，只包含基本变量
40 个轴 2000 个数字量 200 个模拟量	276 μs	假定每个轴 20 Bytes 输入/输出数据 IO 模块共 560 个，分布于 50 个站 总线长度 500 m

以上信息来自倍福官方宣传资料，针对第 3 种典型应用“40 个轴、2000 个数字量、200 个模拟量”，几种工业以太网的性能对比如下，如图 10.13 所示。

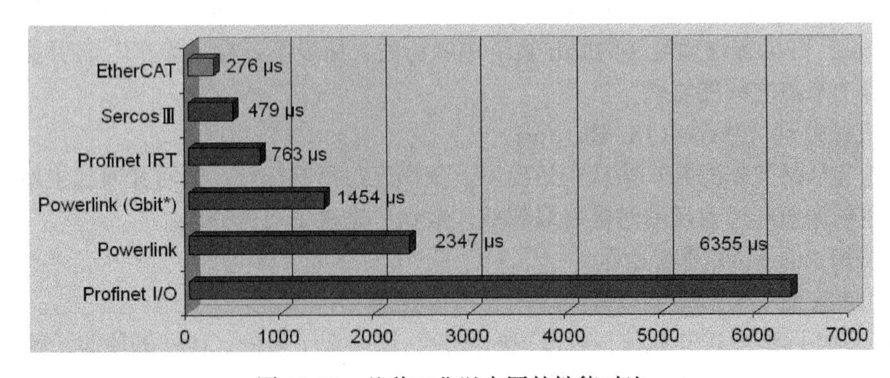

图 10.13　几种工业以太网的性能对比

（2）分布时钟

EtherCAT 支持分布时钟（Distribute Clock，简称 DC），带 DC 的 EtherCAT 设备之间可以实现时钟同步，同步精度在 1 μs 以内。

同一个 EtherCAT 网络中的 DC 设备自动完成时钟同步，

同一个控制系统的多个 EtherCAT 网络可以设置成时钟同步。

不同控制系统的 EtherCAT 网络通过桥接模块也可以实现时钟同步，如图 10.14 所示。

（3）基于 EtherCAT 的 XFC 技术

基于 PC 控制的强大运算性能和 EtherCAT 的强大传输性能及分布时钟技术，以及特殊的微秒级转换时间的 I/O 模块，倍福控制系统响应周期最快可以达到 100 μs，即最短控制周期 50 μs 的 2 倍。控制输出的时间可以精确到微秒级别，对于采样信号的回溯也可以精确到微秒级别。

微秒级的控制精度，可以用于激光、相机快门、快速阀门的准确控制。在某些特殊的领域，精确的时钟同步技术可以实现原本需要昂贵的专用设备才能实现的功能。

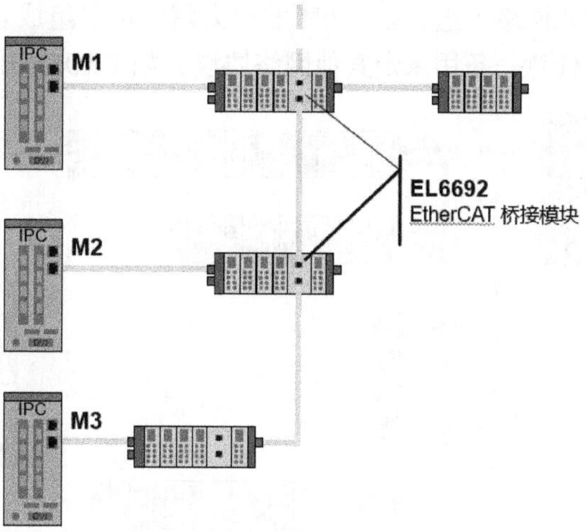

图 10.14　不同控制系统的 EtherCAT 桥接

3. 网络拓扑

（1）无须增加硬件的普通拓扑结构

EtherCAT 支持多种拓扑结构：线型、星形、树形、总线型，并且可以自由组合。

一条 EtherCAT 网络最多可以有 65535 个节点，相邻节点之间的距离最大为 100 m。如图 10.15 所示。

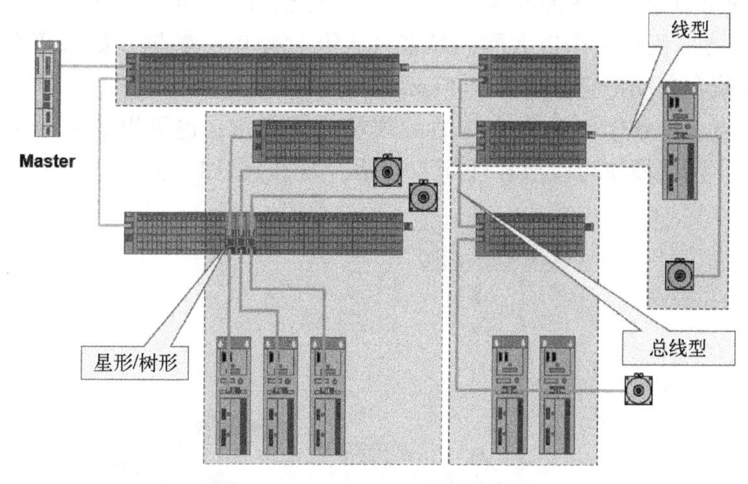

图 10.15　EtherCAT 的网络拓扑

（2）环网和线缆冗余

客户最常用的网络是线型结构，一条网线串到底。如果中间有条网线被破坏，或者网口松动，或者其他故障，那么后半部的设备就从 EtherCAT 网络断开了。为了解决这个问题，可以使用环形网络，如图 10.16 所示。

环形网络需要主站上有另一个网卡，并配合软件包 EtherCAT Redundancy 才能起到网络冗余的作用：如果某处网线断开，后半部的设备将从另一个网口回到主站。

如果环网中带有 DC 模块或者从站，比如伺服驱动器、XFC 模块等，就不能用这种方式做环网，而是要在主站的千兆网卡和第 1 个从站之间，增加一个网络倍增器 CU2508，如图 10.17 所示。

（3）网络倍增器

实际上，网络倍增器 CU2508 不仅可以用来做环网，因为它把 1 条千兆以太网变成 8 条百兆网络。这 8 条 100M 的以太网，可以组成 4 个环，也可以当成独立的 8 条 EtherCAT，或者任意一条用来走其他网络协议，如 PROFINET、EtherNet/IP 或普通 TCP/IP 等。

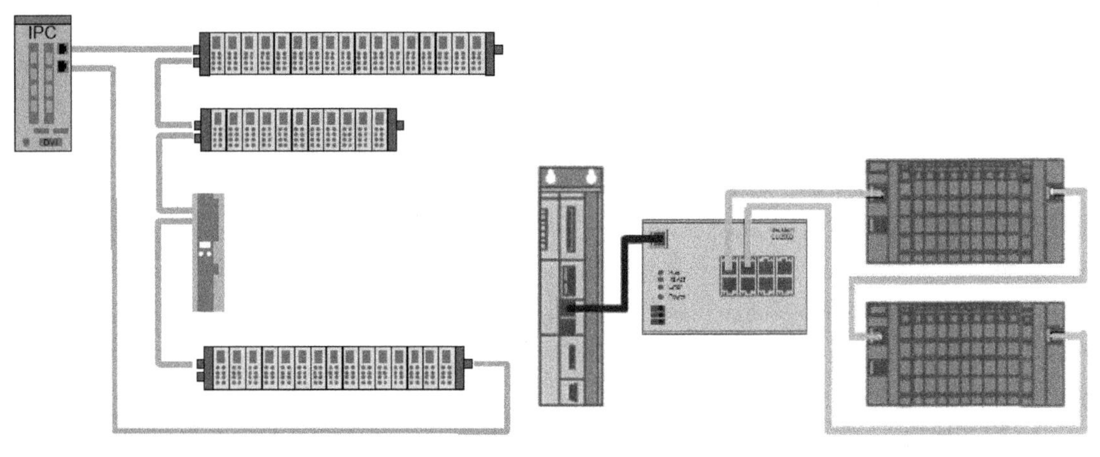

图 10.16　EtherCAT 环形网络　　　　图 10.17　利用 CU2508 做环网

4. 支持多种现场总线及工业以太网的网关

EtherCAT 支持每个从站的过程数据量几乎没有限制，从 1 bit 到 60 KB，所以一个最简单的 2 通道 DI 模块可以是一个 EtherCAT 节点，一个有 60 KB 数据需要交换的控制器也可以是一个 EtherCAT 节点。因为一个以太网帧最多只能传 1440 Byte 数据，如果真有 60 KB 的过程数据要传输，系统会自动把它分成几个 Frame。

基于这个特点，一条带有几十个从站的现场总线主站，也可以是一个 EtherCAT 从站，这就是网关模块。网关模块可以放在任何 I/O 站，如图 10.18 所示。

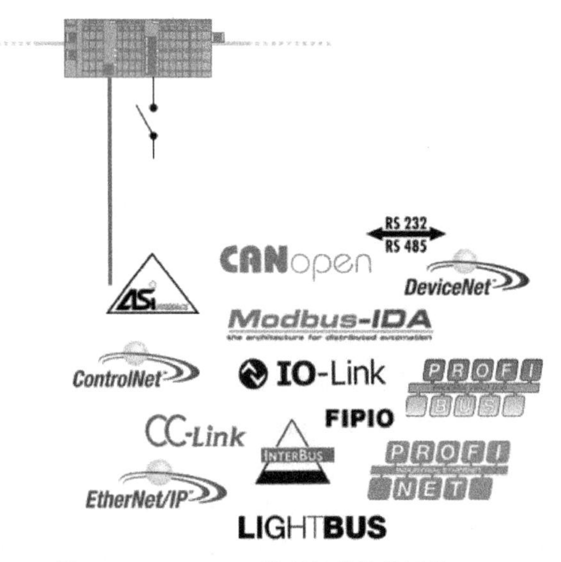

图 10.18　EtherCAT 转现场总线的网关

虽然倍福仍然提供 PCI 接口的现场总线主站卡，但是首推还是使用 EL 网关模块。因为网关模块不仅安装方便，实测过程映像的刷新时间也比 PCI 主站卡要快。

PCI 插卡方式（500 Bytes 输入和输出数据）：400 μs。

EtherCAT（1500 Bytes 输入和输出数据）：150 μs。

5. 诊断功能

TwinCAT 集成了 EtherCAT 诊断工具，从站的状态诊断可以精确到每一个 I/O 模块的每个端口。主站的状态诊断可以精确显示丢包、出错次数。

10.3　EtherCAT 从站设备基本操作

10.3.1　概述

EtherCAT 的主站设置可以很简单，直接使用默认配置即可，而每个系统都会涉及从站操作。本节就系统地讲解 EtherCAT 从站的基本操作，适用于以下方面。

倍福 EtherCAT 接口 I/O 产品：EL 模块，EJ、EP、EPP 及 ELM 等。

第三方 EtherCAT 设备，包括伺服驱动、阀岛、光栅尺及智能仪表等。

这些步骤描述和截图，在所有从站的手册中或多或少都会写到，但手册中不会介绍背后的机制。这里介绍所有 EtherCAT 从站的共性，配置界面中通用的部分，而模块特有的信息，比如参数设置，还是要查看具体的手册。

10.3.2　配置过程数据（Process Data）

EL 模块的参数都是以 CANopen 对象字典的方式存储的，每个参数通过 Index 和 SubIndex 来定位。Process Data 由不同的 PDO 组合确定，每个 PDO 中包含若干参数，厂家的设备描述文件（.XML）中会有默认的 PDO 配置。如果默认配置不满足要求，才需要学习本节内容以便修改。

大部分 EL 模块或者第三方 EtherCAT 从站，使用默认配置就能工作。但是如果需要的数据不在默认的 Process Data 中，就需要修改配置了。下面以 EL2521 为例，来说明 Process Data 的配置过程。

1. 了解 PDO List

EL2521 是一个高速脉冲输出模块，和所有的 EtherCAT 从站设备一样，也有 Process Data 选项卡，如图 10.19 所示。

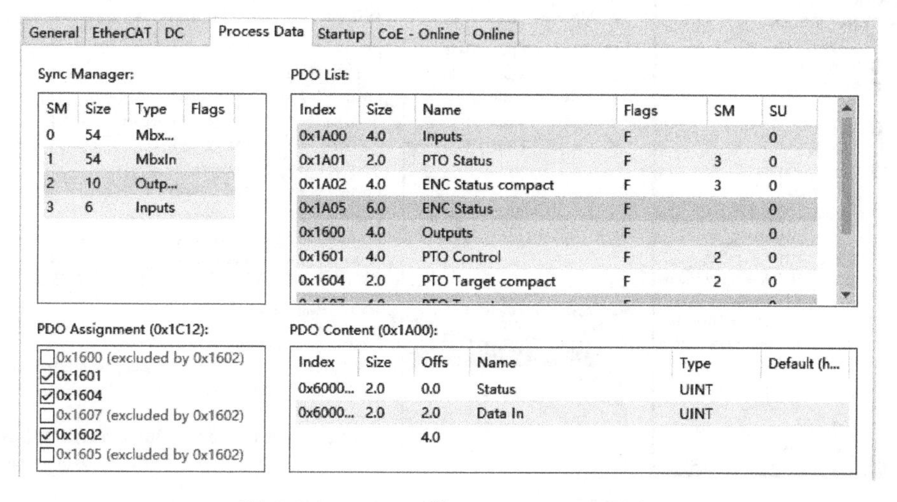

图 10.19　EL2521 的 Process Data 选项卡

PDO List 以 Index 来识别不同的 PDO 组合。通常看名字就明白这个 Index 的 PDO List 有什么作用，选中某个 Index 后在下方的窗体中就会出现其中的 PDO Content。配置 Process Data 的目标，就是把想要的变量放到过程数据中，以便每个周期 PLC 都知道它的数值。

有些复杂的模块需要对照模块手册才能看清楚这些数据的关系，需酌情选择需要的 PDO。

2. 预定义 PDO 配置

从站厂家可以提供若干预定义的 PDO 配置，从下拉菜单选择即可。如图 10.20 所示。

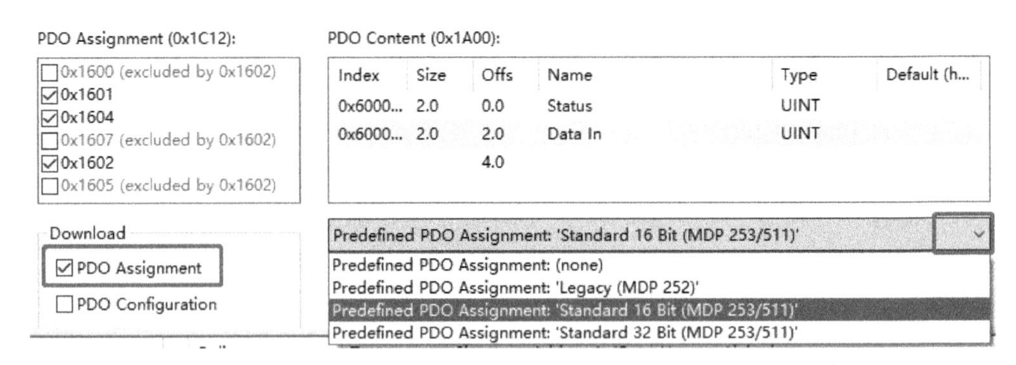

图 10.20 选择预定义的 PDO 配置

这些预定义的 PDO 配置，可以理解为厂家提供的“套餐”，基本可以满足 80% 的应用场景。如果换了“套餐”，需要勾选“PDO Assignment”，并激活配置才生效。

3. 手动配置 PDO

如果“套餐”不能满足用户需求，可以手动配置 PDO。

在 EL2521 的 Process Data 选项卡的 Sync Manager 中，双击“3”（Inputs），并在下方的 PDO Assignment（0x1C13）中勾选需要的 PDO。每个 PDO 的内容在右侧的 PDO List 中可以看到。如图 10.21 所示。

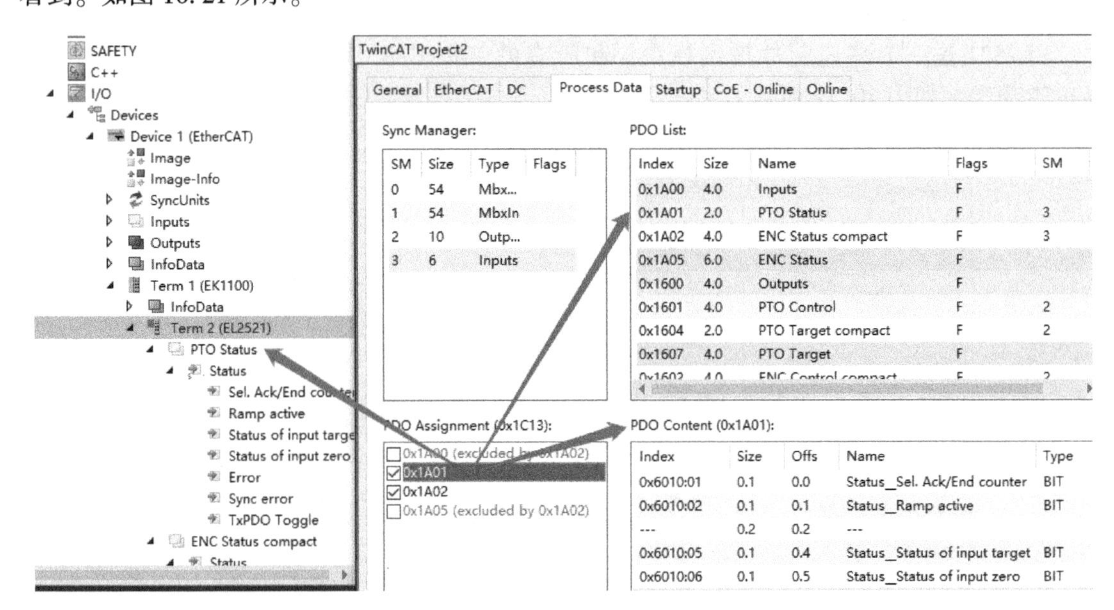

图 10.21 EL2521 的 PDO 配置界面

用户可以根据自己的模块和应用，勾选适当的 PDO List。通常情况下看这里的文字提示就行了，如果不明白某个参数的说明文字代表的含义，就需要查手册。

几乎所有 EL 模块的手册都是按以下结构来组织的，如图 10.22 所示。

无论是在线帮助还是离线帮助软件，还是在单独的 PDF 文件中，用户手册的内容都是这种架构。关于参数的列表描述在 Commissioning 这一章的 Object description and parameterization，而关键参数的作用机制在 Basic Function Principles。

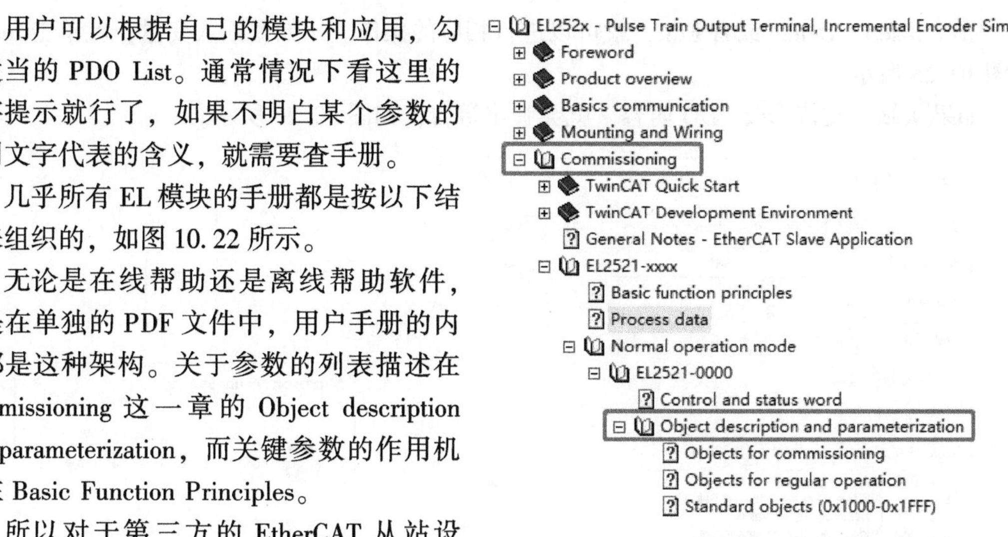

图 10.22　EL 模块的用户手册内容架构

所以对于第三方的 EtherCAT 从站设备，不仅要拿到厂家提供的 XML 文件，还要拿到相应的 EtherCAT 接口说明手册。也有的 CoE 设备厂家，如果同时也提供 CAN Open 接口，其从站的参数描述没有放在 EtherCAT 通信手册而是直接引用其 CAN Open 手册中的内容。

4. 修改 PDO Content 和选择 PDO List

在 Process Data 选项卡的左下角，有 Download 选项，如图 10.23 所示。

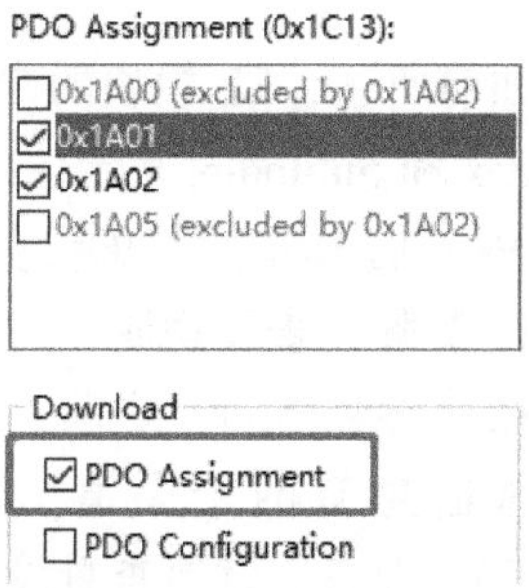

不管用哪种方法配置，确认图 10.23“PDO Assignment”是勾选中的状态。因为虽然默认也是选中的，但有时会不小心被客户改掉。

至于 PDO Configuration，如果你没有修改过 PDO 里面的内容，就不用勾选了。

图 10.23　选择 PDO Assignment

5. 修改 PDO 的内容（可选）

大多数 EtherCAT 从站不允许用户修改 PDO 的内容，但也有个别智能 EtherCAT 从站允许修改。比如在 AX5000 的 Process Data 选项卡的 PDO Content 中，右击就会出现相关选项，如图 10.24 所示。

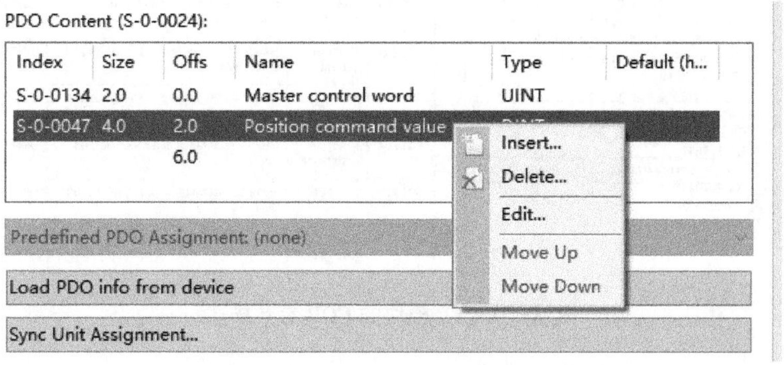

图 10.24　修改 PDO Content

选择 Insert、Delete 或者 Edit，就可以进行相应的操作。比如要插入变量，就单击 Insert，如图 10.25 所示。

如果从站不支持修改 PDO 内容，就会弹出警告，如图 10.26 所示。

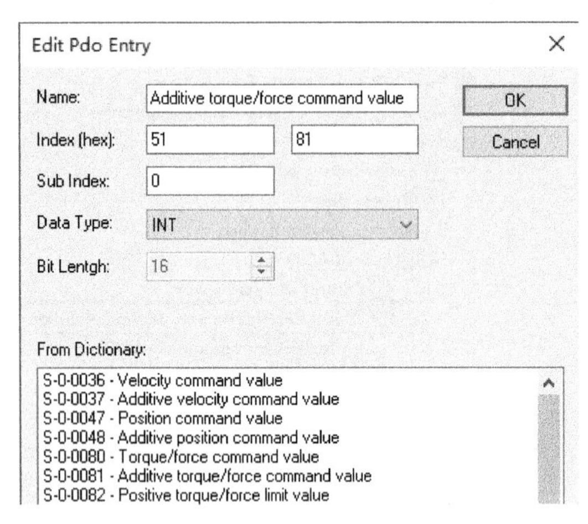

图 10.25　选择要在 PDO 中插入的变量

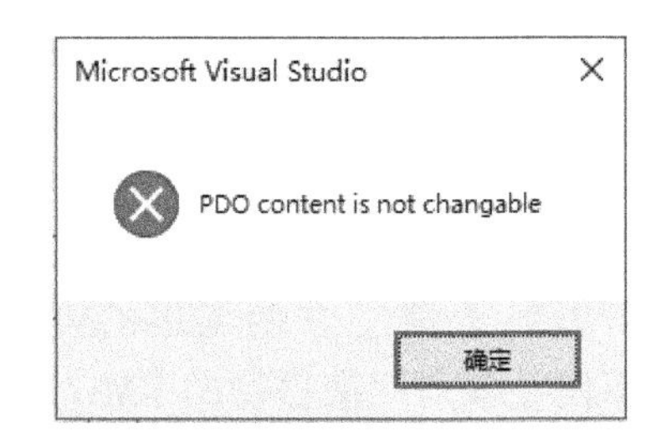

图 10.26　禁止修改 PDO 内容

10.3.3　读写 EtherCAT 从站的参数

如前所述，EL 模块的参数都是以 CANopen 对象（Object）的方式存储的，每个参数通过 Index 和 SubIndex 来定位。不是所有参数都需要通过 Process Data 周期性刷新。本节讲述的是 Process Data 之外的参数访问。

1. 参数列表及说明

在“参数访问”之前，先应找到要访问的参数地址，即 Object 的 Index 和 SubIndex。找到这些信息有两个渠道：看帮助文件或者 CoE Online 页面参数列表。如果是第三方 EtherCAT 设备，就要查看设备手册中关于 COB 对象的详细描述。

比如查看 EL7021 的 COB 参数描述，如图 10.27 所示。

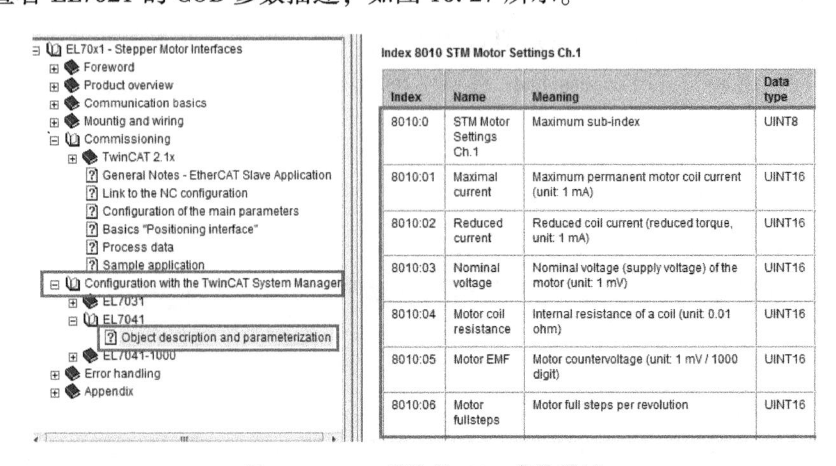

Index 8010 STM Motor Settings Ch.1

Index	Name	Meaning	Data type
8010:0	STM Motor Settings Ch.1	Maximum sub-index	UINT8
8010:01	Maximal current	Maximum permanent motor coil current (unit: 1 mA)	UINT16
8010:02	Reduced current	Reduced coil current (reduced torque, unit: 1 mA)	UINT16
8010:03	Nominal voltage	Nominal voltage (supply voltage) of the motor (unit: 1 mV)	UINT16
8010:04	Motor coil resistance	Internal resistance of a coil (unit: 0.01 ohm)	UINT16
8010:05	Motor EMF	Motor countervoltage (unit: 1 mV / 1000 digit)	UINT16
8010:06	Motor fullsteps	Motor full steps per revolution	UINT16

图 10.27　EL 模块的 COB 参数描述

有的第三方设备的 COB 参数描述在其 EtherCAT 通信手册中，而有的第三方设备 COB 参数描述在 CANopen 通信手册中。

2. 修改从站参数的 3 种方法

这些参数可以通过 EtherCAT 访问，TwinCAT 提供 3 种操作方法，见表 10.3。

表 10.3　修改 EtherCAT 从站参数的 3 种方法

方　法	适用范围	优　点	缺　点
CoE Online	用于临时单个参数的修改	调试方便，不用写程序	只对当前的模块生效，如果最终用户更换备件，参数就不在了
StartupList	用于设备参数的批量初始化	不用编程，更换备件也不影响结果	只在 EtherCAT 主站启动时修改参数，而不在设备运行过程中修改
PLC 程序调用 TcEtherCAT. lib	PLC 运行时可从 HMI 界面上修改的 CoE 参数	任何时候都可以修改，用户更换备件也可以重写参数	缺点是需要一些编程工作量

3. 在 CoE Online 查看和修改参数

模块手册中 Object 信息描述得最完整。但是对于有经验的用户，或者现场时间比较紧张时，也可以直接从 CoE Online 页面查看和修改，如图 10.28 所示。

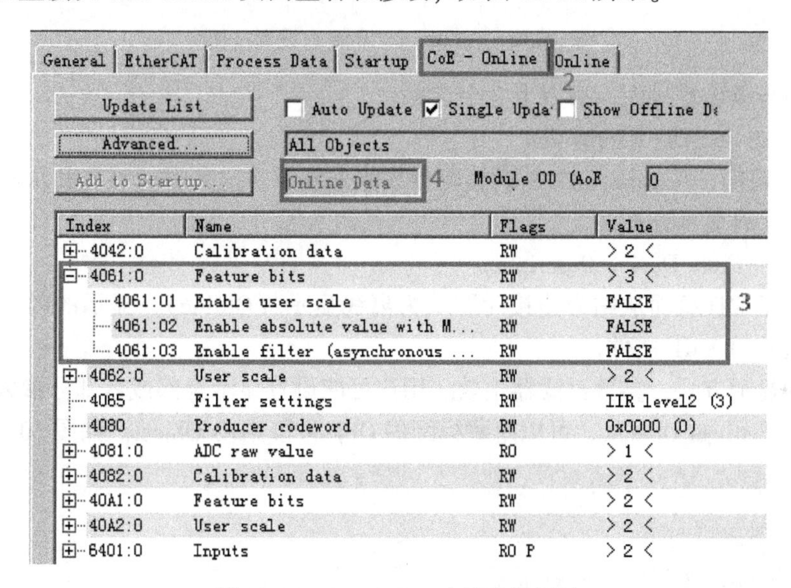

图 10.28　CoE Online 在线参数显示

对于 EL 模块，如果 Ec 状态为 PreOP、SafeOP 或者 OP，CoE Online 页面“4”处就会以绿色显示“Online Data”。此时双击某变量，就会弹出变量修改的输入框。

如果此处一片空白，不显示任何值，说明目标控制器连接不上。

如果此处以红色显示 Offline Data，说明目标控制器的当前配置没有这个从站。可以激活配置或者重新装载 I/O，直到在 EtherCAT Online 页面看到状态为 PreOP 或 OP。

在 TwinCAT 3 的工具栏中，激活配置和重装装载按钮如图 10.29 所示。

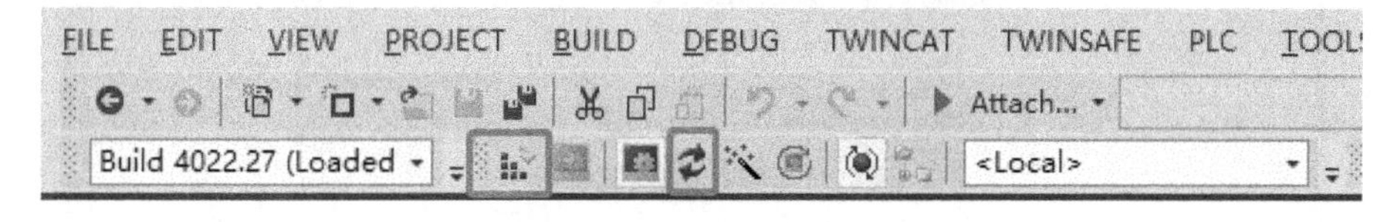

图 10.29　激活配置及重新装载按钮

如果以上情况都不存在，CoE Online 页面仍然不显示任何参数，就需要执行 Advanced（高级）设置。

4. CoE Online 的高级操作

对于倍福的 EL 模块或者其他 EtherCAT 从站，由于安装 TwinCAT 时已经安装了完整的 EtherCAT 和 CANopen 描述文件，所以 CoE Online 上一定会显示完整的对象字典。

对于第三方的 EtherCAT 从站就不一定了，如果目标控制器连接正常，这个页面仍然是一片空白，唯一的可能就是缺少 CANopen 对象字典描述。这时需要执行 Advanced（高级）操作。如图 10.30 所示。

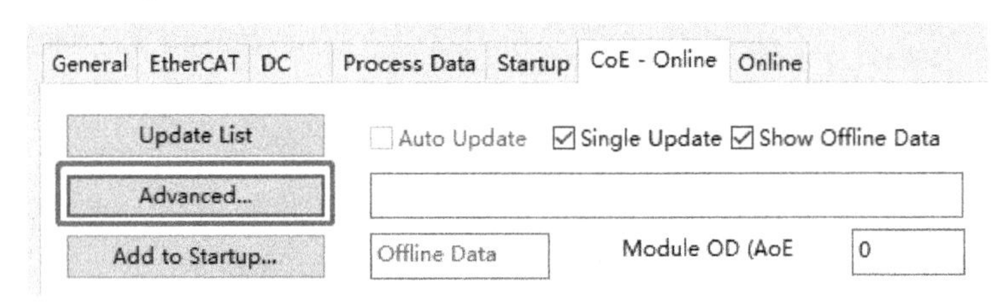

图 10.30　Advanced（高级）设置按钮

在弹出的高级设置界面，有以下 3 个选项。

（1）Online-via SDO Information

经由 SDO 通信，从 EtherCAT 从站读取参数值来显示，这是目标系统和从站都正常连接时默认的变量字典显示方式。

（2）Offline-From Device Description

目标系统正常连接而从站未连接时默认为离线显示（Offline）。显示的内容来自设备描述文件，即从站的 XML 文件。

选择这种显示方式，参数过滤器生效。用户可能设置显示全部或者部分参数。常用的过滤就是只显示 Settings Objects，可以隐藏标配的 Object 和 PDO Object。如图 10.31 所示。

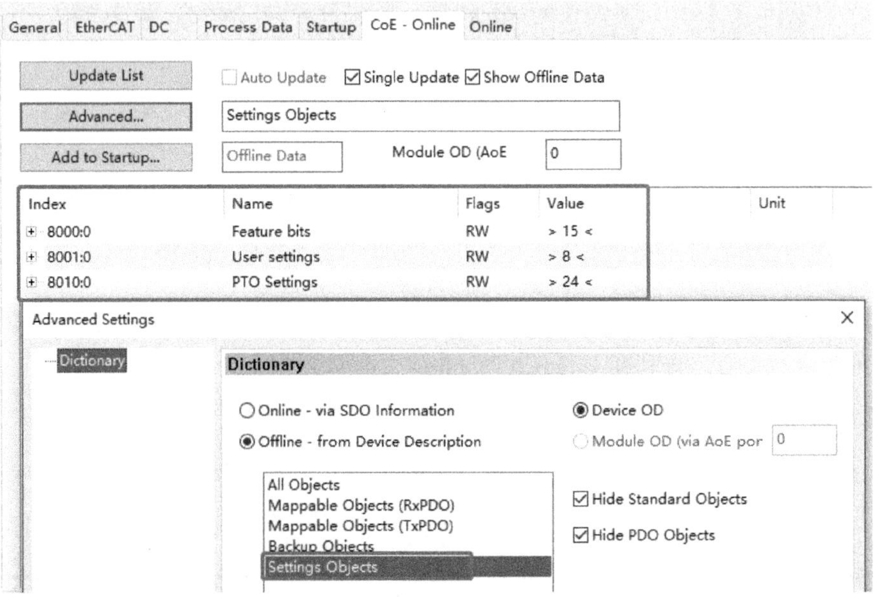

图 10.31　过滤显示 Offline 数据

按照图 10.31 的过滤设置，CoE Online 界面就只显示 0x8000、0x8001 和 0x8010 这 3 个设置参数了。实际上，几乎所有 EL 模块的参数设置都在 0x80xx。

（3）Offline-via EDS File

如果从站的固件（Firmware）以及从站的 XML 描述文件里都没有保存完整的变量字典，“Offline-via EDS File”这个选项就用于从 CAN Open 的 EDS 文件中装载变量字典。可以理解为参数的 Index、SubIndex 和当前值保存在从站内部，但参数的文字注释存在于 EDS 文件，必须装载进来才能在 CoE Online 界面显示。如图 10.32 所示。

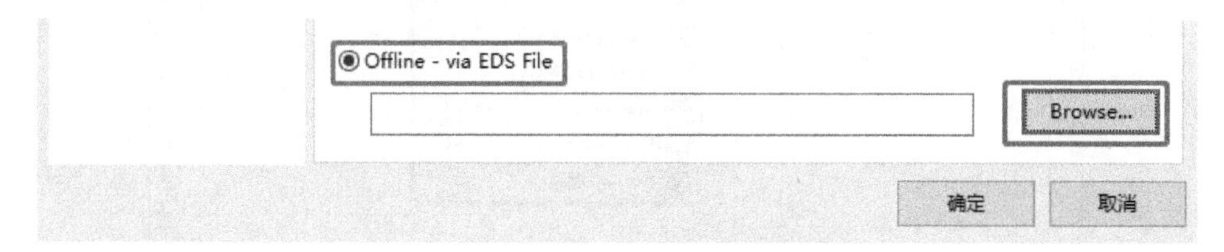

图 10.32　选择经过 EDS 文件装载变量字典

图 10.32 中单击 Browse，选择正确的 EDS 文件即可。

提示：原则上应该使用从站设备厂家提供的 EDS 文件，但是对于符合 CAN Open DS402 规范的从站（通常是伺服或者步进驱动器），如果找不到原厂的 EDS 文件，可以选择装载另一个符合该规范的设备 EDS 文件。这样，虽然厂家自定义的参数，比如 0x2000、0x4000 区段的内容显示不出来，但是 0x1000、0x6000 区段的内容可以显示。

5. 在 Startup 页面配置参数

在每次 EtherCAT 主站启动的时候，会把每个从站的 Startup 列表中的参数值依次写入从站。所以即使从站硬件更换了，只要型号相同，参数也可以成功初始化。以 EL2521 为例，如图 10.33 所示。

General | EtherCAT | DC | Process Data | Startup | CoE - Online | Online

Transiti...	Protocol	Index	Data	Comment
<PS>	CoE	0x1C12 C 0	00 00	download pdo 0x1C12 index
<PS>	CoE	0x1C13 C 0	00 00	download pdo 0x1C13 index
PS	CoE	0x8010:06	FALSE	Ramp function active
PS	CoE	0x8010:0A	FALSE	Travel distance control active
PS	CoE	0x8010:0E	Pulse-dir. ctrl (1)	Operating mode

图 10.33　EL2521 的 Startup List

（1）添加初始化参数

如果要添加初始化参数，定位到 Startup 选项卡，单击选项卡底部的“New”，或者在列表区右键单击，选择“Insert”，如图 10.34 所示。

在弹出的对话框中，选择要修改的变量，输入目标值，如图 10.35 所示。

默认的 Transition 都是“P->S”，表示从站状态从 PreOP 到 SafeOP 的时候初始化参数。

提示：这就是为什么拔插网线会初始化模块参数的原因。拔掉网线时，从站状态会切到 Init，重新插上时又会依次切到 PreOP、SafeOP 和 OP，在从站状态从 PreOP 到 SafeOP 的时候，配置文件中从站 Startup List 中的参数就会被再次写入从站。

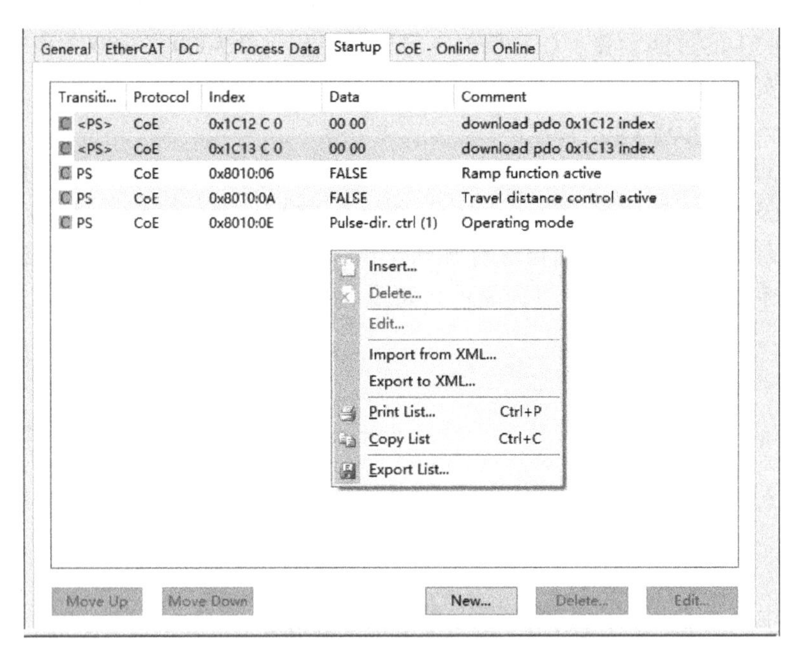

图 10.34　在 Startup List 中的添加参数

图 10.35　编辑 Startup Entry

另外，注意 Data 里面是输入 16 进制数，如果有两个字节，记得它与 Startup List 中显示的 16 进制数刚好相反，比如 Dec 256 应写为 00 01，Dec 01 写为 01 00。

单击 OK 按钮。这个 Object 就添加到 Startup List 中了。

（2）激活配置及后续动作

所有必要的参数都添加完成后，需要激活配置才能生效。

激活配置后，如果有 PLC 变量链接到 EL 模块且程序已经启动，则 EL 模块会自动进入 OP 模式，此时可以直接转到“CoE Online”选项卡。否则，可以先把目标系统切换到 Config Mode，然后依次单击“1”（Reload I/O），“2”（Free Run），然后到“CoE Online”选项卡验证参数启动设备是否成功。

如果对验证结果不满意，还可以单击窗体底部的“Edit”或者“Delete”，修改或者删除 Startup 列表项。

Startup List 中，0x1C12 和 0x1C13 是系统自带的，不能改动。自行添加的其他项，则可以删除或编辑。

（3）Startup List 导入/导出实现参数的批量复制

在实际项目中，经常有多个同类模块。调试好一套参数后，如果想让其他模块也使用这套参数，就可以使用 Startup List 的导出“Export”和导入“Import”功能。如图 10.36 所示。

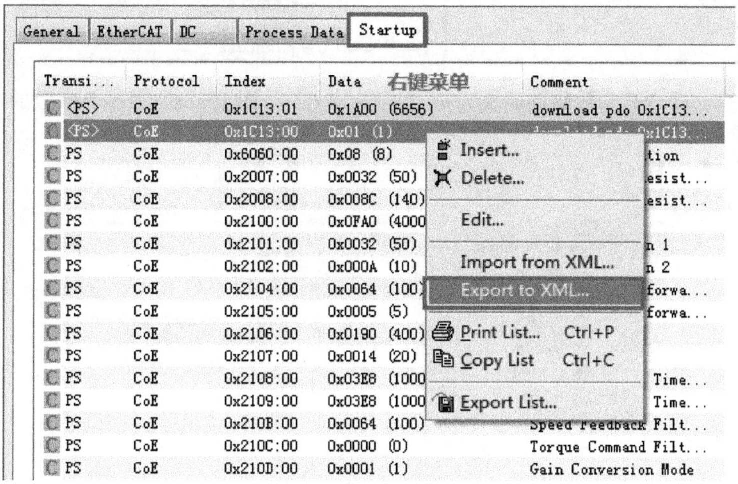

图 10.36　导出 Startup List

如果没有现成的 XML 文件可以导入，那就要手动单个添加，完成后再导出备份，以便下次使用。

对于所有 EL 模块，如果默认的 COE 参数不合适使用需要修改，一旦参数修改完成，整台设备的各种工况不再修改，必须将要修改的参数项添加到“Startup”选项卡中。

6. 用 PLC 程序修改 EtherCAT 从站的参数配置

倍福公司提供的 Tc2_EtherCAT 中，有访问 EtherCAT 从站参数的若干功能块。下面对这些功能块的关键参数统一说明。

绝大部分 EtherCAT 设备采用 CANopen over EtherCAT 即 CoE 协议，设置从站参数需要使用以下功能块：

FB_EcCoeSdoRead,FB_EcCoeSdoWrite,

FB_EcCoeSdoReadEx,FB_EcCoeSdoWriteEx

少量 EtherCAT 设备采用 SERCOS over EtherCAT 协议，简称 SoE 设备。通常是伺服驱动器才采用 SoE 协议。PLC 程序配置 SoE 设备的参数需要使用以下功能块：

FB_EcSoeRead,FB_EcSoeWrite,

FB_EcSoeRead_ByDriveRef,FB_EcSoeWrite_ByDriveRef

以 FB_EcCoeSdoWriteEx 和 FB_EcSoeWrite 为例，说明几个关键参数的含义。如图 10.37 和图 10.38 所示。

（1）sNetId

EtherCAT 主站的 NetID，字符串。在 TwinCAT I/O 配置中可以查看该值，如图 10.39

所示。

图 10.37　写 CoE 参数的功能块

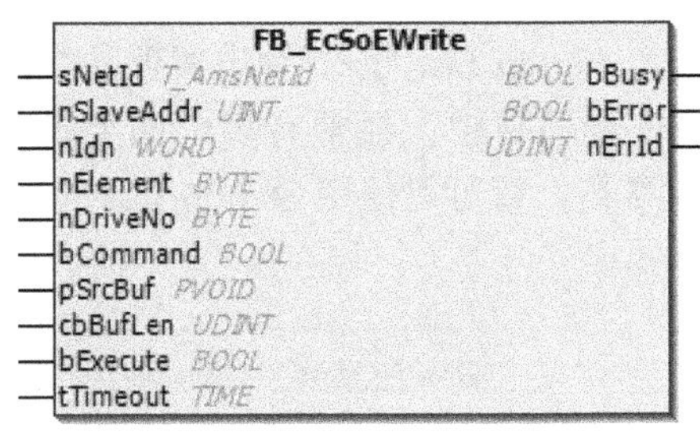

图 10.38　写 SoE 参数的功能块

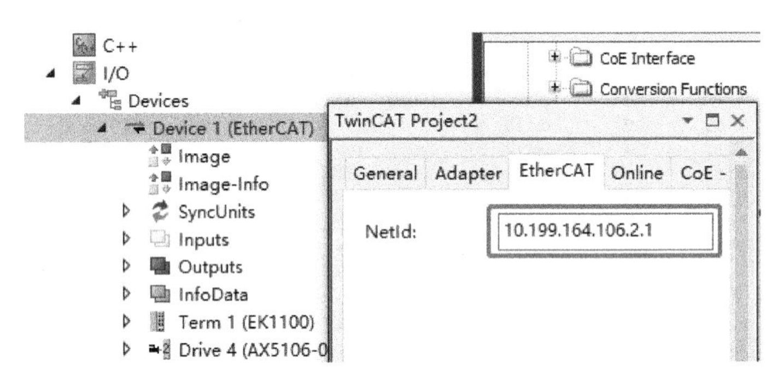

图 10.39　EtherCAT 主站的 NetId

例中 NetId 的值应为'10.199.164.106.2.1'，注意这是字符串，所以赋值时要加单引号。

在本书的前几章介绍过 TwinCAT 系统的 NetId，末尾都是'.1.1'。实际上 TwinCAT I/O 主站，比如本例中的 Device 1（EtherCAT），其 NetId 就由所在控制器的 NetId 派生而来。派生规则为：I/O 主站的 NetId 倒数第 2 位等于 DeviceId+1，其余 6 位继承所在控制器的 NetId。

在 General 的页面可以查看 Device 的 Id，如图 10.40 所示。

General	Adapter	EtherCAT	Online	CoE - Online
Name:	Device 1 (EtherCAT)		Id:	1
Object Id:	0x03010010			
Type:	EtherCAT Master			
Comment:				

图 10.40　查看 Device 的 Id

但在这个界面只能查看不能修改 Id，修改必须从 Device 的右键菜单进入，如图 10.41 所示。

注意：Device 的 Id 不能重复。

考虑到程序的通用性，通常不会由程序开发人员来查看 NetId 再写入代码，而是通过 PLC 变量链接的方式获取 NetId。在 EtherCAT 主站的 InfoData 中包含 AmsNetId，可以用于链接到 PLC 变量。如图 10.42 所示。

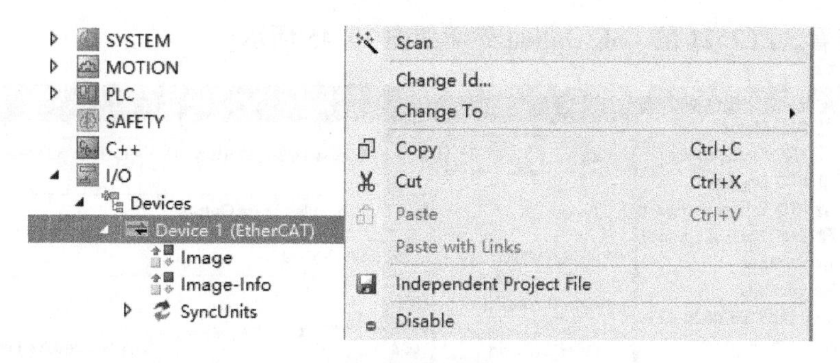

图 10.41　修改 Device 的 Id

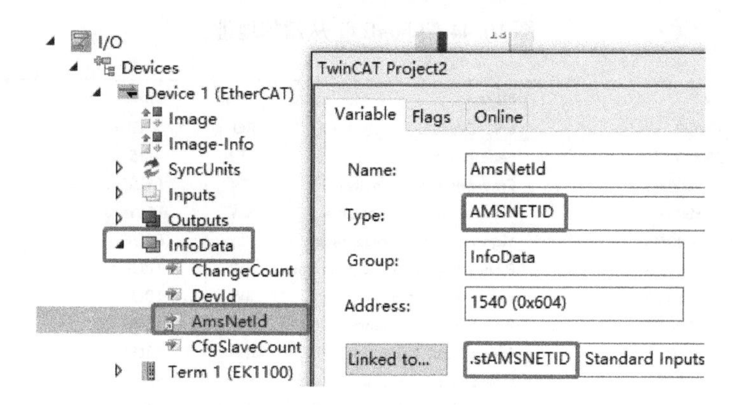

图 10.42　EtherCAT InfoData 中的 NetId

其中，stAMSNETID 是一个 Input 全局变量，声明为

```
stAMSNETID      AT %I *      :  AMSNETID  ;
```

AMSNETID 是一个 Tc2_System 库中定义的结构体，实际上是包含 6 个 Bytes 型元素的数组。PLC 变量声明为这个类型，是为了与 InfoData 中的 AmsNetId 一致。AMSNETID 型的变量，通过函数 F_CreateAmsNetId 转换成字符串型的 NetId，才能用于各种 SoE、CoE 操作的功能块。如图 10.43 所示。

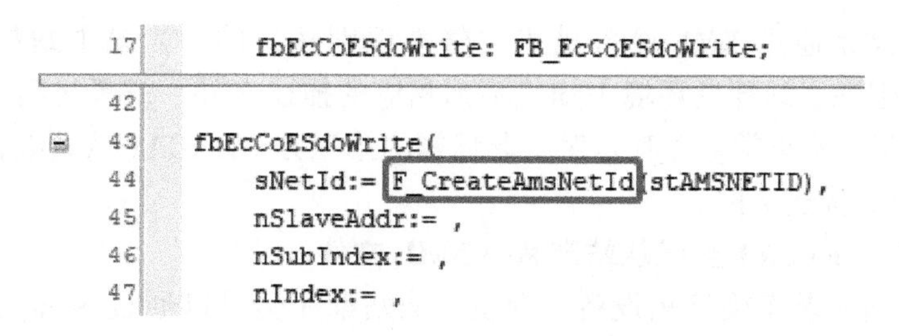

图 10.43　用 F_CreateAmsNetId 生成 sNetId

（2）nSlaveAddr

FB_EcCoeSdoWriteEx 和 FB_ EcSoeWrite 都有 Input 变量 nSlaveAddress，这是指准备访问其参数的 EtherCAT 从站设备的地址。EhterCAT 从站的地址如图 10.44 所示。

图 10.44 中的 EtherCAT Addr 就是 1003，这是 10 进制的数字。

（3）CoE 读写功能块中的 Index 和 SubIndex

目标参数的 Index 和 SubIndex 可以从用户手册中查找，更简单的方法是从模块的 CoE

Online 界面查看。EL2521 的 CoE Online 界面如图 10.45 所示。

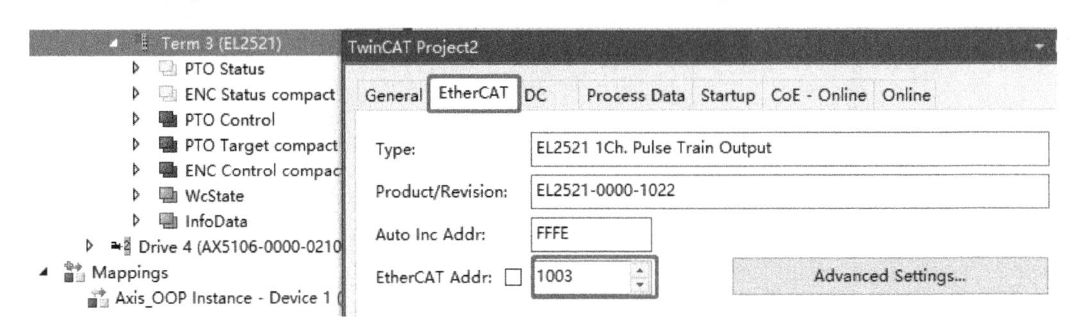

图 10.44　EhterCAT 从站的地址

Index	Name	Flags	Value
7020:0	ENC Outputs	RO	> 17 <
8000:0	Feature bits	RW	> 15 <
8000:02	Emergency ramp active	RW	FALSE
8000:03	Watchdog timer deactive	RW	FALSE
8000:04	Sign/amount representation	RW	FALSE
8000:05	Rising edge clears/sets counter	RW	TRUE
8000:06	Ramp function active	RW	TRUE
8000:07	Ramp base frequency	RW	10 Hz (0)
8000:08	Direct input mode	RW	FALSE
8000:09	Users switch-on-value on wdt	RW	FALSE
8000:0A	Travel distance control active	RW	FALSE
8000:0B	Rising edge sets counter	RW	FALSE
8000:0E	Operating mode	RW	Frequency mod. (0)
8000:0F	Negative logic	RW	FALSE

图 10.45　EL2521 的 CoE Online 页面

Index 列的数据都分为两段，以“:”分隔。前面是 Index，后面是 SubIndex。注意这里显示的 Index 数值都是 16 进制，填入 FB_EcCoeSdoWriteEx 和 FB_EcSoeWrite 时要前置“16#”。

10.3.4　EtherCAT 从站设备描述文件 XML

EtherCAT 主站是通过 XML 设备描述文件来识别从站的。如果主站扫描到了实际的 EtherCAT 设备，但在主站开发环境中却找不到相应的描述文件，或者找到了但不是最新版本，从站就可能工作不正常。尤其是对于非倍福的第三方 EtherCAT 从站设备，更要注意确保使用正确的 XML 描述文件。

1. 升级倍福 EtherCAT 全线从站产品的 XML 文件

EtherCAT 主站如果连接倍福设备，则主、从站都完全可以通过 Scan 方式获得实际配置。如果 TwinCAT 版本较低，可能会不识别新出的 EL 模块型号。此时有两个选择：一是升级 TwinCAT，二是更新 ESI（EtherCAT System Install）文件。

ESI 是一个压缩包，里面包含了倍福所有 EtherCAT 从站产品的 XML 描述文件。更新 ESI 有以下两种方式。

1）下载 ESI，手动更新。

从倍福官网 https://www.beckhoff.com/可以下载。在 Download 页面，选择 Configration files 中的 EtherCAT，如图 10.46 所示。

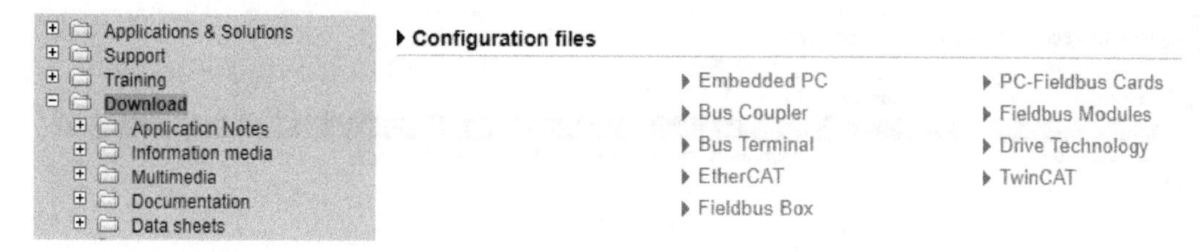

图 10.46　官网下载 ESI 文件包（1）

在接下来的页面中选择 XML Device Description，如图 10.47 所示。

EtherCAT XML Device Description (ESI)
The zip file contains the XML Device Description Files for the Beckhoff EtherCAT products. Available are IP20, IP67, AX2000 and AX5000
The files should always be unpacked completely into the ESI-directory of the EtherCAT master. In TwinCAT 2.x this files are located in \TwinCAT\IO\EtherCAT, in TwinCAT 3.x they are located in \TwinCAT\3.x\Config\Io\EtherCAT. For other masters/configuration tools see description of the manufacturer.

EtherCAT XML Device Description / ESI EtherCAT Slave Information

Product	Language	Size	Date	Zip file
XML Device Description	german/ english	23.9 MB	08.03.19	Beckhoff_EtherCAT_XML.zip
ESI for EL6070-1xxx	german/ english	10 MB	24.02.2017	Beckhoff_EtherCAT_ESI_EL6070-1xxx.zip

图 10.47　官网下载 ESI 文件包（2）

对于 TwinCAT 2，解压后复制到开发 PC 的“TwinCAT\IO\EtherCAT\”，然后退出 TwinCAT System Manager 再重新进入，就会装载新的 XML 文件。

对于 TwinCAT 3，解压后复制到开发 PC 的“\TwinCAT\3.1\Config\IO\EtherCAT”，关闭 TC3 重新进入，或直接选择菜单 TwinCAT→EtherCAT Devices→Reload Device Descriptions。

2）在 TwinCAT 3 编程 PC 联网时，从 Internet 自动更新 ESI。

在主菜单 TwinCAT→EtherCAT Devices 下面，选择 Update Device Descriptions（via ETG Website），如图 10.48 所示。

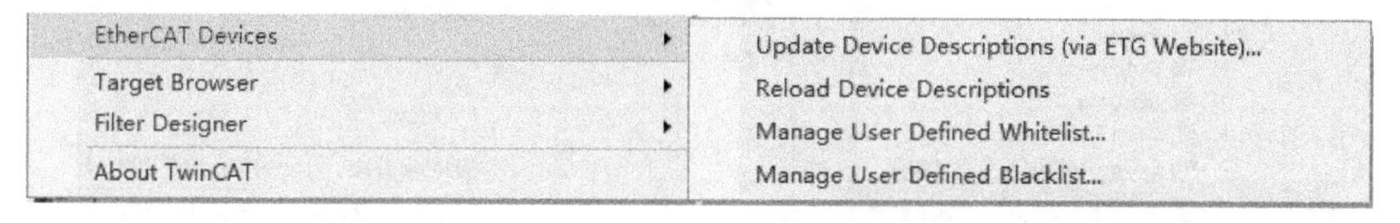

图 10.48　从 TwinCAT 主菜单更新 ESI

然后系统就会自动连接到 Internet，找到 ETG 官网上可供下载 ESI 文件的厂商，如图 10.49 所示。

2. 更新单个设备的 XML 文件

对于第三方 EtherCAT 从站或者个别升级的倍福从站，先要拿到正确的 XML 文件。

对于 TwinCAT 2，复制到开发 PC 的“TwinCAT\IO\EtherCAT\”，然后退出 TwinCAT System Manager 再重新进入，就会装载新的 XML 文件。

对于 TwinCAT 3，解压后复制到开发 PC 的“\TwinCAT\3.1\Config\IO\EtherCAT”，关闭 TC3 重新进入，或直接选择菜单 TwinCAT→EtherCAT Devices→Reload Device Descriptions。

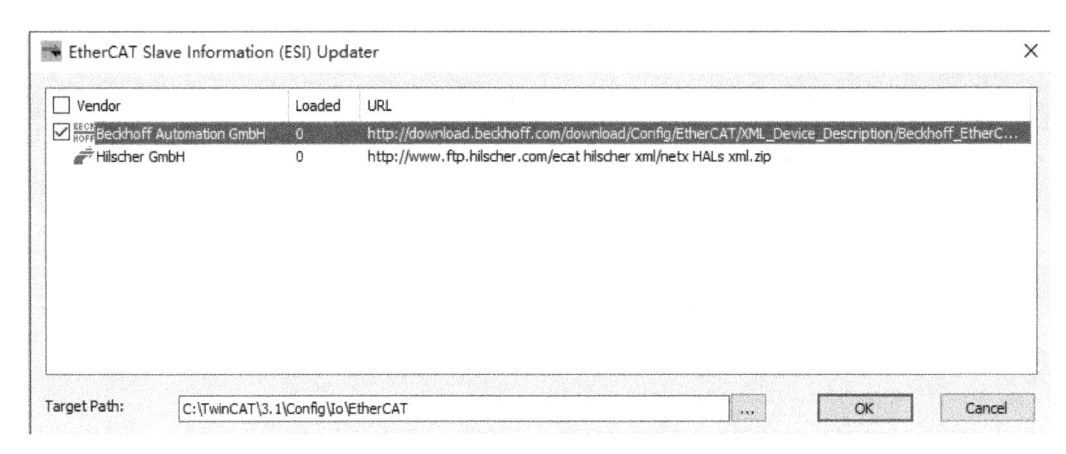

图 10.49　从 ETG 官网下载 XML 文件

10.3.5　经由 EoE 进行从站设备调试

通常厂家都会有自己的调试工具，通过网线或者串口或者 USB 口可以脱离 PLC 或者运动控制器来独立调试其设备。EtherCAT 支持 EoE（EtherNet over EtherCAT）功能，可以在安装有 TwinCAT 开发环境的 PC 上，运行调试工具，经由 TwinCAT 控制器的 EtherCAT 网络对从站设备进行调试。

下面以 TwinCAT 经 EoE 配置 Rexroth 的 EtherCAT 阀岛为例，简述 EoE 的配置步骤。

（1）复制 XML 文件

参照上一小节“更新单个设备的 XML 文件”的内容。

扫描找到从站后，修改其 EoE 参数。如图 10.50 所示。

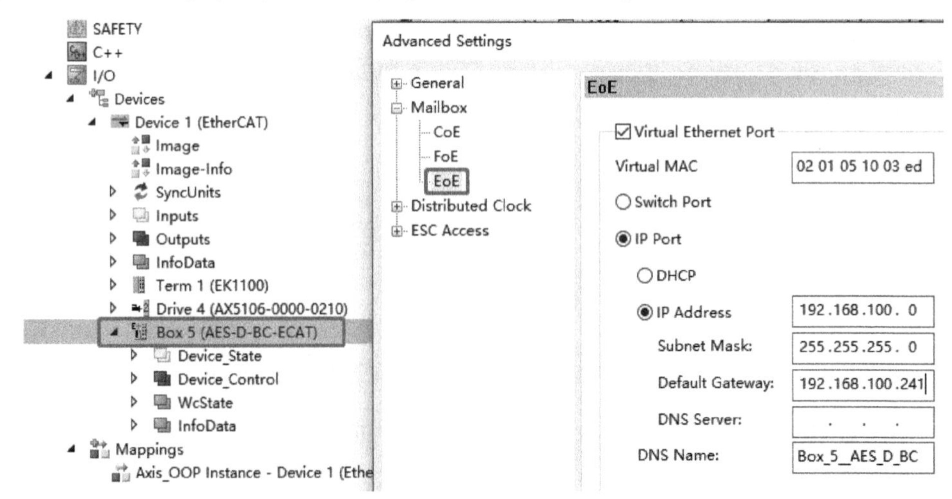

图 10.50　EtherCAT 从站的 EoE 设置

在默认参数的基础上，需要修改 IP Port 和 IP Address 及掩码、网关等参数。

注意图 10.50 的 Default Gateway，IP Address 需要与之同一个网段，后续设置的主站 EoE 参数中也要设置网关，应与此处保持一致。

（2）修改 EtherCAT 主站的 EoE 设置

在 EtherCAT 主站的 Advanced Settings 中，在 EoE Support 选项卡中，设置 EtherCAT Mailbox Gateway，应与从站的 EoE 参数中的 Default Gateway 一致。如图 10.51 所示。

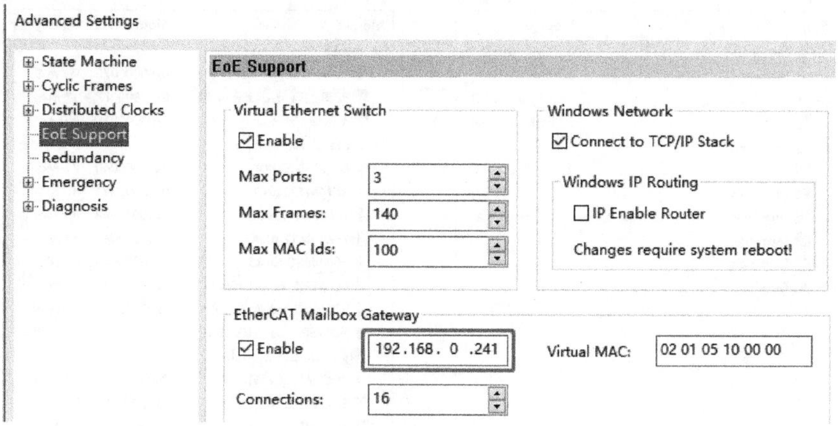

图 10.51　EtherCAT 主站的 EoE 设置

（3）EtherCAT 主站网卡的 IP 地址

如果 EtherCAT 主站使用的是 PCI 网卡，或者 CX 控制器前面的网卡，把网卡的 IP 也改成与 Gateway 相同。如果使用 CX 内置的 EtherCAT 主站，就指 NDIS 网卡，如图 10.52 所示。

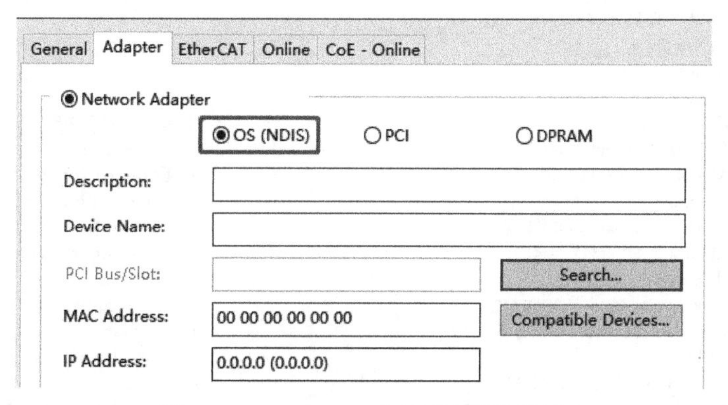

图 10.52　EtherCAT 主站适配器的设置

对于 NDIS 网卡，IP 是否设置都无影响。

（4）配置阀岛的 Slot

开通 EoE 后，TwinCAT 中的从站的配置页面就多了一个“Slot”，这是从站厂家定义的配置工具，如图 10.53 所示。

每个厂家的配置工具界面都不同，需要阅读厂家提供的操作手册来使用。对于像图 10.53 这样相对简单的配置，也可以自己摸索，遇到困难才查手册。

（5）激活配置

激活配置前，要勾选 Download SlotCfg。

如果配置固定下来，就可以单击“Create project specific XML File”导出项目特定的 EtherCAT 从站描述文件，以便下次不用手动配置而可以直接添加同样配置的从站。

对比手动配置和直接添加的 EtherCAT 从站，如图 10.54、图 10.55 所示。

虽然导入 XML 文件的从站不再区分 Module，但观察两者的 Process Data，发现是完全相同的。

General
EtherCAT
Process Data
Slots
Startup
CoE - Online
Online
Slot
Module
Terminals 8DI8M8 (0x40)
Terminals 8DI4M12 (0x41)
Terminals 16DI48SC (0x45)
Terminals 32 Byte Valve Unit
Terminals
Terminals
Terminals
Terminals
Terminals
Terminals
Terminals
Module
ModuleId...
Descrip
Valves
Valve Dummy Cover (0x7E) 0x0000007E Valve D
32 Byte Valve Unit (0x7F) 0x0000007F 32 Byte
4 Byte Valve Unit (0x1D) 0x0000001D 4 Byte
Digital Input Modules
8DI8M8 (0x40) 0x00000040 IO-Mo
8DI4M12 (0x41) 0x00000041 IO-Mo
16DI8M8 (0x42) 0x00000042 IO-Mo
16DI4M12 (0x43) 0x00000043 IO-Mo
16DI48SC (0x45) 0x00000045 IO-Mo
POWER1-xxx-AL (0x48) 0x00000048 POWER
POWER1-xxx-A (0x49) 0x00000049 POWER
POWER1-xxx-L (0x4B) 0x0000004B POWER
Digital Output Modules
8DO8M8 (0x01) 0x00000001 IO-Mo
8DO4M12 (0x02) 0x00000002 IO-Mo
16DO32SC (0x07) 0x00000007 IO-Mo
24DO1DSUB25 (0x09) 0x00000009 IO-Mo
Download SlotCfg
(I->P)
Create project specific XML File...

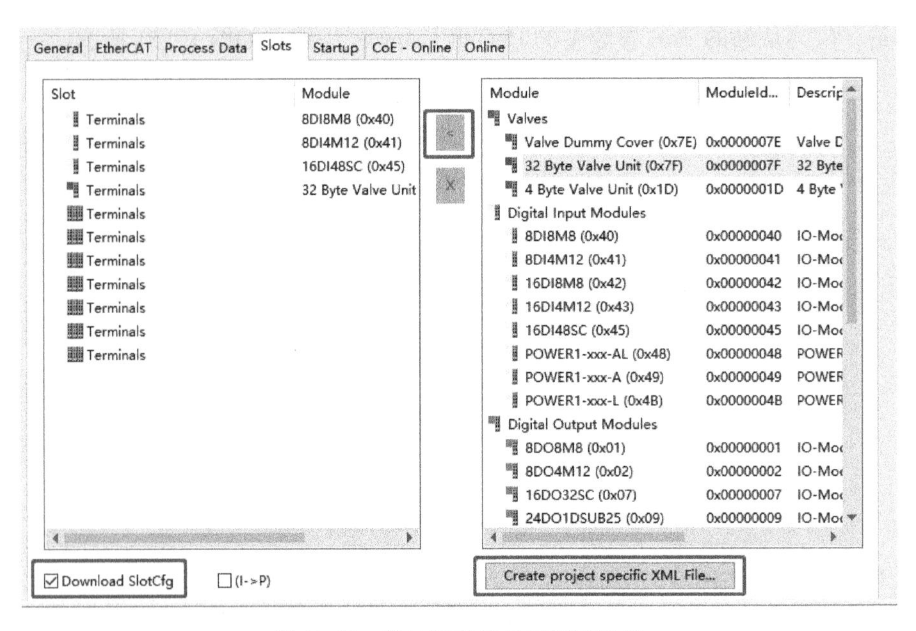

图 10.53　从站厂家的 EoE 配置工具

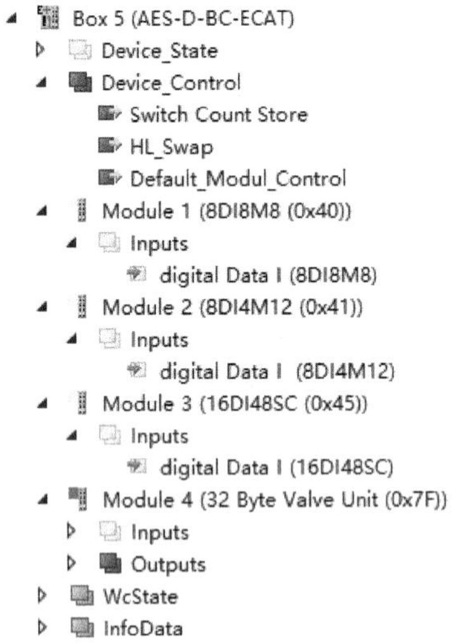

Box 5 (AES-D-BC-ECAT)
Device_State
Device_Control
Switch Count Store
HL_Swap
Default_Modul_Control
Module 1 (8DI8M8 (0x40))
Inputs
digital Data I (8DI8M8)
Module 2 (8DI4M12 (0x41))
Inputs
digital Data I (8DI4M12)
Module 3 (16DI48SC (0x45))
Inputs
digital Data I (16DI48SC)
Module 4 (32 Byte Valve Unit (0x7F))
Inputs
Outputs
WcState
InfoData

图 10.54　EoE 配置的 Rexroth 阀岛

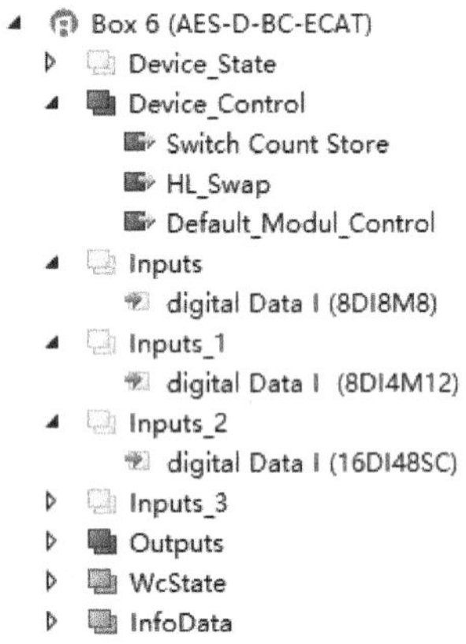

Box 6 (AES-D-BC-ECAT)
Device_State
Device_Control
Switch Count Store
HL_Swap
Default_Modul_Control
Inputs
digital Data I (8DI8M8)
Inputs_1
digital Data I (8DI4M12)
Inputs_2
digital Data I (16DI48SC)
Inputs_3
Outputs
WcState
InfoData

图 10.55　导入 EoE 生成的 XML 文件

10.3.6　EtherCAT 从站的版本兼容性和升级 Firmware

正常情况下，不需要用户升级 Firmware。用户新购买的 EL 模块总装有最新版本的 Firmware，对于往年开发的 TwinCAT 项目，当时配置的是固件版本较低的 EL 模块，通常也可以直接使用，这是得益于固件的向下兼容性。

特殊情况要升级 Firmware 时必须确保硬件版本支持将要下载的 Firmware 文件，否则可能导致意外后果。EtherCAT 从站的 Firmware 文件后缀名为 . efw，只能由从站的生产商提供。具体步骤如下。

1. 确保 EtherCAT 主站至少在 PreOP 状态

先确认控制器选择正确，当前 TSM 配置与实际硬件模块一致，EtherCAT 主站至少在

PreOP 状态或以上。如图 10.56 所示。

General | Adapter | EtherCAT | Online | CoE - Online

No	Addr	Name	State	CRC
1	1001	Term 2 (EL2032)	OP	0, 0
2	1002	Term 3 (EL1014)	OP	0, 0
3	1003	Term 4 (EL2004)	OP	0, 0
4	1004	Term 5 (EL2004)	OP	0, 0
5	1005	Term 6 (EL3102)	OP	0, 0
6	1006	Term 7 (EK1110)	OP	0

Actual State: OP

Init | Pre-Op | Safe-Op | Op

Clear CRC | Clear Frames

Counter	Cyclic		Queued
Send Frames	500824	+	2361
Frames / sec	250	+	0
Lost Frames	0	+	0

图 10.56　EtherCAT 主站及从站的通信状态

2. 切换 EtherCAT 从站到 Bootstrap

单击“1”处 Bootstrap 按钮，“2”处的 Current State 显示为 BOOT。如图 10.57 所示。

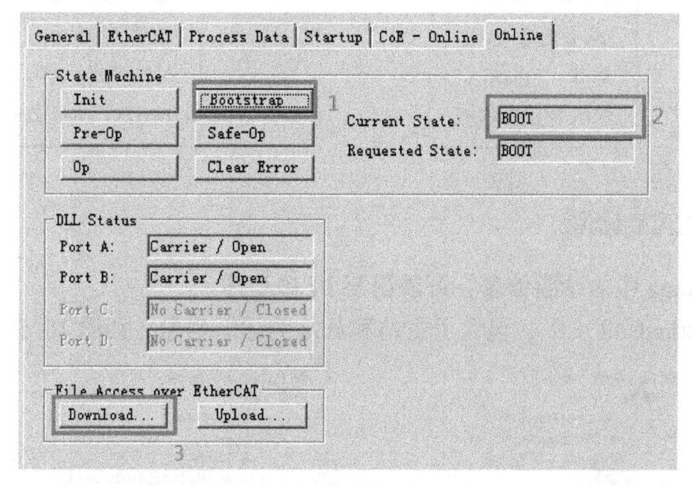

图 10.57　切换从站到 Bootstrap

单击图 10.57 中的“3”处，选择 Firmware 文件，如图 10.58 所示。

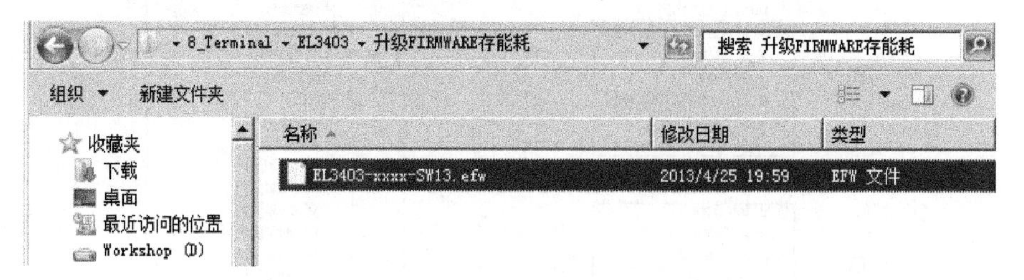

图 10.58　选择 Firmware 文件

然后耐心等待固件更新完成即可。由于升级 Firmware 使用的是 File over EtherCAT 的传输通道，所以建议在目标控制器 Config Mode 或者 PLC 程序未启动时执行固件升级，因为此时 CPU 占用率低，EtherCAT 带宽充裕。

10.4 EtherCAT 的诊断和状态控制

EtherCAT 的诊断和状态控制，分为两种方法。一种是在 PLC 程序中实现，然后把状态都显示在 HMI 界面上，项目开发的工程师必用；另一种是用 TwinCAT System Manager 联机诊断，现场维护人员或者开发人员到了现场排除故障的时候必须用到。

对于项目开发人员，倍福提供 Tc2_EtherCAT 库，用于 EtherCAT 的诊断和状态控制。这是 TwinCAT 安装完成后就自带的库文件，调用该库，几乎 TwinCAT 开发环境中所有的 EtherCAT 诊断、配置及调试动作，都可以在 PLC 程序中通过 FB 功能块实现。关于这种应用，倍福工程师写成了标准的例程可供客户引用，具体请参考配套文档 10-1。

对于现场维护人员，或者开发人员到现场排除故障，请参考配套文档 10-2。

配套文档 10-1
例程：EtherCAT
诊断和状态切换

配套文档 10-2
针对用户的
EtherCAT 诊断手册

10.4.1 EtherCAT 诊断

1. Device Image 中的诊断信息，可映射至 PLC 程序

在 Device（EtherCAT）下，包含了主站和从站的诊断信息，如图 10.59 所示。

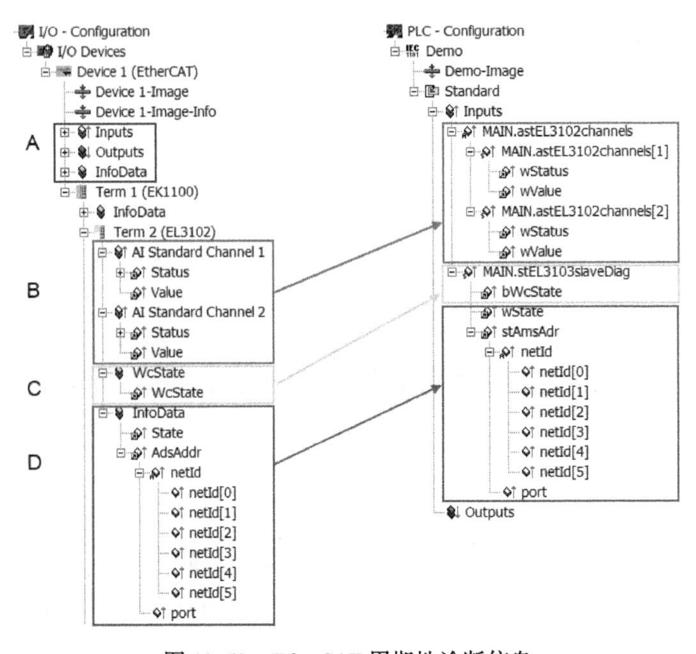

图 10.59 EtherCAT 周期性诊断信息

（1）A：主站状态信息

TwinCAT 提供多种主站诊断信息，这些信息是异步刷新的，其中最重要的是 DevState，必须在 PLC 程序中引用。至于其他信息，可以自行研究，如图 10.60 所示。

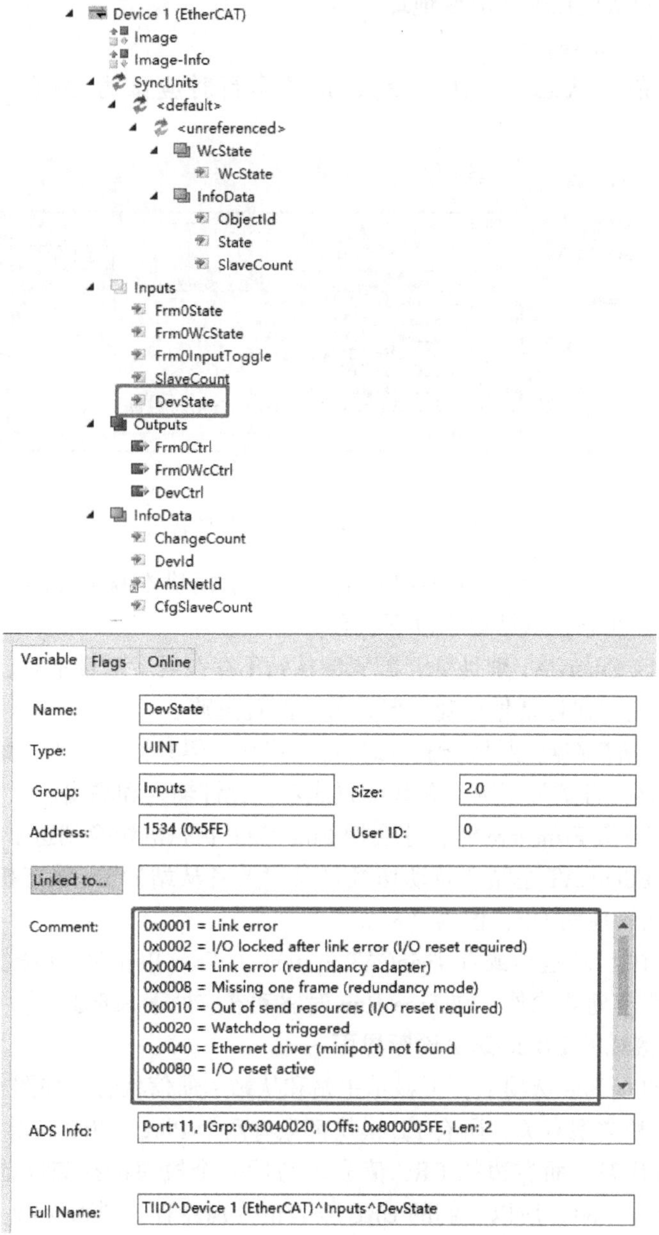

Device 1 (EtherCAT)
Image
Image-Info
SyncUnits
<default>
<unreferenced>
WcState
WcState
InfoData
ObjectId
State
SlaveCount
Inputs
Frm0State
Frm0WcState
Frm0InputToggle
SlaveCount
DevState
Outputs
Frm0Ctrl
Frm0WcCtrl
DevCtrl
InfoData
ChangeCount
DevId
AmsNetId
CfgSlaveCount

Variable Flags Online
Name: DevState
Type: UINT
Group: Inputs Size: 2.0
Address: 1534 (0x5FE) User ID: 0
Linked to...
Comment:
0x0001 = Link error
0x0002 = I/O locked after link error (I/O reset required)
0x0004 = Link error (redundancy adapter)
0x0008 = Missing one frame (redundancy mode)
0x0010 = Out of send resources (I/O reset required)
0x0020 = Watchdog triggered
0x0040 = Ethernet driver (miniport) not found
0x0080 = I/O reset active
ADS Info: Port: 11, IGrp: 0x3040020, IOffs: 0x800005FE, Len: 2
Full Name: TIID^Device 1 (EtherCAT)^Inputs^DevState

图 10.60　主站诊断信息

（2）B：模块通道变量

（3）C：WcState，即 Working Counter State

每个从站都有 WcState，PLC 程序里一定要判断这个位，才能确定本周期该站数据是否刷新。WcState（Working Counter）的值：0 表示正常，1 表示通信失败。关于 Working Counter 的值与同步单元有关，详情请参考后续章节中“同步单元的设置”的内容。

（4）D：InfoData

这是主站侧判断从站当前的通信状态，非实时更新。有可能某些时候读到的值并不代表最新的状态信息。

AdsAddr：EtherCAT 主站的 ADS 地址。

port：EtherCAT address。

State：从站当前的状态（INIT..OP），正常运行时应该为 OP（=8），具体含义如图 10.61 所示。

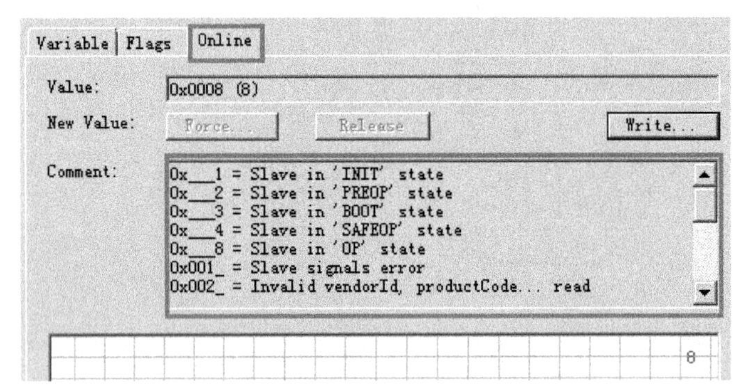

图 10.61　InfoData 的 State 值的含义

State 是一个 Word，低 4 位（bit0~3）的值，表示模块本身的 EtherCAT 状态机。如果 EtherCAT 主站在 OP 状态，从站处于以下状态。

1：Init，表示该 EtherCAT 地址处，配置的从站不存在或者型号不对。

2：PreOP，从站存在且型号正确，但是参数配置失败。

4：SafeOP，从站存在且型号正确，参数配置成功，但只允许输入，禁止输出。

8：OP，从站存在且型号正确，参数配置成功，允许输入和输出。

3：Boot，只有升级 Firmware 时，才会把 EtherCAT 状态机切换到这个状态。

系统启动时，EtherCAT 主站会自动切换自身以及各从站的 Ec 状态机。通信正常的话，主从站的 Ec 状态机都应为 OP，值为“8”。

按默认配置，在 PLC 运行或者 TwinCAT System 为 Free Run 时，应检测到所有从站都在 OP 状态下，但伺服驱动器除外，在 Free Run 时驱动器应处于 SafeOP。

2. TwinCAT 集成的 EtherCAT 诊断界面

在 EtherCAT 的 Online 选项卡，可显示主站和从站的通信状态，如图 10.62 所示。

CRC 的值与模块类型有关，所有 EL 模块都只有两个 Port。CRC 校验的左边值，表示与前一个模块的接口状态，而右边的 CRC 值表示与后一个模块的接口状态。EK1100 有 3 个 Port，EK1122 有 4 个 Port，所以它们的 CRC 校验也分别会有 3 列和 4 列。

如果出现丢包、错包的情况，在这里就可以看出来。根据这里的诊断信息，再决定怎样检查线路，缩小故障范围或者定位故障模块。

如果此处不显示任何内容，说明目标系统的实际硬件与当前打开的项目文件中的配置不符，无法在线监视 EtherCAT 状态。此时需要确认目标系统是否正确、项目文件是否正确以及 EtherCAT 网卡是否正确。为了验证，可以执行“重新装载 I/O”的动作，快捷键〈Shift+F4〉在主站的 Advanced Settings 中，在 Diagnosis→Online View 项下勾选“Show Change Counters”，如图 10.63 所示。

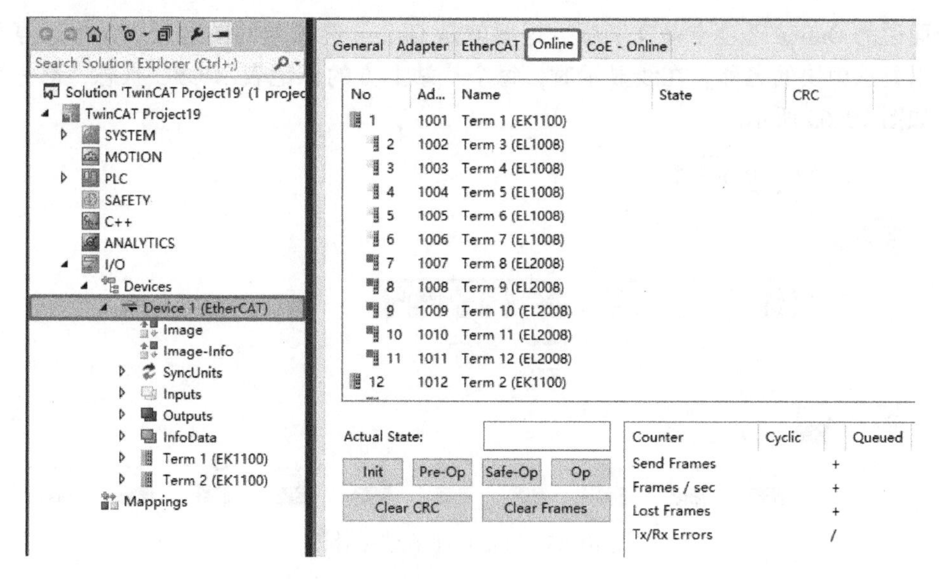

图 10.62　EtherCAT 网络诊断选项卡

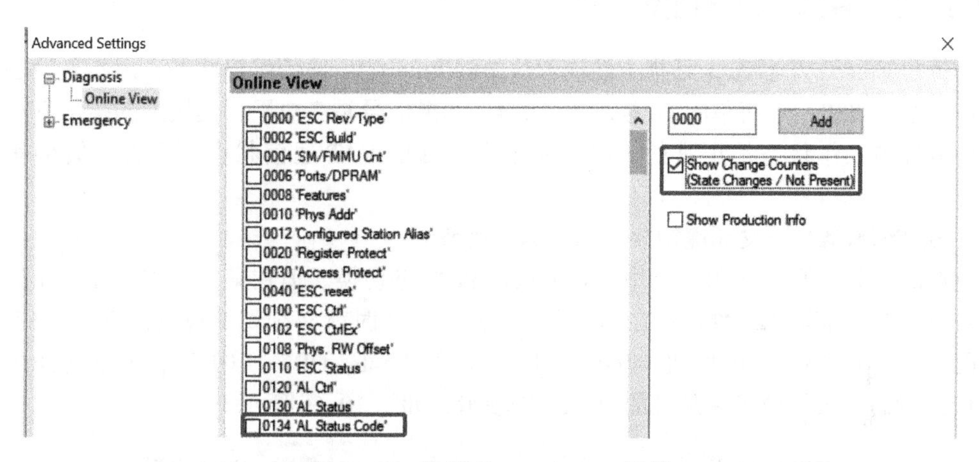

图 10.63　启用 Change Counter 显示

然后前面的诊断页面就会加一列 Change Counter，如果个别模块的变化次数明显比其他模块多，那么这个模块出错的概率较大。

3. EtherCAT 的 Online Topology 页面

在主站的 EtherCAT 页单击 “Topology”，可以查看 EtherCAT 网络拓扑图，如图 10.64 所示。

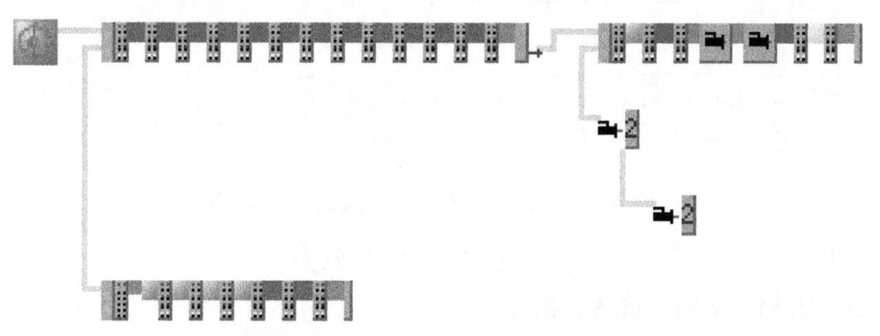

图 10.64　EtherCAT 离线拓扑图

前面说的 Online 选项卡是文字版，这里就是 Online 选项卡的图形版。光标悬停于模块时，可以显示模块的名称。在线显示时，每个从站上方的标记表示 CRC 状态，都为绿色即正常。如图 10.65 所示。

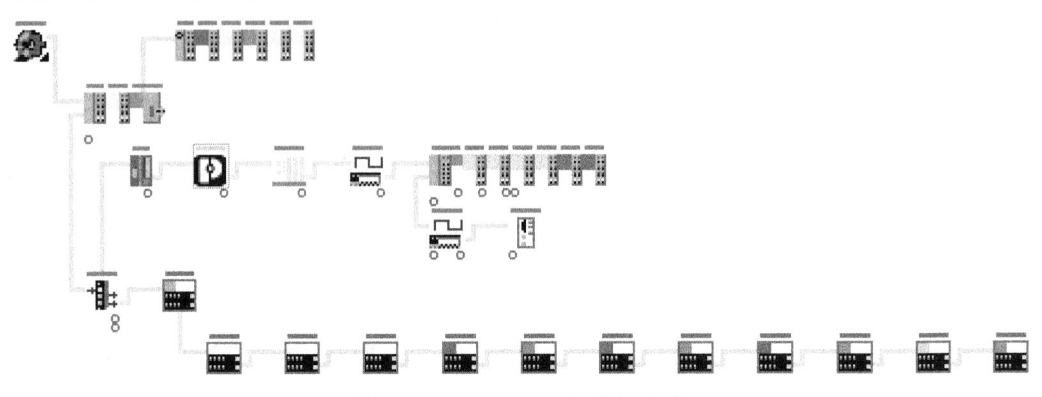

图 10.65　EtherCAT 在线拓扑图

10.4.2　EtherCAT 状态切换

设备的 EtherCAT 状态，是指主站或者从站的 EtherCAT 通信接口状态，而不是设备本身的工作状态。比如一个简单的 DI 模块 EL1014，如果信号是高电平，模块上的指示灯亮，说明模块本身的工作状态是正常的，但是如果它的 EtherCAT 通信状态不正常，信号就进不了 PLC。

1. 从 TwinCAT 开发环境切换 EtherCAT 状态

通常情况下，不需要 PLC 程序干预 EtherCAT 状态切换。但在某些特殊情况，比如要修改从站的参数，而某些参数禁止在 OP 状态下修改，这时就必须切换设备的 EtherCAT 状态了。图 10.66 中“3”处的按钮“Init”“Pre-OP”“Safe-OP”“OP”就可以切换主站的 EtherCAT 状态。按钮位于在从站的 Online 选项卡，如图 10.66 所示。

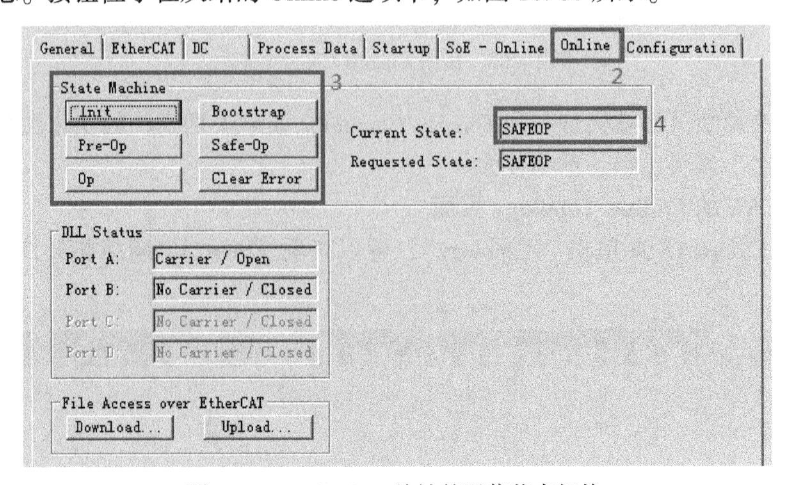

图 10.66　EtherCAT 从站的通信状态切换

图 10.66 中的“3”处可以切换从站的 EtherCAT 状态。

2. 从 PLC 程序切换 EtherCAT 状态

在 PLC 程序中需要调用 Tc2_EtherCAT 库中的以下功能块，如图 10.67 所示。

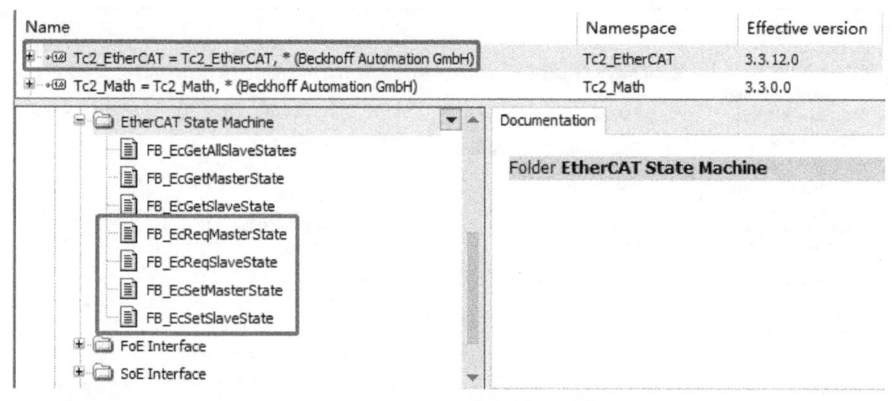

图 10.67　Tc2_EtherCAT 库中切换从站状态的功能块

获取 EtherCAT 主站的状态：FB_EcReqMasterState。

设置 EtherCAT 主站的状态：FB_EcSetMasterState。

获取 EtherCAT 从站的状态：FB_EcReqSlaveState。

设置 EtherCAT 从站的状态：FB_EcSetSlaveState。

在这些功能块中，共同的接口变量是 sNetID 和 nSlaveAddress。关于这两个变量的机制、使用和注意事项，在前面讲“用 PLC 程序修改 EtherCAT 从站的参数”的时候有详细描述。这里只介绍接口变量 ReqState 和 CurrentState。它们对应主站和从站的 Online 选项卡上的 Current State 和 Request State，类型为 WORD。其 bit0~3 的组合值含义见表 10.4。

表 10.4　Current State 和 Request State 取值的含义

值	描　述
1	Init
2	PreOP
4	SafeOP
8	OP

10.5　EtherCAT 的网络配置和优化

10.5.1　EtherCAT 主站配置和同步单元设置

1. 主站配置

配置 EtherCAT 主站，分为测试用途和控制用途。

测试用途，指用一台普通的 PC，给它的有线网卡安装兼容模式的 EtherCAT 驱动，控制一些简单的 I/O 模块和 EtherCAT 设备，对实时性要求不高，通信报错也不会产生严重后果。

控制用途，指倍福工控机，如果随机订购了 Windows 系统和 TwinCAT 软件，原则上出厂已经安装好 EtherCAT 驱动，只要直接扫描设备（Scan Device）就可以找到 EtherCAT 设备。特殊情况下需要手动安装标准的 EtherCAT 网卡驱动。在生产现场运行的控制器，必须安装标准的 EtherCAT 驱动，才具备安全性和实时性。

通常情况下，主站不需要手动配置，用户只要选中目标系统，扫描硬件就可以找到 EtherCAT 主站。单击 EtherCAT 页面的“Advanced Settings”，进入配置界面，如图 10.68 所示。

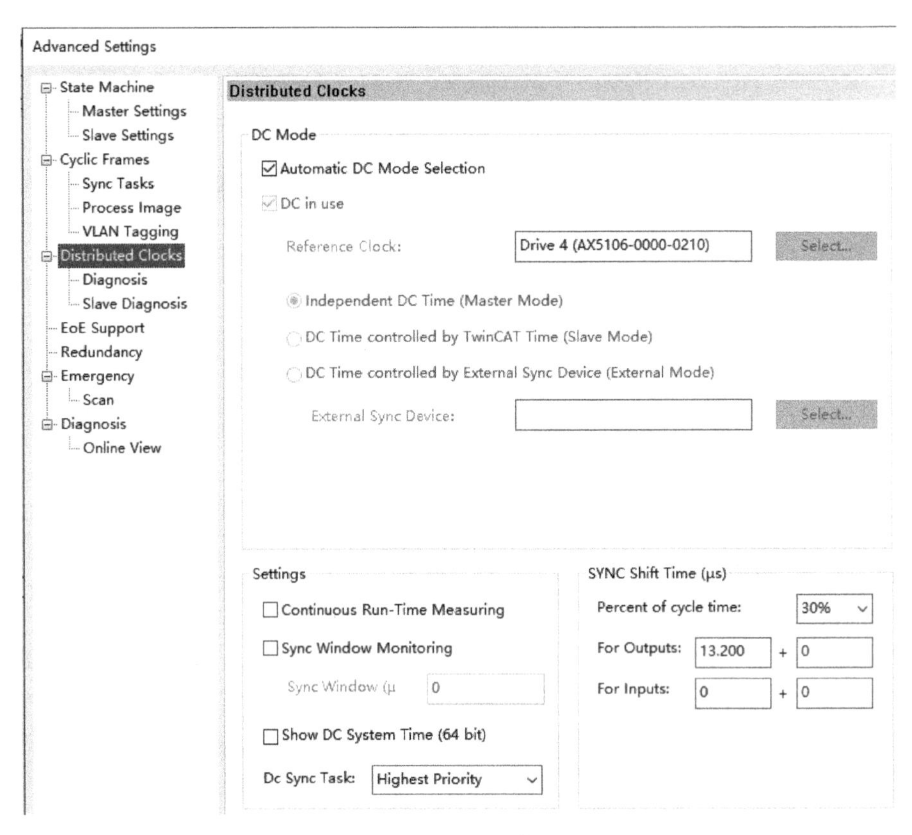

图 10.68　EtherCAT 主站的设置界面

仅当涉及苛刻的实时控制，以及跨系统或者跨网络时钟同步，才需要手动设置 Distribute Clock。这里只提供线索，提示有这个界面可以设置若干参数。

2. Sync Unit 与 Working Counter 的关系

前面讲 EtherCAT 的通信机制时有个“共享帧”的概念，是指所有从站的数据可以放到一个 Frame。这个共享帧就像一列长长的火车，它总是从主站出发，依次经过所有从站，最后又回到主站。

这是最简单的情况：系统里只有一个任务，所有 EtherCAT 从站的数据都给这一个任务使用。实际上 TwinCAT 系统往往有多个不同周期的任务，如果把共享帧比喻成火车，不同周期的任务就会发送不同发车频次的火车。为了便于理解同步单元与 Working Counter 的关系，继续用火车来类比 EtherCAT 通信，类比关系见表 10.5。

表 10.5　EtherCAT 通信与轨道交通的类比

EtherCAT	火车轨道	环形轨道，所有火车总是单向行驶 一条轨道上最多 4 个班次的火车
Master	火车总站	整个轨道交通系统，只有一个总站 所有火车总是从总站出发，又原路返回总站
Frame	火车	不同周期的任务，发送不同周期的 Frame 相当于不同车次的火车，各有不同的发车频次 发车前已知本次火车在哪些车站有乘客上落，发车后单向行驶，经停每个有乘客上落的车站 到达最后一个车站后原路返回，返回时不再经停任何从站

（续）

Sync Unit	车厢	每列火车最多可以挂16节车厢 每个站的乘客总是上同一节车厢 默认本趟车的所有车站的乘客都进同一个车厢
Slave	中途停靠站	同一个车站，不会停靠两趟车 提前已知本站乘客应上哪节车厢 每个站的乘客总是上同一节车厢
Data	乘客	发车前已知每个车厢在每个停靠站有多少乘客上车，多少乘客下车
Working Counter	安检人员 上下车乘客计数	每节车厢配一个安检计数人员，火车回到总站时比对是否本车厢该上车/该下车的乘客都已上/下车 如果发现本车厢有人没上车或者有人没下车，则告诉总站异常，总站拒收本车厢全部乘客 对于数据，则置位 WcState 为 1，主站拒收该 Sync Unit 的数据
数据到达从站	乘客下车	每个乘客下车，WC+1
从站插入数据	乘客上车	每个乘客上车，WC+2

为了避免个别乘客不能及时上下车，牵连其他车站的乘客也被总站拒收，最理想的做法就是每个停靠站单独一个车厢。但是一列火车最多只能挂 16 节车厢，如果超出就必须加开一列。

以上是类比“火车”的表达，专业的表达如下。

TwinCAT 在配置 EtherCAT 主站时，按 Task 配置 Frame。比如 PLC Task0 的周期为10 ms，相应有一个发送周期为 10 ms 的 Frame。而 NC 周期为 2 ms，相应就有一个发送周期为2 ms 的 Frame。每个 Task 计算阶段结束进入 Output 阶段，就会发送相应的 Frame。

每个 Frame 通过 3 种命令 LRW（读写）、LWR（写）、LRD（读）来刷新从站的 I/O 数据。每个命令（Cmd）刷新哪些从站的数据，就确定了 Working Counter（WC）的理论值。如图 10.69 所示。

Frame	Cmd	Addr	Len	WC	Sync Unit	Cycle (ms)	Utilization (%)
0	LRW	0x01000000	1	6	<default>	10.000	
0	LWR	0x01000800	2	4	<default>	10.000	
0	LRD	0x01001000	1	1	<default>	10.000	
0	BRD	0x0000 0x0130	2	8		10.000	0.07
							0.08

图 10.69　EtherCAT Frame

根据主站的配置，每个 Frame 中包括若干个 SyncUnit，每个 SyncUnit 包括若干个 Slave，Frame 经过 Slave 并读写成功后，Slave 所属 SyncUnit 的 Cmd 的 Working Counter 就会相应增加。Frame 经过所有从站后回到主站时，主站根据每个 SyncUnit 的 Cmd 实际 Working Counter 与理论值是否一致就能判断这个 Cmd 操作的所有 Slave 是否成功。如果不成功，这个 Cmd 操作的所有 Slave 的 WcState 状态就会为 True，表示 Data Invalid（数据无效）。

假定 PLC 任务要控制所有 I/O 模块，就要用 LRD 命令刷新所有 EL 模块的数据，Working Counter 的累加过程如图 10.70 所示。

在图 10.70 中，“!”标记的 EL1004 未能成功交换数据，所以 Frame 经过了 4 个 EL1004 模块，但返回的 WKC 却为 3。主站判断这些数据无效，TwinCAT 会丢弃这些数据，这 4 个 EL1004 的数据在这个周期都没有刷新。而 PLC 读取 WcState 标记会得知以上情况。

为了提高通信的效率，不能每个从站都单独一个同步单元，而是推荐将每个驱动器或者I/O站这种有网线连接的物理单元设置成独立的同步单元（Sync Unit），因为实际上通信最容易发生干扰或者连接松动的地方就是网线连接处。

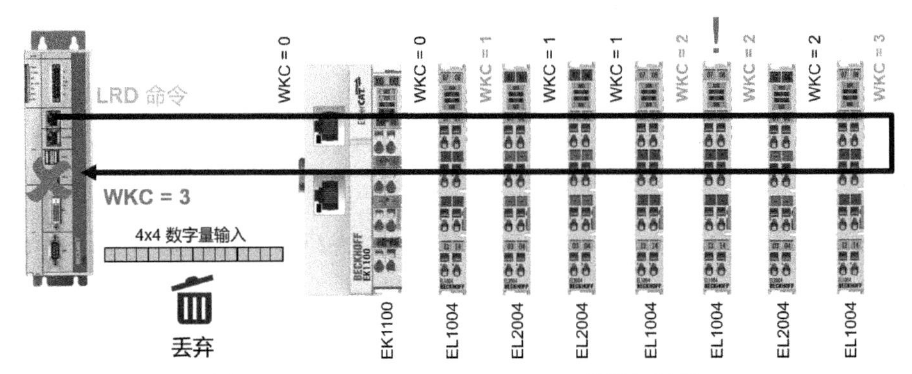

图 10.70　EtherCAT Working Counter 的累加过程

3. Sync Unit 的设置步骤

（1）查看 Frame 和 WC

假设有 4 个驱动器，都链接到 2 ms 周期的 NC 轴。默认的同步单元设置时，以太网帧为两个，Cycle 分别为 2 ms 和 10 ms。在 2 ms 的 Frame 中，LRW 指令（Cmd）有 1 个，Len 为 56。在 EtherCAT 界面显示如图 10.71 所示。

General | Adapter | EtherCAT

NetId: 192.168.1.160.5.1

Advanced Settings...
Export Configuration File...
Sync Unit Assignment...
Topology...

Frame	Cmd	Addr	Len	WC	Sync Unit	Cycle...	Utilizatio...	Size /
0	NOP	0x0000 0x0900	4			2.000		
0	ARMW	0xfff9 0x0910	4			2.000		
0	LRD	0x09000000	1			2.000		
0	LRW	0x01000000	56	12	<default>	2.000	0.61	129 /
1	LWR	0x02000000	5	3	<default>	10.000		
1	LRD	0x02000800	7	2	<default>	10.000		
1	BRD	0x0000 0x0130	2	11		10.000	0.07	66 / 7.
							0.68	

图 10.71　EtherCAT 界面显示的 WC 和 Frame

单击 Sync Unit Assignment 查看当前设置，如图 10.72 所示。

Sync Unit Assignment

Device	Sync Unit Name	Repeat S...	Task
Term 2 (EL1014)			Standard
Term 3 (EL2004)			Standard
Term 4 (EL2004)		×	
Term 5 (EL3102)			
Term 6 (EL4132)			
Drive 8 (AX5203-0000-0011)			NC-Task 1 SAF
Drive 9 (AX5203-0000-0011)			NC-Task 1 SAF
Drive 10 (AX5203-0000-0011)			NC-Task 1 SAF
Drive 11 (AX5203-0000-0011)			NC-Task 1 SAF

OK
Cancel

图 10.72　当前的 Sync Unit

图 10.72 是默认设置，每个 Task 下所有从站都在同一个 Sync Unit。

（2）修改 Sync Unit

选中一个 AX5203，在 Sync Unit Names 栏直接输入字符，即指定的同步单元名称。如图 10.73 所示。

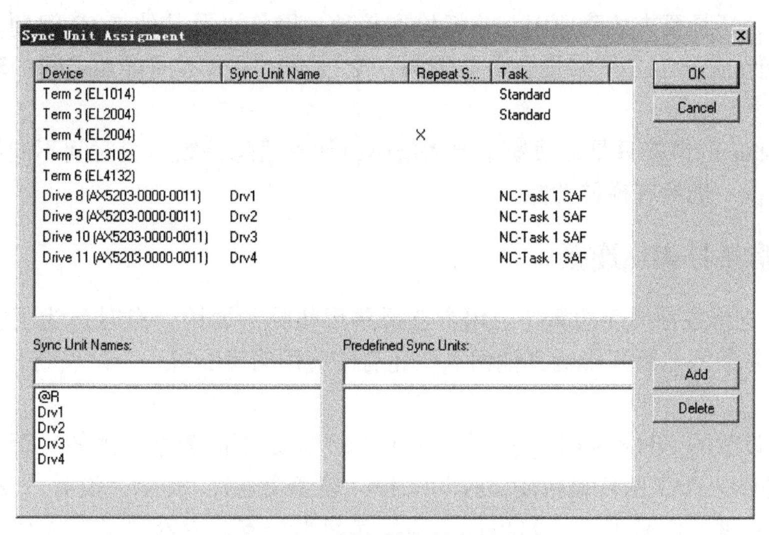

图 10.73　指定同步单元的名称

单击 OK 按钮，退回主界面。

（3）EtherCAT 界面查看修改后的 Frame 和 WC

把 4 个驱动器指定为不同的同步单元时，以太网帧为两个，Cycle 分别为 2 ms 和 10 ms。在 2 ms 的 Frame 中，LRW 指令（Cmd）有 4 个，Len 分别为 20、12、12、12，总长度还是 56 Bytes。如图 10.74 所示。

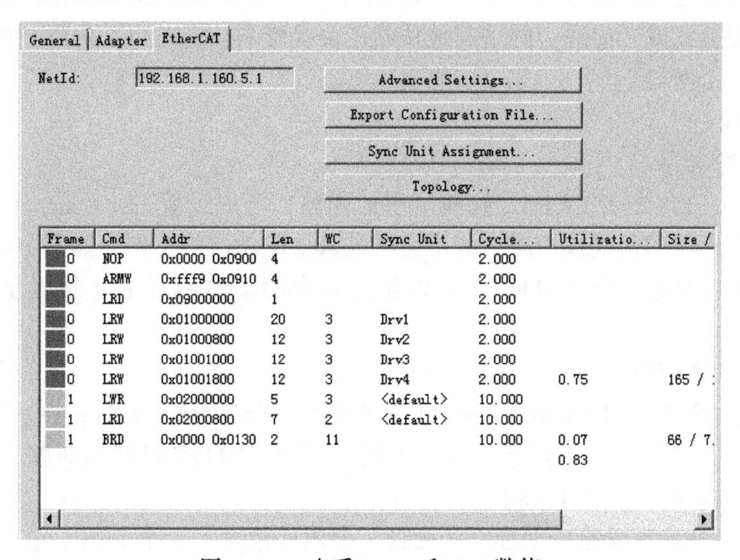

图 10.74　查看 Frame 和 WC 数值

至此，同步单元就设置成功了。

4. EtherCAT 驱动器取消 WcState 链接（可选）

通常 EtherCAT 驱动器由 NC 控制，而 NC 会连续检测驱动器的 WcState，如果超过 3 个周期 WcState 为 1，NC 就会报错 16#4655。对于默认周期为 2 ms 的运动控制，错误只持续 6 ms 就会引起报警。

如果认为这个时间限制太严苛，而当前的实际项目可以承受 6 ms 的通信故障，那么可以把驱动器的 WcState 变量与 NC 轴的变量链接取消。但这只是治标不治本的取巧办法，要彻底解决问题，还是要查故障原因，包括检查接地、屏蔽以及其他 EMC 问题。其中首先要检查的是：确保 EtherCAT 网络设备是共用同一个接地，因为不同接地之间的环流可能导致数据损坏。

取消 WcState 的链接只是让报警不要太敏感，如果故障持续一段时间不能恢复，伺服会报更严重的错误，仍然有预警功能。

10.5.2 星形拓扑和热连接

EtherCAT 支持各种灵活的拓扑，用户选择星形拓扑的原因，有时是为了接线方便，有时是为了防止一条网线断开影响其他站点。还有的应用明确要求一个站点断开，其他站点还能正常工作。

但是默认设置的 EtherCAT 网络，在运行中的从站是不能随意拔插的，否则可能引起严重后果。根据 EtherCAT 的传输机制，作为一种“轨道交通”，实际上没有分支，只有线型。主站默认会按物理顺序来识别从站地址。即使是星形分支，内部也是有先后次序的线型结构。如果网线插反了，从站地址就会调换，可能发生危险。极端的情况，以 EK1122 为例，如果两个网口所连接从站设备完全一致，如果网口插反了，主站直接就会把上口连接的模块识别为下口连接的模块，输入输出通道错位，可能产生严重后果。同样道理，既然是 EtherCAT 交换机 CU1128，它的几个网口也不能插错。

那么，怎样才能实现“一个从站断电之后，其他从站继续运行”呢？除了用星形网络保证物理网络连通之外，还需要设置“热连接组”，即 Hot Connect Group。设置成功后，整组从站可以随时上线或者掉线，网络其他从站不会受影响，同时也不再限制这组从站的输入网线必须插到某个网口。

1. 物理接线

（1）EK1122 接线

如果使用 CU1128 或者 EK1122 构成了星形网络，可以设置 Hot Connect Group，以便当连接任意一个驱动器的网线拔掉时，都不会影响其他驱动器的工作。如图 10.75 所示。

图 10.75 中，经过 3 个 EK1122，可以实现 6 个驱动器或者 I/O 站以星形结构连接到 EtherCAT 网络。

（2）CU1128 的接线

CU1128 是一个 8 口的 EtherCAT 交换机，8 个端口分别标志为 X1 ~ X8。其中 X1 是固定用于连接进线的，其余 7 个口用于分支。当需要多个 CU1128 级联的时候，通常用上一个 CU1128 的 X8 连接下一个 CU1128 的 X1。

CU1128 虽然从外形看是一个独立的硬件，但内部包含了 3 个 ESIC，在 TwinCAT System Manager 中识别为 3 个 EtherCAT Slave，相当于 3 块 EK1122。如图 10.76 所示。

在 System Manager 中，CU1128 中的第 1 个芯片识别为 Box（CU1128），而第 2、3 个芯片识别为 Term（CU1128-B）和 Term（CU1128-C）。这个级联的情况，以 3 个 CU1128 和 14 个 EK1101 的系统为例，自动扫描上来的 CU1128 及分支，其 Topology 图如图 10.77 所示。

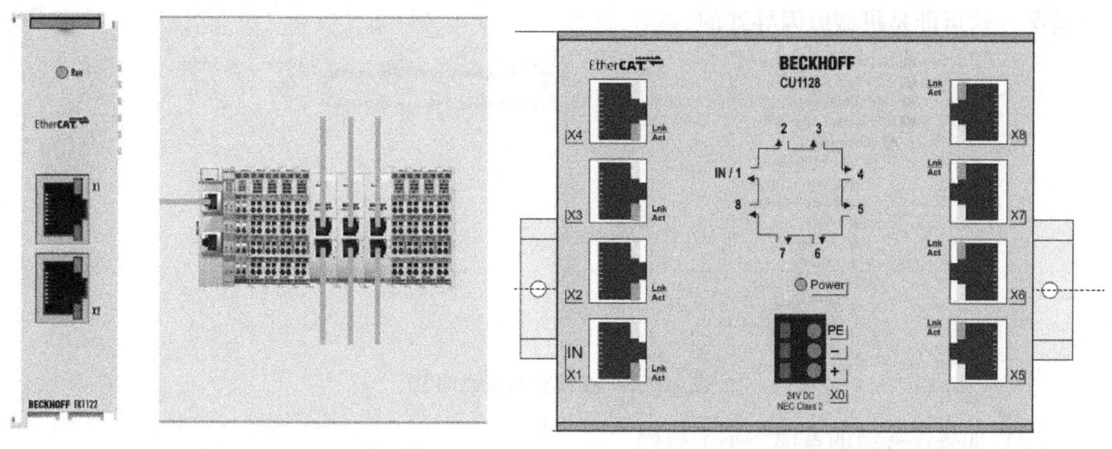

图 10.75　EK1122 的外形和安装　　　　图 10.76　CU1128 的外形

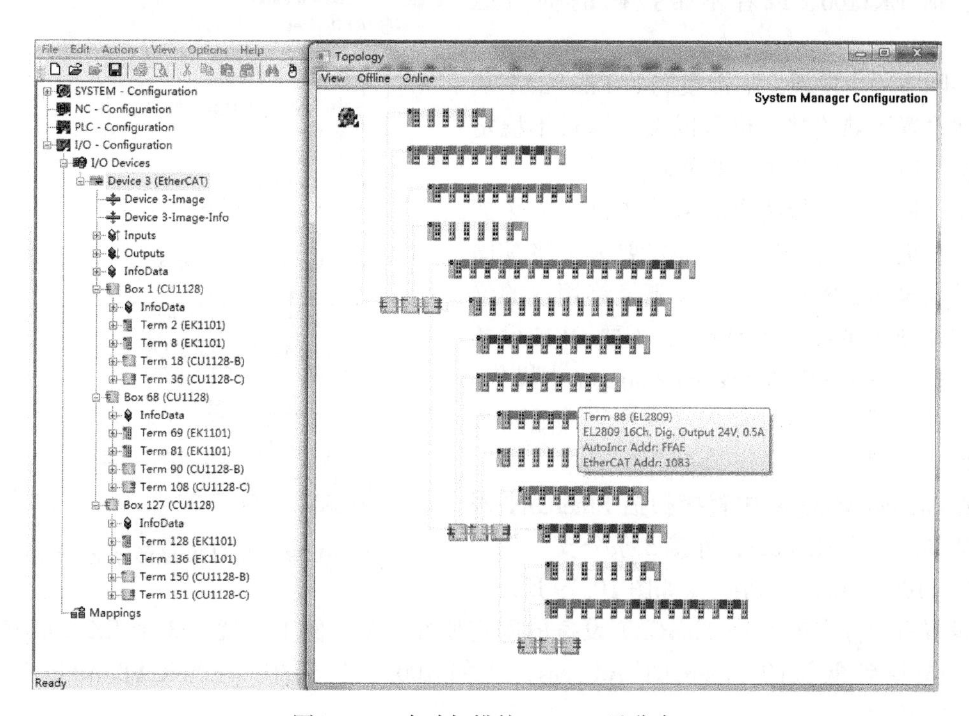

图 10.77　自动扫描的 CU1128 及分支

一个 CU1128 出来的 8 个分支，从左到右显示的是 X1~X8。

2. 设置 Identification ID

（1）如果连接组的首模块带拨码

包括 EK1101，或者带拨码的伺服驱动器。

断电设置 EK1101 的拨码。EK1101 有三个拨码，每个拨码可以拨到 0~F 的位置，即 16 进制。假如三个拨码都拨到 1，ID 就是就是 16#0111，即 Dec 273。

在 System Manager 里验证显示的 ID 与拨码是否一致。先按正常操作扫描到 I/O 设备，在 Free Run 模式下，如果 EK1101 进入了 OP 模式，就可以在图 10.78 的 ID 变量看到实际的拨码值。

强调这一点，是因为在现场遇到了拨码外观看上去地址是 F（Dec 15），但 ID 显示为 8

的情况，这可能是机械原因导致的。

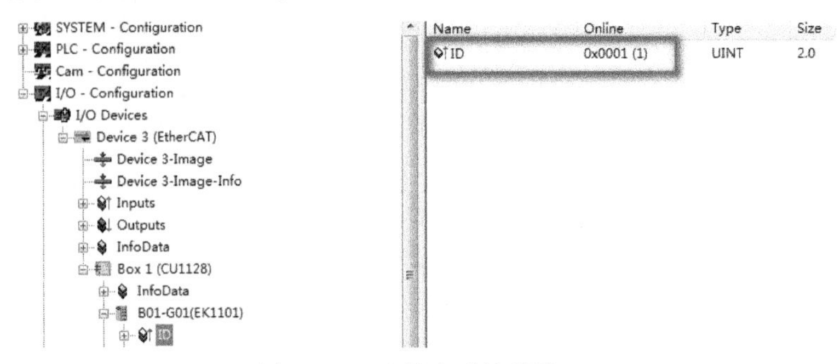

图 10.78　在线查看拨码的 ID

（2）如果连接组的首模块不带拨码

包括 EK1100，或者不带拨码的伺服驱动器。

实际应用中发现，不带拨码的 EtherCAT 从站虽然设置了热连接，也可以发生运行不稳定的情况。所以本节描述仅供测试。

特别提醒：不带拨码的从站要设置为热连接组，在更换备件的时候，一定要人工将其固定地址设置为目标值。这一步骤最终用户的维护工程师操作起来可能有难度，需要 OEM 设备厂的工程师在 TwinCAT System Manager 中操作，或者在设备厂里专门写套 PLC 程序来初始化这些备件。

在 System Manager 中直接扫描 EtherCAT 网络。假如有一个 CU1128，外接 5 条分支，包括 3 个 EK1100 站和 2 个 Drive，如图 10.79 所示。

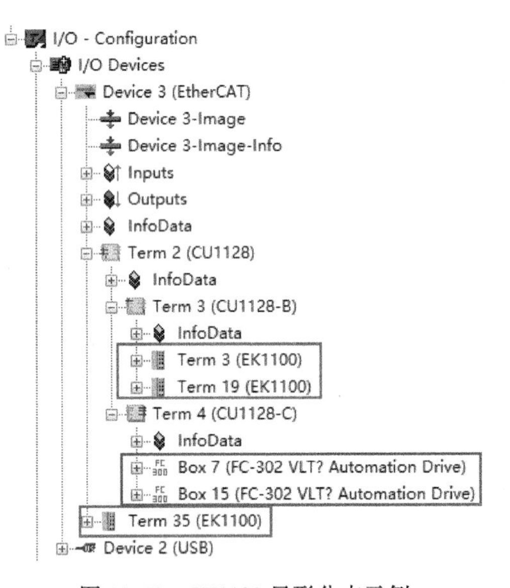

图 10.79　CU1128 星形分支示例

设置每个分支第 1 个 EtherCAT 设备的固定地址。在本例中，就是 3 个 EK1100 和 2 个 Drive。先找到默认的 EtherCAT Address，比如 1003，勾选中“EtherCAT Address”，如图 10.80 所示。

然后在 Advanced Settings 中写入 E2PROM 的 Configured Station Alias，如图 10.81 所示。

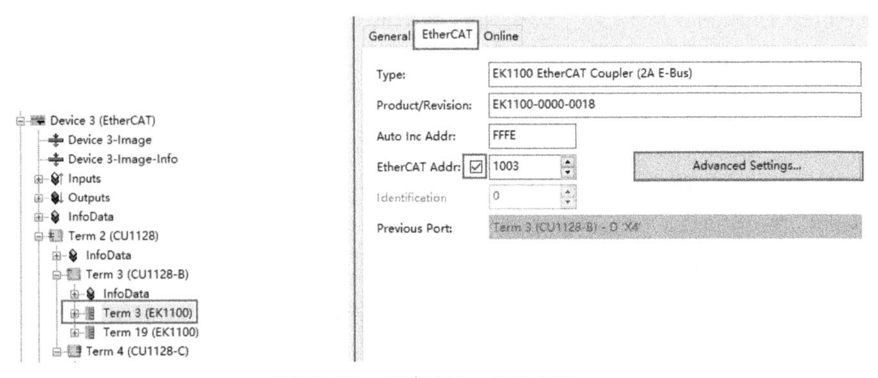

图 10.80　固定 EtherCAT Address

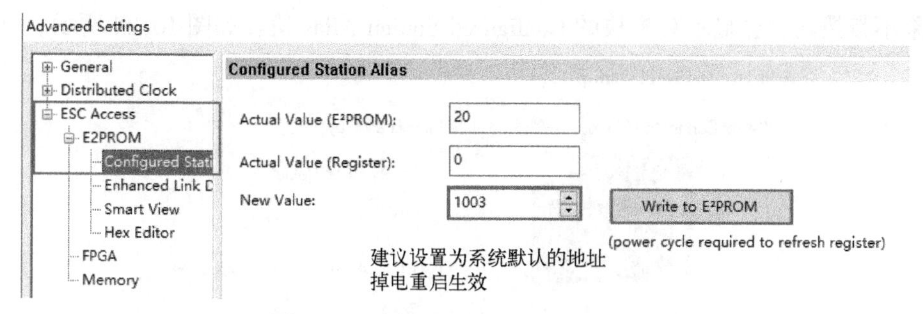

图 10.81　写入 Configured Station Alias

所有分支设置完成后，从站掉电重启，检查 Actual Value 是否写入成功。确认无误后进入下一步操作。

3. 设置 Hot Connect 组

（1）选中目标组的首模块

右键菜单“Add to Hot Connect Groups”，如图 10.82 所示。

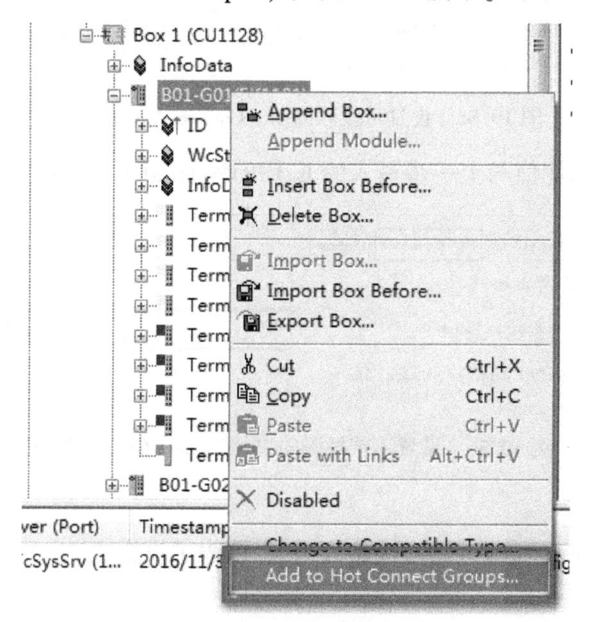

图 10.82　选择带拨码的 Hot Connect Group

（2）选择要加入 Group 的从站

如果带拨码，会显示首模块的当前拨码值，如图 10.83 所示。

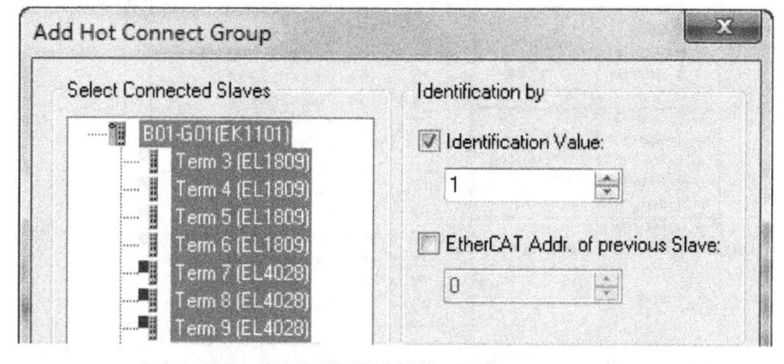

图 10.83　选择带拨码的 Hot Connect Group

如果不带拨码，会显示首模块的 Configured Station Alias 值，如图 10. 84 所示。

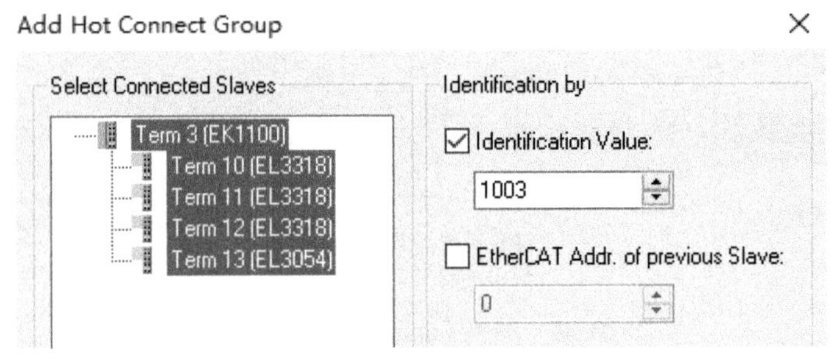

图 10. 84　选择不带拨码的 Hot Connect Group

(3) 单个修改热连接组的 ID 值

带拨码的需要手动修改热连接值，与实际拨码设置一致，如图 10. 85 所示。

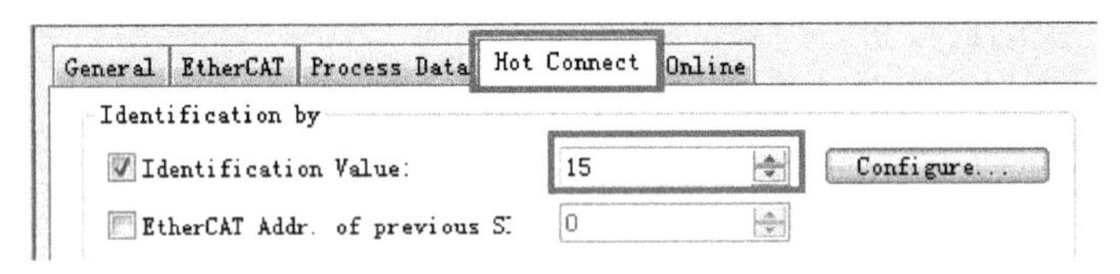

图 10. 85　设置带拨码的 Hot Connect Group 的 ID

不带拨码的则确认此值与上一步写入的 E2PROM 值相同，如图 10. 86 所示。

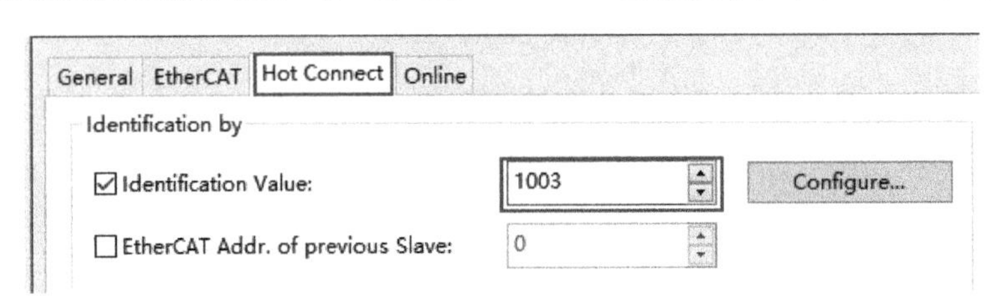

图 10. 86　设置不带拨码的 Hot Connect Group 的 ID

4. 激活配置

激活配置后，如果看到所有热连接站为 OP，即表示设置成功。

如图 10. 87 所示。

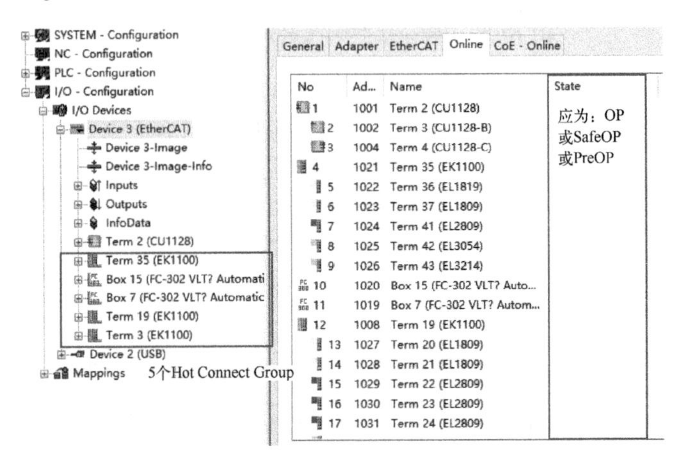

图 10. 87　成功设置的 Hot Connect Group

5. 常见问题

(1) 新增站的热连接设置

带拨码：设置好拨码。打开原配置文件，手动添加站点，并按本节第 2 步之“(1) 如果连接组的首模块带拨码”以及第 3 步“设置 Hot Connect 组”操作。

不带拨码：先建空白文件扫描，找到新增的从站并设置地址，掉电重启。打开原配置文件，手动添加从站，并按本节第 2 步之“(2) 如果连接组的首模块不带拨码”以及第 3 步“设置 Hot Connect 组”操作。

增减 EL 模块到与实际情况一致。这个实际增加的从站就可以插在任何一个 CU1128 或者 EK1122 的端口上了。

(2) 取消热连接

选中某个 HC 组，右键菜单中选择“Remove from HotConnect”，即可以取消。

但取消后该 EK1101 不一定恢复到它实际所连接的 CU1128 端口上，需要手动拖放到正确的位置，根据所插的端口不同，放到不同的位置，具体如下。

X2，X3：拖到 Box（CU1128），在弹出提示中选择“Insert As Child”。

X4，X5：拖到 Box（CU1128-B）。

X6，X7：拖到 Box（CU1128-C）。

注意：如果 EK1101 站的 EL9010 没有随整个 Station 移动到 CU1128 下面，就要手动再拖放过去。否则如果想再添加热连接，就只能选到 EK1101 本身而没有后面的 I/O 模块。这是由于 TwinCAT 开发环境是根据 EL9010 来判断这个 Station 是否结束的，虽然实际上 Station 的末端可能根本没有安装 EL9010。

(3) 在线型拓扑中实现热连接

举例：倍福控制器通过 ETHERCAT 总线走线型网络拖 100 个相同的驱动器。

要求：其中一个或多个驱动器坏了后（包括网口都无法正常工作），直接跨接网线，要求这条网络上其他驱动器能正常运行，与 NC 轴的对应关系不能发生变化。

步骤：确保所有需要设备热连接的伺服用网线串联，并且位于整个 EtherCAT 网络的末端；按前面描述的方法，设置每个伺服的固定地址；每个从站设置为独立的 HotConnect 组。

结果：这些串联在一起的 EtherCAT 从站就可以按任意顺序连接了，少了其中任何一个或者几个都不会影响其他从站的工作。

注意：这是一种临时的办法，如果它们后面还连接了其他不是 HotConnect 的从站，那些从站就不能工作了。量产设备要实现这个功能还是要使用星形连接，以及带拨码的从站。

(4) 从 PLC 程序修改从站的 Identification 的地址

使用 FB_EcPhysicalWriteCmd 可以往从站的 E2PROM 里 Identification 的地址（16#0010）写值。假定要替换的是 ID 1004 的伺服，当前的 EtherCAT 从站地址是 1015，Identification 的地址（16#0010）和先前界面 Configured Station Alias 里的地址实际是指向同一个内存。

在 PLC 程序里调用 FB_EcPhysicalWriteCmd，Input 变量 ado 填 16#0010；adp 填 1015，Value 写成 1004，示例代码如图 10.88 所示。

最后在从站的 Advanced Settings 界面的 ESC Access→Memory 中验证写入的结果：断电，把网线插回 1201 的位置，再重新上电，系统就应该可以识别这个新换的备件为伺服 ID 1004 了。这个功能可以让调试人员在 HMI 写不带拨码伺服的 E2PROM。

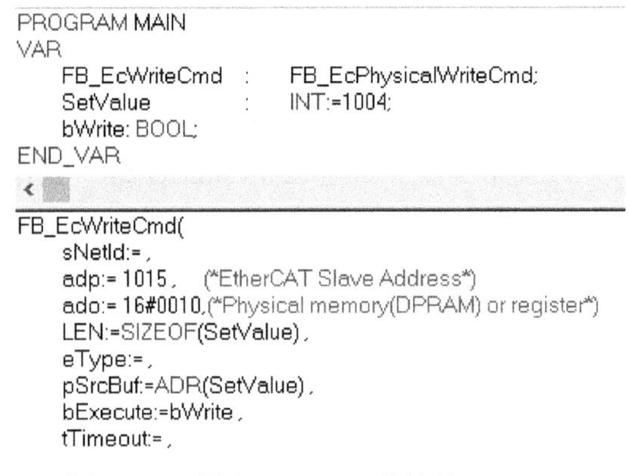

图 10.88　写入 EtherCAT 从站的 E2PROM

10.5.3　环形拓扑和网络冗余

1. 准备工作

（1）硬件

环形拓扑实现网络冗余时，主站要求有第二个网卡。CX5xxx、CX20x 前面的两个独立网口之一就可以。对于 IPC，比如 C69xx，上面只有两个网卡，就必须要再扩展一个网卡，否则就没法用编程 PC 进行调试。

（2）软件

TwinCAT 支持 EtherCAT 网络冗余功能，需要 TwinCAT EtherCAT Redundancy 方可正常使用。TC2 为 Supplement，TC3 为 Function，都需要购买授权并安装。

（3）接线

需要先断第二张网卡的网线连接。

2. 选择第 2 网卡并激活配置

在 Advanced Settings 窗体中的 Redundancy 项，选择第二网卡（Second Adapter），如图 10.89 所示。

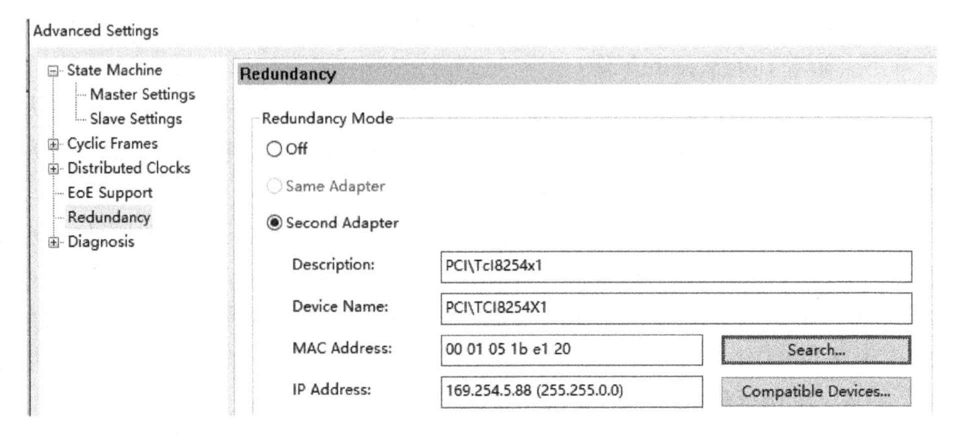

图 10.89　选择第二网卡

3. 连接 Slave 网卡的网线

冗余功能正常运行后，从中间断开一条网线，所有从站的数据回到控制器。

观察 EtherCAT 主站下面的 Inputs 中，原来只有 SlaveCount，现在就出现了 Slave Count2。正常情况下 SlaveCount 是所有在线从站数量，SlaveCount2 为 0。发生网线断开时，SlaveCount 表示断开位置之前的从站数量，SlaveCount2 表示断开位置之后，经冗余网卡回到控制器的从站数量。

PLC 程序检查 SlaveCount2 的值，如果发现不为 0，应提醒操作人员检查线路。如果再发生另一个位置断线，两个断开位置之间的从站就无法通信了。

10.6　KL 模块

KL 模块是倍福早期的 IP20 模块，现在已经很少使用，这里仅做简单介绍。

10.6.1　KL 模块的过程数据（Process Data）

一个耦合器和它所连接的 KL 模块称为一个站（Station）。每个耦合器中都有一张地址映射表，对应每个 KL 模块的 Process Data。开关量的 I/O 模块，其 Process Data 占用的是若干个 Bit，称为 Bit Oriented。模拟量、高速脉冲、通信及位置等模块，其 Process Data 占用的总是若干个 Byte，称为 Byte Oriented 模块。

无论一个站内 KL 模块的实际排列顺序如何，在耦合器的地址映射表中，总是先排 Byte Oriented 的模块 Process Data，后排 Bit Oriented 的模块 Process Data。所有 Bit Oriented 的模块 Process Data 是按“Bit”紧密排列的，比如有 4 个两点的 DI 模块，那么 4 个模块的 Process Data 加起来占用一个字节中的 8 个 Bit。如图 10.90 所示。

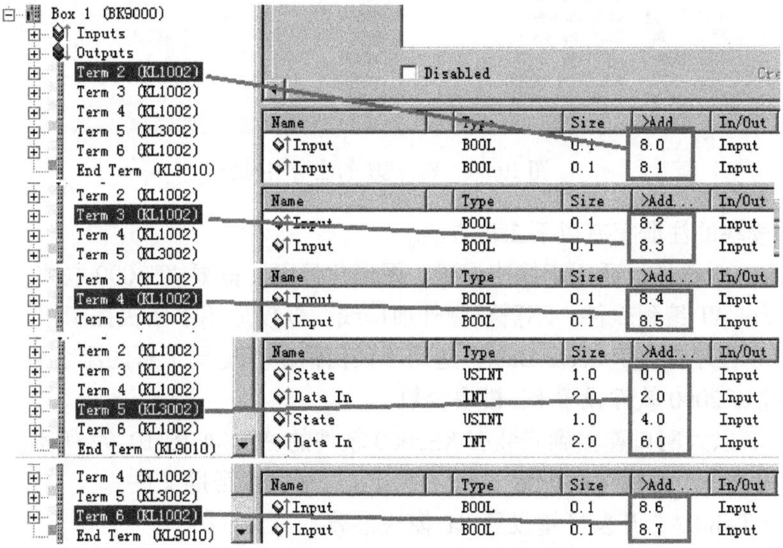

图 10.90　KL 模块的顺序和地址对应

图 10.90 中 Bit Oriented 模块 Term2、Term3、Term4、Term6 的 Process Data 地址是 8.0~8.7，而 Byte Oriented 模块 Term 5（KL3002）虽然不是第 1 个模块，它的 Process Data 地址却是 Byte 0~Byte 7，占用了 Input 区的 8 个字节。

当 TwinCAT 控制 KL 模块时，Process Data 地址可以忽略。当使用第三方的主站，比如西门子 PLC 经过 Profibus 耦合器控制 KL 模块时，在主站编程软件中配置 Profibus 耦合器的总线变量时就需要注意上述规则：Byte Oriented 模块占用地址总是靠前，无论物理前后。

10.6.2 KL 模块的参数设置

KL 模块的参数总是保存在寄存器 R0~R63。只有 Byte Oriented 的 KL 模块需要参数设置。R31 存储 Password，R32 则是存储 Feature 参数，模块的用户手册会详细说明 R0~R63 的作用。

每个模块的手册都会介绍如何进行注册字访问，这里只是这些内容的中文整理。

定位到指定的章节，可以看到关于注册字的详细说明，如图 10.91 所示。

3 Terminal configuration

3.1 Register overview

The terminal can be configured and parameterized by way of the internal register structure.

Register set for each channel:

Address	Description	Default	R/W	Storage medium
R0	reserved	0x0000	R	
R1	reserved	0x0000	R	
R2	Period	variable	R	RAM
R3	Fundamental frequency	variable	R	RAM
R4	reserved	0x0000	R	
R5	Raw PWM value	variable	R	RAM
R6	Diagnostic register - not used	0x0000	R	
R7	Command register - not used	0x0000	R	
R8	Terminal type	2502/2512	R	ROM
R9	Firmware version number	0x????	R	ROM
R10	Multiplex shift register	0x0218/0130	R	ROM
R11	Signal channels	0x0218	R	ROM
R12	Minimum data length	0x1818	R	ROM
R13	Data structure	0x0000	R	ROM
R14	reserved	0x0000	R	
R15	Alignment register	variable	R/W	RAM
R16	Hardware version number	0x????	R/W	SEEROM

图 10.91　KL 模块的注册字列表

修改 KL 模块的注册字有以下 3 种方法。

1）用 KS2000 软件，适用于快速设置，图形化界面。需要 KS2000 电缆。

2）用 TwinCAT 编程软件，不需要额外通信线，但仅适用于倍福控制器。

3）用 PLC 程序控制 Process Data，适用于任何情况，但要了解注册字通信的规则。

（1）通过 KS2000 软件设置 KL 模块参数

经串口或者以太网口连接到安装有 KS2000 软件的 PC，如图 10.92 所示。

KS2000 只是一个可视化的配置工具，使用方法请查找帮助文件。

（2）通过 TwinCAT 开发环境设置 KL 模块参数

适用于 TwinCAT 控制系统中的 KL 端子参数配置。如果是用第三方 PLC，则只能用其他方法。

新版 Firmware 的 BK1120、BK9000、CX1100、CX50x0，都支持从 System Manager 中使用 Register Access 功能，配置 KL 参数的方法。如图 10.93 所示。

（3）通过 PLC 程序控制 Process Data 设置 KL 模块参数

模块正常工作时，AI 模块的 DataIn 是测量值，AO 模块的 DataOut 是控制值。在注册字访问模式下，读（Read）时，DataIn 是读取结果，写（Write）时，DataOut 是目标值。

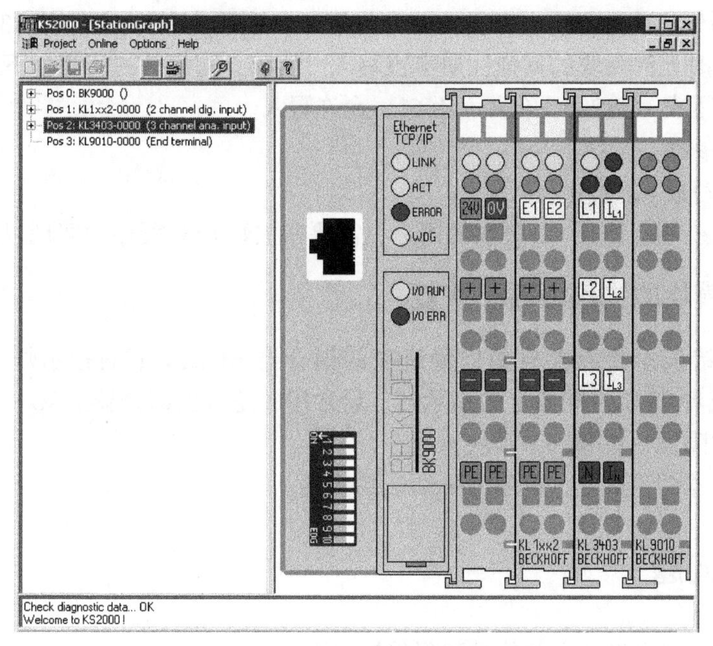

图 10.92　KS2000 配置工具的界面

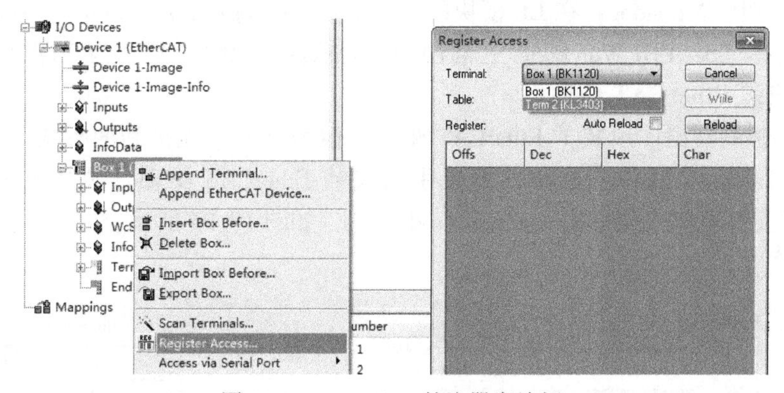

图 10.93　TwinCAT 的注册字访问

选择模块的工作模式是通过控制字实现的，详见表 10.6。

表 10.6　KL 模块注册字访问控制字 Bit 功能

位	功　能	描　述	
Bit 7	注册字访问 Register Access	True	打开注册字通信模式
Bit 5	Read/Write	False	读
		True	写
Bit 0~5	注册字号 Register No.	在此输入要读或者写的注册字号。比如要访问 R32，就输入 32	

例如：读 R32，控制字的 Bit7 为 1，Bit6 为 0，Bit0~5 的值为 32，即控制字写成 160（即 128+0+32）。此时，如果状态字也为 160，那么 Data In 中的就是 R32 的值。

写 R31 为 4661，控制字的 Bit7 为 1，Bit6 为 1，Bit0~5 的值为 31，即控制字写成 223（即 128+64+31），DataOut 写成 4661。通常为了验证是否写成功了，还会重复一下读 R31 的动作。

注意：大部分参数需要输入密码，才允许写入。密码存放于注册字 R31，默认值为 0。当它为 16#1235 时允许模块的其他注册字被写入。所以，写参数的步骤如下。

1）把 R31 写成 16#1235，（Dec）4661，允许写入。

2）写其他参数。

3）把 R31 写成 0，禁止写入。

对于使用总线耦合器带 KL 模块的用户，需要在主站 PLC 程序中实现以上功能。

10.6.3 KL 模块的错误诊断和恢复

KL 模块的错误诊断通常只能依赖所在的耦合器 BKxxxx 上的指示灯，或者电源模块 CX1100-0002 或者 CPU 控制器上的指示灯。最常用的是根据耦合器上 IO-err 灯的闪烁快慢和次数，判断故障发生在哪一个模块。

在每个耦合器的手册上，都有 Diagnose 的描述。

10.7 常见问题

1. EL 模块如何在设置通信故障时保持输出不变

设置关闭 PDI Watchdog：在 EL 模块的 Advanced Settings 界面，General/Behavior 底部的 Watchdog，选择“Set PDI Watchdog”，看门狗时间默认为 1000，修改为 0 即可关闭看门狗。

2. 如何安装 EtherCAT 驱动

默认倍福控制器出厂预装了 EtherCAT 驱动，但是有的工控机和面板式 PC 的网卡并没有随机订购 TwinCAT 软件，这时就需要手动安装 EtherCAT 驱动。最简单的方法是使用 TwinCAT 3 开发环境的主菜单的 Compatible devices，如图 10.94 所示。

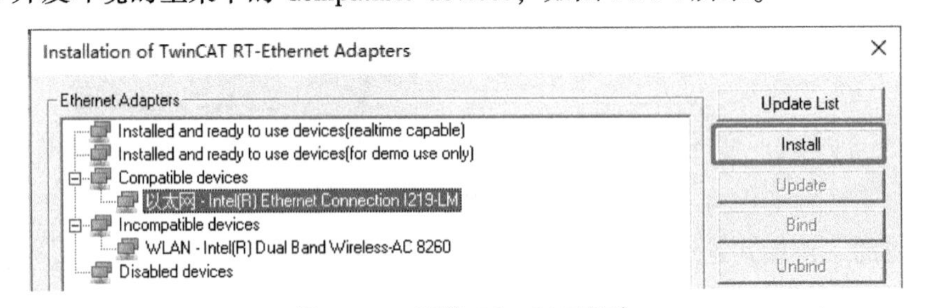

图 10.94　安装 EtherCAT 驱动

3. 哪些网卡支持 EtherCAT

所有倍福控制器的网卡默认都支持 EtherCAT，但是对于第三方工控机或者偶尔用作调试而不是控制实际设备的 PC 来说，有时候用户也希望安装 EtherCAT 驱动。不是所有以太网卡都可以安装 EtherCAT 驱动，总的来说需要网卡上有 DMA 芯片，即直接内存访问。对于偶尔做测试的普通网卡，倍福提供了兼容模式，可以用于 I/O 刷新。兼容模式的 EtherCAT 不建议用于运动控制，因为可能产生意想不到的问题。

第 11 章　TwinCAT 控制系统之间的通信

11.1　概述

TwinCAT 控制系统，包括 CX 系列控制器和安装了 TwinCAT 的 IPC，通常是指位于两个控制器上的 TwinCAT PLC 之间的通信。根据要求的实时性不同，倍福提供选择以下通信方式。

1）TwinCAT ADS 通信。
2）TwinCAT EAP 通信。
3）EtherCAT 主从通信。
4）EtherCAT 桥接通信。

这几种方式在硬件要求、实时性等方面的对比见表 11.1。

表 11.1　TwinCAT 控制器之间的几种通信方式

协　议	硬 件 要 求	实 时 性	说　明
ADS 通信	普通网卡，支持无线	典型值：<100 ms	Server/Client 要写 PLC 程序，不用配置 I/O
EAP 通信	支持 Y-Driver 的有线网卡，最好独占 或 EL660x 交换机模块	典型值：<10 ms	Publisher/Subscriber 不用写 PLC 程序，要配置 I/O
EtherCAT 主从通信	从站控制器应有 Slave 接口，如 CX8090、-B110、FC11xx 等	最小值：<1 ms	Master/Slave 不用写 PLC 程序，要配置 I/O
EtherCAT 桥接数据穿越	桥接模块 EL6692，EL6695	最小值：<1 ms	硬件级数据穿越 不用写 PLC 程序，要配置 I/O
其他开放的通信协议：OPC UA 等			视具体协议而定

用户需要根据实际情况，选择适当的通信方式。下面就每一个种通信方式详细说明。

11.2　ADS 通信协议

完整的 ADS 描述，请参考配套文档 11-1。

配套文档 11-1
倍福技术_ADS
通信_V3

11.2.1　ADS 协议简介

ADS 通信是倍福公司定义的一种专门协议，用于 TwinCAT 设备之间的非周期性通信，既可用于控制器内部的 TwinCAT 设备通信，也可以用于控制器之间的 TwinCAT 设备通信。

ADS 通信是基于 TCP/IP 之上的应用协议，所以当它用于控制器之间的 TwinCAT 设备通信时，需要保证控制器之间的 TCP/IP 通信正常，支持有线连接和无线连接。只是采用无线连接时，通信时间更长。

1. ADS 通信采用 Server/Client 模型

ADS 通信采用 Server/Client 模型。本章所讨论的 ADS 设备，都是指 ADS Server。作为 ADS Server 不需要任何 ADS 通信方面的编程。Server 能够对协议约定的 ADS 请求做出响应。所有通信方面的编程工作都在 Client 端，必须按照 Server 约定的规则，请求才能得到正确的响应。

2. ADS 通信的实时性

应用程序与 TwinCAT 在同一台 IPC 或者 EPC 上，响应时间为 3 个 PLC 任务周期。如果是两台 PC 之间的 ADS 通信，实时性受物理网络的速率、繁忙程度等因素的影响。双机互连一对一通信，非官方测试结果为：PLC 周期 1 ms，读写 60 kB，时间约 10 ms。

其他测试信息请参考配套文档 11-2。

配套文档 11-2
实测 ADS 通信的实时性

3. ADS 设备的识别

支持 TwinCAT ADS 通信的设备，称为 ADS 设备。协议规定 ADS 设备的识别方式为 NetID+Port。任何 ADS 通信的请求，都必须指定 NetId 和 Port，才能找到 ADS Server。

NetID 指所在 TwinCAT 控制系统的识别代号。

Port 指 TwinCAT 控制系统分配给不同设备的端口号，倍福 ADS 设备规定的端口分配见表 11.2。

表 11.2 TwinCAT 分配给 ADS 设备的端口

TwinCAT 2	端口	TwinCAT 3	端口
PLC 1	801	PLC 1	851
PLC 2	811	PLC 2	852
PLC 3	821	……	
PLC 4	831	PLC 数量不限，端口可自定义	
NC	501	NC	501
I/O	300	I/O	300
Additional Task 1	301	Additional Task 1 端口可自定义	301
I/O Device	27906		27906

4. 两台 TwinCAT 控制互加路由

两台控制器互相添加 ADS 路由，和编程 PC 加控制器的路由略有不同。需要在编程 PC 上成功添加其中一台控制器的 ADS 路由以后，选择它作为 Target System，然后双击 Solution Explorer 树形结构中的“TwinCAT Project 9→SYSTEM→Routes”，如图 11.1 所示。

在右边的 Current Routes 选项卡上单击底部的“Add”按钮，之后的操作就与在 PC 上加路由的步骤完全相同了。用这个方法“Add Router”是双向的，成功添加后，就同时在目标控制器和搜索到的远程 TwinCAT 系统的路由表中各增加了一项。

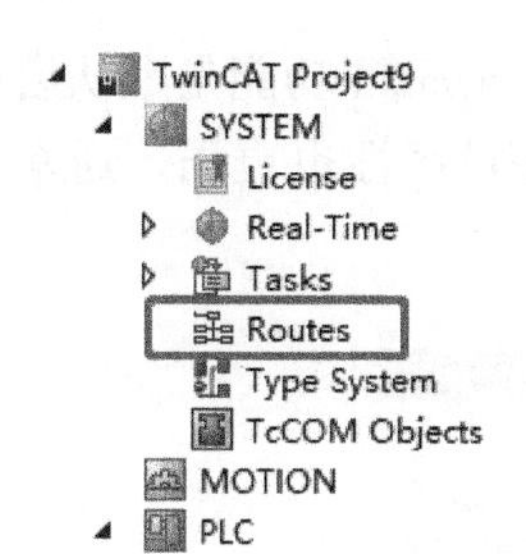

Current Routes	Static Routes	Project Routes	NetId Management
Route	AmsNetId	Address	Type
BACN-LIZZYCHEN	10.199.164.106.1.1	169.254.240.30	TCP/IP
CX-1BE120	192.168.1.152.1.1	CX-1BE120	TCP/IP
N30004490002	169.254.107.123.1.1	172.168.250.238	TCP/IP
JKJ-PC	169.254.220.142.1.1	172.168.250.107	TCP/IP
JTSPHLECD6GDF4Q	10.18.8.40.1.1	172.168.250.111	TCP/IP

图 11.1　向目标系统添加到另一个控制器的 ADS Route

另一个手动添加的方法，是从 IE 进入控制器的 Web Service 页面进行操作。

倍福的 CE 控制器都提示基于 IE 访问的诊断和配置功能。

Web 地址：http://<ip-or -devicename>/config。

用户名和密码：webguest/1。

例如：http://192.168.0.123/config 或者 http://CX_123456/config。

CE 系统的 Device Manager 页面如图 11.2 所示。

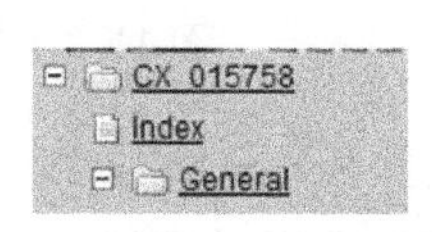

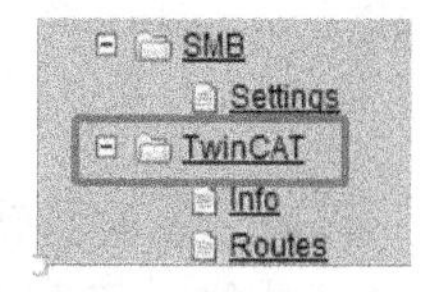

图 11.2　CE 系统的 Device Manager 页面

11.2.2　ADS 设备的数据访问

ADS 通信可以实现多种功能，比如设备状态、设备控制等，但最常用的还是数据访问。为此，必须了解 ADS 设备的内部地址，或者变量与 ADS 访问地址之间的对应关系。所有 ADS 设备都支持按地址访问，但有的同时还支持变量名访问。

（1）按地址访问

ADS 设备以“Group”来划分不同的数据区域，每个数据区域用“IndexGroup”来识别，区域内的数据就按 Offset 依次排列。不同的 ADS 设备，“IndexGroup”划分规则不同，而连续的“Offset”依次对应的数据也不同。

常用的 ADS 设备有 TwinCAT PLC、TwinCAT NC、TwinCAT IO，其中 TwinCAT NC 虽然也支持按地址访问，但用户通常是调用标准的功能块来向 NC 发指令，这些功能块会调用 ADS 指令，确定要访问数据的 Index Group 和 Offset，而无须用户直接面对这些数据。

TwinCAT PLC 的变量地址和 ADS 访问地址的对应关系见表 11.3。

表 11.3　PLC 变量地址与 ADS 访问地址的对应关系

PLC 地址	Index Group	Offset
%IB x	16#F020	x
%QB y	16#F030	y
%MB y	16#4020	z

各种 TwinCAT ADS Device 的完整描述可以查看 Information System 的以下章节：

Beckhoff Information System/TwinCAT/TwinCAT System/TwinCAT Connectivity/TwinCAT ADS Device Documentation

帮助系统中关于 ADS 的描述如图 11.3 所示。

（2）按变量名访问

TwinCAT PLC 默认支持变量名访问，而 TwinCAT NC 的轴变量如果要通过变量名访问，就需要启用“Create Symbol”功能。在 TwinCAT 3 中 NC 轴的 Create Symbol 功能是默认启用的。与按地址访问相比，按变量名访问更加灵活，在 Client 端的程序可读性也更强。通常高级语言、触摸屏等应用程序，都更倾向于通过变量名访问。

TwinCAT ADS Devices

Summary of ADS devices

An object that has implemented the ADS interface (thus being accessible via ADS) and that offers "server services", is known as an ADS device. The detailed meaning of an ADS service is specific to each ADS device, and is described in the relevant ADS device documentation:

- TwinCAT ADS Interface PLC
- TwinCAT ADS Interface NC
- TwinCAT ADS Device CAM (cam controller)
- TwinCAT ADS COM Server for ControlNET (with SST 5136 CN PC Card)
- .....

图 11.3　帮助系统中关于 ADS 的描述

以电子示波器软件 Scope View 显示 NC 变量的实时曲线为例，例如 Axis 1 勾选了 Create Symbol 功能，那么变量选择的窗体就会如图 11.4 所示。

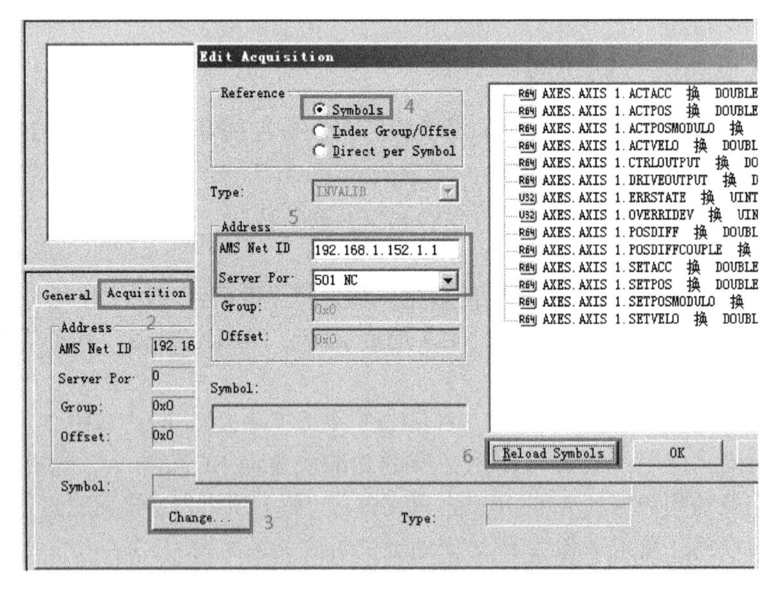

图 11.4　Scope View 中为示波器通道选择变量

图 11.4 中“4”处，表示按变量名“Symbols”选择，如果点选“Index Group/Offset”就表示按地址。如果是按地址，就要求再选择 Type，以确定从 Offset 开始的几个字节表示 Value。无论是按名字还是地址，都必须提供 AMS Net ID 和 Server Port。

11.2.3　从 PLC 程序实现 ADS 通信

TwinCAT PLC 既可以做 ADS Server 也可以做 ADS Client。要在两套 PLC 之间做 ADS 通信，用户可以自己决定其中一台做 Server，另一台做 Client。Server 端不需要任何通信程序，只是提供数据给 Client 访问。

1. By Address

在 Tc2_System 库中，以下功能块用于 ADS 通信，如图 11.5 所示。

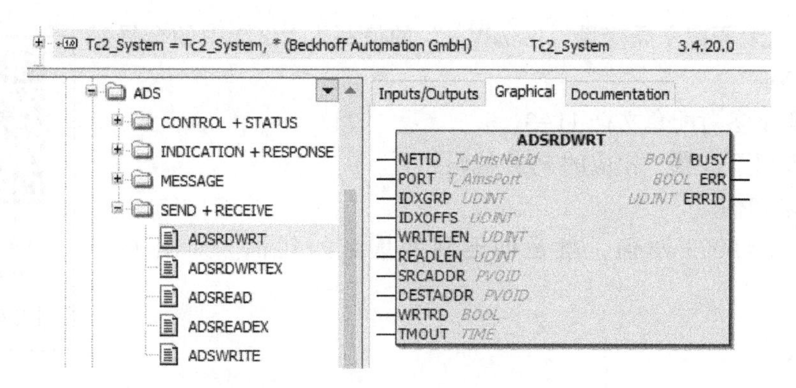

图 11.5　用于 ADS 通信的功能块

这些功能块都有共同的输入变量，具体如下。

NetID：对方设备（ADS Server）的 NetID，空白不填，表示本机。

PORT：对方设备的端口号，比如第 1 套 PLC 为“851”。具体参考表 11.2。

IDXGRP：要访问的数据组，比如输出区%Q 为“16#F030”。

IDXOFFS：要访问的数据地址，比如地址%QB 300 为“300”。

LEN：读或者写的字节数。通常以 SIZEOF( ) 函数获取变量长度。

DESTADDR 或者 SRCADDR：目的地址（读）或者源地址（写），比如 ADR（Data1）。

READ 或者 WRITE：ADS 通信是事件触发式，此处为读写的触发信号，上升沿有效。

TMOUT：报警延时，默认 500 ms，为“T#500MS”。

2. By Name

通过变量名访问，要经过 3 个步骤：请求句柄、经句柄写数据及删除句柄。底层其实使用了 PLC 的 ADS Server 中的几个 Function：F003、F005 和 F006，如图 11.6 所示。

TwinCAT ADS Device PLC

"Index-Group/Offset" Specification of the TwinCAT ADS system services

This section covers those ADS services which have identical meanings and effects with every TwinCAT ADS unit. In this section are also included services to access the PLC process diagram of the physical inputs and outputs.

Index Group	Index Offset	Access	Data type	Description
0x0000F003	0x00000000	R&W	W: UINT8[n] R: UINT32	**GET_SYMHANDLE_BYNAME** A handle (code word) is assigned to the name contained in the write data and is returned to the caller as a result.
0x0000F004	0x00000000			Reserved.
0x0000F005	0x00000000 - 0xFFFFFFFF =symHandle	R/W	UINT8[n]	**READ_/WRITE_SYMVAL_BYHANDLE** Reads the value of the variable identified by ,symHdl' or assigns a value to the variable. The ,symHdl' must first have been determined by the GET_SYMHANDLE_BYNAME services.
0x0000F006	0x00000000	W	UINT32	**RELEASE_SYMHANDLE** The code (handle) contained in the write data for an interrogated, named PLC variable is released.

图 11.6　By Name 涉及的 ADS Services

例如：PLC1 要把全局变量“iSendVar”的值写入 PLC2 中的全局变量“iReceiveVar”。

配套文档 11-3
PLC 通过变量名
进行的 ADS 通信

具体代码请参考配套文档 11-3。

为此需要以下步骤，相应的 PLC 代码如下。

(1) 请求句柄

向地址 16#F003 写值，就是创建到变量名的句柄。如图 11.7 所示。

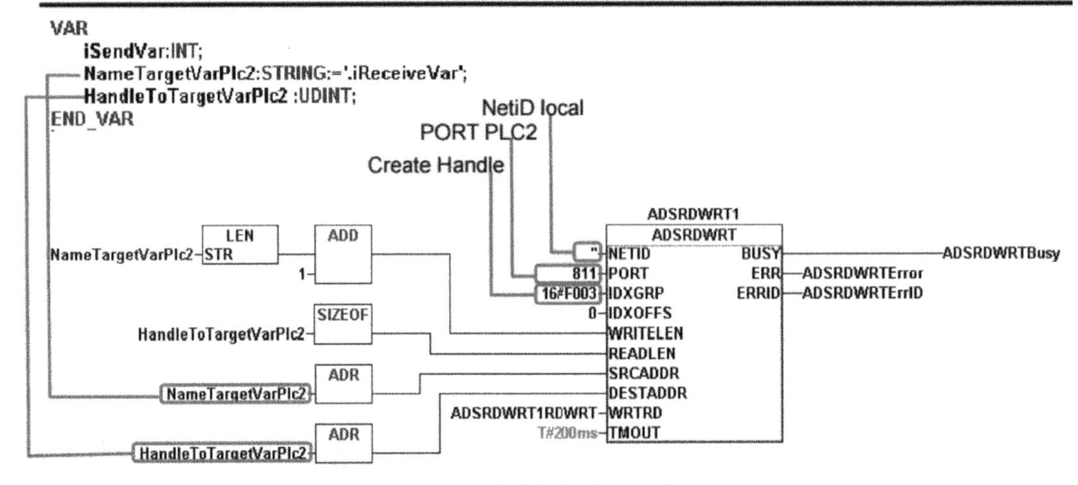

图 11.7　请求句柄的 PLC 代码

(2) 向句柄写入数据

向地址 16#F005 写值，如图 11.8 所示。

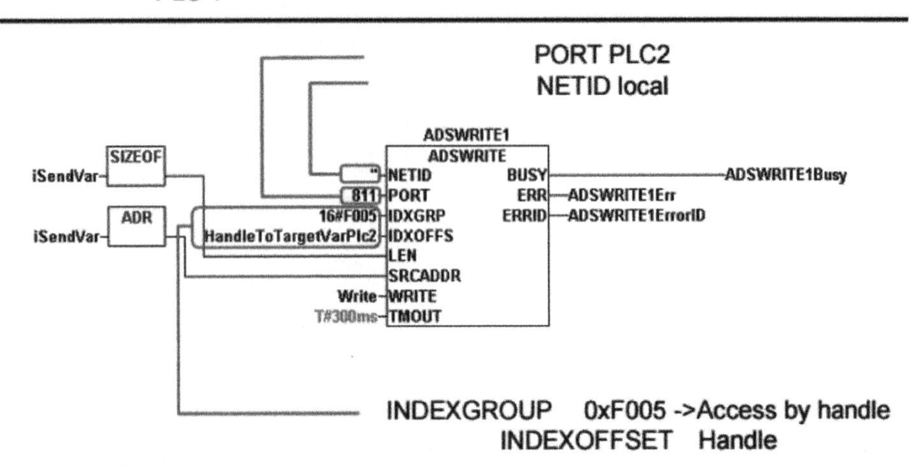

图 11.8　向句柄写入数据的 PLC 代码

(3) 删除句柄

向地址 16#F006 写值，如图 11.9 所示。

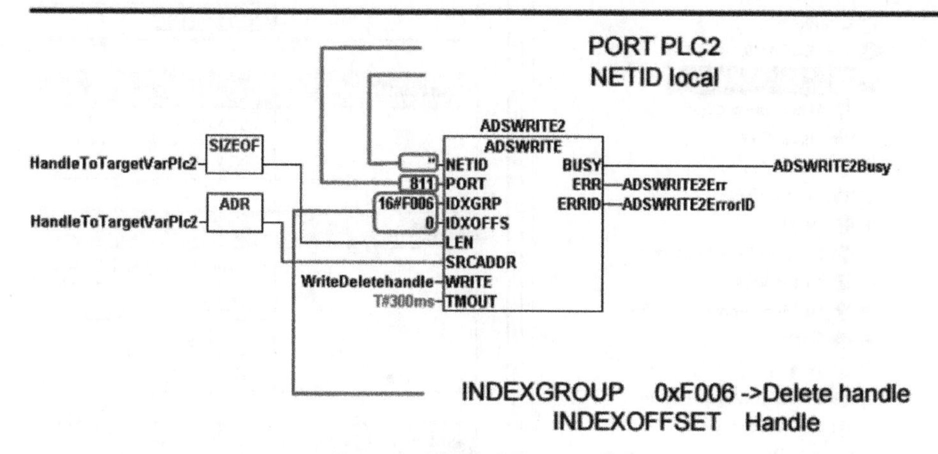

图 11.9 删除句柄的 PLC 代码

11.2.4 从高级语言实现 ADS 通信

从高级语言实现 ADS 通信，实际上这段应用程序就作为一个 ADS Client。TwinCAT 提供了多种 ADS 通信的接口文件，供高级语言调用，以建立一个 ADS Client 对象。比如，VC 需要调用 DLL 动态链接库，而 VB 需要调用 OCX 控件。

1. 在应用程序的 PC 上实现 ADS Client

（1）通常应用程序所在的 PC 上也应安装 TwinCAT

PC 上的 TwinCAT 只需要运行在 Config Mode 下，对于 TwinCAT 2，安装 TwinCAT CP 或者任何级别的 Demo 版均可，可根据操作系统选择 32 位或者 64 位的 TC2 安装包。

对于 TwinCAT 3，可以只安装 ADS 安装包，例如："TC31-ADS-Setup. 3. 1. 40××. ××. exe"。

（2）如果 Client 侧不允许安装 TwinCAT 软件

用户需要自己按照 ADS 通信的规则，编程实现一个 ADS Client。可以参考 github 上的开源代码：https://github.com/Beckhoff/ADS。

（3）PC 和通信的控制器之间也应互加 ADS Router

如果应用程序和 PLC 运行在同一个控制器上，就不需要 ADS Router 了。

如果应用程序侧没有安装 TwinCAT，就需要手动在控制器侧添加路由。

（4）PC 上的 TwinCAT 不能在 Stop 模式下

高级语言通过 ADS 访问 PLC 时，如果 PC 上安装了 TwinCAT，则 TwinCAT 不能在 Stop 模式下，因为此时所有 ADS 服务都停止了。

2. 帮助和示列

在 Beckhoff Information System 中，包含了各种高级语言的接口文件及其使用方法的描述，也包含了使用这些接口文件编写 ADS 通信的示例程序。路径如下：

Beckhoff Information System/TwinCAT/TwinCAT System/TwinCAT Connectivity/TwinCAT ADS Samples

Information System 中 ADS 通信的例子如图 11.10 所示。

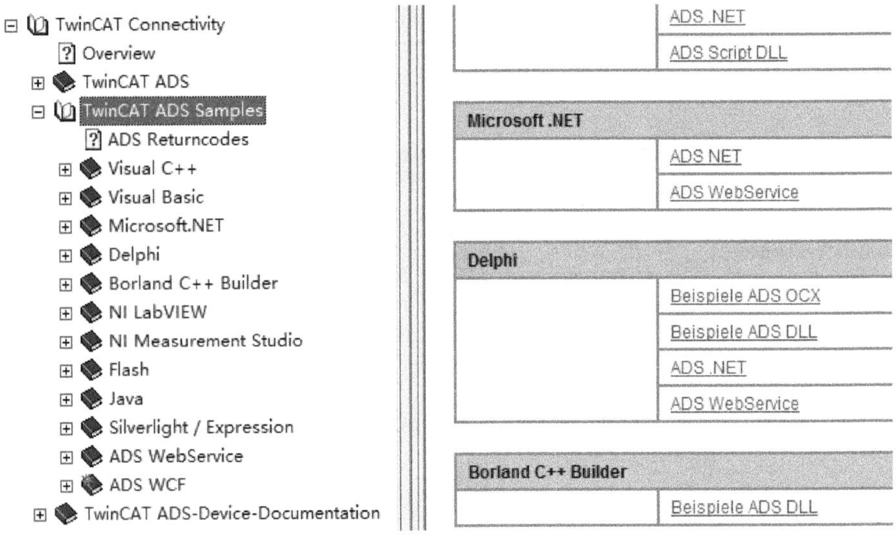

TwinCAT Connectivity
Overview
TwinCAT ADS
TwinCAT ADS Samples
ADS Returncodes
Visual C++
Visual Basic
Microsoft.NET
Delphi
Borland C++ Builder
NI LabVIEW
NI Measurement Studio
Flash
Java
Silverlight / Expression
ADS WebService
ADS WCF
TwinCAT ADS-Device-Documentation

ADS .NET
ADS Script DLL
Microsoft .NET
ADS.NET
ADS WebService
Delphi
Beispiele ADS OCX
Beispiele ADS DLL
ADS .NET
ADS WebService
Borland C++ Builder
Beispiele ADS DLL

图 11.10　Information System 中 ADS 通信的例子

11.3　EAP 和 Realtime EtherNet

11.3.1　概述

1. 起源和用途

Realtime EtherNet 是倍福公司的内部工业以太网协议。可以用于现场级 I/O 通信，即倍福控制器与倍福以太网耦合器 BK9000 的通信，也可以用于倍福控制器之间的实时通信。

随着 EtherCAT 广泛用于现场级 I/O 通信，现在谈到 Realtime EtherNet 主要是用于 TwinCAT 控制器之间的实时通信，并在此基础上加以优化，发展出了 EAP 协议，即 EtherCAT Automation Protocol。

2. 实时性

相比其他实时通信方式而言，Realtime EtherNet 性价比极高，不需要增加额外的硬件，就可以实现 TwinCAT 控制器之间的毫秒级实时通信。下面以一个系统中有 60 个节点，每个节点发送 160 Byte 的数据包为例，计算其响应时间。

（1）理论计算

EtherNet 数据包只管发送，不用等待从站的响应。160 Byte 的数据包可以传输 140 Byte I/O 数据，发送耗时 18 μs。如果不考虑站点之间的发送时间间隔，总共耗时计算如图 11.11 所示。

所以系统的理论响应时间计算如图 11.12 所示。

（2）实测效果

用 PLC 周期 1ms 去轮询 60 个 RT EtherNet 节点数据，实测 RT EtherNet 的响应时间，结果如图 11.13 所示。

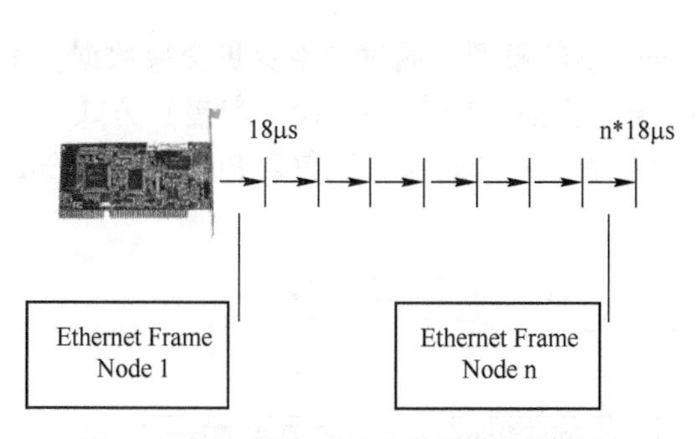

图 11.11　n 个 EAP 节点的数据发送时间

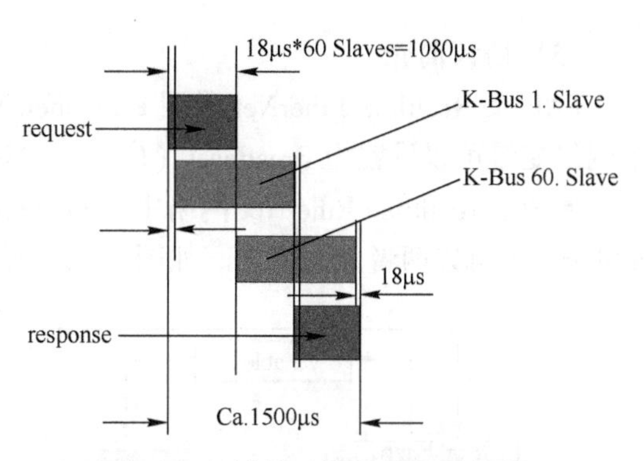

图 11.12　计算系统的理论响应时间

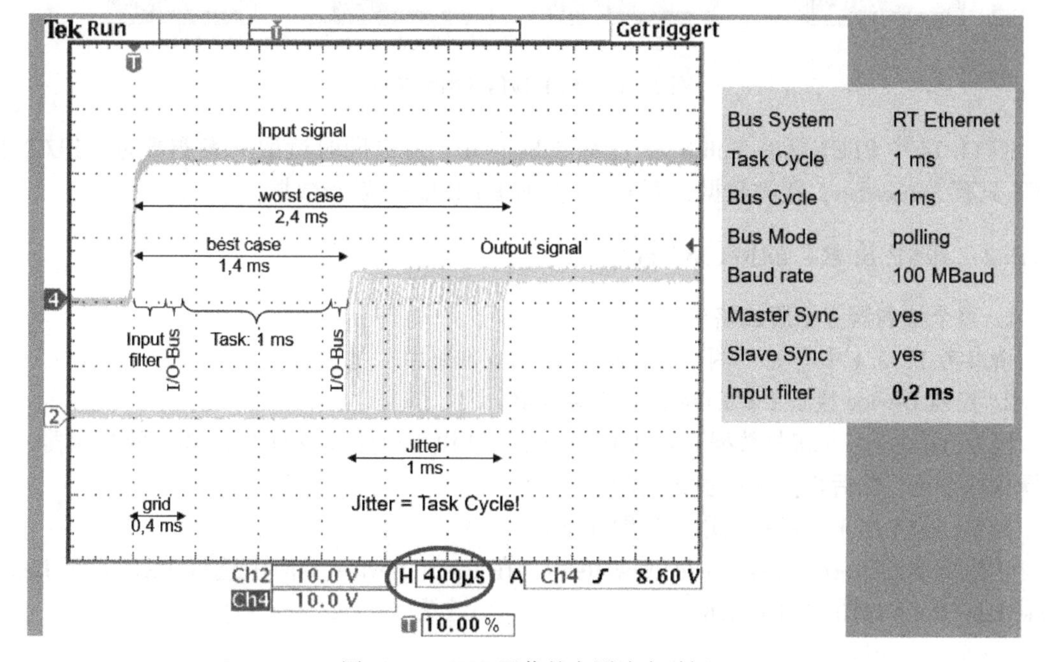

图 11.13　EAP 通信的实测响应时间

从输入到输出的响应时间，介于 1.4~2.4 ms。这个波动值，就刚好是任务周期 1 ms。

（3）开放性和兼容性

该协议不对外开放，不支持第三方的耦合器或者从站。EAP/TwinCAT Realtime EtherNet 协议可以和其他 TCP/IP 通信并存于同一物理网络。如果 Realtime EtherNet 的通信量太大，通信周期太短，就会占用更多带宽，会影响普通以太网的通信。对于千兆以太网，这个问题就不明显。

（4）硬件要求

EAP 和 Realtime EtherNet 对以太网卡的要求与 EtherCAT 相同，实际上它们的驱动也相同，安装了 EtherCAT 驱动的网卡，就可以支持 Realtime EtherNet 通信。

传统的 Realtime EtherNet 不支持无线传输，但在 2018 年以后，倍福与华为合作的 5G 技术测试平台显示，在 5G 的无线网络中，Realtime EtherNet 及 EAP 的通信完全可以正常运行达到 1ms 的通信周期，并且还可剩余足够的带宽来传输其他信息，例如实时的视频信号。

（5）协议简介

EAP 及 Realtime EtherNet 采用 Publisher/Subscriber 的模型，通过网络变量交换数据。每个网络变量可以设置为 Broadcast（广播）、Multicast（多播）或者 Unicast（单播）方式。

原则上 Realtime EtherNet 网络中的站点都是对等的，一个站点可以包含 Publisher 或 Subscriber，也可以两者兼而有之。如图 11.14 所示。

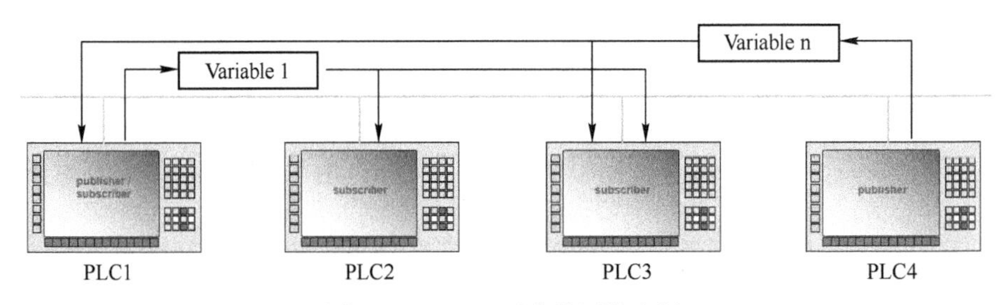

图 11.14　EAP 通信的网络变量

图 11.14 中 PLC1 既有 Publisher 也有 Subscriber，可以同时读取和发布数据。PLC2 和 PLC3 只有 Subscriber，接收数据，而 PLC4 只有 Publisher，发布数据。

11.3.2　EAP 及 RT EtherNet 通信的配置

1. 两个控制器互相添加路由

请参考 11.2.1 中有关“两台 TwinCAT 控制互加路由”的内容。

2. 扫描 Device 找到 RT EtherNet 或者 EAP

因为 Subscriber（接收数据）可以扫描出来，所以可以先配置有 Publisher 的控制器。先选择目标系统，然后再扫描设备找到网卡。

如果扫描不出来，就手动添加步骤如下。

选择菜单 I/O→Devices→Add New Items，在 Insert Device 界面中选择 EAP 或者 Real-Time EtherNet。如图 11.15 所示。

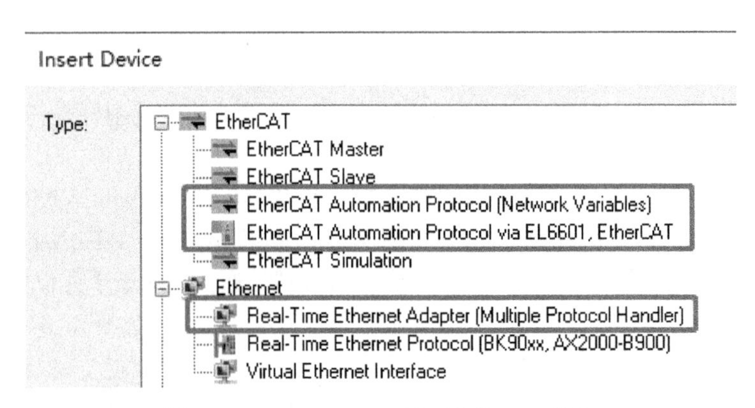

图 11.15　Insert Device 界面中的 EAP 设备

如果网线插在新控制器的 PCI 网口，应选择 EAP，如果是经过 EL6601 就要选包含有 via EL6601 的这个选项。只有 CX10x0 等老控制器才选 Real-Time EtherNet。

再到 Adapter 选项卡，单击 Search 按钮，选择网卡，如图 11.16 所示。

图 11.16　选择 EAP 的网卡

如果实际连接了硬件，列表中还是没有出现相应的网卡，就说明该网卡没有安装 TwinCAT RT EtherNet 驱动。通常只有在 IPC 上才会出现这种情况，因为 CX 控制器出厂已经安装了驱动。安装驱动请参考配套文档 11-4。

配套文档 11-4
安装 EtherCAT
驱动的方法

3. 添加 Publisher/Subscriber

对于控制器级的通信，可以直接使用 EtherCAT Automation Protocol。EAP 下面只能添加 Publisher 和 Subscriber，如图 11.17 所示。

Real-Time EtherNet 此外还能添加倍福 RT EtherNet 从站，如图 11.18 所示。

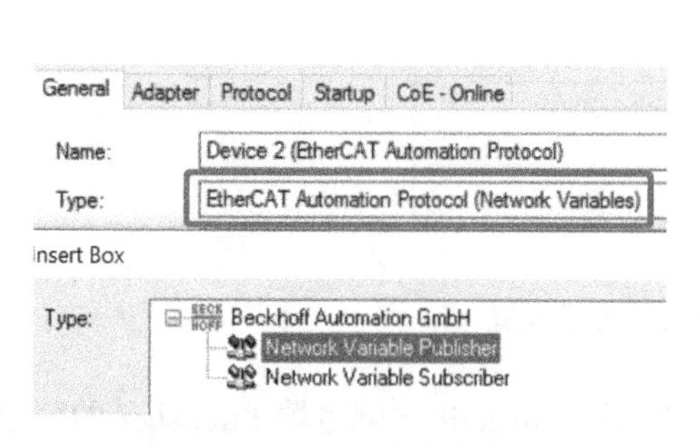

图 11.17　EAP 可选的添加子项

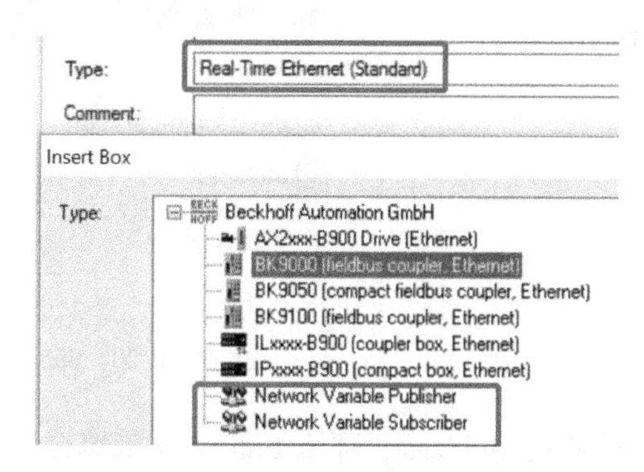

图 11.18　RT EtherNet 可选的添加子项

4. 设置 Publisher/Subscriber

（1）Publisher

如果一对一通信，使用 Broadcast，不用设置任何参数。如果有多个节点，且数据只送给其中 1 个，填写对方控制器的NetID（××. 1. 1），如图 11.19 所示。

默认设置下，每个同步任务周期，即 PLC 周期，都会发送 Publisher 数据包。如果系统里节点很多，数据量大，在满足本项目数据传输的实时性要求的前提下，发送 Publisher 数据包的频率可以适应适当降低。

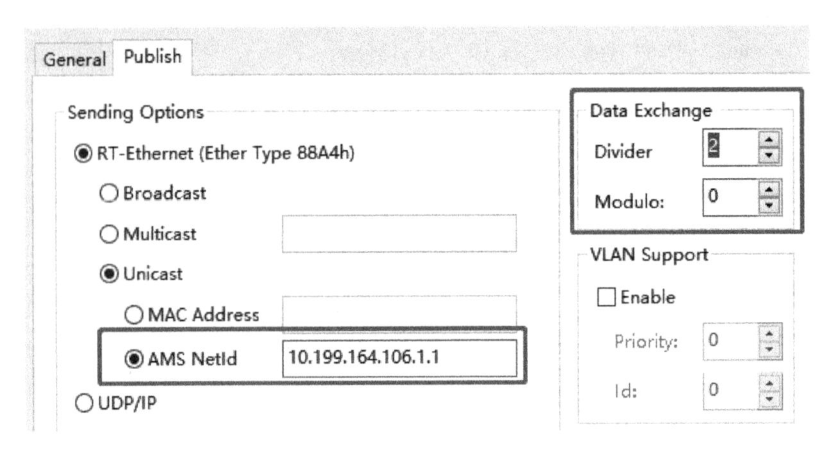

图 11.19　定点传送的 Publisher 要设置接收方的 NetId

图 11.19 中 Data Exchange 下 Divider 的数值，就是 Publisher 发送周期相对于任务周期的倍数。假如系统有 5 个节点，PLC 周期为 2 ms。如果把 Divider 设置为 5，Modulo 依次设置为 0~4，相当于“错峰”发送，即每隔 10 ms 发送一次 Frame。

（2）Subscriber

如果一对一通信，选择 Any Publisher，不用设置任何参数。如果有多个节点，且确定数据来自其中 1 个，则填写对方控制器的 NetID（××. 1. 1），如图 11.20 所示。

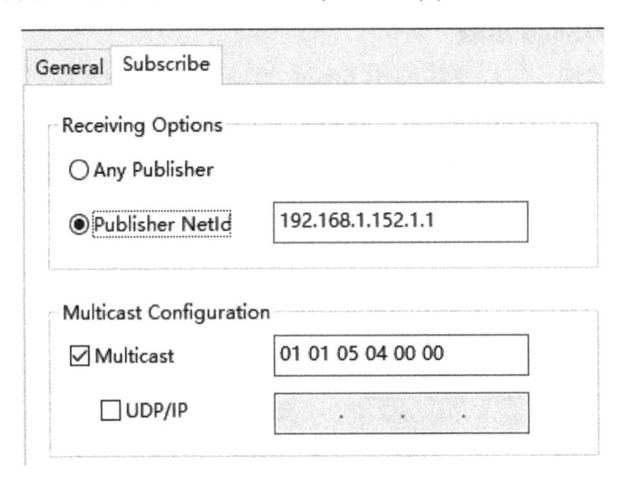

图 11.20　Subscriber 的参数设置

若使用 Multicast，那么 Publisher 侧填自己的分组，Subscriber 侧也填 Publisher 的分组。

5. 添加网络变量

（1）Publisher

选中 Publisher，右键添加网络变量，选择变量类型，如图 11.21 所示。

在 Publisher 添加的是 Output 变量，在 Subscriber 中添加的是 Input 变量。首次测试时，先添加标准的变量类型，比如 INT、WORD 等。待通信成功后再按项目需求增加变量，比如 PLC 项目中自定义的结构体变量等。

（2）Subscriber

选中 Subscriber，右键“Add New Item”添加网络变量，如图 11.22 所示。

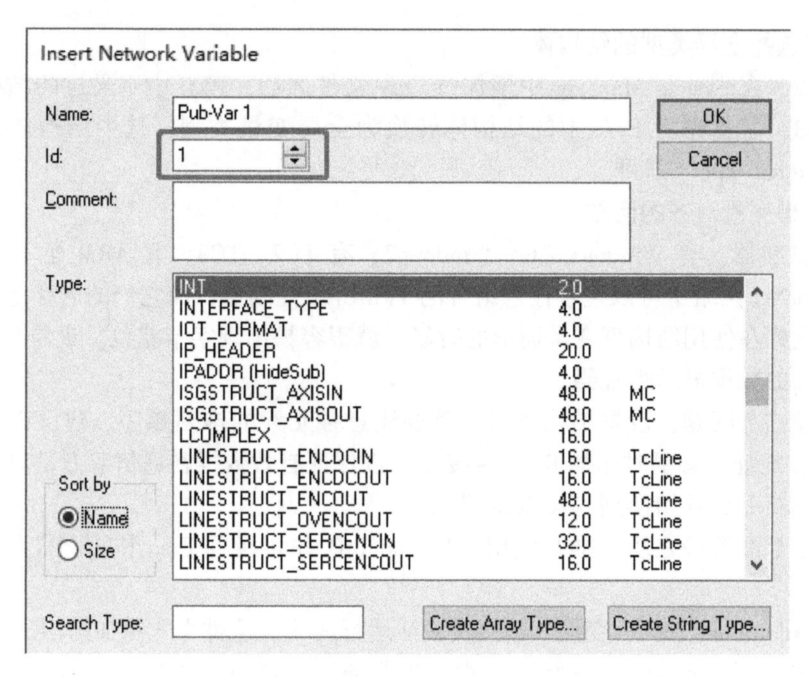

图 11.21　插入 Publisher 的网络变量

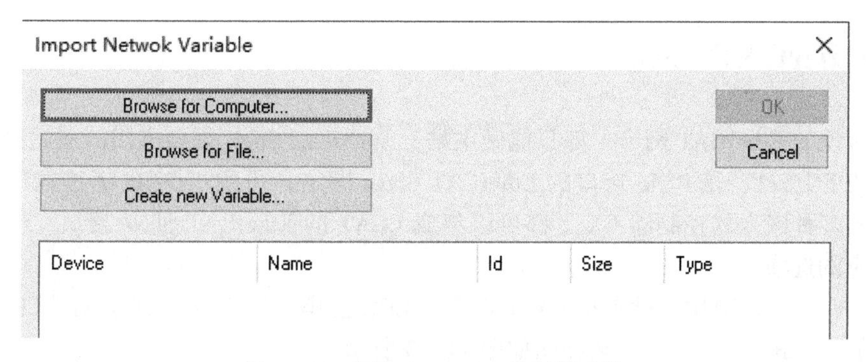

图 11.22　插入 Subscriber 的网络变量

与 Publisher 不同，Subscriber 的网络变量来源有 3 种。

1）Browse for Computer：弹出“Choose Target System”对话框，选择路由表里控制器，如果里面已经配置了 Publisher，里面的变量就会自动加入当前的 Subscriber。

2）Browse for File：弹出文件选择对话框，选择当前在 Publisher 上运行的 TwinCAT 配置文件（.tsm、tsproj 或者 .tsp），如果有 Publisher，其中的变量就会自动加入当前的 Subscriber。

3）Create new Variable：新建变量。如果既没有与对方连线，又没有对方的配置文件，那就只能手动新建变量，并且必须保证与对方 Publisher 中配置相符。

注意：Publisher 的数据必须在一个 EtherNet 帧中传输，所以受限于 EtherNet 帧的最大字节数。考虑到一些裕量，实际应用中尽量不要超过 1400 Byte。

（3）结构体型的网络变量（可选）

在实际项目中，通常会把要通信的数据组合成一个结构体，这样大大节约了变量添加的工作量。使用结构体型的网络变量，需要注意两点。

1）只能选择全局类型的结构体。

对于 TC2，在 System Manager 中增加过 .tpy 文件之后，PLC 中定义过的结构体全部可用。对于 TC3，需要先将 PLC 中的结构体转换为全局变量类型：选中结构体，右键菜单“Convert to global type”即可。

2）要考虑变量对齐的问题。

倍福的控制器，有 Windows CE、Windows7，有 TC2、TC3，有 ARM 也有 Intel，一个 EAP/RT EtherNet 网络中可以包含任意组合的 TwinCAT 控制器，而它们的内存地址对齐方式各不相同。这样在使用结构型变量通信的时候，就很容易出现字节错位。现象是：从某个字节开始，后面的数据显示为乱码。

为了避免这个问题，设置结构体时，就要注意各元素的排列顺序。建议以最大公约数“8”对齐内存地址，必要时添加 Reserve 变量，以保证有效数据在通信双方是对齐的。

（4）Reload I/O 并切换到 Free Run 模式

通信各方都配置好之后，推荐使用“Reload I/O 并切换到 Free Run”的方式验证通信效果。

与添加 Additional Task、变量、链接及激活运行相比，这种方式更加简洁。

最糟糕的通信测试是建立一个 PLC 程序来驱动 I/O 通信，费时费力还容易出错。尤其对于新手，一个步骤出错往往要摸索半天，所以推荐用最简单的方法。

11.4 EtherCAT Slave

通常所说的 EtherCAT 网卡，都只能做主站，EtherCAT Slave 需要专门的从站网卡。例如倍福公司的 FC1121，是 PCIe 接口的 EtherCAT Slave 网卡，可用于 PCIe 插槽的工控机。此外，倍福的多种嵌入式控制器 CX 上都可以集成 CCAT 的 EtherCAT Slave 接口，但需要订货时添加相应的选项。

例如：CX51x0-B110，就是指 CX51x0 系列 EPC 上集成的 EtherCAT 从站接口。

典型的 EtherCAT 主从通信拓扑图如图 11.23 所示。

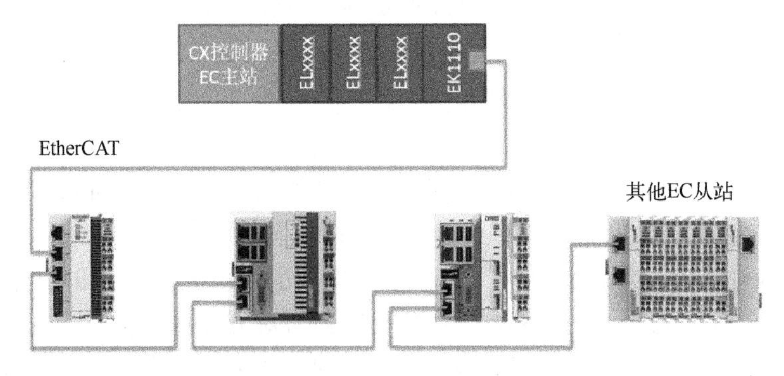

图 11.23　EtherCAT Slave 通信的典型拓扑图

EtherCAT 主从通信的设置分为主站侧和从站侧，主要的设置工作在从站侧，具体如下。

1. EtherCAT 从站侧的设置

自动扫描应该可以找到 Slave 接口，如果需要手动配置，步骤如下。

1）添加 EtherCAT Slave 设备。

在 IO→Device→Add New Items 下，选择 EtherCAT Slave，如图 11.24 所示。

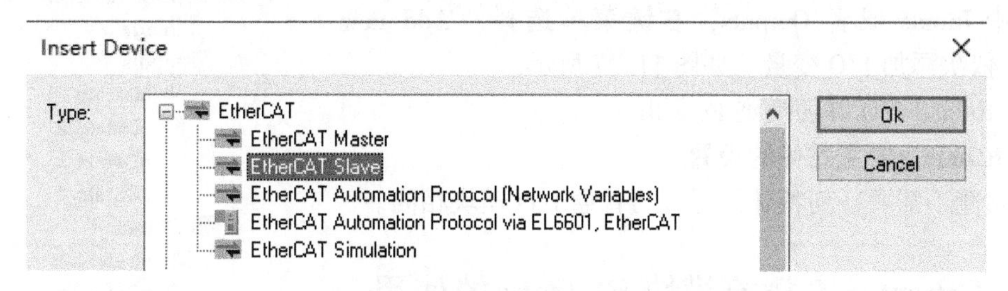

图 11.24　选择 EtherCAT Slave 设备

设置从站接口的硬件，如图 11.25 所示。

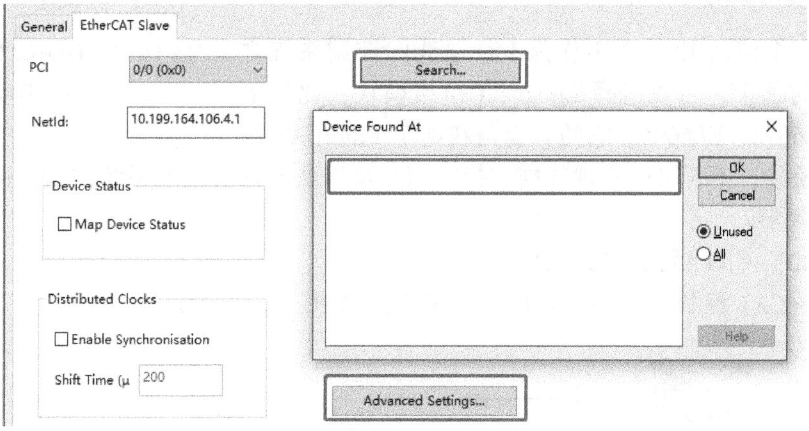

图 11.25　从站设置

如果硬件已经连接，可以在这里搜索到接口硬件。
如果硬件还没有到位，可以先略过这一步，等到位后再补上。
特殊情况下，需要进行高级设置。单击 Advanced Settings，如图 11.26 所示。

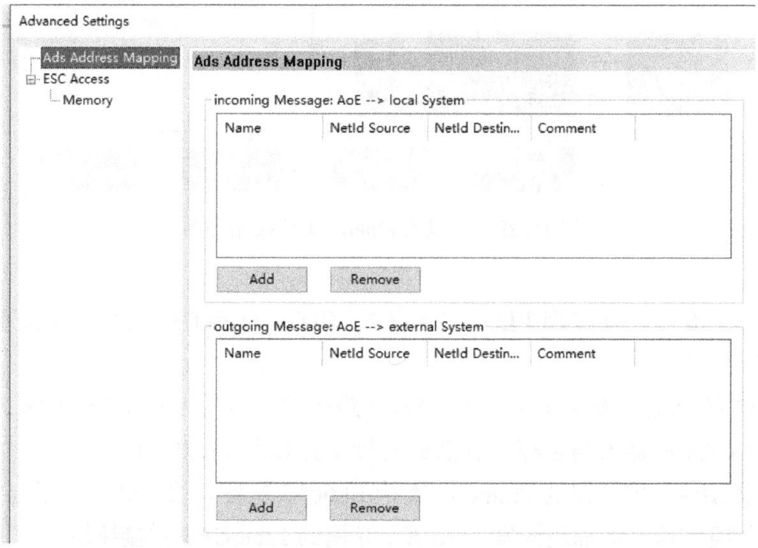

图 11.26　EtherCAT 从站的高级设置

2）添加 Input 和 Output 变量。

选中 Inputs 或者 Outputs，右键菜单选择 “Add new items”，依次添加 I/O 变量，如图 11.27 所示。

3）Reload I/O 并切换到 Free Run。

2. EtherCAT 主站侧的设置

主站侧不需要任何特殊设置，与普通 I/O 模块相同。

Device 3 (EtherCAT Slave)
Image
Inputs
nDataIn
nDataIn_2
nDataIn_3
nDataIn_4
Outputs
nDataOut
nDataOut_2
nDataOut_3
InfoData
State
NetId

图 11.27　EtherCAT Slave 的 Process Data

11.5　EtherCAT 桥接模块 EL669x 的使用

11.5.1　适用范围

要实现两个使用 EtherCAT 作为 I/O 总线的控制系统之间的数据实时通信，可以选择 EtherCAT 桥接模块，比如倍福公司的 EL6692、EL6695。它的功能是在两个 EtherCAT 网络之间实现桥接，不仅可以实现数据交换，而且可以实现两套控制系统的 EtherCAT 网络之间的 DC 时钟同步。

典型的 EtherCAT 桥接拓扑图如下。

N 个 TwinCAT 控制器，N-1 个 EL6692 串接，如图 11.28 所示。

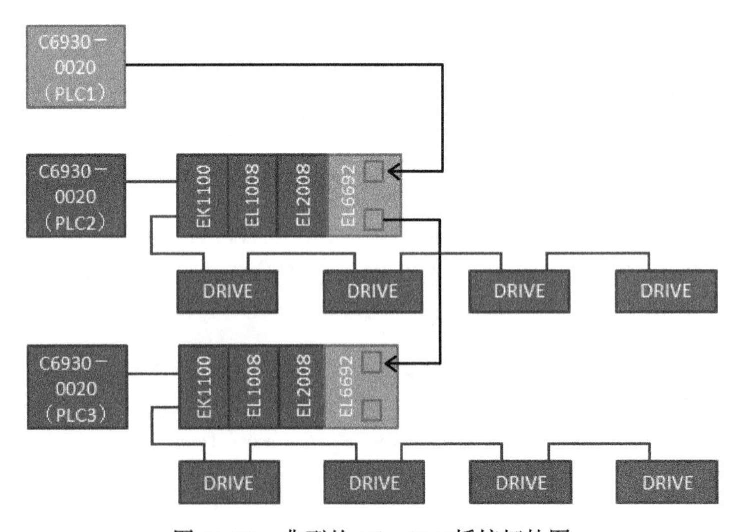

图 11.28　典型的 EtherCAT 桥接拓扑图

图 11.28 的连接，可以实现 PLC1 与 PLC2，PLC1 与 PLC3 之间的数据通信。PLC2 和 PLC3 的使用类似。

1）TwinCAT 控制器上安装了 1 个 EL6692，跨接到对方的 EtherCAT 网络。

最常见的 KUKA 机器人与倍福控制器的桥接拓扑如图 11.29 所示。

该系统要求 KUKA 控制器的 Firmware 支持 EL6695 这种模块，并且为了与 KUKA 机器人交换特殊的安全类数据，倍福还开发了 KUKA 专用的 EtherCAT 桥接模块。

2）TwinCAT 控制器作为主控，连接多个设备的 EtherCAT 系统。

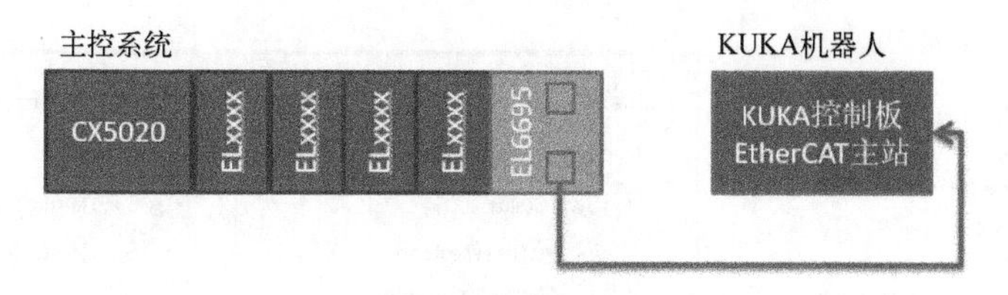

图 11.29　与第三方控制器的 EtherCAT 桥接

CX 控制器上安装了多个 EL6692，分别跨接到不同的其他控制系统的 EtherCAT 网络中，类似一个星形结构。如图 11.30 所示。

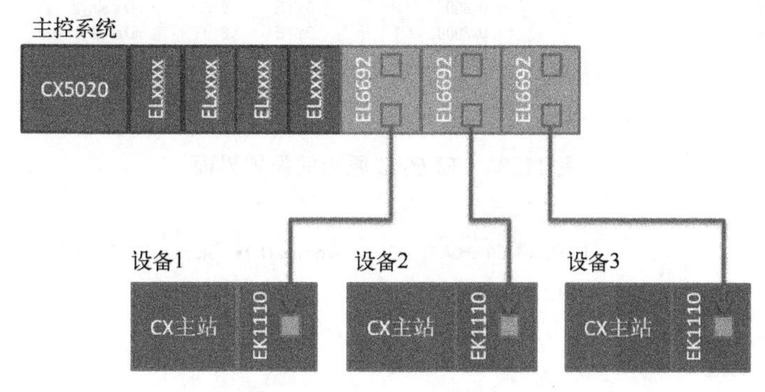

图 11.30　倍福控制系统与多个第三方系统的星形桥接

这种拓扑与 1）中那种串联的方式相比，各设备间互不影响。3 台设备之中任意一台断电重启都不影响主控系统的工作。弊端是 EtherCAT 布线更长，实际应用中要根据系统特点选择最合适的拓扑方式。

11.5.2　数据交换的配置步骤

以下为配置步骤简述，熟悉 TwinCAT 操作的用户可以参考。如果不熟悉基本操作的，就要参考详细的截图说明。详细操作说明请参考配套文档 11-5。

1. Primary 设置

Primary，又叫原边，是指 EL669x 模块物理安装所在的系统。

第 1 步：扫描硬件后，EL6692 配置为 Sync Master Primary。

第 2 步：添加 EL6692 下的 Inputs 和 Outputs 变量。

第 3 步：单击 “Create Configuration”，Entry 列表中变会生成上一步添加的变量。如图 11.31 所示。

第 4 步：Reload I/O〈Shift+F4〉，并切换到 Free Run 模式。

原边的 EL6692 处于 OP 模式时，副边的 TwinCAT 才能通过 Get Configuration 读出原边当前生效的 Process Data。

配套文档 11-5
EtherCAT Bridge_
ForCustomer

2. Secondary 设置

第 1 步：扫描到分别位于原边的 EL6692 的镜像。

第 2 步：选择 EL6692 镜像，在 “EL6692” 选项卡中单击 “Get configuration”。

原边配置的 Inputs 和 Outputs 变量就会自动添加到副边的 EL6692 下，如图 11.32 所示。

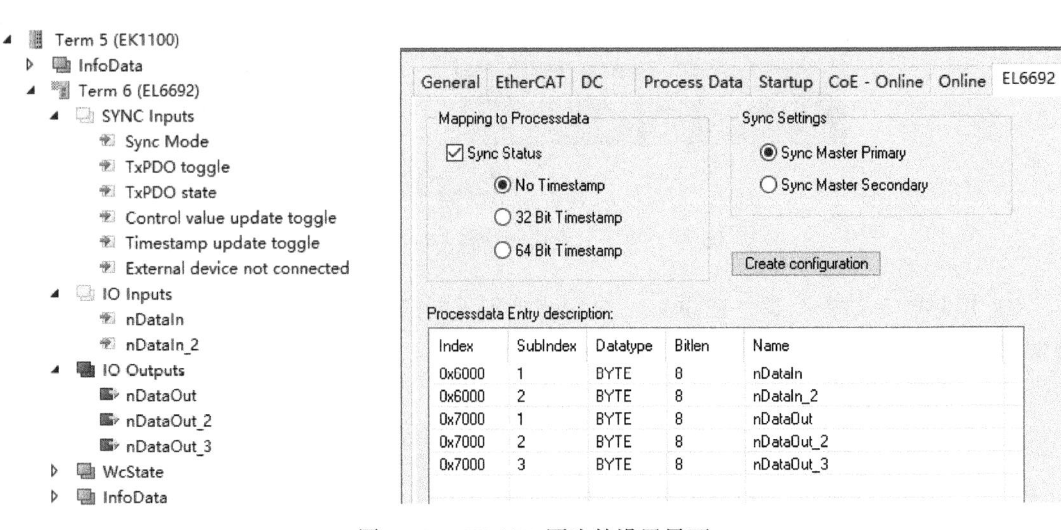

图 11.31　EL6692 原边的设置界面

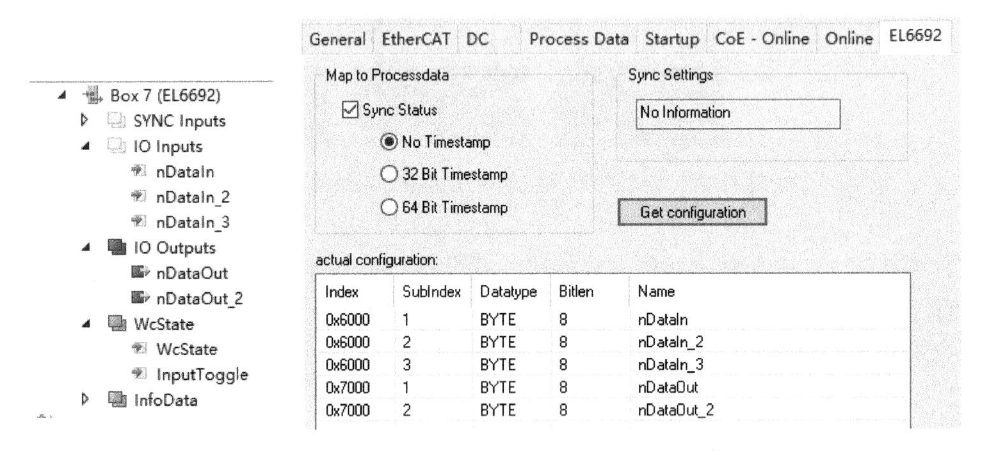

图 11.32　EL6692 副边的设置

第 3 步：Reload I/O〈Shift+F4〉，并切换到 Free Run 模式。

原边和副边的 EtherCAT 网络和 EL6692 镜像都处于 OP 模式时，才能实现数据交换。

3. 数据交换的响应时间（可选）

用桥接模式交换数据，两边的控制器上都无须增加额外的通信接口，所有数据都搭载在 EtherCAT 上传输。测试表明，桥接通信的响应时间与 I/O 模块信号线互连的响应时间相当。

测试分析图表如图 11.33 所示。

测试结果表明，从 PLC2 检测到 PLC1 输出的高电平后，3 个周期，来自桥接模块穿越过来的变量值为置 True。这意味着，假如有一个传感器，它接到 PLC1 并通过桥接模块穿越到 PLC2，和把这个传感器直接接入 PLC2，这两种接法在 PLC2 上接收到传感器信号的时间是一样的。

这个性能可以实现控制器间最快速的通信。

关于数据交换的字节数，虽然模块手册上没有限制。但是考虑到 EtherCAT 的通信特性，如果数据交换量大并且周期短，必然会导致带宽占用率的增加。再考虑到任务优先级对 EtherCAT 数据包的影响，就可能会影响控制系统 I/O 主干道的数据刷新。

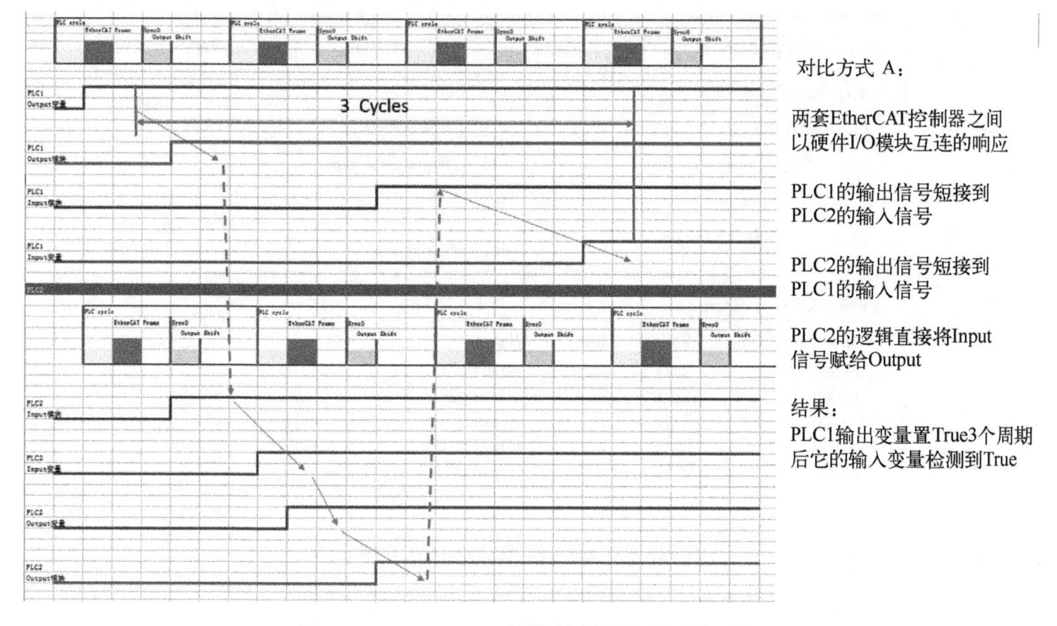

图 11.33　EtherCAT 桥接的数据穿越响应时间

涉及对时间敏感的应用，即任务周期低于 1 ms 时，就必须仔细权衡上述因素的影响。对于普通的应用，就不用深入了解这么多细节。

11.5.3　时钟同步的配置步骤

时钟同步有以下两个目的。

一是让两个系统的时钟基准相同，显示年、月、日、时、分、秒到微秒都完全一样。

二是让两个系统的所有 DC 模块内部的同步脉冲（Sync 信息）完全对齐，EtherCAT 能够做到同一个网络或者跨网络的 DC 模块同步脉冲最多相差 0.1 μs。

对于工业自动化应用，其实很少涉及大尺寸的时间范围，而要求更多的是一个任务周期内的同步，所以目的二比目的一更加重要。因为所有 DC 模块的输入/输出信号的发生时间，都是基于本模块的 DC 时钟和同步脉冲。只有同步脉冲对齐了，这些 DC 模块的信号发生时间才有意义，才能用于计算。

配置时钟同步的原则是：在原边，无论使用 I/O 系统中哪个从站作为参考时钟，EtherCAT 主站的 DC 选项中都应该选择 Independent DC Time。在副边的 EtherCAT 主站的 DC 选项中应该选择 Controlled By External Device，并指定 EL6692 作为外部时钟源。

1. Primary 设置

Primary，中文称为原边。在本例中就是安装了 EL6692/6695 实体的那个系统。EL6692 的配置页如图 11.34 所示。

还要确认 EL6692 的 DC 选项是在 DC_Synchron 模式，如图 11.35 所示。

在 EtherCAT 主站的 Advanced Settings 中设置 Distributed Clocks，如图 11.36 所示。

选择 Independent DC Time，并将 EL6692 作为主时钟。

2. Secondary 设置

Secondary，中文称为副边。在本例中就是没有桥接模块的实体，它是一条网线拖到原边安装的 EL6692，并由此在本 EtherCAT 网络中产生出一个 EL6692 的镜像，从而实现桥接。

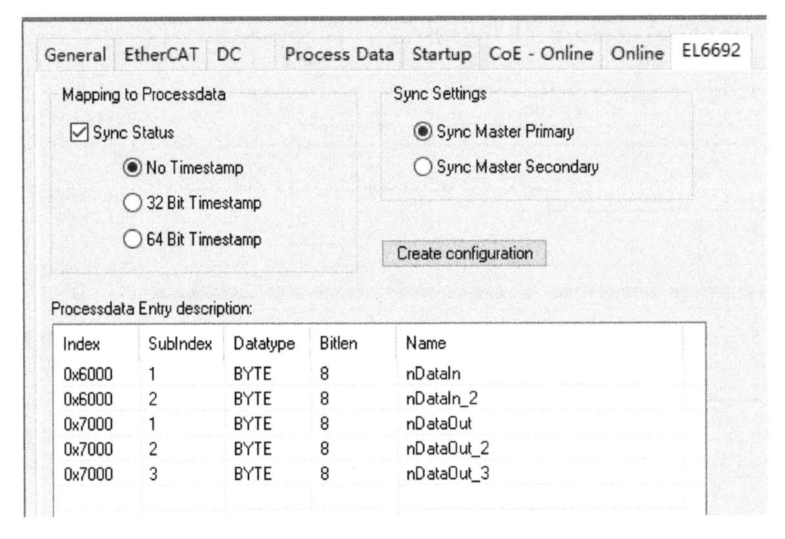

图 11.34　EL6692 原边的设置界面

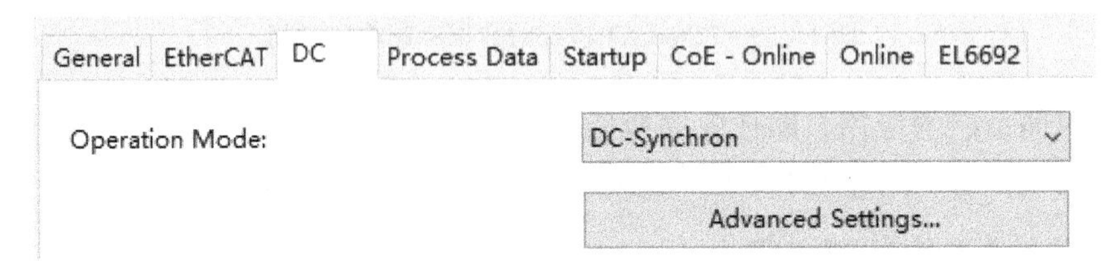

图 11.35　设置 DC 的 Operation Mode 为 DC-Synchron

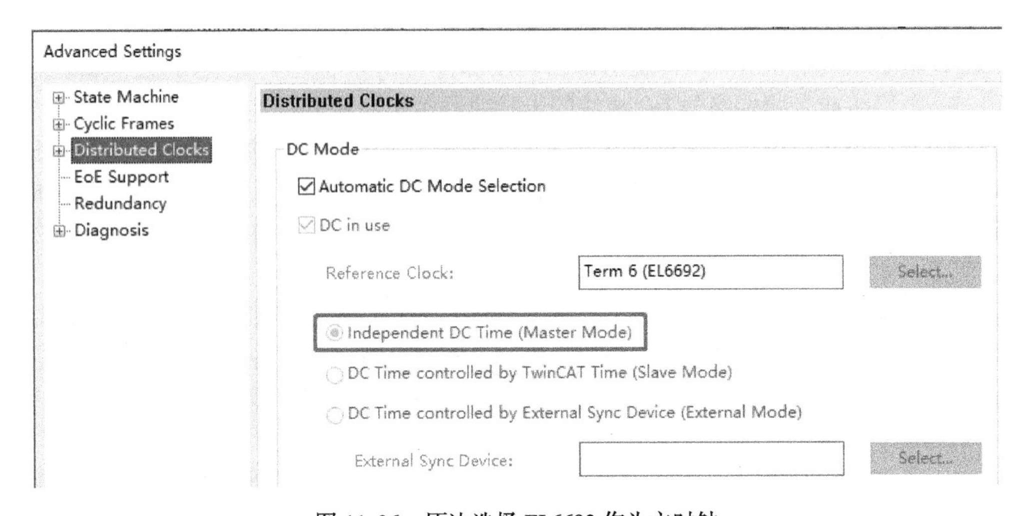

图 11.36　原边选择 EL6692 作为主时钟

如图 11.37 所示。

图 11.37 中必须在 Sync Status 中选择了 32 Bit/64 Bit TimeStamp，在后续的操作中才能选择它作为时钟同步的外部设备。

此外，还要确认 EL6692 的 DC 选项是在 DC_Synchron 模式，如图 11.38 所示。

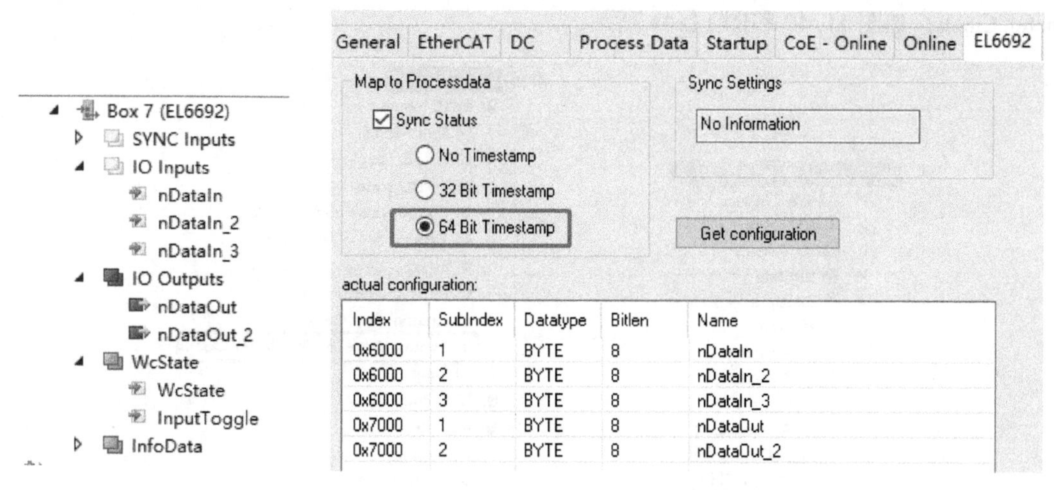

图 11.37　EL6692 副边的设置

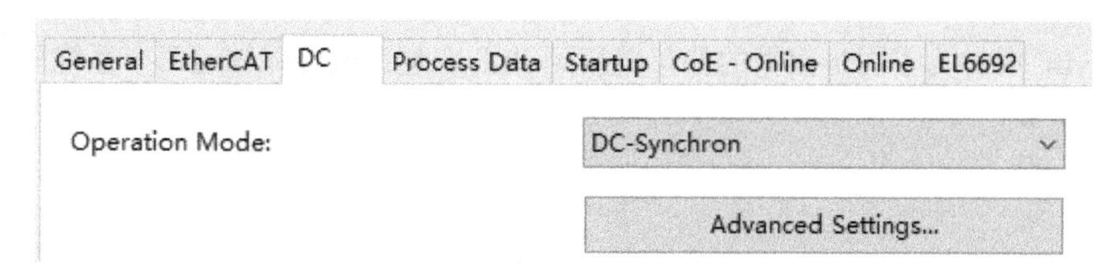

图 11.38　设置 DC 的 Operation Mode 为 DC-Synchron

在 EtherCAT 主站的 Advanced Settings 中设置 Distributed Clocks，如图 11.39 所示。

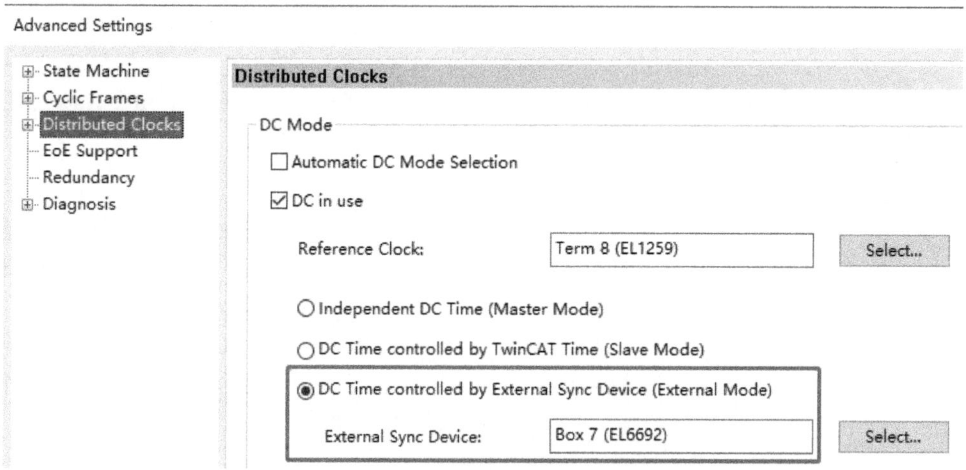

图 11.39　副边的 DC Mode 设置

选择 DC Time controlled by External Sync Device（External Mode），并将 EL6692 作为外部时钟。

3. PLC 如何获取时钟同步的调整量（可选）

经过前面的设置步骤，副边的时钟会自动同步到原边。在副边 EL6692 镜像的 InfoData 中，可以看到为了实现时钟同步所做的偏移 DcInputShift，在 TC2 中叫作 Control Value for DC

Master Clock，如图 11.40 和图 11.41 所示。

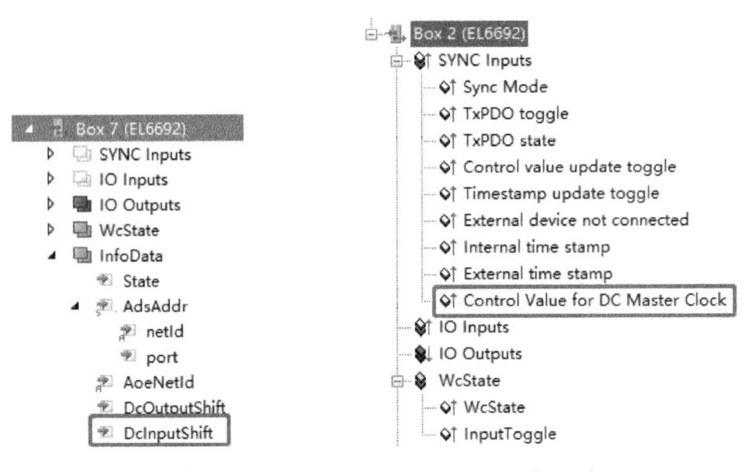

图 11.40　TC3 中的副边 DC 调整量　　　图 11.41　TC2 中的副边 DC 调整量

把这个 DC 时钟为了同步而做的偏移链接到 PLC 变量，就可以知道两个系统原本的同步脉冲相差多少了。

第 12 章　Modbus、RS232/485 及 TCP/IP 通信

控制器与现场仪表、触摸屏及第三方控制器等设备通信，常见的物理接口有 RS232/485 和 EtherNet 网口两种。物理接口确定以后，还要确定通信协议。通信的双方必须支持同样的协议，才能完成数据交换。TwinCAT PLC 与现场仪表进行串行通信时，最常用的就是 Modbus 协议。如果仪表不支持 Modbus 协议，就只能使用自由口协议了。

物理接口和支持的协议以及需要使用的 Function 及引用的库见表 12.1。

表 12.1　串口通信及以太网通信需要的 Function 和库

硬件接口	自由协议	Modbus 协议
RS232	串口通信 PLC 程序中须引用 Tc2_SerialCOM 控制器不需要额外安装包	Modbus RTU PLC 程序中须引用 Tc2_ModbusRTU 可以做 Master 或者 Slave 控制器不需要额外安装包
RS485		
EtherNet	TcpIp 通信 PLC 程序须引用 Tc2_Tcpip 可以做 Host 和 Client 控制器都必须安装 TcpIp Sever	Modbus TCP PLC 程序须引用 Tc2_ModbusSrv 可以做 Server 或者 Client 控制器都必须安装 Modbus Tcp Sever

12.1　TwinCAT 串口通信

1. 串口通信的物理接口种类

串口通信分为 RS232 和 RS485 两种，RS232 用于两个设备互联，而 RS485 可以实现多个设备之间的通信。当然两者的电气标准也不同，通信速率、通信距离都有明显差别。RS232 的最大传输距离只有 15 m，而 RS485 可以达到 1000 m。当然距离越远，信号衰减越大，能够正常通信的波特率越低。对于 TwinCAT PLC 来说，无论硬件接口是 RS232 还是 RS485，通信程序是相同的。

（1）RS232 接口组件

KL6001，KL6031。

EL6001，EL6002。

CXx0x0-N030，CXx0x0-N030。

IPC 的 COM 口（RS232）。

CX8080 自带的 CCAT RS232 口。

（2）RS485 接口组件

KL6021，KL6041。

EL6021，EL6022。

CXx0x0-N031，CXx0x0-N041。

IPC 的 COM 口（RS485）。

CX8080 自带的 CCAT RS485 口。

2. 硬件接线

(1) 通用的 COM 口和 EL 串行模块的接线

串口通信的硬件接口分为 9 针 D 形头和普通 I/O 接线端子这两种形式，引脚定义见表 12.2。

表 12.2 通用 COM 口和 EL 串行通信模块的接线

	COM 口型式	I/O 端子型式
RS485	COM 口（孔） 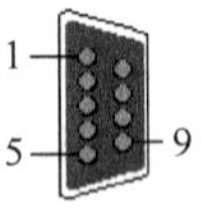 1 5 9 2：TxD + 3：RxD+ 7：TxD- 8：RxD- 5：GND 6：VCC RS485 半双工通信时：2、3 短接，7、8 短接 默认 DIP 设置即可	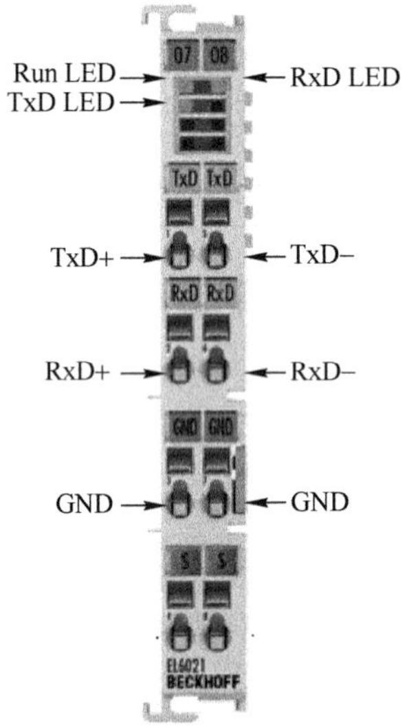 Run LED TxD LED RxD LED TxD+ TxD– RxD+ RxD– GND GND EL6021 BECKHOFF RS485 半双工通信时，1、2 短接，5、6 短接
RS232	COM 口（针） 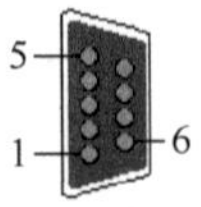 5 1 6 2：RxD 3：TxD 5：GND 注意：传统 PLC 的 RS232 口通常是孔，2 是 TxD，3 是 RxD。因为倍福的控制器就是 PC，所以它的 COM 口定义与 PC 相同	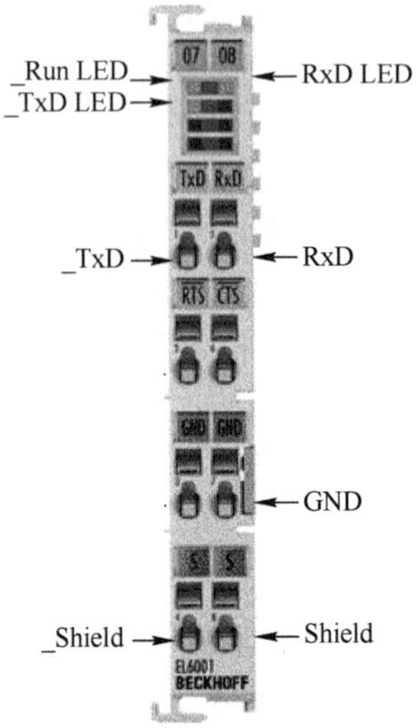 Run LED TxD LED RxD LED TxD RxD GND Shield Shield EL6001 BECKHOFF

(2) CX8080 的 RS232/485 复用 COM 口

CX8080 的串口比较特殊，同一个 9 针 D 形头，不同的针脚分别用于 RS232 和 RS485 通信，可以 RS232 和 RS485 同时使用。其接线见表 12.3。

表 12.3 CX8080 的针脚对应表

针　脚	用　途	描　述	信　号
1	RS485	（+）	A
2	RxD（RS232）	Signal in	接收数据
3	TxD（RS232）	Signal out	发送数据
4	+5 V	+	Vcc
5	GND	Ground	接地
6	RS485	（-）	B
7	RTS（RS232）	Signal out	请求发送
8	CTS（RS232）	Signal in	清除发送
9	GND	Ground	接地

（3）关于终端电阻

关于 RS485 的 COM 口是否连接终端电阻的问题，通常波特率较低时不需要终端电阻，但是通信距离较长或者波特率高或者 RS485 设备较多时，加上终端电阻可以改善通信质量。由于 RS485 设备种类实在太多，很难提前判断加上终端电阻是否会改善通信，甚至也可能使通信更糟糕。

建议使用 Active 终端电阻，即在电源 5 V 和 RS485 的 Rx+之间，以及 RS485 的 Rx-和电源地 GND 之间串接 390 Ω 的电阻，而 RS485 的 Rx+和 Rx-之间串接 220 Ω 的电阻。

（4）电源和地勿做他用

无论哪种 COM 口或者串行通信模块上的电源（V_{CC}或者 DC　5V）和地（GND），这两个针脚宁愿不接，也不可用作其他功能，否则可能会导致设备损坏。

12.1.1 配置通信接口

对于不同的硬件，配置方法略有区别。EL60xx 或者 KL60xx 端子可以像其他 I/O 模块一样用 Scan Box 或者 Scan Terminal 扫描得到，CX8080 的 CCAT 串口也可以扫描发现。而 IPC 上的串口或者嵌入式控制器 CX 上扩展的串口通信系统模块 CXx0x0-N03x、CXx0x0-N04x，就必须在 I/O Device 中手动添加 Serial Communication Port 才能使用。

1. PC 串口的配置方法

（1）增加串口

在菜单 I/O→Device 下右键“Add New Item”，打开 Insert Device 对话框，选择 Serial Communication Port，如图 12.1 所示。

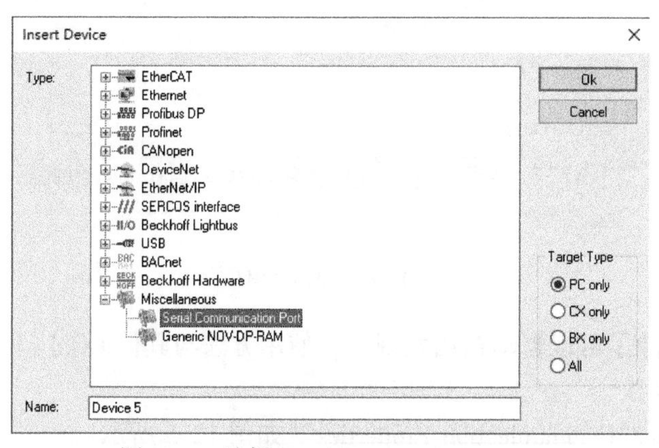

图 12.1　选择 Serial Communication Port

(2) 选择端口号

因为是手动添加的串口，所以端口号要按实际选择，如图 12.2 所示。

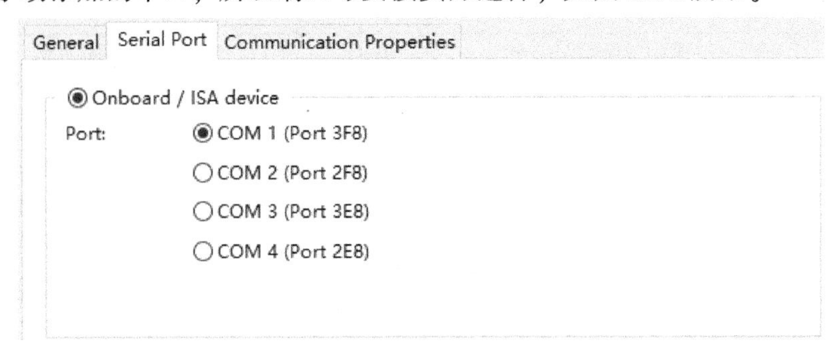

图 12.2　选择 COM 端口号

PC 自带的串口通常是 COM 1。

CXx0x0-N03x 模块上有两个串口，上面的是 COM 1，下面的是 COM 2。

CXx0x0-N04x 模块上有两个串口，上面的是 COM 3，下面的是 COM 4。

(3) CX8080 的 CCAT 串口（可选）

如果是 CX8080，扫描会出现 CCAT 串口模块，如图 12.3 所示。

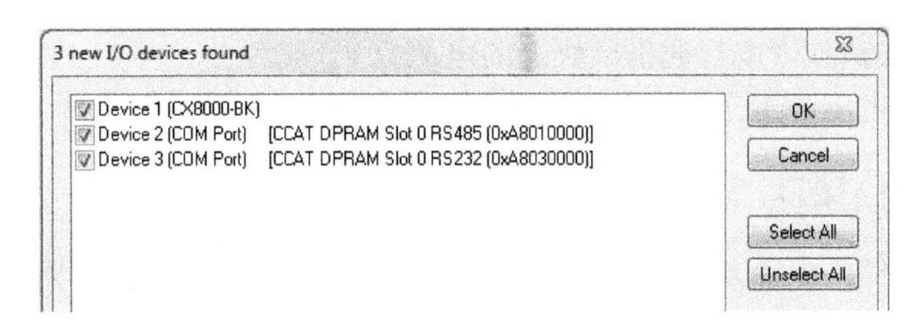

图 12.3　CX8080 扫描到的串口

单击 OK 按钮会出现 Device2 和 Device3，分别是 RS485 和 RS232 设备，如图 12.4 所示。

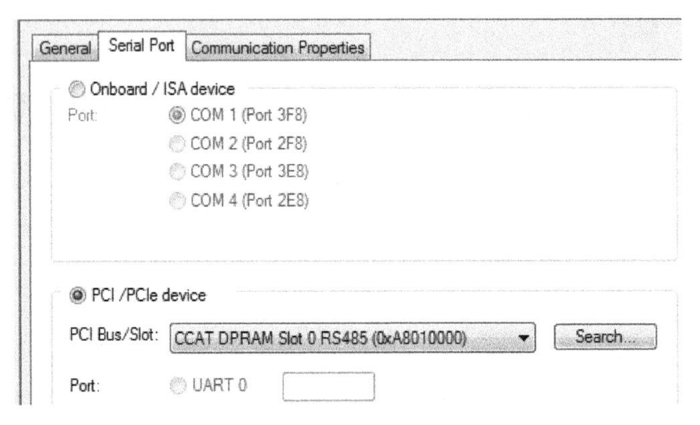

图 12.4　CCAT 串口

CX8080 的串口除了可以自动扫描发现外，使用方法与其他 COM 口完全一致。

(4) 设置通信参数

参数设置选项卡“Communication Properties”如图 12.5 所示。

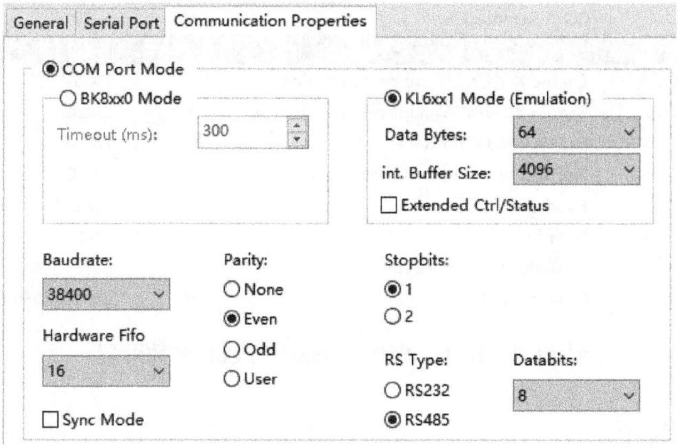

图 12.5　COM 口的配置界面

在图 12.5 中，设置参数时注意以下几点。

1）“COM Port Mode”选为 KL6xx1 Mode，Data Bytes 为 64。

2）设置与通信的对方一致的参数。

Baudrate，波特率；Databits，数据位；Stopbits，停止位。

Parity，奇偶校验，Even 为偶校验，Odd 为奇校验，None 则无校验。

3）设置串口类型 RS Type，选择 RS232 或者 RS485，应与实际相符。

2. EL60xx 串行通信端子的配置方法

（1）EL60xx 通信端子的参数化

对于 EL60x1 串行通信端子，可以像其他 EL 模块一样，配置它的通信参数。需要配置的参数主要是波特率（Baudrate）和数据帧格式（Dataframe），RS485 模块 EL6021 的 CoE 参数配置如图 12.6 所示。

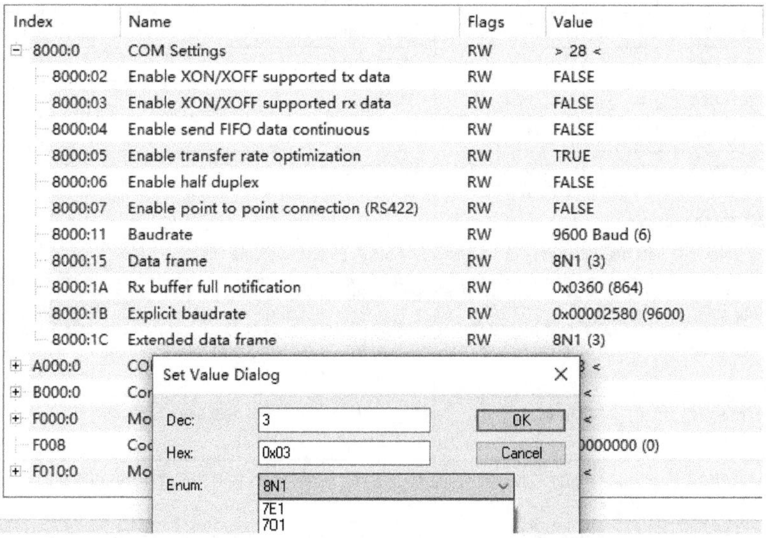

图 12.6　RS485 模块 EL6021 的 CoE 参数配置

RS232 模块 EL6001 的 CoE 参数配置如图 12.7 所示。

在图 12.7 中，主要修改以下参数。

8000:0	COM Settings Ch.1	RW	> 27 <
8000:01	Enable RTS/CTS	RW	TRUE
8000:02	Enable XON/XOFF supported tx data	RW	FALSE
8000:03	Enable XON/XOFF supported rx data	RW	FALSE
8000:04	Enable send FIFO data continuous	RW	FALSE
8000:05	Enable transfer rate optimization	RW	TRUE
8000:11	Baudrate	RW	9600 Baud (6)
8000:15	Data frame	RW	8N1 (3)
8000:1A	Rx buffer full notification	RW	0x0360 (864)
8000:1B	Explicit baudrate	RW	0x00002580 (9600)

图 12.7　RS232 模块 EL6001 的 CoE 参数配置

1）8000：11 波特率。

2）8000：15 数据帧格式，由 3 个字符构成，即数据位、奇偶校验和停止位。

E 为偶校验，O 为奇校验，N 为无校验。8N1 表示 8 位数据位 1 位停止位无校验。

3）（对于 RS485 模块）8000:06（Enable Hald Duplex）：对于 RS485 通信，通常都是半双工，这里要置为 True。

4）（对于 RS232 模块）8000:01（Enable RTS/CTS）：有的设备要置为 False。

记住这些参数确认之后，要添加到 Startup List 里面，或者用程序进行初始化。

（2）KL60xx 通信端子的参数化

对于 KL60x1 端子，可以像其他 KL 模块一样，配置它的通信参数。查看模块的 User Manual 可知，通信参数主要是 R32 和 R33，如图 12.8 所示。

R32: Baud rate

Register R32 sets the baud rate of the terminal. Factory setting is 9600 baud.

Bit 4-15	Bit 3	Bit 2	Bit 1	Bit 0	Baud rate
reserved	1	0	1	0	115200 baud
reserved	1	0	0	1	57600 baud
reserved	1	0	0	0	38400 baud
reserved	0	1	1	1	19200 baud
reserved	0	1	1	0	9600 baud (default)
reserved	0	1	0	1	4800 baud

R33: Data frame

Register R33 sets the data frame of the terminal. Factory setting is 8 data bits, no Parity.

Bit 4-15	Bit 3	Bit 2	Bit 1	Bit 0	Description
reserved	0_{bin}: 1 stop-bit; 1_{bin}: 2 stop-bits	1	0	1	8 data bits, odd-parity
reserved	0_{bin}: 1 stop-bit; 1_{bin}: 2 stop-bits	1	0	0	8 data bits, even-parity
reserved	0_{bin}: 1 stop-bit; 1_{bin}: 2 stop-bits	0	1	1	8 data bits, no parity (default)
reserved	0_{bin}: 1 stop-bit; 1_{bin}: 2 stop-bits	0	1	0	7 data bits, odd-parity
reserved	0_{bin}: 1 stop-bit; 1_{bin}: 2 stop-bits	0	0	1	7 data bits, even-parity

图 12.8　KL60x1 的注册字

KL6001 是倍福非常早期的串行通信模块，通常只有在维护极老旧的设备时才会遇见。此时需要注意：出厂设置的 KL6001 如果用自动扫描的方式，扫描出来会显示为 KL6001-A。默认的注册字如下。

R32=7，波特率 19200 bit/s。

R33=3，表示奇偶校验 8N1，8 位数据位，1 位停止位，无校验。

R34=2，Altlative 模式。

R35=3，3 字节模式。

如果你需要使用 5 字节模式，就要把 R34 修改为 0，R35 修改为 5，即 Standard 模式，每周期收发 5 个字节。

这些参数确认之后，记住要用程序进行初始化。请参考 10.6.2 节中关于“通过 PLC 程序控制 Process Data 设置 KL 模块参数”的内容。

配套文档 12-1
例程：RS232/485
自由口通信 Demo

12.1.2 编写 PLC 代码或者引用 Demo 程序

可以直接调用配套文档 12-1 中的 PLC 示例程序。

1. Demo 介绍

在程序中做了 3 种硬件接口的通信程序，代码几乎相同，唯一不同的地方就是硬件接口类型。最常用的还是 22 字节模式和 PC_Com 模式。3 段通信程序通过 Pro_Serial 来引用。在 HMI 中可以控制引用哪段程序，如图 12.9 所示。

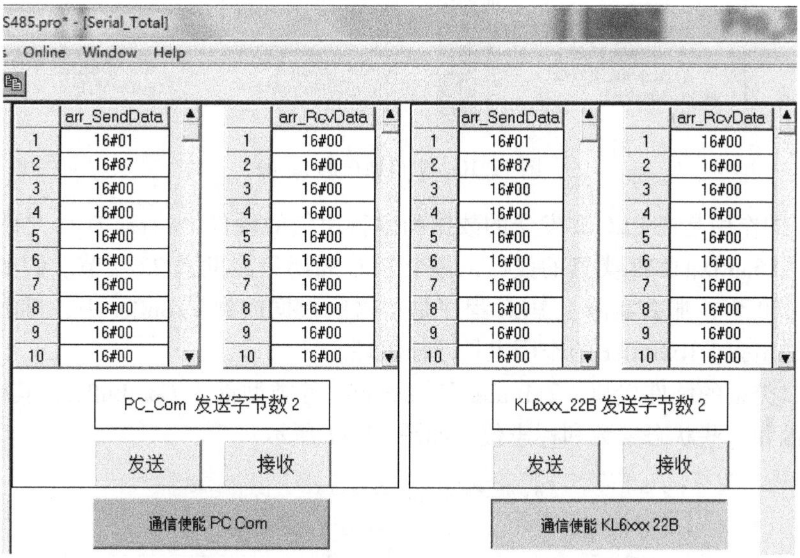

图 12.9 自由口通信的 Demo 操作界面

实际使用的时候，用的哪种硬件，就启用哪个按钮。

2. Demo 的使用

以下步骤为理解程序，初次使用可以跳过，存盘编译，建立 PLC 和硬件 Process Data 的变量链接。

第 1 步：查找硬件模块的 Process Data 对应的 I/O 变量。

倍福串口通信模块的种类及 Process Data 模式见表 12.4。

表 12.4　倍福串口通信模块的种类及 Process Data 模式

KL6inData 和 KL6outData	3 字节模式	KL6001 和 KL6021
KL6inData5B 和 KL6outData5B	5 字节模式	KL6001 和 KL6021
KL6inData22B 和 KL6outData22B	22 字节的 I/O 端子模式	KL6031 和 KL6041 EL6001，KL6002 EL6021，EL6022
PcComInData 和 PcComoutData	PC 串口模式（64 字节）	CXx0x0-N030，N031，CXx0x0-N040，N041，IPC 的 Com 口

3 字节和 5 字节模式的 KL6001 和 KL6021 模块通信效率太低，新项目中不推荐使用。

例如：如果用的是 PC 串口，就声明：

```
COMout    AT %Q*       : PcComoutData;
COMin     AT %I*       : PcComInData;
```

如果是 KL 或者 EL 端子模块，就声明：

```
COMout    AT %Q*       :    KL6inData22B;
COMin     AT %I*       :    KL6outData22B;
```

第 2 步：理解串口通信的 Buffer，如图 12.10 所示。

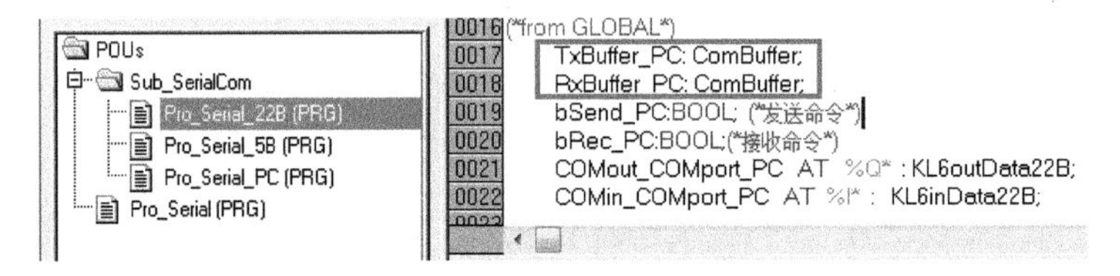

图 12.10　串口通信的 Buffer

TxBuffer 的作用是在 PLC 要发送的数据和串行通信的硬件 Process Data 之间设置一个缓存区。比如 KL6outData22B 类型的接口，每个 PLC 周期只能发送 22 字节。假如程序需要发送的数据为 100 个，那么实际上 PLC 程序是把这些数据放到 TxBuffer 中，再由硬件分几个 PLC 周期发送出去。RxBuffer 的作用也是同样原理。

不论什么类型的硬件接口，TxBuffer 和 RxBuffer 的类型都为 ComBuffer，其中包括了 301 字节的缓存区和一些状态参数和标志位，如图 12.11 所示。

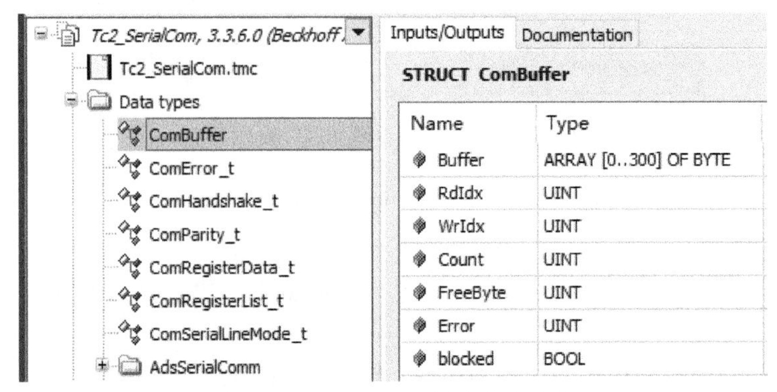

图 12.11　ComBuffer 的结构体元素

第 3 步：理解串行通信的功能块 SerialLineControl，如图 12. 12 所示。

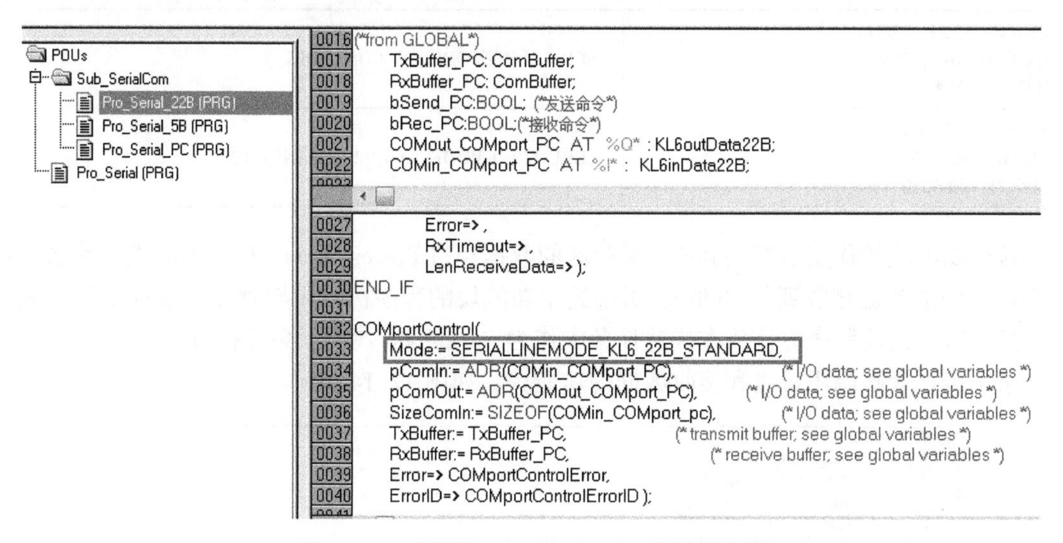

图 12. 12　功能块 SerialLineControl 的调用实例

功能块 SerialLineControl 的 I/O 接口如图 12. 13 所示。

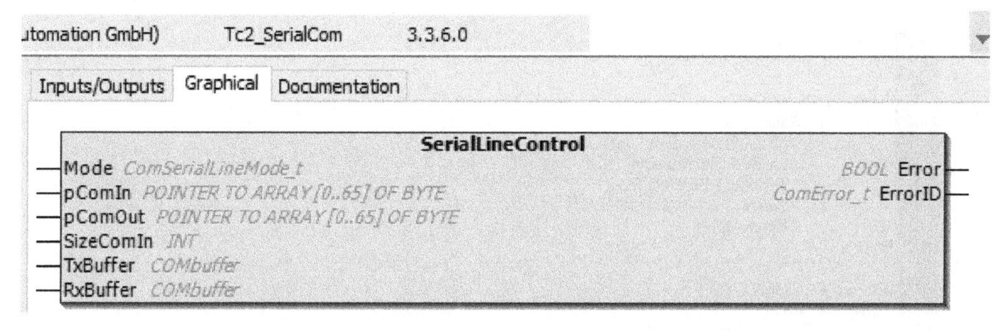

图 12. 13　功能块 SerialLineControl 的 I/O 接口

变量声明区：

```
COMportControl: SerialLineControl;
```

代码区：

```
COMportControl(
    Mode:= SERIALLINEMODE_PC_COM_PORT,      (*必须与硬件类型匹配*)
    pComIn: = ADR (COMin),                  (* I/O data; see global variables *)
    pComOut: = ADR (COMout),                (* I/O data; see global variables *)
    SizeComIn: = SIZEOF (COMin),            (* I/O data; see global variables *)
    TxBuffer: = TxBuffer,                   (* transmit buffer; see global variables *)
    RxBuffer: = RxBuffer,                   (* receive buffer; see global variables *)
    Error=> ControlError,
    ErrorID=>ControlErrorID );
```

不同硬件模块对应的 Mode 类型见表 12. 5。

表 12.5　串口类型与 SerialLineControl 的 Mode 对应表

串口类型	Mode
CXx0x0-N030，N031， CXx0x0-N040，N041， IPC 的 COM 口	SERIALLINEMODE_PC_COM_PORT
KL6031，KL6041 EL6001，KL6002， EL6021，EL6022	SERIALLINEMODE_KL6_22B_STANDARD

这个功能块的作用是把 TxBuffer 缓存区的数据经过 Process Data 的 ComOut 发送出去，而把 ComIn 中的数据接收到 RxBuffer。引用这个功能块的程序执行周期越短，数据交换的效率就越高，所以这段程序应该放在快速任务中作为 Backgroud 代码无条件执行。

第 4 步：理解调用发送和接收数据的功能块，如图 12.14 所示。

```
0016 (*from GLOBAL*)
0017     TxBuffer_PC: ComBuffer;
0018     RxBuffer_PC: ComBuffer;
0019     bSend_PC:BOOL; (*发送命令*)
0020     bRec_PC:BOOL;(*接收命令*)
0021     COMout_COMport_PC  AT  %Q* : KL6outData22B;
0022     COMin_COMport_PC  AT  %I* : KL6inData22B;
```

```
0001 (*Tigger of bReceive and bSend*)
0002
0003 Send_TRIG(CLK:=BtnSend, Q=>bSend_PC)  注意：发送信号要取上升沿再用于触发“Send”功能块
0004
0005 pSendData:=ADR(arr_SendData[1]);
0006 pRcvData:=ADR(arr_RcvData[1]);
0007
0008 IF bSend_PC THEN
0009         fb_SendData(
0010             pSendData:=pSendData,
0011             Length:=iSendLength,
0012             TXbuffer:=TxBuffer_PC,
0013             Busy=>,
0014             Error=> );
0015 END_IF
0016
0017 IF bRec_PC THEN
0018     fb_RcvData(
0019         pReceiveData:=pRcvData,
0020         SizeReceiveData:=200,
0021         Timeout:=T#300ms,
0022         Reset:=,
0023         RXbuffer:=RxBuffer_PC,
0024         DataReceived=>,
0025         busy=>,
0026         Error=>,
0027         RxTimeout=>,
0028         LenReceiveData=> );
0029 END_IF
```

图 12.14　发送和接收功能块

发送和接收数据的功能块包括以下内容。

SendByte 和 ReceiveByte：仅仅从 Buffer 区“取”或者“放”1 个字节。

SendData 和 ReceiveData：自定义从 Buffer 区“取”或者“放”的数据长度。

SendString 和 ReceiveString：把读写数据识别为 String，一个字节表示一个字符。

SendString255 和 ReceiveString255：总是读写最大长度的 String（255）。

用 ReceiveData 接收数据时，还能定义前缀（Prefix）和后缀（Suffix）。因为有的 RS485 设备的通信协议中会有一些固定的前缀，之后才是有效数据。如果 Prefix 和 Suffix 的地址和长度都为空，就表示从 Buffer 区的首地址“取”或者“放”指定的字节数。功能块 Receive-

Data 的 I/O 接口如图 12.15 所示。

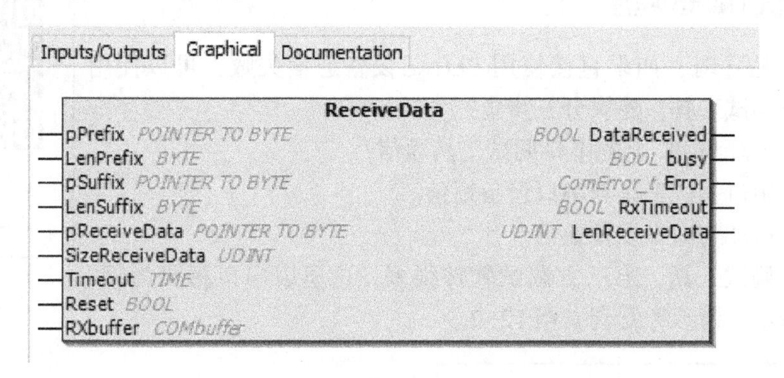

图 12.15　功能块 ReceiveData 的 I/O 接口

Buffer 是一个“先入先出”的堆栈，以 RxBuffer 为例，功能块 SerialLineControl 向 RxBuffer 中填充数据，而功能块 ReceiveData 则从 RxBuffer 中取走数据。反之对于 TxBuffer 来说，则由 SendData 往里填充数据，SerialLineControl 从中取走数据。

注意：每执行一次 SendData 和 ReceiveData，就从 Buffer 中存取一次数据。所以一定要控制它的执行条件，尤其是 SendData，如果每个周期都发送一遍，很快 Buffer 就会溢出，而通信的对方会收到大量重复数据。

为了解决发送和接收次数不协调的问题，为安全计，可以在每次成功发送或者接收之后清空发送和接收的缓冲（Buffer）区，使用功能块 ClearComBuffer。注意发送和接收是两个不同的 Buffer，所以要声明两个 FB 实例。

第 5 步：在 PLC 变量和 Process Data 之间建立映射。

无论是使用配套文档中的例程，还是自己在 PLC 程序中添加通信代码，实际项目中都需要完成 PLC 变量和 Process Data 之间的映射过程。完成硬件接口的配置和 PLC 通信程序以后，定位到串口通信的变量，单击“Link To”按钮，弹出变量映射对话框，如图 12.16 所示。

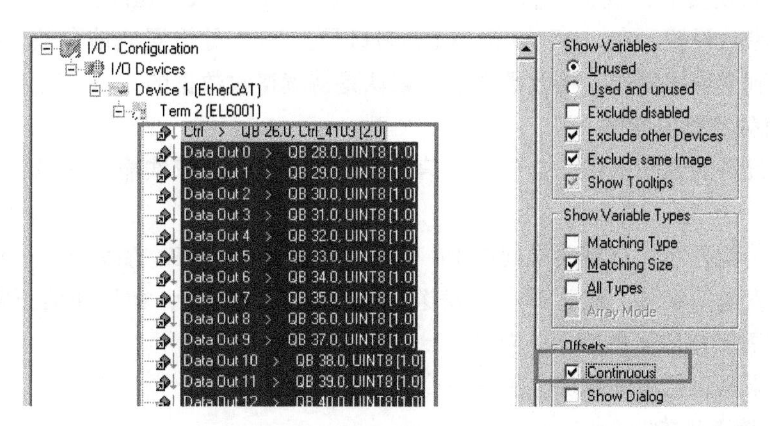

图 12.16　串行通信的 I/O 变量与 Process Data 的映射

在 PLC 程序中，接口变量是一个结构体，推荐整个变量一起链接，勾选图 12.16 中的“Continuous”。变量链接完成后，需要激活配置并重启 TwinCAT，下载 PLC 程序开始调试。

12.1.3 调试 Demo 程序

配套文档 12-2
串口调试工具

调试 PLC 程序时，如果直接使用 PLC 与设备通信失败，可以使用第三方的串口调试工具。建议分三步走。

第 1 步：PLC 与 PC 上的串口调试工具通信。

第 2 步：串口调试工具与串口设备通信。

第 3 步：PLC 与串口设备通信。

关于串口调试工具，第三方调试软件很多，这里以串口精灵为例，如图 12.17 所示，请参考配套文档 12-2。

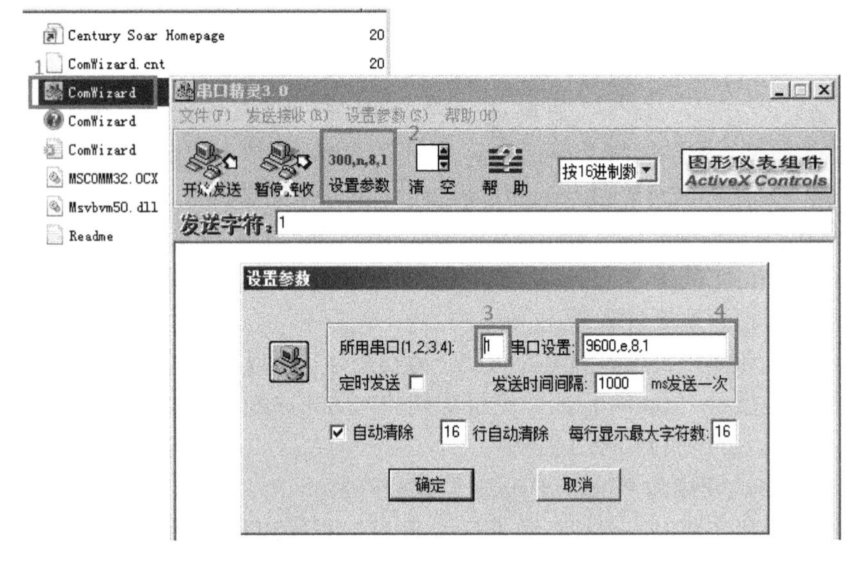

图 12.17 串口精灵的调试界面

这个软件无须安装，直接运行。双击“1”处的 ComWizard 程序文件，然后单击“2”处的按钮进行参数设置。在“3”处选择 PC 串口号，“4”处设置通信参数。单击“确定”按钮就可以回到主窗体发送、接收数据了。默认是持续接收数据的。

1. 按协议依次输出字节

通常串口设备的说明书中，会包含通信协议的举例说明：依次输出一串字符，设备就会返回一串字节。

如果使用示例程序，只需要先使能 PC Com 或者 KL6xxx 22B，然后在 arr_SendData 数组中依次填写要发送的字节，然后单击“发送”，再单击“接收”，如果通信正常，就可以在 arr_RcvData 中看到接收到的字节，如图 12.18 所示。

注意：如果是自己写的程序，发送命令一定要取上升沿。

2. 如果通信不正常

如果返回数据不正确，依次进行如下检查。

1）PLC 输出变量（%Q）中的 COMout_COMport_PC，如图 12.19 所示。

如果这里的值不正确，检查 PLC 程序是否运行，代码是否调用等原因。

2）在 I/O Device 中查看对应的硬件输出变量是否正确，如图 12.20 所示。

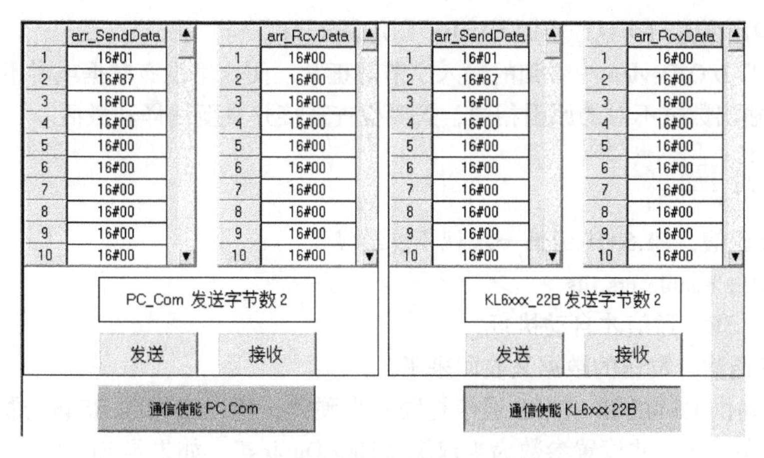

图 12.18　自由口通信的 Demo 操作界面

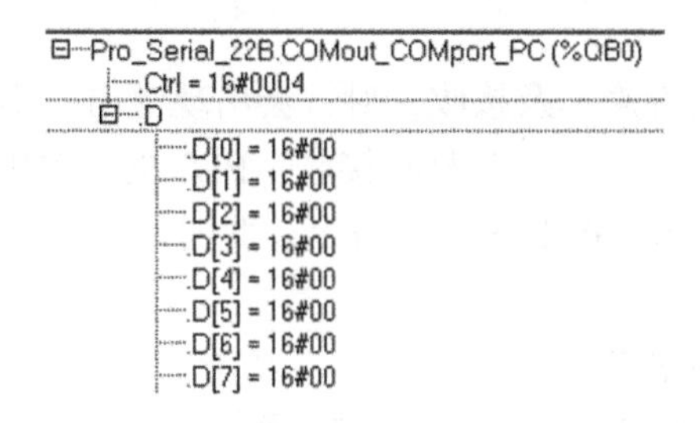

图 12.19　PLC 中的串口输出变量

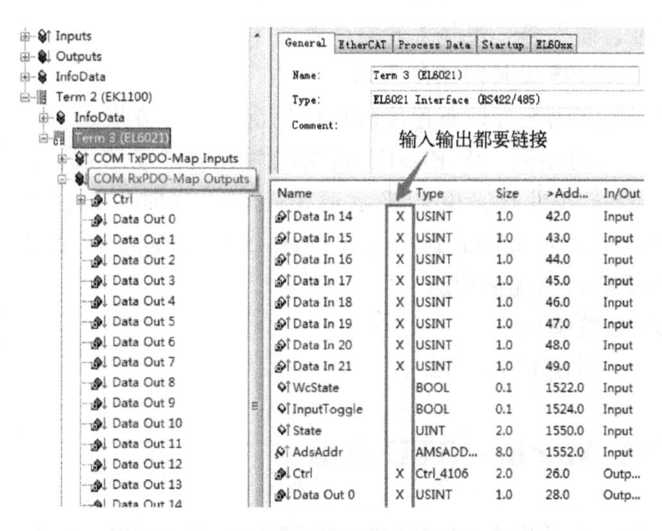

图 12.20　I/O 变量链接成功的标记“X”

首先看是否 Ctrl 和 Data Out 0 开始的每个变量前面都有连接标记，如果没有连接标记，则需要重新连接，就要重新编译 PLC 程序和激活配置。如果输出没有值或者不正确，就要检查物理接线、波特率及奇偶校验是否正确。通常如果用调试工具试过能通信正常，这些都不会出错。

如果是自己写的代码，可能的一个错误是 PLC 连续多次发送数据包，对方设备响应不及，或者 PLC 程序接收不及时，引起了通信堵塞。

3）PLC 输出变量（%Q）中的 COMin_COMport_PC

如果上一步 I/O Device 中看到的输入字节都正常，而这里没有数据或者不正常，原因通常与第 2）步输出数据不对的原因相同，需要检查链接并重新编译和激活。

12.1.4 常见问题

1. RS232 通信，EL6001 通信一次就不能继续了

0x8000：01，enable cts dts

要置为 FALSE，通信才自动执行。

2. RS485 通信，发送的数据又收回来了

由于倍福提供 RS485 和 RS422 通信是同一个硬件，所以当用作 RS485 通信时，必须发送和接收短接在一起，并设置参数为半双工“Half Duplex”，如果是 EL602x，参数 8000：06 置 True，即为半双工。

3. RxButter 溢出

如果 PLC 连续发送，对方来不及接收，对方会出现溢出、不响应或者响应迟滞。

如果对方设备连续发送，PLC 没有及时接收，PLC 的 COMlibV2. lib 里默认的 300 字节的 RxBuffer 就会占满，程序就会报 RxButter 溢出。此时用 ClearBuffer 功能块清除就可以了，但之前的数据肯定会丢失。

4. RS232 通信时数据不刷新

原因可能是通信双方的 GND 没接通，RS232 通信应该是 3 条线，GND 表示电平共负极，应该互连。测试时还发现，一端发送数据后，另一端也要触发一次接收才有数据变化。并且下降沿也能更新数据，而不是一定是上升沿或者为 TRUE。

5. EL6021 带有 RS485 设备时偶尔卡死

这种情况主要发生在第三方设备速度较慢的情况下，对方发送一大包数据时中间有不定长的停顿，而 EL6021 模块以为数据已经结束，所以用收到的不完整数据去处理，就会显示通信错误。这时可以修改 EL6021 的 CoE 参数 0x8000：05 Enable transfer rate optimization，将其值设置为 False，以关闭波特率优化功能。

配套文档 12-3
例程：BCC_校验

6. 怎样生成 BCC 校验码

可以参考例程，详见配套文档 12-3。

12.2 TwinCAT Modbus RTU 通信

Modbus RTU 通信既可以基于 RS232，也可以基于 RS485，所以 Modbus RTU 通信的物理接口与串口通信完全一致。因此，关于 RTU 通信的物理接口种类、接线及参数配置，请参考第 12.1.2 节。

物理接口确定以后，还要确定通信协议。通信的双方必须支持同样的协议，才能完成数据交换。TwinCAT PLC 与现场仪表进行串行通信时，最常用的就是 Modbus RTU 协议。如果仪表不支持 Modbus RTU 协议，就只能使用自由口协议了。自由口协议请参考第 12.1.3 节。

本节介绍 Modbus RTU 协议。

Modbus RTU 协议运行于 RS232 或者 RS485 等串行通信接口上，使用 Master/Slave 的通

信模式，Master 轮流访问各个 Slave 的数据。当 TwinCAT PLC 经过 Modbus RTU 与触摸屏通信时，PLC 是 Slave，触摸屏是 Master。当 TwinCAT PLC 经过 Modbus 与温控器、流量计等智能设备通信时，PLC 是 Master，智能设备是 Slave。

12.2.1 作为 Modbus RTU Slave 与触摸屏通信

配套文档 12-4
例程：Modbus RTU 通信例程（TC2）

触摸屏支持 Modbus RTU 时，都是做主站，所以 PLC 要作为从站。PLC 做 RTU 从站的程序非常简单，只要在代码中实现一个 RTU 实例，指定 3 个数组（Input、Output 和 Memory）供主站访问，并让主站知道 3 个数组与 Modbus RTU 通信区的对应关系即可。例程见配套文档 12-4。

使用 TC2 例程之前，先复制 ModbusRTU.lib 到 “C:\TwinCAT\Plc\Lib\” 目录下。

程序代码如图 12.21 所示。

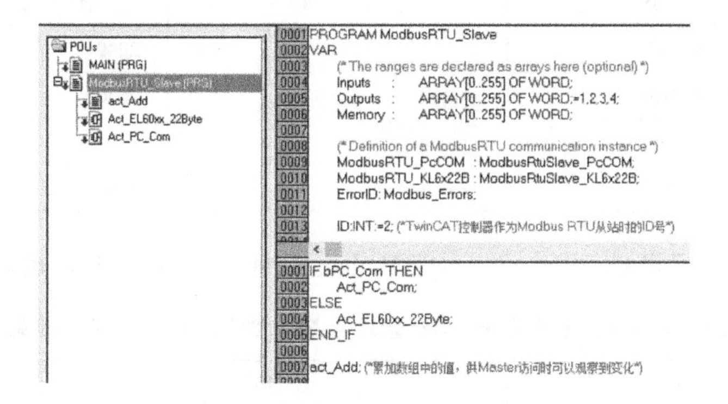

图 12.21 Modbus RTU 通信的例程

3 个数组 Inputs、Outputs 和 Memory 就是供 Master 访问的数据。如果使用的是 EL 模块，就将 KL6x22B.InData 和 OutData 链接到硬件，如果是 COM 口，就将 PcCOM.InData 和 OutData 链接到硬件。激活配置，就可以到 PLC 程序中重新编译下载到控制器开始调试了。示例程序的 HMI 界面如图 12.22 所示。

TwinCAT Modbus RTU Slave Demo

bPC_Com

Unit ID = 2

	Inputs
0	0
1	0
2	0
3	0
4	0
5	0

	Outputs
0	61154
1	45437
2	25338
3	5239
4	0
5	0

	Memory
0	0
1	0
2	0
3	0
4	0
5	0

图 12.22 Modbus RTU 通信例程的 HMI 界面

图 12.22 中，3 个表格中分别显示 3 个数组的当前值，供 Master 访问。只要能访问第一个变量，通信就算成功。

1. 地址的对应关系

从触摸屏或者其他 Modbus RTU Master 访问 TwinCAT PLC 时，首先确定站号与 PLC 程序中的 UnitID 一致，然后需要明确 PLC 的 Inputs、Outputs 和 Memory 3 个数组与 Modbus RTU 地址之间的对应关系，见表 12.6、表 12.7 及表 12.8。

表 12.6　RTU 主站的 Modbus 地址与 PLC 数组 Inputs 的对应关系

TwinCAT PLC		Modbus RTU		备　　注
PLC 变量	类　　型	类　　型	地　　址	
Inputs[0]	WORD	04：INPUT　REGISTER	0001	只读
Inputs[1]	WORD		0002	
……	……		……	
Inputs[255]	WORD		0256	

计算公式：数组元素 Inputs[x]，对应 Modbus 地址(04：INPUT REGISTER)：x+1。

表 12.7　RTU 主站的 Modbus 地址与 PLC 数组 Outputs 的对应关系

TwinCAT PLC		Modbus RTU		备　　注
PLC 变量	类　　型	类　　型	地　　址	
Outputs [0]	WORD	03：Output REGISTER	2049	读写
Outputs [1]	WORD		2050	
……	……		……	
Outputs [255]	WORD		2304	

计算公式：数组元素 Outputs[x]，对应 Modbus 地址(03：HOLDING REGISTER)：x+2049。

表 12.8　RTU 主站的 Modbus 地址与 PLC 数组 Memory 的对应关系

TwinCAT PLC		Modbus RTU		备　　注
PLC 变量	类　　型	类　　型	地　　址	
Memory[0]	WORD	03：Output REGISTER	16385	读写
Memory [1]	WORD		16386	
……	……		……	
Memory [255]	WORD		16640	

计算公式：数组元素 Memory [x]，对应 Modbus 地址(03：HOLDING REGISTER)：x+16385。

2. 查看硬件模块的原始 I/O 值

调试界面上，在画面“IO_Device_Data”的 Indata 和 OutData 表格中，分别从 Pc COM 口或者 EL60xx 模块可以观察到硬件的 Process Data 中的输入/输出的原始值，如图 12.23 所示。

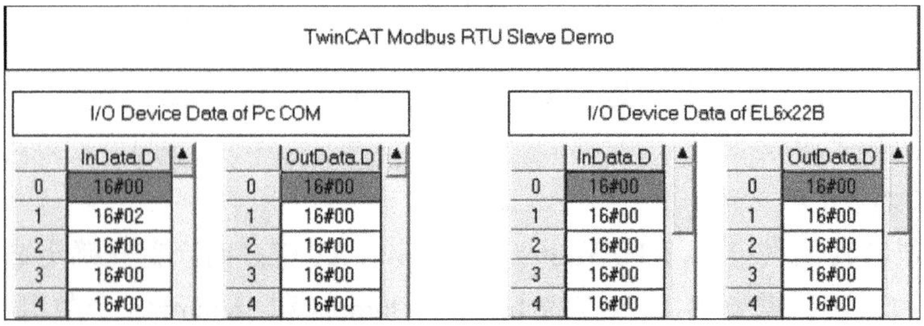

图 12.23　Demo 程序中查看硬件的原始 I/O 数据

如果原始值通信不正常，请参考 12.1.4 节中的内容。

3. 涉及的库和 FB 的解释

以下是 DEMO 涉及的库和 FB 的解释，初次使用时可以略过。

1）引用 Tc2_ModbusRTU 库，如图 12.24 所示。

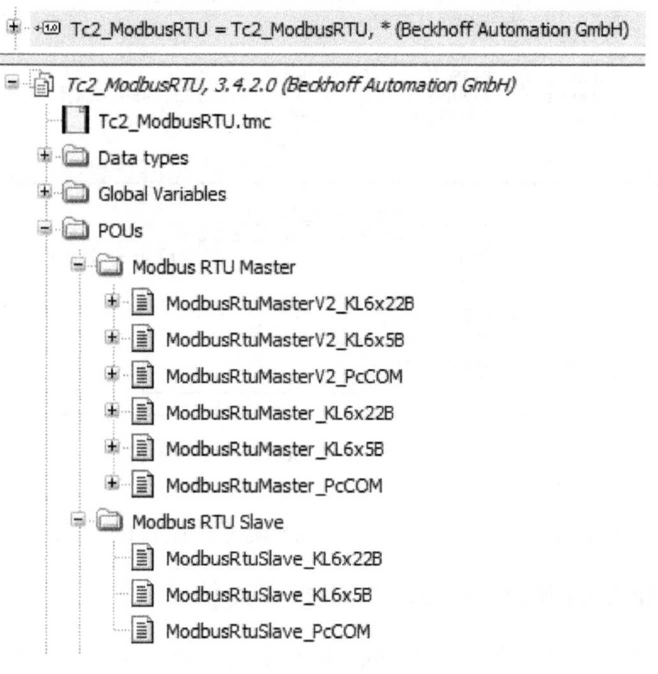

图 12.24　Tc2_ModbusRTU 中的功能块

库文件提供 TwinCAT PLC 分别作为 RTU Master 和 RTU Slave 实现的功能块。其中用于 RTU Slave 的有 3 个功能块，需要根据硬件接口类型按表 12.9 进行选择。

表 12.9　RTU Slave 功能块与通信硬件的对应关系

ModbusRtuSlave_KL6x5B	5 字节模式	KL6001 和 KL6021
ModbusRtuSlave_KL6x22B	22 字节的 I/O 端子模式	KL6031 和 KL6041 EL6001，KL6002 EL6021，EL6022
ModbusRtuSlave_PcCOM	PC 串口模式（64 字节）	CXx0x0-N030，N031，CXx0x0-N040，N041 IPC 的 COM 口 CX8080 的 CCAT 串口

其中，5 字节模式的 KL6001 和 KL6021 模块通信效率太低，新项目中不推荐使用。

对于 PC 串口，声明：

```
ModbusRTU_PcCOM：ModbusRtuSlave_PcCOM。
```

对于 EL 或者 KL 模块，声明：

```
ModbusRTU_KL6x22B：ModbusRtuSlave_KL6x22B。
```

2）调用功能块实例，并填写接口参数。

声明 3 个数组 Inputs、Outputs 和 Memory，作为供 Modbus RTU Master 访问的数据区。通过 ADR( )获得其地址，填写到 ModbusRtuSlave 功能块的接口参数。如图 12.25 所示。

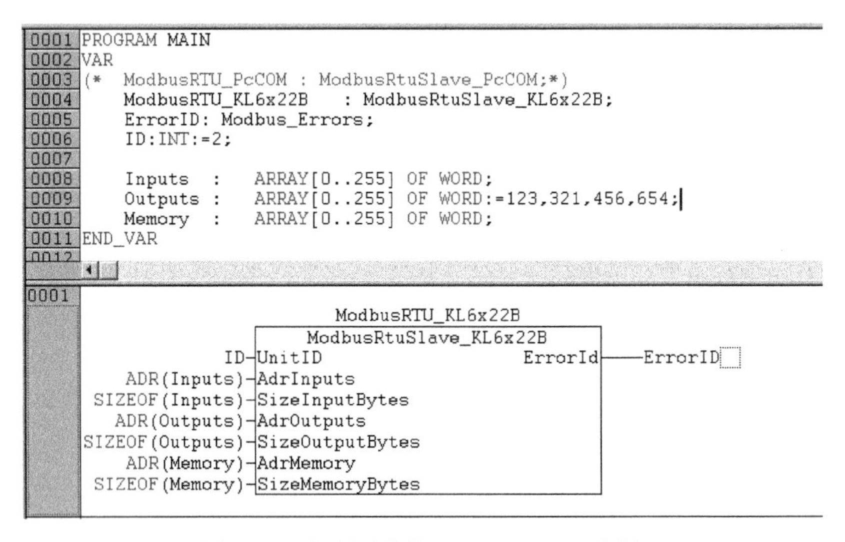

图 12.25　调用功能块 ModbusRtuSlave 实例

ID 号是 Master 访问 PLC 时的站号 ID，应与触摸屏侧设置的 PLC 站号一致。

12.2.2　作为 Modbus RTU Master 与温控表通信

温控表、流量计及变频器等支持 Modbus RTU 时都是做从站，所以 PLC 要作为主站。作为主站，需要编写代码，根据不同的 ID 号，访问多个从站。参考配套文档 12-4。

使用例程之前，先复制 ModbusRTU.lib 到“C:\TwinCAT\Plc\Lib\”目录下。

1. 示例程序介绍

示例程序通过变量 bPcCOM 为开关，决定调用哪一段子程序，实现 EL 模块或与 PC COM 口上的 Modbus RTU 通信。如图 12.26 所示。

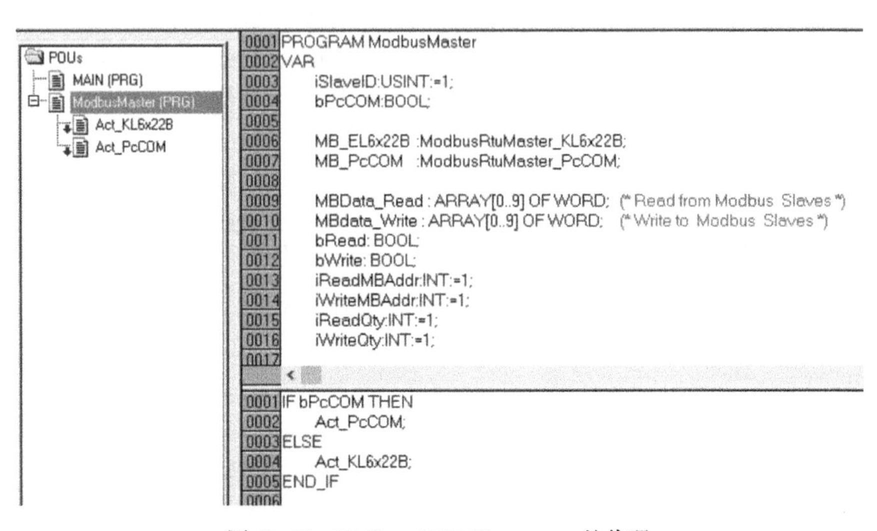

图 12.26　Modbus_RTU_Master.pro 的代码

在每个子程序中，代码都相同，唯一区别是调用的是 MB_EL6x22B 还是 MB_PcCOM，如图 12.27 所示。

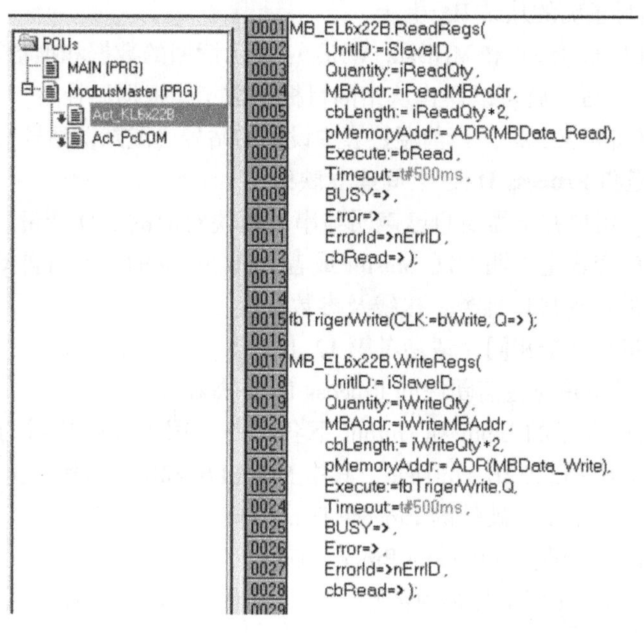

图 12.27　示例程序中的读写 Modbus 地址的代码

例中都只读写 1 个 Modbus 的字，即 Quantity：=1，测试时先读写成功 1 个变量，然后就可以修改 Quantity 和 cbLength，实现多个连续 Word 的操作。

注意：Write 信号要用上升沿。

CbLength 总是等于 Quantity×2，因为 Quantity 单位是 Word，cbLength 单位是 Byte。

如果是 EL 模块，就连接 MB_EL6x22B，如果是 COM 口就链接 MB_PcCOM。连接成功后就可以激活配置，然后进入 PLC Control 重新编译程序并运行调试了。调试界面如图 12.28 所示。

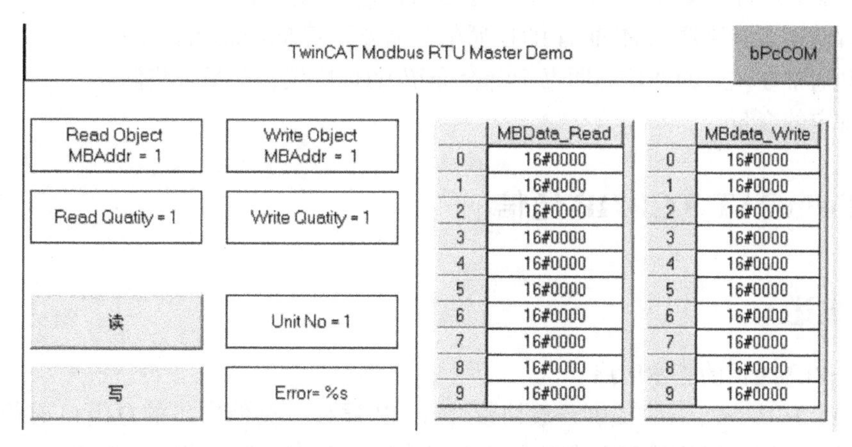

图 12.28　Modbus RTU 主站 Demo 的调试界面

图 12.28 中各按钮及文本框的功能如下。

bPcCOM 可以切换硬件类型。

MBAddr 是访问 Modbus RTU 从站的注册字号。

Read Quatity 和 Write Quatity 是指本次读写的 Word 数量。

Unit ID 处要填写正确的从站 ID 号。

在两个表格 MBData_Read 和 MBData_Write 中显示读回的数据和准备写出的数据。

通过按钮“读”“写”就可以操作从站的目标参数了。根据温控表、变频器的操作手册，找到 Modbus RTU 地址定义，以及当前温控表中设置的站号（或默认站号），就可以测试了。

2. 在 PLC 变量和 Process Data 之间建立映射

前面的步骤中，用户并不需要自己声明与串口模块对应的 I/O 变量。在 Modbus RTU 示例程序中，这些 I/O 变量是声明 RTU Master 或者 RTU Slave 的实例时自动声明的。

（1）RTU 通信的物理接口种类、接线及参数配置

与自由口通信步骤完全相同，请参考第 12.1.2 节。

（2）编译 PLC 程序并与通信硬件的 Process Data 映射

编译成功的 PLC 程序的 Input 和 Output 下各有一个用于 I/O 映射的结构，例如：MB_EL6x22B.InData 和 MB_EL6x22B.OutData，其中 MB_EL6x22B 是通信实例，InData 和 OutData 则是固定的元素名称，用于与硬件的 Process Data 对应。

把 InData 和 OutData 链接到硬件的 Process Data。

注意：Input 和 Output 变量都必须链接，并且确保 DataIn 和 DataOut 都全部链接上。不要重复，也不要遗漏。

3. 调试 PLC 程序

调试 PLC 程序时，如果直接使用 PLC 与设备通信失败，可以使用第三方的调试工具。建议分三步走。

第 1 步：PLC 与 PC 上的 Modbus 调试工具通信，推荐 ModScan 和 ModSim。详见配套文档 12-5。

配套文档 12-5
Modbus 测试工具
ModScan 和 ModSim

第 2 步：调试工具与串口设备通信。

第 3 步：PLC 与串口设备通信。

如果 Modbus RTU 通信不正常，请参考自由口通信的同样步骤。

用串口调试工具来调试 Modbus RTU 通信，需要了解 Modbus RTU 的协议。但是通常在从站的通信说明书中都会介绍 RTU 协议，并举一些例子，访问特定的变量。

12.3 TwinCAT TCP/IP 通信

12.3.1 概述

1. TCP/IP 通信的基本时序

TwinCAT TCP/IP Server 提供开放协议 TCP/IP 通信，类似串口的自由口通信。TCP/IP 通信应用层的协议由通信的双方或者多方自行决定。与串口通信相比，TCP/IP 通信不仅速度快，而且对以太网口没有独占性，一个网卡可以同时处理不用的应用程序数据，不同应用程序之前以端口（Port）区分。

TCP/IP 通信为 Server/Client 模式，TwinCAT PLC 经 TCP/IP 与第三方设备通信时，必须

先确定 TwinCAT 是作为 Server 还是 Client。

如果作为 Server，PLC 程序的工作顺序为：指定网卡（IP）和端口（Port）→开始帧听→接受 Client 连接请求→连接→接收数据→发送数据。

如果作为 Client，PLC 程序的工作顺序为：连接请求至网卡（IP）和端口（Port）→连接→发送数据→接收数据。

连接建立之后，Client 按照双方的协议发数据，Server 收到该数据后按协议做出响应。PLC 通信程序的核心部分，就是确定收发数据的内容、校验及格式转换。

2. 下载和安装 TwinCAT TCP/IP Server

要使 PLC 的 TCP/IP 通信程序要成功运行，控制器上必须安装 TwinCAT 的 TCP/IP 服务。因为通常情况下，网口是操作系统使用的，比如 IE 浏览器、即时通信软件等。PLC 要使用以太网口发送和接收数据，无论是做 TCP/IP 通信还是 Modbus TCP Server/Client，都必须安装服务。TCP/IP 通信安装 TwinCAT TCP/IP Server，而 Modbus TCP 通信安装 TwinCAT Modbus TCP Server。这是 TwinCAT 附加的功能包，需要购买授权才能使用。

12.3.2 TCP/IP 通信的 Demo 程序

配套文档 12-6 中的例程是从实际项目中提取出来的典型应用的 TCP/IP 通信程序，包括作为 Client 的“TcpIp_CLIENT_V4.pro”和作为 Server 的“TcpIp_SERVER_V4.pro”。Client 就是提出连接请请求的一方，然后按预期得到响应。Server 就是帧听连接请求的一方，然后按约定规则做出响应。如果使用 Demo 程序，要先衡量项目中 PLC 是作为 Client 还是 Server，然后选择使用哪个 Demo 程序。

配套文档 12-6
TCP/IP 及 UDP
通信例程及说明

实际应用中，定义通信规则的一方是 Server，比如跟视觉通信，跟第三方 PLC 通信等。而 Client 侧就是根据通信规则决定发送什么字符，根据规则判断收到的字符是什么含义，再进行处理。下面简单介绍两个 Demo 程序的构成，完整截图请参考配套文档 12-6。

1. Client Demo：“TcpIp_CLIENT.pro”

（1）程序介绍

这个程序二次开发了两个功能块：FB_LocalClient 和 FB_ClientDataExcha。用户可以直接调用 FB_LocalClient，只要输入 Server 端设备的 IP 地址（sRemoteHost）、端口号（nRemotePort）及发送字符串（sToServer），然后令使能位（bEnable）为 TRUE，如果对方可以正常响应，就会接收到字符串（sFromServer）。

与实际设备通信时，处理输入字符 sReceive 和输出字符 sToServer，作为 Client 按协议应该发送什么字符才会得到对方相应的响应。

TCP/IP 是个非实时的通信，正常情况下，响应时间取决于网络质量和繁忙程度。但是通信异常的时候，PLC 程序要重新发送数据、重新接收数据甚至重新建立连接，Demo 程序定义了以下全局变量，用于控制其时间间隔。如图 12.29 所示。

正常通信时起作用的是 SEND_CYCLE_TIME 和 RECEIVE_POLLING_TIME，分别控制重新发送或者再次接收的时间间隔，应该是 PLC 任务周期的整数倍。比如 PLC 任务周期 1 ms，这两个时间可以设置为 10 ms 或者 5 ms。

通信异常时起作用的是 RECEIVE_TIMEOUT 和 RECONNECT_TIME。前者指 Client 发送

```
VAR_GLOBAL CONSTANT
    g_sTcIpConnSvrAddr                                  : STRING := '';
    bLogDebugMessages                                   : BOOL := TRUE;

    CLIENT_RECONNECT_TIME                               : TIME := T#10s;
    CLIENT_SEND_CYCLE_TIME                              : TIME := T#50ms;
    CLIENT_RECEIVE_POLLING_TIME                         : TIME := T#50ms;
    CLIENT_RECEIVE_TIMEOUT                              : TIME := T#5s;
```

图 12.29　Demo 程序中控制重连时间的全局变量

了请求之后指定时间内未收到 Server 的响应就判断为超时。后者是指通信异常之后重新连接前的等待时间。注意：与调试助手通信时，Timeout 时间可以设置得长一点，比如 5s，因为调试助手发送数据要人工操作。

配套文档 12-7
TCP/IP 通信调试工具

（2）调试程序

在与实际设备通信之前，先确保与调试工具通信正常。

Demo 程序与调试工具通信的效果如图 12.30 所示。

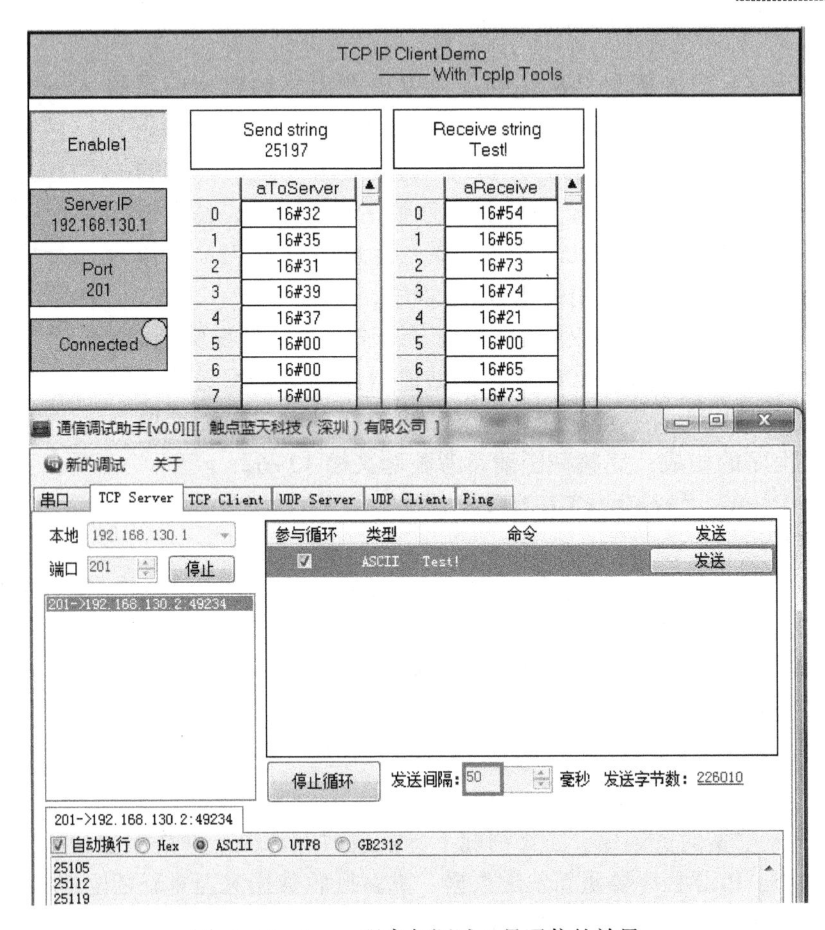

图 12.30　Demo 程序与调试工具通信的效果

图 12.30 中 Send string 和下方的 aToServer 是等效的，PLC 变量定义时就是同一个地址。这是为了方便用户有时要输出整数，有时要输出字符串。任意改变其中一个，另一个就会随之改变。当发送字符串时，Send string 中显示字符串本身，而 aToServer 中显示的是每个字母

的 ASCII 码。Receive string 和 aReceive 也是同样道理。

（3）调试步骤

1）启动调试助手的 TCP Server，选择本地的 IP，填写要使用的端口，然后开始“监听”。

2）调试助手上的发送间隔默认是 1000，单位 ms，改为 100 或者 50。

3）PLC 程序下载运行，在 HMI 填写 Server 上选择的 IP 和使用的端口，单击 Enable1。

4）Client 启动后，在调试助手上就能看到已经监听到它的 IP 和端口（每次不同）。

5）在调试助手上单击“循环发送”。

调试助手发送的字符没有意义，仅仅是为了给 PLC 一个响应。在调试助手底部的接收数据区可以看到 PLC 发来的数据，选中“自动换行”和“ASCII”，接收到的数据就可以分行显示。

提示：选中接收数据区的表头，右键菜单可以关闭全部。然后再有成功的连接就会是唯一的页面，其中就会分行显示收到的字符串。本例中是一个自动累加的整数，相邻两个整数的差，乘以 PLC 的任务周期，就是两次成功通信之间的时间间隔。

改变发送数据的时间间隔，以及 PLC 中发送和接收的时间常数，以及 PLC 周期，可以观察通信间隔的变化。但是与实际设备通信时，Server 的响应比调试助手要快得多，如果 PLC 周期为 10 ms，发送和接收的时间常数为 50 ms，一次成功的通信会是数十毫秒。如果 PLC 周期为1 ms，发送和接收的时间常数为 5 ms，一次成功的通信可能在 10~20 ms 完成。

2. Server Demo：“TcpIp_SERVER_V4. pro”

这个程序二次开发了系列功能块，重点关注 FB_LocalServer 和 FB_ServerProtocol，因为前者是实现一个 TcpIp Server 实例的功能块，需要弄清楚它的接口；后者是编辑 Server 通信协议的地方，要实现自己的通信协议，只要修改这里面的代码。

用户可以直接调用 FB_LocalServer，只要输入控制器连接 Client 设备的网卡的 IP 地址（sLocalHost）、端口号（nLocalPort）及设置协议编号（nProtocol），然后令使能位（bEnableServer）为 TRUE，就可以开始监听指定网卡的指定端口了。如果监听到了 Client 的连接请求，就会建立连接，并等待该 Client 的请求，然后做出响应。用常数 MAX_CLIENT_CONNECTIONS 控制本 Server 可以同时对多少个 Client 做出响应，每个 Client 收到和发送的字符串分别放在数组 sRequest 和 sResponse 中。

请求与响应的规则就是通信协议，在 FB_ServerProtocol 中实现。

本例中预留了 3 种协议，协议 0 是指在收到的原字符串之后加后缀“is received.”协议 2 是指在收到的原字符串之后加后缀“yes，I know.”协议 1 中想实现对 PLC 地址的访问，但还没有完成，用户可以自行编辑。

TCP/IP 是个非实时的通信，正常情况下，响应时间取决于网络质量和繁忙程度。但是通信异常的时候，PLC 程序要重新发送数据、重新接收数据甚至重新建立连接，Demo 程序定义了以下全局变量，用于控制其时间间隔。如图 12. 31 所示。

正常时 SERVER_ACCEPT_POLLING_TIME 和 SERVER_RECEIVE_POLLING_TIME 起作用，分别控制重新发送或者再次接收的时间间隔，应该是 PLC 任务周期的整数倍。比如 PLC 任务周期为 1 ms，这两个时间可以设置为 10 ms 或者 5 ms。

通信异常时起作用的是 SERVER_RECEIVE_TIMEOUT 和 RECONNECT_TIME。前者指 Client 与 Server 连接成功之后，指定时间内未收到 Client 的请求就判断为超时。后者是指通

```
VAR_GLOBAL CONSTANT
    g_sTcIpConnSvrAddr                          : STRING := '';
    bLogDebugMessages                           : BOOL := TRUE;

    MAX_CLIENT_CONNECTIONS                      : INT := 5;

    SERVER_RECONNECT_TIME                       : TIME := T#10S;
    SERVER_ACCEPT_POLLING_TIME                  : TIME := T#50ms;
    SERVER_RECEIVE_POLLING_TIME                 : TIME := T#50ms;
    SERVER_RECEIVE_TIMEOUT                      : TIME := T#5S;

    (* Some project specific error codes *)
    PLCPRJ_ERROR_RECEIVE_BUFFER_OVERFLOW    : UDINT := 16#8101; (* receive buffer ove
    PLCPRJ_ERROR_RECEIVE_TIMEOUT                : UDINT := 16#8102;(* receive timec
```

图 12.31　程序中控制重连时间的全局变量

信异常之后重新连接前的等待时间。注意：与调试助手通信时，Timeout 时间可以设置得长一点，比如 5 s，因为调试助手发送数据要人工操作。

调试 PLC 程序时，如果直接使用 PLC 与设备通信失败，建议分三步走。

第 1 步：PLC 与 PC 上的通信调试助手通信。

第 2 步：通信调试助手与 TCP/IP 设备通信。

第 3 步：PLC 与 TCP/IP 设备通信。

PLC 的 HMI 中，sRequest 和 sResponse 两个表格分别存放每个 Client 收到和发送的字符串。因为一个 Server 可以同时响应 5 个 Client，所以一次连接失败后，Client 会换一个端口重新发来连接请求，这时 Server 就会在另一个 fbClient 中处理它的信息。界面上的 Act Valid Connection 显示了当前有效的连接，旁边的文本框则是这个有效连接的相关信息，如 IP、端口以及是否连接成功等。

调试步骤如下。

1）先下载 PLC 程序到目标系统并运行。

2）在 HMI 填写 Local IP 和使用的端口，设置 nProtocol 选择协议，单击 Enable1 开始监听。

3）启动调试助手的 TCP Client，填写服务端的 IP 和 Port，然后单击“连接”。

4）连接成功后，调试助手上就能看到自己的端口号（每次不同），以及服务端 IP 和端口。

5）调试助手上的发送间隔默认是 1000，单位 ms，改为 100 或者 50。

6）鼠标右键，可以编辑或者增加要循环发送的字符。为了看出区别，至少有两条参与循环。

7）在调试助手上单击“循环发送”。

8）PLC 的 HMI 中，应在 sRequest 和 sResponse 两个表格中看到接收和发送的字符串。

调试助手发送的字符没有意义，仅仅是为了给 PLC 一个请求。在调试助手底部的接收数据区可以看到 PLC 发来的数据，选中“自动换行”和“ASCII”，接收到的数据就可以分行显示。

提示：选中接收数据区的表头，右键菜单可以关闭全部。然后再有成功的连接就会是唯一的页面，其中就会分行显示收到的字符串。

改变发送数据的时间间隔，以及 PLC 中发送和接收的时间常数，以及 PLC 周期，可以观察通信间隔的变化。但是与实际设备通信时，Client 的请求是间歇性的，如果 PLC 周期为 10 ms，发送和接收的时间常数为 50 ms，一次成功的通信会是数十毫秒。如果 PLC 周期为

1 ms，发送和接收的时间常数为 5 ms，一次成功的通信可能在 10~20 ms 完成。

3. 引用 UDP 通信的示例程序

UDP 通信是对等的，不分主从或者 Sever、Client，所以通信双方的示例程序 PeerToPeerA. pro 和 PeerToPeerB. pro 几乎一模一样。PeerToPeerB. pro 程序中，自定义了一个功能块 FB_PeerToPeer。用户使用时只需要预先配置好通信双方的 IP 和 Port。两个 PLC 程序测试时，双方的 IP 和 Port 对调就行了。

发送数据的编辑如图 12. 32 所示。

```
PROGRAM MAIN
VAR CONSTANT
    LOCAL_HOST_IP        : STRING(15)     := '192.168.1.152'; (*本机的IP*)

IF NOT fbSocketCloseAll.bBusy AND NOT fbSocketCloseAll.bError THEN

    IF bSendOnceToRemote THEN
        bSendOnceToRemote                := FALSE;
        sendToEntry.nRemotePort              := REMOTE_HOST_PORT;              (*
        sendToEntry.sRemoteHost              := REMOTE_HOST_IP;                (*
        sendToEntry.msg                      := 'Hello remote host!';
        sendFifo.AddTail( new := sendToEntry );
        IF NOT sendFifo.bOk THEN
            LogError( 'Send fifo overflow!', PLCPRJ_ERROR_SENDFIFO_OVERFLOW
```

图 12. 32　发送数据的编辑

借用这个 Demo 程序做实际项目时，只需要编辑字符串 SendToEntry. msg。

接收到的数据在 MAIN 的局部变量 ReceiveFifo 中，如图 12. 33 所示。

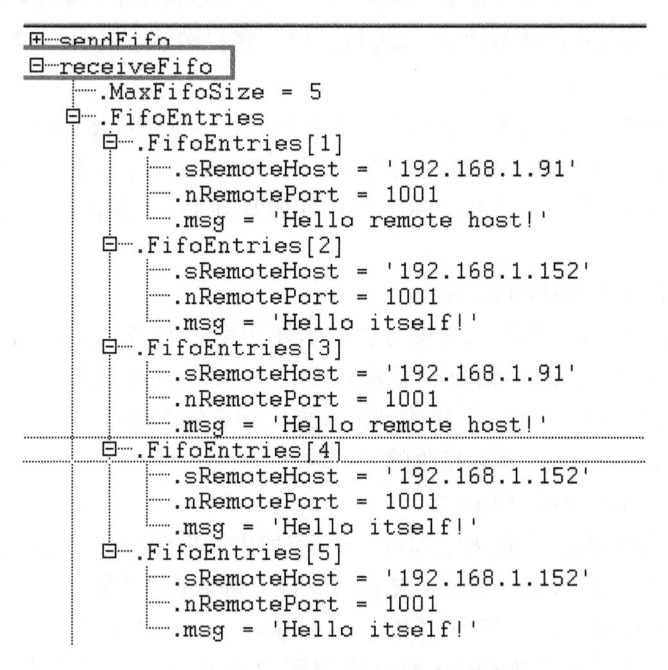

图 12. 33　从不同 Client 接收到的数据

ReceiveFifo 可以保存 5 次接收数据，数组 FifoEntries 的 1~5 个元素依次保存第 1~第 5 次接收到的数据，第 6 次的数据会覆盖 FifoEntries[1]，而第 7 次则覆盖 FifoEntries[2]，以此类推。

12.3.3 自己编写 TCP/IP 通信的程序

要实现 TCP/IP 通信，用户可以选择在 Demo 程序基础上修改代码，实现自己的项目需求，也可以使用库里提供的功能块自行编写通信程序。

初次使用建议在示例程序的基础上修改代码，而不是完全从零开始自己写，所以本节内容仅供参考。编写 TCP/IP 通信程序，首先要引用 Tc2_TcpIp，该库提供的最常用的功能块如下。

（1）打开端口：FB_SocketConnect

这个功能块通常是当 TwinCAT PLC 作为 Client 提出数据请求时调用的。

Input 变量：sSrvNetId，直接为空即可，表示使用本机的 TcpIp Server。sRemoteHost，要连接的目标机器的 IP 地址。nRemotePort，要连接的目标机器的端口号。

Output 变量：hSocket ，成功连接后实际返回的连接句柄。包括本地 IP 和端口，以及客户端请求的 IP 和端口。

（2）端口侦听：FB_SocketListen

这个功能块通常是当 TwinCAT PLC 作为 Server 等待 Client 端的数据请求时调用的。

Input 变量：sSrvNetId，直接为空即可，表示使用本机的 TcpIp Server。sLocalHost，用于连接目标机器的本机网卡的 IP 地址；nLocalPort，本机用于侦听的端口。

Output 变量：hListener，成功侦听返回的侦听句柄，只包含本机 IP 和端口。

（3）接受请求：FB_SocketAccept

Input 变量：hListener 包含本地 IP 和端口，是 FB_SocketListen 的结果。

Output 变量：hSocket 包括本地 IP 和端口，以及客户端请求的 IP 和端口。

（4）发送数据：FB_SocketSend

Input 变量：sSrvNetId，直接为空即可，表示使用本机的 TcpIp Server。hSocket，包含本地及客户端 IP 和端口的 Socket 信息，通常是 FB_SocketAccept 或者 FB_SocketConnect 的结果。n cbLen，发送字节数。应该在实际字符长度的基础上+1 字节。pSrc，要发送的数据串首地址。

（5）接收数据：FB_SocketReceive

Input 变量：sSrvNetId，直接为空即可，表示使用本机的 TcpIp Server。hSocket，包含本地及客户端 IP 和端口的 Socket 信息。通常是 FB_SocketAccept 或者 FB_SocketConnect 的结果。n cbLen，接收字节数。pDest，接收到的数据串存放的首地址。

Output 变量：nRecBytes，实际接收的字节数。

（6）关闭端口：FB_SocketClose

Input 变量：sSrvNetId，直接为空即可，表示使用本机的 TcpIp Server。hSocket，要关闭或者断开的连接句柄，FB_SocketListen 或 FB_SocketConnect 的结果。

发送（FB_SocketSend）、接收（FB_SocketReceive）及关闭（FB_SocketClose）是 TwinCAT PLC 作为 Server 或者 Client 都可能调用的功能块。区别只是它们操作的 hSocket 变量，是由 FB_SocketConnect 返回的，还是由 FB_SocketListen 和 FB_SocketAccept 返回的。

当然库文件中还提供其他功能块，必要时可以参考 Information System 相关章节。

对于 Server 而言，要对多个 Client 做出响应，对来自不同的 Client 的请求，是共用一个

hListener 句柄的，其中只包括 Server 本地的 IP 和端口。而每个响应 Client 的功能块内部，都会有一个 Accept 动作，获取每个 Client 的 IP 和端口。而在 Client 端，则只需要对一个 Server 提出请求，所以一个 Connect 功能块，就确定了双方的 IP 和端口。

12.3.4 常见问题

经过 TCP/IP 通信时，数据传输之前可能需要转换成字符串的形式。变量值要转换成 BCD 字符串，TcUtility.lib 提供了以下相关的函数和功能块。

Function Block：DEC_TO_BCD 和 BCD_TO_DEC。

Function：DWORD_TO_DECSTR，输入十进制数，输出字符串。

12.4 TwinCAT Modbus TCP 通信

12.4.1 概述

1. 什么是 TwinCAT Modbus TCP Server

了解 TwinCAT Modbus TCP Server 之前，首先了解什么是 Modbus TCP。

众所周知，Modbus RTU 是广泛应用于工业仪表的串口通信协议，而 Modbus TCP 则是基于以太网的 Modbus 协议，RTU 主从访问中使用的功能码、地址等规则在 Modbus TCP 中同样适用，但由于以太网的速度比串口速度有几个数量级的提升，所以 Modbus TCP 比 Modbus RTU 的通信性能大大提高。

Modbus TCP 基于以太网的 TCP/IP 通信，它对网络的要求极为宽松，具体如下。

1）需要指定一个网卡，对网卡没有特殊要求。

2）不必独占该网卡，可与其他以太网协议共存。

3）支持有线网和无线网通信。

4）通信的双方或者多方位于同一个局域网。

正是由于宽松的硬件要求，Modbus TCP 广泛用于工业自动化领域，但由于它的实时性没有保证，所以还不能算一种工业以太网，只能用于实时性要求较低的场合，比如控制器与触摸屏或者上位组态软件通信、控制器与智能仪表通信以及不同品牌的控制器之间非实时通信等。

Modbus TCP Server 可以理解为以太网的 Modbus TCP 驱动，TwinCAT Modbus TCP Server 就是供 TwinCAT 使用以太网实现 Modbus TCP 通信的驱动。如果你理解 TwinCAT PLC 做 Modbus RTU 或者串口通信时，PLC 变量与 COM 口或者 EL 模块的 Process Data 之间的映射过程，这里需要注意 TwinCAT PLC 做 Modbus TCP 通信时并没有相应的变量映射过程，因为 PLC 对网口的使用不是通过变量映射而是通过后台服务 TwinCAT Modbus TCP Server 实现的。

当 TwinCAT PLC 与触摸屏或者上位机通信时，通常是作为 Sever。

TC2 PLC 作为 Server 的 Demo 与智能仪表、第三方设备通信时，通常作为 Client。

当然提供 Modbus TCP 接口的设备或者程序都会有通信协议的文档，里面会描述自己是做 Server 还是 Client。所有作为 Server 的 Modbus 设备，都应提供 Modbus 地址说明。

2. 下载和安装 TwinCAT Modbus TCP Server

倍福公司提供 TwinCAT Modbus TCP Server 扩展功能包，用户需要单独订购并安装到控制器上。只有目标控制器上也安装并运行了 TwinCAT Modbus TCP Server，PLC 的 Modbus TCP 程序才能向以太网口发送和接收数据。

12.4.2 TC2 PLC 作为 Server 的 Demo

当 TwinCAT PLC 作为 Server 工作时，不需要编写任何 Modbus TCP 通信的代码。在安装了 TwinCAT Modbus TCP Server 的控制器上，只要 TwinCAT PLC 启动并运行，该服务就会自动启动，可以随时接受 Client 发来的 Modbus 指令并响应。所以 Demo 程序中可以只包含变量、地址和初值。

1. PLC 与 Modbus Client 的地址对应关系

在 Client 侧，比如 Modbus TCP 的触摸屏，只要知道 PLC 地址与 Modbus Register 的地址映射规则，就可以根据这个规则访问到需要的 PLC 地址。

Modbus TCP 地址与 PLC 变量的映射关系有两种（可以同时使用）：映射 PLC 地址和映射变量名。

（1）地址映射

映射 PLC 地址，%I 区、%Q 区和%M 区分别有不同的映射地址。

%IW 对应 Input Register，在 Client 端，只能用 04 功能去访问。

%QW 对应 Holding Register，在 Client 端，是用 03 功能去访问。

%MW 对应 Holding Register，在 Client 端，是用 03 功能去访问。

客户端的 Modbus 地址与 PLC 数组 Input 区的映射关系见表 12.10。

表 12.10 客户端的 Modbus 地址与 PLC 数组 Input 区的映射关系

TwinCAT PLC		Modbus RTU		备　注
PLC 地址	类　型	类　型	地　址	
%IW0	WORD	04： Input Registers	0001	只读
%IW2	WORD		0002	
……	……		……	
%IW510	WORD		0256	

计算公式：PLC 的 “%IB x”，对应 Modbus 地址(04：INPUT REGISTER)为 x/2+1。

客户端的 Modbus 地址与 PLC 数组 Output 区的映射关系见表 12.11。

表 12.11 客户端的 Modbus 地址与 PLC 数组 Output 区的映射关系

TwinCAT PLC		Modbus RTU		备　注
PLC 地址	类　型	类　型	地　址	
%QW0	WORD	03： Hold Registers	0001	读写
%QW2	WORD		0002	
……	……		……	
%QW510	WORD		0256	

计算公式：PLC 的“%QW x”，对应 Modbus 地址(03：HOLD REGISTER)为 x/2+1。

客户端的 Modbus 地址与 PLC 数组 Memory 区的映射关系见表 12. 12。

表 12. 12　客户端的 Modbus 地址与 PLC 数组 Memory 区的映射关系

TwinCAT PLC		Modbus RTU		备　注
PLC 地址	类　型	类　型	地　址	
%MW0	WORD	03：Hold Registers	12289	读写
%MW2	WORD		12290	
……	……		……	
%MW510	WORD		12544	

计算公式：PLC 的“%MB x”，对应 Modbus 地址（03：HOLDING REGISTER）为 x/2+12289。

（2）PLC 特定的变量名映射

先定义全局变量。

```
mb_Input_Coils       : ARRAY [0..255] OF BOOL;
mb_Output_Coils      : ARRAY [0..255] OF BOOL;
mb_Input_Registers   : ARRAY [0..255] OF WORD;
mb_Output_Registers  : ARRAY [0..255] OF WORD;
```

这些变量名在客户端与 Modbus Register 的映射关系见表 12. 13 及表 12. 14。

表 12. 13　变量名在客户端与 Modbus Register 的映射关系（Input）

TwinCAT PLC		Modbus RTU		备　注
PLC 变量	类　型	类　型	地　址	
mb_Input_Registers[0]	WORD	04：Input Registers	32769	只读
mb_Input_Registers[1]	WORD		32770	
……	……		……	
mb_Input_Registers[255]	WORD		33024	

计算公式：mb_Input_Registers[x]，对应 Modbus（04：HOLDING REGISTER）为 x+32769。

表 12. 14　变量名在客户端与 Modbus Register 的映射关系（Output）

TwinCAT PLC		Modbus RTU		备　注
PLC 变量	类　型	类　型	地　址	
mb_Output_Registers[0]	WORD	03：Output Registers	32769	只读
mb_ Output _Registers[1]	WORD		32770	
……	……		……	
mb_ Output _Registers[255]	WORD		33024	

计算公式：mb_Output_Registers[x]，对应 Modbus（03：HOLDING REGISTER）为 x+32769。

说明如下。

1）虽然 Windows XP 下的 Modbus TCP Server 可以通过修改配置的 XML 文件改变映射关系（见 Information System 相关章节），但是为了 Windows XP 与 Windows CE 保持统一，使程序易于移植，建议直接使用默认配置。

2）mb_Input_Registers 和 mb_Output_Registers 必须声明为全局变量，并且变量名只能是这两个字符串，不能改变。这两个变量可以是任意地址，也可以不用分配地址。

3）关于默认的地址映射关系及如何修改配置的 XML 文件以改变映射关系，请参考配套文档 12-8。

配套文档 12-8
Modbus TCP 的文档和例程

2. 测试 TwinCAT Modbus TCP Server 的 Demo 程序

第 1 步：把 Demo 程序下载到 TwinCAT 控制器，Login〈F11〉→Run〈F5〉，如图 12.34 所示。

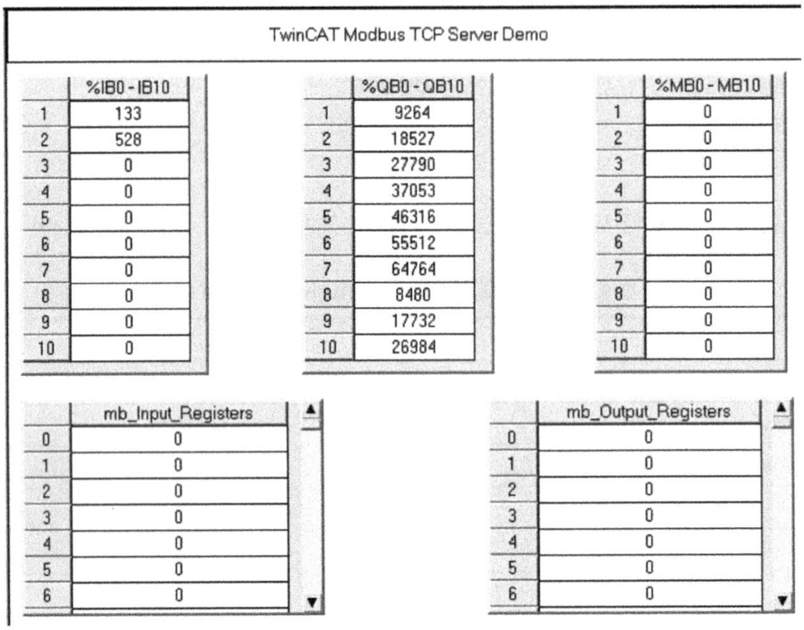

TwinCAT Modbus TCP Server Demo

	%IB0 - IB10
1	133
2	528
3	0
4	0
5	0
6	0
7	0
8	0
9	0
10	0

	%QB0 - QB10
1	9264
2	18527
3	27790
4	37053
5	46316
6	55512
7	64764
8	8480
9	17732
10	26984

	%MB0 - MB10
1	0
2	0
3	0
4	0
5	0
6	0
7	0
8	0
9	0
10	0

	mb_Input_Registers
0	0
1	0
2	0
3	0
4	0
5	0
6	0

	mb_Output_Registers
0	0
1	0
2	0
3	0
4	0
5	0
6	0

图 12.34　Modbus TCP Server 示例程序的操作界面

图 12.34 中 5 个表格分别用于演示 3 个 PLC 绝对地址区（I、Q、M）与和两个 Modbus Register 变量名映射的数组。

第 2 步：在 PC 上运行 Modbus Tcp 测试工具 ModScan32. EXE。

注意：即使运行 ModScan 的 PC 和 TwinCAT 控制器是同一台机，网卡也要在连接状态。

第 3 步：用网线连接 PC 和 TwinCAT 控制器，IP 地址设置为同一网段。

第 4 步：在 ModScan32 中设置 Connection 参数，IP 设为 TwinCAT 控制器的 IP 地址。如图 12.35 所示。

第 5 步：连接 Modbus TCP Server。

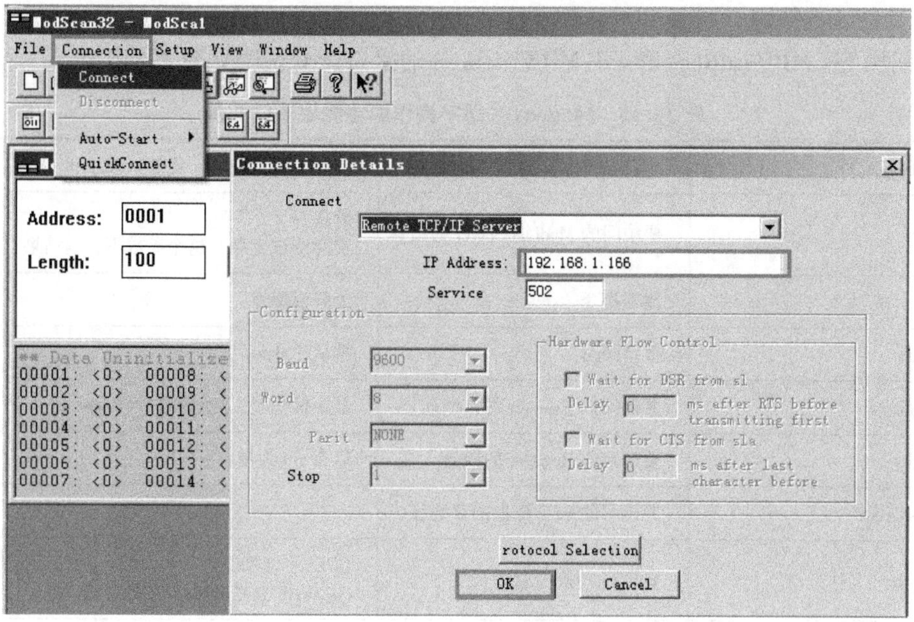

图 12.35　ModScan32 的操作界面

第 6 步：根据地址映射规则，访问 PLC 变量。

如 PLC 地址为“%QW x”，则对应 Modbus 地址(03：HOLD REGISTER)为 x/2+1。

如 PLC 地址为“%IW x”，则对应 Modbus 地址(04：INPUT REGISTER)为 x/2+1。

PLC 变量“%MW x”，对应 Modbus 地址(03：HOLDING REGISTER)为 x/2+12289。

变量 mb_Input_Registers[x]，对应 Modbus 地址(04：HOLDING REGISTER)为 x+32769。

变量 mb_Output_Registers[x]，对应 Modbus 地址(03：HOLDING REGISTER)为 x+32769。

12.4.3　TC2 PLC 作为 Client 的 Demo

当 TwinCAT PLC 作为 Client 工作时，需要编写 Modbus TCP 通信的代码。倍福公司提供库 Tc2_ModbusSrv，调用其中的功能块，就可以实现各种 Modbus Function 访问各个 Client。在安装了 TwinCAT Modbus TCP Server 的控制器上，只要 TwinCAT PLC 启动并运行，该服务就会自动启动。TwinCAT PLC 的 Modbus TCP 通信程序就可以根据 Server 侧的协议，发出的 Modbus 指令并得到响应。

作为 Client 端，必须知道 Server 侧（比如智能仪表）的 Modbus Register 定义规则，才能根据这个规则访问到特定的变量。比如和温控器通信时，根据温控器的通信协议说明，知道“设定温度”在 Register 6，TwinCAT PLC 要写这个参数，就要调用 Tc2_ModbusSrv 中的 FB_MBWriteRegs。

Tc2_ModbusSrv 中最常用的两个功能块是 FB_MBReadRegs 和 FB_MBWriteRegs。要实例化一个 Modbus Tcp 的 Server，需要在程序中声明：

```
MB_Read: FB_MBReadRegs;
MB_Write:FB_MBWriteRegs;
```

1. 功能块的解释

功能块 FB_MBReadRegs 和 FB_MBWriteRegs 的接口变量说明见表 12.15。

表 12.15 Modbus 注册字操作的功能块接口变量

sIPAddress	Modbus Server 的 IP 地址	要用单引号包含，比如 '192.168.1.160'
UnitID	要访问的 Modbus Server 的站号	默认为 1 实际测试发现，这个参数不影响结果
Excute	读写指令	上升沿触发
Timeout	报错延时	默认 500 ms
nMBAddr	要访问的 Register 的首地址	最小值是 0，表示第 1 个 Register
nQuantity	要访问的 Register 的数量	以 Word 为单位
pMemoryAddr	要读写的 PLC 变量的首地址	
CbLength	要读写 PLC 变量的长度	以 Byte 为单位 cbLength 总是 nQuantity 的 2 倍

2. 调试 Demo 程序中

测试界面如图 12.36 所示。

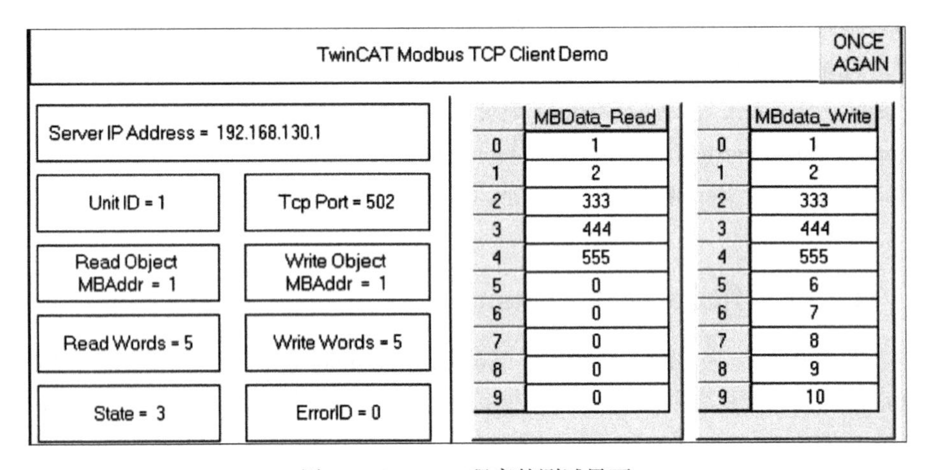

图 12.36 Demo 程序的测试界面

第 1 步：把 Demo 程序下载到 TwinCAT 控制器，Login〈F11〉→Run〈F5〉。

第 2 步：在 PC 上运行 Modbus TCP 测试工具。

第 3 步：用网线连接 PC 和 TwinCAT 控制器，IP 地址设置为同一网段。

第 4 步：在 ModSim32 中设置 Connection 参数，IP 设为 TwinCAT 控制器的 IP 地址。如图 12.37 所示。

这样就相当于在 PC 机上模拟出一个 Modbus TCP Server，端口为 502。

第 5 步：选择菜单 File→New 新建一个地址列表。

第 6 步：设置 Register 地址的值，供 Modbus TCP Client 的 PLC 访问。如图 12.38 所示。在“1”处输入值 1，下方列表就会显示 Holding Register 1~100 的值。

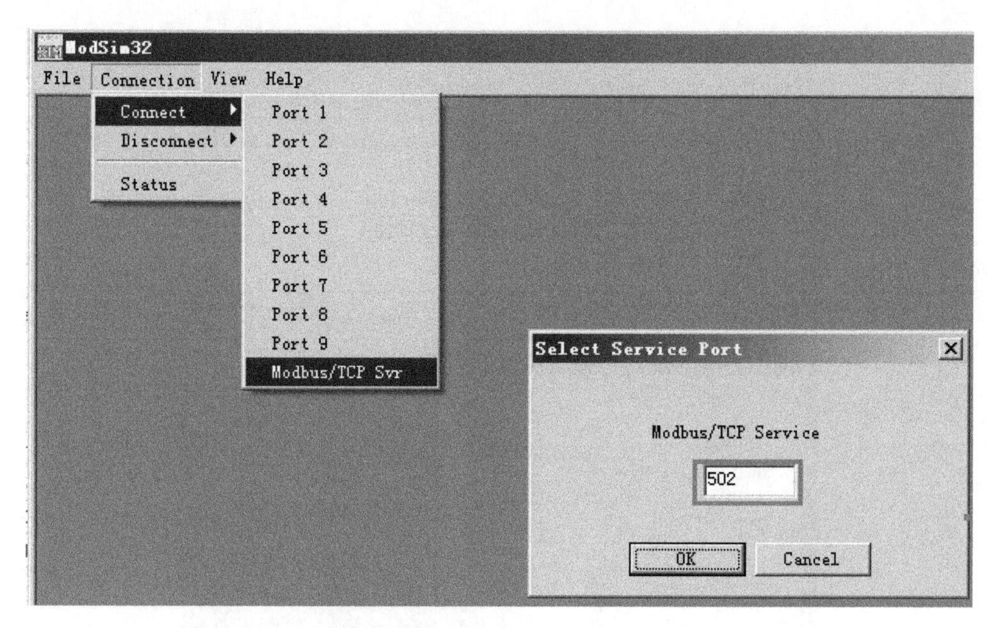

图 12.37　Modsim32 的 IP 和端口设置

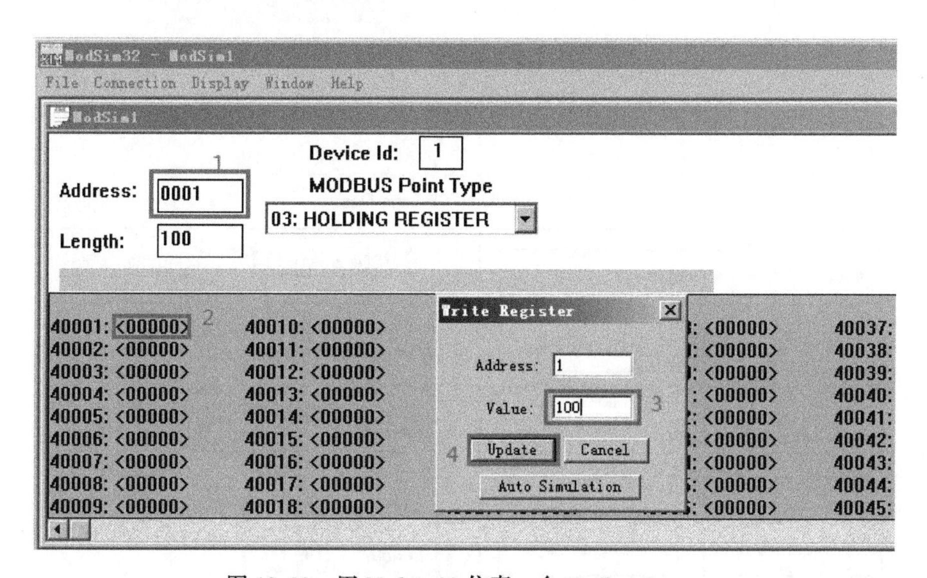

图 12.38　用 Modsim32 仿真一个 Modbus Server

双击“2”处，修改 Holding Register 1 的值。在“3”处输入 100，然后单击“4”Update。

如果要仿真一个自动变化的 Modbus Server 注册字，可以选择 Auto Simulation，如图 12.39 所示。

本例中指定的注册字 40001 就会每隔 1s 自累加 10。

第 7 步：根据地址映射规则，从 PLC 程序读到 Holding Register 1 的值。如图 12.40 所示。

注意以下几点。

PLC 中 MBAddr 为 0 时，读写的是 ModSim 中地址 40001 的值。

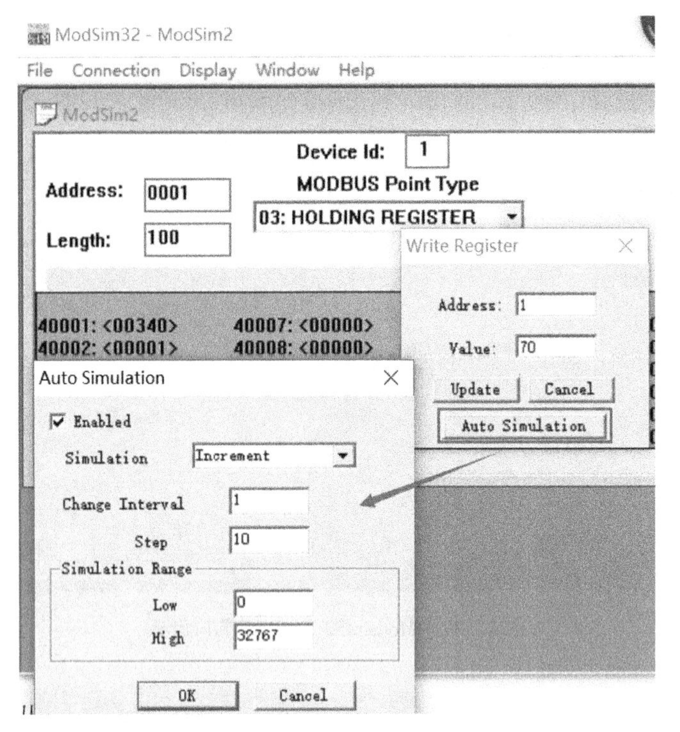

图 12.39　自动仿真 Modbus Server 中连续变化的数据

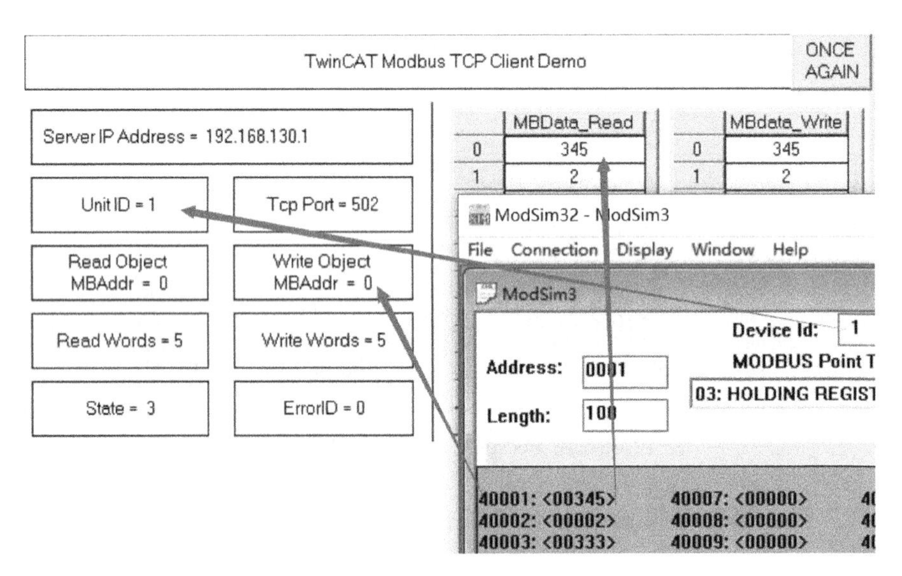

图 12.40　PLC 作为 Client 与 ModSim 仿真 Server 的通信验证

PLC 程序中的 UnitID，应该与 Modsim 中 DeviceID 的值一致。

端口 502 是默认的 Modbus Server 端口。

观察 04：Input Register 的地址 1 的值与 03：地址 1 的值相同，如图 12.41 所示。

这是由于 ModSim 工具的注册字不区分 Input 和 Output，实际上很多 Modbus RTU 设备的 Register 也只有参数号而不区分 Input 还是 Output，此时直接用 03 方法去访问就行了。

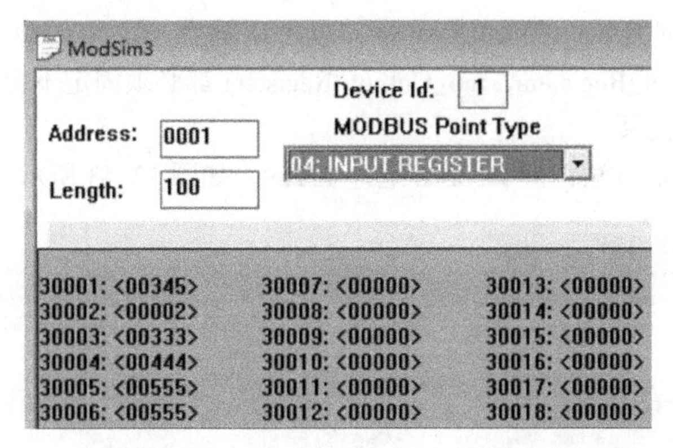

图 12.41　对比 30001 与 40001 访问的注册字

12.5　TC3 串口通信和 TCP/IP 通信与 TC2 的异同

12.5.1　TC3 版本的通信例程

配套文档 12-9
例程：TC3_Serial 通信 Demo

在 TC3 上串口通信和 TCP/IP 通信在物理接口、硬件接线及参数设置上与 TC2 完全一样，通信程序也几乎一模一样。请参考配套文档 12-9。

其包含了每一种通信例程的 TC3 版本，如图 12.42 所示。

名称	修改日期	类型	大小
ModbusRTU_Master	2017/3/27 17:20	压缩(zipped)文件...	9,485 KB
ModbusRTU_Slave	2017/3/27 17:20	压缩(zipped)文件...	9,381 KB
ModbusTCP_Client_Demo	2017/3/27 17:20	压缩(zipped)文件...	9,266 KB
ModbusTCP_Server_Demo	2017/3/27 17:20	压缩(zipped)文件...	9,224 KB
Pro_RS232_RS485	2017/3/27 17:37	压缩(zipped)文件...	9,430 KB
TcpIp	2017/3/27 14:58	压缩(zipped)文件...	9,098 KB

图 12.42　TC3 版本的通信例程

12.5.2　TC2 与 TC3 串口通信的区别

（1）不同的地方

1）TC3 下的 Modbus TCP Server，其变量地址映射方式与 TC2 不同。

2）TC3 下的 TCP/IP 库通信提供了更多的功能块。

3）TC3 下需要安装相应的 Function。

TC3 下的 Function 安装时不需要授权，运行时才检查授权。

CE 安装包的 CAB 文件可以复制转发，不必在开发 PC 上都安装所有 Function。

4）TC3 下 Modbus TCP Server 的变量地址映射方式除 I、Q 区外，PLC 变量“%MB x”对应 Modbus 地址（03：HOLDING REGISTER）为 x/2+12289，mb_Input_Registers[x]，对应 Modbus 地址(04：HOLDING REGISTER)为 x+32769，mb_Output _Registers[x]，对应 Modbus 地址(03：HOLDING REGISTER)为 x+32769。

注意：M 区变量地址统一用%MB××××，就可以兼容 TC2 中的地址计算公式。文件名 GVL 和变量名 mb_Input_Registers、mb_Output_Registers 都必须固定不变。

（2）实际的测试记录

访问%MB0，用 03 方法访问 Modbus 地址 12289。如图 12.43 所示。

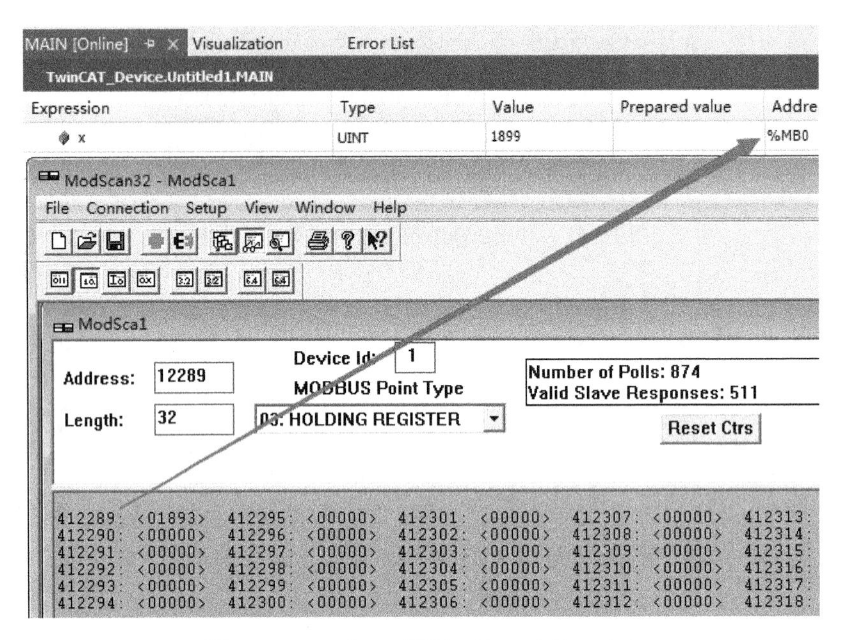

图 12.43　ModScan 访问 TC3 PLC 的%MB0

访问 mb_Output_Registers［0］，用 03 方法访问 Modbus 地址 32769。如图 12.44 所示。

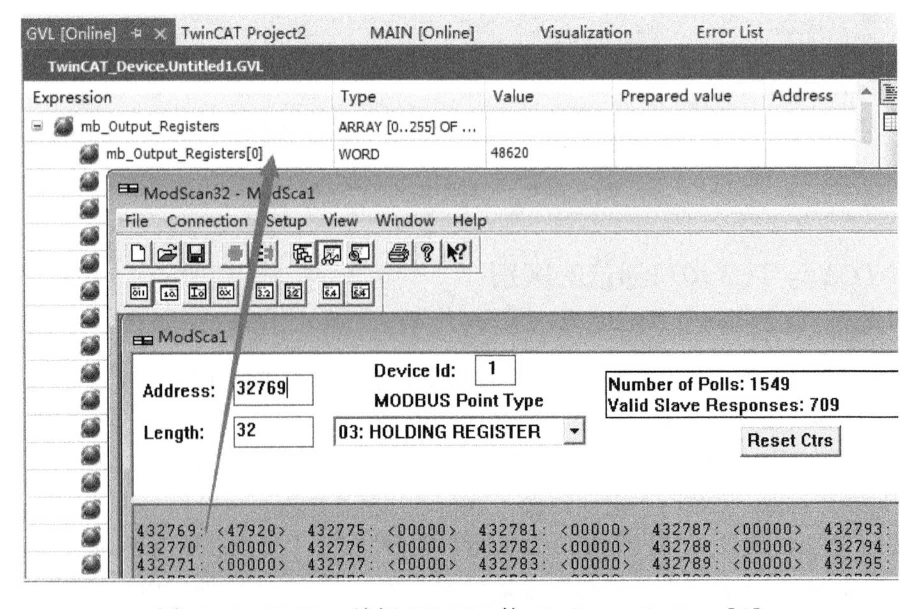

图 12.44　ModScan 访问 TC3 PLC 的 mb_Output_Registers[0]

12.5.3　TC3 下的 TCP/IP 通信例程 Demo

在 TwinCAT 项目中添加现有项（Add Existing Items），选择 TcpIp. tpzip，可导入 PLC 程序，如图 12.45 所示。

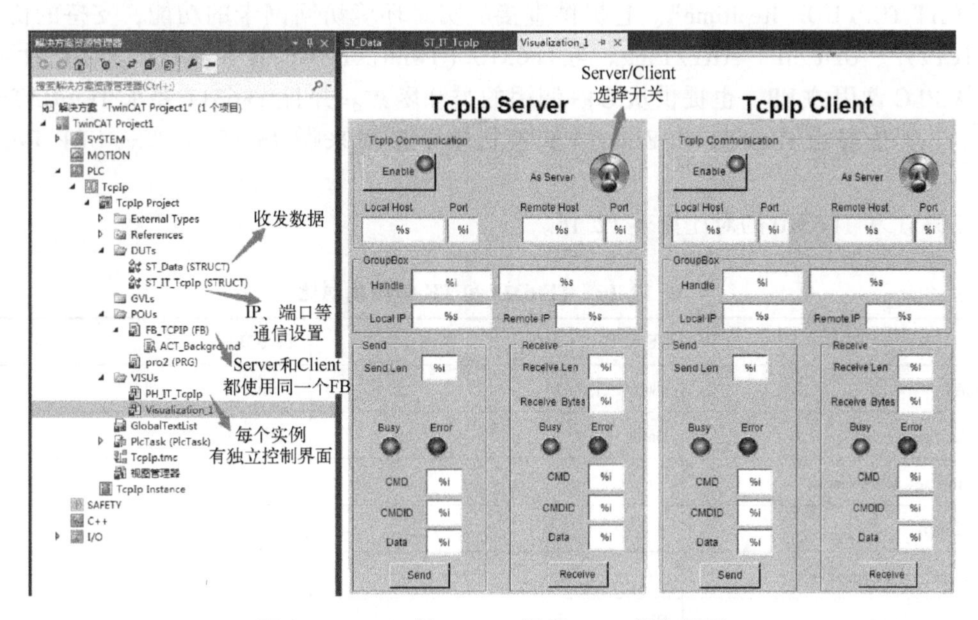

图 12.45　TC3 版 TCP/IP 通信 Demo 操作界面

测试时首先用通信调试助手与 PLC 程序通信。PLC 侧："As Server" 启用时，要在 Local Host 处正确填写与 Client 连接的物理网卡的 IP 地址，如果 Client 也在本机运行则填 "127. 0. 0. 1"。通信调试助手侧：做 Client 的界面上要输入 Server 的 IP 地址和端口，填写的传真应该与 PLC 侧的 Local Host 和 Port 相同。在 Handle 和连接状态为 Connected 时，填写 Send 按钮上方的 CMD、CMDID 及 Data 等数据，再单击 Send 就可以发送数据了。

实际连接设备时，可以修改收发数据的结构元素，实际程序中根据协议再去处理要接收和要发送的数据。

调试过程中要注意在调试工具中启用循环发送，并且将 PLC 程序中的 Timeout 时间（FB_TCPIP 的局部变量 tDisconnect）设置得长一点，默认是 1 s，如图 12.46 所示。

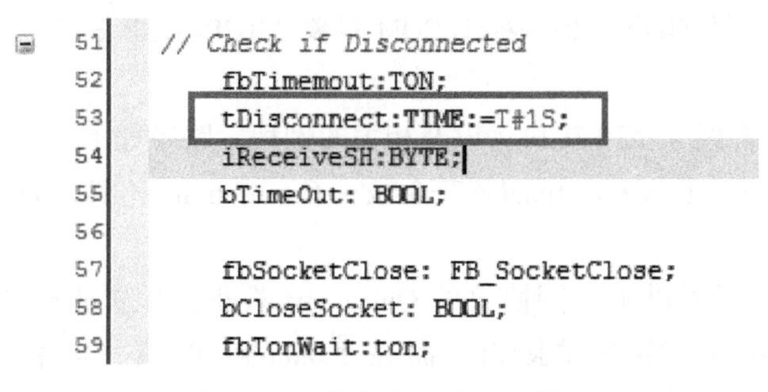

图 12.46　控制重连的时间常数

12.6 TCP/UDP Realtime

倍福公司除了 TwinCAT TCP/IP 通信外，还提供一种类似的 Function TF6311，即“TwinCAT TCP/UDP Realtime”。它提供直接从实时环境访问网卡的功能，支持的协议包括：TCP/IP、UDP/IP、ARP/Ping。与 TF6310（TwinCAT TCP/IP）相比，其实时性更好，提供从 PLC 调用的 FB，也提供从 C++调用的类和函数。并且 TF6311 要求 TwinCAT 兼容的网卡，不能经由 EL6601 和 EL6614 交换机端子模块来做 TwinCAT TCP/UDP Realtime 通信。

TF6311 和 TF6310 的对比见表 12.16。

表 12.16　TF 6311 和 TF 6310 的对比

	TF 6310	TF 6311
TwinCAT	TwinCAT 2/3	TwinCAT 3
Client/Server	Both	Both
Large/unknown networks	++	+
Determinism	+	++
High-volume data transfer	++	+
Programming languages	PLC	PLC and C++
Operating system	Win32/64. CE5/6/7	Win32/64. CE7
UDP-Mutlicast	Yes	No
Trial license	Yes	Yes
Protocols	TCP. UDP	TCP. UDP. Arp/Ping
Hardware requirements	Variable	TwinCAT-compatible network card
Socket configuration	See operating system(WinSock)	TCP/UDP RT TcCom Parameter

无论采用什么协议，应用程序与 TwinCAT 之间的通信通过一对接口来实现。

发送接口：发送接口，用于支持发送数据和建立连接等。

接收接口：提供给对方基于回调的反馈事件或者数据。

这种接口对子的通信组合，是一种 TcCOM 对象“TCP/UDP RT”，它们通过网络进行实例化和参数配置。

TC3 帮助系统中介绍了 API 接口，以及相关的例程，路径如下：

TwinCAT 3/TFxxxx | TC3 Functions / TF6xxx - Connectivity / TF6311 TC3 TCP/UDP Realtime/Overview

在这个帮助路径下提供了不同协议的 Quickstart 教程：配置步骤在 Configuration 下面，在 Programmer's reference 中描述接口，而在 Examples 中演示实例。相关帮助信息如图 12.47 所示。

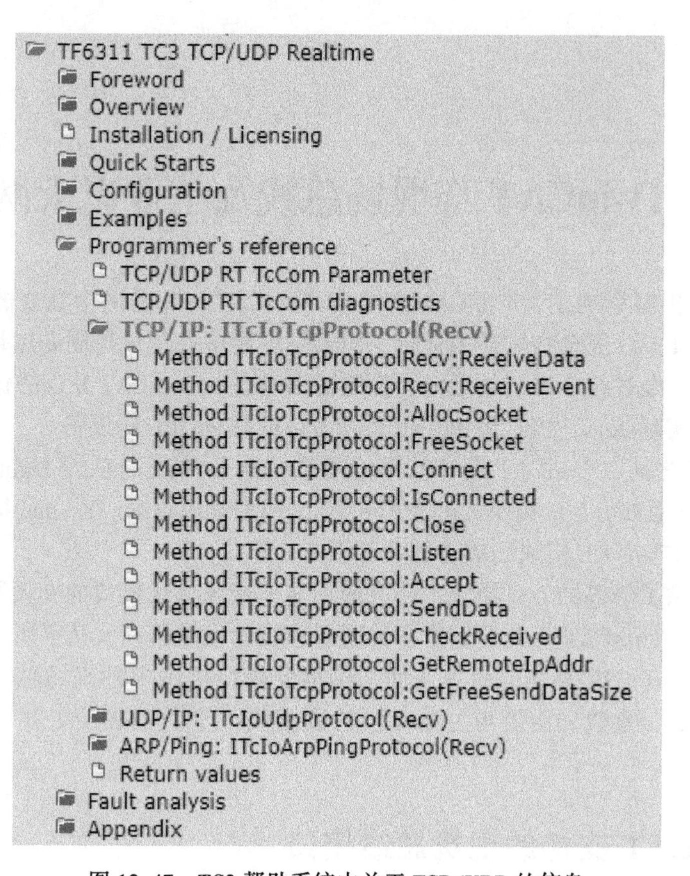

图 12.47　TC3 帮助系统中关于 TCP/UDP 的信息

第 13 章　TwinCAT 与现场总线及工业以太网设备通信

在 TwinCAT 控制系统中，TwinCAT PLC 与 TwinCAT I/O 是两个独立的设备，PLC 运算可以脱离 TwinCAT I/O 完全在内存中运行。但实际应用中自动化控制必然是根据输入设备状态以及操作指令，经过符合工艺的运算，控制输出设备。TwinCAT I/O 的作用就是通过总线刷新物理 I/O 的实际状态，PLC 经由 TwinCAT I/O 间接访问 I/O 设备。

在 EtherCAT 之前，TwinCAT 系统使用倍福公司自己的现场总线 Lightbus 或者 Realtime EtherNet 作为 I/O 总线，I/O 模块之间使用 K-Bus 作为背板总线。K-Bus 接口的 I/O 模块全都以 KL 开头，而连接 KL 模块的耦合器全都以 BK 开头。

如果系统中除了倍福的 I/O 模块，还有使用其他现场总线接口的变频器、温控器等第三方设备怎么办呢？TwinCAT 为此开发了多种现场总线的主站驱动，几乎所有主流总线的从站设备都可以接入 TwinCAT 系统。另一方面，倍福公司也提供多种现场总线的从站接口，只要配置好地址、通信参数和需要与主站交换的数据块，整个 TwinCAT 就可以作为一个从站集成到上层系统中。

13.1　TwinCAT 支持的现场总线接口

13.1.1　TwinCAT 作为主站

具体来说，有哪些非 EtherCAT 的总线从站设备可以接入 TwinCAT 呢？试着在 TwinCAT System Manger 中添加 TwinCAT I/O 设备时，可以看到供选择的设备类型有多种。如图 13.1 所示。

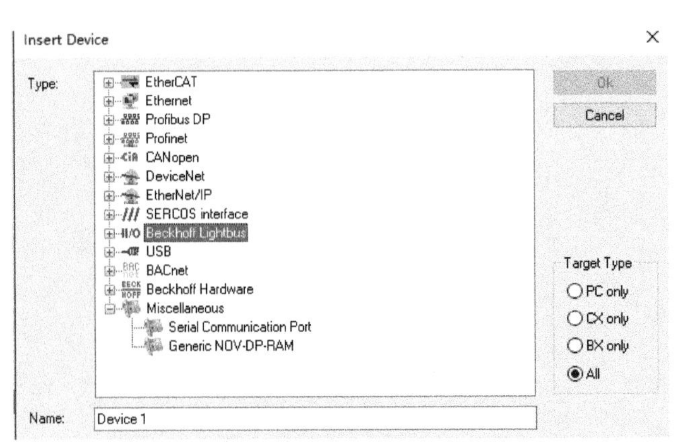

图 13.1　TwinCAT I/O 支持的设备接口类型

TwinCAT 提供这些现场总线的主站接口，可以和这些总线的从站设备通信。除了 SERCOS 之外，TwinCAT 还提供其他总线的从站接口，可以和这些总线的主站进行通信。

据不完全统计，TwinCAT 支持的非 EtherCAT 通信和适用的通信设备汇总见表 13.1。

表 13.1　TwinCAT 与第三方总线从站设备的通信

设　备	实 时 通 信		非实时通信	
	物　理　层	协　　议	物　理　层	协　　议
具有通信接口的现场设备（远程 I/O、变频器、阀岛、机器人、温控器、条码阅读器等）	现场总线（主） 卡或网关模块	PROFIBUS CANopen DeviceNet SERCOS	串口	自由串口协议 Modbus RTU
	工业以太网（主） 卡或网关模块	PROFINET EtherNet/IP	网口 有线/无线	TCP/IP Modbus TCP
专用设备：单片机、DSP	CANopen 主站 卡或者模块	CAN 2.0 Interface	串口	自由口协议 Modbus RTU

13.1.2　TwinCAT 作为从站

TwinCAT 不仅本身有强大的控制功能，可以将几乎各种工业接口的设备集成到系统中进行控制。同时，TwinCAT 也保持灵活性，提供各种从站接口，可以集成到其他 PLC 的控制系统中，比如作为 PROFIBUS DP 从站，集成到西门子的 PLC，作为 EtherNet/IP 从站，集成到罗克韦尔自动化的 PLC 等。

据不完全统计，TwinCAT 与第三方控制器的通信方式和适用的通信设备汇总见表 13.2。

表 13.2　TwinCAT 与第三方总线主站设备的通信

设　备	实 时 通 信		非实时通信	
	物　理　层	协　　议	物　理　层	协　　议
第三方控制器，非 EtherCAT 主站	现场总线（主/从） 卡或者模块	PROFIBUS CANopen DeviceNet	串口	自由串口协议 Modbus RTU
	工业以太网（主/从） 卡或网关模块	PROFINET EtherNet/IP	网口 有线/无线	TcpIp Modbus TCP OPC UA
第三方控制器，EtherCAT 主站	桥接模块 EL6692、EL6695	EtherCAT		
专用设备：单片机、DSP	CANopen 主站 卡或者模块	CAN 2.0 Interface	串口	自由口协议 Modbus RTU
运行在 PC 上的 C++ 应用程序 非 TC3 的 C/C++	支持 Y-Driver 的有线网卡	EAP 基于 TC2 的 R3IO	网口 有线/无线	TcpIp/UDP 通信 ADS OPC DA OPC UA

13.2　PROFINET Master

13.2.1　PROFINET 简介

1. PROFINET 应用的 3 个级别

1）标准的数据通道。典型周期 100ms，开放的 TCP/IP ，用于设备的参数化，读取诊断数据，装载通信配置，是用户数据交互通道的协商，与触摸屏通信。

2）自动化（PLC）数据通道。典型周期 10 ms，即实时通道 RT，执行周期性数据、过程控制信息的传输。

3）运动控制数据通道。典型周期小于 1 ms，即实时通道 IRT，执行高性能的传输和任务同步数据，抖动小于 1 μs，如图 13.2 所示。

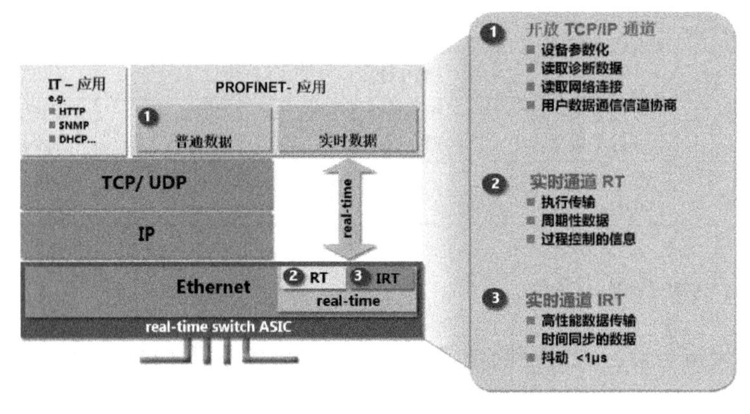

图 13.2　PROFINET 的 3 种数据通道

PROFINET 可以在一条总线上实现实时和非实时通信，一套实时总线系统适应所有的应用场合，可以有不同级别的通信实时性。

2. PROFINET 的术语

PROFINET IO-Device，从站。

PROFINET IO-Controller，主站。

GSDML，XML 形式的设备描述文件，类似 PROFIBUS 通信中的 GSD 文件。

Proxy，从 PROFINET 到 PROFIBUS 或者其他总线的网关。

PROFINET CBA，控制器之间的数据交换。

PROFINET IO 分为 Class A\B\C 三个级别，A 类无实时性，用于配置；B 类用于实时周期性数据传输；C 类用于高实时性的毫秒级以下的数据通信。

3. PROFINET RT

PROFINET RT 可以实现最低 1 ms 周期的实时以太网通信。允许使用普通的交换机，抖动时间不确定，具体依赖于交换机的数量、质量、调整、信号传播延迟时间及电缆长度。PROFINET RT 非常类似于倍福的 RT-EtherNet，即 EAP 通信的前身。

不同的是，PROFINET RT 的每个从站可以按自己的任务周期收发数据，如图 13.3 所示。

系统中的有的从站周期是 2 ms，有的是 8 ms，但总是 2n ms。

4. PROFINET IRT

PROFINET IRT 是一种同步实时总线，需要专用的交换机（从站内部也需要），比如西门子或者赫优讯公司的 NetX。通过网络规划，可以计算出 EtherNet 数据帧到达从站需要花费的时间，因此当需要一个数据帧在设定的时间到达从站时，这个时间可以提前确定，通过这种方式可以减小时间抖动。PROFINET IRT 的最小周期<1 ms。

PROFINET IRT 通信支持独立的通道，在 PROFINET 网络中会为 IRT 通信预留带宽。为 RT 和 NRT 预留的最大数据帧长意味着需要 120 μs+同步报文时间 32 μs+IRT 数据帧，这意味着最小的 IRT 周期为 250 μs。如图 13.4 所示。

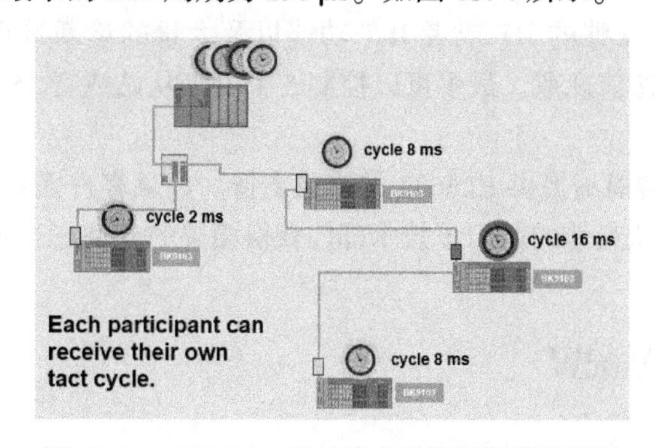

图 13.3　PROFINET 从站按自己的周期发送数据

图 13.4　PROFINET 为 IRT 通信预留带宽

IRT 的 Timing（时间规划）方式类似轨道交通，如图 13.5 所示。

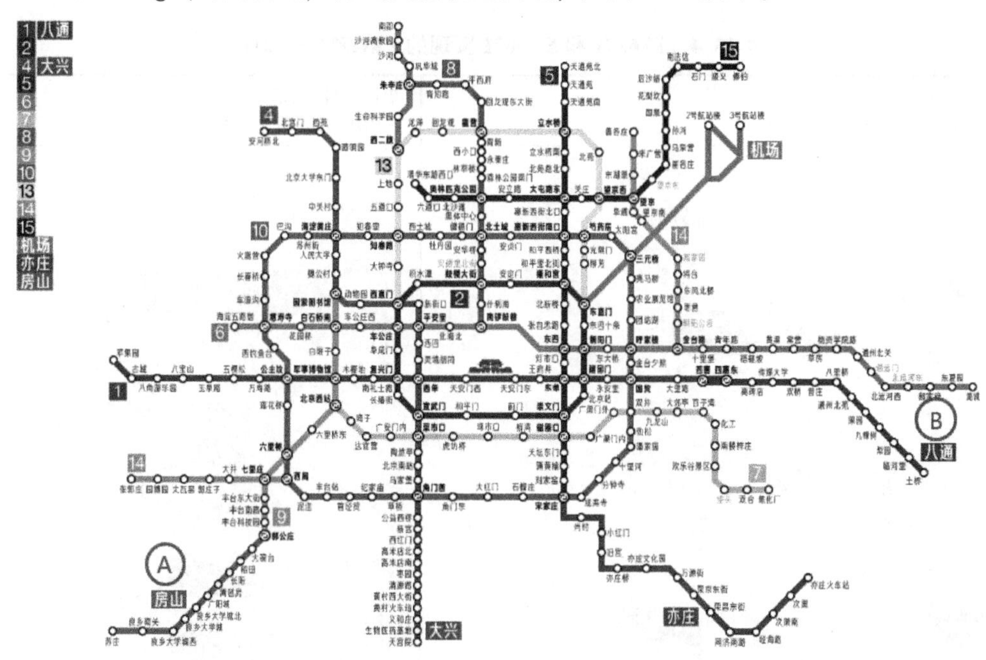

图 13.5　IRT 的时间规划类似轨道交通

- 目标：在 A 点和 B 点之间实现最短距离最快速的连接。
- 初始化参数：声明路由和经过的站点、目的站、时间、轻轨、地铁及有轨电车。
- 规划：设定出发时间，以便在预定的时间到达目的站，优化时间表。

5. 比较 PROFINET IRT 和 PROFINET RT

PROFINET IRT 和 PROFINET RT 的性能对比见表 13.3。

表 13.3　PROFINET IRT 和 PROFINET RT 的性能对比

	RT	IRT
硬件	无特别要求	要求特殊硬件（如 ERTEC）
周期	>1 ms	<1 ms
时间抖动（Jitter）	>>1 μs	<1 μs

6. 倍福产品做 IRT 主站（PROFINET IRT Controller）

根据倍福官网显示，EL6632 可以提供完整的 RT 或者 IRT 功能以及大量的诊断选项。所有服务符合最高级别的 CLASS C 类 IRT 通信规范。最多可以控制 5 个 IRT 从站或者 15 个 RT 从站，但这与拓相结构和控制周期有关。

由于 IRT 网络设置复杂，硬件昂贵，倍福不提供 EL6632 的产品支持。如果客户需要测试或者使用 EL6632，应在下单前确认可以从当地的西门子技术部门获得相关的支持。否则，购买该模块后可能无法在实际项目中使用。

13.2.2 TwinCAT 做 PROFINET 主站配置

1. PROFINET 主站的通信组件

PROFINET 主站的通信组件包括软件 TF6271 和硬件 EL6631 两种，其功能对比见表 13.4。

表 13.4 TF6271 和 EL6631 实现的 PROFINET 对比

A：软件方式 TwinCAT Function + 以太网口	B：硬件方式 PROFINET 网关模块
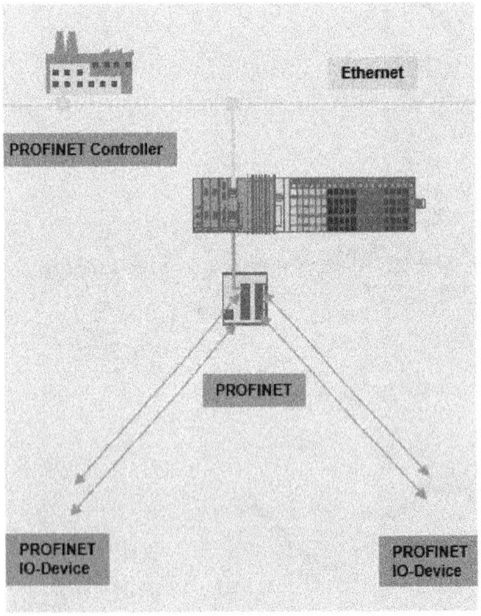	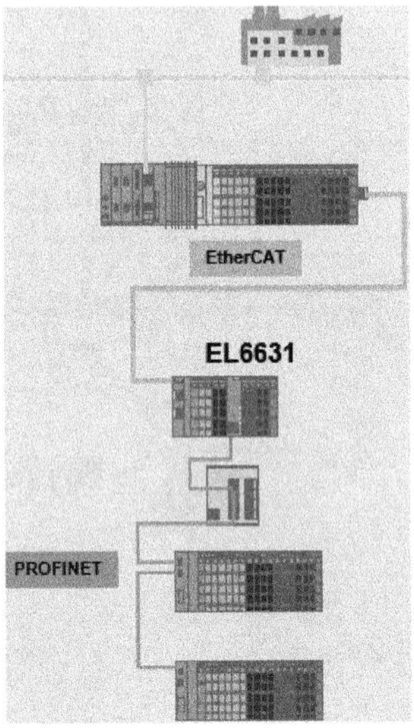
订货号： TS6271：适用于 TC2，Windows 7 标准版或嵌入版 TS6271-0030：适用于 TC2，Windows CE TF6271-00xx：适用于 TC3，不分 OS	订货号： EL6631-0000： 不区分 TwinCAT 版本，不区分 OS 不区分 CPU 性能等级
ProcessData：无限制	ProcessData：1 KB
从站数量：仅受 PROFINET 协议限制	从站数量：<15 个
硬件接口： 控制器集成的 Intel 网卡或者 CCAT 网卡 CXxxxx-M930 IPC 上扩展的 Intel 网卡 FC90xx CU2508	硬件接口：模块 EL6631-0000

注意：

1）EL6631-0000 必须是在倍福控制器的 EtherCAT 网络中才能工作。

挂在第三方控制器下面的倍福耦合器上的 EL6631 不能作为 PROFINET 网关。

2）PROFINET 可以和其他协议共存。

CX10x0 及 CX90x0 等内置交换机的网口也可以用于 PROFINET 主站。但是考虑到 PROFINET 通信繁忙时可能对其他通信造成影响，所以尽量使用专门的网卡。

2. 添加 PROFINET 主站

（1）EL6631-0000 作为主站

扫描 EtherCAT 网络，找到 EL6631 模块会自动添加 PROFINET 主站。

如果要手动添加，则在“IO/Device”的右键菜单中选择“Add New Iterms”，选择“Profinet I/O Controller EL6631(RT)，EtherCAT”，如图 13.6 所示。

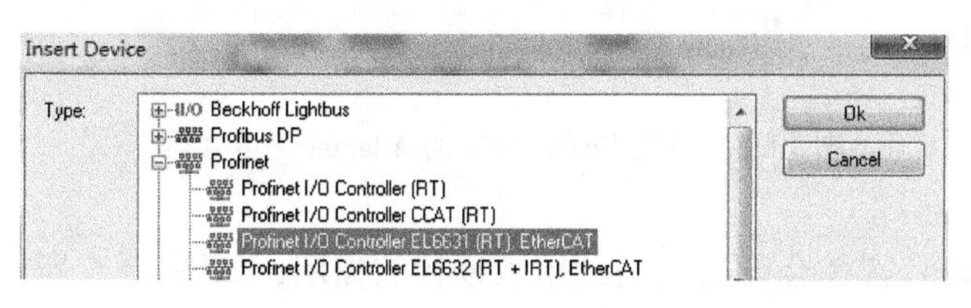

图 13.6　添加 Profinet I/O Controller EL6631(RT)，EtherCAT

在 EtherCAT 网络中手动添加一个 EL6631-0000，然后将上一步添加的 PROFINET 的 Adapter 指定到这个模块，如图 13.7 所示。

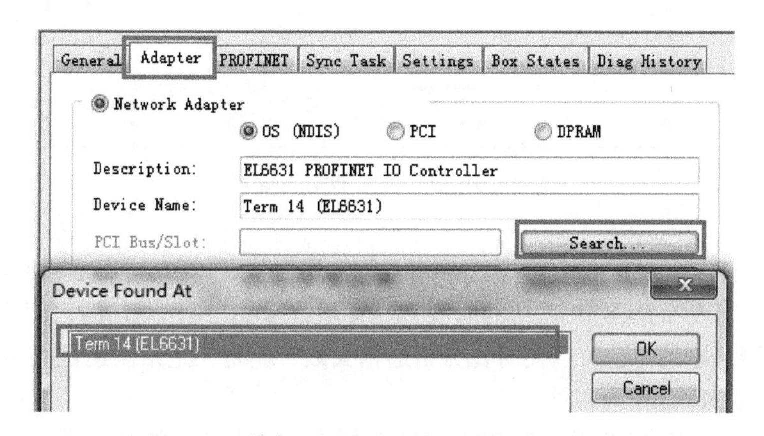

图 13.7　指定 PROFINET 的 Adapter 为 EL6631

（2）Intel 网卡作为主站

确认控制器上已经安装了 TwinCAT 功能包 TS6271 或者 TF6271 的授权。

确认控制器的目标网卡已经安装了 TwinCAT RT EtherNet 驱动。大部分倍福控制器为所有网卡出厂预装了 RT EtherNet 驱动，但工控机或者扩展网卡就不一定了。或者部分新推出的 CX 控制器也没有预装网卡驱动，这时就需要手动安装。安装的方法与“安装 EtherCAT 驱动”相同。

软件实现的 PROFINET 只能手动添加，步骤如下。

1）在 TwinCAT 开发环境中添加路由，并将控制器选择为目标系统。

2）在“IO/Device”的右键菜单中选择“Add New Iterms”，选择“Profinet I/O Controller (RT)”，把 PROFINET 的 Adapter 指定到网卡，如图 13.8 所示。

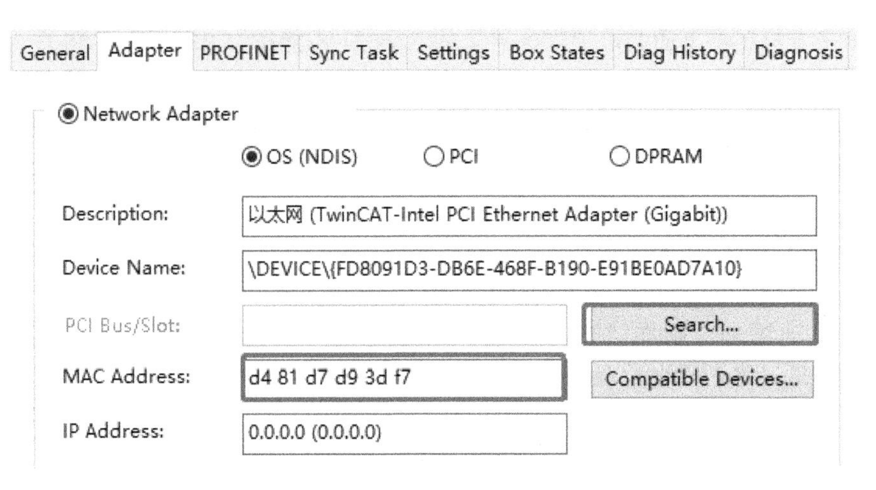

图 13.8　指定 PROFINET 的 Adapter 为以太网卡

激活配置，TwinCAT 3 会弹出使用试用版授权的提示，如图 13.9 所示。

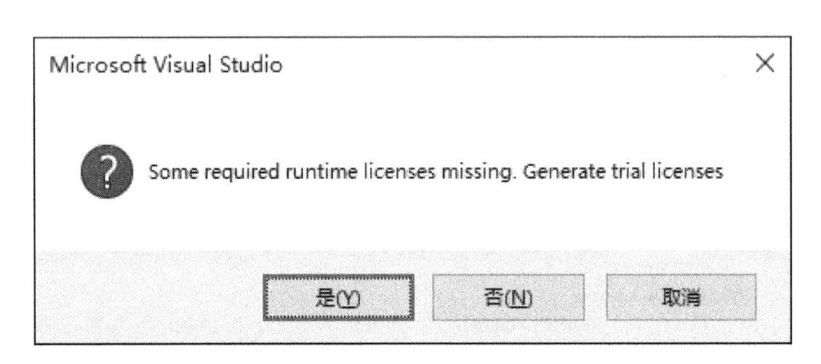

图 13.9　提示使用 Trial Licenses

TwinCAT 3 有一个好处就是所有 TC 和 TF 软件都提供试用版，所以在测试工业以太网，比如 PROFINET 和 EtherNet/IP 通信的时候，经常用编程 PC 用作通信的"对方"，有时充当主站，有时充当从站的角色，以便对比分析通信失败可能是在主站侧还是从站侧。

（3）CXxxxx-M930 作为主站

CX 控制器上集成的 CXxxxx-M930 即 CCAT 网卡，这个选件和控制器一起订货，出厂预装不可拆卸。在 TwinCAT 开发环境中添加路由，并将控制器选择为目标系统，扫描 I/O，就可以自动添加 PROFINET 主站。

（4）CU2508 作为主站

由于 CU2508 只是一个网络倍增器，所以它的每一个网口都可以作为一个单独的网卡来使用。当其中一个网口作为 PROFINET 主站时，其配置方法与"Intel 网卡做主站"的配置方法相同。

3. Profinet 主站的设置

（1）设置 IP 和名字

从 I/O→Device（PROFINETController）的 Settings 选项卡设置 PROFINET 主站 IP 和名字，如图 13.10 所示。

重要的是 Name，通常系统中都只有一个 PROFINET 主站，可以直接使用默认的名字，

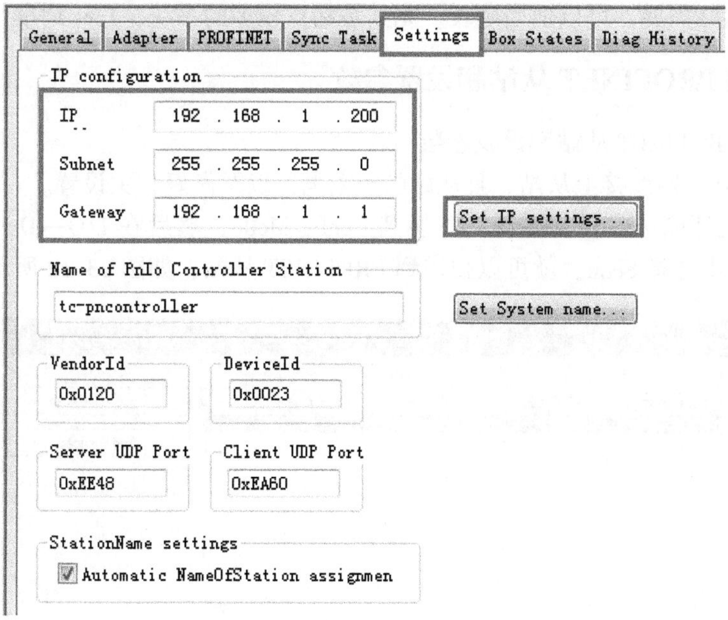

General | Adapter | PROFINET | Sync Task | Settings | Box States | Diag History

IP configuration

IP 192 . 168 . 1 . 200

Subnet 255 . 255 . 255 . 0

Gateway 192 . 168 . 1 . 1

Set IP settings...

Name of PnIo Controller Station

tc-pncontroller

Set System name...

VendorId

0x0120

DeviceId

0x0023

Server UDP Port

0xEE48

Client UDP Port

0xEA60

StationName settings

Automatic NameOfStation assignmen

图 13.10　设置主站的 IP 和名字

只要跟 PN 网上的其他节点不重复就可以了。

勾选 Automatic NameOfStation assignment（自动下载命名）。

(2) 设置同步任务

如图 13.11 所示。

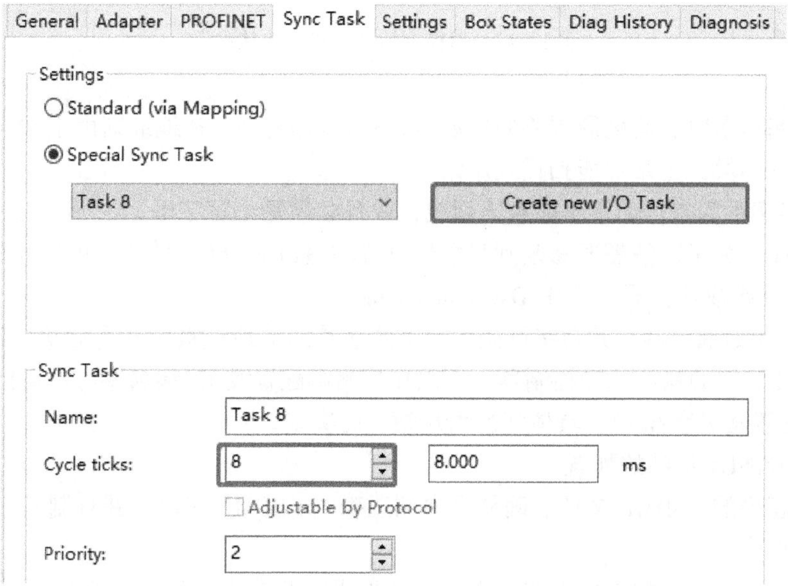

General | Adapter | PROFINET | Sync Task | Settings | Box States | Diag History | Diagnosis

Settings

Standard (via Mapping)

Special Sync Task

Task 8

Create new I/O Task

Sync Task

Name: Task 8

Cycle ticks: 8 8.000 ms

Adjustable by Protocol

Priority: 2

图 13.11　同步任务的设置

推荐使用 Special Sync Task，因为如果使用 Standard（via Mapping），而在调试程序的时候又使用了断点的话，整个 PROFINET 通信就会停止。另外，允许的任务周期是 2n ms，默认 1 ms，根据实际需要，可以适当延长。尤其是站点较多的系统，1 ms 周期太短。

13.2.3 添加 PROFINET 从站和设置参数

（1）添加 PROFINET 从站和设置参数

1）扫描从站。网线接上从站，且从站已经上电，以及做好相关设置。

在 TC3 开发环境选中目标系统，并切到 Config Mode，然后在 I/O→Device(PROFINET RT)的右键菜单中选择 Scan，就可以扫描到 PROFINET 从站，如图 13.12 所示。

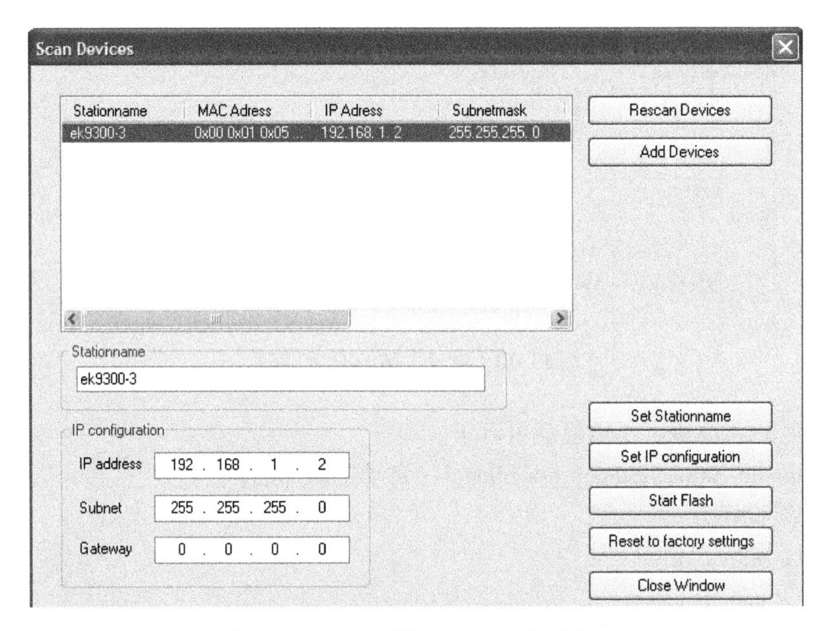

图 13.12 扫描到的 PROFINET 从站

2）设置基本参数。这里最重要的参数是 Stationname，而 IP 地址则由主站自动处理。不论 IP 是否同一网段，主站都能扫描到从站。

从站的名字不为空，名字不能含下划线，并且必须是小写字母。

IP Address：为了通信需要修改到与主站设置的虚拟 IP 同一网段，并单击 Set IP Configuration。如果修改成功会提示“IP Data was changed!”。

有的从站比如耦合器，其名字可能由固定的字符加上地址拨码作为后缀，比如图 13.12 中的 ek9300-3。有的从站比如控制器，可以在从站侧配置其 IP 和名字，也可以由主站侧即 TwinCAT 来配置其名字和 IP，具体情况由从站厂商决定。

（2）PROFINET 从站的配置

1）获得正确的 GSDML 文件。确认已得到正确的 GSDML 文件，并复制到 C:\TwinCAT\Io\PROFINET 下。

注意：GSDML 文件的正确性非常重要，经常通信不成功，都是由于 XML 文件不对。特别是控制器型的 PROFINET 从站，其 XML 文件最好在对方的编程开发环境中配置好再导出，也有多项参数设置。所以测试时最好是倍福工程师和对方厂商的工程师一起测试，因为对于第三方产品的参数设置，当然是原厂的工程师更熟悉。

一定要使用对方开发工具中导出的 GSDML 的文件名，复制过程中不得随意重命名。

2）自动读取从站的配置。选中上一步扫描到的从站，单击“Add Devices”，弹出是否扫描实际配置的对话框，如图 13.13 所示。

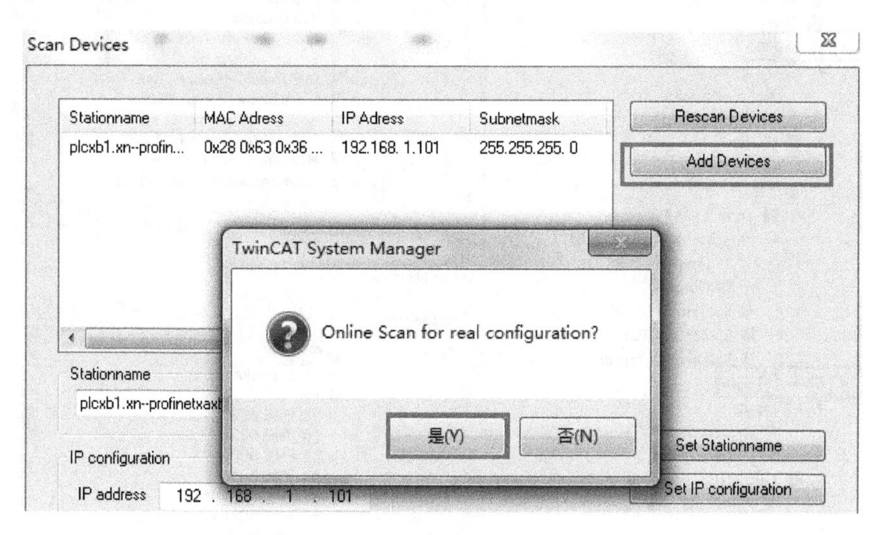

图 13.13　添加扫描到的 PROFINET 从站

单击“是”，读取从站配置，结果如下，如图 13.14 所示。

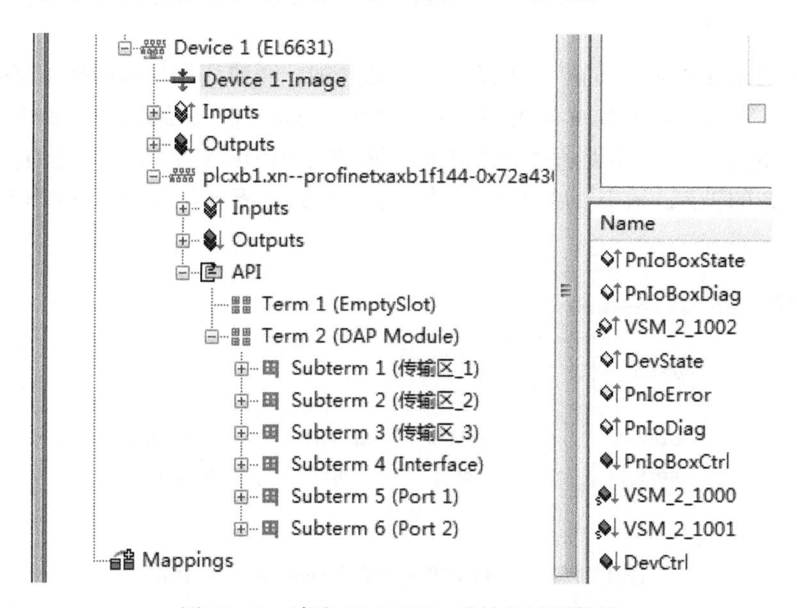

图 13.14　读取 PROFINET 从站的过程数据

这样，在线连接的从站内部配置的所有过程数据就会显示在列表中。与 PLC 程序的变量映射，就可以从 PLC 程序控制了。

3）手动配置从站的 Process Data

不同的从站，可以添加的 Process Data 不同。以倍福的从站 PN 耦合器 EK9300 和西门子的 PN 从站 IM151 为例，手动添加到主站下后，两者都只能在“API”的右键菜单中选择“Add New Iterms”，而弹出可供选择的 Module 则完全不同。如图 13.15 所示。

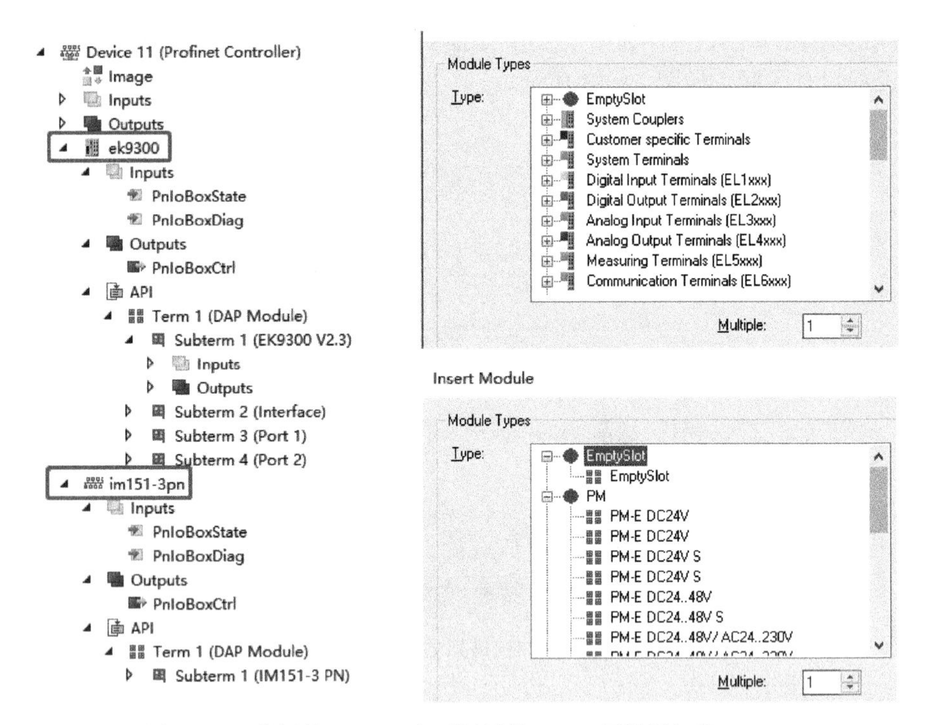

图 13.15　倍福的 EK9300 和西门子的 IM151 可以添加的 Module

不同厂家对添加 Module 的顺序可能有特殊的规则，需要咨询厂家的技术支持。

4）从站支持的 Process Data 最大字节数。每个 PROFINET 从站允许的最大通信字节数，Input Size 和 Output Size 都不得超过 1440Byte。这是由 PROFINET 协议决定的，实际上是受限于 EtherNet 帧的长度。在从站的 Device 选项卡中可以查看实际的输入/输出字节数。如图 13.16 所示。

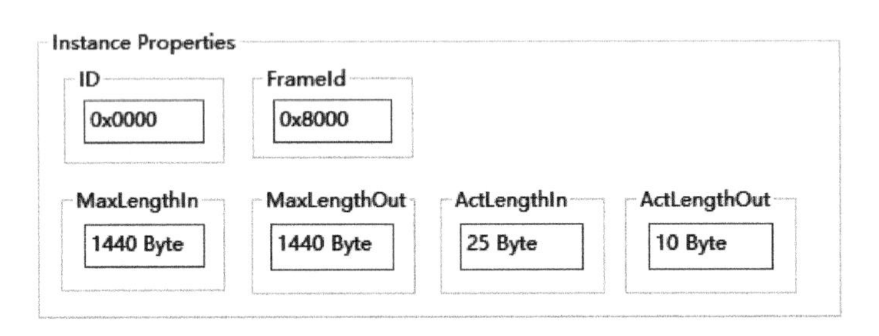

图 13.16　PROFINET 从站的 Process Data 字节数

配置从站的通信参数如图 13.17 所示。

当前参数是否合理，在界面上立即就有提示，图 13.17 中为“The timing parameters are OK!”，这是正确的参数，通常错误的参数有两种：一种是 Device Cycle Time 比 Controller Cycle Time 小；另一种是 Controller Cycle Time 不是 2n ms 。

Controller Cycle Time 是在主站的 Sync Task 中设置的，参考 13.2.2 节中关于“Profinet 主站的设置”的内容。

Device Cycle Time 可以通过修改 Reduction Ratio 来实现，取值也是 2n。从小往大增加，

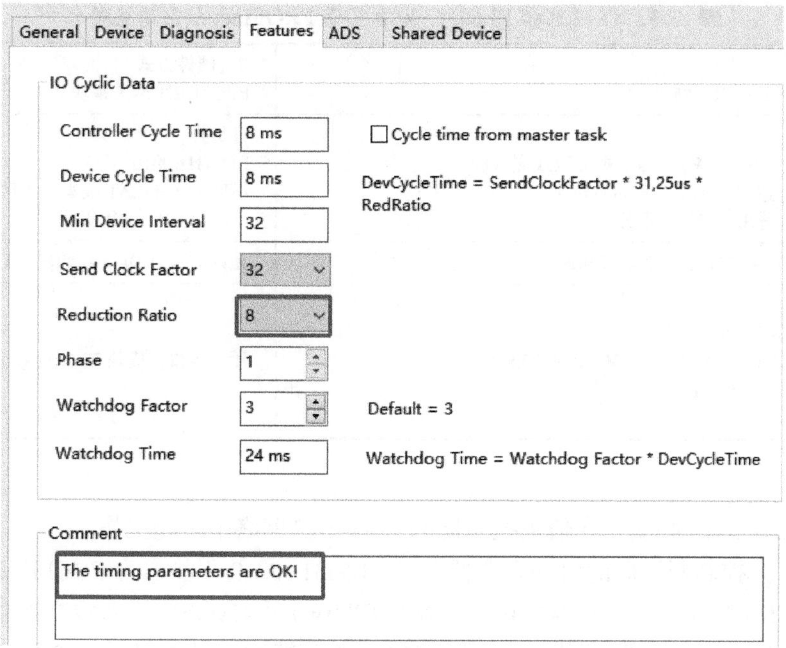

图 13.17　PROFINET 从站的通信参数

直到 Device Cycle Time 刚好≥Controller Cycle Time。

图 13.17 中 Watchdog Time 默认是 Device Cycle Time 的 3 倍，通过修改 Watchdog Factor，可以修改这个倍数。Factor 越大，容错能力越强，对错误的反应就越迟钝。推荐默认设置。

（3）测试通信效果

1）Reload I/O，启用 Free Run。如果不清楚如何操作，请参考 13.15 节中关于交叉引用“使用 Reload I/O 和 Free Run 测试通信”的内容。

2）通信结果。所有从站的 Process Data，可以在 Device 的 Image 中查看。选择任意输出变量，在其 Online 中单击 Write 可以写入值，然后在主站侧验证是否收到正确的值。如有疑问，请参考 15.15 节中关于“从站 Process Data 的强制及可能的高低字节交换”的内容。

3）从站的状态诊断。在主站 Device 的 Inputs 中有 DevState、PnIoError、PnIoDiag，显示 PROFINET 网络状态。在 Box1 的 Inputs 中有 PnIoBoxState 和 Ex PnIoBoxDiag 变量，可以看到与主站的通信状态。这些变量都可以链接到 PLC 变量参与逻辑控制。

如果是现场调试时人工诊断，除了查看变量外，还可以双击 Device，在右边的 Box States 可以看到所有从站状态。

13.3　PROFINET Slave

13.3.1　PROFINET 从站的通信组件

控制器要作为 PROFINET 从站，可以通过 TwinCAT 软件包 TF6270 或者 EtherCAT 网关模块 EL6652-0010 来实现。这两种方式的功能对比见表 13.5。

表 13.5　TF6270 和 EL6631-0010 实现 PROFInet 从站功能对比

A：软件方式 TwinCAT Function + 以太网口	B：硬件方式 PROFINET 网关模块
订货号： TS6270：适用于 TC2，Windows 7 标准版或嵌入版 TS6270-0030：适用于 TC2，Windows CE TF6270-00xx：适用于 TC3，不分 OS	订货号： EL6631-0010 不区分 TwinCAT 版本，不区分 OS 不区分 CPU 性能等级
允许的 I/O Devices 数量：1+7 虚拟从站	允许的 I/O Devices 数量：1+1 虚拟从站
硬件接口： 控制器集成的 Intel 网卡或者 CX 上扩展的 CCAT 网卡 CXxxxx-M930 和 CX8093 IPC 上扩展的 Intel 网卡 FC90xx CU2508	硬件接口：模块 EL6631-0010

注意：

1）EL6631-0010 必须是在倍福控制器的 EtherCAT 网络中才能工作。

挂在第三方控制器下面的倍福耦合器上的 EL6631-0010 不能作为 PROFINET 网关。

2）PROFINET 可以和其他协议共存，因此 CX10x0 及 CX90x0 等内置交换机的网口也可以用于 PROFINET 从站。但是考虑到 PROFINET 通信繁忙时可能对其他通信造成影响，所以尽量使用专门的网卡。

倍福产品的 PROFINET 从站方案如图 13.18 所示。

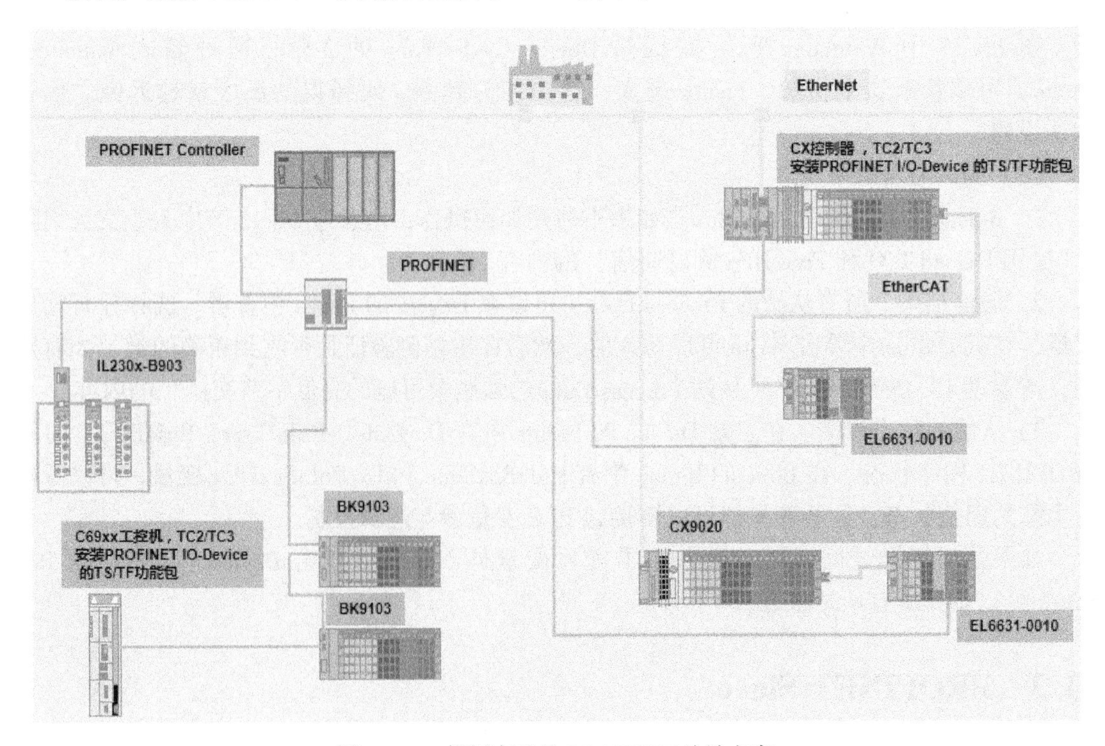

图 13.18　倍福产品的 PROFINET 从站方案

图 13.18 中凡是灰色文本框标注的，都是 PROFINET 从站，包括 CX 控制器和 C69 工控机。其中 CX 提供了两个 PN 从站接口：通过前面的网口用软件实现 PN 从站；通过 EtherCAT 扩展的 EL6631-0010 用硬件实现 PN 从站。

倍福提供这么多种 PN 从站方案，实际应用中最多只要其中一两种。

13.3.2 TwinCAT 做 PROFINET 从站的配置步骤

1. 添加 PROFINET 从站

（1）EL6631-0010 作为从站

扫描 EtherCAT 网络，找到 EL6631-0010 模块会自动添加 PROFINET 从站。

如果要手动添加，则在“IO/Device”的右键菜单中选择“Add New Iterms”，选择“Profinet I/O Device EL6631-0010(RT)，EtherCAT”，如图 13.19 所示。

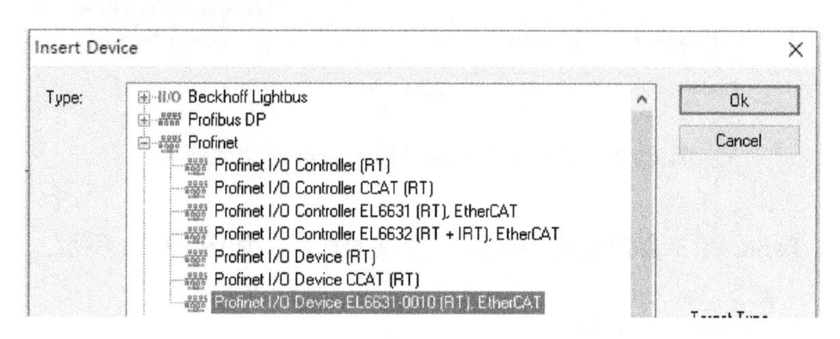

图 13.19 添加 Profinet I/O Device EL6631-0010（RT），EtherCAT

在 EtherCAT 网络中手动添加一个 EL6631-0010，然后将上一步添加的 PROFINET 的 Adapter 指定到这个模块，如图 13.20 所示。

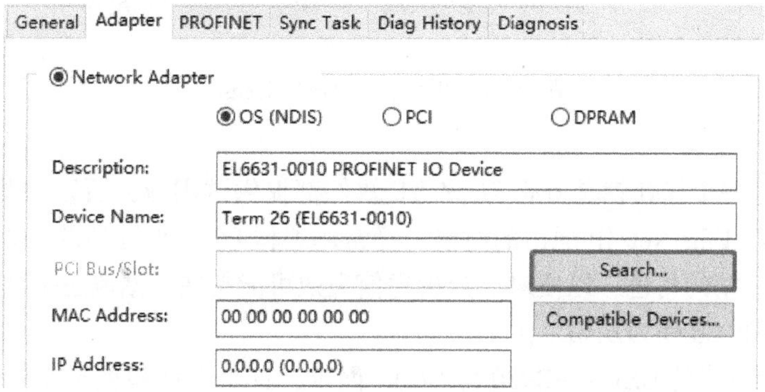

图 13.20 指定 PROFINET 的 Adapter 为 EL6631-0010

（2）Intel 网卡作为从站

确认控制器上已经安装了 TwinCAT 功能包 TS6270 或者 TF6270 的授权。

确认控制器的目标网卡已经安装了 TwinCAT RT EtherNet 驱动。大部分倍福控制器为所有网卡出厂预装了 RT EtherNet 驱动，但工控机或者扩展网卡就不一定了。或者部分新推出的 CX 控制器也没有预装网卡驱动，这时就需要手动安装。安装的方法与“安装 EtherCAT 驱动”相同。

软件实现的 PROFINET 从站只能手动添加，步骤如下。

1）在 TwinCAT 开发环境中添加路由，并将控制器选择为目标系统。

2）在“IO/Device”的右键菜单中选择“Add New Iterms”，选择“Profinet I/O Device

EL6631-0010（RT），EtherCAT”，把 PROFINET 的 Adapter 指定到网卡，如图 13.21 所示。

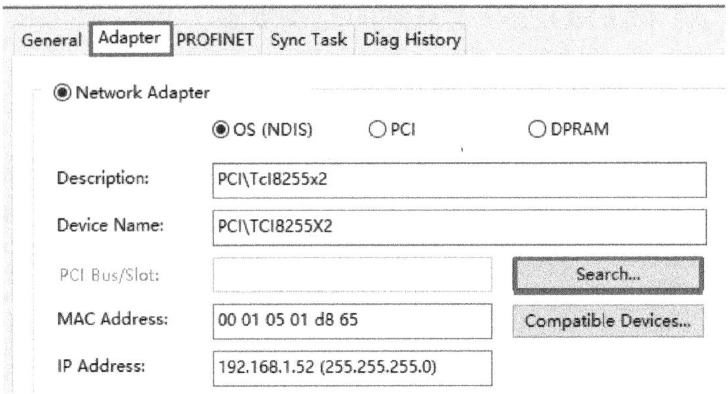

图 13.21　指定 PROFINET 的 Adapter 为以太网卡

激活配置，TwinCAT 3 会弹出使用试用版授权的提示，如图 13.22 所示。

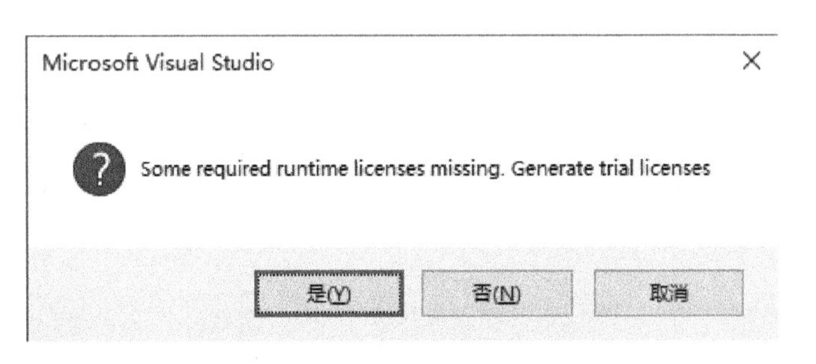

图 13.22　提示使用 Trial Licenses

TwinCAT 3 有一个好处就是所有 TC 和 TF 软件都提供试用版，所以在测试工业以太网，比如 PROFINET 和 EtherNet/IP 通信的时候，经常用编程 PC 用作通信的“对方”，有时充当主站，有时充当从站的角色，以便对比分析通信失败可能是在主站侧还是从站侧。

(3) CXxxxx-B930 作为从站

CX 控制器上集成的 CXxxxx-B930 即 CCAT 网卡，这个选件和控制器一起订货，出厂预装不可拆卸。在 TwinCAT 开发环境中添加路由，并将控制器选择为目标系统，扫描 I/O，就可以自动添加 PROFINET 主站。

(4) CU2508 作为从站

由于 CU2508 只是一个网络倍增器，所以它的每一个网口都可以作为一个单独的网卡来使用。当其中一个网口作为 PROFINET 从站时，其配置方法与“Intel 网卡做从站”的配置方法相同。

2. PROFINET 从站的 Device 配置

(1) 基本设置

设置 PROFINET 页面如图 13.23 所示。

这个页面的参数都是只读的，可以注意下 Protocol 的 NetID 是指 Device，而 Server 的 NetID 是指 TwinCAT。调试时单击 Topology 按钮可以看到在线数据和离线数据。

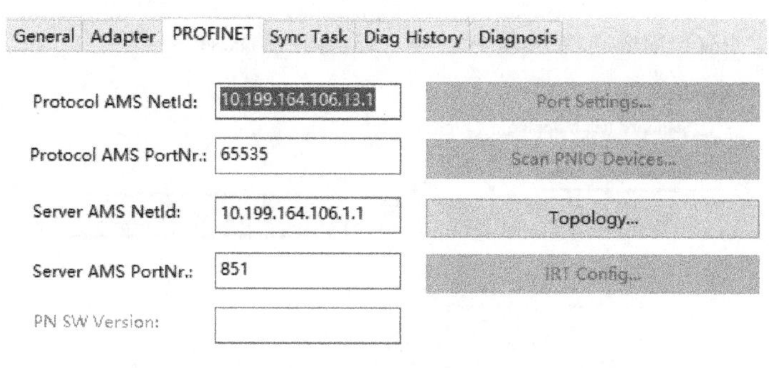

图 13.23　EL6631-0010 的 PROFINET 设置页面

（2）端口设置

对于 Intel 网卡做从站，配置界面上比 EL6631-0010 多开放了一个按钮“Port Settings”，单击该按钮可以设置增加一张网卡再开一个 PN 端口，如图 13.24 所示。

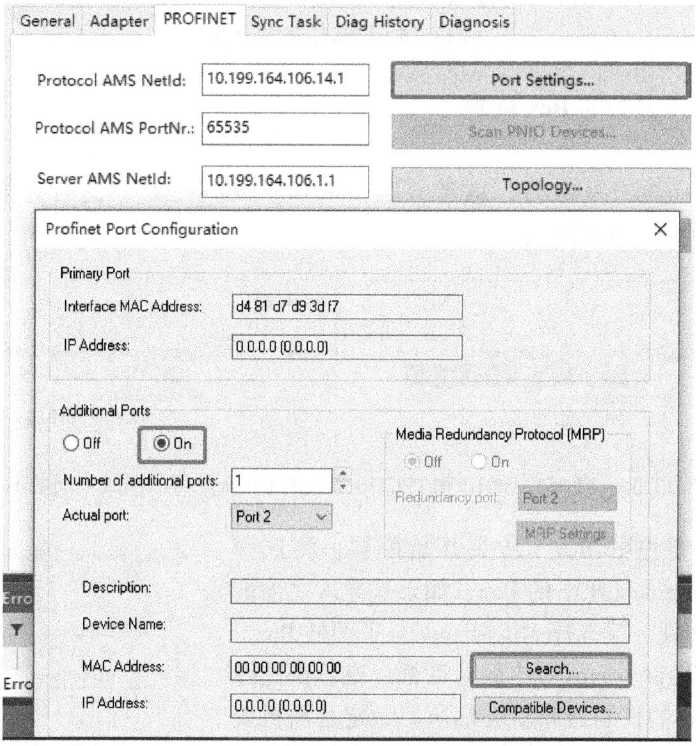

图 13.24　Intel 网卡的 PROFINET 设置页面

通常控制器作为 PN 从站不需要两张网卡，这个功能是针对更高级的 PN 应用开发的。

（3）设置同步任务

I/O Device（EL6631-0010）的设置页面 Sync Task 如图 13.25 所示。

推荐使用 Special Sync Task，因为如果使用 Standard（via Mapping），而在调试程序的时候又使用了断点的话，PROFINET 通信就会停止。默认 1 ms，应设置为≥主站侧的控制周期。PROFINET 允许的任务周期是 2n ms。

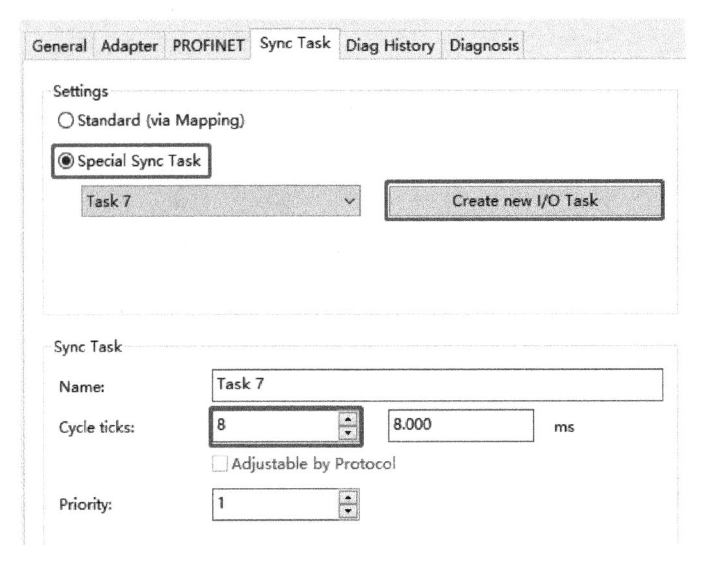

图 13.25　同步任务的设置

3. PROFINET 从站的 Box 配置

（1）添加 Box

在“Device(EL6631-0010)”或者“Device(ProfinetDevice)”的右键菜单中选择“Add New Iterms”，如图 13.26 所示。

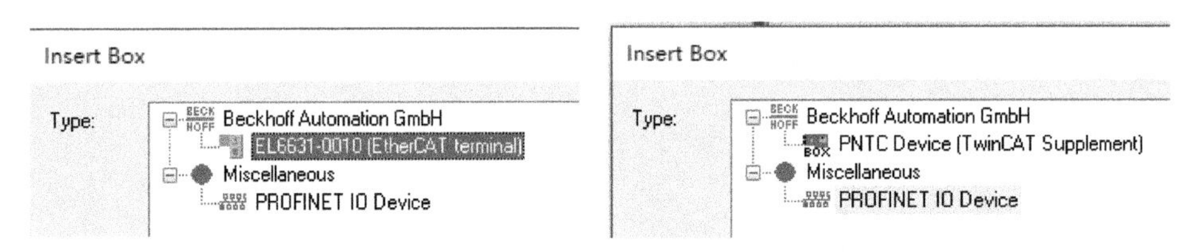

图 13.26　EL6631-0010 和 TF6270 实现的 PN 从站可以插入不同的 Box

如果是插入空白的 Box，从头开始配置，测选择 Beckhoff Automation GmbH 下的 Box，如果是导入之前配置好的 GSDML 文件，就选择 Miscellaneous 下面的 Box。

如果弹出选取 Firmware 版本的对话框，推荐都选择最高版本。因为新的控制器和新的模块，必定是随机安装最高版本的固件和驱动，并且新版本通常会有更先进的功能。

TwinCAT 控制器允许在一个硬件上实现多个 PROFINET 从站设备，在主站看来，这些从站有独立的 IP 和名字。Device(EL6631-0010)上最多可以插入 2 个 Box，而 Device(ProfinetDevice)上最多可以插入 8 个，如图 13.27 所示。

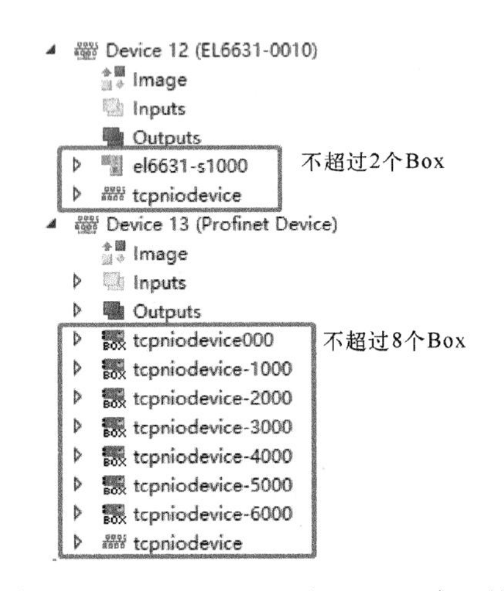

图 13.27　EL6631-0010 和 TF6270 实现的 PN 从站能带的 Box 数量不同

当然大多情况下，通信数据量不大，并且只做一对一通信，那就配置一个 Box 就行了。

两者配置 Box 的 IP 和名称如图 13.28 所示。

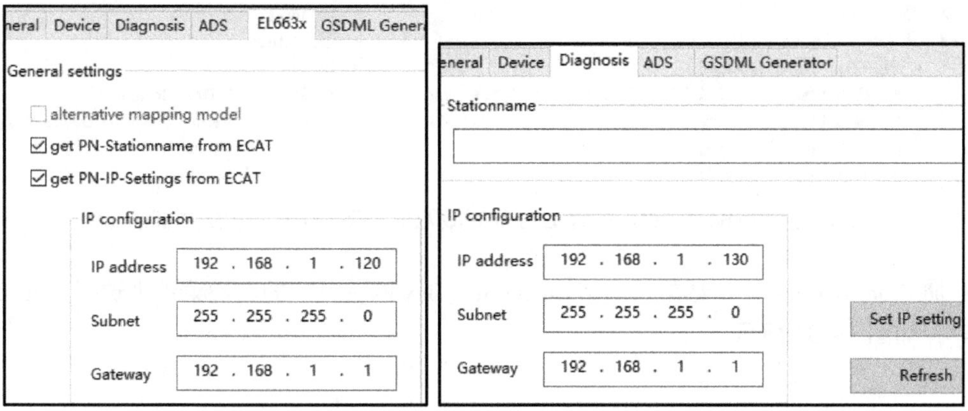

图 13.28　EL6631-0010 和 TF6270 实现的 PN 从站的配置界面不同

TF6270 实现的 PN 从站，在 Box 的 Diagnose 选项卡中设置 IP，单击 Set IP Settings 生效。

EL6631-0010 实现的 PN 从站，在 Box 的 EL663x 选项卡中设置 IP 在，图 13.28 左边勾选“get PN-IP-Setttings from ECAT”后，才能修改 IP Configuration 的值。虽然它的 Diagnose 选项卡中也有 IP Configuration，但 Set IP Settings 是灰色不可用的。

如果有多个 Box，分别设置不同的 IP 和名称。名称是在图 13.28 中的 General 选项卡中设置，但可以在 Device 选项卡中选择是否自动生成名字。如图 13.29 所示。

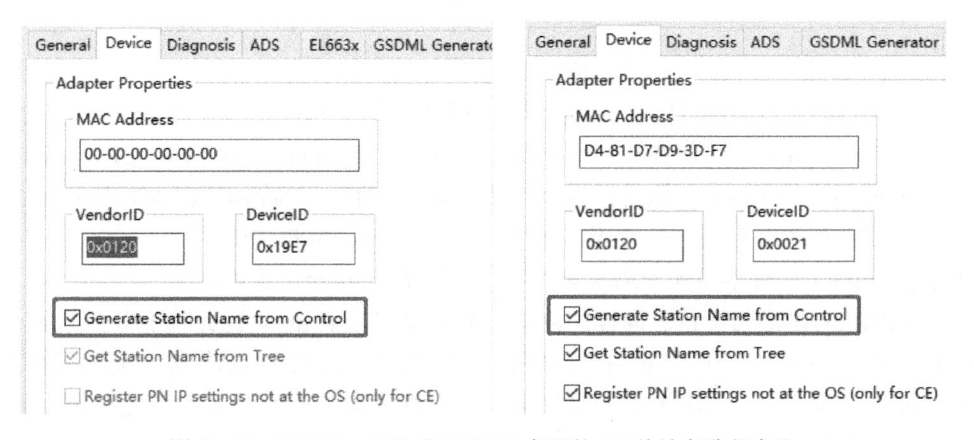

图 13.29　EL6631-0010 和 TF6270 实现的 PN 从站名称的产生

建议勾选“Generate Station Name from Control”，选中后会给 Name 自动加个后缀的数字，其值等于“Box/Outputs/PnIoBoxCtrl”。例如：控制字为 PnIoBoxCtrl 为 12，则设备名为“tcpniodevice012“，值范围为 0~255。

对于 CE 系统上的 TF6270，第 1 个 Box 还要选中“Register PN IP settings not as the OS (only for CE) ”。

如果不想自己命名，而使用倍福默认的名字，则选中“Get Station Name from Tree”。

(2) 配置 PROFINET 从站的过程数据

过程数据总是添加在 Box 的 API 下面，由若干个 Term 组成，Term 下面又包含若干 Subterm。EL6631-0010 和 TF6270 的 Box/API 下默认自带 1 个 DAP Module，如图 13.30 所示。

el6631-s1000
Inputs
Outputs
API
Term 1 (DAP Module)
Subterm 1 (EL6631-0010 V2.33, at least FW 10)
Subterm 2 (Interface)
Subterm 3 (Port 1)
Subterm 4 (Port 2)

tcpniodevice000
Inputs
Outputs
API
Term 1 (DAP Module)
Subterm 1 (TwinCAT Device V2.0)
Inputs
Outputs

图 13.30　EL6631-0010 和 TF6270 的 Box/API 下默认自带 1 个 DAP Module

添加 Process Data 时，要在“IO / Device n / Box 的 API”的右键菜单中选择“Add New Iterms”，如图 13.31 所示。

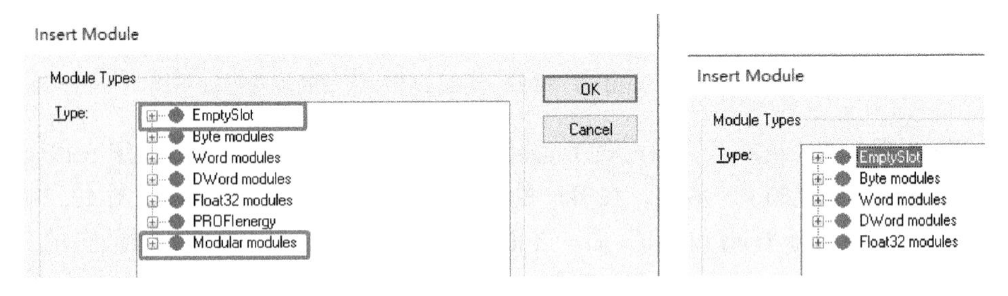

图 13.31　TwinCAT 作为 PN 从站可以选择的数据类型

按需求添加 Module。EL6631-0010 支持两种特殊的类型：PROFIenergy 和 Modular modules。

PROFIenergy 占一个 ID，但不能添加 I/O 数据。

Modular 相当于一个结构体，可以包含多个标准变量，但只占 1 个 ID。

每次插入一个 Module，就在 API 下生成一个 Item，除 EL6631-0010 才支持 Modular 类型外，其他 Item 下面的 Subterm 都是在插 Module 时选定的，不能再修改。而 Modular 类型的 Item 就可以再手动增加 Subterm，自定义标准变量的类型、数量和顺序。

提示：Process Data 尽量集中到少数几个“长”的数组和结构体。

根据 PROFINET 通信协议，同样的数据长度，放在 1 个 Items 比分布于多个 Item 的通信效率要高，所以 Process Data 尽量集中到少数几个“长”的数组和结构体，而不要使用多个零散的“短”的变量。尤其是在节点数多而对实时性又有要求的网络中，这点更加重要。

(3) 创建 GSDML 文件

在 GSDML Generator 选项卡中可以创建 GSDML 文件，如图 13.32 所示。

在这里可以设置设备名称、图标及软件版本等信息，推荐直接使用默认值。

4. 测试通信效果

(1) Reload I/O，启用 Free Run

前面的设置步骤都完成之后，就可以测试通信效果了。

如果不清楚如何操作，请参考 13.15 节中关于“使用 Reload IO 和 Free Run 测试通信”的内容。

(2) 通信结果

所有从站的 Process Data，可以在 Device 的 Image 中查看。选择任意输出变量，在其 Online 中单击 Write 可以写入值，然后在主站侧验证是否收到正确的值。如有疑问，请参考

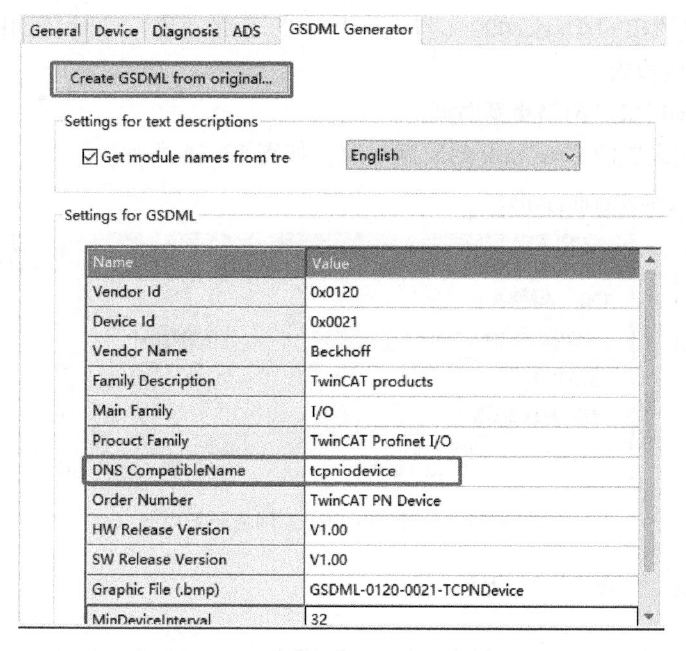

图 13.32　创建 GSDML 文件

13.15 节中关于“从站 Process Data 的强制及可能的高低字节交换”的内容。

（3）从站自身的状态诊断

Device 的 Inputs 中有 DevState，Box 的 Inputs 中有 PnIoBoxState，显示了与主站的 PROFINET 通信状态。这个状态，在第三方主站侧的调试软件中也可以看到。如图 13.33 所示。

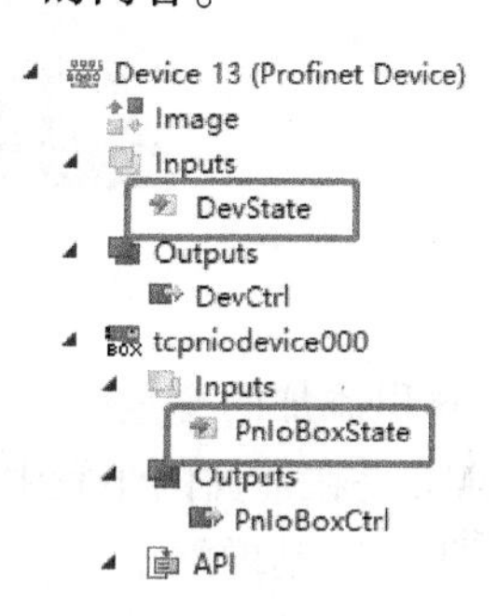

图 13.33　PROFINET 从站的诊断位

5. PROFINET 第三方主站侧的配置

下面以西门子 S7315 中的配置为例。由于目前主流的配置软件是博途，所以这里的描述仅供参考。

（1）安装 GSDML 文件

添加 TwinCAT Device，如图 13.34 所示。

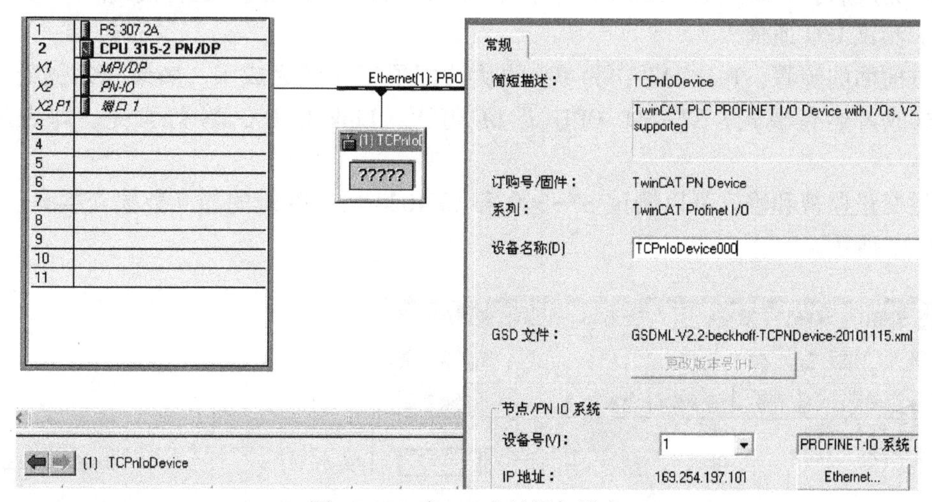

图 13.34　在 PN 主站添加设备

设备名称设为 TCPnIoDevice000（与上一步中的名称一致），并设置 IP 地址与 CX1020 的 IP 地址在同一网段内。

（2）设置 PROFINET 网络更新时间

应该与从站侧设置的 Sync task 的周期一致，如图 13.35 所示。

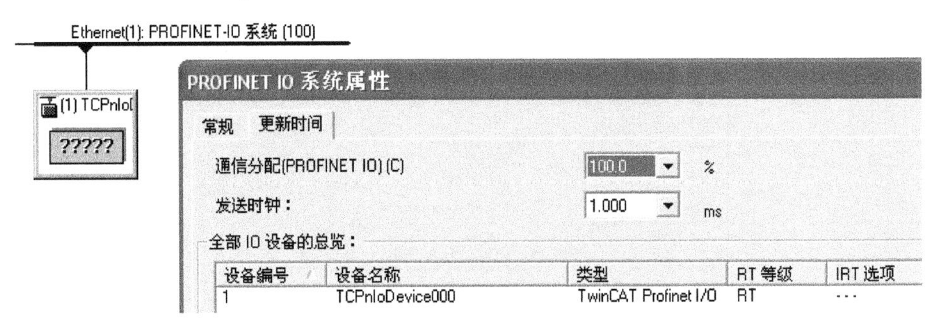

图 13.35　设置 PROFINET 网络更新时间

添加 I/O 变量，如图 13.36 所示。

(1) TCPnIoDevice000

插...	模块	订购号	I 地址	Q 地址	诊断地址	注释
0	TCPnIoDevice000	TwinCAT PN Device			2043*	
X1	TwinCAT Device V2.2				2042*	
X1 P	Port 1				2041*	
X1 P	Port 2				2040*	
1	1 Word In- and Output		256...25	256...257		

图 13.36　在主站添加 I/O 变量

这里添加的变量应与从站侧设置的 Item 类型、数量及顺序严格一致。当然如果导入的 GSDML 是在前面的步骤中从站添加完成 Process Data 后创建的，文件中就已经包含了所有变量，不用手动增加了。

（3）下载配置

配置完成后，下载至 S7-300 CPU，然后将 S7-300 CPU 切换至运行模式。

（4）测试 I/O 通信

经过前面的步骤，TwinCAT 作为 PN 的从站配置工作就完成了。如果从站侧处在 Free Run 模式或者运行模式，S7-300 CPU 上 BF 灯灭，Link 和 RX/TX 灯常亮，即表示通信正常。

通过变量监视和修改可以测试 S7-300 和 CX1020 两处变量的相互数据交换是否正常，如图 13.37 所示。

图 13.37　在 PN 主站侧观察通信结果

13.4 EtherNet/IP Master

13.4.1 EtherNet/IP 技术介绍

本节文字部分摘自百度文库《EtherNet/IP 协议简介》，仅抽取其关键信息，而对常识性的介绍不再引用。

1. EtherNet/IP 如何增强实时性

在传统 EtherNet 网络的基础上，EtherNet/IP 采用了星形连接代替总线型连接。星形连接用网桥或路由器等设备将网络分割成多个网段（Segment），在每个网段上以一个多口集线器为中心，将若干个设备或节点连接起来，这样挂接在同一网段上的所有设备形成一个冲突域（Collision）。每个冲突域均采用 CSMA/CD 机制来管理网络冲突。这种分段方法可以使每个冲突域的网络负荷减轻，碰撞概率减小。

2. EtherNet/IP 协议的通信模型

EtherNet/IP（EtherNet Industry Protoco1）和 DeviceNet 以及 ControlNet 一样，它们都是基于 CIP（Control and Informal/on Protoco1）协议的网络。它是一种是面向对象的协议，可传输实时 I/O 信息和组态参数设置、诊断等。

EtherNet/IP 采用标准的 EtherNet 和 TCP/IP 技术来传送 CIP 通信包，CIP 协议通用且开放，加上 EtherNet 和 TCP/IP 协议，就构成 EtherNet/IP 协议的体系结构。协议的各层结构如图 13.38 所示。

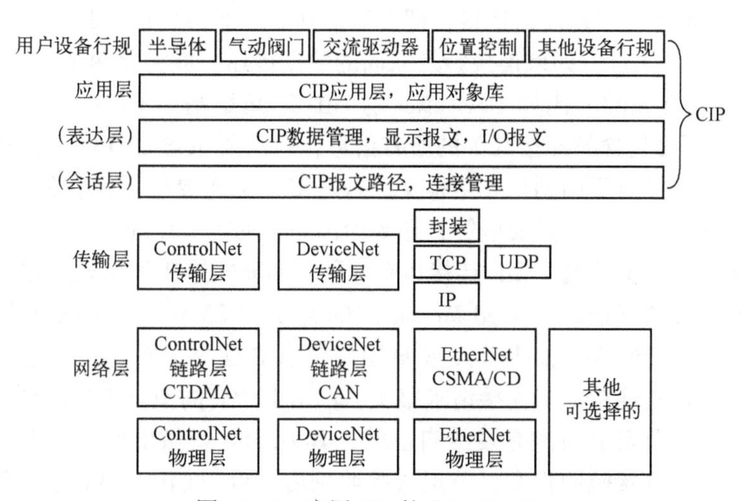

图 13.38　应用 CIP 的 EtherNet/IP

EtherNet/IP 在物理层和数据链路层采用以太网，其主要由以太网控制器芯片来实现。

EtherNet/IP 在网络层和传输层采用标准的 TCP/IP 技术。实时 I/O 数据，采用 UDP/IP 传送，优先级较高，而组态、参数设置和诊断等信息则采用 TCP/IP 来传送，其优先级较低。

3. 控制及信息协议（CIP）

控制及信息协议（CIP）是一种为工业应用开发的应用层协议，被 DeviceNet、

ControlNet 及 EtherNet/IP 等 3 种网络所采用，因此这 3 种网络相应地统称为 CIP 网络。EtherNet/IP 的特色就是被称作控制和信息协议的 CIP 部分。CIP 一方面提供实时 I/O 通信，一方面实现信息的对等传输。其控制部分通过隐形报文来实现实时 I/O 通信，信息部分则通过显性报文来实现非实时的信息交换。CIP 协议的一个重要的特性是其介质无关性，即 CIP 作为应用层协议的实施与底层介质无关。

了解 CIP 必须掌握以下 3 个概念。

（1）报文

CIP 协议最重要的特点是可以传输多种类型的数据。CIP 根据所传输的数据对传输服务质量要求的不同，把报文分为显式报文和隐式报文。

显式报文用于传输对时间没有苛刻要求的数据，比如程序的上载/下载、系统维护、故障诊断及设备配置等。由于这种报文包含解读该报文所需要的信息。

隐式报文用于传输对时间有苛刻要求的数据，如 I/O、实时互锁等。由于这种报文不包含解读该报文所需要的信息，其含义是在网络配置时就确定的，所以称为隐式报文。由于隐式报文通常用于传输 I/O 数据，隐式报文又称为 I/O 报文或隐式 I/O 报文。

在网络底层协议的支持下，CIP 用不同的方式传输不同类型的报文，以满足它们对传输服务质量的不同要求。DeviceNet 给予不同类型的报文不同的优先级，隐式报文使用优先级高的报头，显式报文使用优先级低的报头。ControlNet 在预定时间段发送隐式报文，在非预定时间段发送显式报文。而 EtherNet/IP 用 TCP 来发送显式报文，用 UDP 来发送隐式报文。

（2）面向连接

CIP 还有一个重要特点是面向连接，即在通信开始之前必须建立起连接，获取唯一的连接标识符（Connection ID）。如果连接涉及双向的数据传输，就需要两个 CID。CID 的定义及格式是与具体网络有关的，比如 DeviceNet 的 CID 定义是基于 CAN 标识符的。通过获取 CID，连接报文就不必包含与连接有关的所有信息，只需要包含 CID 即可，从而提高了通信效率。不过，建立连接需要用到未连接报文。未连接报文需要包括完整的目的地节点地址、内部数据描述符等信息，如果需要应答，还要给出完整的源节点地址。

对应于两种 CIP 报文传输，CIP 连接也有两种，即显式连接和隐式连接。建立连接需要用到未连接报文管理器（Unconnected Message Manager，UCMM），它是 CIP 设备中专门用于处理未连接报文的一个部件。如果节点 A 试图与节点 B 建立显式连接，它就以广播的方式发出一个要求建立显式连接的未连接请求报文，网络上所有的节点都接收到该请求，并判断是否是发给自己的，节点 B 发现是发给自己的，其 UCMM 就做出反应，也以广播的方式发出一个包含 CID 的未连接响应报文，节点 A 接收到后，得知 CID，显式连接就建立了。隐式连接的建立更为复杂，它是在网络配置时建立的，在这一过程中，需要用到多种显式报文传输服务。CIP 把连接分为多个层次，从上往下依次是应用连接、传输连接和网络连接。一个传输连接是在一个或两个网络连接的基础上建立的，而一个应用连接是在一个或两个传输连接的基础上建立的。

CIP 报文的通信分为无连接的通信和基于连接的通信。无连接的报文通信是 CIP 定义的最基本的通信方式。设备的无连接通信资源由无连接报文管理器 UCMM 管理。无连接通信不需要任何设置或任何机制保持连接激活状态。基于连接的报文通信是 CIP 网路传递报文的另一种方式，可用来传递 I/O 数据和显式报文。这种通信方式支持生产者/消费者模式的多点传输关系，可一次向多个目的节点进行高效的数据传输。

（3）生产者/消费者模型

在 EtherNet/IP 所采用生产者/消费者通信模式下，数据之间的关联不是由具体的源、目的地址联系起来，而是以生产者和消费者的形式提供，允许网络上所有节点同时从一个数据源存取同一数据。在生产者/消费者模式中，数据被分配一个唯一的标识，每一个数据源一次性的将数据发送到网络上，其他节点选择性地读取这些数据。

13.4.2 倍福的 EtherNet/IP 通信组件

倍福产品做 EtherNet/IP 主站（Scanner）的方案包括软件 TF6281 和硬件 EL6652-0000 两种方式，其功能对比见表 13.6。

表 13.6 TF6281 和 EL6652 实现的 EtherNet/IP 主站对比

A：软件方式 TwinCAT Function + 以太网口	B：硬件方式 PROFINET 网关模块
订货号： 不支持 TC2 TF6281-00xx：适用于 TC3，不分 OS	订货号： EL6652-0000 不区分 TwinCAT 版本，不区分 OS 不区分 CPU 性能等级
Process Data：无限制	Process Data：Input<1 KB，Output<1 KB
从站数量：<128	从站数量<16 个
硬件接口： CX 集成的网卡 扩展的 Intel 网卡 FC90xx CU2508	硬件接口：模块 EL6652-0000

注意：

1）EL6652-0000 必须是在倍福控制器的 EtherCAT 网络中才能工作。

挂在第三方控制器下面的倍福耦合器上的 EL6652 不能作为 EtherNet/IP 网关。

2）EtherNet/IP 可以和其他协议共存，但是考虑到 EtherNet/IP 通信繁忙时可能对其他通信造成影响，所以尽量使用专门的网卡。

13.4.3 倍福的 EtherNet/IP 主站配置步骤

1. 添加 EtherNet/IP 主站

（1）EL6652-0000 作为主站

扫描 EtherCAT 网络，找到 EL6652 模块会自动添加 EtherNet/IP 主站。

如果要手动添加，则在“IO/Device”的右键菜单中选择“Add New Iterms”，再选择“EtherNet/IP Scanner（EL6652）”，如图 13.39 所示。

在 EtherCAT 网络中手动添加一个 EL6652-0000，然后将上一步添加的 EtherNet/IP 的 Adapter 指定到这个模块，如图 13.40 所示。

（2）Intel 网卡作为主站

确认控制器上已经安装了 TwinCAT 功能包 TF6281 的授权。

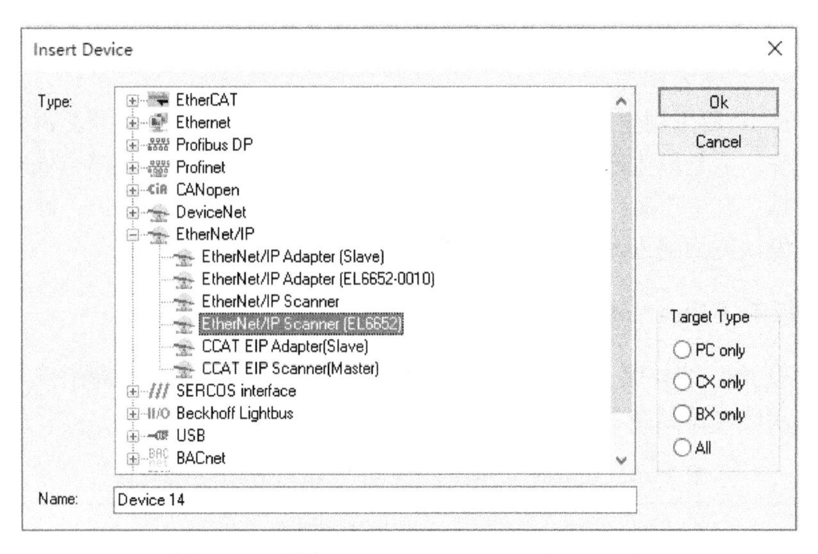

图 13.39　添加 EtherNet/IP Scanner（EL6652）

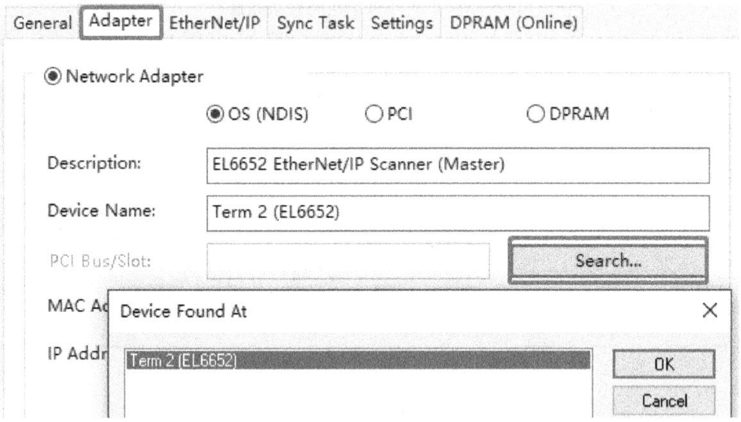

图 13.40　指定 EtherNet/IP 的 Adapter 为 EL6652

确认控制器的目标网卡已经安装了 TwinCAT RT EtherNet 驱动。大部分倍福控制器为所有网卡出厂预装了 RT EtherNet 驱动，但工控机或者扩展网卡就不一定了。或者部分新推出的 CX 控制器也没有预装网卡驱动，这时就需要手动安装。安装的方法与“安装 EtherCAT 驱动”相同。

软件实现的 EtherNet/IP 只能手动添加，步骤如下。

1）在 TwinCAT 开发环境中添加路由，并将控制器选择为目标系统。

2）在“IO/Device”的右键菜单中选择“Add New Iterms”，再选择“EtherNet/IP Scanner”，把 EtherNet/IP 的 Adapter 指定到网卡，如图 13.41 所示。

激活配置，TwinCAT 3 会弹出使用试用版授权的提示，如图 13.42 所示。

TwinCAT 3 有一个好处就是所有 TC 和 TF 软件都提供试用版，所以在测试工业以太网，比如 PROFINET 和 EtherNet/IP 通信的时候，经常用编程 PC 用作通信的“对方”，有时充当主站，有时充当从站的角色，以便对比分析通信失败可能是在主站侧还是从站侧。

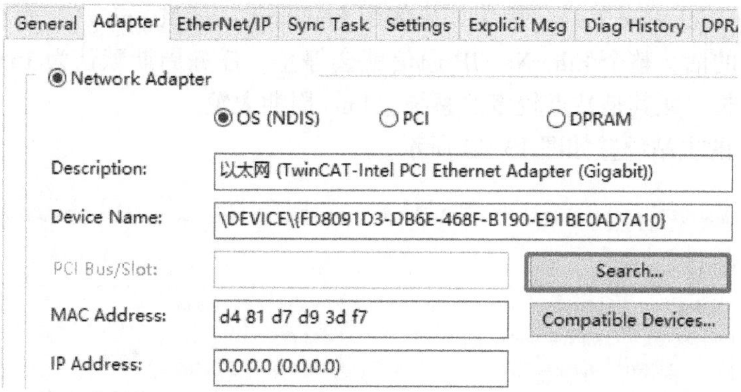

General | Adapter | EtherNet/IP | Sync Task | Settings | Explicit Msg | Diag History | DPR

Network Adapter

OS (NDIS) PCI DPRAM

Description: 以太网 (TwinCAT-Intel PCI Ethernet Adapter (Gigabit))

Device Name: \DEVICE\{FD8091D3-DB6E-468F-B190-E91BE0AD7A10}

PCI Bus/Slot: Search...

MAC Address: d4 81 d7 d9 3d f7 Compatible Devices...

IP Address: 0.0.0.0 (0.0.0.0)

图 13.41　指定 EtherNet/IP 的 Adapter 为以太网卡

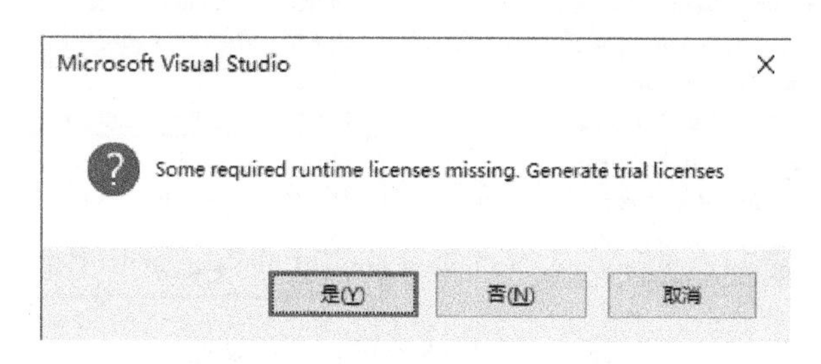

图 13.42　提示使用 Trial Licenses

（3）CU2508 作为主站

由于 CU2508 只是一个网络倍增器，所以它的每一个网口都可以作为一个单独的网卡来使用。当其中一个网口作为 PROFINET 主站时，其配置方法与“Intel 网卡做主站”的配置方法相同。

2. EtherNet/IP 主站的设置

同步任务设置如图 13.43 所示。

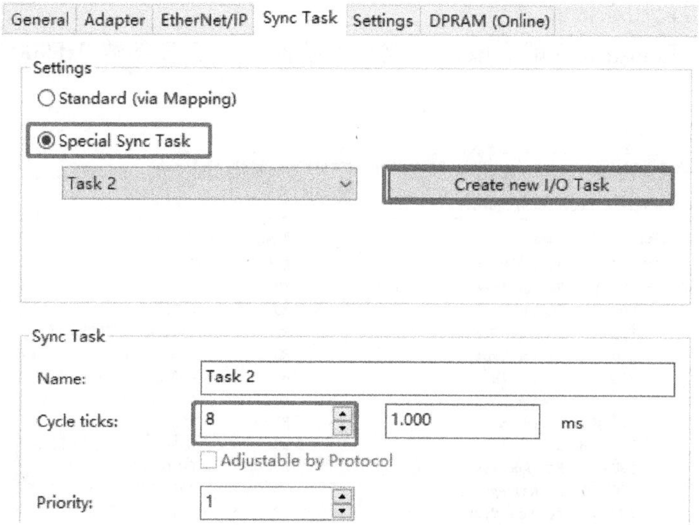

General | Adapter | EtherNet/IP | Sync Task | Settings | DPRAM (Online)

Settings

Standard (via Mapping)

Special Sync Task

Task 2 Create new I/O Task

Sync Task

Name: Task 2

Cycle ticks: 8 1.000 ms

Adjustable by Protocol

Priority: 1

图 13.43　EtherNet/IP 主站的 Sync Task 配置

推荐使用 Special Sync Task，因为如果使用 Standard（via Mapping），而在调试程序的时候又使用了断点的话，整个 EtherNet/IP 通信就会停止。任务周期默认为 1 ms，根据实际需要，可以适当延长。尤其是站点较多的系统，1 ms 周期太短。

EtherNet/IP 的主站设置如图 13.44 所示。

General | Adapter | EtherNet/IP | Sync Task | Settings | Explicit Msg | Diag History | DPRAM (Onli

Master Settings

Index	Name	Flags	Value
F800:0	Master Settings	M RO	> 43 <
F800:01	Number	M RO	0x0001 (1)
F800:03	Product Name	M RW	Device 4 (TC3 EIP Scanner)
F800:04	Device Type	M RO	0x000C (12)
F800:05	Vendor ID	M RO	0x006C (108)
F800:06	Product Code	M RO	0x1889 (6281)
F800:07	Revision	M RO	3.1
F800:08	Serial Number	M RO	0x00000000 (0)
F800:20	MAC Address	M RO	D6 81 D7 D9 3D F7
F800:21	IP Address	M RW	0.0.0.0
F800:22	Network Mask	M RW	0.0.0.0
F800:23	Gateway Address	M RW	0.0.0.0

图 13.44　EtherNet/IP 的主站设置

主站设置参数在 F800 中进行，最重要的参数是 IP 地址相关的，如下所示。

IP 地址（0xF800：21）要设置为与从站同一网段，可以与物理网卡不一致。

子网掩码（0xF800：22）设置为 255.255.255.0。

Gateway(0xF800:22)设置为物理网卡的 IP 地址。

对于 TF6281，就是网线连接的那个网卡，需要在网络防火墙设置里允许 EtherNet/IP 通过。

对于 EL6652，就是 EtherCAT 主站那个网卡。

其余参数都可以用默认值。

设置完成后，Reload I/O 就应该把参数写入硬件，从 CoE 参数 0xF900 中可以验证，如图 13.45 所示。

neral | Adapter | Protocol | Sync Task | Configuration | DPRAM (Online)

EtherNet/IP Slave Configuration

Index	Name	Flags	Value
F800:0	Master Settings	M RO	> 43 <
F900:0	Master Info	RO	> 43 <
F900:01	Number	RO	0x0001 (1)
F900:03	Product Name	RO	Device 1 (EL6652)
F900:04	Device Type	RO	0x000C (12)
F900:05	Vendor ID	RO	0x006C (108)
F900:06	Product Code	RO	0xAF12 (44818)
F900:07	Revision	RO	1.3
F900:08	Serial Number	RO	0xBF071D05 (-1090052
F900:20	MAC Address	RO	00 01 05 1D 07 BF
F900:21	IP Address	RO	192.168.0.118
F900:22	Network Mask	RO	255.255.255.0
F900:23	Gateway Address	RO	192.168.0.1

图 13.45　在 F900 中验证参数

3. 添加和配置 EtherNet/IP 从站

(1) 添加 EtherNet/IP 从站和默认配置

有两种方式添加从站：手动添加或者扫描添加。通常做测试的时候硬件已经就位，所以直接使用扫描方式。

如果在前面的步骤中 EtherNet/IP 主站的 IP 已经设置为与从站同一网段，在“IO/Device(EtherNet/IP)”的右键菜单中选择“Scan”，所有在线的 EtherNet/IP 从站就会出现在扫描列表中，如图 13.46 所示。

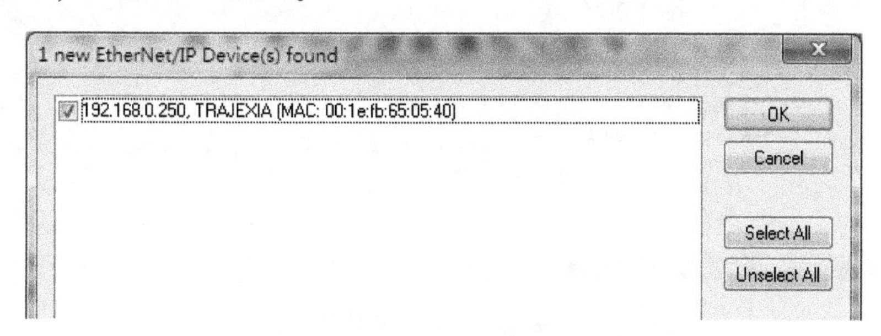

图 13.46　扫描 EtherNet/IP 从站

选中扫描到的从站，单击“Add Device”，就会弹出的是否扫描实际配置的消息框。单击 Yes 按钮，从站的当前配置就会装载进来。

加进来后从站的 Device 选项卡中的 IP Configuration，可能并不是扫描到的从站 IP，但会与之同一网段，这并不是实际的 IP，可以不必理会。

如果需要手动添加，方法为在“IO/Device(EtherNet/IP)”的右键菜单中选择“Add new Item”，选择“Generic EtherNet/IP Slave”如图 13.47 所示。

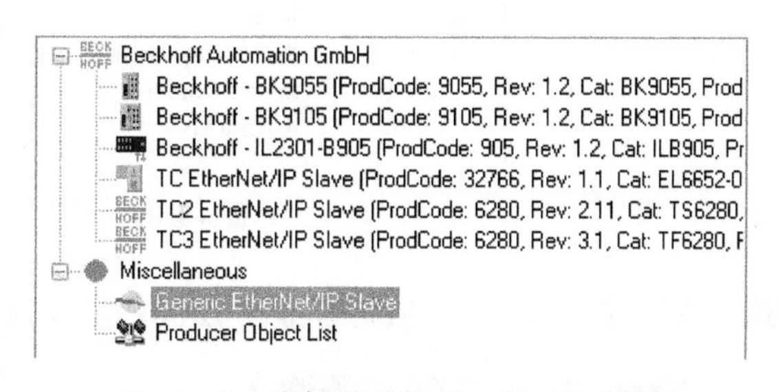

图 13.47　添加通用的 EtherNet/IP 从站

从站的默认配置，如果有 EDS 可以从 EDS 装载，如果没有，也可以后面再手动配置。

装载 EDS 文件的方法是：在“Device(EtherNet/IP)/Box n”的右键菜单中选择“Load from EDS File”，如图 13.48 所示。

推荐都使用主站扫描添加的方式，而不是从 EDS 文件手动添加，这是因为实际硬件中的配置是否与 EDS 一致还不确定。通常 PLC 型的 EtherNet/IP 从站，EDS 可以导出生成。而耦合器型的 EtherNet/IP 从站，EDS 是固定的，耦合器上安装的信号模块型号、数量及顺序不同，在主站中配置的过程数据都会不同。所以正常情况下，优先使用自动扫描添加从站的方法。

(2) 确定从站的 IP 地址

如果是手动添加而不是扫描到的从站，可以在从站 Box 的 Configuration 或者 Settings 界面输入从站的 IP，如图 13.49 所示。

如果从站是扫描到的，这里就会自动显示实际 IP 地址。

(3) 设置从站的 I/O Connection 连接信息

把 EDS 文件复制到“C:\TwinCAT\3.1\Config\Io\EtherNetIP”，就可以从 EDS 文件装

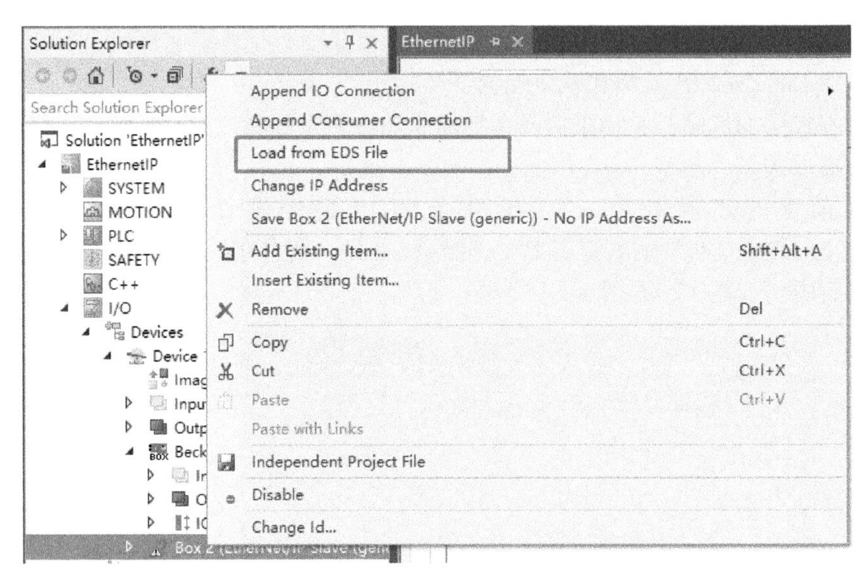

图 13.48　从 EDS 文件装载从站默认配置

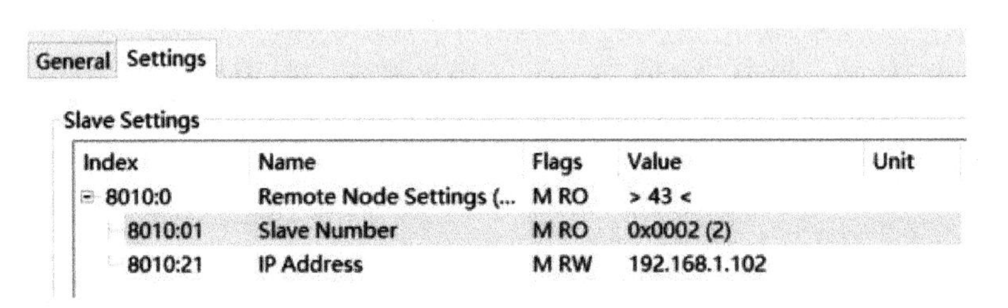

图 13.49　设置从站的 IP 地址

载，然后在“Device（EtherNet/IP)/Box n”的右键菜单中得到如下选项，如图 13.50 所示。

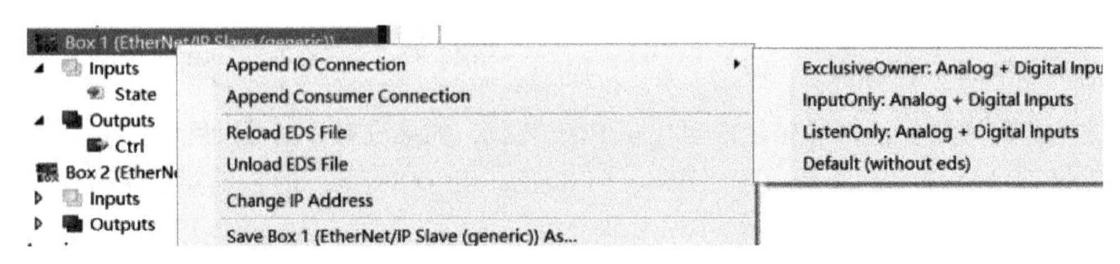

图 13.50　装载过 EDS 的 Box 右键菜单

否则，右键菜单中选项如图 13.51 所示。

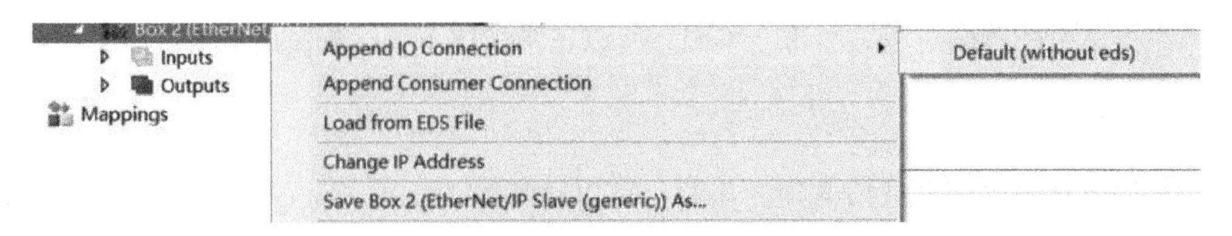

图 13.51　没装载过 EDS 的 Box 右键菜单

为了演示通用的设置步骤，这里选择“Default（without eds)”，就会默认在 Box 下添加“Connection 1(Input /Output)”。双击 Connection，其设置界面如图 13.52 所示。

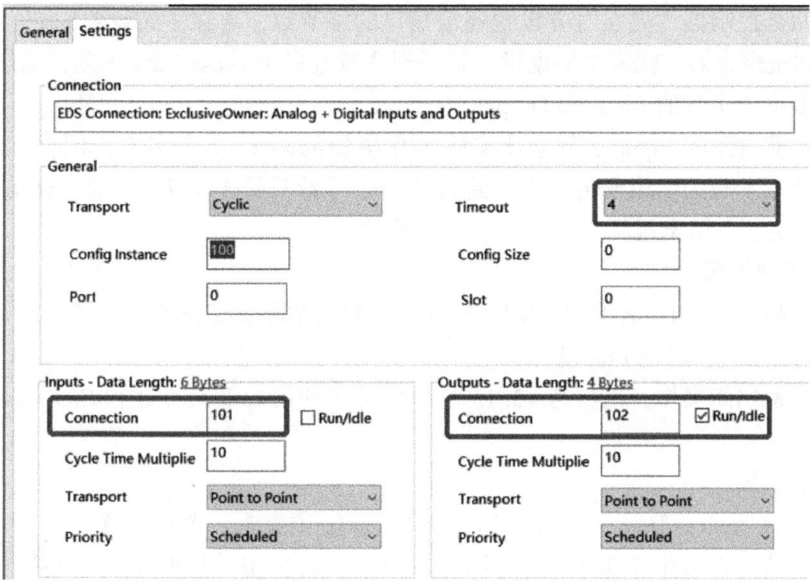

图 13.52　EtherNet/IP 从站的 Connection 参数设置

这里最重要的是 Inputs 和 Outputs 的 Data Length 和 Connection ID。

Data Length：取决于下一步配置的过程变量字节数。在主站上设置的 I/O 字节数必须与从站中实际的 I/O 字节数一致。

Connection ID：必须咨询从站厂家，最好能得到 EDS 文件，就可以使用“Load from EDS File”。

TimeOut：可以根据实际情况修改，如果数据量大，节点多，或者网络质量不够好，就可以适当延长。

Cycle Time Multiplier：通常情况下，如果是一对一的通信，默认设置即可。如果其他参数都确认 OK，通信还是不稳定，此处根据网络质量可以选择 Cycle Time Multiplier 的倍数。如果为 1，则任务周期是 10 ms 即 10 ms 通信一次，如果倍数为 5，则 50 ms 通信一次。

（4）设置从站的 I/O 变量

有的简单从站，Load from EDS File 再添加 Connection 就已经包含了 Process Data，而有的从站，可以自己配置 Process Data 的数量和类型。如图 13.53 所示。

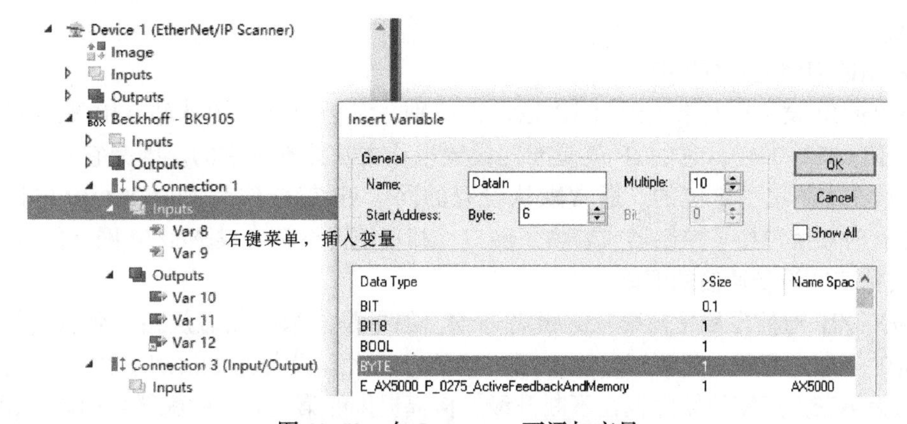

图 13.53　在 Connection 下添加变量

如果从站是控制器，先在对方设置通信接口的字节数，再在主站设置为与之一致。

如果从站是耦合器，就需要根据耦合器手册中描述的 Process Data 规则，确定所带的 I/O 模块需要占多少个字节的 Input 和 Output。

有的耦合器占用的 Input 字节会比实际 I/O 模块的多 1~2 个字节，因为除了信号模块外，还有耦合器本身的模块要传进来。建议开始时尽量只带 1 个 DI 模块，通信成功后再添加 1 个 DO 模块，总结出规则之后再增加其他模块。

4. 测试通信结果

经过前面的步骤，TwinCAT 作为 EtherNet/IP 的从站配置工作就完成了。

（1）Reload I/O，启用 Free Run

如果不清楚如何操作，请参考 13.15 节中关于“使用 Reload I/O 和 Free Run 测试通信”的内容。

（2）通信结果

所有从站的 Process Data，可以在 Device 的 Image 中查看。选择任意输出变量，在其 Online 中单击 Write 可以写入值，然后在主站侧验证是否收到正确的值。必要时可设置从站 Process Data 的强制及可能的高低字节交换。

配套文档 13-1
例程：EtherNet/IP
通信现场测试
文档汇总

（3）从站的状态诊断

在主站 Device 的 Inputs 中有 DevState 变量，显示 EtherNet/IP 网络状态。在从站 Box n 的 Inputs 中有 State 变量，可以看到与主站的通信状态。这些变量都可以链接到 PLC 变量参与逻辑控制。

如果是现场调试时人工诊断，除了查看变量之外，还可以双击 Device，在右边的 Box States 可以看到所有从站状态。

13.4.4 常见问题

1. 关于 EDS 文件

与 PROFINET 和 PROFIBUS 通信的 GSDML 或者 GSD 文件不同，EtherNet/IP 通信的 EDS 文件不是必需的，只是如果没有 EDS 文件所有参数都要手动配置。通常同一个厂家的 CIP 从站设备，都会使用同一套的 Connection ID。这里所说的 CIP 从站设备，就包括了 DeviceNet、ControlNet 和 EtherNet/IP，所以某些 DeviceNet 的测试经验也可以用于 EtherNet/IP 通信测试。

2. 从站的 IP 和主站的 IP

EtherNet/IP 设备在网络上通过 IP 地址被识别。对于网卡类的从站，IP 地址很容易理解。对于 EL6652-0010，它的 IP 就是专门设置来让主站搜索到它的。因为它本身是靠 EtherCAT 地址在本系统中定位的。通常默认设置的网卡 IP 就会作为 EtherNet/IP 的网络识别 IP，但是有时候用户换了控制器或者换了网口，却不记得更新 EtherNet/IP 网络的 IP 设置。

3. 与第三方设备通信的调试

EtherNet/IP 通信常常是与第三方设备通信，如果是倍福产品做从站，测试时切记与第三方设备的厂家工程师一起测试，除非用户确信自己对该设备的 EtherNet/IP 主站通信操作熟练。因为第三方厂家的软件也在不断升级，倍福提供的第三方主站配置界面难免跟最新版本对不上。

如果倍福产品做主站，则务必要到从站厂家提供的 EDS 文件，最好能找到从站厂家提供的通信手册或者测试文档。

4. 最常见的错误

因为 IP 是扫描出来的，所以不容易出错。如果出错，通常重新扫描都可以配上。

最容易出错的是通信双方的 I/O 数据大小对不上，所以如果有可能，有效通信数据从 0 字节或者 2 字节开始。

13.5 EtherNet/IP Slave

13.5.1 EtherNet/IP 从站通信组件

1. 整个倍福控制系统作为第三方控制器的 EtherNet/IP 从站

可以通过 TwinCAT 软件包 TF6280 或者 EtherCAT 网关模块 EL6652-0010 实现 EtherNet/IP 从站，其功能对比见表 13.7。

表 13.7 TF6280 和 EL6652-0010 实现的 EtherNet/IP 主站对比

A：软件方式 TwinCAT Function + 以太网口	B：硬件方式 EtherNet/IP 网关模块
订货号： TS6280：适用于 TC2，Windows 或嵌入版 TS6280-0030：适用于 TC2，Windows CE TF6280-00xx：适用于 TC3，不分 OS	订货号： EL6652-0010 不区分 TwinCAT 版本，不区分 OS 不区分 CPU 性能等级
允许的 I/O Devices 数量：1+7 虚拟从站	允许的 I/O Devices 数量：1+1 虚拟从站
硬件接口： CX 集成的网卡 CX 集成的 CCAT 网卡 CXxxxx-B950 和 CX8095 扩展的 Intel 网卡 FC90xx CU2508	硬件接口：模块 EL6652-0010

注意：

1）EL6652-0010 必须是在倍福控制器的 EtherCAT 网络中才能工作。

挂在第三方控制器下面的倍福耦合器上的 EL6652-0010 不能作为 EtherNet/IP 网关。

2）EtherNet/IP 可以和其他协议共存，因此 CX10x0 及 CX90x0 等内置交换机的网口也可以用于 EtherNet/IP 从站。但是考虑到 EtherNet/IP 通信繁忙时可能对其他通信造成影响，所以尽量使用专门的网卡。

2. 倍福耦合器作为第三方控制器的 EtherNet/IP 从站

倍福公司的 EtherNet/IP 从站耦合器有多种型号，其功能对比见表 13.8。

表 13.8 EtherNet/IP 从站耦合器功能对比

防护等级 背板总线	IP20	IP67
K-Bus	BK9105，BK9055	IL230x-B905
EtherCAT	EK9500	EP9500

倍福产品的 EtherNet/IP 从站方案如图 13.54 所示。

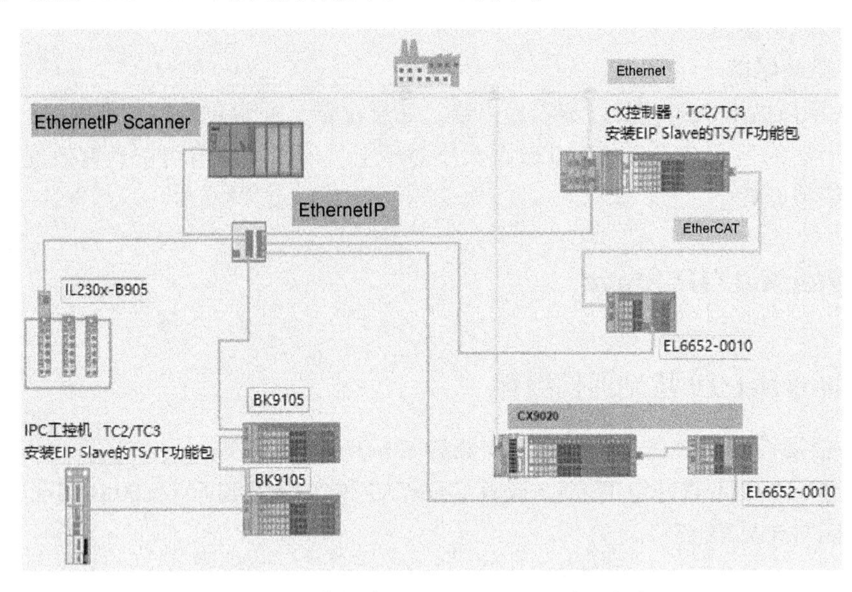

图 13.54 倍福产品的 EtherNet/IP 从站方案

图 13.54 中凡是灰色文本框标注的，都是 EtherNet/IP 从站，包括 CX 控制器和 C69 工控机。其中 CX 提供了两个 PN 从站接口：通过前面的网口用软件实现 EtherNet/IP 从站；通过 EtherCAT 扩展的 EL6652-0010 用硬件实现 EtherNet/IP 从站。

倍福提供这么多种 EtherNet/IP 从站方案，实际应用中最多只要其中一两种。

13.5.2 TwinCAT 作为 EtherNet/IP 从站的配置步骤

1. 添加 EtherNet/IP 从站

扫描 EtherCAT 网络，找到 EL6662-0010 模块会自动添加 EtherNet/IP 从站。如果要手动添加，则在“IO/Device”的右键菜单中选择菜单 Add New Iterms→EtherNet/IP Adapter（EL6652-0010），如图 13.55 所示。

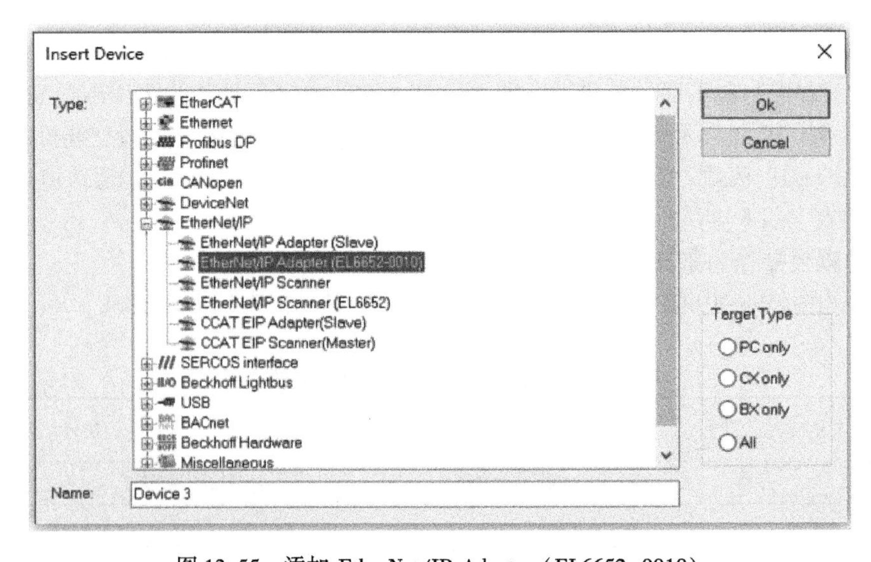

图 13.55 添加 EtherNet/IP Adapter（EL6652-0010）

在 EtherCAT 网络中手动添加一个 EL6652-0010，然后将上一步添加的 EtherNet/IP 的 Adapter 指定到这个模块，如图 13.56 所示。

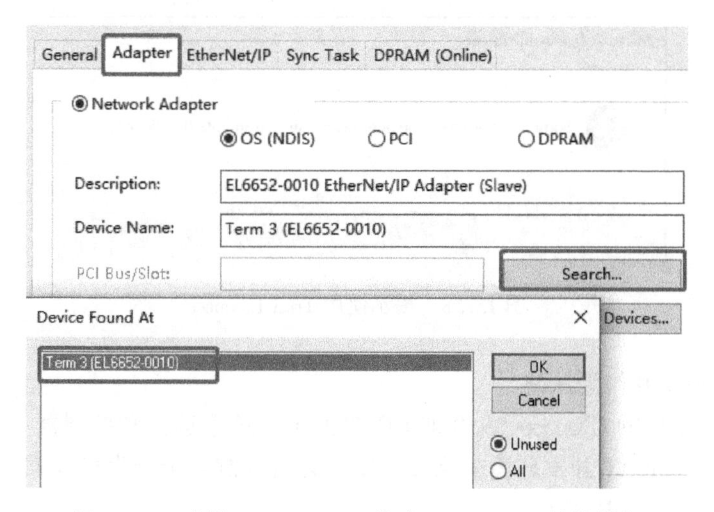

图 13.56　选择 EL6652-0010 作为 EtherNet/IP 从站设备

（1）Intel 网卡作为从站

确认控制器上已经安装了 TwinCAT 功能包 TS6280 或者 TF6280 的授权。

确认控制器的目标网卡已经安装了 TwinCAT RT EtherNet 驱动。大部分倍福控制器为所有网卡出厂预装了 RT EtherNet 驱动，但工控机或者扩展网卡就不一定了。或者部分新推出的 CX 控制器也没有预装网卡驱动，这时就需要手动安装。安装的方法与“安装 EtherCAT 驱动”相同。

软件实现的 EtherNet/IP 从站只能手动添加，步骤如下。

1）在 TwinCAT 开发环境中添加路由，并将控制器选择为目标系统。

2）在“IO/Device”的右键菜单中选择“Add New Iterms”，选择“EtherNet/IP Adapter (Slave)”，把 EtherNet/IP Slave 的 Adapter 指定到网卡，如图 13.57 所示。

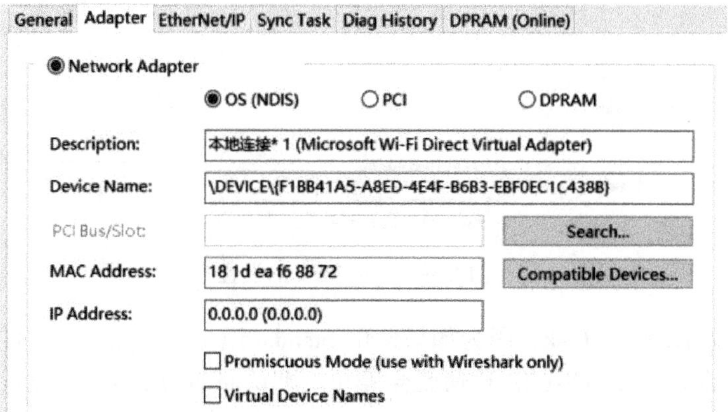

图 13.57　EtherNet/IP Slave 的 Adapter 为以太网卡

注意：留意 IP 地址，不要选成与 PC 连接的那个网卡。

激活配置，如果是用编程 PC 测试，TwinCAT 3 就会弹出使用试用版授权的提示，如图 13.58 所示。

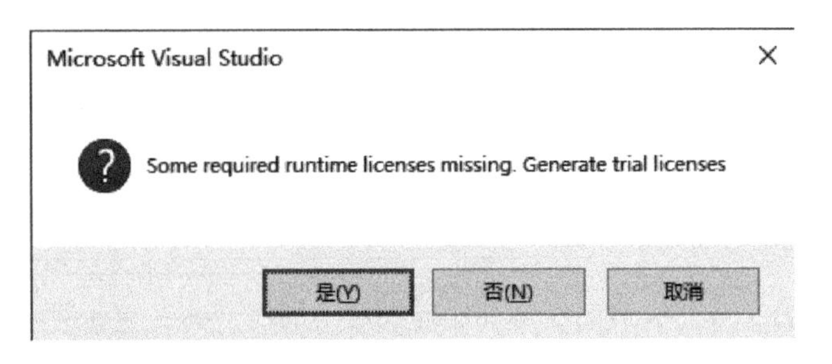

图 13.58　提示使用 Trial Licenses

（2）CXxxxx-B950 作为从站

CX 控制器上集成的 CXxxxx-B950 即 CCAT 网卡，这个选件和控制器一起订货，出厂预装不可拆卸。在 TwinCAT 开发环境中添加路由，并将控制器选择为目标系统，扫描 I/O，就可以自动添加 EtherNet/IP 主站。

（3）CU2508 作为从站

由于 CU2508 只是一个网络倍增器，所以它的每一个网口都可以作为一个单独的网卡来使用。当其中一个网口作为 EtherNet/IP 从站时，其配置方法与“Intel 网卡做从站”的配置方法相同。

2. 在 TwinCAT 开发环境中配置 EtherNet/IP 从站

（1）设置同步任务

I/O Device（EL6652-0010）的 Sync Task 设置选项卡如图 13.59 所示。

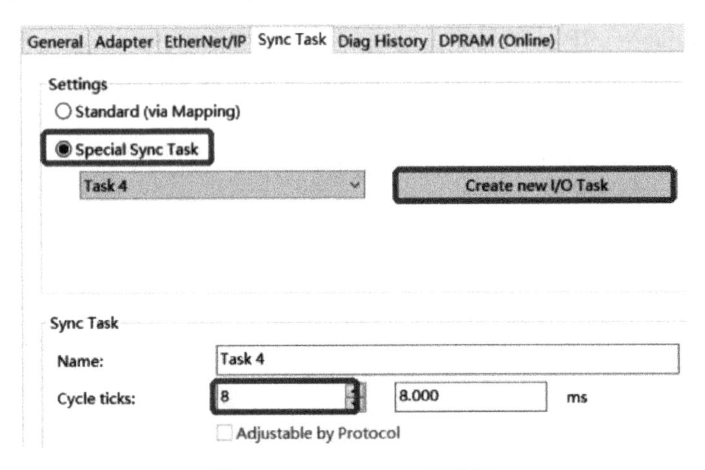

图 13.59　Sync Task 的设置

推荐使用 Special Sync Task，因为如果使用 Standard（via Mapping），而在调试程序的时候又使用了断点的话，EtherNet/IP 通信就会停止。默认周期为 1ms，应设置为≥主站侧的控制周期。

（2）配置 Process Data

在 TwinCAT 中添加 EtherNet/IP 从站时，自动就添加了一个 Box。如果需要更多的 Box，则要手动添加。EL6652-0010 最多支持 2 个 Box，TF6280 最多支持 8 个 Box。每个 Box 下面可以添加多个 I/O Assembly，在 Inputs 或者 Outputs 的右键菜单中选择 “Insert Variable”，就可以添加 Process Data，如图 13.60 所示。

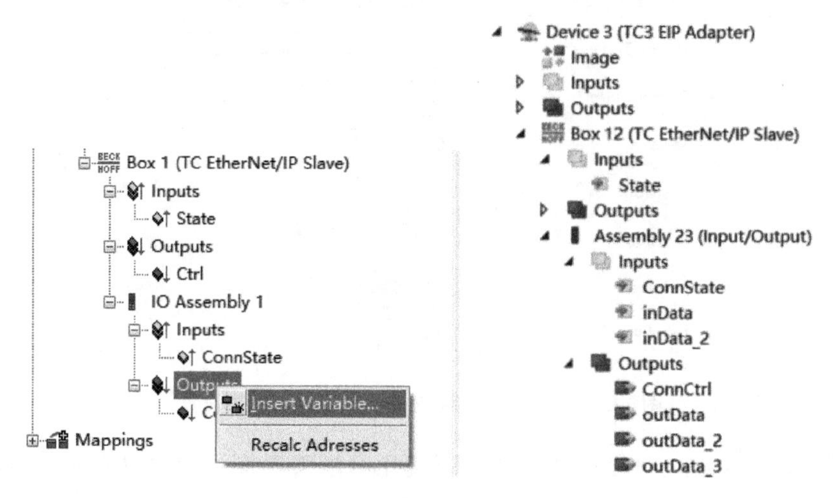

图 13.60　添加 Process Data

注意：默认在 Inputs 和 Outputs 中已经有两个字节了，分别是 ConnState（连接状态字）和 ConnCtrl（连接控制字）。

（3）配置通信参数

继续添加需要的变量类型和数量，配置完成后。关于进行参数设置的界面，TC2 和 TC3 不同，TC3 的最新版本和以前也不同。

在 TC2 和此前的 TC3 中，EtherNet/IP 从站的参数配置界面如图 13.61 所示。

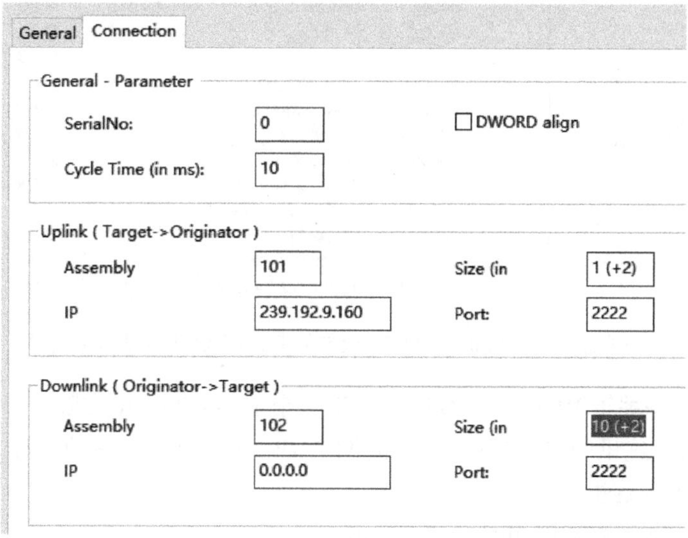

General　Connection

General - Parameter

SerialNo: 0　　DWORD align

Cycle Time (in ms): 10

Uplink (Target->Originator)

Assembly 101　　Size (in 1 (+2)

IP 239.192.9.160　　Port: 2222

Downlink (Originator->Target)

Assembly 102　　Size (in 10 (+2)

IP 0.0.0.0　　Port: 2222

图 13.61　TC2 及早期 TC3 版本的 Connection 参数设置

而整个从站 Box 的配置信息在 Configuration 选项卡中，如图 13.62 所示。

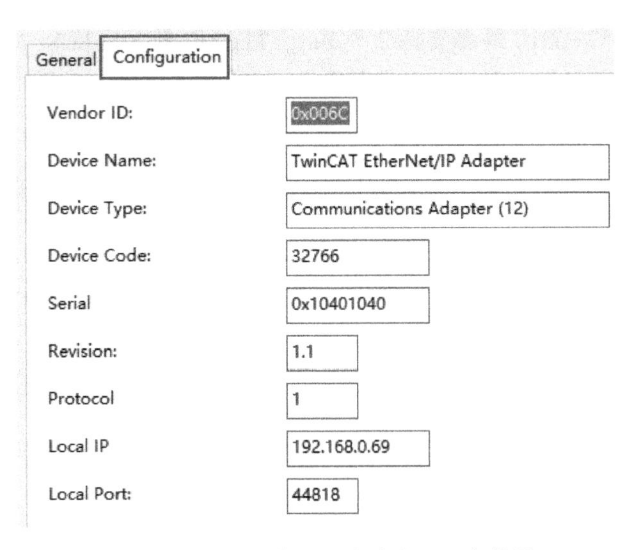

图 13.62　TC2 及早期 TC3 版本的 Box 参数设置

而最新版的 TC3 Build 4022.27 取消了可视化的配置界面，代之以 CoE 参数列表，Box 的配置参数在 0x8000，第 1 个 Assembly 的参数在 0x8001，第 2 个 Assembly 的参数在 0x8002，以此类推。

Box 的配置参数列表如图 13.63 所示。

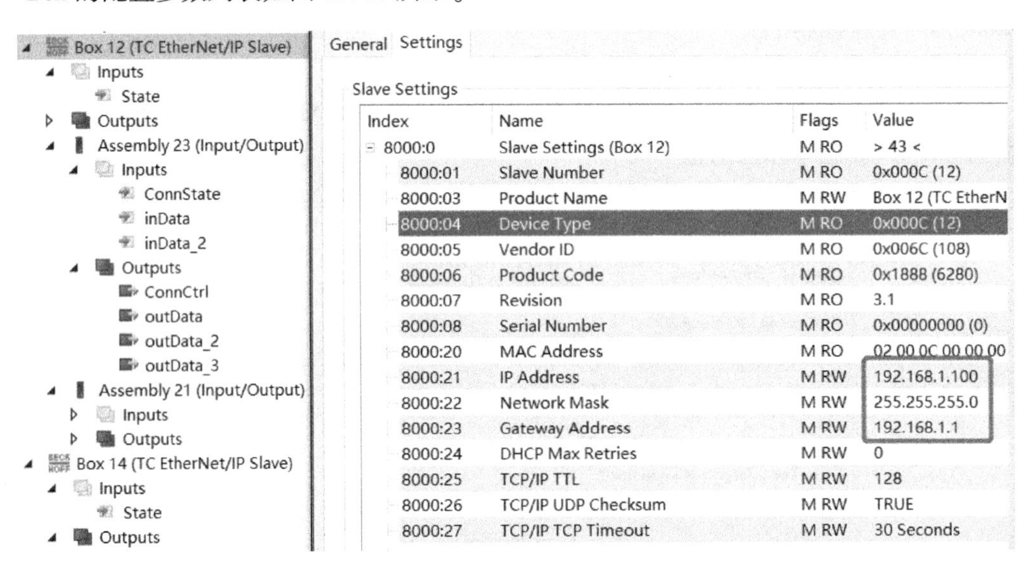

图 13.63　TC3 Build 4022.27 版本的 EtherNet/IP 从站 Box 设置

这里最重要的是关于 IP 的 3 个参数，由于一个 EL6652-0010 或者一个 TF6280 可以虚拟出多个 Box，所以这里的 IP 并不是真正的网卡 IP，而是与之同一网段的其他值。在主站中配置是，IP 必须与这里一致。

Assembly 的配置参数列表如图 13.64 所示。

这个界面相当于可视化配置中的 Connection，最重要的参数就是 3 个 Instance 和 Size，在主站配置的时候一定要跟这里的匹配。

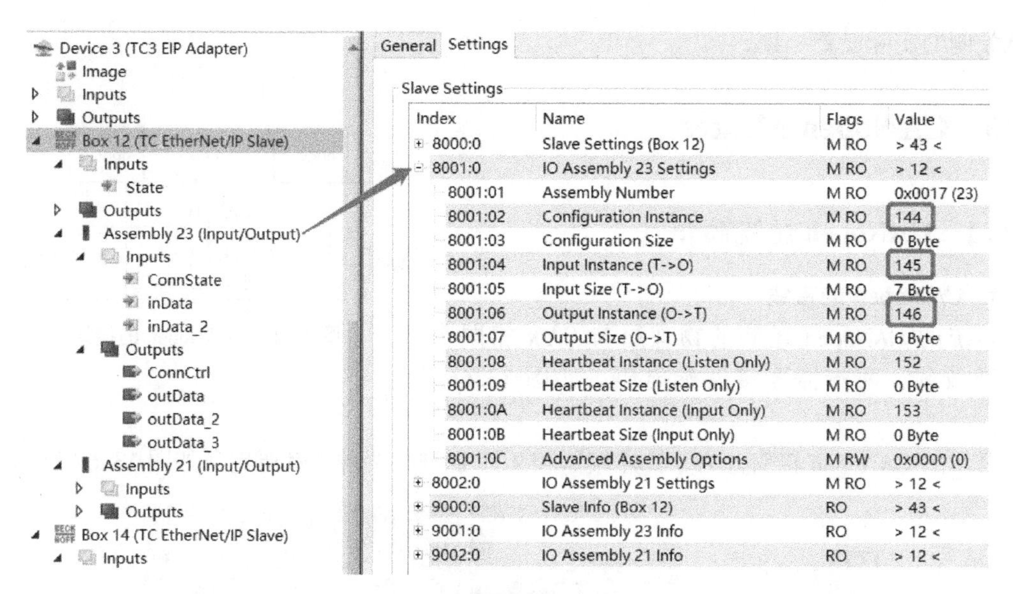

图 13.64　TC3 Build 4022.27 版本的 EtherNet/IP 从站 Assembly 设置

3. 测试 I/O 通信

(1) Reload I/O，启用 Free Run

前面的设置步骤都完成之后，就可以测试通信效果了。

如果不清楚如何操作，请参考 13.15 节中关于“使用 Reload I/O 和 Free Run 测试通信”的内容。

(2) 通信结果

所有从站的 Process Data，可以在 Device 的 Image 中查看。选择任意输出变量，在其 Online 中单击 Write 可以写入值，然后在主站侧验证是否收到正确的值。如有疑在，请参考 13.15 节中关于“从站 Process Data 的强制及可能的高低字节交换”的内容。

(3) 从站自身的状态诊断

Device 的 Inputs 中有 DevState，Box 的 Inputs 中有 State，在 Assembly 的 Inputs 中也有 ConnState，显示了各个层面的通信状态。这个状态，可以链接到 PLC 变量参与逻辑控制，同时在主站侧的调试软件中也可以看到。如图 13.65 所示。

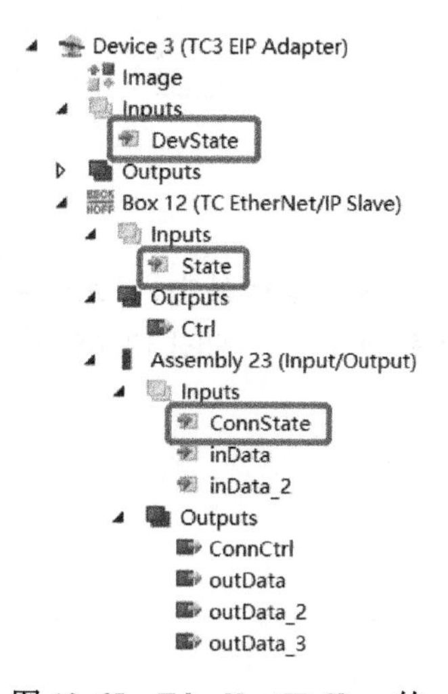

图 13.65　EtherNet/IP Slave 的诊断变量

提示：TwinCAT 3 为所有 TC 和 TF 软件提供试用版，在测试工业以太网比如 PROFINET 和 EtherNet/IP 通信时，经常用编程 PC 替代通信的“对方”，充当主站或者从站的角色。所以对于使用第三方 EtherCAT 从站的应用场合，本节描述可以作为备选调试手段之一。

配套文档 13-2　例程：第三方 EtherNet/IP 主站与 TC2+TS6280 的通信

13.5.3　在第三方 EtherNet/IP 主站配置倍福控制器

配套文档 13-2 中的第三方主站，指罗克韦尔及欧姆龙的 EtherNet/IP 主站，其主站侧重点要设置的参数包括 Box 的 IP，Assembly 或者 Connection 的 3 组 Instance ID 和 Data Size，所有参数在主站侧的设备要与从站侧的实际设置一致。

13.6 CANopen Master

13.6.1 CANopen 总线简介

1. CANopen 的接线

传统的 CANopen 通信的物理层与 CAN 相同，使用双绞线，两端需要接终端电阻。如图 13.66 所示。

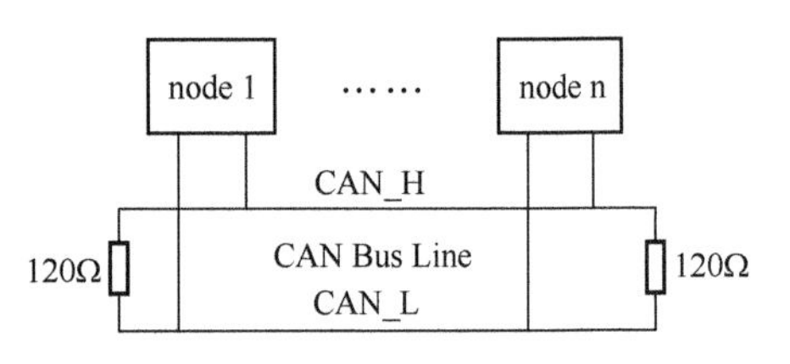

图 13.66　CANopen 的接线

常用的 CANopen 接头分为 5 针连接器和 9 针 D 型头两种，针脚定义如图 13.67 所示。

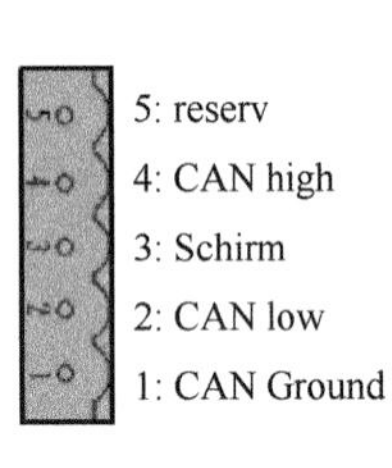

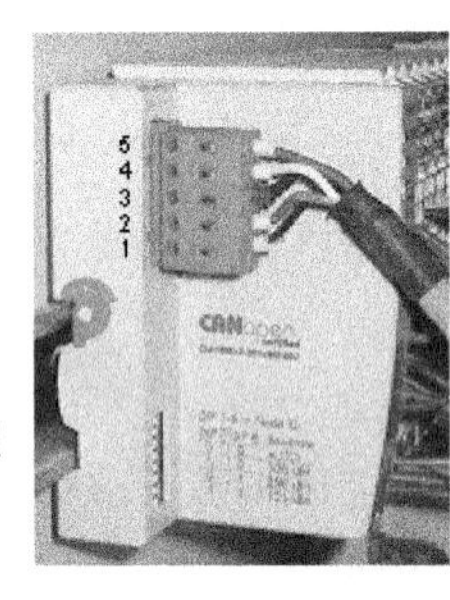
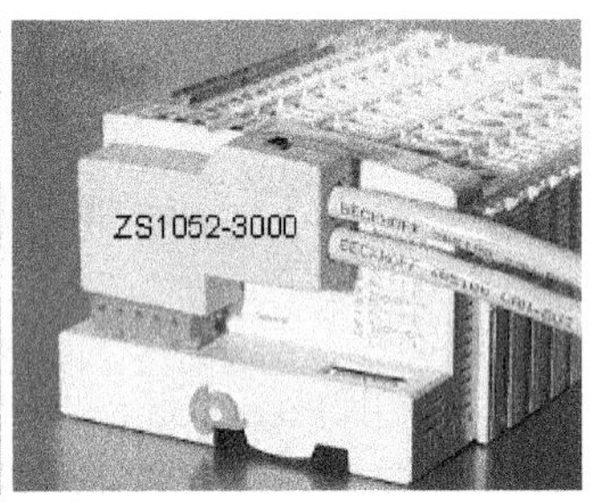

图 13.67　5 针连接器的 CAN 针脚定义

在倍福产品中，CANopen 的耦合器 BK51xx 通常是 5 针连接器，CANopen 主站卡通常是 9 针 D 型头，如图 13.68 所示。

针脚	定义
2	CAN低电平(CAN−)
3	CAN地(内部短接到6脚)
6	CAN地(内部短接到3脚)
7	CAN高电平(CAN+)

图 13.68　9 针 D 形头的 CAN 针脚定义

CANopen 通信的设备模型如图 13.69 所示。

对于倍福的用户，图 13.69 中的 Controller 可以理解为 TwinCAT 控制器，CANopen Master 包含了软件 TwinCAT 和硬件 CANopen 总线主站卡。

灰色的 Application 部分是从站的内部应用，比如一个伺服驱动器的位置环、速度环、电流环及故障处理等应用。CANopen 从站把这些应用中允许被主站访问的参数封装成 Object 对象，所有参数合称“对象字典”。每个对象有个访问入口 Entry，包含 Index、SubIndex 和 Value。主站经由这些 Object 对象实现与从站的数据交互。

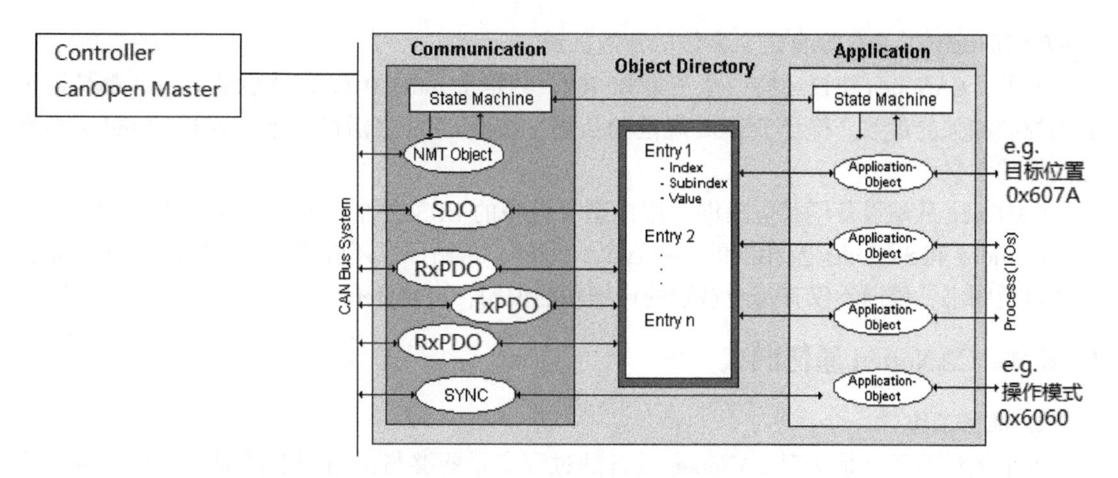

图 13.69　CANopen 通信的设备模型

2. Object 对象的分组

CANopen 协议规定 CoB 的 Index 从 0x1000 开始，其中 Index 0x1xxx 对象字典的参数含义是 CANopen 协议约定的，所有从站厂家用到这个区域时，同样的 Index 都是存放同样的内容。以 Parker 和倍福的伺服驱动器为例，它们各自的 CoB 列表如图 13.70、图 13.71 所示。

Advanced... | Drive\Parker\ETH

Add to Startup... | Offline Data

Index	Name
1000	Device Type
1001	Error Register
1005	COB ID SYNC
1008	Manufacturer Device Name
100A	Manufacturer Software Version
100C	Guard Time
100D	Life Time Factor
1017	Producer Heartbeat Time
1018:0	Identity Object
1200:0	Server SDO Parameter 0
1400:0	Receive PDO Communication Parar
1401:0	Receive PDO Communication Parar
1402:0	Receive PDO Communication Parar
1403:0	Receive PDO Communication Parar
1600:0	Receive PDO Mapping Parameter 0
1601:0	Receive PDO Mapping Parameter 1
1602:0	Receive PDO Mapping Parameter 2
1603:0	Receive PDO Mapping Parameter 3

图 13.70　Parker STM 驱动的对象字典

Advanced... | C:\TwinCAT\3

Add to Startup... | Offline Data

Index	Name
1000	Device Type
1001	Error Register
1002	Manufacturer Status Register
1003:0	Pre-defined Error Field
1004:0	Number of PDOs supported
1005	COB-ID SYNC-Message
1006	Communication Cycle Period
1007	Synchronous Window Length
1008	Manufacturer Device Name
100A	Manufacturer Software Version
100B	Node-ID
100C	Guard Time
100D	Life Time Factor
100E	Nodeguarding identifier
100F	Number of SDOs supported
1012	COB-ID Time
1013	High Resolution Time Stamp
1014	COB - ID Emergency
1018:0	Identity Object

图 13.71　倍福驱动 AX2000 的对象字典

这两个设备中，对于都有定义的 Index 0x1000\1001\1005\1008\100A\100C\100D\，两边的 Name 是几乎相同的。而左边的 Index 0x1017 在右边没有，右边有的 Index 0x1002-1004\1006-1007\100E-1014 左边也没有。

左边从 0x4000 开始，右边从 0x2000 开始，地址所存放的参数就各不相同了。因为从

0x2000 到 0x5FFF 是厂家自定义参数的存放区域。

此外，CANopen 协议还有一个子集 DS402，约定从 Index 0x6000 之后的 Object 都是用于运动控制相关的参数。符合 DS402 规范的从站，在 0x6000 之后的参数，同样的 Index 必须是同样的含义。

CANopen 从站设备厂家应提供适用该型号设备的 EDS 文件，里面包含了所有 Object 对象字的 Index 和 SubIndex 及相应的参数含义。另外，从站厂家还应提供该设备的 CANopen 通信接口说明书，里面不仅有每个参数的详细功能说明，可能还有它们相互作用的功能块图。

13.6.2 CANopen 通信调试

1. 准备工作

通信调试的目标是实现 CANopen 设备的过程变量能够与主站周期性通信。通信调试阶段与 TwinCAT PLC 或者 NC 无关，TwinCAT 可以工作在 Config Mode 下，通过 Free Run 功能测试通信是否正常。测试时设备不用带外接负载，可以只加控制电源，不加动力电源。

通信调试的准备工作分为软件和硬件准备。软件准备是指从站厂家提供的 EDS 文件和调试工具软件，硬件准备指安装和接线。

（1）软件准备

调试前应向 CANopen 设备厂家索取设备描述的 EDS 文件，复制到编程 PC 的 TwinCAT 路径下。

TwinCAT 2：“TwinCAT\IO\CANopen\”

TwinCAT 3：“C：\TwinCAT\3. 1\Config\IO\CANopen”

添加了 EDS 文件后再打开 TwinCAT，在 CANopen 网络中插入一个从站时，可选列表中就会包含上述路径下所有 EDS 描述的设备。

在 CANopen 主站 EL6751 右键菜单中选择 Insert New Items，如图 13.72 所示。

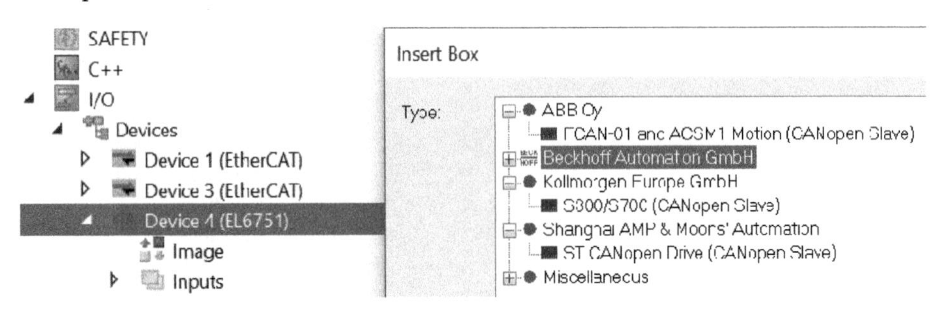

图 13.72　添加 CANopen 从站

（2）硬件准备

CANopen（DS402）的主站有以下几种。

FC5101：用于标准的 PCI 插槽，比如 C51xx，C3xxx，C61xx 工控机。

FC5151：用于 mini 型 PCI 插槽，比如 CP62xx、C69xx 工控机。

CX1500-M510：用于 104 总线，比如 CX10xx 嵌入式 PC。

EL6751-0000：用于 E-Bus，可以和任意 EtherCAT I/O 模块并列安装。

其中 EL6751-0000 是目前用得最多的倍福 CANopen 主站，这是一个网关类模块，它是一个 EtherCAT 从站，同时又是一个 CANopen 主站。后续的描述都以 EL6751-0000 为例。

在调试之前，应确保接线、电源、从站的节点地址及波特率设置正确，注意：从站的波特率应与主站一致，并且所有节点地址不能重复，且终端电阻 120Ω 已接好。

上述任何错误都可能导致从站无法“发现”从站，也就无法进行任何配置和通信。

提示：根据从站类型和厂家的不同，节点地址和波特率的设置，有的是在调试软件里设置，有的是通过硬件拨码选择。如果用户工程师不是太熟练，尤其是复杂型的 CANopen 从站，如果里面模式、参数很多需要设置，最好邀请从站厂家的技术人员共同测试。

2. 添加和配置 CANopen 主站

（1）添加 CANopen 主站

如果连接了硬件，可以在线扫描。如果没有硬件，则可以手动添加。

无论手动还是自动添加，都可以看到以下界面，如图 13.73 所示。

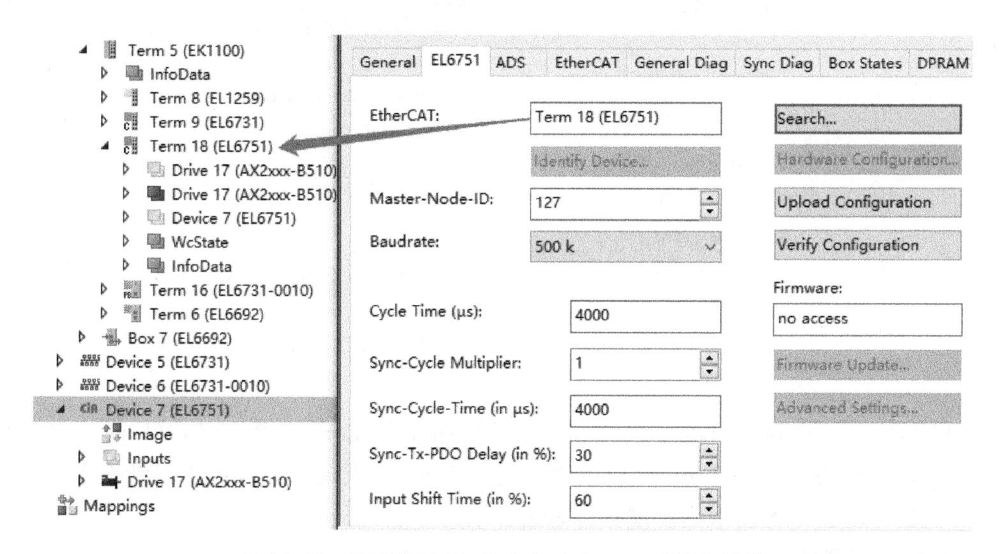

图 13.73　网关模块 EL6751 与 CANopen 总线的关联

图 13.73 中，Term 18（EL6751）是 EK1100 后的一个模块，是个 EtherCAT 从站，而 Device 7（EL6751）则是一个 CANopen 主站。两者通过“EL6751”选项卡上的 EtherCAT 来关联。如果要修改或者验证实际有没有这个硬件，可以单击 Search 按钮。

提示：如果从站数量多并且要求实时性高，可以配置多个 EL6751 模块，扩展出多条 CANopen 总线。

（2）配置主站参数

在图 13.73 中，需要配置的参数通常包括以下这些。

Baudrate：默认 500 kHz，属中等速度，适应大多数场合。通信测试成功后，再尝试提速。因为速度越高，抗干扰能力越低，能够稳定工作的线路长度、节点数量都更小。如果发现干扰大、误码多，可以降低波特率。

Master-Node-ID：使用默认值 127 也可以，只要从站地址不与之重复即可。

Cycle Time：这是只读信息，自动设置为链接变量所在任务中优先级最高者的周期。

Sync-Cycle Multiplier：默认是 1，指每 1 个任务周期进行一次 PDO 通信。选为 n 就指 n 个周期通信一次。

其他项可以用默认值。

（3）配置主站的 EtherCAT 参数

通常情况下，这个界面都可使用默认设置，初学者可以略过。如图 13.74 所示。

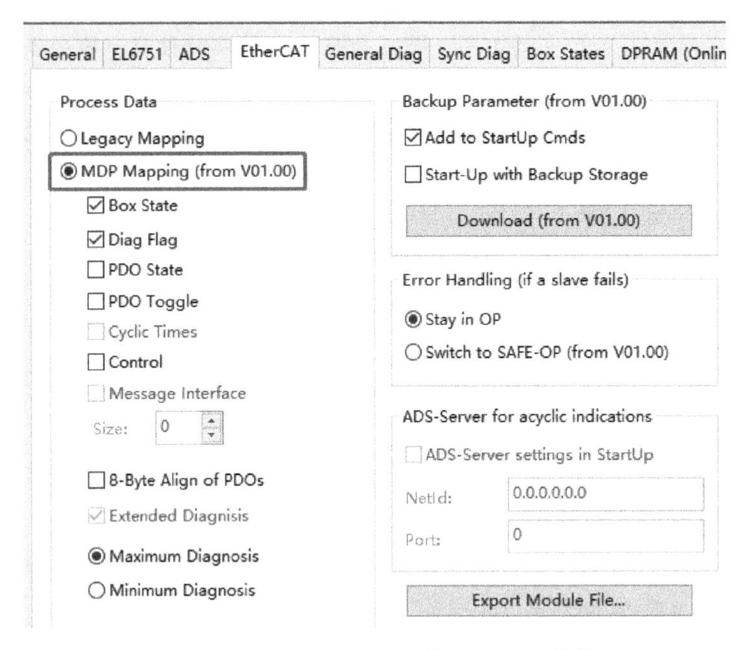

图 13.74　Device(EL6751)的 EtherCAT 参数

默认的 Process Data 是 Legacy Mapping，当网络中的 CoB ID 大于 0x7FF 时，就要启用 MDP Mapping，硬件版本在 V01.00 以上才支持。在 MDP 模式，主站可以得到更多的诊断信息，而从站的 COB Id 可以采用扩展帧（29 bit）。

3. 添加和配置从站

（1）添加从站

在 System Manager 中扫描硬件，把主站的波特率设置为与从站一致，并扫描从站。如果扫描不到从站，则在 IO/Device 中右键选择“Add New Iterms”。如果在准备工作中，在 TwinCAT 指定路径下复制了相应的 EDS 文件，这时就能选择出目标设备。

没有 EDS 文件也可以通信上，但要手动添加通用型 CANopen Node。

（2）配置从站

根据从站的类型，配置可能简单，也可能复杂。如果是扫描或者选择添加的 CANopen 从站，如果刚好实际连接的硬件只用默认配置就能通信，那么默认的通信参数和 Process Data 就可以通信成功。否则请参考后续章节。

4. 验证通信是否正常

1）检查 EL6751 的 EtherCAT 通信是否在 OP 状态。

2）检查 CANopen 从站是否正常。

3）检查 PDO 中的数据能否正常收发。

如果一切正常，就可以进入参数修改，或者进行 PLC/NC 的下一步调试了。

如果 EL6751 的 EtherCAT 通信在 OP 状态，而 CANopen 网络的 Box State 选项卡中出现 Box not exist，说明主站完全不能发现这个从站，此时应先检查接线、电源、终端电阻 EDS 文件和从站的 Firmware 版本是否匹配等基础问题，否则继续做任何配置都没有意义。

13.6.3 配置从站的 PDO

1. 关于 PDO 的背景知识

（1）CANopen 主站访问从站 Object 对象的方式

从前面“CANopen 通信的设备模型”可见，主站访问从站 Object 对象的方式有两种：PDO（Process Data Object）和 SDO（Service Data Object）。PDO 又分为 TxPDO（发送 PDO）和 RxPDO（接收 PDO），PDO 的数据通信是周期性的，由主站自动循环触发。SDO 实现的数据通信可以理解为事件触发，可以在主站上电时批量触发若干个 SDO 实现从站的参数初始化，也可以在总线启动后 PDO 正常通信期间，由控制器（PLC）发命令给 CANopen 主站触发 1 个 SDO 通信。

所以配置从站的 Process Data，就是配置从站下有几个 RxPDO 和 TxPDO，这些 PDO 里面分别装的哪些变量。

（2）PDO 与 CoB 对象的映射关系

CANopen 是基于 CAN 通信的，其通信的基本单元 PDO 对应 CAN 通信中的 Message，一个 Message 的 Data 区为 8 个字节，所以一个 PDO 中最多也只能传输 8 个字节的数据。CANopen 协议规定了 Object 0x1400 到 0x1Axx 的对象字用于配置 PDO 与 Object 的映射关系（Mapping）。

凡是符合 CANopen 规范的设备，都遵守这个约定。以 Parker 和倍福的 CANopen 伺服驱动器为例，选中从站后，在 Online 界面可以看到它的离线参数，如图 13.75、图 13.76 所示。

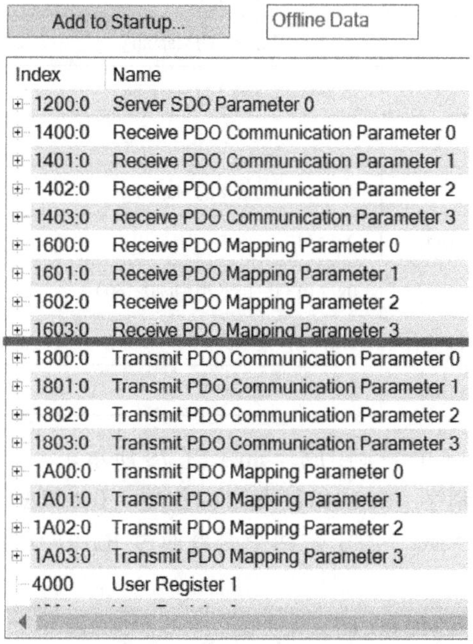

Add to Startup... | Offline Data

Index	Name
1200:0	Server SDO Parameter 0
1400:0	Receive PDO Communication Parameter 0
1401:0	Receive PDO Communication Parameter 1
1402:0	Receive PDO Communication Parameter 2
1403:0	Receive PDO Communication Parameter 3
1600:0	Receive PDO Mapping Parameter 0
1601:0	Receive PDO Mapping Parameter 1
1602:0	Receive PDO Mapping Parameter 2
1603:0	Receive PDO Mapping Parameter 3
1800:0	Transmit PDO Communication Parameter 0
1801:0	Transmit PDO Communication Parameter 1
1802:0	Transmit PDO Communication Parameter 2
1803:0	Transmit PDO Communication Parameter 3
1A00:0	Transmit PDO Mapping Parameter 0
1A01:0	Transmit PDO Mapping Parameter 1
1A02:0	Transmit PDO Mapping Parameter 2
1A03:0	Transmit PDO Mapping Parameter 3
4000	User Register 1

图 13.75 Parker STM 驱动的对象字典

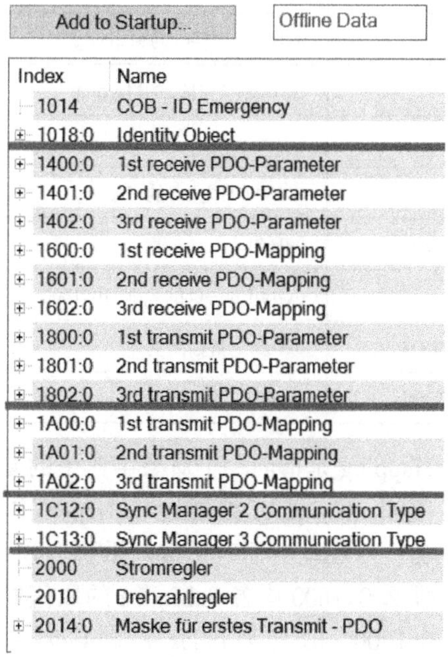

Add to Startup... | Offline Data

Index	Name
1014	COB - ID Emergency
1018:0	Identity Object
1400:0	1st receive PDO-Parameter
1401:0	2nd receive PDO-Parameter
1402:0	3rd receive PDO-Parameter
1600:0	1st receive PDO-Mapping
1601:0	2nd receive PDO-Mapping
1602:0	3rd receive PDO-Mapping
1800:0	1st transmit PDO-Parameter
1801:0	2nd transmit PDO-Parameter
1802:0	3rd transmit PDO-Parameter
1A00:0	1st transmit PDO-Mapping
1A01:0	2nd transmit PDO-Mapping
1A02:0	3rd transmit PDO-Mapping
1C12:0	Sync Manager 2 Communication Type
1C13:0	Sync Manager 3 Communication Type
2000	Stromregler
2010	Drehzahlregler
2014:0	Maske für erstes Transmit - PDO

图 13.76 倍福驱动 AX2000 的对象字典

虽然两个厂商对 CoB 0x1400 到 0x1Axx 的对象字名称略有不同，但其作用是相同的。区别是左边的 Parker 设备定义了 4 个接收 PDO 和 4 个发送 PDO，而右边的倍福设备各定义了 3 个接收和发送 PDO。

以倍福驱动的 3rd receive PDO 为例，这是第 3 个接收的 PDO。如图 13.77 所示。

⊟ 1402:0	3rd receive PDO-Parameter	RO	> 4 <
1402:01	COB-ID for PDO3 RX	RW	
1402:02	Transmission Type	RW	0xFF (255)
1402:03	Inhibit time	RW	
1402:04	CMS priority group	RW	
⊞ 1600:0	1st receive PDO-Mapping	RO	> 1 <
⊞ 1601:0	2nd receive PDO-Mapping	RO	> 8 <
⊟ 1602:0	3rd receive PDO-Mapping	RO	> 2 <
1602:01	Controlword	RW	0x60400010 (1614807056)
1602:02	Digital Speed or Current Offset	RW	0x20600020 (543162400)

图 13.77　RxPDO 3 的变量映射

CoB 0x1402 设备 PDO 的通信参数，通常不在这里设置，但可以看到设置的结果。

CoB 0x1602 设置接收数据与 Object 对象字典的 Mapping 关系。

（3）PDO Mapping 配置规则

PDO Mapping 其实是一个地址列表，见表 13.9。

表 13.9　Mapping 值与 PDO 的对应列表

PDO	Mapping	PDO	Mapping
RxPDO1	0x1600	TxPDO1	0x1A00
	0x1600:00 变量个数，不大于 8		0x1A00:00 变量个数，不大于 8
	0x1600:01 变量 1 的 Mapping		0x1A00:01 变量 1 的 Mapping
	0x1600:02 变量 2 的 Mapping		0x1A00:02 变量 2 的 Mapping
	……		……
	0x1600:08 变量 8 的 Mapping		0x1A00:08 变量 8 的 Mapping
RxPDO2	0x1601	TxPDO1	0x1A01
	0x1601:00－08的规则同0x1600		0x1A01:00－08的规则同0x1600
RxPDO3	0x1602，规则同上	TxPDO1	0x1A02，规则同上
RxPDO4	0x1603，规则同上	TxPDO1	0x1A03，规则同上

Mapping 是指向一个对象字典中的变量，也由 4 个字节组成。如图 13.78 所示。

例如，TwinCAT 要通过 CANopen 主站发送控制字（0x6040）和目标位置（0x607A）给驱动器，对驱动器而言是接收数据，所以要用 RxPDO。假定这两个变量通过 RxPDO1 来传输，那么 0x1600 中各 SubIndex 的取值如下。

0x1600：01 应为 Index + SubIndex+Length：0x6040 00 10。

0x1600：02 应为 Index + SubIndex+Length：0x607A 00 20。

Byte 3	Byte 2	Byte 1	Byte 0
Index		SubIndex	Length
CoB Object Dictionary描述中每个参数都有Index，是一个16进制的2字节数 从站内部变量，没有包含在对象字典中的，就不能从CANopenn总线访问		CoB Object Dictionary描述中有SubIndex 如果没有则写为0	0x08：长度1字节 0x10：长度2字节 0x20：长度4字节 0x40：长度8字节

图 13.78　Mapping 值的含义

0x1600：00 应为 2

同样原则，要通过 TxPDO1 来传输状态字（0x6040）和当前位置（0x6064），那么 0x1A00 中各 SubIndex 的取值如下。

0x1A00：01 应为 Index + SubIndex+Length：0x6041 00 10。

0x1A00：02 应为 Index + SubIndex+Length：0x6064 00 20。

0x1A00：00 应为 2。

2. 通过 SDO 配置 Mapping

设置 PDO 的 Mapping 地址列表 0x1A0x 和 0x160x，可以在从站的配置软件中完成，也可以在 TwinCAT 中从站的 SDO 选项卡中完成。如图 13.79 所示。

General　CAN Node　AX2xxx-B510　SDOs　ADS　Diag　Online

Obj. idx	Sub. idx	Length	Value (dec)	Value (hex)
0x1600	0	1	0	0x0
0x1600	1	4	1614807056	0x60400010
0x1600	2	4	539100192	0x20220420
0x2a00	0	1	37	0x25
0x1a00	0	1	0	0x0
0x1a00	1	4	1614872592	0x60410010
0x1a00	2	4	544211744	0x20700320
0x2a01	0	1	38	0x26
0x1a01	0	1	0	0x0
0x1a01	1	4	544213024	0x20700820
0x2020	9	4	1048576	0x100000
0x6060	0	2	250	0xFA

Restart Node when no TxPDOs are received for 10s after Start Node

max. SDOs in Send Queue: 5　　max. Boot-Up Timeout (s): 0

max. SDO Timeout (ms): 2000

Append...　Insert...　Delete...　Edit...

图 13.79　TwinCAT 中 CANopen 从站的 SDO 列表

CANopne 通信建立时，主站会根据 SDO 列表，依次向从站中的指定参数写入指定的值。如果当前 SDO 列表中各项不符合项目需求，可以按图 13.79 中的 Appent、Insert、Delete 和 Edit 按钮，进行相应操作，除了 Delete 外，都会弹出 Edit SDO Entry 对话框，如图 13.80 所示。

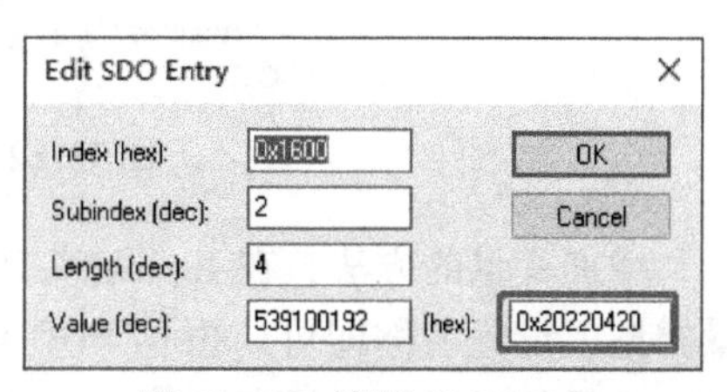

图 13.80　填写 SDO Entry

注意：Value 都填 hex 框中的 16 进制的值，Dec 十进制的值会自动更新。

在批量编辑 SDO 之前，最好先查从站的手册，找到要传输变量的 Entry，提前算出 Mapping 值，再逐项添加。以倍福的 CANopen 伺服驱动器为例，见表 13.10。

表 13.10　倍福的 CANopen 伺服驱动器的 SDO Entry

SDO Entry / 对象字典	Byte3，2	Byte 1	Byte 0
	Index	SubIndex	Length
控制字（2字节）	0x6040	0x 00	0x 10
目标位置(4字节)	0x607A	0x 00	0x 20
状态字（2字节）	0x6041	0x 00	0x 10
实际位置(4字节)	0x6064	0x 00	0x 20

习惯先把 SubIndex 0 置 0，写完各 PDO 的 Mapping 地址后，再写 SubIndex 0 的值。

在一个 PDO 中的变量总长度不能超过 8 字节。如果有需要超过 8 字节的数据要通信，就要增加 PDO 的数量。这个映射关系，可以在主站侧通过 SDOs 配置，也可以在从站侧用厂家的调试软件配置。

注意：从 EDS 文件中装载的 PDO，不一定是从站当前实际的 PDO 配置，还是需要在 TwinCAT 开发环境的从站 Online 选项卡或者从站厂家提供的调试工具中确认。

3. 在 PDO 中增加变量

在 SDO 中配置了 Mapping 地址后，从站就准备好了发送接收数据，所以主站侧也要配置相应数量、类型的变量，并且顺序也要与 SDO 配置的 SubIndex 严格一致。

例如 SDO 中的配置如图 13.81 所示。

General　CAN Node　AX2xxx-B510　SDOs　ADS　Diag　Online

Obj. idx	Sub. idx	Length	Value (dec)	Value (hex)
0x1600	0	1	2	0x2
0x1600	1	4	1614807056	0x60400010
0x1600	2	4	1617166368	0x60640020

图 13.81　SDO 中 TxPDO1 的 Mapping

那么，根据表 13.9 中 Mapping 值与 PDO 的对应列表，TxPDO1 中应按图 13.82 所示设置。

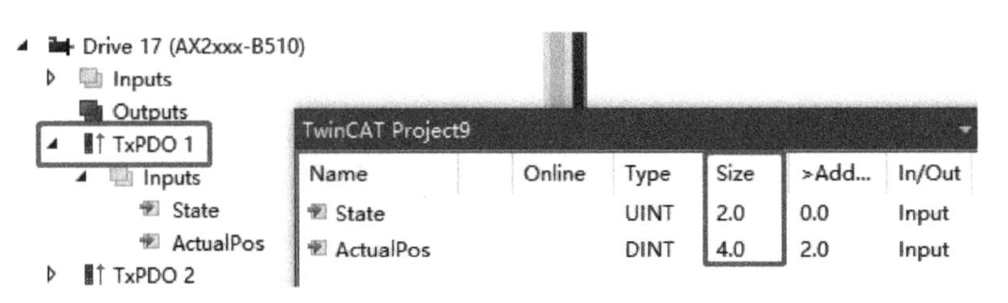

图 13.82　TxPDO1 中的变量类型和顺序

增加变量的方法，在 Inputs 或 Outputs 的右键菜单选择“Add New Iterms”，然后选择变量类型，设置名称即可。根据 SDO 配置的变量顺序和类型，依次在 PDO 中增加相应的变量。变量的名称只是提高可读性，让用户望文知义。对于通信来说，变量类型和顺序才是最重要的。

正常情况下，以上设置就可以确保通信变量。但是如果反复增减变量，或者其他异常操作，可能导致自动计算的 PDO 字节数与配置的变量字节数不一致。此时，在 Inputs 或者 Outputs 的右键菜单选择“Recalc Address”重新计算就行了。

4. 增加 PDO（可选）

如果 SDO 中配置了多个 PDO，Box 下也要相应地增加 PDO。方法是：选中 Box，在右键菜单中选择 Insert TxPDO 或者 RxPDO，然后重复前面的步骤，向 PDO 添加变量。

13.6.4 PDO 的通信参数

有时候碰巧，默认参数就可以通信成功。如果有问题，就需要调试 PDO 的通信参数，如图 13.83 所示。

双击某个 PDO，就可以在主窗体看到它的设置界面。

COB Id：根据 CANopen 节点地址和 PDO 序号自动生成的，不用修改。

Trans. Type 和 Modulo：设置同步还是异步传输。默认为（1：Sync 1）同步通信，每个任务周期刷新 1 次。也可以设置为异步通信（0 或 255：Async）。Trans. Type 为 Sync n 表示 n 个周期同步一次。比如任务周期为 2 ms，有 5 个从站，每个从站 1 个 TxPDO，Trans. Type 为 Sync 5，Modulo 分别为 0~4，相当于各从站 10 ms 才刷新一次数据，并且每隔 2 ms 各站轮流刷新。这种设备只在节点数量多，网络负载不起的时候才使用。

Length：PDO 中的字节长度，只读。

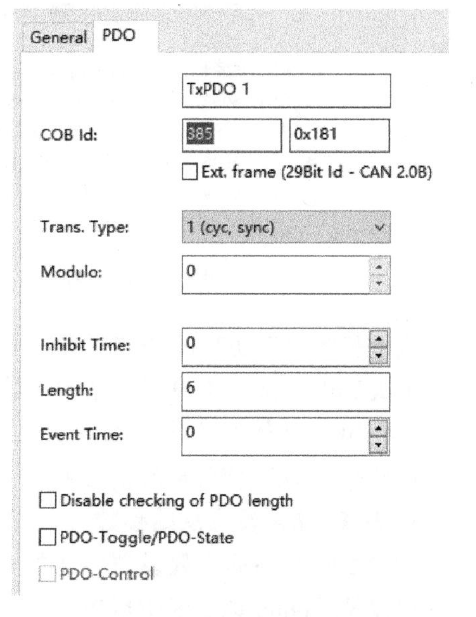

图 13.83　PDO 的参数设置

Inhibit Time：是 PDO 发送的限制，在此时间内只允许发送一次，目的是避免优先权高的 PDO 一直发送，占用总线，而优先权低的 PDO（COB Id 越小，优先级越高）将永远无法发送出去。此功能用于 PDO 的 Trans Type 为异步时（254，255）。

Event time：是定时器触发 PDO 发送，这个时间一到 PDO 就会发送一次，也用于异步。

Ext. frame（29 Bit Id）：COB Id 大于 0x7FF 时需要启用，并且主站要设置为 MDP 映射。

13.6.5 修改 CANopen 从站的 CoB 对象字

前面的章节用 SDO 来初始化 Mapping 地址，实际上所有 CANopen 对象字都可以通过 SDO 进行初始化。

在从站的 Online 选项卡中可以显示对象字典，前提是装载了正确的 EDS 文件。在这里可以看到哪些参数可以访问，以及访问权限是只读（RO）还是读写（RW），如图 13.84 所示。

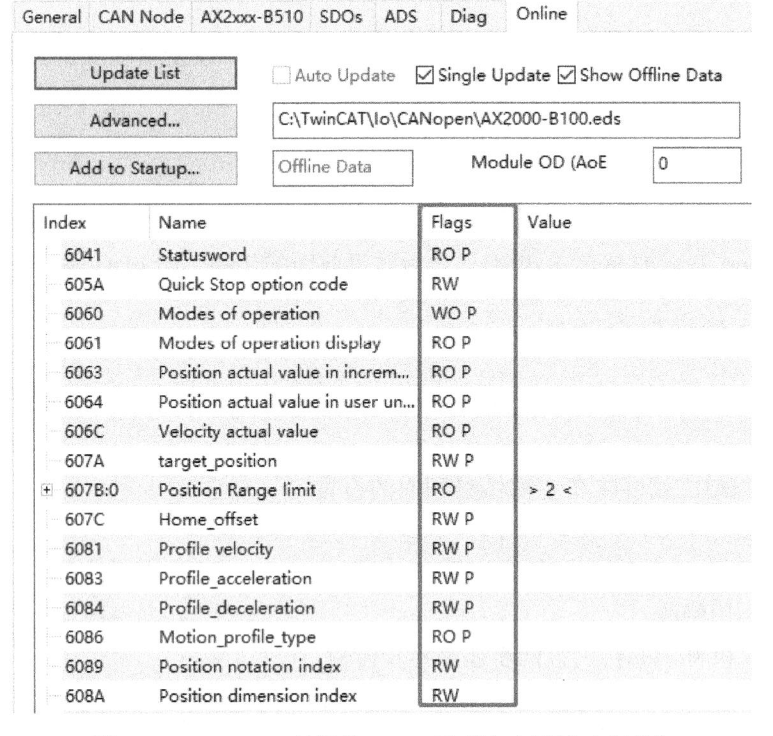

图 13.84　CANopen 从站的 Online 选项卡中显示对象字典

以下步骤以 EL6751-0000 为例，说明 CANopen 主站的配置从站参数的 3 个方法。

- 从 Online 选项卡设置从站的参数。
- 经 SDO 初始经从站参数。
- 经 PLC 程序访问从站的参数。

1. 从 Online 设置从站参数

如果是临时性的参数设置，比如在调试阶段，驱动器内部的一些 PID 参数，单位设置等，可以从 Online 选项卡中设置。图 13.84 中如果 CANopen 通信正常，会显示 Online Data 绿色字体“Online Data”。图 13.84 中的 Offline Data 红色字体，表示从站硬件的 CANopen 通信不正常，或者 EDS 文件与硬件不匹配。

在 Online 选项卡中，选择要修改的目标参数，双击即可修改。

如果 Online 选项卡没有参数，就需要装载 EDS 文件。方法与 EtherCAT 从站的 CoE Online 选项卡显示参数一样。请参考 10.3.3 节中关于“在 CoE Online 查看和修改参数”的内容。

2. 经 SDO 初始化从站的参数

如果确定的参数，就要放到初始化参数列表里面，即主站的 SDOs 选项卡中进行配置。

在 SDOs 选项卡中单击 Append，在弹出对话框中填写要初始化的 COB 对象字的 Index、SubIndex、Value 以及 Length，注意 Length 的单位是字节。

3. 经 PLC 程序访问从站的参数

使用 ADS 通信，可以在 TwinCAT PLC 程序中修改 CANopen 从站设备的参数。ADS 通信的功能块的使用请参考 11.2.3 节中关于“从 PLC 程序实现 ADS 通信”的内容。

注意以下几点。

NetID：是指 CANopen 主站卡的 NETID，在 System Manager 中可以看到。

Port：从站节点地址加上偏移 0x1000；比如节点号为 10，Port 就是 0x100A。

IndexGroup：指对象字典中的 Index。

Offset：指对象字典中的 SubIndex。

LEN：读写的长度，最多可以读 4 个字节。

实际上，在 ADS 通信的背后，还是通过 SDO 在访问从站参数。只是这个 SDO 不是在初始化阶段通信一次，而是 TwinCAT 的 CANopen 主站做了 ADS Server 协议，接收 ADS 请求，发送 SDO 服务帧去访问从站参数。

13.6.6 CANopen 总线诊断

（1）Box States：监视所有从站状态

出现故障时可以最常用的诊断界面是 Box States，可以查看每个从站的当前状态。而每个从站的 Inputs 变量不都包括 Node State，可以链接到 PLC 变量参与逻辑控制。如图 13.85、图 13.86 所示。

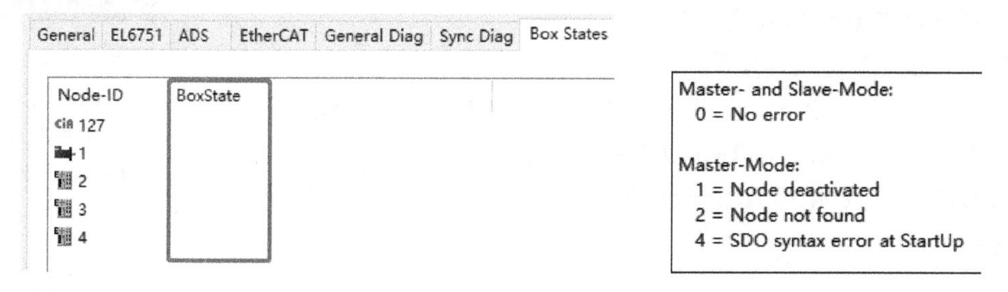

图 13.85　主站观察到的全部从站状态　　图 13.86　每个从站的 Node State 变量

（2）Sync Diag：监视总线负载，出错报文，各相时间消耗

监视总线负载、出错报文及各相时间消耗如图 13.87 所示。

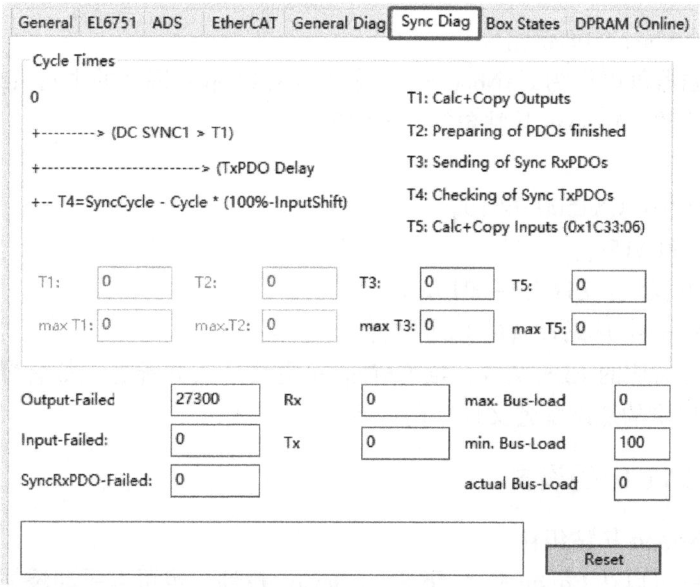

图 13.87　CANopen 主站的 Sync Diag 选项卡

（3）General Diag：监视 Cycle Time 有没有超标等

如图 13.88 所示。

General | EL6751 | ADS | EtherCAT | General Diag | Sync Diag | Box States | DPRAM (Online)

Cycle Times

Handling of asynchronous PDO finished time: 0

max Handling of asynchronous PDO finished time: 0

Cycle Time: 0

max. Cycle Time: 0

图 13.88　CANopen 主站的 General Diag 选项卡

13.6.7　常见问题

配套文档 13-3 CANopen 通信数据量与刷新时间的计算

1. CANopen 通信数据量与刷新时间的计算

请参考配套文档 13-3。

2. 备份和恢复参数设置

有两个方法备份从站参数。

1）导出 SDOs：在 SDOs 界面导出列表，只导出初始化参数。

2）导出整个从站：在 TwinCAT 3 中右键菜选择 Save……As，不仅导出 SDOs 中的初始化参数，还会导出 RxPDO、TxPDO 和过程变量的映射关系。

13.7　CANopen Slave

13.7.1　CANopen Slave 的通信组件和 EDS 文件

（1）CANopen Slave 的通信组件

TwinCAT 控制器可以作为 CANopenSlave 集成到 CANopen 网络的主站系统中。

TwinCAT 支持的 CANopen 从站包括以下内容。

PCI 卡：FC510x。

PC104 总线模块：CX1500-B510。

Mini PCI 卡：FC515x。

EtherCAT 主站模块：EL6751-0010。

（2）倍福 CANopen 从站设备的 EDS 文件

找到通信组件对应的 EDS 文件，给 CANopen 主站导入并配置。如有疑问请参考 13.15 节中关于“倍福提供的从站配置文件”的内容。

13.7.2　TwinCAT 中的设置

1. 添加 CANopen 从站组件

CANopen 从站可以在 Config Mode 下 Scan Device 找到，也可以手动添加：TC3 开发环境中，在 IO/Device 下右键选择 “Add New Iterms”，选择 CANopen/CANopen Slave EL6751，

EtherCAT。

设置 CANopen 从站如图 13.89 所示。

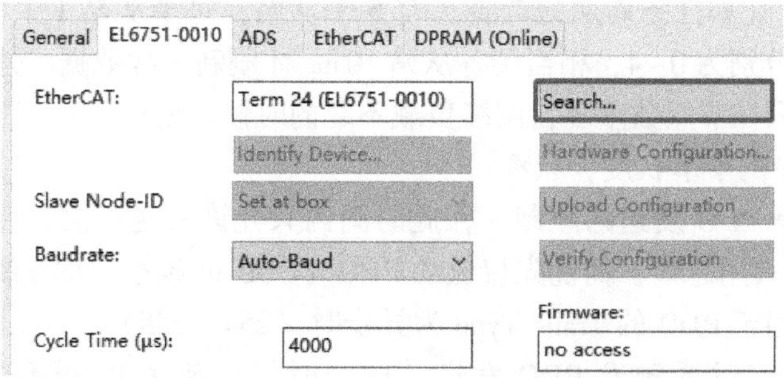

图 13.89　指定 CANopen 从站的网关模块

EtherCAT：在这里指定 CANopen 从站网关模块，如果要修改，单击 Search 按钮。

Slave Node-ID：CANopen 从站地址。由于 EL6751-0010 上没有地址拨码，所以地址只能由软件设置。默认地址 1，有可能需要修改，切勿与其他站点地址重复。

Baudrate：默认是 500 kHz，建议改成“Auto-Baud”，以免和主站的波特率不一致。

Cycle Time：这是只读信息，自动设置为链接变量所在任务中优先级最高者的周期。

2. 配置 TxPDO 和 RxPDO

Input 变量和 Output 变量，分别是通过 TxPDO 和 RxPDO 来传输的。EL6751-0010 默认有两个 RxPDO 和 TxPDO，如图 13.90 所示。

默认的两个 RxPDO 和 TxPDO 只能传输 16 字节的 Input 和 16 字节的 Output 变量。如果不够用，可以在“EL6751-0010（CANopen Slave）”下手动添加 RxPDO 或者 TxPDO。

选中某个 PDO 下的 Inputs 或 Outputs，在其右键菜单中选择“Add New Iterms”，可以添加变量。注意一个 PDO 下的变量总长度不要超过 8 字节，因为根据 CANopen 协议，每个 PDO 最多只能传送 8 字节数据。

配置 PDO 的通信参数如图 13.91 所示。

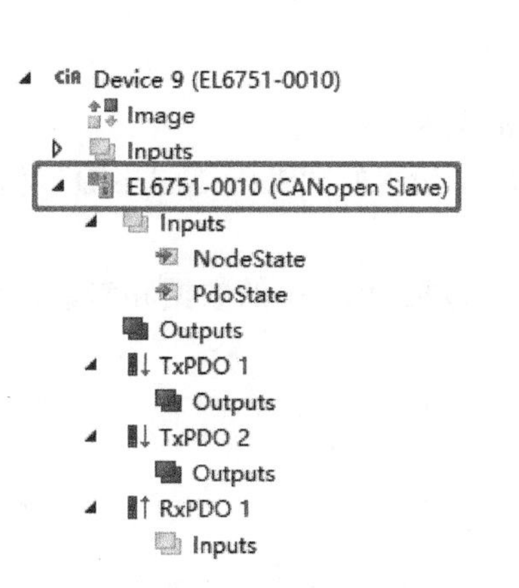

图 13.90　EL6751-0010 默认的 PDO

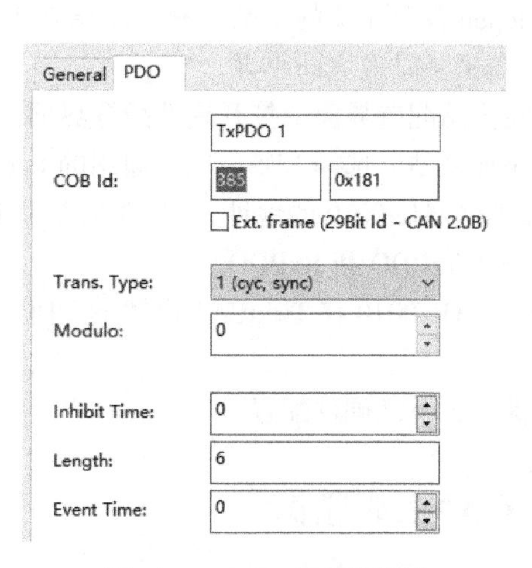

图 13.91　PDO 的参数设置

双击某个 PDO，就可以在主窗体看到它的设置界面。各参数如下。

COB Id：根据 CANopen 节点地址和 PDO 序号自动生成的，不用修改。

Trans. Type 和 Modulo：设置同步还是异步传输。默认为（1：Sync 1）同步通信，每个任务周期刷新 1 次。也可以设置为异步通信（0 或 255：Async）。Trans. Type 为 Sync n 表示 n 个周期同步一次。比如任务周期为 2 ms，有 5 个从站，每个从站 1 个 TxPDO，Trans. Type 为 Sync 5，Modulo 分别为 0~4，相当于各从站 10 ms 才刷新一次数据，并且每隔 2 ms 各站轮流刷新。这种设备只在节点数量多，网络负载不起的时候才使用。

Length：PDO 中的字节长度，只读。

Inhibit Time：是 PDO 发送的限制，在此时间内只允许发送一次，目的是避免优先权高的 PDO 一直发送，占用总线，而优先权低的 PDO（COB Id 越小，优先级越高）将永远无法发送出去。此功能用于 PDO 的 Trans Type 为异步时（254，255）。

Event time：是定时器触发 PDO 发送，这个时间一到 PDO 就会发送一次，也用于异步。

Ext. frame（29 Bit Id）：COB Id 大于 0x7FF 时需要启用，并且主站要设置为 MDP 映射。

3. 测试通信效果

（1）Reload I/O，启用 Free Run

如果不清楚如何操作，请参考 13.15 节中关于“使用 Reload I/O 和 Free Run 测试通信”的内容。

（2）通信结果

所有从站的 Process Data，可以在 Device 的 Image 中查看。选择任意输出变量，在其 Online 中单击 Write 可以写入值，然后在主站侧验证是否收到正确的值。如有疑在，请参考 13.15 节中关于“从站 Process Data 的强制及可能的高低字节交换”的内容。

（3）从站自身的状态诊断

在 Box1 的 Inputs 中有 Node State 和 ExtDiagFlag 变量，可以看到与主站的 CANopen 通信状态。这个状态，在主站侧的调试软件中也可以看到。

13.7.3 CANopen 主站侧（第三方 PLC）的设置

CANopen 没有主流的主站厂家，用倍福自己的主站来截屏又不太客观。在此只列举大致步骤，各家主站应大同小异。

1）在主站配置界面中打开硬件配置界面。

2）添加从站，选择 EDS，或者通用的 CANopen 从站。

设置 EL6751-0010 的地址，与 13.7.2 中 TwinCAT 设置的“Slave Node-ID”相同。

3）添加 TxPDO 和 RxPDO。

与 EL6731-0010 在 TwinCAT 设置的 PDO 相同，包括 PDO 中的数据和参数设置都应严格一致。

4）保存，下载硬件配置。

13.8 CAN2.0 通信

13.8.1 背景介绍

控制器局域网总线（Controller Area Network，CAN）是世界上应用最广泛的现场总线之一，CAN 接口可能是性价比最高的总线接口，通信速度可达 1 Mbit/s，百度搜索显示最便宜的 CAN 接口，含贴片式 CAN 微控制器和收发器，价格在 10 元以内。与此同时，CAN 总线的实现也比绝大多数现场总线要简单，因此深得研发人员的青睐。在可选多种总线接口的自动化仪表或者设备中，通常 CAN 接口是最便宜甚至是免费的选项，而某些经济型产品甚至只支持 CAN 总线，尤其是一些新研发的国产设备，或者厂家开发的自用设备。

CAN 通信是对等网络通信，没有主站从站的说法，统一叫作 CAN 节点。CAN 节点也没有地址，每个节点都可以主动向总线发送数据。多节点同时发送数据时，根据报文标识符来竞争总线访问优先权。

CAN 通信还有一个特点：所有节点总是同时收到相同数据，所以各节点之间数据通信实时性强，并且容易构成冗余结构，提高系统可靠性和系统灵活性。CAN 相比于 RS485 在实时性、可靠性方面优势明显，因为后者只能构成主从式结构系统，通信方式也只能以主站轮询方式进行。

从发展历史来看，CAN 总线诞生于 1986 年，没有查到 CANopen 的诞生年份，百度搜索到最早的 CANopen 文档发布于 1996 年。我个人理解是，CAN 总线是针对 RS485 通信的种种不足而推出的一种总线，其后的 CANopen、PROFIBUS、DeviceNet，则分别在 CAN 和 RS485 的基础上，区分出了主站和从站，因为在自动化领域，所有设备都是要和 PLC 通信。用一个专门的硬件来处理通信，而不必占用控制器的 CPU 来运行 CAN 或 RS485 通信代码，这是现场总线分出主站和从站的根本目的。所以，CAN 比 RS485 先进，但对于 CANopen、PROFIBUS 等总线，使用起来就不那么方便了。

对于今天的自动化工程师来说，已经熟悉了 PROFIBUS、DeviceNet、CANopen 的使用，习惯了通过简单的参数配置，总线主站就能自行完成通信，而不必深入了解这些通信的底层协议。但在使用 CAN 通信时，还必须得自行编写 PLC 上的 CAN 通信代码，所以有必要对 CAN 通信做些常识性的了解，才能理解 PLC 的 CAN 通信代码，哪怕是集成已有的代码。

13.8.2 TwinCAT 实现 CAN2.0 通信的配置

1. CAN 2.0 通信的组件

倍福控制系统要实现 CAN2.0 通信，必须有 CANopen 主站模块，可选以下组件之一。

- EL6751-0000 CANopen 网关 EL 模块，适用于任何带 EtherCAT 的倍福控制系统。
- CXxxxx-M510 CX 控制器上扩展的 CANopen 主站，适用于 CX 嵌入式控制器。
- FC51xx PCI、PCIe 或 Mini PCI 接口的 CANopen 主站卡，适用于带插槽的 IPC

2. CAN 网络接线

CANopen 主站卡连接其他 CAN 设备的接口形式有 9 针 D 形头和 5 针连接器两种。

3. 添加 CAN 节点和参数配置

扫描或者手动添加 CANopen 主站设备后，在“Device（EL6751）”的右键菜单中选择“Add New Iterms”，手动添加 CAN Interface，如图 13.92 所示。

注意：一个主站模块只能添加一个 CAN Interface。在接下来的对话框中设置 CAN Interface 的传输队列，如图 13.93 所示。

“Tx Queue Messages”和“Rx Queue Messages”直接使用默认值“10”，这表示一个控

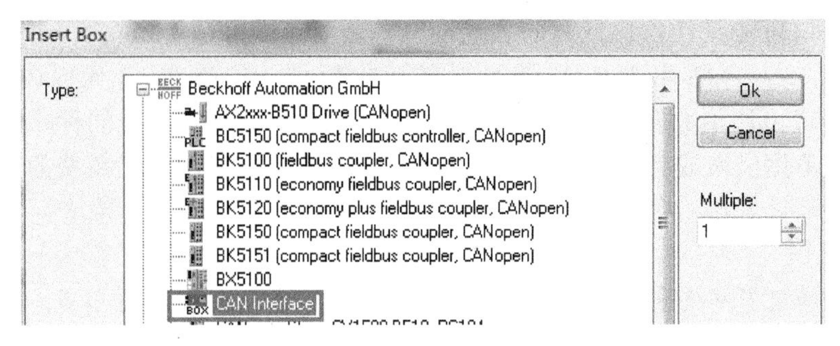

图 13.92 在主站 Device 下添加 CAN Interface

制周期最多缓存 10 条接收的消息，而一个周期发送的消息数量也最多 10 条。

29 Bit Identifier supported：如果勾选，则使用 CAN2.0B，29 位标识符；否则使用 CAN2.0A，11 位标识符。

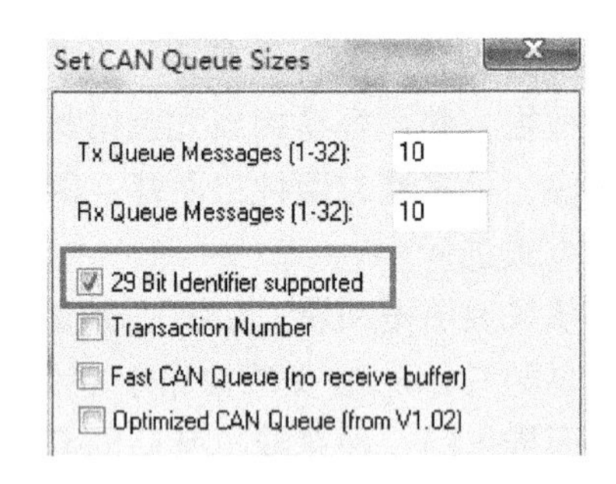

图 13.93 设置 CAN 传输队列

13.8.3 分析 CAN Interface

1. “Message”构成

如果使用默认的 Message（消息）数量，成功添加 CAN Interface 后，发送和接收都会有 10 条消息，根据 CAN 协议的类型，在设备的 Process Data 中有以下内容，如图 13.94、图 13.95 所示。

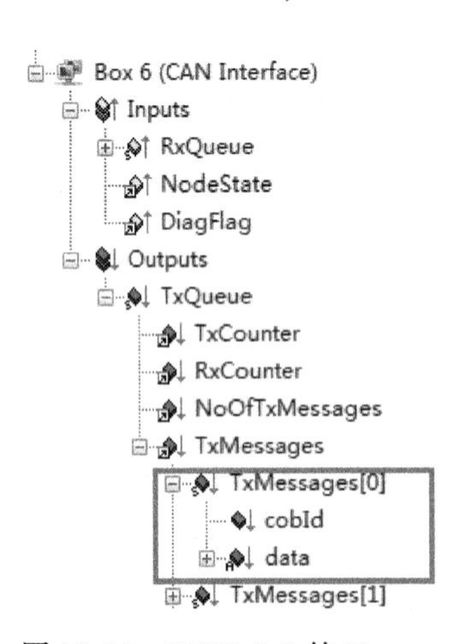

图 13.94 CAN2.0 A 的 Message

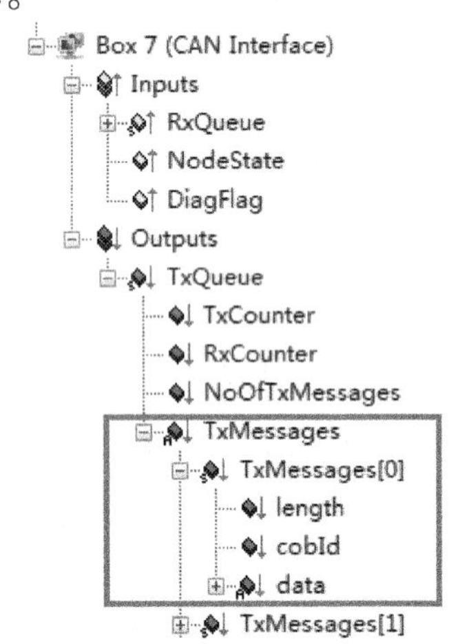

图 13.95 CAN2.0 B 的 Message

发送和接收消息的数量：默认都为 10 个，在 TwinCAT 2 中，如果需要修改消息数量，必须删除 CAN Interface 再重新添加。

CAN2.0A 的消息和 CAN2.0B 的消息格式有所不同。

CAN2.0A 的消息中，包含 cobId 和 data，其中 cobId 只有 2 字节 16 位，其 Bit 0~3 表示 Data 中实际发送的字节数，Bit 4 表示 RTR，而 Bit 5~15 表示消息的 cobId，所以 CAN2.0A 的 cobId 不会超过 16#7FF。

CAN2.0B 的消息中，包含 cobId、data 和 length，其中 cobId 有 4 字节，其 Bit 31 为 False

表示 11 位标识符，为 True 表示 29 位标志符，Bit 30 表示 RTR。Bit0~28 表示 cobId，所以 CAN2.0B 的 cobId 最大值为 16#3FFF FFFF。

Data 中实际发送的字节数则由 length 表示，虽然 CAN 2.0B 的 length 是 uint 型，其值也不会大于 8。因为 data 总是 8 字节的数组，表示一条消息能够交换的数据最多不超过 8 字节。为了节省带宽，如果只交换一个 Int 整数型变量，就没必要把 8 个字节都发送出去。所以需要用 length 或者 cobId 的特定位来控制发送的字节长度。

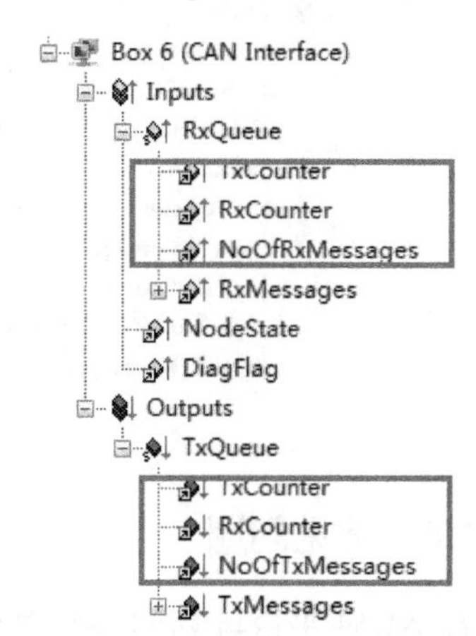

图 13.96　消除队列的状态和控制

"消息"（Message）是各个 CAN 节点之间通信的基本单位。一个最小的通信，就是在两个节点之间的 CAN 通信，一个节点上配置一个 TxMessage，而另一个节点上配置一个 RxMessage。只要节点的 RxMessage 中收到的消息 cobId 与发送方一致，就证明通信成功了。

CAN Interface 的 RxMessage 和 TxMessage 结构完全相同，所以 CAN 网络中要么全部用 CAN2.0 A，要么全部用 CAN 2.0B。消息队列的状态和控制如图 13.96 所示。

在 RxQueue（接收队列）和 TxQueue（发送队列）中，都有同样的 3 个变量，其各自的含义见表 13.11。

表 13.11　CAN Interface 的 I/O 变量含义

	RxQueue	TxQueue
TxCounter	已发送计数，发送一次自动加 1	发送计数，有变化则触发发送一次
RxCounter	已接收计数，接收一次自动加 1	接收计数，当与 RxQueue 中的 RxCounter 相等时可触发重新接收
NoOfRxMessages	自上次接收以来重新收到的 Message 数量	本次计划发送的 Message 数量

TxQueue 的 TxCounter 只要有变化就会触发硬件模块发送 Message。最简单的变化是自累加 1，发送的 Message 数据，就是 Message 数组的 10 个元素中的第 1 到 NoOfTxMessages 个。RxQueue 的 RxCounter 有增加时，表示有收到新的 Message。在 PLC 程序中处理完上次收到的 Message 后，要把 TxQueue 的 RxCounter 置为与 RxQueue 的 RxCounter 相等，才能重新从硬件接收数据。

2. CAN Interface 的诊断信息

CAN Interface 的 Inputs 下有两个用于诊断的变量：NodeState 和 DiagFlag。正常通信时两者都应为 0，否则查看变量的 Comment 中对应的含义。

3. 关于 Message 过滤

可以设置 CAN 通信只接收部分 cobId 的 Message 信息，这就是 Rx Filter，如图 13.97 所示。

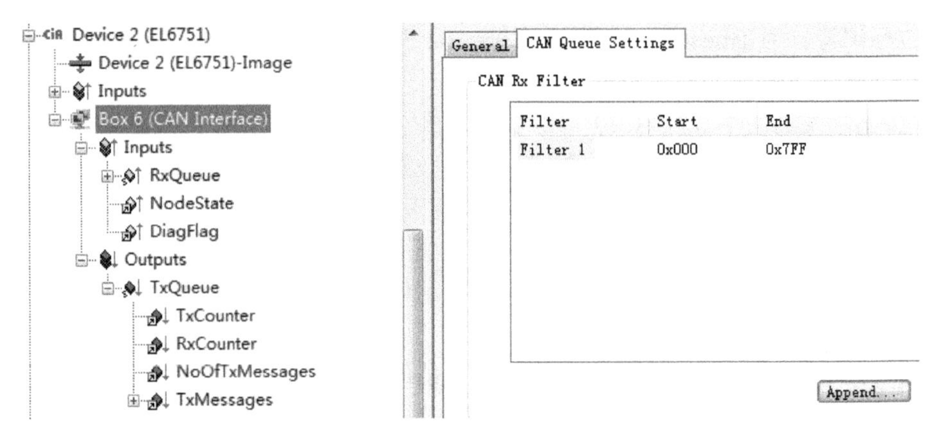

图 13.97　CAN 队列的过滤

13.8.4　常见问题

1. ARM 平台与 Intel 平台的 CAN2.0 通信

实际应用中发现，如果通信双方一个是 ARM 平台，一个是 x86，就会出现 10 或者 14 个字节的结构体在通信的双方占的内存大小不同的情况。详情请参考 3.2.3 节中关于“地址对齐”的内容。

2. 尽可能及时处理收到的 Message

为了避免自上次接收以来，新接收的消息超出接收队列的最大数量（比如 10 个），应尽可能及时处理收到的 Message，并触发重新接收数据。特别是 CAN 设备不经握手，无条件快速连续发送消息时，或者网络中有多个 CAN 节点不受调度随机发送消息时，如果接收消息不及时，就容易漏掉部分信息。如果实在来不及接收，可以把接收队列的数组容量 Rx Queue Messages 设置得大一些。

3. 用上升沿触发发送 FB

发送数据则刚好相反，如果每个周期都改变输出的 TxCounter，就会出现每个周期都向总线发送数据的情况，考虑到这一点之后，如果不是想要效果，就应该给触发条件加一个上升沿。

4. 其他常识

关于波特率要一致、cobID 不能重复、要接终端电阻、屏蔽接地以及 CAN H 和 CAN L 不要接反等常识问题，本文虽然没有强调，但发现通信不上的时候，也需要逐项检查。

13.8.5　通过 CAN2.0 访问 BK51xx 耦合器

倍福产品作为 CAN 节点集成到第三方的控制系统，最典型的应用就是 BK51xx 耦合器的 CAN 通信。由于 BK51xx 只是一个耦合器，不能编程，所以只能作为 CAN 节点在事件触发的方式下交换数据。关于这种应用最重要的一点是，要在初始化时修改对象字典 0x6423 的值为 1，否则模拟量信号无法通信。

配套文档 13-4
第三方 CANopen
主站与 BK5120
通信设置

在用第三方 CAN 控制器与 BK5120 进行 Process Data 交换之前，主站控制器应当依次发送特定的报文，才能访问所有类型 I/O 模块的数据通信。报文及含义见表 13.12。

详细说明请参考配套文档 13-4。

表 13.12　BK5120 接收的报文格式

COB Id	字节长度	报　文	含　义
000	2	82 00	Reset
601	8	2F 23 64 00 01 00 00 00	修改 0x6423 值为 1，以便正常访问 AI 模块的信号
000	2	01 01	Start

13.8.6　CANopen Node 通信

在非标的 CANopen 通信中，除了 CAN Interface 还有 CANopen Node。

一个 CANopen 主站下只能配置一个 CAN Interface，换句话说 CAN Interface 不能跟 CANopen 从站共存。而 CAN 节点通信，可以和标准的 CANopen 通信共存于一个网络。

（1）添加 CANopen Node

在主站“Device（EL6751）”的右键菜单中选择“Add New Iterms”，选择 Miscellaneous/CANopen Node，如图 13.98 所示。

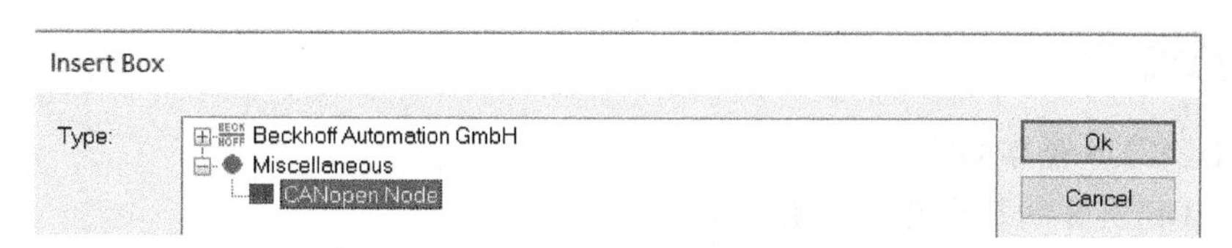

图 13.98　插入 CANopen Node

启用 General CAN-Node 模式，如图 13.99 所示。

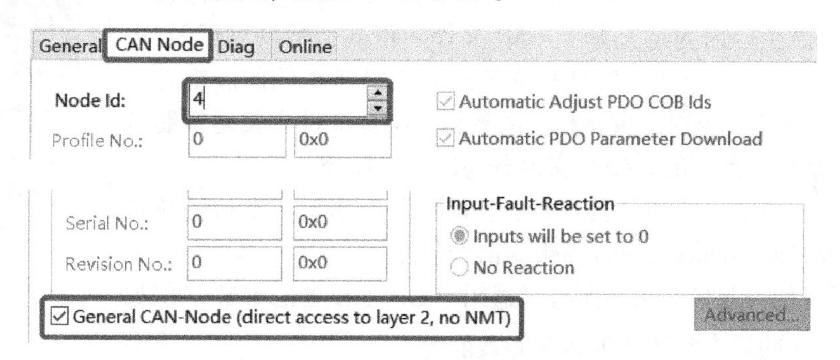

图 13.99　启用 General CAN-Node 模式

配置 PDO 如图 13.100 所示。

PDO 的配置包括 COB Id 的修改和 Inputs/Outputs 中的变量插入。

COB Id：设置好节点号之后，默认的 2 个 RxPDO 和 TxPDO 的 COB Id 就有了默认值，但是 CAN 节点通信允许修改 COB Id，以及启用扩展 Frame。

Inputs/Outputs：每个 PDO 最多可以配置 8 字节的数据。

（2）测试通信效果

配置好变量之后，就可以 Reload I/O 进入 Free Run 测试通信。

如果对方的 RxPDO 的 COB Id 与本机的 TxPDO 相同，对方就能收到数据。

反之如果对方的 TxPDO 的 COB Id 与本机的 RxPDO 相同，本机就能收到数据。

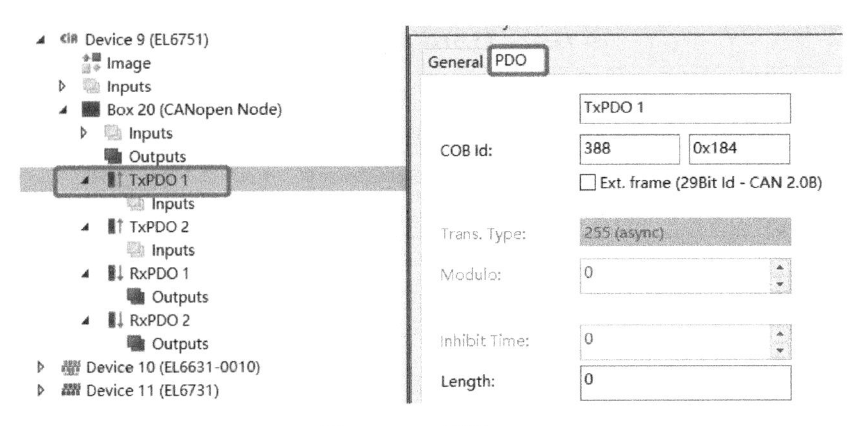

图 13.100　配置 PDO

13.9　PROFIBUS-DP Master

13.9.1　总线简介

1. PROFIBUS 基本知识

有关 PROFIBUS 的基本知识请参考配套文档 13-5。

2. 背景知识：GSD 文件

PROFIBUS-DP 主站和从站的制造商向用户提供 GSD（设备数据库）文件，使用 GSD 文件可以在 DP 系统的组态阶段检查设备数据，以避免错误的发生。因为定义好了 GSD 文件的格式，所以对于 PROFIBUS-DP 系统来说，制造商实现独立的组态工具是可能的。组态工具使用 GSD 文件测试与独立设备相关的数据。GSD 文件主要是靠制造商和设备的 ID 号来区别的。GSD 文件分为以下三部分。

配套文档 13-5
PROFIBUS
总线简介

总体说明：包括厂商和设备名称、软硬件版本情况、支持的波特率、可能的监控时间间隔及总线插头的信号分配。

DP 主设备相关规格：包括所有只适用于 DP 主设备的参数（例如可连接的从设备的最多台数或加载和卸载能力）。

DP 从设备相关规格：包括与从设备有关的所有规定（例如 I/O 通道的数量和类型、诊断测试的规格及 I/O 数据的一致性信息）。

3. 背景知识：PKW/PZD 和 PPO

对于传动装置，一个主站采用“有用数据结构”以周期型 MSCY_C1 数据传送方式存取那些传动从站，用 MSCY_C1 数据传送，有用数据被划分成两个区域，它们以各自的报文进行数据传送，如下所示。

过程数据区（PZD），如控制字和设定值或状态信息和实际值。

参数区（PKW），读写参数，如读出故障，变频器的工作频率等。

PKW 和 PZD 合起来定义为参数过程数据对象（PPO），有的 PROFIBUS-DP 从站共有 2 类 4 种类型的 PPO：一类是无 PKW 而有 PZD；另一类是有 PKW 且有 PZD。

PPO 报文结构如图 13.101 所示。

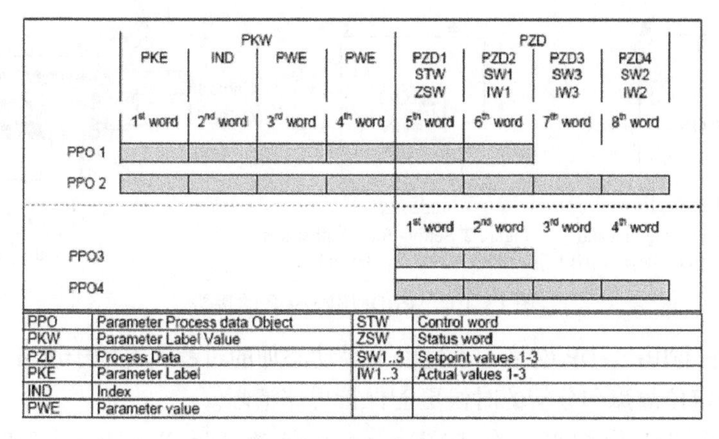

图 13.101　PPO 的报文格式

13.9.2　PROFIBUS-DP 主站的通信组件

TwinCAT 支持的 PROFIBUS-DP 主站包括以下内容。

- PCI 卡：FC310x。
- PC104 总线模块：CX1500-M310。
- Mini PCI 卡：FC315x。
- EtherCAT 主站模块：EL6731-0000。

本节以 FC3101 为例，说明 PROFIBUS-DP 主站的配置步骤。由于技术文档总是处于更新完善中，更新、更全的操作步骤请参考配套文档 13-6。

13.9.3　倍福的 PROFIBUS-DP 主站配置步骤

配套文档 13-6
PROFIBUS-DP
主站的配置步骤

1. 准备工作

(1) GSD 文件

调试前应向 PROFIBUS-DP 从站厂家索取设备的 GSD/GSE 文件，复制到编程 PC 的 TwinCAT 路径下。

TwinCAT 2：“TwinCAT\IO\Profibus\”。

TwinCAT 3：“C:\TwinCAT\3.1\Config\Io\Profibus”。

添加了 GSD/GSE 文件后再打开 TwinCAT，在 PROFIBUS-DP 网络中插入一个从站时，可选列表中就会包含上述路径下所有 GSD/GSE 描述的设备。

(2) 拨码和接线

拨码：PROFIBUS-DP 从站的节点地址通常是用拨码的，上电之前先设置好拨码，使之各不相同。

接线和终端电阻：PROFIBUS-DP 接头采用 Beckhoff ZB3100。接线时 A、B 各自对应，需要注意的是总线网络的第一个站点和最后一个站点的接头上的终端电阻必须拨到“ON”，其他站点拨到“OFF”，如图 13.102 所示。

2. 添加和设置主站参数

(1) 扫描或者添加主站

如果以 EL6731-0000 作为主站，通常可以扫描 EtherCAT 网络，发现 EL6731 模块后会

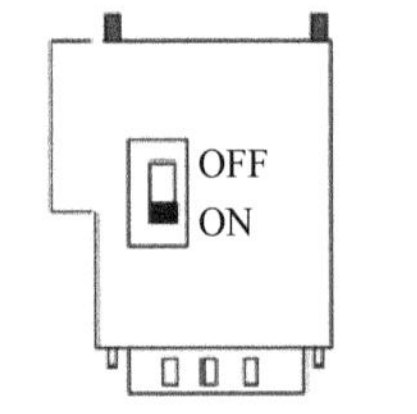

Figure 1: Setting for the first and last bus stations (terminator active)

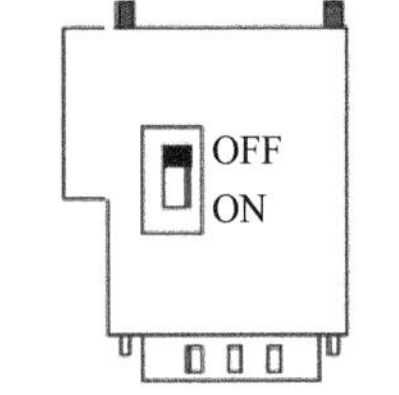

Figure 2: Setting for the other bus stations (terminator not active)

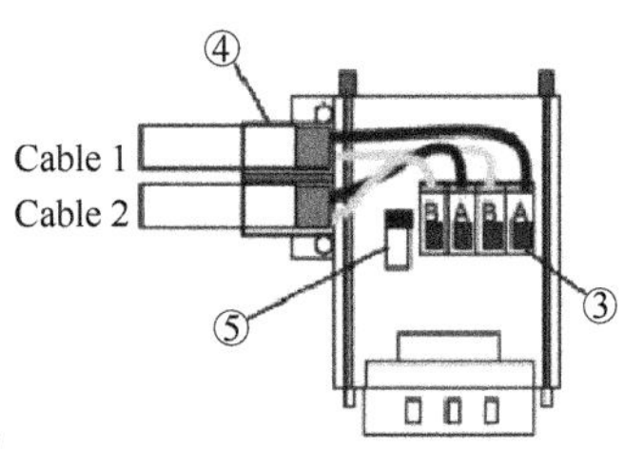

Figure 3: Fitting the bus cable

图 13.102 PROFIBUS-DP 的接头

提示是否添加 PROFIBUS-DP 网络。不过以下手动添加的过程，有助于读者了解网关模块的工作机制，将来定位故障和分析的时候更能保持思路清晰。

手动添加 EL6731 模块时，在 IO/Device 下选择 Add New Items，选择 Profibus DP Profibus Master EL6731，EtherCAT。如图 13.103 所示。

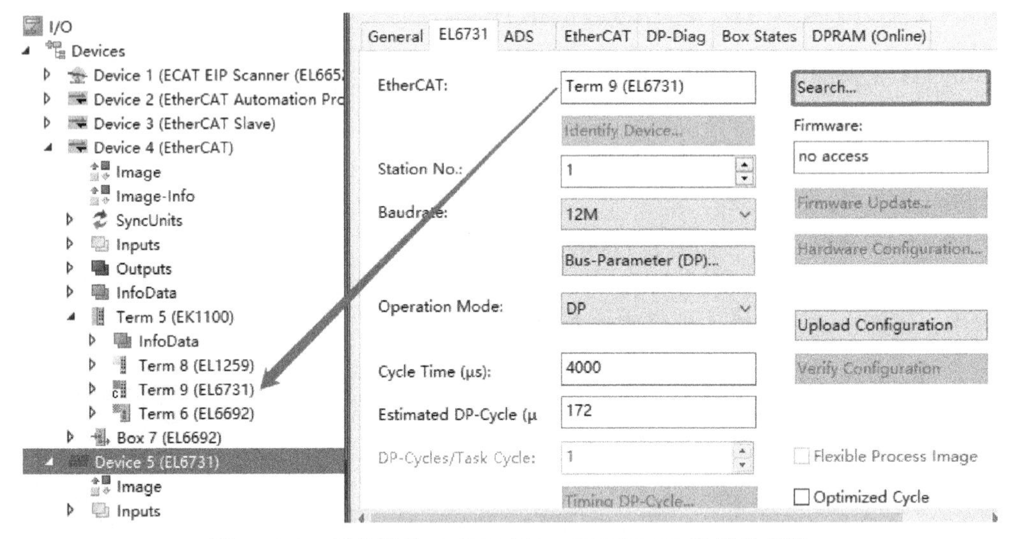

图 13.103 网关模块 EL6731 与 PROFIBUS-DP 总线的关联

如果用 PCI 卡 FC31xx 或者 M310 模块做主站，也可以扫描或者添加，只是图 13.103 中有 EtherCAT 模块的名称处，会显示为 PCI 卡或者 M310 模块的地址。界面上其他元素相同，此后不再分开描述。

(2) 设置主站参数

图 13.103 中，通常需要设置的项目包括以下内容。

Baudrate：默认 12 Mbit/s，推荐改为 1.5 Mbit/s，以适应大多数场合。通信测试成功后，再尝试提速。因为速度越高，抗干扰能力越低，能够稳定工作的线路长度、节点数量都更小。

Station No：使用默认值 1 也可以，只要从站地址不与之重复即可。

Cycle Time：这是只读信息，自动设置为链接变量所在任务中优先级最高者的周期。

Estimated DP-Cycle：预计的总线刷新周期。这是只读信息，当从站数量越多，时间越长。

3. 添加从站和设置从站参数

(1) 添加从站

通常情况下，从 Device 的右键菜单选择 Scan，只要网络接线、电源供电正常，都会扫描到所有从站。但是也有很老旧的 DP 从站设备可能会扫描不到，这时可以尝试手动添加。

选择 DP 网络，右键菜单选择 Add New Items，如图 13.104 所示。

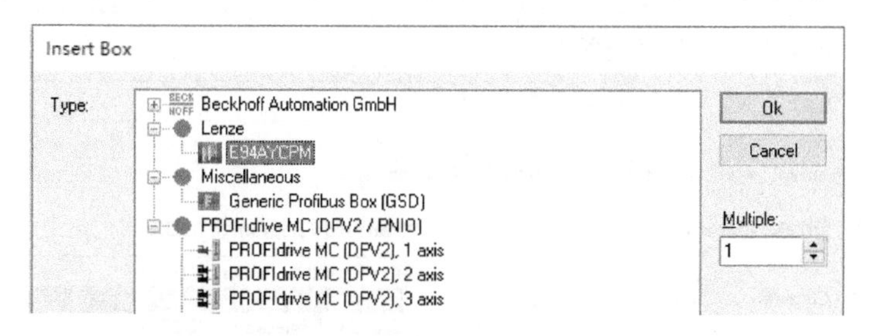

图 13.104　手动添加 PROFIBUS-DP 从站

如果 GSD 文件已经复制到指定路径，图 13.104 中会直接出现从站名称，比如例中的 Lenze/E94AYCPM 和 PROFIDrive 系列。否则从 Miscellaneous 中选择通用的 DP 设备，再指定 GSD 文件。

（2）设置从站的参数

不同的从站，需要配置的参数不同。具体要参考从站的说明书。有以下两个参数不能忽略。

1）站号和波特率。

通常站号是硬件拨码，极少是在软件中设置。波特率尽量选择自动模式，这样主站要改变波特率的时候不用每个从站都改一遍。

2）从站的过程数据。

就是以 I/O 方式周期性与主站交换的数据，有的从站过程数据是固定的，这种比较容易，而有的从站过程数据是可以设置的，这个就要看说明书。不过根据经验，这些从站的过程数据配置也有一些共性。

如果添加了 DP 从站之后，展开节点发现里面并没有 I/O 变量，可以右键“Add New Items”，这时弹出的窗体中，就只有从站厂家提供的 GSD 文件中允许添加的变量了。这些变量的含义就一定要看手册，然后选择适当的 I/O 变量。如图 13.105 所示。

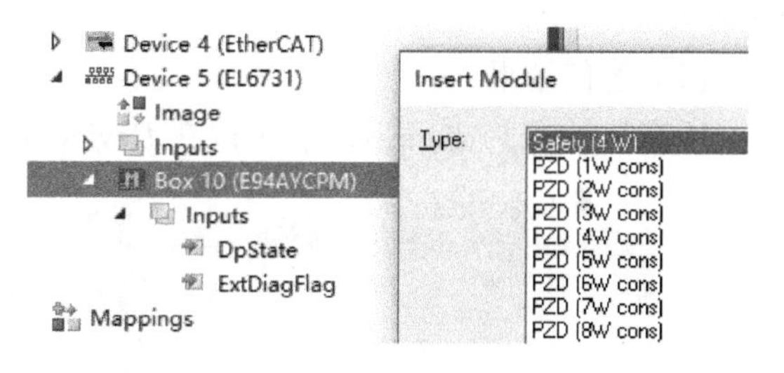

图 13.105　手动添加 DP 从站的 I/O 数据

有的从站如果过程数据配置比较复杂，选项太多，在厂家提供的 GSD 文件中就会包含 Process Data 配置方面的内容。TwinCAT 装载这个 GSD 文件之后，在该从站的配置页面中就会多一个 Process Data 页面，比如西门子的 ProfiDrive MC 系列，如图 13.106 所示。

图 13.106 中如果选中 Configurale Telegram 0，底部的 Add 、Insert 按钮都将可用。

3）从站的参数通道（可选）。

有的 DP 从站还可以从主站非周期性地访问参数。图 13.106 中勾选 PKW Interface，就可以启用参数访问通道，实现读参数和写参数的功能。

另外 TwinCAT 还提供 Tc2_IoFunctions 库，对多种总线进行更底层的操作。

4. 通信结果

（1）Reload I/O，启用 Free Run

如果不清楚如何操作，请参考 13.15 节中关于“使用 Reload I/O 和 Free Run 测试通信”

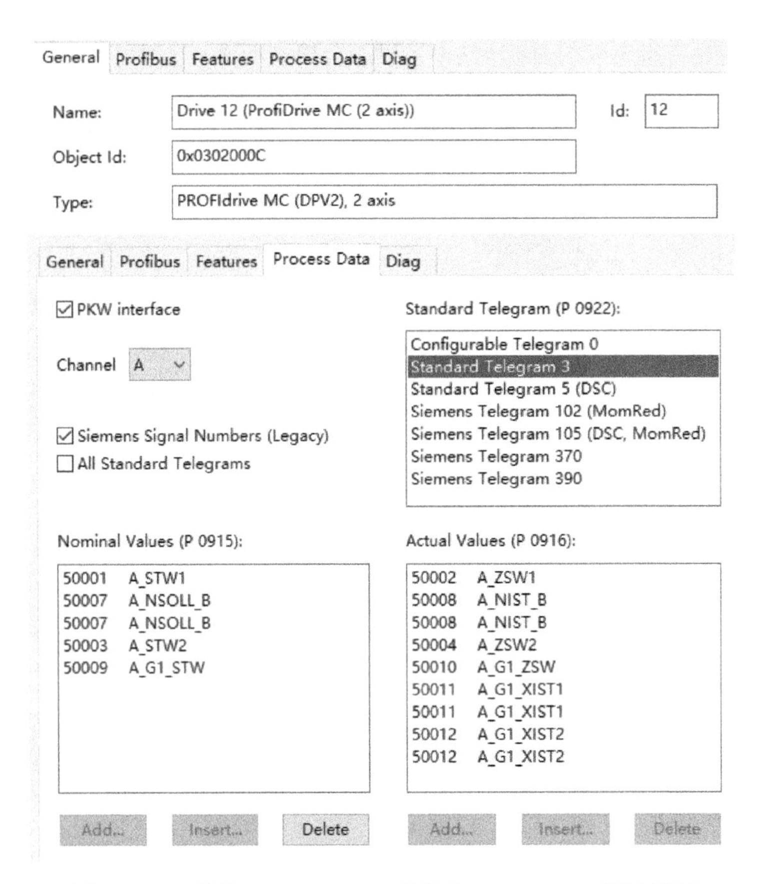

图 13.106　部分 PROFIBUS-DP 从站的 Process Data 配置界面

的内容。

(2) 通信结果

所有从站的 Process Data，可以在 Device 的 Image 中查看，如图 13.107 所示。

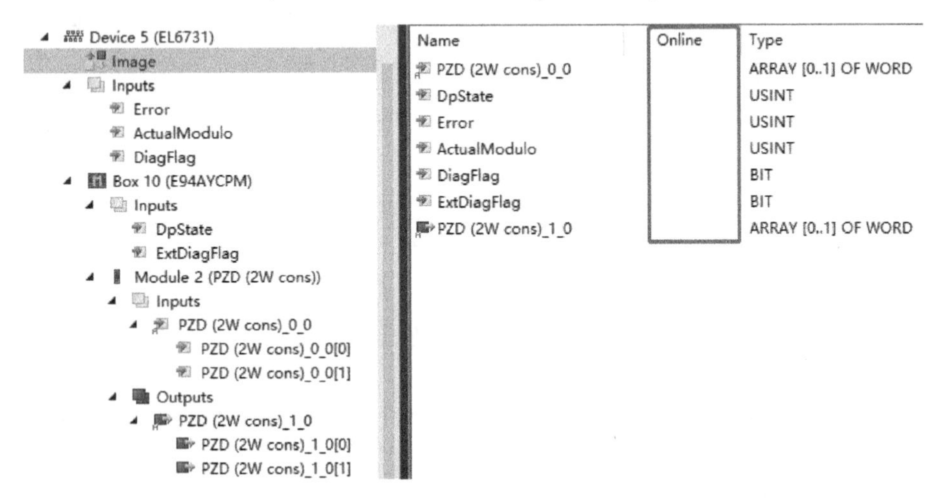

图 13.107　在线监视 PROFIBUS-DP 主站下的所有 Process Data

当实际通信建立时，Online 下面就是变量的当前值。图 13.107 截屏时没有通信硬件，所以 Online 下为空白。特定从站的某个变量值，选中之后双击，在其 Online 页面可见 Value。

5. 从站状态诊断

从 PROFIBUS 主站的 Box States 选项卡中可以看到所有从站的当前状态，如图 13.108、图 13.109 所示。

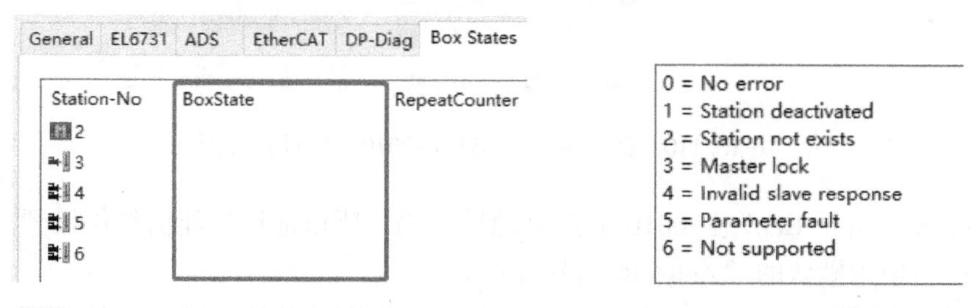

图 13.108　从 DP 主站概览所有从站状态　　　图 13.109　从站的几种状态

从每个从站的 Inputs 变量中，也有 BoxState，主站就是根据这个变量判断从站状态的。此外 Inputs 变量中还有一个扩展诊断位“ExtDiagFlag”，为“0”时表示状态没变，为“1”时表示状态改变了。这些变量都可以链接到 PLC 变量参与逻辑控制。

13.10　PROFIBUS-DP Slave

13.10.1　DP 从站通信的组件和 GSD 文件

（1）PROFIBUS-DP Slave 的通信组件

TwinCAT 控制器可以作为 PROFIBUS-DP Slave 集成到 PROFIBUS-DP 网络的主站系统中。

TwinCAT 支持的 PROFIBUS-DP 主站包括以下内容。

PCI 卡：FC310x。

PC104 总线模块：CX1500-B310。

Mini PCI 卡：FC315x。

EtherCAT 主站模块：EL6731-0010。

新项目中推荐使用 EL6731-0010，本节的步骤以 EL6731-0010 为例。

（2）倍福 DP 从站设备的 GSD 文件

找到通信组件对应的 GSD/GSE 文件，给 DP 主站导入并配置。如有疑问请参考 13.15 节中关于“倍福提供的从站配置文件”的内容。

13.10.2　TwinCAT 中的设置

1. 添加 DP 从站组件

PROFIBUS-DP 从站可以在 Config Mode 下 Scan Device 找到，也可以手动添加：TC3 开发环境中，在 IO/Device 下右键选择“Add New Iterms”，选择 Profibus DP/Profibus Slave EL6731，EtherCAT。

2. 设置 PROFIBUS-DP 从站

Device n（EL6731-0010）的设置如图 13.110 所示。

EtherCAT：如果不是扫描到的 EL 模块，还要单击 Search 按钮选择实际的 EL 模块。

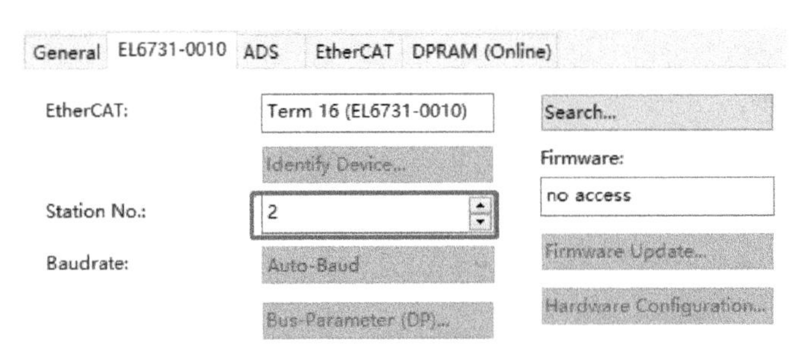

图 13.110　Device n（EL6731-0010）的设置界面

Station No.：由于 EL6731-0010 上没有地址拨码，所以地址只能由软件设置。

Baudrate：使用默认的“Auto-Baud”即可。

在这个界面设置 PROFIBUS 通信异常和 EtherCAT 异常时从站的 I/O 处理原则。默认设置为 DP 异常时输出清零，可以改成输出保持；默认 EtherCAT 从 OP 退回 SafeOp，通常也是通信异常或者 TwinCAT 关机引起，这时默认输出给 DP 主站的信号是清零，可以改成维持不变。如图 13.111 所示。

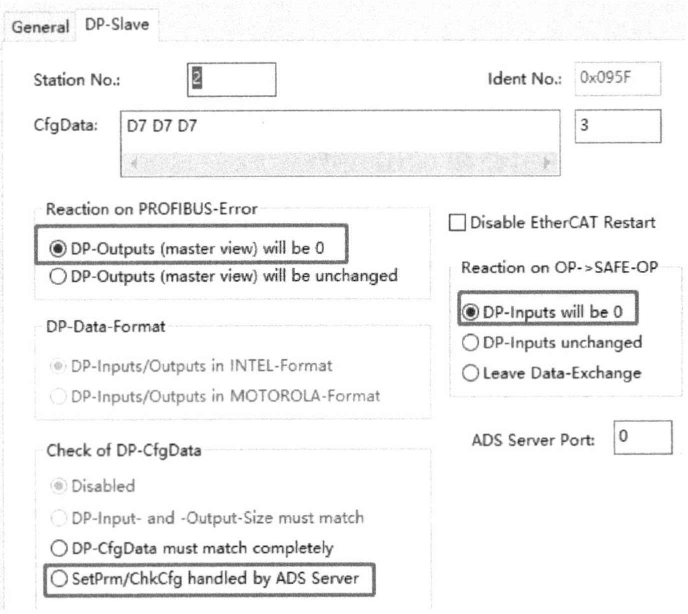

图 13.111　DP Slave 的参数设置

关于是否检查配置数据，默认是不检查。这样容错能力会强些，但风险也大些，用户可以自己决定。根据经验，如无合理的理由，就不要修改默认设置。

3. 配置 Process Data

在 Device（EL6731-0010）下的 Box1（EL6731-0010）的右键菜单选择“Add New Iterms”，如图 13.112 所示。

TC3 中添加或者扫描到“Profibus Slave EL6731，EtherCAT”时，就会自动创建 Box1。因为从站网关有且只有一个支持 1 个 Box。

还可以从 TwinCAT 导出 GSD 文件（可选），如图 13.113 所示。

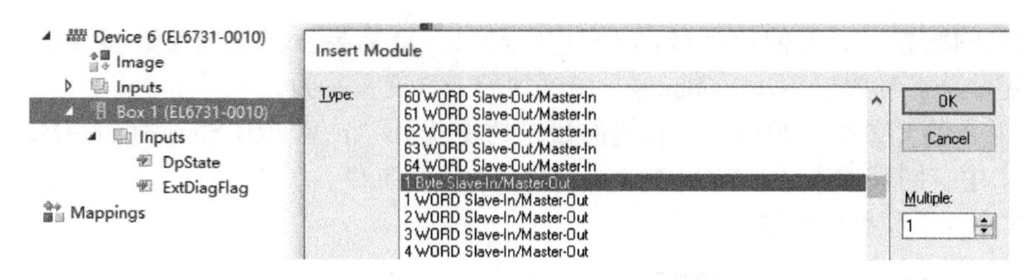

图 13.112 添加 DP 从站的 Process Data

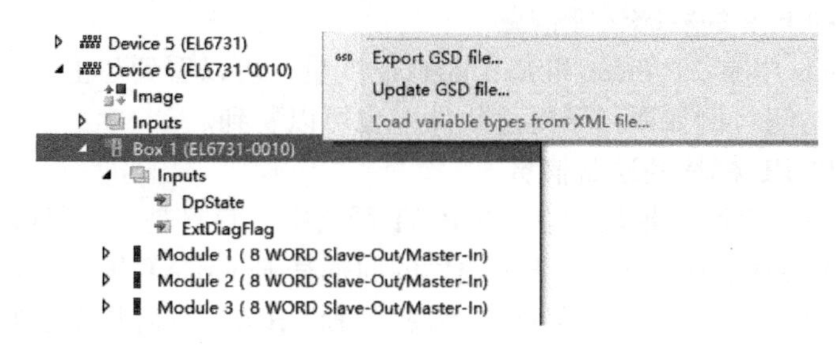

图 13.113 导出 GSD 文件

从 Box1 的右键菜单选择“Export GSD file”，选择指定的路径，保存 GSD 文件。这样在 PROFIBUS-DP 主站开发环境（比如 Step 7）中导入 GSD 时已经包含了变量的配置。否则使用标准的 GSD_EL6731，就需要手动配置 I/O 变量，务必确保 In、Out 变量总字节数与 System Manager 中添加的 I/O 变量一致。

4. 测试通信效果

（1）Reload I/O，启用 Free Run

如果不清楚如何操作，请参考 13.15 节中关于“使用 Reload I/O 和 Free Run 测试通信”的内容。

（2）通信结果

所有从站的 Process Data，可以在 Device 的 Image 中查看。选择任意输出变量，在其 Online 中单击 Write 可以写入值，然后在主站侧验证是否收到正确的值。如有疑在，请参考 13.15 节中关于“从站 Process Data 的强制及可能的高低字节交换”的内容。

（3）从站自身的状态诊断

在 Box1 的 Inputs 中有 DP State 和 ExtDiagFlag 变量，可以看到与主站的 DP 通信状态。这个状态在主站侧（例如西门子博途软件）也可以看到。

13.10.3 PROFIBUS-DP 主站侧的设置

以西门子 S7 315-2DP 为例，软件为 STEP7 5.3 中文版。

说明：现在西站子的主流控制器已经是 S1500、S1200 系列，使用博途软件开发。界面会有所不同。以下步骤仅供参考，对照博途软件的相应界面即可。

1）在 Step 7 中打开硬件配置界面 HW config。

2）安装 GSD 文件。

3）添加从站。在右侧的目录树 PROFIBUS DP→Additional Field Devices→I/O 中找到 EL6731-0010，把它拖到 DP 主站系统的总线上。

设置 EL6731-0010 从站的地址，必须与 TwinCAT 设置的 Station No. 相同。

4）添加通信变量。如果使用 TwinCAT 的 GSD 导出功能，则在 Step 7 中导入 GSD 时已经包含了变量的配置。如果使用标准的 GSD_EL6731，就需要手动配置 I/O 变量，务必确保 In、Out 变量总字节数与 System Manager 中添加的 I/O 变量一致。

选中插入的 EL6731-0010，在右侧的目录树中找到"n WORD Slave-Out→Master-In"，拖到 Slot 1 中，同理插入"n WORD Slave-In→Master-Out"。

5）保存，下载硬件配置。

13.10.4 EL6731-0010 的诊断

1. TwinCAT 中 Box 的状态诊断信息

在 Box1 的 Inputs 中有 DP State 和 ExtDiagFlag 变量，可以看到与主站的 DP 通信状态。这个状态在主站侧（例如西门子博途软件）也可以看到。

2. TwinCAT 中 EL 模块的诊断信息

EL6731-0010 是一个网关模块，在 EtherCAT 网络中，它只是一个普通的 EL 模块，支持所有 EL 模块的配置界面。DP 网关要正常通信的前提是 EtherCAT 状态为 OP，且 WcState 为 0。如果 Online 页面的 Current State 为 OP，就表示 EtherCAT 通信状态正常，否则，就要像普通 EL 模块一样诊断。

3. PROFIBUS-DP 主站侧的诊断信息

作为 DP 从站 EL6731-0010 是否工作正常，可以从 DP 主站的监视界面（比如博途）中查看。如果 EtherCAT 接口正常，而 DP 接口不正常，就需要检查软件设置、硬件接线了。

13.11 PROFINET 耦合器

13.11.1 概述

（1）倍福的 PROFINET 耦合器

倍福公司的 PROFINET 从站耦合器有多种型号，其功能对比见表 13.13。

表 13.13 PROFINET 耦合器列表

防护等级 / 背板总线	IP20	IP67
K-Bus	BK9103，BK9053	IL230x-B903
EtherCAT	EK9300	EP9300

其中，BK9103 和 IL230x-B903 只是防护等级不同，软件方面的特性一致。同样道理，EK9300 和 EP9300 在软件上也一样，所以本节只介绍 BK9103 和 EK9300。

1. 官方帮助文件

官方帮助文件请参考配套文档 13-7、13-8。

配套文档 13-7
EK9300 用户手册

配套文档 13-8
BK9103 用户手册

2. TwinCAT 作为倍福 PROFINET 耦合器的主站

实际项目中，几乎不会使用 TwinCAT 作为 PROFINET 耦合器的主站，但在测试 PN 主从通信的时候，为了验证阶段通信失败的原因在主站侧还是从站侧，经常在编程 PC 上激活 TC3 和 TF6271 试用授权（Trial License），作为 PROFINET 主站。

另一方面，倍福工程师不熟悉第三方主站的编程环境，一时找不到参数设置界面，可以用倍福的 PROFINET 主站设置作为参考。因为不管是谁家的软件做配置，同一种协议需要配置的参数是相当的，只是图标、按钮的形状、位置及放置的页面不同而已。

所以本节经常要参考 13.2 节的内容。

13.11.2 通信测试

1. 耦合器侧的工作

耦合器侧的操作主要是 DIP 拨码。EK9300 的 DIP 拨码共 10 位，其中 DIP 9、10 用于选择耦合器的 Name 及 IP 设置方式。最常见的是 DIP 9、10 都为 ON，此时如果 DIP 1~8 全为 OFF，表示耦合器 Name 和 IP 都由主站分配。否则，地址由主站分配，而 Name 的主体由厂家预置，比如“ek9300”，并后辍以 1~255 之间的某个数字，这个数字由 DIP 1~8 的组合值确定。具体请到倍福在线帮助系统查找 EK9300 的相关内容。

如果网络上有多个 EK9300，拨码不要重复。除了接电源和网线，在耦合器侧就没有什么操作了。所有设置都在主站侧完成。

2. PROIFNET 主站侧的设置（以 TwinCAT 做主站为例）

（1）扫描或者添加 EK9300、BK9103

TwinCAT 可以直接扫描到倍福原厂的 PROFINET 耦合器和 I/O 模块，结果如图 13.114、图 13.115 所示。

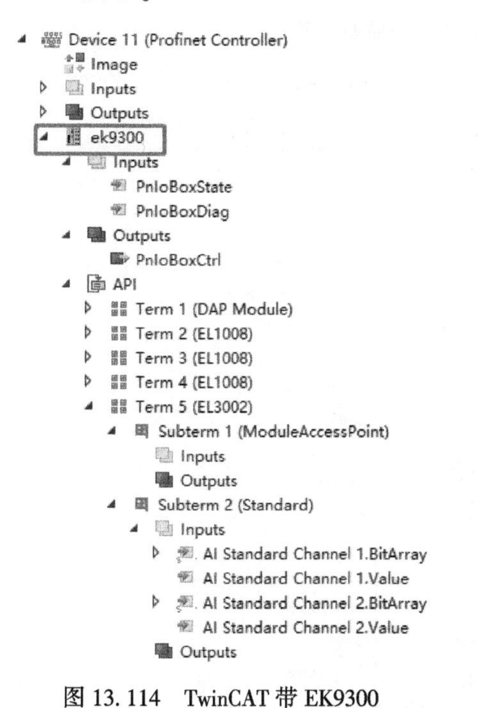

图 13.114　TwinCAT 带 EK9300

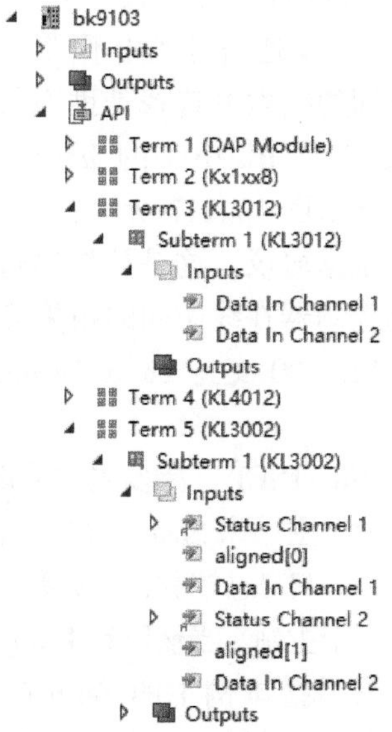

图 13.115　TwinCAT 带 BK9103

命名规则：ek9300-×××，bk9103-×××，其中×××对应 DIP 开关的 1~8 位，英文字符必须用小写字母。

如果是自动扫描到的，系统会自动按这个规则命名从站，如果是手动添加的，就要手动输入这个名字，并且末尾的数字应与实际的 DIP 开关拨码一致。EK9300、BK9103 的基本设置和 TwinCAT 带第三方的 PN 从站一样，包括 Name、IP、Process Data 和同步任务周期的设置。其他参数都可以扫描和默认，但通信周期要手动设置。

EK9300 和 BK9103 的周期设置如图 13.116 所示。

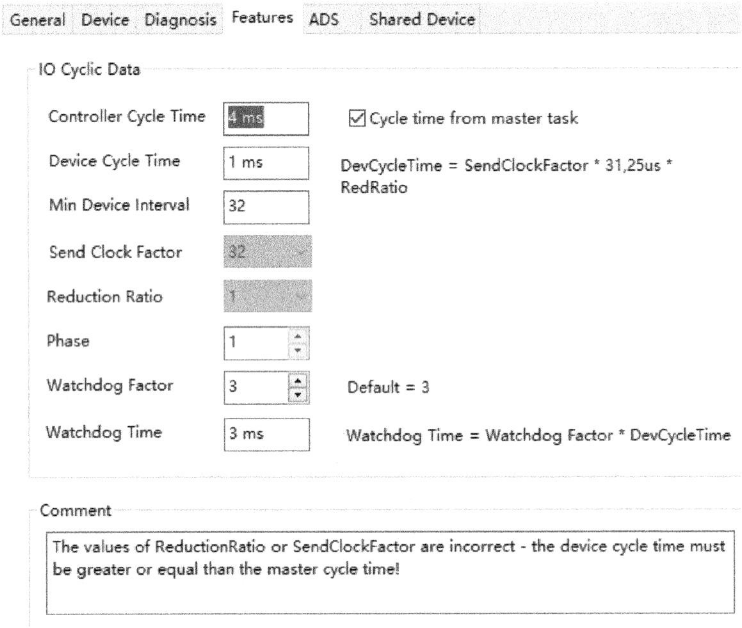

General | Device | Diagnosis | Features | ADS | Shared Device

IO Cyclic Data

Controller Cycle Time	4 ms	☑ Cycle time from master task
Device Cycle Time	1 ms	DevCycleTime = SendClockFactor * 31,25us * RedRatio
Min Device Interval	32	
Send Clock Factor	32	
Reduction Ratio	1	
Phase	1	
Watchdog Factor	3	Default = 3
Watchdog Time	3 ms	Watchdog Time = Watchdog Factor * DevCycleTime

Comment

The values of ReductionRatio or SendClockFactor are incorrect - the device cycle time must be greater or equal than the master cycle time!

图 13.116 EK9300 和 BK9103 的周期设置

EK9300 和 BK9103 还有一些特别的配置页，常规的 PN 通信可能用不到，有兴趣的用户不妨根据下面的线索去查找帮助系统或者其他相关文档。EK9300 及 BK9103 的 Information and Maintenance 选项卡如图 13.117 所示。

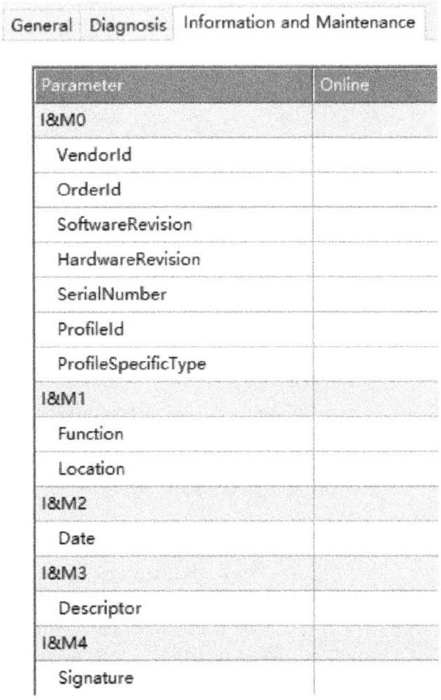

根据协议，这是从站通过 GSDML 文件提供给主站控制器在线访问的相关信息。

EK9300 支持 Share Device 功能，如图 13.118 所示。

PROFINET 支持多主站功能，同一个 PN 从站可以由两个主站来 Share。在主站配置界面可以设置哪些 Terms 归自己控制，而哪些由其他主站控制。如果只有一个主站，当然所有 Term 的 Access 都为 True。

尝试把本例中的 Term 6（EL4012）的 Access 设置为 False 后，在左边的 Explorer 窗体可见它和下属的所有 Subterm 都加上了 或者 标记，表示

General | Diagnosis | Information and Maintenance

Parameter	Online
I&M0	
VendorId	
OrderId	
SoftwareRevision	
HardwareRevision	
SerialNumber	
ProfileId	
ProfileSpecificType	
I&M1	
Function	
Location	
I&M2	
Date	
I&M3	
Descriptor	
I&M4	
Signature	

图 13.117 Information and Maintenance 选项卡

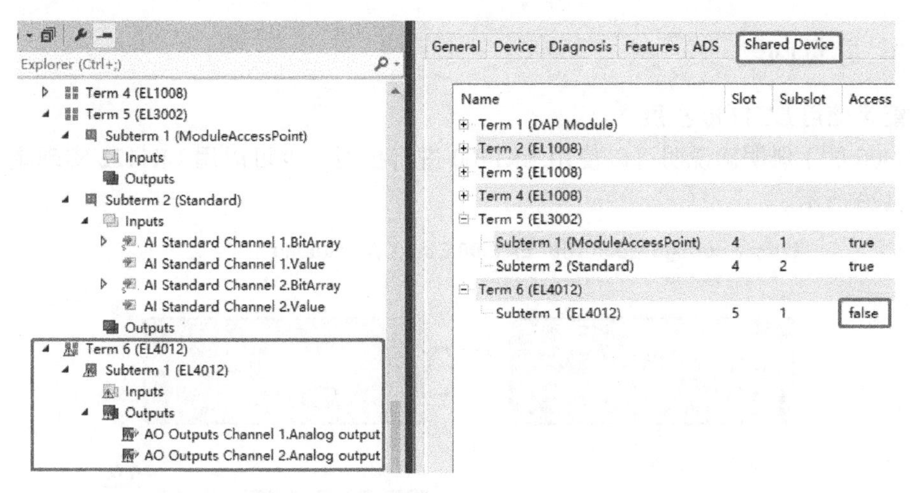

图 13.118　EK9300 支持 Share Device 功能

该模块不归本系统控制。

具体操作请查找相关帮助。

BK9103 不支持 Share Device 功能。其 K-Bus 访问界面如图 13.119 所示。

General　Device　Diagnosis　Features　ADS　BK9xx3

PLC Access

K-Bus

K-Bus Counter

K-Bus CycleTime (100us)　0

Error Code:　0

Error Argument:　0

K-Bus stop if Profinet error

Coupler Reset　Firmware Update (UDP/COMx)

K-Bus Reset

图 13.119　BK9103 的 K-Bus 访问界面

在这里可以监视和操作 K-Bus。比如耦合器复位、升级 Firmware 及复位 K-Bus 等。

但是在第三方的 PROFINET 主站上，就不一定有这些功能。

(2) 耦合器的状态诊断

耦合器的 Inputs 中有 PnIoBoxState，显示了与主站的 PROFINET 通信状态。这个状态，在主站侧的调试软件中也可以看到。

配套文档 13-9
以西门子 S7-315
为主站带 EK9300
的设置步骤

3. 第三方 PROFINET 主站

第三方主站的配置信息可以参考配套文档 13-9 中关于 TwinCAT 做主站的内容，但具体界面会不同。

13.11.3 常见问题

1. 能否使用 EK1100 扩展

EK9300 的手册明确说明可以使用 EK1100 进行扩展，也可以用 EK1122 实现星形拓扑。如图 13.120 所示。

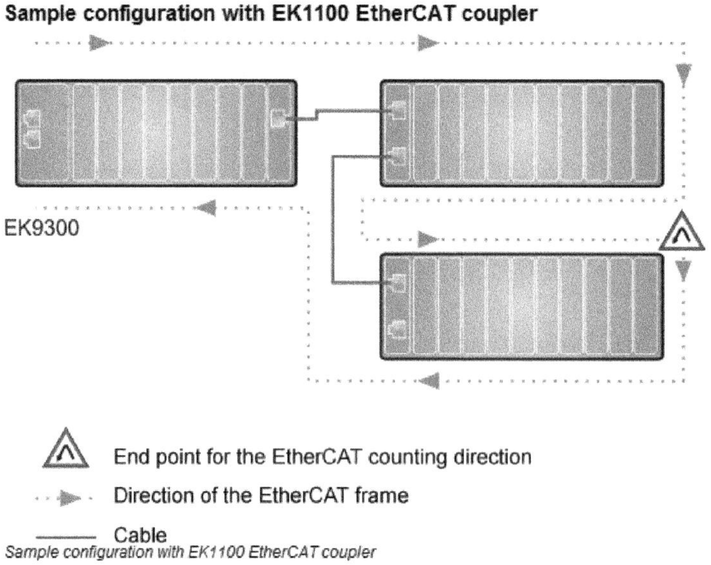

图 13.120 EK9300 支持 EtherCAT 扩展

2. 哪些模块可以在 EK9300 或者 BK9103 上使用？

几乎所有模块都可以选择。只有最新供货的模块，GSDML 没来得及更新的时候，才会用不了。

3. 耦合器支持的 Process Data 最大字节数

Input Size 和 Output Size 都不得超过 1440Bytes，这是 PROFINET 协议决定的。

13.12 EtherNet/IP 耦合器

配套文档 13-10
AB PLC 连接
BK9105 耦合器
的方法

1. BK9105 与 TwinCAT 的 PLC 通信

请参考 13.4.3 节“倍福的 EtherNet/IP 主站配置步骤”的内容。

2. BK9105 与 AB 的 PLC 通信

请参考配套文档 13－10，也可查看在线帮助，网址为 https://infosys.beckhoff.com/content/1033/bk9055_bk9105。

13.13 DeviceNet Master

由于 DeviceNet 在现场应用中越来越少，所以本节只是略做描述。CIP 通信的部分与 EtherNet/IP 相同，可以参考本章关于 EtherNet/IP 的小节中的介绍。

13.13.1 DeviceNet 主站的通信组件

TwinCAT 支持的 DeviceNet 主站包括以下内容。

PCI 卡：FC520x。

PC104 总线模块：CX1500-M520。

Mini PCI 卡：FC525x。

EtherCAT 主站模块：EL6752-0000。

13.13.2 倍福的 DeviceNet 主站配置步骤

1. 准备工作

(1) EDS 文件

调试前应向 DeviceNet 从站厂家索取设备描述的 EDS 文件，复制到编程 PC 的 TwinCAT 路径下。

TwinCAT 2：TwinCAT\IO\Devicenet\

TwinCAT 3：C:\TwinCAT\3.1\Config\Io\ Devicenet

添加了 EDS 文件后再打开 TwinCAT，在 DeviceNet 网络中插入一个从站时，可选列表中就会包含上述路径下所有 EDS 描述的设备。

DeviceNet 通信时 EDS 文件是必不可少的。

(2) 拨码和接线

拨码：DeviceNet 从站的节点地址通常是用拨码的，上电之前先设置好拨码，使之各不相同。接线和终端电阻：接线时 A、B 各自对应，第一个站点和最后一个站点接头上的终端电阻必须拨到“ON”，其他站点拨到“OFF”，终端电阻 120Ω。

2. 添加主站并配置参数

扫描 EtherCAT 网络，找到 EL6752 模块，会自动添加 DeviceNet 网络。

如果用 PCI 卡 FC52xx 或者 M520 模块做主站，也可以扫描或者添加。

波特率：推荐 125 Kbit/s，在此基础上增加主站的 Station No：使用默认值 63 也可以，只要从站地址不与之重复即可。

Cycle Time：由任务周期决定，不能修改。

3. 添加从站和设置参数

通常扫找到主站后，就要提示扫描从站。如果扫描不到，可以手动添加从站。在“Device”的右键菜单中选择“Add New Iterms”。

如果 EDS 文件已经复制到指定路径，选择窗口中会出现厂家和产品系列，选择对应的设备。否则从 Miscellaneous 中选择通用的 DeviceNet 设备，再指定 EDS 文件也可以。

4. 设置从站的参数

不同的从站，需要配置的参数不同。主要配置项为从站地址和 Process Data。所有参数在主站侧的设置要与从站侧的实际设置一致。

5. Reload I/O

如果只是测通信，控制器可以在 Config Mode 下重新装载设备（Reload I/O），并开启 Free Run。

如果不清楚如何操作，请参考13.15节中关于“使用Reload I/O和Free Run测试通信”的内容。

13.14 DeviceNet Slave

13.14.1 DeviceNet从站的通信组件

TwinCAT控制器可以作为DeviceNet Slave集成到DeviceNet网络的主站系统中。

TwinCAT支持的DeviceNet从站包括以下内容。

PCI卡：FC520x。

PC104总线模块：CX1500-B520。

Mini PCI卡：FC525x。

EtherCAT主站模块：EL6752-0010。

TwinCAT提供EDS文件，供DeviceNet主站导入并配置。

13.14.2 TwinCAT作为DeviceNet Slave的配置

1. 软件和硬件准备

(1) 软件

EDS文件。

OMRON开发软件：Integrator和Programmer。

(2) 硬件

主站的CPU及DeviceNet主站通信接口。

串口编程电缆，如果PC无串口，还需要USB转串口线。

(3) 接线

Device接口需要24 V供电。

终端电阻：120 Ω。

(4) 设置地址和波特率

总线地址：从站的DIP1-6组合为地址，DIP1为最低位。

波特率：若从站的DIP7-8均为OFF，则为自动波特率。

2. DeviceNet从站侧（TwinCAT）的设置

(1) 添加DeviceNet从站设备

在“IO/Device”的右键菜单中选择“Add New Iterms”，选择Devicenet Slave EL6752，EtherCAT。在Device n（EL6752-0010）的配置页面中，指定EL模块，设置节点地址和波特率，配置过程数据Process Data。如图13.121所示。

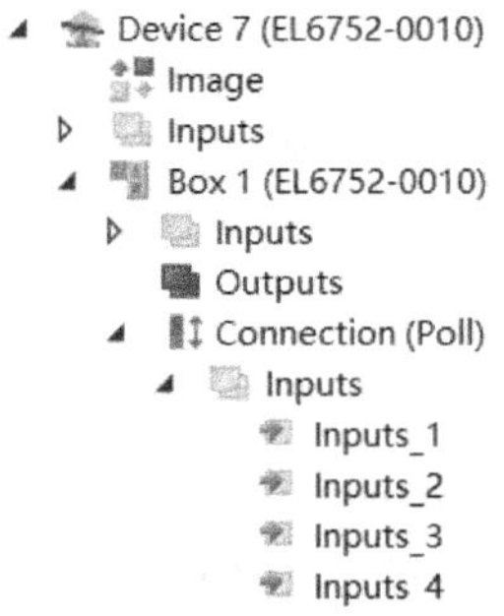

(2) Reload I/O

如果只是测试通信，控制器可以在Config Mode下，重新装载设备（Reload I/O），并开启Free Run。DeviceNet主站侧的设置如果不清楚如何操作，请参考13.15节中关于“使用Reload I/O和Free Run测试通信”的内容。

Device 7 (EL6752-0010)
Image
Inputs
Box 1 (EL6752-0010)
Inputs
Outputs
Connection (Poll)
Inputs
Inputs_1
Inputs_2
Inputs_3
Inputs 4

图13.121 DeviceNet从站的I/O变量

3. DeviceNet 主站侧的配置

对于第三方的 DeviceNet 主站，为节约篇幅此处省略截图。但无论采用何种主站，需要完成的步骤都会包含以下内容。

1）准备工作：安装并插入 EDS 文件。

2）在工程中建立 DeviceNet 网络。

3）添加从站并设置 I/O 大小。在从站属性页设置 Poll 连接的 In/Out 字节数，并与 TwinCAT 里面设置相符。

4）从站的设备参数设置。

5）选定注册到 DeviceNet 网络。

6）主站参数设置和下载。

实际测试的例子及详细步骤，请参考配套文档 13-11。

配套文档 13-11
OMRON 的主站与
EL6752-0010 通信

13.14.3 EL6752-0010 的诊断

在主站 Device 的 Inputs 中有 Error 和 DiagFlag，在 Box 的 Inputs 中有 MacState 和 DiagFlag，显示各个层次的通信状态。这些变量都可以链接到 PLC 变量参与逻辑控制。

如果是现场调试时人工诊断，除了查看变量外，在主站侧的调试软件中，通常有可视化的界面，监视所有从站状态。

13.15 常见问题

1. 使用 Reload I/O 和 Free Run 测试通信

通信各方都配置好之后要测试通信效果，控制器可以在 Config Mode 下，重新装载设备（Reload I/O），并开启 Free Run。如图 13.122 所示。

图 13.122 用按钮 Reload I/O 重新装载设备

与添加 Additional Task、变量、链接及激活运行相比，这种方式更加简洁。

最糟糕的通信测试是建立一个 PLC 程序来驱动 I/O 通信，费时费力还容易出错。尤其对于新手，一个步骤出错往往要摸索半天，所以推荐用最简单的方法。

那么什么时候才使用 Additional Task 或者 PLC 程序来测试通信呢？如果从站侧需要一些硬件使能或者辅助开关才能看到动作效果，为了节省每次 Free Run 时手动强制输出的时间，才需要在 PLC 里建变量赋初值，并设置为引导程序自动运行。这次修改了参数激活配置，就可以很快看到效果了。通常这已经到了测动作的阶段，而不是测通信。测通信还是首推 Free Run 和 Reload I/O。

2. 访问不同总线的 I/O 硬件的库 Tc2_IoFunctions

参数设置类似事件触发的通信模式，TwinCAT 调用 Tc2_IoFunctions 中的功能块，可以操作总线主站访问从站参数。例如对 PROFIBUS 和 PROFINET 的主从站进行各种操作。如图 13.123 所示。

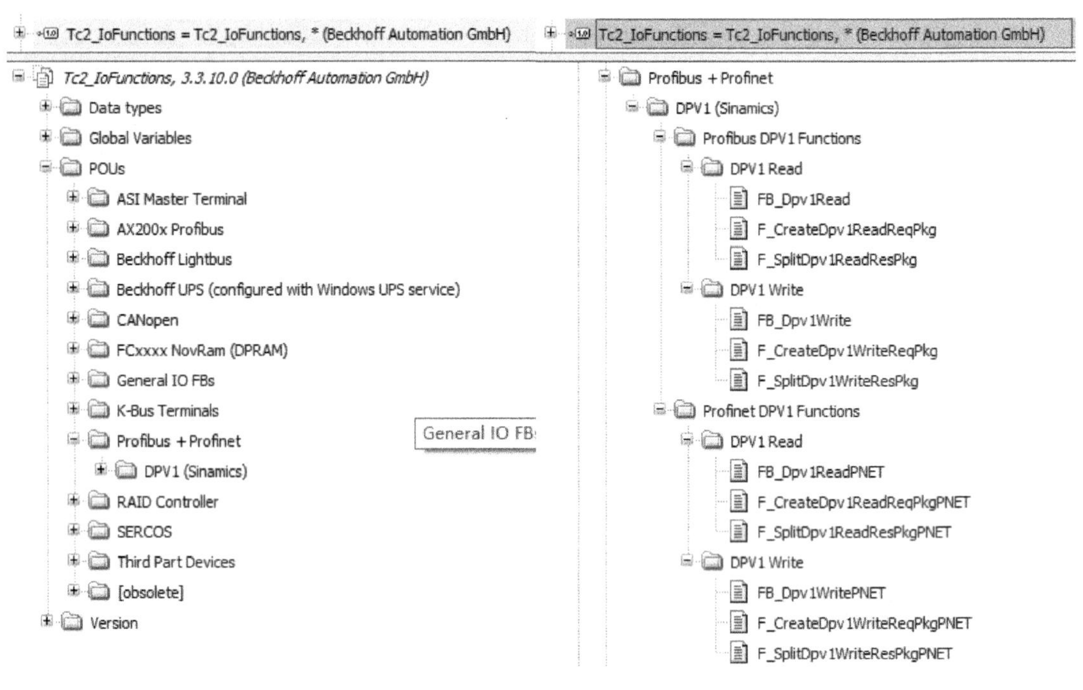

图 13.123　Tc2_IoFunctions 提供的 PROFIBUS-DP 访问功能块

库文件提供的各种 FB 的使用，请参考配套文档 13-12。

3. 从站 Process Data 的强制及可能的高低字节交换

所有从站的 Process Data，可以在 Device 的 Image 中查看，如图 13.124 所示。

选择任意输出变量，在其 Online 中单击 Write 可以写入值，然后在主站侧验证是否收到正确的值。如果值有变化但大小不同，极有可能是由于主从站的数据格式不同。TwinCAT 的数据采用 Intel 格式，而传统 PLC 通常采用 Motorola 格式。如果发现通信双方的 WORD 高低字节不同，只需要勾选 Swap LOBYTE and HIBYTE，如图 13.125 所示。

配套文档 13-12
TcPlcLibIoFunctions
帮助信息

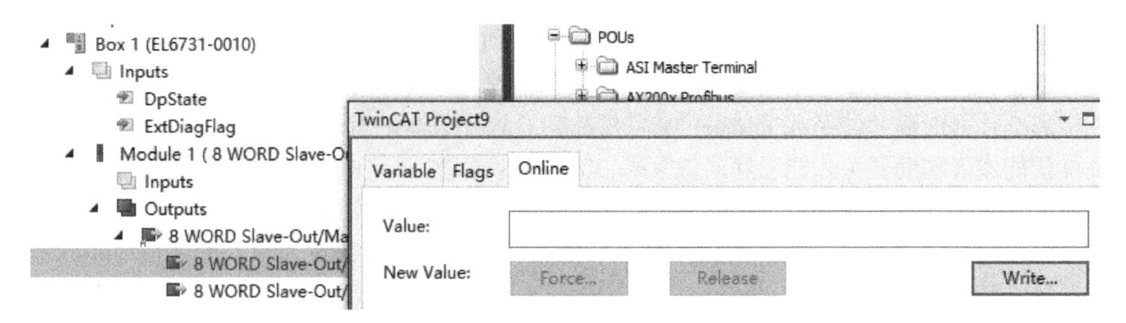

图 13.124　在 Box1 的 Outputs 变量中写入值

4. 主/从站侧的过程数据块如何匹配

现场调试时还发现，PROFIBUS-DP 主站需要为某个从站配置若干通信数据块，只要数据块的个数以及它们的总字节数与 TwinCAT 为 EL671-0010 配置的子项及参数一致，就可以正常通信。这与数据块的顺序无关，也与它们的 ID 无关。如图 13.126 所示。

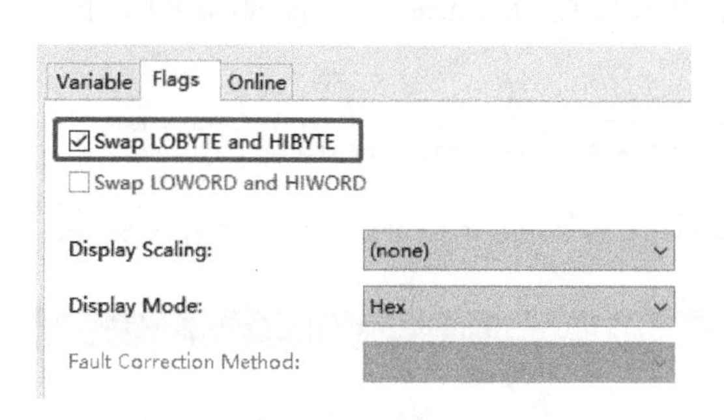

图 13.125　I/O 变量的高低字节交换

Device 1 (EL6731)
Device 1-Image
Inputs
Box 6 (CX1500-B310)
Inputs
Outputs
10 WORD Slave-In/Master-Out
10 WORD Slave-Out/Master-In
16 BYTE Slave-Out/Master-In
16 Byte Slave-In/Master-Out

图 13.126　PROFBUS-DP 从站的 Process Data

图 13.126 中如果交换中间两个数据块的顺序，变成 10（Out），16（In），10（Out），10（In），通信仍然会成功。但如果想合并成 18Word Out 和 18Word In，就会报错。

5. 总线通信与 TwinCAT I/O 配置中的术语对照

自动化系统通信的基本目的是周期性数据传输，以及 Process Data 的刷新。但是 TwinCAT 不可能直接面向最终的 Input、Output 数据，而是要经过不同型式的“打包”逐级传输。在 TwinCAT I/O 的 Device 中，可以增加各种总线和通信接口，各种总线又有不同的通信层级和相应的术语，最底层才是 Input 和 Output。

不同总线的数据“打包”分级与 TwinCAT I/O 中的配置术语对照关系见表 13.14。

表 13.14　各种总线与 TwinCAT I/O 中的配置术语对照关系

<table>
<tr><th>TwinCAT IO/Device</th><th>Level Device</th><th>二级
Box</th><th>三级</th><th>四级</th><th>五级</th></tr>
<tr><td rowspan="2">PROFINET 主站</td><td rowspan="2">Controller</td><td rowspan="2">I/O Device</td><td colspan="2">API</td><td></td></tr>
<tr><td>Term
Module</td><td>SubTerm</td><td>Input
Output</td></tr>
<tr><td>PROFINET Slave 设备</td><td>PROFINET
I/O Device</td><td>I/O Device</td><td>Term</td><td>SubTerm</td><td>Input
Output</td></tr>
<tr><td>EtherNet/IP 主站</td><td>Scanner</td><td>EtherNet/IP Slave</td><td colspan="2">Connection</td><td>Input
Output</td></tr>
<tr><td>EtherNet/IP 从站</td><td>EtherNet/IP
Adapter</td><td>Box</td><td colspan="2">Assembly
Connection</td><td>Input
Output</td></tr>
<tr><td rowspan="2">PROFIBUS DP</td><td rowspan="2">Master</td><td rowspan="2">Slave</td><td>Term</td><td>Channel</td><td rowspan="2">Input
Output</td></tr>
<tr><td colspan="2">无</td></tr>
<tr><td rowspan="2">DeviceNet</td><td rowspan="2">Master</td><td rowspan="2">Slave</td><td>Term</td><td>Channel</td><td rowspan="2">Input
Output</td></tr>
<tr><td colspan="2">无</td></tr>
<tr><td rowspan="2">CANopen</td><td rowspan="2">Master</td><td rowspan="2">Slave</td><td>Term</td><td>Channel</td><td rowspan="2">Input
Output</td></tr>
<tr><td colspan="2">TxPDO，RxPDO</td></tr>
<tr><td>CAN Interface</td><td colspan="2">Node</td><td colspan="2">TxMessage，RxMessage</td><td>Length，Id
Data</td></tr>
</table>

作为普通的应用工程师，对通信协议可能理解得不那么透彻，但是又可能各种协议都要用到，这个表应该有助于“触类旁通”。

6. 倍福提供的从站配置文件

(1) 在线下载

登录倍福官网 Http://www.beckhoff.com，在文件夹 Download/Configuration Files 下，有各种配置文件，如图 13.127 所示。

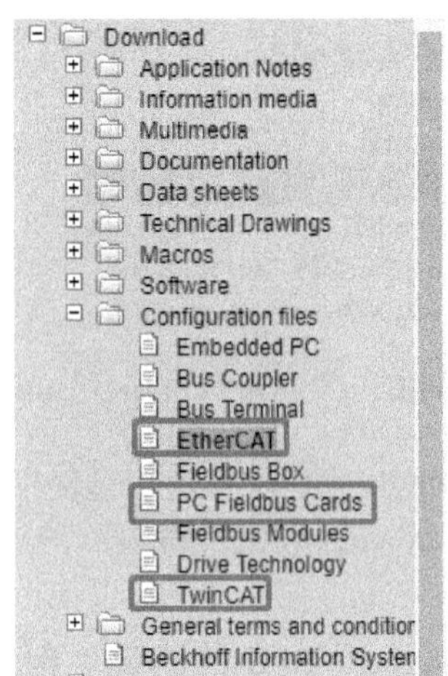

product-specific enhancements. If this support isn't included in your TwinCAT 3/System Manager then maybe you can install it seperately. Please contact support.

EtherCAT fieldbus gateways

All the files are to be unpacked into the directory \TwinCAT\IO\<Feldbus>. They can be used after a TwinCAT reboot.

EtherCAT fieldbus gateways

Product	Language	Date	Zip file
EL6631-0010 EtherCAT PROFINET Device GSDML for PROFINET V2.33	--	16.11.2018	GSDML-V2.33-beckhoff-EL6631-20181116.zip
EL6731-0010 EtherCAT PROFIBUS Slave	--	13.03.2008	GSD_EL6731.zip
EL6751-0010 EtherCAT-CANopen Slave	--	04.11.2008	EDS_EL6751.zip
EL6752-0010 EtherCAT DeviceNet Slave	--	11.04.2008	EDS_EL6752.zip

图 13.127 倍福官网下载总线通信的从站配置文件

在 EtherCAT 中，是所有总线从站网关 EL6xxx 模块的配置文件。

在 PC Fieldbus Cards 中，是插在 IPC 上的所有总线从站 FC 卡的配置文件。

在 TwinCAT 中，是用 TwinCAT 软件实现工业以太网从站功能时的配置文件，主要是 PROFINET 和 EtherNet/IP。

(2) 离线保存

在任何安装了 TwinCAT 开发环境的 PC 上，都有倍福全套从站配置文件，路径如下。

TC3：C:\TwinCAT\3.1\Config\Io

TC2：C:\TwinCAT\Io

如果是倍福用户测通信，就可以从这个路径下复制需要的配置文件给主站侧做配置。

第 14 章　TwinCAT 连接 HMI 和数据库

14.1　概述

广义的 HMI，包括触摸屏、组态软件和高级语言编写的 HMI 应用程序，倍福原厂的 HMI 软件有两个版本：TwinCAT PLC HMI 和 TwinCAT HMI。本章就依次讨论这些解决方案。

1. 使用触摸屏

对于以太网的触摸屏，通信协议 TwinCAT ADS，请参考第 14.2 节“经 ADS 与触摸屏通信”。

对于以太网的触摸屏，通信协议 Modbus TCP，请参考第 12.4.2 节“TC2 PLC 作为 Server 的 Demo ”。

对于 R485 的触摸屏，通信协议 Modbus RTU，请参考第 12.2.1 节“作为 Modbus RTU Slave 与触摸屏通信”。

2. 使用组态软件

组态软件访问 TwinCAT PLC，物理层都是走以太网，或者直接在控制器上运行。组态软件通过基于以太网的协议 ADS、OPC 或者 Modbus TCP 访问 TwinCAT，下面分别描述这 3 种通信协议。

TwinCAT ADS，这是 TwinCAT 自带的服务，免费使用。支持按地址或者变量名访问，支持同步、异步通信。组态软件与 TwinCAT 通信，绝大多数采用这种方式。几乎所有国产的组态软件都做了 TwinCAT ADS 驱动。使用方法与触摸屏类似，请参考第 14.3 节“经 ADS 与上位组态软件通信”。

TwinCAT OPC，如果组态软件没有做 TwinCAT 驱动，那么通常做了 OPC 通信驱动，否则就不是一个“合格”的组态软件。OPC 是标准的通信协议，TwinCAT OPC Server 就是把 ADS 数据提供给 OPC Client 的一个中转服务。TwinCAT OPC 需要购买授权才能使用，对 OEM 设备开发商来说，使用 OPC 的优势在于移植性好，即使用不同的 OPC Server，组态软件侧的程序不用改动。使用方法请参考第 14.5 节“OPC 通信”。

TwinCAT Modbus TCP，组态软件上建立一个 Modbus TCP 的 Client，类似触摸屏。TwinCAT Modbus TCP 需要购买授权才能使用。由于这种方式只支持按地址访问，所以新项目中基本上已经被 ADS 通信访问。但还有一些“老”项目——在改造的时候更换控制器，与 HMI 仍旧延用以前的 Modbus TCP，把新系统的通信变量放到老系统原先的地址，HMI 就完全不用改动了。使用方法，请参考第 12.4 节“TwinCAT Modbus TCP 通信”。

3. 使用高级语言开发 HMI

高级语言开发 HMI 的最终结果类似组态软件，通信协议的首选也是 ADS 通信。通常组态软件的研发工程师、OEM 设备厂或者集成商的上位工程师会使用高级语言开发 HMI，跟倍福相关的部分，就是调用 ADS 动态链接库，实现通信。在此之前，最好能充分了解 ADS 通信的机制、协议，具体请参考：第 11.2.4 节“从高级语言实现 ADS 通信”；第 14.3 节

"经 ADS 与上位组态软件通信"；第 14.4 节"用高级语言开发 HMI"。

当然高级语言也可以通过 OPC 或者 Modbus TCP 访问 TwinCAT，但是这两种标准的通信协议，倍福对用户并没有更特殊的要求。开发完毕测试通信效果时，就类似组态软件访问 TwinCAT 了，通信规则和配置可以参考：第 12.4 节"TwinCAT Modbus TCP 通信"；第 14.5 节"OPC 通信"。

也有高级语言直接用 TCP/IP 通信与 PLC 交换数据，通常不是数据访问，而是大数据流的传输，这种应用请参考第 12.3 节"TwinCAT TCP/IP 通信"。

14.2 经 ADS 与触摸屏通信

1. 为什么要使用 ADS 与触摸屏通信

ADS 通信是倍福控制器对外的标准接口，通信速度快、效率高且稳定可靠，并且无须授权，免费使用。可以直接访问 PLC 所有地址和变量。随着倍福控制器在市场上越来越普及，基本上所有触摸屏厂家都做了 ADS 通信的驱动。因此 ADS 触摸屏几乎是国内用户选择 HMI 时的不二选择。

有不少客户问西门子的触摸屏是否支持 ADS，答案是：到本书截稿时还不支持。因此只能使用 OPC 或者 Modbus TCP 与 TwinCAT 控制器通信，这两种通信方式需要安装额外的服务软件，需要购买软件授权。

2. 触摸屏与 TwinCAT 的 ADS 通信

虽然不同的触摸屏厂家，配置界面会有所有同。但总的来说，触摸屏要与 TwinCAT 通信，必须经过以下基本步骤。

(1) 确定触摸屏的 IP 和 NetID

虽然触摸屏上并没有 TwinCAT，但是由于因为 ADS 通信的双方总是以 NetID 互相识别，触摸屏必须"假装"像 TwinCAT 系统一样拥有唯一的 NetID。触摸屏侧最普通的做法，是直接在 IP 后缀以".1.1"作为 NetID。也有的触摸屏可以自由设置 NetID，需要从触摸屏的手册确认这点。

(2) 手动添加 CX 到触摸屏的路由

因为触摸屏上没安装 TwinCAT，所以触摸屏不会对 TwinCAT 添加 ADS 路由的广播命令做出响应，所以只能手动添加。此外，熟悉 ADS 通信的用户明白一个常识：ADS 通信双方必须位于同一网段，因此添加路由之前这些常识性的问题应予以排除。

(3) 在触摸屏侧配置 PLC

PLC 类型：比如 TwinCAT/ADS/AMS。

PLC 的 IP 和 NetID。

PLC 的端口号：TC2 选 801，TC3 选 851。

(4) 在触摸屏侧配置变量字典

通常触摸屏都支持"ByName"和"ByAddress"两种方式。推荐使用 ByName 方式，因为程序升级不同版本中的变量地址可能修改，而变量名通常不会改。要使 ByName 方式选择 PLC 变量，就要确保程序中确实有这个变量名，因此需要导入 PLC 项目的 tpy 文件到触摸屏的开发环境。

TwinCAT 2 的 PLC 程序编译成功后，总是会在 .pro 文件的同文件夹中生成更新的 .tpy 文件，该文件中不仅包括了任务、端口等信息，还包括了所有 PLC 变量的声明信息。做了

TC2 驱动的触摸屏，也可能通过 Tpy 文件访问 TC3，不过要启用 Target File 中的 TPY File，如图 14.1 所示。

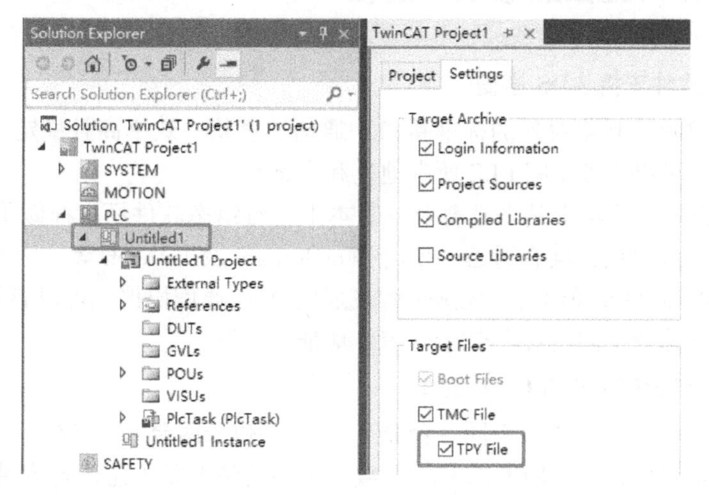

图 14.1 启用 TPY File

在这里勾选之后，PLC 程序编译时就会生成同名的 . tpy 文件，如图 14.2 所示。

名称	修改日期	类型	大小
_CompileInfo	2019/4/8 10:27	文件夹	
_Libraries	2019/4/8 10:30	文件夹	
DUTs	2019/4/8 10:26	文件夹	
GVLs	2019/4/8 10:26	文件夹	
POUs	2019/4/8 10:26	文件夹	
VISUs	2019/4/8 10:26	文件夹	
PlcTask.TcTTO	2019/4/8 10:26	TCTTO 文件	1 KB
Untitled1.plcproj	2019/4/8 10:31	PLCPROJ 文件	7 KB
Untitled1.tmc	2019/4/8 10:31	TMC 文件	17 KB
Untitled1.tpy	2019/4/8 10:31	TPY 文件	14 KB

图 14.2 编译时生成同名的 . tpy 文件

有的触摸屏厂家还做了 TC3 的驱动，在新建 PLC 设备时就要选择不同的类型。具体请咨询触摸屏厂家。

3. 例程

不同品牌的触摸屏，通常会提供其 ADS 驱动的通信手册。倍福工程师也总结了一些通信文档，请查阅配套文档 14-1、14-2。

配套文档 14-1
倍福 CX 控制器和
威伦屏通信文档

配套文档 14-2
CX 与 Proface
屏经 ADS 通信

14.3 经 ADS 与上位组态软件通信

1. 哪些组态软件支持 ADS 通信

ADS 通信是倍福控制器对外的标准接口，通信速度快、效率高且稳定可靠，并且无须授权，免费使用。可以直接访问 PLC 所有地址和变量。

随着倍福控制器在市场上越来越普及，基本上所有组态软件厂家都做了 ADS 通信的驱动。比如组态王、世纪星、昆仑通态、Ifix、Wonderware 及 InTouch 等。用户使用这些组态软件与倍福控制器做 ADS 通信时，无须了解底层的 ADS 通信协议，可以直接建立 TwinCAT PLC 设备，然后创建变量词典对应指定的 PLC 地址和类型。

2. 上位 PC 上安装的 TwinCAT 版本

组态软件可能与 TwinCAT 位于同一台 PC，也可能位于两台 PC。位于同一台 PC 时比较简单，既不需要加路由，也不用考虑网络负载。更多的情况是组态软件安装于另一台 IPC，通过局域网与 TwinCAT 控制器（IPC 或者 EPC）相连。

最传统的做法是在组态软件的 PC 上安装 TwinCAT 32 位或者 64 位 Demo 版，TwinCAT 只需要工作在 Configure Mode 就能提供至目标 PLC 的 ADS 路由。因为无须切到 Runing Mode，所以组态 PC 上也不需要购买 TwinCAT 授权。

根据组态软件的安装位置和运行的操作系统不同，实现 ADS 通信需要的 TwinCAT 版本也不同。对比这几种方式的关系见表 14.1。

表 14.1 组态软件的不同运行环境需要的 TwinCAT 版本

安装位置	操作系统	组态软件所在 OS 安装的 TwinCAT	TwinCAT 模式
与 TwinCAT 同一台控制器	Windows 7，Windows 10 或者 Windows CE	不用新装，IPC 或者 EPC 自带	RUN Mode
另一台 IPC	Windows 7，Windows 10 32 位	TC31-ADS-Setup. 3. 1. 40××. ××. exe 或 tcat_2110_23××. exe	Config Mode
	Windows 7，Windows 10 64 位	TC31-ADS-Setup. 3. 1. 40××. ××. exe 或 Tc211x64Engineering_R3_2. 11. 2302. exe	Config Mode
	Windows 7，Windows 10 32 位或 64 位	无 TwinCAT 注意：不是所有组态软件支持这种方式	无

3. 组态软件 ADS 通信的基本操作步骤

虽然配置界面会有所有同，各种组态软件要与 TwinCAT 通信，最重要的一条就是保证 ADS 路由成功添加。

如果上位 PC 上没有 TwinCAT，请参考 14.2 节中关于“触摸屏与 TwinCAT 的 ADS 通信”的内容。

如果上位 PC 上有 TwinCAT，实际上就是 TwinCAT 之间加路由，请参考 2.4 节“添加路由（Add ADS Router）”。

路由添加成功之后，在组态软件端需要配置 PLC 和新建变量。

(1) 配置 PLC

PLC 类型：比如 TwinCAT/ADS/AMS。

PLC 的 IP 和 NetID。

PLC 的端口号：TC2 选 801，TC3 选 851。

(2) 在组态软件中配置变量字典

通常组态软件都支持“ByName”和“ByAddress”两种方式，通常都会使用 ByName 方式例程。不同品牌的组态软件，具体操作界面大同小异。以国内主流的组态软件之一组态王为例，其软件供应商“亚控”为其标准版和 CE 版上的 ADS 通信分别做了使用文档。

配套文档 14-3
组态王与
TwinCAT 通信

14.4 用高级语言开发 HMI

用高级语言开发的 HMI，可以理解为非标的组态软件。通信协议的首选也是 ADS 通信。通常组态软件的研发工程师、OEM 设备厂或者集成商的上位工程师会使用高级语言开发 HMI，跟倍福相关的部分，就是调用 ADS 动态链接库或者控件，以实现一个 ADS Client 对象。

1. TwinCAT ADS 通信支持的语言

针对不同的高级语言，TwinCAT 提供了多种 ADS 通信控件和动态链接库，见表 14.2。

表 14.2 TwinCAT 提供的 ADS 通信控件和动态链接库

<table>
<tr><th>文件名</th><th colspan="2">功能描述</th><th>适用语言</th></tr>
<tr><td>ADS-OCX</td><td colspan="2">提供和路由表中的其他 ADS 设备交换信息 methods、events 和 properties，基于微软的 COM 技术，可以实现为一个 ActiveX 控件。所有支持 ActiveX 控件的编程环境都可以使用</td><td>Visual Basic，NI Labview</td></tr>
<tr><td>TcAdsDll</td><td colspan="2">提供和路由表中的其他 ADS 设备交换信息的函数 Functions。TcAdsDll 提供 ADS Client 的函数，这些函数可以通过 C API 的形式或通过 COM interfaces 的形式调用</td><td>Visual C++</td></tr>
<tr><td>ADS-Script-DLL</td><td colspan="2">提供从脚本语言访问 ADS 设备的方法，创建 B/S 架构的应用，用于网络互动。由 Windows Scripting Host（WSH）调用。脚本可以在 Web Sever 执行，也可以在客户端执行（DHTML），脚本语言支持的数据类型少，所以 ADS-Script-DLL 中的 Method 也较少，需要的参数也少</td><td>VBScript 或者 JScript</td></tr>
<tr><td rowspan="7">TwinCAT. Ads. dll</td><td colspan="2">这是一个 . NET class 库，提供与 ADS 设备通信的 class，安装了 TwinCAT 的 PC 上，在 .. \TwinCAT\ADS Api\. NET\下的不同子路径下有不同版本的 TwinCAT. Ads. dll</td><td>C#
VB. net
Delphi for . net
Delphi Prism</td></tr>
<tr><td>. Net framework V1. 0</td><td>VS2002</td><td>\ v1. 0. 3705.</td></tr>
<tr><td>. NET framework V1. 1</td><td>VS2003 和 VS2006</td><td>\ v1. 1. 4322.</td></tr>
<tr><td>. NET framework V2. 0</td><td>VS2008</td><td>\ v2. 0. 50727</td></tr>
<tr><td>. NET framework V4. 0</td><td>VS2013</td><td>\ v4. 0. 30319</td></tr>
<tr><td>Compact Framework version 1. 0</td><td>CE6</td><td>\ CE \ v1. 0. 5000</td></tr>
<tr><td>Compact Framework version 2. 0</td><td>CE7</td><td>\ CE \ v2. 0</td></tr>
</table>

（续）

<table>
<tr><th>文件名</th><th colspan="2">功能描述</th><th>适用语言</th></tr>
<tr><td rowspan="4">ADS-WebService</td><td colspan="2">ADS-WebService 可经由 Http 穿过防火墙建立 ADS 通信，可以通过 Internet 实现 ADS 诊断和组态
C:\TwinCAT\AdsApi\TcAdsWebService</td><td rowspan="4"></td></tr>
<tr><td>安装文件</td><td>\V100\xp\ 或者\V100\CE\
TcAdsWebService. WSDL
TcAdsWebService. dll
TcAdsSoap. dll</td></tr>
<tr><td>库文件</td><td>\AdsJavaScriptLibrary
\TcAdsWebService. js</td></tr>
<tr><td>证书文件</td><td>\SSLCert\1. 0. 2. 0\Win32
\SSLCert. exe</td></tr>
<tr><td>ADS Java DLL</td><td colspan="2">AdsToJava. dll，提供软件访问 ADS 设备的库
使用 AdsToJava. dll 的项目需要添加 TcJavaToAds. jar，导入 de. beckhoff. jni. tcads，才能使用 AdsToJava. dll 中的函数、对象和常量。此外，AdsToJava. dll 必须复制到" Windows\System32"
以上文件都在 C:\TwinCAT\AdsApi\AdsToJava</td><td>Java</td></tr>
<tr><td>ADS WCF Service</td><td colspan="2">TwinCAT ADS WCF Service 基于 TwinCAT. Ads DLL，可以通过 WCF 访问 ADS 设备。WCF 是微软件 . NET framework 的一部分，用于创建 SOA 应用程序。使用 ADS WCF 服务，WCF 客户端不需要安装 TwinCAT 和加路由。提供 SSL 加密，支持 32 位、64 位平台。CE 只能做 WCF 的 Client，要求有 . NET framework。相关文件为
C: \ TwinCAT \ AdsApi \ TcAdsWcf \ v4. 0. 30319 \
TwinCAT. Ads. Wcf. dll，ClientAccessPolicy. xml……
.. \ PollingDuplex System. ServiceModel. PollingDuplex. dll</td><td>. NET;
Compact Framework;
Silverlight</td></tr>
</table>

2. 高级语言实现 ADS Client 的基本步骤

不论使用什么语言做开发，实现一个 ADS Client 通常要经过连接 PLC、连接变量、刷新数据、释放到变量的连接及断开 PLC 连接等基本步骤，在不同的语言中，实现这些功能的函数和参数略有不同。以 C#、VC、VB 为例，ADS Client 提供的函数见表 14. 3。

表 14. 3　同样功能在不同语言中的函数对比

	C#	VC（API 方式）	VB（By Connect，Address）
连接 PLC	Connect	AdsPortOpen	AdsAmsPortEnabled
建立变量访问通道	AddDeviceNotification	AdsSyncAddDevice NotificationReq	AdsCreateVarHandle
	CreateVariableHandle	无	无
读取数据	Read ReadAny ……	AdsSyncReadReq AdsSyncReadReqEx ……	AdsReadVarConnectEx( )
写数据	Write WriteAny ……	AdsSyncWriteReq AdsSyncWriteReqEx ……	AdsReadVarConnectEx( )
取消变量访问通道	DeleteDeviceNotification AadsSyncDelDevice NotificationReq		
	DeleteVariableHandle	无	AdsDeleteVarHandle
关闭连接	Close	AdsPortClose	AdsAmsDisconnect

每个函数都有相应的说明，请参考 Beckhoff Information System 在线版或者离线版。

3. 在不安装 TwinCAT 的 PC 上实现 ADS 通信

早期倍福公司曾出过一份技术文档《在未安装 TwinCAT 的 PC 上进行 ADS 通信》，但是只支持老版本 2.0 的 ADS 库函数，不支持新版本 4.0，而且这是单线程的，如果用户端采用多线程就会造成资源抢占，部分线程通信变慢。

目前比较流行的做法是使用 Github 上的开源 ADS 通信代码：

https://github.com/Beckhoff/ADS

4. 通信示例

（1）离线帮助中的高级语言 ADS 通信示例

在 Beckhoff Information System 中，包含了各种高级语言的接口文件及其使用方法的描述，也包含了使用这些接口文件编写 ADS 通信的 Sample 程序。路径为 Beckhoff Information System/TwinCAT/TwinCAT System/TwinCAT Connectivity/TwinCAT ADS Samples。如图 14.3 所示。

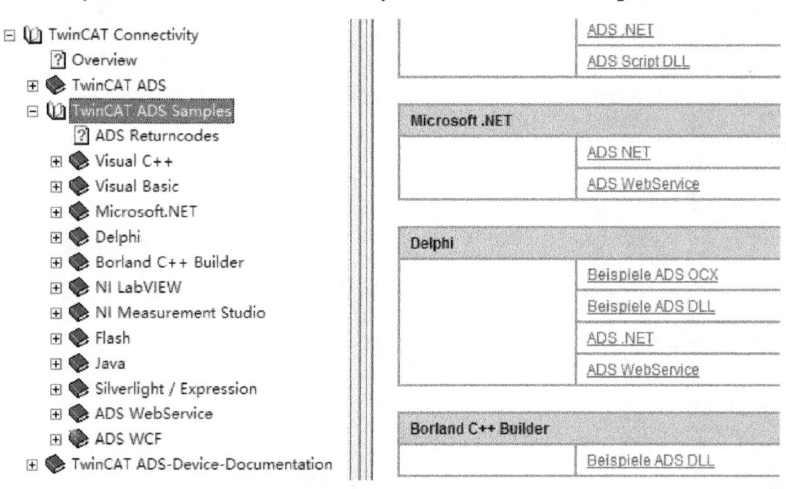

图 14.3　离线帮助中 ADS 通信示例

（2）在线帮助中的高级语言 ADS 通信示例

以上内容也可以从在线帮助获得，网址为 http://infosys.beckhoff.com/index_en.htm，如图 14.4 所示。

（3）国内工程师编写的 ADS 通信例程

倍福中国的工程师制作了 HMI 编程常用功能的中文文档和例程，请参考配套文档 14-4、14-5、14-6、14-7、14-8、14-9、14-10。

配套文档 14-4
ADS 通信-
高级语言

配套文档 14-5
例程：TwinCAT
PLC 与 VB6.0 通信

配套文档 14-6
例程：TwinCAT PLC
与 VC6.0 通信

配套文档 14-7
例程：TwinCAT PLC
与 VB. net 通信

配套文档 14-8
例程：TwinCAT PLC
与 C#通信

配套文档 14-9
例程：TwinCAT PLC
与 Labview 通信

配套文档 14-10
在未安装 TwinCAT 的
PC 上进行 ADS 通信

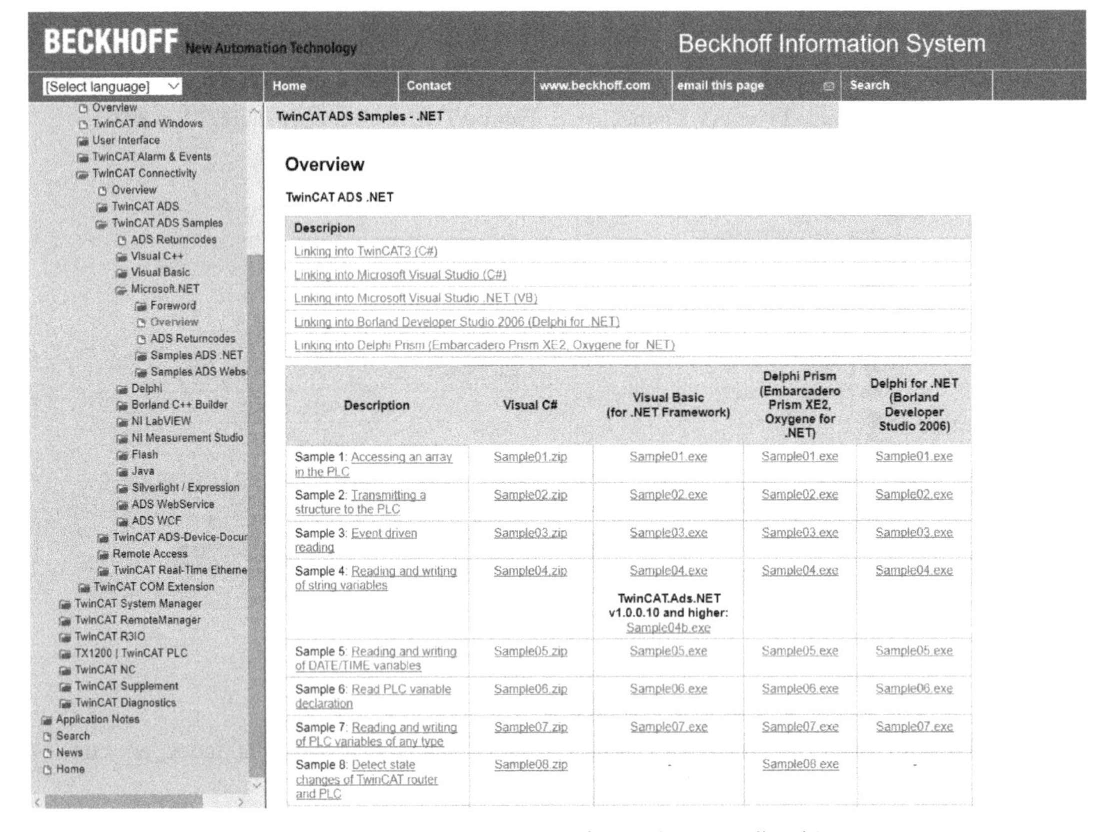

Description	Visual C#	Visual Basic (for .NET Framework)	Delphi Prism (Embarcadero Prism XE2, Oxygene for .NET)	Delphi for .NET (Borland Developer Studio 2006)
Sample 1: Accessing an array in the PLC	Sample01.zip	Sample01.exe	Sample01.exe	Sample01.exe
Sample 2: Transmitting a structure to the PLC	Sample02.zip	Sample02.exe	Sample02.exe	Sample02.exe
Sample 3: Event driven reading	Sample03.zip	Sample03.exe	Sample03.exe	Sample03.exe
Sample 4: Reading and writing of string variables	Sample04.zip	Sample04.exe TwinCAT.Ads.NET v1.0.0.10 and higher: Sample04b.exe	Sample04.exe	Sample04.exe
Sample 5: Reading and writing of DATE/TIME variables	Sample05.zip	Sample05.exe	Sample05.exe	Sample05.exe
Sample 6: Read PLC variable declaration	Sample06.zip	Sample06.exe	Sample06.exe	Sample06.exe
Sample 7: Reading and writing of PLC variables of any type	Sample07.zip	Sample07.exe	Sample07.exe	Sample07.exe
Sample 8: Detect state changes of TwinCAT router and PLC	Sample08.zip	-	Sample08.exe	-

图 14.4　在线帮助系统中的高级语言 ADS 通信示例

但是由于这些文档的创建时期不同，可能出现与用户的开发环境版本不一致的情况。比如有的例程是用 VS2005、VS2008 开发的，而用户使用的有可能是 VS2010 或者 VS2012。这时直接查看网页版的 TwinCAT Information System 的英文文档，可能更加有帮助。

14.5　OPC 通信

在截至 2019 的 TC3 帮助文档中，有关 OPC 通信的内容已经非常完善。本节内容是按作者的理解和测试来写的，不及帮助文档系统完整，并且由于软件升级，这里的操作截屏也可能不再适应将来的版本。习惯英文阅读的读者，建议直接查看在线帮助，路径为 TwinCAT 3/TFxxxx | TC3 Functions/TF6xxx - Connectivity/TF6100 TC3 OPC UA/Overview。

14.5.1 原理介绍

OPC 分为 OPC UA 和 OPC DA 两种，通常如果只说 OPC 而不注明 UA 的话，是指 OPC DA。两者的性能对比见表 14.4。

表 14.4 OPC UA 与 OPC DA 的性能对比

	OPC UA	OPC DA
是否独立于 Windows	独立于 Windows、Linix 或者 PLC 都可以实现 OPC UA，无论是 Server 还是 Client	依赖于 Windows 即使是 TwinCAT PLC，也只能做 Server，不能做 Client
是否支持语义访问	支持数据通信，也支持语义传输 Server 可以提供 Method 给 Client 调用	不支持，只支持数据传输
是否支持安全性	安全性高，可以分为 3 个层级设置加密	安全性较低

因为 OPC UA 和 OPC DA 都需要购买授权，所以最经济的用法是在一台独立的 IPC 或者某一台 TwinCAT 控制器上运行 1 个 OPC UA/DA Server，该 Server 再通过 ADS 与其他 TwinCAT PLC 做数据通信。软件架构如图 14.5 所示。

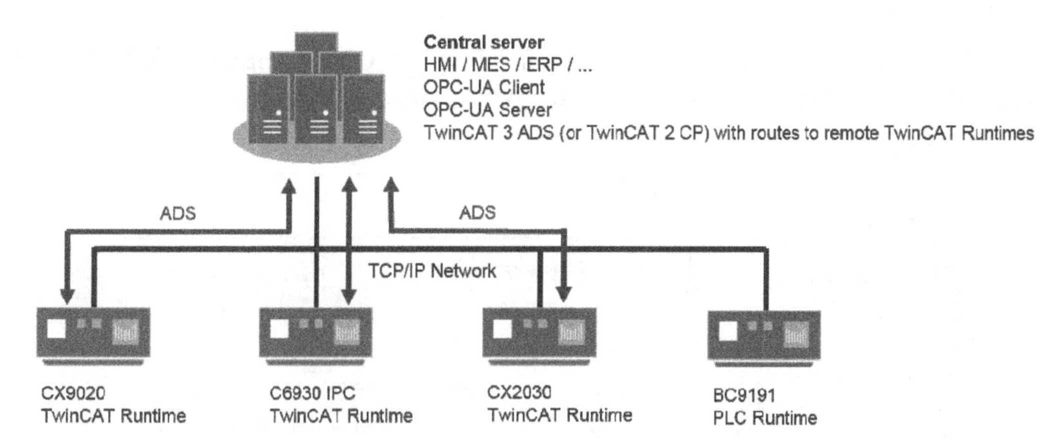

图 14.5 TwinCAT OPC 通信的软件架构

对于 OPC UA 来说，推荐每台控制器安装一个 OPC UA Server，理论分析和实际测试都表明，这样可以明显降低网络负载。

14.5.2 OPC DA 的使用方法

虽然 OPC UA 有诸多优点，完全可以兼容 DA，但在可以使用 OPC DA 的场合，大部分国内工程师还是会使用 OPC DA，因为更熟悉，且由于少了诸多安全环节，配置会更简单。

以下步骤是用 TwinCAT OPC Server 安装包自带的 OPC Client 测试工具，验证 TwinCAT OPC Server 是否正常工作。只要这个 OPC Client 可以成功访问 PLC 变量，那么其他高级语言或者组态软件中的 OPC Client 都可以成功访问 TwinCAT PLC。

1. 安装 TwinCAT OPC Server

如果不是在 TwinCAT 控制器上运行 OPC Server，就需要先安装 TwinCAT 3 ADS。

如果是 TC2 系统，就要先安装 TwinCAT 32 位或者 64 位开发环境，然后再安装相应的功能包。

如果是在开发 PC 上测试，直接运行 exe 安装文件。因为是使用 Trial License，所以安装完成之后，先在 Manage Licenses 选项卡加上授权，如图 14.6 所示。

Order Information (Runtime) | Manage Licenses | Project Licenses | Online Licenses

☐ Disable automatic detection of required licenses for project

Order No	License	Add License
TF5850	TC3 XTS Technology	☐ cpu license
TF6000	TC3 ADS-Communication-Library	☐ cpu license
TF6100	TC3 OPC-UA	☑ cpu license
TF6120	TC3 OPC-DA	☑ cpu license

图 14.6　添加授权

在图 14.6 中的“Order Information(Runtime)”选项卡单击 [7 Days Trial License...]，就可以生成试用授权。否则运行的时候系统不会提示要激活授权，只是显示通信失败。

2. 配置 OPC DA 服务

打开配置界面：从开始菜单打开 Beckhoff \TwinCAT OPC Configurator 或者执行文件 C:\TwinCAT\Functions\TF6120-OPC-DA\Win32\Configurator\TcOPCCfg.exe。配置工具的界面如图 14.7 所示。

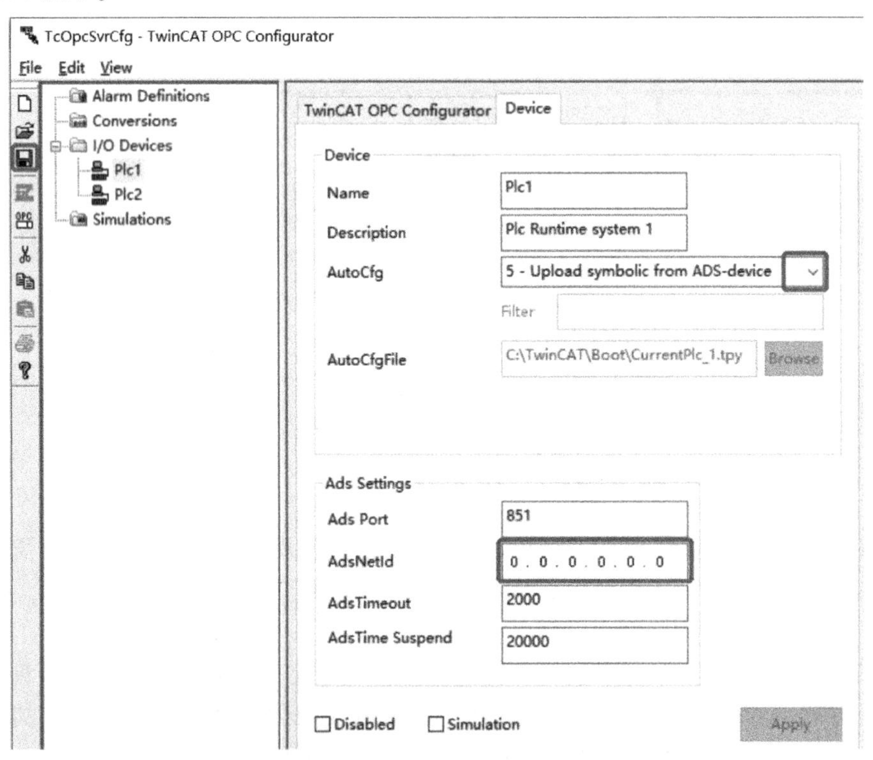

图 14.7　TwinCAT OPC Server 配置界面

1）配置 ADS 设备（PLC）

配置工具默认带了两个 PLC，即图 14.7 中的 I/O Devices 下面的 Plc1 和 Plc2。双击 Plc1，右边就显示它的属性页。重要的属性包括以下内容。

AutoCfg：接口变量的模式选择，单击右边的下拉按钮，显示 0~8 的选项。常用的是 5 和 7。5 是指从 ADS 设备在线读取变量，7 指从 .tpy 文件中读取接口变量。如果选择 7，就在下面的 AutoCfgFile 框中选择这个 PLC 程序的 .tpy 文件。

NetId：ADS 设备即 PLC 的 NetId，为 6 段数字，以 .1.1 结束。

Port：TC2 设置为 801，TC3 设置为 851。

2）新增 ADS 设备

如果超过 2 个 PLC，则在“I/O Devices”的右键菜单中选择“New”，新建一个 PLC。

3）激活配置

按“存盘”按钮，会提示激活配置。单击 YES 按钮确认，系统就会提示配置激活成功，如图 14.8 所示。

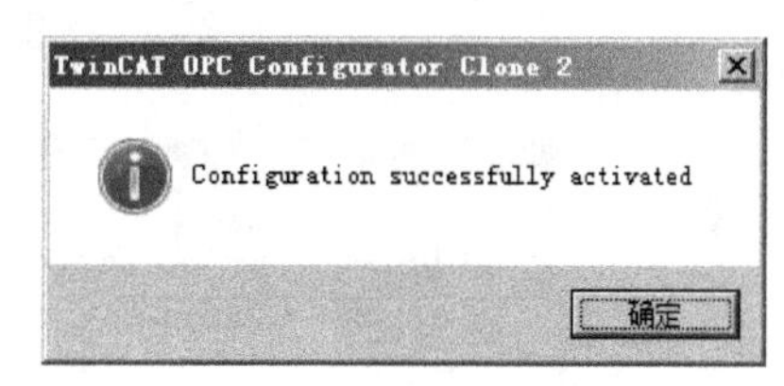

图 14.8　配置激活成功

3. TwinCAT 的操作

1）TwinCAT System Restart。这是为了让 OPC Server 随 TwinCAT 一起重启，上一步的配置文件才会生效。

2）打开 PLC 程序，下载运行。

如果配置了远程 PLC，先确认已经添加路由。

确认 PLC 有若干个变量即可，最好有初值，或变量值持续变化。

4. 测试 OPC Server 是否工作正常

倍福提供 OPC Client 的简易测试工具，可以从开始菜单打开 Beckhoff \ TwinCAT OPC TestClient 或者执行文件 C:\TwinCAT\Functions\TF6120-OPC-DA\Win32\SampleClient，Client 工具的测试界面如图 14.9 所示。

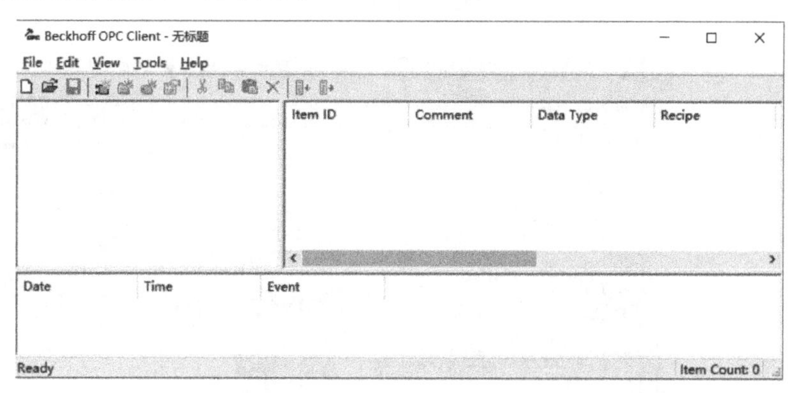

图 14.9　OPC 测试工具

创建 OPC Server，如图 14.10 所示。

注意：图 14.10 中 Remote Machine Name 处为空。

创建变量组，如图 14.11 所示。

“Local”为变量组名，可以任意输入。

添加 OPC 变量，如图 14.12 所示。

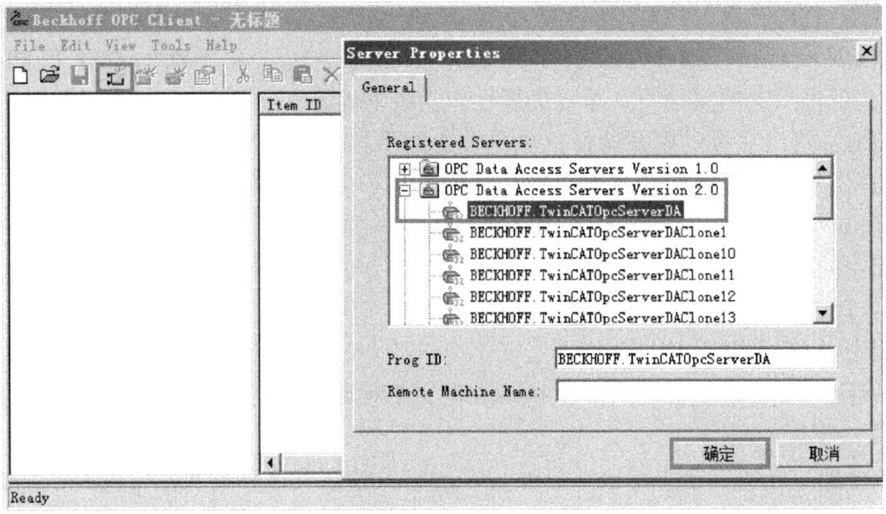

图 14.10 创建 OPC Server

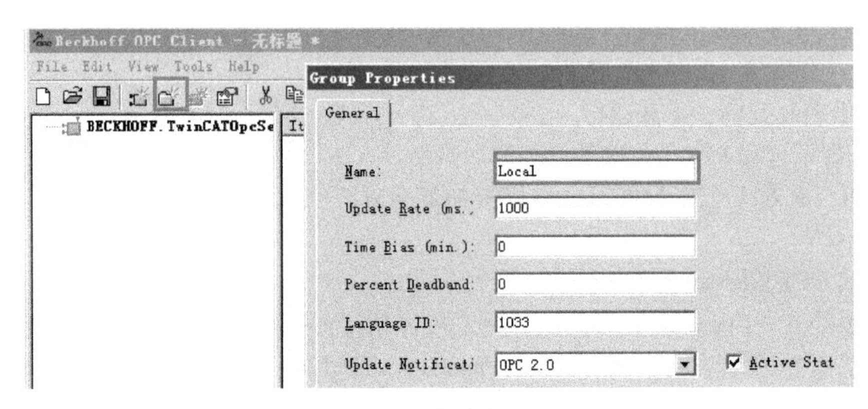

图 14.11 创建变量组

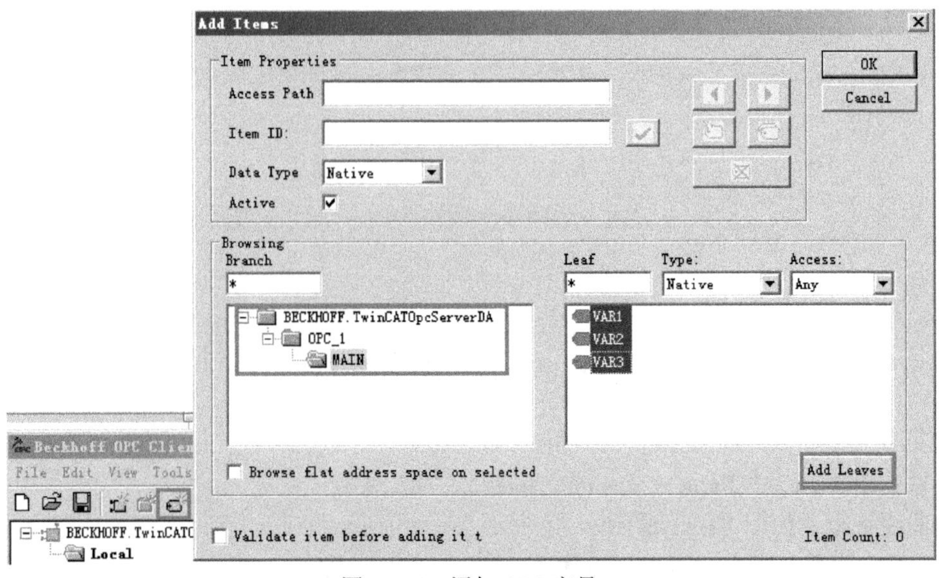

图 14.12 添加 OPC 变量

选择程序变量，并单击“Add Leaves”，所有添加过的变量就会出现在主窗体中观察变量的值和状态，如图 14.13 所示。

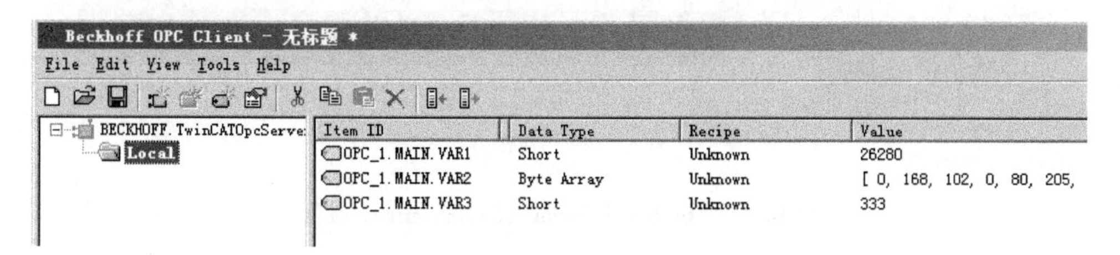

图 14.13　在 OPC Client 测试工具中观察变量的值和状态

5. 在高级语言中实现 OPC Client

C#中调用 TwinCAT OPC Server 的说明的例子的网址为

http://infosys.beckhoff.com/content/1033/tcopcserver/html/sample1_netapi.htm?id=29299

网上还可以查找更多高级语言调用通用 OPC Server 的例子，IT 工程师都不会陌生，此处不再重复。

14.5.3　OPC UA 的使用方法

以下步骤仅是用 TwinCAT OPC Server 安装包自带的 OPC Client 测试工具，验证 TwinCAT OPC Server 是否正常工作。只要这个 OPC Client 可以成功访问 PLC 变量，那么其他高级语言或者组态软件中的 OPC Client 都可以成功访问 TwinCAT PLC。

1. 安装 TwinCAT OPC UA Server

如果不是在 TwinCAT 控制器上运行 OPC UA Server，就需要先安装 TwinCAT 3 ADS。

如果是 TC2 系统，就要先安装 TwinCAT 32 位或者 64 位开发环境，然后再安装相应的功能包。

如果是使用 Trial License，安装完成之后，先在授权管理中加上这两个授权，如图 14.14 所示。

Order Information (Runtime) | Manage Licenses | Project Licenses | Online Licenses

☐ Disable automatic detection of required licenses for project

Order No	License	Add License
TF5850	TC3 XTS Technology	☐ cpu license
TF6000	TC3 ADS-Communication-Library	☐ cpu license
TF6100	TC3 OPC-UA	☑ cpu license
TF6120	TC3 OPC-DA	☑ cpu license

图 14.14　添加授权

在图 14.14 中的“Order Information（Runtime）”选项卡单击 7 Days Trial License... ，就可以生成试用授权。否则运行的时候系统不会提示要激活授权，而通信就是连接不上。

2. 打开 OPC UA 的配置

安装了 TwinCAT OPC UA Server 之后，就可以在 TC 中新建 Connectivity/OPC UA 的项目了。OPC UA 项目中的配置可以下载到 Server，就相当于为 OPC UA Server 做配置了。步骤如下。

新建项目时选择 TwinCAT Connectivity，如图 14.15 所示。

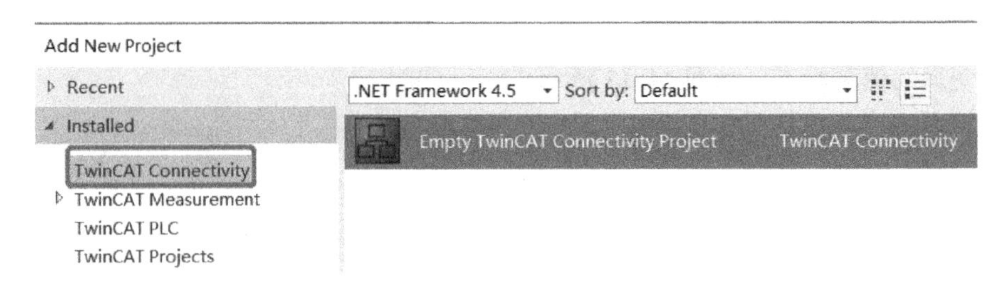

图 14.15 新建 1 个 TwinCAT Connectivity 项目

在上一步添加的 Connectivity 下继续选择“Add New Item”，只有一个选项，如图 14.16 所示。

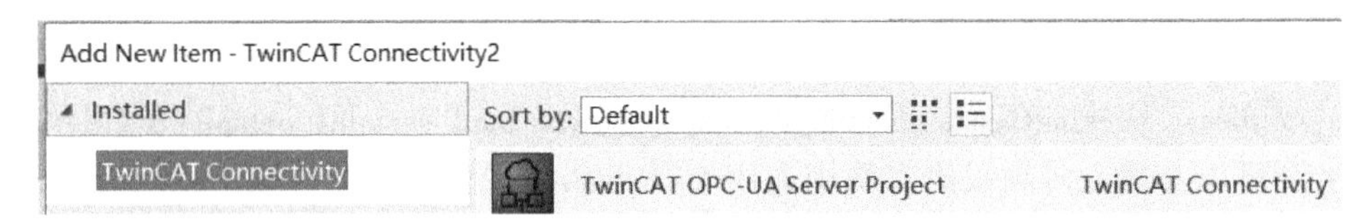

图 14.16 添加 OPC-UA Server 项目

然后就出现了 TwinCAT 中的 OPC UA Server 配置界面，如图 14.17 所示。

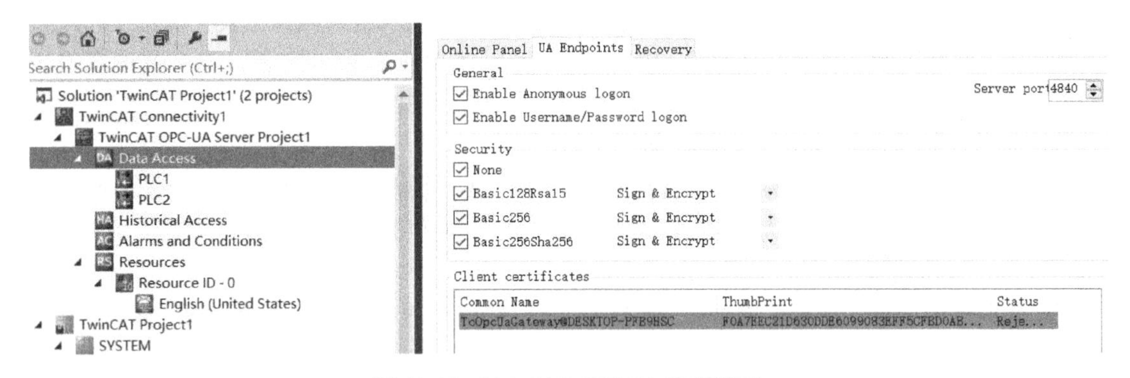

图 14.17 TwinCAT OPC UA 配置界面

3. 配置 OPC UA Server

(1) 启用工具栏

安装了 TwinCAT OPC UA Server 之后，配置工具就集成在 TC3 开发环境中了。但是需要启用。在工具条位置右键显示“自定义工具栏”，勾选“TwinCAT OPC UA Configurator”，如图 14.18 所示。

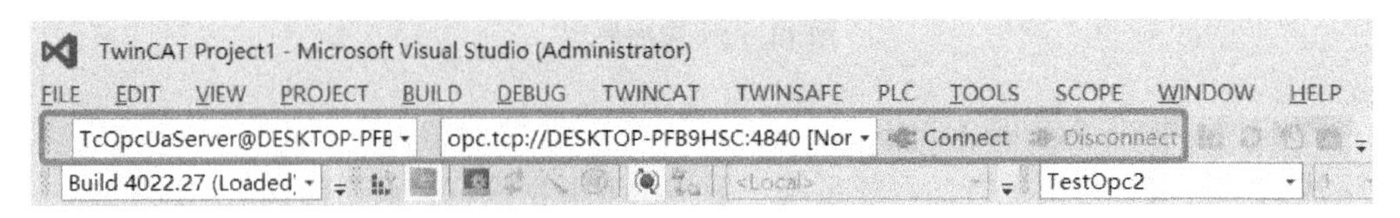

图 14.18 TwinCAT OPC UA Configurator 工具栏

连接 OPC UA Server，如图 14.19 所示。

这个步骤就相当于 TwinCAT 项目开发时选择 Target System，做 OPC UA 配置也要选择将来是要下载到哪个 Server。

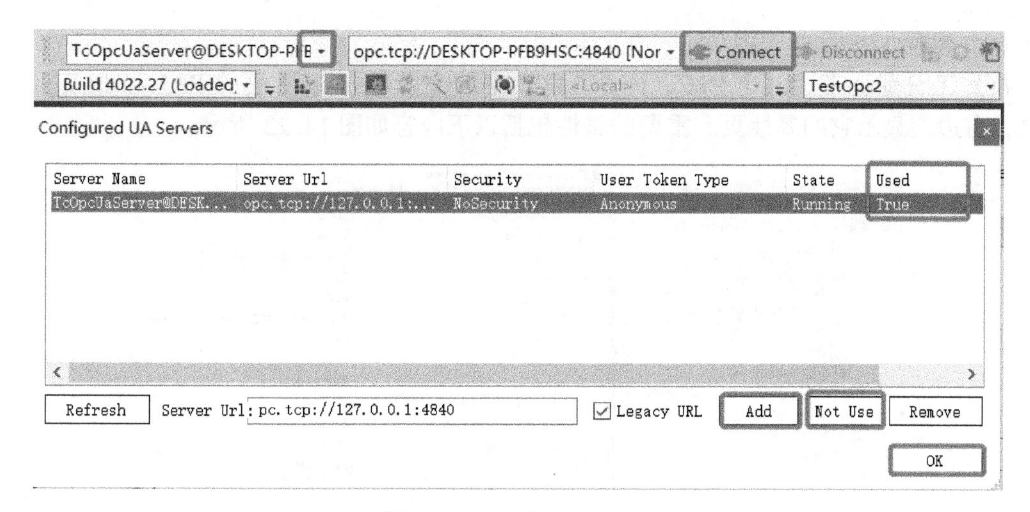

图 14.19　连接 OPC Server

在图 14.19 中，先单击左上方的方框处，在下拉选项中选择“Add Target OPC UA Server”，就会弹出下方的窗体“Configured UA Servers”，列表中显示网络中发现的 TwinCAT OPC UA Server，底部会显示它的 Server Url。127.0.0.1：4840 是指本机的默认 OPC UA 端口。选中某项，单击 Add，然后单击 OK 退出。

在工具栏中选择安全策略，最简单的是第一项 None：None：Binary，完全不加密访问，如图 14.20 所示。

图 14.20　选择安全策略

在 OPC UA Server Project 的 Online Panel 选项卡中就可以看到 Server 的状态了，如图 14.21 所示。

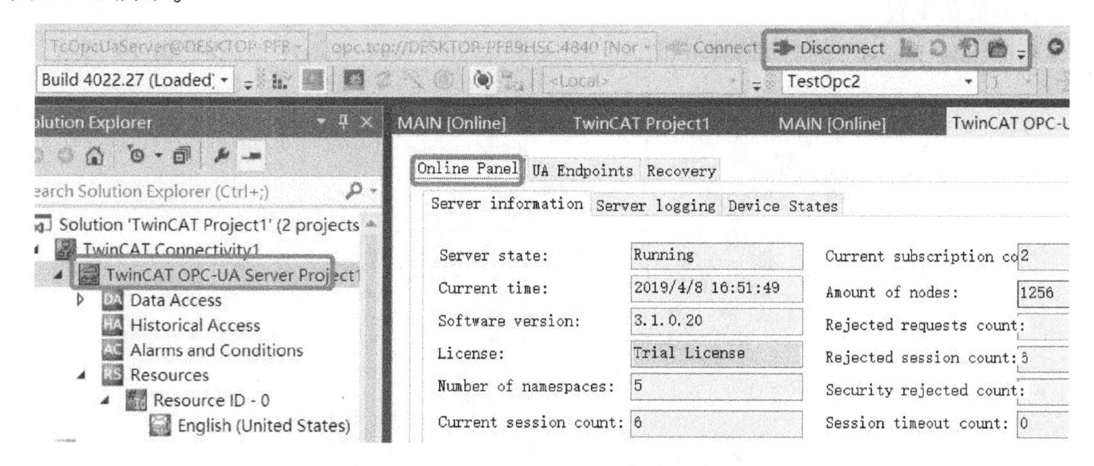

图 14.21　OPC UA Server 的在线状态显示

同时上方的一排 OPC UA 相关的操作按钮也点亮了，表示 OPC UA Server 已经连通。

(2) 配置 ADS 设备 (PLC)

配置工具默认带了两个 PLC，即图 14.21 中的 I/O Devices 下面的 Plc1 和 Plc2。双击 Plc1，右边就显示它的属性页。重要的属性包括以下内容如图 14.22 所示。

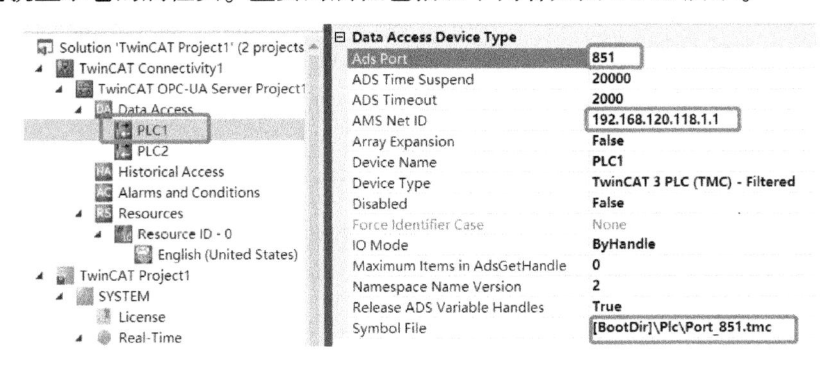

图 14.22　PLC 的属性页面

NedId：ADS 设备即 PLC 的 NetId，为 6 段数字，以 .1.1 结束。

Port：TC2 设置为 801，TC3 设置为 851。

Device Type：接口变量的模式选择。

单击右边的下拉按钮，显示以下选项，如图 14.23 所示。

Device Type	TwinCAT 3 PLC (TMC) - Filtered
Disabled	TwinCAT 2 PLC (SYM)
Force Identifier Case	TwinCAT 2 PLC (TPY) - All
IO Mode	TwinCAT 2 PLC (TPY) - Filtered
Maximum Items in AdsGetHandle	TwinCAT 2/3 IO (XML) - All
Namespace Name Version	TwinCAT 2/3 IO (XML) - Filtered
Release ADS Variable Handles	TwinCAT 3 CPP (TMI) - All
Symbol File	TwinCAT 3 CPP (TMI) - Filtered
	TwinCAT 3 PLC (TMC) - All
	TwinCAT 3 PLC (TMC) - Filtered

图 14.23　OPC UA Server 的 ADS 设备选项

对于 TC3 的 PLC，就是图 14.23 中最后的两项，带或者不带过滤。如果变量不多，效果都一样。

此外还支持 TwinCAT 2 PLC 和 TC3 的 C++对象。就是说 TC3 OPC UA Client 也可以访问 TC2 PLC 和 TC3 的 C++对象的数据。

(3) 新增 ADS 设备

如果超过 2 个 PLC，则在“Data Access”的右键菜单中选择“Add New Device Type”，在弹出的对话框中填写属性，就可以增加一个 PLC。

(4) 激活配置

在“Data Access”的右键菜单中选择“Write Configuration to Target”，如图 14.24 所示。

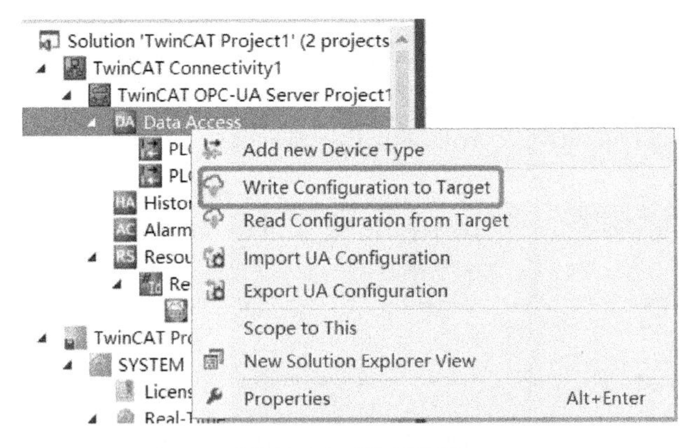

图 14.24　写入配置

如果前面的步骤连接成功，这里就会提示将覆盖原来的配置，如图 14.25 所示。

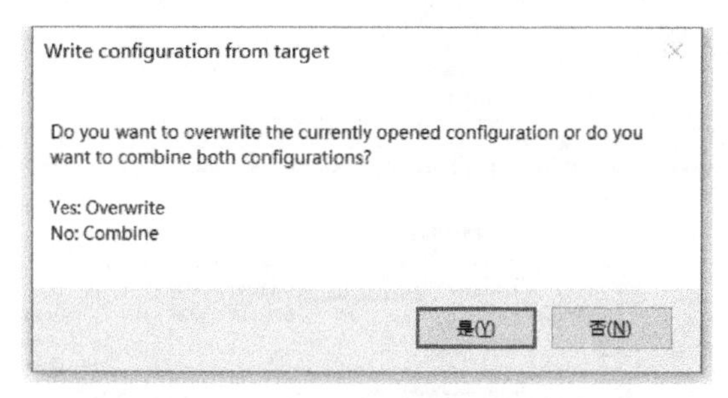

图 14.25　警告将覆盖原来的配置

单击“是”按钮，然后系统将提示服务重启生效。

4. TwinCAT 的操作

PLC 项目启用 TMC File，如图 14.26 所示。

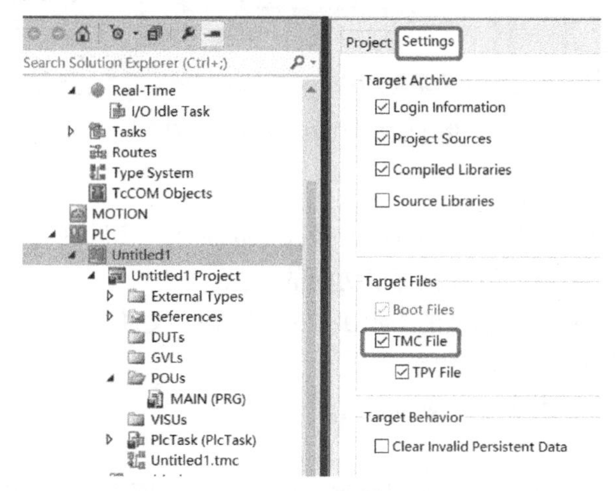

图 14.26　PLC 项目启用 TMC File

（1）TwinCAT 激活配置并重启

这是为了让 OPC UA Server 随 TwinCAT 一起重启，上一步的配置文件才会生效，以及为了在控制中生成 TMC 文件。

（2）打开 PLC 程序，下载运行

如果配置了远程 PLC，先确认已经添加路由。

确认 PLC 有若干个变量即可，最好有初值，或变量值持续变化。

变量声明时应添加允许 OPC UA 访问的属性设置，比如：

```
{attribute 'OPC.UA.DA':='1'}
nCounter:INT;
{attribute 'OPC.UA.DA':='1'}
nNumber:INT;
```

注意每个变量都需要单独设置该属性。

5. 测试 OPC Server 是否工作正常

倍福提供 OPC UA Client 的简易测试工具，可以从开始菜单打开 Beckhoff \Sample Test 或者执行文件 C:\TwinCAT\Functions\TF6100-OPC-UA\Win32\SampleClient\TcOpcUaSampleClient.exe

测试界面如图 14.27 所示。

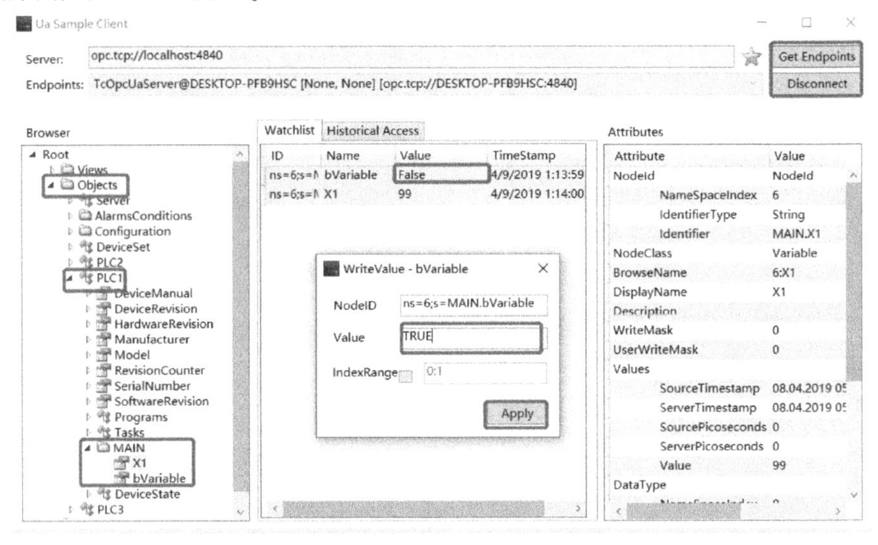

图 14.27　OPC UA 测试工具

（1）连接 OPC UA Server

依次单击右上方的按钮 Get Endpoints 及 Disconnect，然后在左边的 Browser 中 Root/Object 下面就会出现所有 ADS 设备及可以访问的变量。

如果没有，检查 PLC 配置信息的 NetID、Port 和 Tmc 文件名。

（2）在 Browser 中选择要监视的变量

选中变量，双击即自动添加到 Watchlist。

（3）修改变量值

在 Watchlist 中不仅可以监视，还可以修改。选中 Value，双击弹出“Write Value”对话框。输入目标值，然后单击“Apply”按钮，立即生效。

注意：BOOL 型变量是写为“False”或者“True”。

14.5.4　常见问题

配套文档 14-11
例程：运行 OPC UA MethodCall 的示例程序

1. 关于 OPC UA 的新功能 Method Call

请参考配套文档 14-11。

2. 如果 OPC DA 不能访问 PLC 变量

如果不能成功访问 PLC 变量，可能的原因还包括以下内容。

1）TwinCAT OPC Server 版本与 TwinCAT 版本的匹配，建议使用同一光盘的 TwinCAT 安装文件和 TwinCAT OPC Server 安装包。

2）由于操作系统的升级，Dotnetfx 版本不同等等，也有可能导致 OPC Server 工作不正常。换一台 PC 测试可能就解决了问题。

3）OPC 配置文件没有成功写入目的地，可以检查 PC 的注册表项。默认的 OPC 配置文件是“C:\TwinCAT\OPC\Server4\TcOpcSrvCfg.xml”，可以找到注册表中此处指定的 XML 文件，并验证配置是否正确。

3. 禁止或者允许 OPC Client 访问部分变量

请参考配套文档 14-12。

4. OPC DA 中的 10 个 Clone 的使用

当通信数据量巨大时，分到不同的 Clone（克隆服务器）就相当于有多个 OPC Server 同时工作，响应更快。默认所有 Clone 指定的配置文件都相同，但用户可以在注册表中分别配置不同的 XML 文件。并在 Client 变量访问时选择不同的 Clone。

5. OPC UA 背景知识普及

请参考配套文档 14-13。

配套文档 14-12
TwinCAT 各种控制器级通信的数据安全性

配套文档 14-13
OPC UA
技术详解

14.6 TwinCAT PLC 连接企业数据库

14.6.1 概述

Beckhoff Information System 中关于这部分的内容已经非常有条理和完善，请参考配套文档 14-14 有英文阅读习惯的用户，可以直接阅读 TC3 在线帮助：

TwinCAT 3/TFxxxx | TC3 Functions/TF6xxx - Connectivity/TF6420 TC3 Database Server/Overview

1. 功能介绍

自动化设备的单机性能不断提升之后，企业对质量追踪、生产数据统计和分析提出了新的要求，需要自动化系统连通企业局域网。这些分析在 ERP、MES 系统或者其他高级语言编写的应用软件中实现，这些软件与自动化系统是隔离的，总是通过数据中转仓，比如 SQL 或者 Oracle 等数据库来访问设备的生产数据。

配套文档 14-14
TcDBServer 帮助信息

PLC 数据如何进入数据库呢？通常工程师会用高级语言写个程序，通过 ADS 或者 OPC 读取 PLC 数据再放入数据库，所以自动化工程师还得掌握高级语言的数据库编程，如何把通信程序写得高效又稳定，也有颇多讲究。

为了简化自动化工程师的数据库编程工作，倍福公司提供了扩展软件包 TwinCAT Database Server，它可以取代高级语言的桥接程序，让 PLC 工程师无须编写高级语言代码，就可以从 TwinCAT PLC 访问 Database。

TwinCAT Database Server 推出市场已经 10 年以上，成熟稳定，在各行各业大量使用。其支持主流的数据库 SQL、Oracle、Access 等，还可以把数据送到 Excel 或 XML 文件。运行于 CE 系统的 DB Server，支持的数据库类型较少，包括 Compact SQL 及 ASCII 文件。

TwinCAT Database Server 最常见的应用场景如图 14.28 所示。

图 14.28 中的 TwinCAT Database Server 通过 ADS 通信访问 PLC 数据，通过 TCP/IP 通信访问数据库。图 14.28 中的 DB Server、PLC 和 Database 可以是在同一台计算机，也可以分布在多台计算机上，但是都在一个局域网内。其拓扑结构及用途见表 14.5。

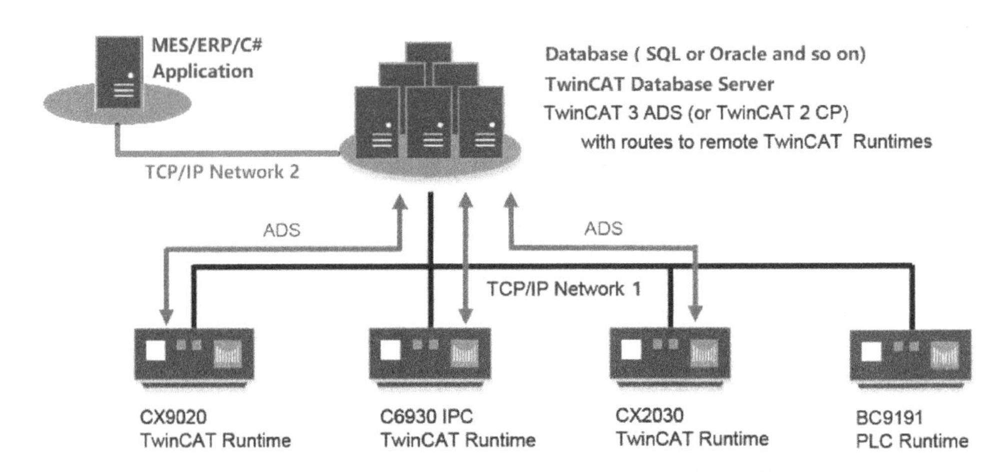

图 14.28　TwinCAT Database Server 最常见的应用场景

表 14.5　TwinCAT DB Server 支持的 4 种拓扑结构及用途

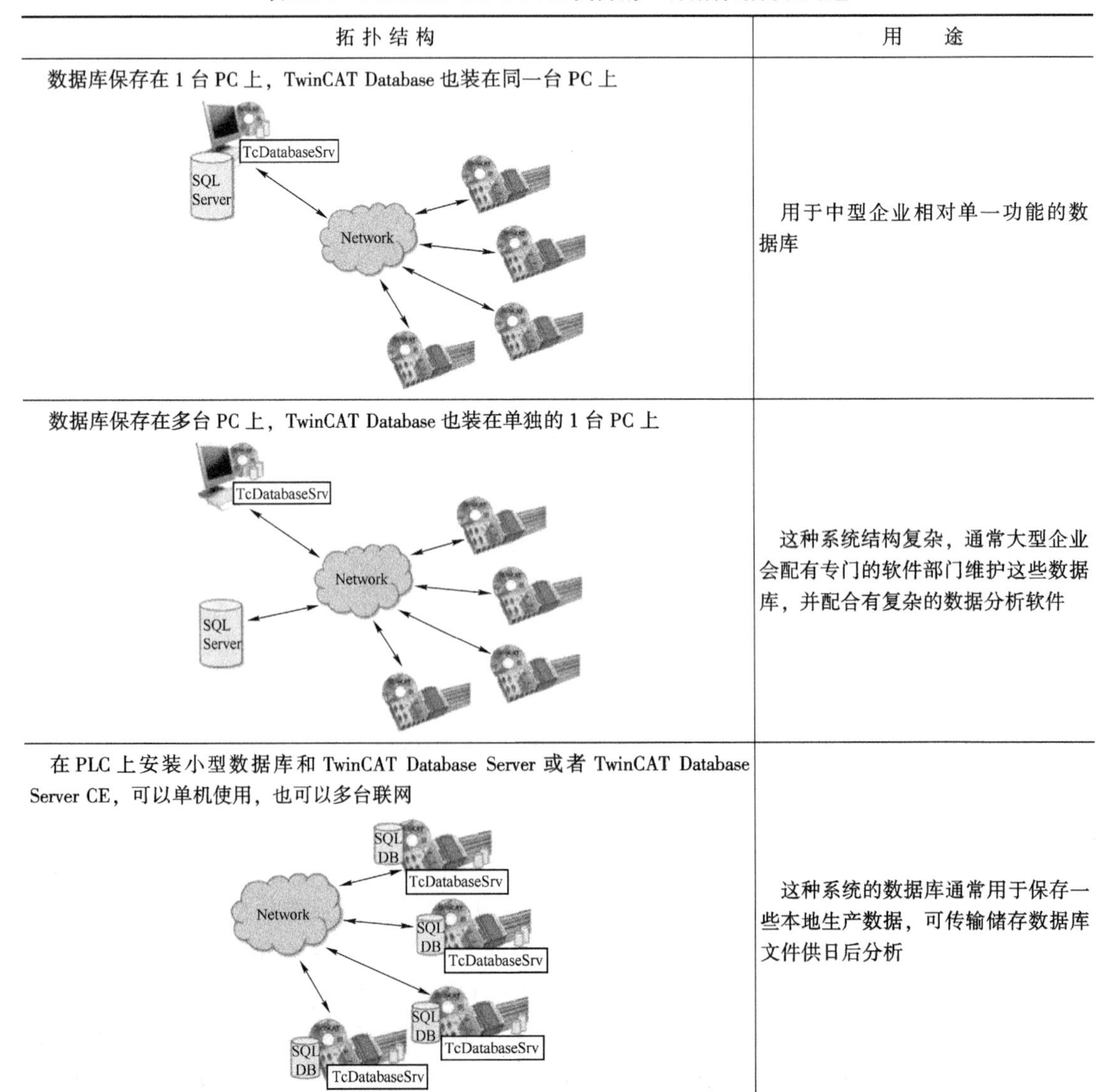

拓扑结构	用　途
数据库保存在 1 台 PC 上，TwinCAT Database 也装在同一台 PC 上	用于中型企业相对单一功能的数据库
数据库保存在多台 PC 上，TwinCAT Database 也装在单独的 1 台 PC 上	这种系统结构复杂，通常大型企业会配有专门的软件部门维护这些数据库，并配合有复杂的数据分析软件
在 PLC 上安装小型数据库和 TwinCAT Database Server 或者 TwinCAT Database Server CE，可以单机使用，也可以多台联网	这种系统的数据库通常用于保存一些本地生产数据，可传输储存数据库文件供日后分析

（续）

拓 扑 结 构	用　　途
大型的独立于 PLC 的数据库，在每台 PLC 上都安装 TwinCAT Database Server 或者 TwinCAT Database Server CE 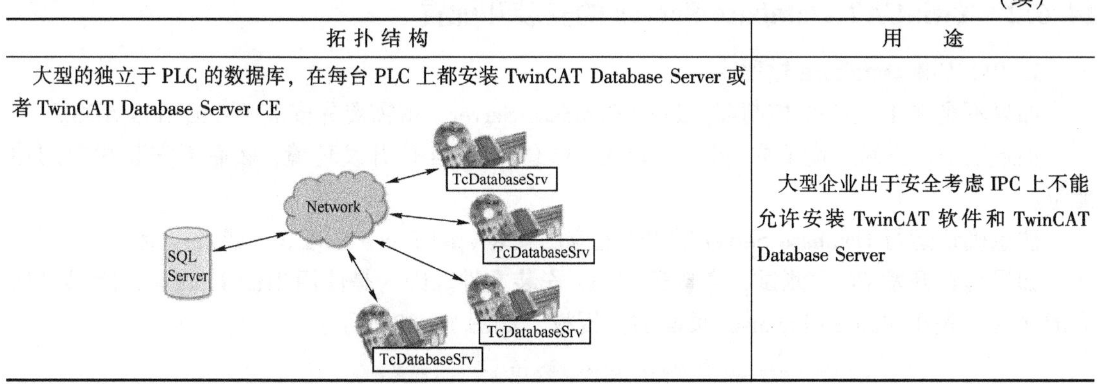 	大型企业出于安全考虑 IPC 上不能允许安装 TwinCAT 软件和 TwinCAT Database Server

2. 工作原理

TwinCAT Database Server 的软件模型如图 14.29 所示。

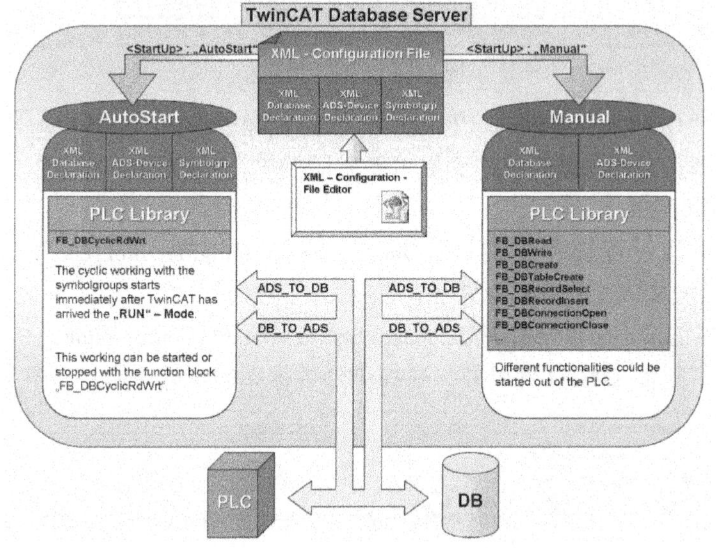

图 14.29　TwinCAT Database Server 的软件模型

TwinCAT Database Server 随 TwinCAT 服务同时启动，启动时会装载配置文件"C:\TwinCAT\Boot\CurrentConfigDataBase.xml"，该文件包含以下 3 部分内容。

① XML Database Declaration 配置数据库的信息，包括类型、文件名、表等。

② XML Device Declaration 配置 PLC 信息，包括 NetID 和 Port。

③ XML SymbolGrp Declaration 配置变量表，包括变量来源 PLC 和去向 DB。

该 XML 文件还定义了 DB Server 的启动模式是 AutoStart 或者 Manual。

① AutoStart：XML SymbolGrp Declaration 中配置的变量表会周期性地自动写入到数据库。PLC 程序中可以调用功能块 FB_DBCyclicRdWrt 来中止或者重启这个动作。

② Manual：由 PLC 程序调用不同的 FB 进行数据库操作，包括插入记录，创建或删除 Database 或者 Table，查询数据，或者执行任意 SQL 语句。从图 14.29 可以看出，Manual 模式时不需要 SymbolGrp Declaration。

在 PLC 程序中操作 DB 的 Table 表时，只识别 ID 号，只能操作在 XML 文件中配置过 ID 的表。倍福提供可视化的 XML 配置工具"XML Configuration File Editor"，可以提前定义好 Table ID 对应的 Database 类型、路径、文件和表，还可以填写授权访问的加密信息。

14.6.2 TwinCAT Database Server 的安装和配置

1. PC 安装 Database 过程

如果不是在 TwinCAT 控制器上运行 Database Server，就需要先安装 TwinCAT 3 ADS。

如果是 TC2 系统，就要先安装 TwinCAT 32 位或者 64 位开发环境，然后再安装相应的功能包。

注意确认运行 Database Server 的 PC 上应已安装 . net frame work 3.5 或者以上。

如果是在开发 PC 上测试，直接运行 exe 安装文件。因为是使用 Trial License，所以安装完成之后，先在 Manage Licenses 页面加上授权，如图 14.30 所示：

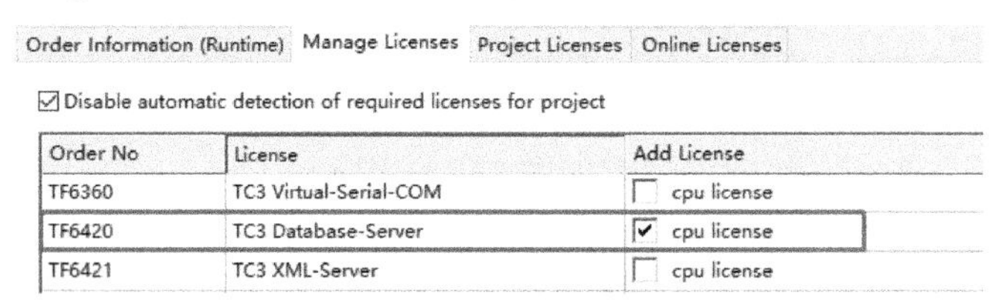

图 14.30 添加授权

然后回到的“Order Information（Runtime）”页面单击 7 Days Trial License... ，就可以生成试用授权。否则运行的时候系统不会提示要激活授权，而显示通信失败。

2. 软件配置和调试

TC DB Server 通过可视化工具“TcDatabaseSrv_Configfileeditor.exe”进行配置，安装 Function 时会自动安装该工具到以下路径：

C:\TwinCAT\Functions\TF6420-Database-Server\Win32\Configurator

这个工具除了配置 XML 文件以外，还提供到数据库的测试功能，如图 14.31 所示。

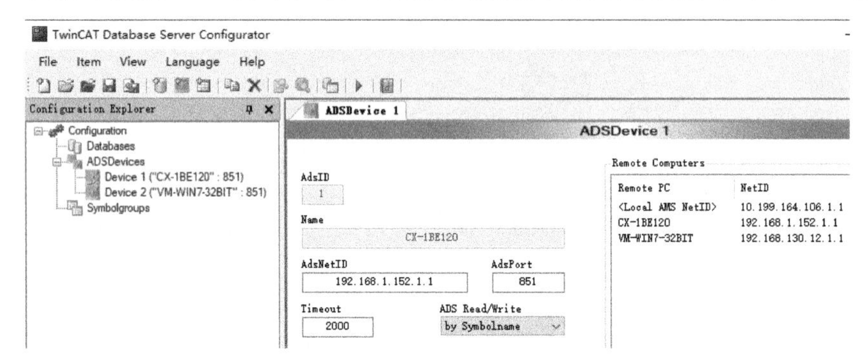

图 14.31 TC DB Server 的可视化配置工具

（1）配置数据库端

添加数据库，按钮为 。

添加一个 DB，对应数据库服务器中的一张表。若需要操作数控库服务器端的多张数据表，那么同时需要在 Database 软件端添加多个 DB。TwinCAT Database Server 支持的数据库类型如图 14.32 所示。

每种数据库类型对应的参数设置在 TC3 帮助系统中有详细介绍，路径为

TFxxxx | TC3 Functions/TF6xxx-Connectivity/TF6420 TC3 Database Server/Configuration/Databases

下面以最常用的数据库类型 SQL 和 Oracle 为例。

对于 SQL 数据库，配置如图 14.33 所示。

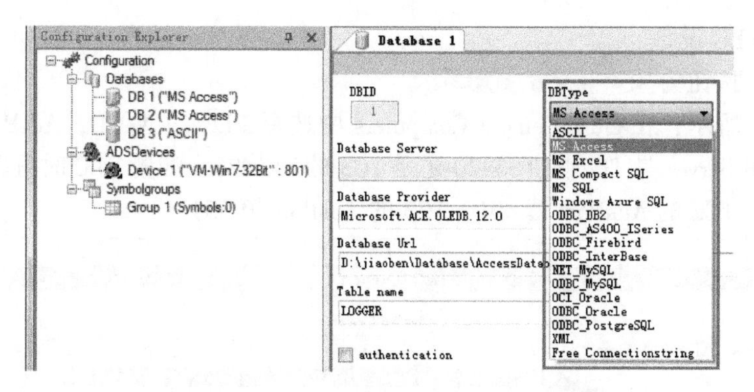

图 14.32　TC DB Server 支持的数据库类型

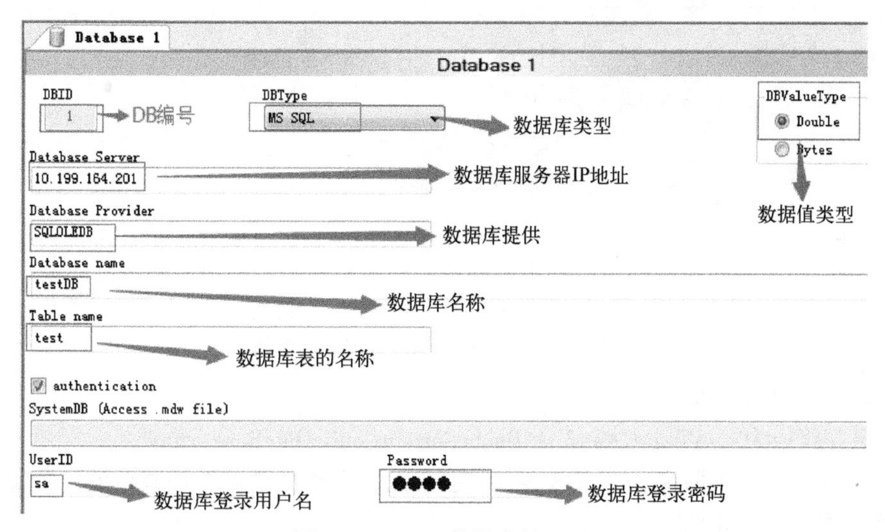

图 14.33　SQL 数据库的配置

对于 Oracle 数据库，配置如图 14.34 所示。

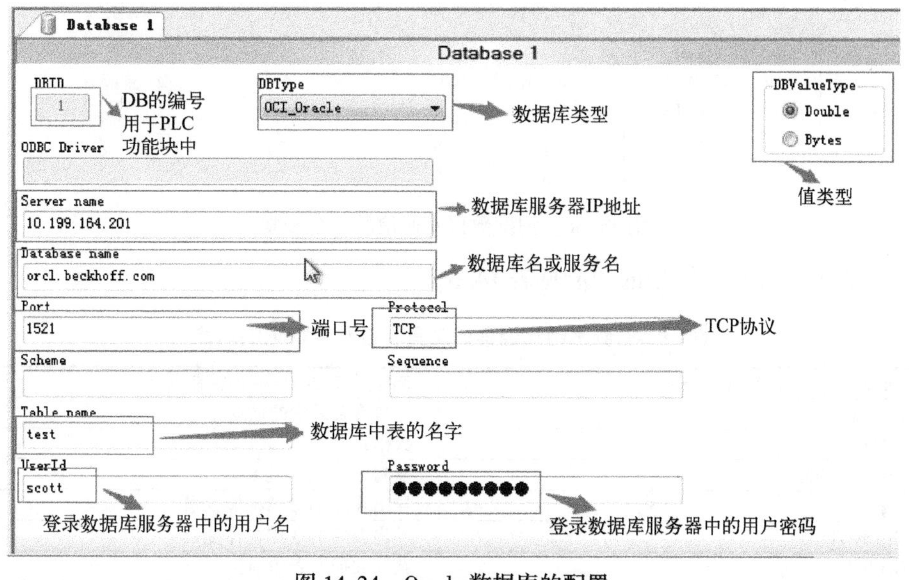

图 14.34　Oracle 数据库的配置

（2）配置 PLC 设备

添加 PLC，按钮为 。

如图 14.35 所示，在右边 Remote Computers 中选择 PLC 的 NetID，AdsPort 只能手动输入。无论 TC DB Server 是 TC2 的 TS6420 还是 TC3 的 TF6420，配置 PLC 时可以同时添加 TC2 和 TC3 的 PLC，TC2 的 AdsPort 填 801，TC3 的 AdsPort 填 851。

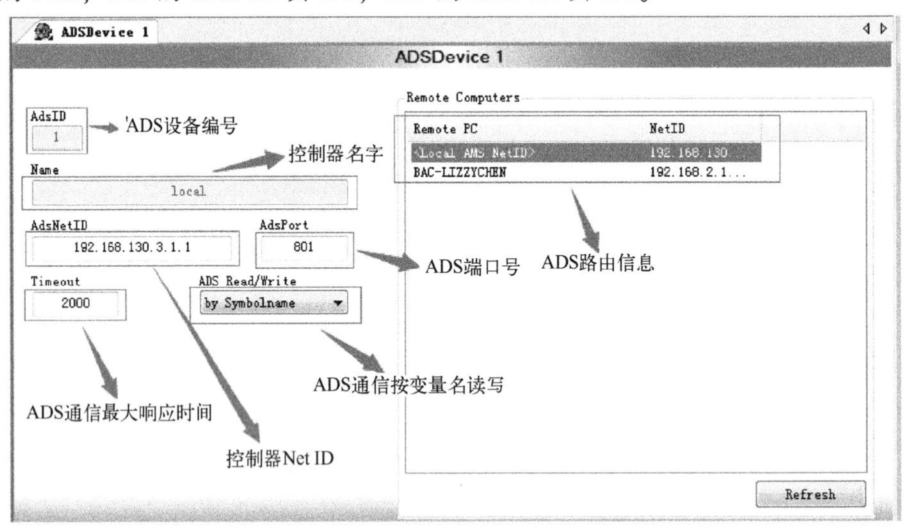

图 14.35　TC DB Server 中 PLC 的配置

（3）保存并激活配置

默认保存路径为 C:\TwinCAT\3.1\Boot\CurrentConfigDataBase.xml。

重新启动 TwinCAT 服务，TC DB Server 也会随之启动，并重新加载新的配置文件。

3. 测试通信是否正常

（1）测试数据库通信

测试数据库通信的分为 9 个步骤，如图 14.36 所示。

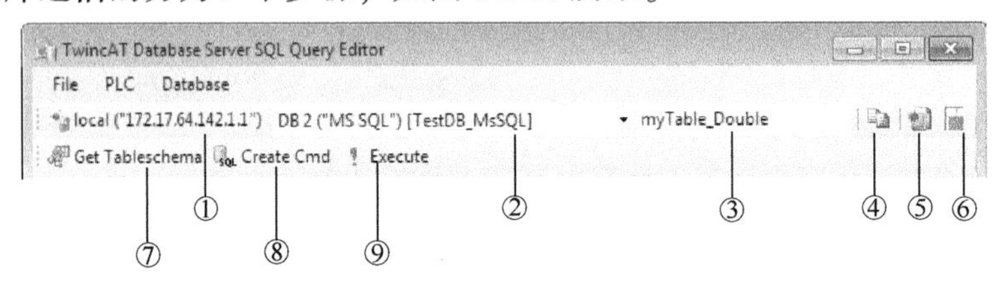

图 14.36　测试数据库通信的 9 个步骤

图 14.36 中，各数字标记的功能见表 14.6。

表 14.6　测试数据通信的工具栏各数字标记的功能

1	Target TwinCAT Database Server	选择安装 Database 的控制器
2	Database	选择需要通信的数据库
3	Table	数据表
4	Copy for PLC	复制 SQL 语句到 PLC
5	Export TC2	导出表的 TC2 结构体变量
6	Export TC3	导出表的 TC3 结构体变量
7	Get Tableschema	获取数据库表的结构
8	Create Cmd	为 PLC 创建 select 和 insert 语句命令
9	Execute	执行 SQL 语句

进入 Live Status 检查 PLC 连接正常，按钮为 ，如图 14.37 所示。

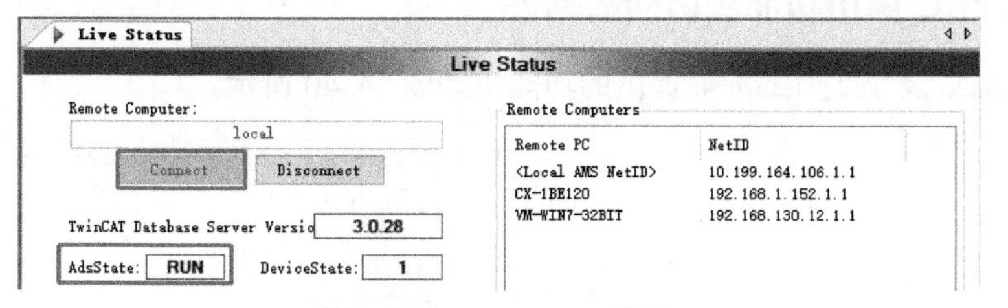

图 14.37　Live Status 界面

再启动 SQL Query Editor，按钮为 ，如图 14.38 所示。

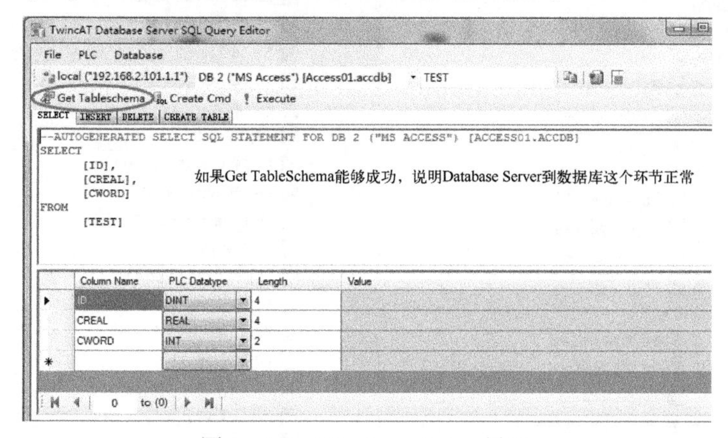

图 14.38　SQL Query Editor 界面

最简单的测试方法是 Get Tableschema，只要数据库和表存在即可，与程序无关，与字段无关。这个功能成功，就表示 Tc Database Server 到数据库的通道正常。

注意：不是所有的数据库都能从此处检测通信是否“OK”，SQL 和 Access 经验证是可以的在这里检测通信的。随着 TwinCAT 软件以及 Database Server 及配置工具的升级，可能这个测试功能会支持更多的数据库类型。

(2) 测试 ADS 通信

把控制器 IP 和数据库服务器 IP 设置为同一个网段，关闭防火墙。控制器和数据库服务器能够相互 Ping 通，说明 ADS 通信正常。如图 14.39 所示。

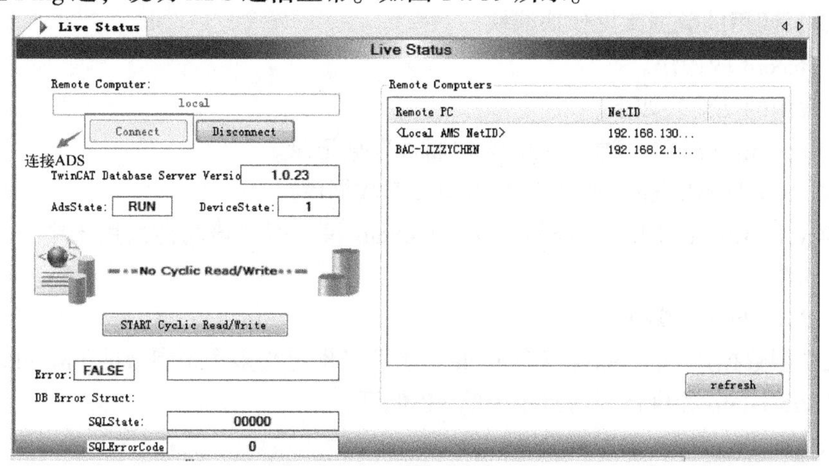

图 14.39　测试 ADS 通信连接

14.6.3 从 PLC 调用功能块访问数据库

Tc3_Database 及 Tc2_Database 提供的功能块如图 14.40 所示。

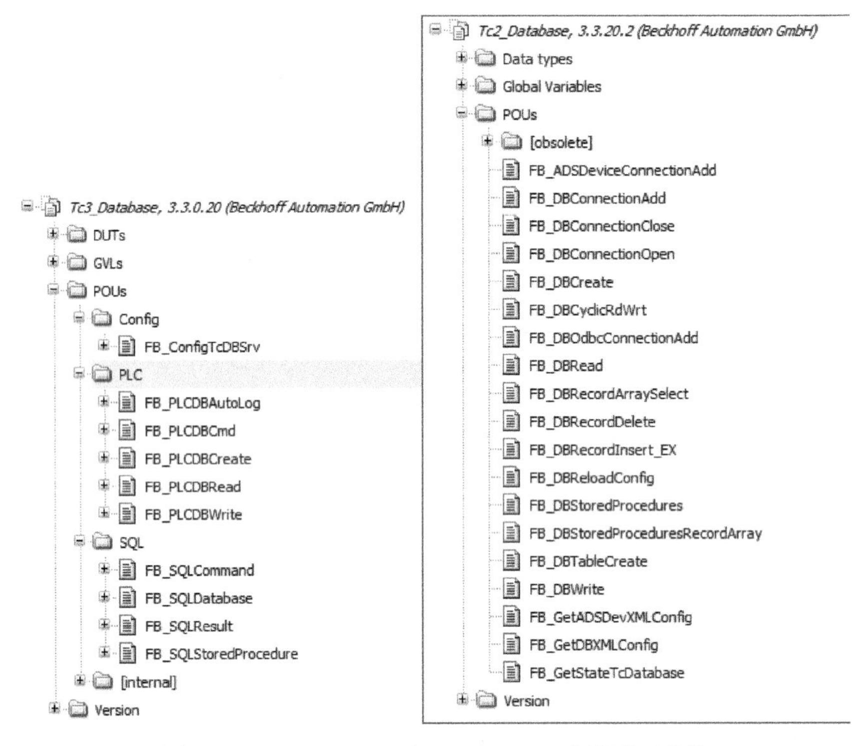

图 14.40　Tc3_Database 和 Tc2_Database 提供的功能块

以下描述是根据倍福工程师的使用经验，使用的都是 Tc2_Database，仅供参考。最新最全面的描述请查看 TC3 的帮助系统中的相关描述，路径为

TwinCAT 3/TFxxxx | TC3 Functions/TF6xxx - Connectivity/TF6420 TC3 Database Server/PLC API

PC 安装 TwinCAT 3 开发环境后就自动安装了 Tc2_Database 和 Tc3_Database，可以在 PLC 程序中直接引用。

1. PLC 可调用的数据库操作功能块

(1) 对 Record 的操作

其中最常用的功能块如下。

FB_DBRecordInsert_EX：通过 SQL 语句插入数据记录。

FB_DBRecordArraySelect：通过 SQL 语句查询数据库。

FB_DBCyclicRdWrt：DB Server 配置为 AutoStart 模块时，该功能块用于中止和重新开始自动连续插入数据。

(2) 对 Procedure 的操作

对于大中型数据库 SQL Server 和 Oracle，还可以预定义多个带参数的 Procedure，PLC 可以触发这些 Procedure 的执行。与此相关的 FB 如下。

FB_DBStoredProcedures：触发 Procedure。

FB_DBStoredProceduresRecordArray：触发 Procedure 并接收返回的多条记录。

FB_DBStoredProceduresRecordReturn：触发 Procedure 并接收返回的 1 条记录。

是否返回或者返回几条记录，取决于 Procedure 的预定义功能，而在数据库中生成这个 Procedure 时，可以指定其 Input、Output 和 InOut 参数。

(3) 操作数据库的连接

FB_DBConnectionOpen：打开到数据库的连接。

FB_DBConnectionClose：关闭到数据库的连接。

(4) 创建数据库和表

FB_DBCreate：创建数据库和。

FB_DBTableCreate：创建数据表。

2. 从 PLC 发送 SQL 命令操作数据库

向数据库插入记录的功能块如图 14.41 所示。

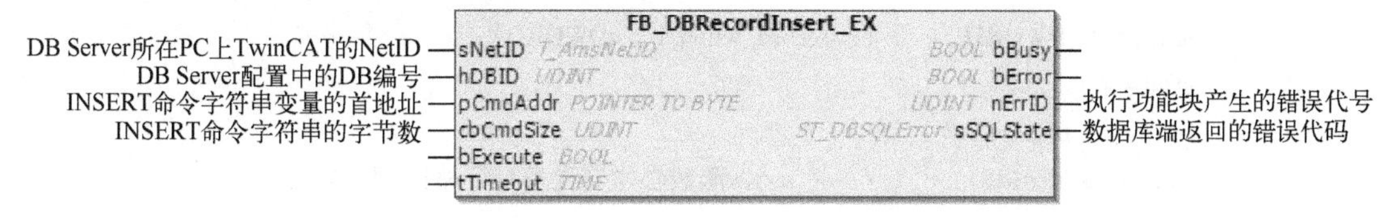

图 14.41　向数量库插入记录的功能块

注意：插入记录的命令字符串长度应该小于 10000 字节。

(1) SQL 命令的格式

根据数据库类型的不同，插入记录的 SQL 命令字符串也不同。

往 Oracle 一次插入多条记录的格式为

```
Begin
    INSERT INTO test (name,year) VALUES ($'%S $', $'%S $');
    INSERT INTO test (name,year) VALUES ($'%S $', $'%S $');
……
End;
```

往 SQL 一次插入多条记录的格式为

```
INSERT INTO test (name,year) VALUES ($'%S $', $'%S $');
INSERT INTO test (name,year) VALUES ($'%S $', $'%S $');
……
```

(2) 把变量值合成进 SQL 语句的 FB

TwinCAT Database Server 最常用的功能就是把 PLC 变量的值插入数据库的某个 Table 的一条记录。功能块其实是接收一个 SQL 命令的字符串，用户只要指定字符串的起始地址 pCmdAddr 和字节数 cbCmdSize，TwinCAT 会向数据库发出 SQL 命令，其中应包括插入记录的每个字段的值，而每个字段就对应了一个 PLC 变量。

那么如何把多个 PLC 变量的值嵌入到一个 SQL 语句，成为一条合法的 SQL 命令？Tc2_Utilities 中的 FB_FormatString 就用于合成字符串，如图 14.42 所示。

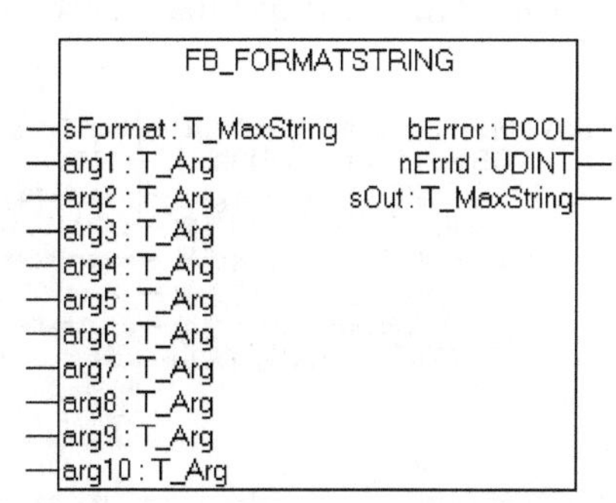

图 14.42　变量值合成字符串的功能块

这个 FB 最多一次把 10 个变量的值合成到字符串，如果超出 10 个字段，就要分两次合成。下面举例来说明它的用法。

```
FB_FormatString1(sFormat:='$'%.2F$', $'%D$', $'%S$', $'%D$', $'%.3F$', $'%D$',
$'%D$', $'%D$', $'%D$',' ,
    arg1:= F_REAL       (stRecord_write[1].rReal),
    arg2:= F_WORD       (stRecord_write[1].nWORD),
    arg3:= F_STRING     (stRecord_write[1].sString),
    arg4:= F_DINT       (stRecord_write[1].nDint),
    arg5:= F_LREAL      (stRecord_write[1].rLreal),
    arg6:= F_INT        (stRecord_write[1].nINT),
    arg7:= F_BYTE       (stRecord_write[1].bBool),
    arg8:= F_BYTE       (stRecord_write[1].nByte),
    arg9:= F_DWORD      (stRecord_write[1].nDWORD),
    sOut=>,
    bError=> bError1,
    nErrId=> nErrid1);  (* F_××××函数必与变量类型严格匹配 *)
```

上面的代码中要注意以下两点。

注意 sFormat 末尾的占位符“$'%D$'”，以“,”结尾，表示 SQL 语句未完待续。

各 Arg 的转换 F_××××函数必与变量类型严格匹配，注意不支持 Bool 型变量转换。

最需要强调的是 sFormat 的格式和占位符的用法。

输入变量 sFormat 是一个字符串，必须用单引号括起来，即‘……’的格式，使用了多少个变量 arg1..10，就要在 sFormat 中依次指定多少个占位符。功能块执行后，在 sOut 中将 sFormat 的非占位符的字符串原样合成，而占位符则用变量的值转换成字符串来替换。

占位符的格式是中间不留空格不换行，如下所示。

$'%.2F$'：实数，保留两位小数点后转成字符串。

$'%D$'：十进制字符串，比如 Dec 100 会转成 ASCII 码的‘100’。

$'%X$'：十六进制字符串，比如 Dec 100 会转成 ASCII 码的‘64’。

$'%S$'：字符串变量。

一次只成合成 10 个 PLC 变量，后续的变量用 FB_FormatString 合成字符串后，要用运算符“CONCAT”与此前的变量合并，例如：

```
sInsertString:=CONCAT(sInsertString,FB_FormatString1.sOut);
```

读取数据库记录的功能块如图 14.43 所示。

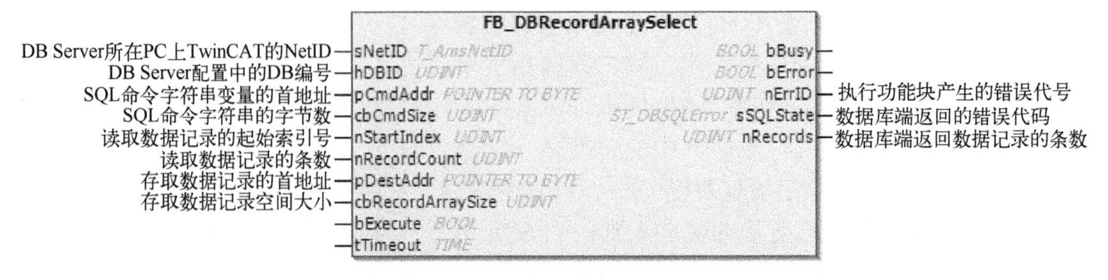

图 14.43　读取数据库记录的功能块

3. 从 PLC 启动 DB 侧预定义的 Procedure

对于大中型数据库 SQL Server 和 Oracle，还可以预定义多个带参数的 Procedure，PLC 可以触发这些 Procedure 的执行。注意：TwinCAT Database Server 并不能生成或者修改数据库中的 Procedure。相关帮助文件为

TF6xxx - Connectivity/TF6420 TC3 Database Server/Examples/Tc2_Database/Stored procedures with FB_DBStoredProceduresRecordArray

在 TC3 帮助系统中有这个功能块的 Demo 程序，如图 14.44 所示，可以解压测试。

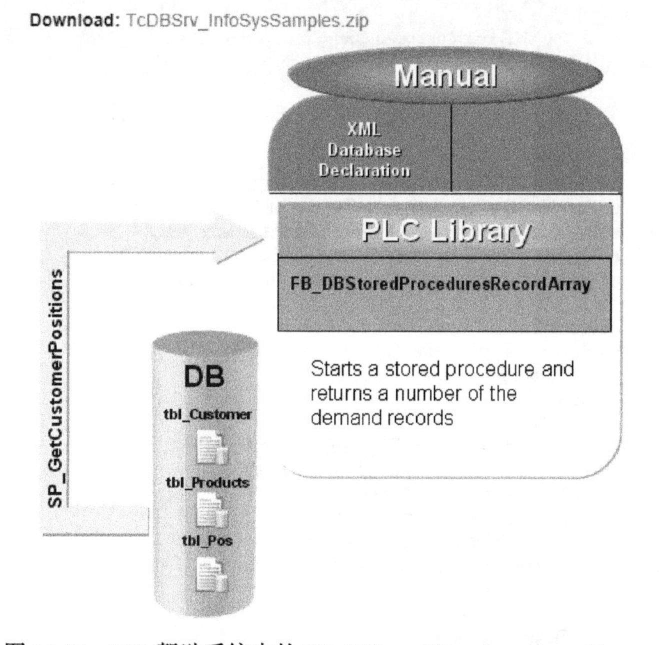

图 14.44　TC3 帮助系统中的 FB_DBStoredProceduresRecordArray

关于 Procedure 的 FB 中最复杂的是 FB_DBStoredProceduresRecordArray，用于触发 Procedure 并接收返回多条记录。Procedure 是在数据库中创建的，FB 调用 Procedure 时需要指定参数，参数可以声明为 Input、Output 和 InOut 类型，这样复杂的 SQL 指令可以在数据库里面预先编辑好，而 TwinCAT Database Server 只要触发它就行了。如图 14.45 所示。

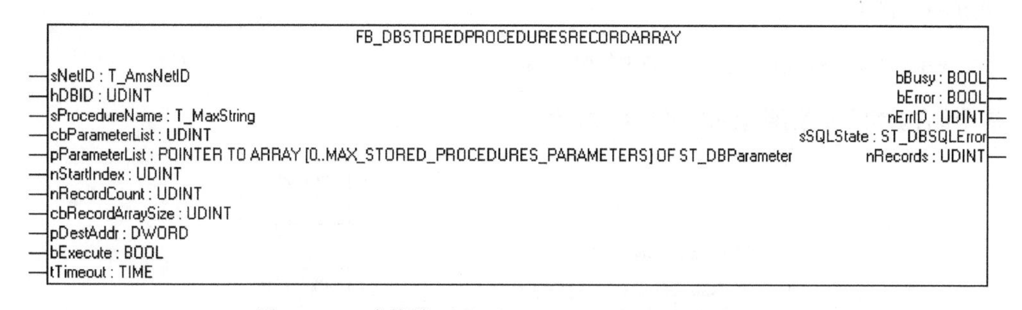

图 14.45　功能块 FB_DBStoredProceduresRecordArray

功能块的接口变量中 NetID、hDBID、bExcute 和 tTimeout 就不重述了。最重要的接口变量是 pParameterList 和 cbParameterList。这两个变量直接指向结构体 ST_DBParameter 的实例

数组。下面以一个 Procedure 和启动该 Procedure 的 FB 实例的 ParameterList 赋值之间的联系，来说明 FB 的用法，如图 14.46 所示。

Code of the stored procedure SP_GetAddressByCustomerID

```
CREATE PROCEDURE [SP_GetAddressByCustomerID]
        @Customer_ID bigint
AS
BEGIN
        SELECT tbl_Customer.ID, tbl_Customer.Name, tbl_Customer.Customer, tbl_Pr
                tbl_Pos JOIN tbl_Customer ON tbl_Pos.CustomerNum = tbl_Customer
                JOIN tbl_Products ON tbl_Pos.ProductNum = tbl_Products.SerNum
        WHERE
                tbl_Pos.CustomerNum = @Customer_ID;
END
```

```
0008        ;
0009    1:(*Init of the parameters*)
0010        arrParaList[0].sParameterName := '@Customer_ID';
0011        arrParaList[0].eParameterDataType := eDBColumn_Integer;
0012        arrParaList[0].eParameterType := eDBParameter_Input;
0013        arrParaList[0].cbParameterValue := SIZEOF(nCustomerID);
0014        arrParaList[0].pParameterValue := ADR(nCustomerID);
0015
0016        nState := 2;
0017    2:(*Start the stored procedure "SP_GetCustomerPosition"*)
0018        FB_DBStoredProceduresRecordReturn1(
0019            sNetID:= ,
0020            hDBID:= 1,
0021            sProcedureName:= 'SP_GetCustomerPositions',
0022            cbParameterList:= SIZEOF(arrParaList),
0023            pParameterList:= ADR(arrParaList),
0024            nRecordIndex:= nRecordIndex,
0025            cbRecordSize:= SIZEOF(stRecord),
0026            pRecordAddr:= ADR(stRecord),
0027            bExecute:= TRUE,
0028            tTimeout:= T#15s,
0029            bBusy=> bBusy,
0030            bError=> bErr,
0031            nErrID=> nErrid,
0032            sSQLState=> stSqlstate,
0033            nRecords=> nRecs);
```

图 14.46　PLC 调用 Procedure 功能块与数据库中该 Procedure 的参数对应

变量声明区有

arrParaList：ARRAY [0..0] OF ST_DBParameter；

这个结构体的元素解释如图 14.47 所示。

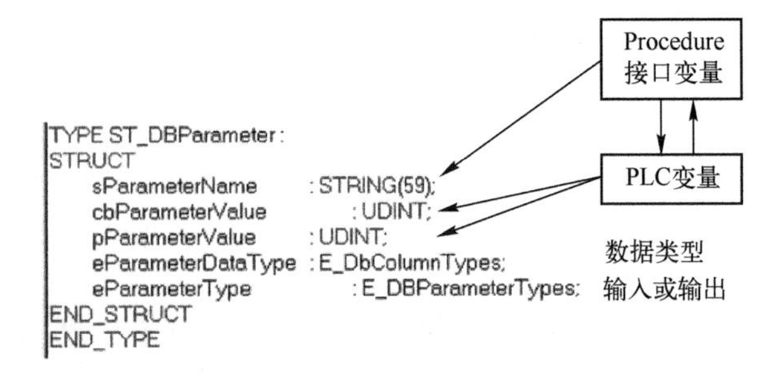

图 14.47　用于存放参数的结构体

接口参数数组 ArrParalist 有多少个元素，就可以把多少个 PLC 变量送给数据库，假如把一个变量的值赋给一个字段，这样插入一条几十个字段的记录就比用 SQL 语句高效得多，并且是按值传送，而不是转换成 ASCII 传送。

这个方法的好处是传送效率高，缺点是只有 My SQL、MS SQL 和 Oracle 数据库才支持，并且用户要事先在数据库里创建 Procedure。

4. 自动连续向数据库插入记录

启停自动连续插入记录的功能块是 FB_DBCyclicRdWrt，其接口如图 14.48 所示。

在 bExcute 的上升沿触发目标机器 NetId 上的 TwinCAT Database Server 自动读写记录的动作，而在下降沿则中止自动记录数据的过程。不需要指定 DB Id，XML 配置文件中声明过的全部变量列表都会自动记录，从源 PLC 到目标 DB。

图 14.48 FB_DBCyclicRdWrt

TwinCAT PLC 程序运行以后，TwinCAT Database Server 中配置过的 SymbleGrp 就会自动写到数据库，不需要从 PLC 程序启动。但是如果 PLC 程序调用了这个 FB 就可以人为中止然后继续这个自动写入数据的过程。

5. 报错处理

0x40001：数据库表的名称和 PLC 程序中使用表的名称不一致，报此错误。

0x745：ADS 通信错误，主要是网络中断引起的。

0x0001：数据库内部错误，譬如表中个别列的数据类型不匹配，或者勾选了“不允许为空”的选项。

14.6.4 例程

1. TC3 帮助系统中的例程

在 TC3 帮助系统中有大量通信例程，路径为

TwinCAT 3/TFxxxx | TC3 Functions/TF6xxx-Connectivity/TF6420 TC3 Database Server/Examples

2. 应用工程师从项目上提取的例程

本例程是倍福广州的工程师在实际项目中提炼出来的，增加了数据库端的设置。配套文档 14-15 中除了本文中讲到的示例，还有一些此前的项目程序和客户搜索的关于数据库设置的一些百度文档，供参考。

3. 演示用的 Access 通信例程

使用配套文档 14-16 中的例程，只需演示的 PC 上有 TwinCAT 和 Office 软件（含 Access）。本例程通常用于演示，因为自动化工程师的电脑上很少安装正版的 SQL 数据库，而 Office 软件套件却是办公必备，其中包含小型数据库 Access。TwinCAT 支持 2003 和 2007 版的 Access，2013 版和 2016 版的 Access 与 2007 版设置相同。以上 4 个版本均有实际验证。

4. SQL 数据库通信实例调试

使用配套文档 14-17 中的例程，需要在 VMWare 虚拟机 Windows 7 系统中安装 TC2 和 DataBase，在实体主机端安装 MS SQL2005 软件。安装 SQL 软件时，需要进入控制面板先安装 IIS 服务。

5. Oracle 与 database 通信例程

使用配套文档 14-18 中的例程，需要在 VMWare 虚拟机 Windows 7 系统中安装 TC2 和 DataBase，在实体主机端安装 Oracle11g 软件，然后再安装软件 PLSQL Developer，这个软件是 Oracle 客户端软件，便于查看 Oracle 中的数据。

配套文档 14-15 例程：TC_Database Server_Demo

配套文档 14-16 例程：DB Server 演示用的 Access 通信

配套文档 14-17 例程：SQL 数据库通信实例调试

配套文档 14-18 例程：Oracle 与 Database 通信

14.7 TwinCAT 3 PLC HMI

TwinCAT PLC HMI，是集成在 TwinCAT 3 PLC 项目中的一个可视化工具，用这个工具开发的画面和 PLC 程序同属一个项目，不可分割。这些画面能且仅能使用本 PLC 项目中的变量。

TwinCAT PLC HMI 最基本的功能是用作开发人员的调试界面，TwinCAT 用户可以在写 PLC 程序的环境里快速编辑可视化界面，而不必到变量监视表里强制单个的变量。另外，工程师还完全可以按自己的个性和习惯来编辑画面，而不必按最终用户的使用习惯。这种用法的 TwinCAT PLC HMI 是完全免费的，画面在 TwinCAT 编程 PC 上显示。

TwinCAT PLC HMI 也可以全屏运行作为现场操作的人机界面，相当于和 PLC 运行在同一硬件上的组态软件。在 TwinCAT 控制器接上显示器/控制面板，就可以显示画面了。此时，控制器上需要安装 TC3 Function 的授权 TF1800。如果不是在控制器上安装显示器，而是在局域网内通过 Web Service 访问，那就不要 TF1800 而是选另一个授权 TF1810（TwinCAT PLC HMI-Web）。

本章只讨论基本操作，给读者提供关键步骤的指引。完整的操作截屏请参考配套文档 2-1、1-5。

更详细系统的描述，请参考 TC3 帮助文档，其中关于 TwinCAT HMI 的路径为

TwinCAT 3/TFxxxx | TC3 Functions/TF1xxx - System/TF1800 TC3 PLC HMI/PLC HMI

14.7.1 画面编辑

1. 图元的分类

除了兼容 TC2 中的线框功能之外，TC3 HMI 还提供了更多美观生动的控件，包括指示灯、按钮等。在“PLC Project”的右键菜单中选择“Add/Visualization”，就可以新建画面。

双击任意画面，在相应的 Toolbox 中就会出现可用的图元。如图 14.49 所示。

(1) Basic 和 Symbols

线框类图元，没有任何预定义。是最底层的图元，所有属性都要自己规定。

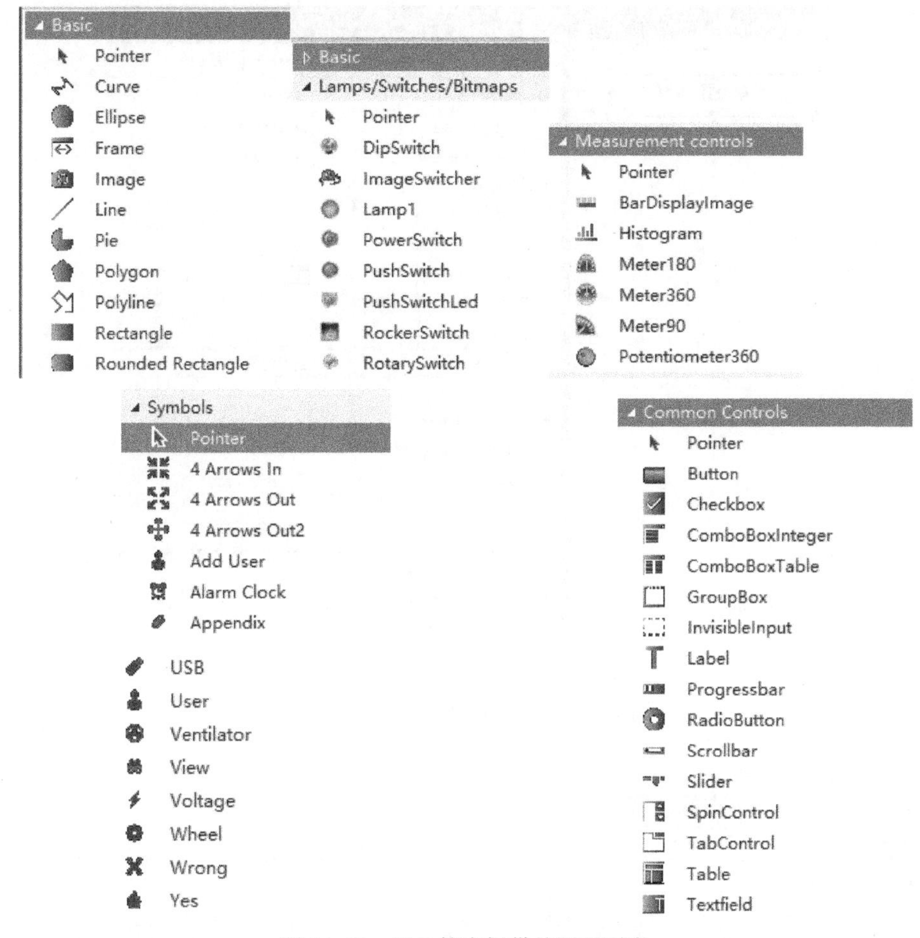

图 14.49　工具箱中提供的图元列表

(2) Lamp/Switch/Bitmaps 和 Measurement controls

指示灯、开关、位图和仪表盘，这是有一定集成度的控件，是倍福提供的图库。控件有自己特有的属性，表现得像一个具体的“对象”。

(3) Common Controlls

通用控件，这里的图元更接近高级语言比如 C#做画面时使用的控件。

2. 基本图元的属性设置

基本图元，就是工具箱中显示在“Basic”和“Symbols”下面的图元。线条简单，属性选项完全开放。通过属性的配置，可以实现以下功能。

(1) 文本显示和输入

文本框及其属性设置界面如图 14.50 所示。

图 14.50 的 Text 中“%1.f”是占位符，表示画面运行时将用一个变量的值来替换，Text variable 中指定的变量 MAIN.rPosition，就是将要显示的值。不同的变量类型使用不同的占位符，本例中的“%1.f”表示变量类型是浮点数，显示时将保留小数点后 1 位数据。如果是整数、字符串，则要使用%d、%s 占位符。具体请参考 TwinCAT 帮助系统。

在图 14.50 的底部“Inputconfiguration”项下可以设置文本输入功能，如图 14.51 所示。

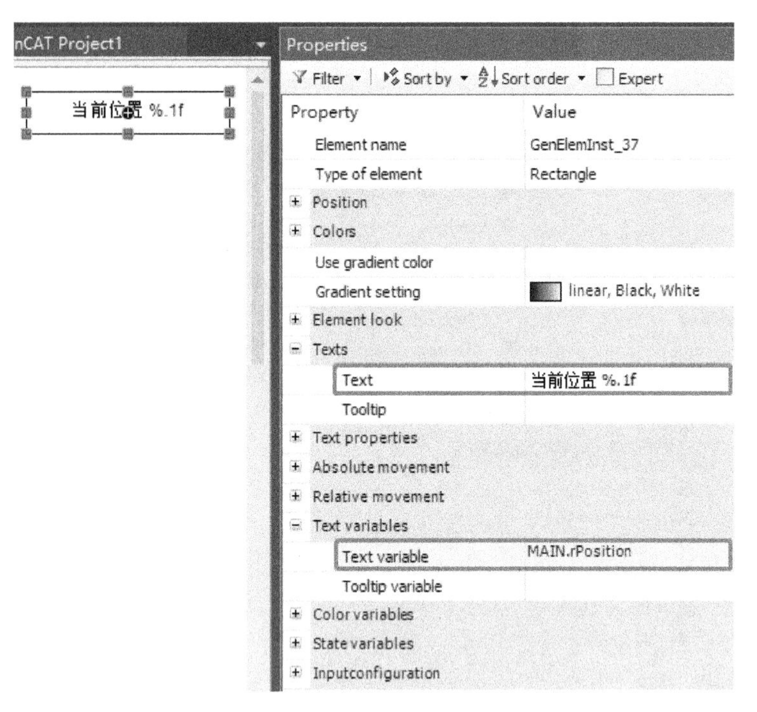

图 14.50　文本框及其属性设置界面

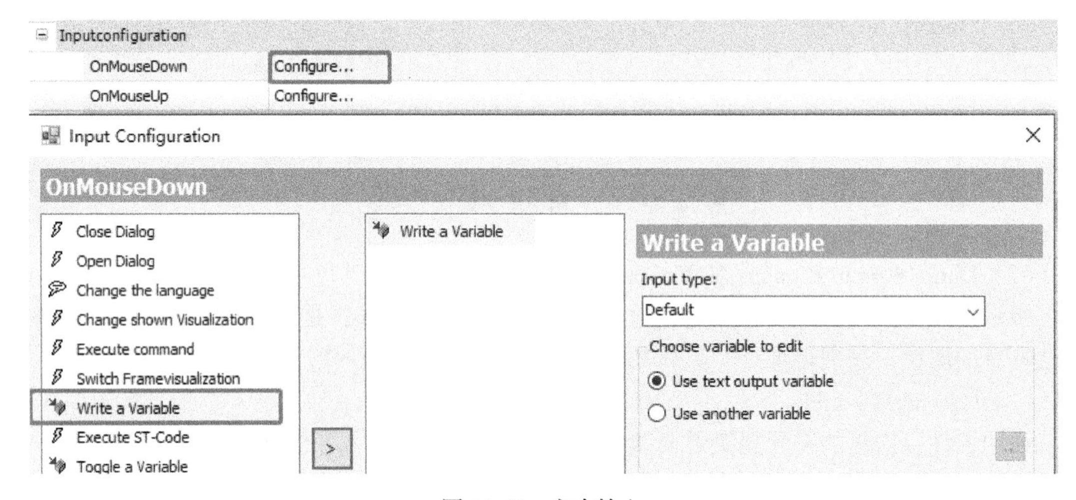

图 14.51　文本输入

(2) 报警色与正常色

文本框和按钮都可以设置报警色和正常色，在其属性设置中有“Colors”选项，如图 14.52 所示。

图 14.52 中的设置表示用局部变量 MAIN. bAlarm 切换图元的颜色，包括填充颜色和边框颜色。值为 TRUE 时显示 AlarmState 中指定的颜色，为 FALSE 时，显示为 Normal State 中的颜色。

(3) 切换 BOOL 变量值

可以使用图元——按钮或者按钮形状的图形来切换 BOOL 变量的值。此时需要在其 Inputconfiguration 属性中设置 Tap 或者 Toggle 选项，如图 14.53 所示。

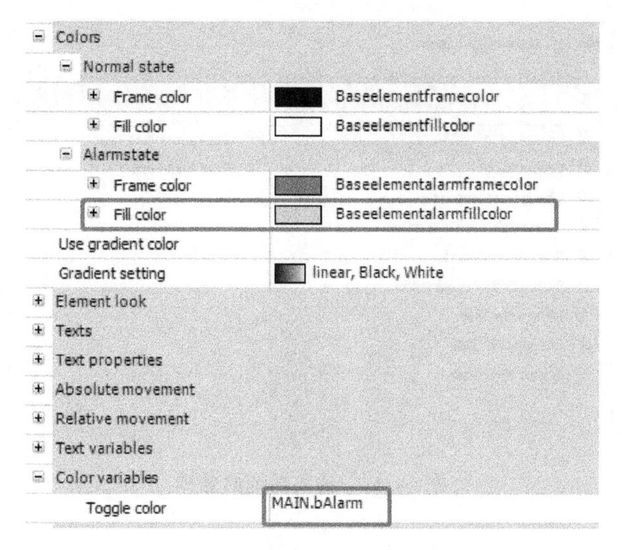

图 14.52　报警色与正常色的设置选项

Inputconfiguration	
OnMouseDown	Configure...
OnMouseUp	Configure...
Tap	
Variable	MAIN.bAlarm
Tap FALSE	☐
Toggle	
Variable	

图 14.53　报警状态的触发变量

图 14.53 中的设置表示按钮保持按下时，变量 MAIN. bAlarm 的值为 TRUE，松开为 FALSE。如果勾选了 Tap FALSE，就反过来了，即按下为 FALSE，松开为 TRUE。如果变量 MAIN. bAlarm 填在 Toggle 项下，就表示这是保持型按钮，按一次变 TRUE，再按一次为 FALSE。

（4）隐藏或显示

可以用变量来控制图元是显示还是隐藏。图元的属性中有 State variables 选项，如图 14.54 所示。

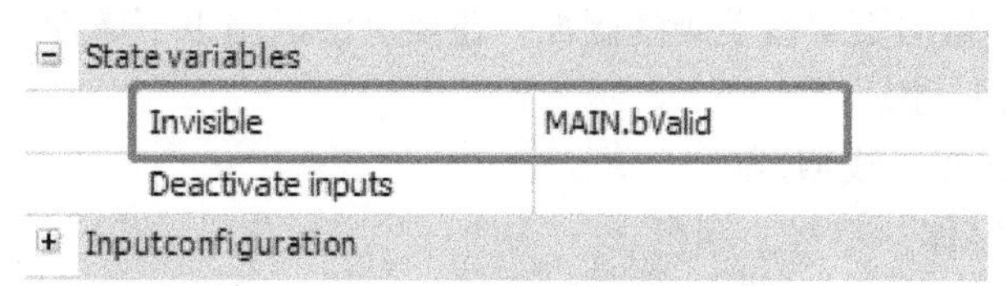

图 14.54　用变量触发图元隐藏

图 14.54 表示 MAIN. bValid 为 TRUE 时，图元就会隐藏。反之为 FALSE 时，则显示图元。

（5）自定义动作

Input Configuration 中还可以控制图元完成其他功能，比如打开和关闭一个对话框、改变语言及切换显示画面等。配置界面如图 14.55 所示。

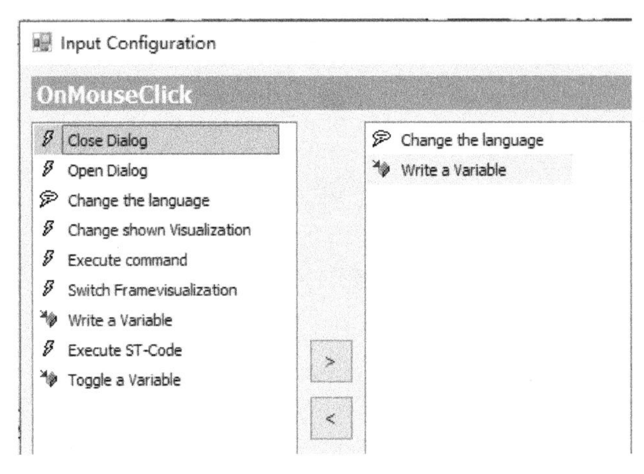

图 14.55　输入功能的选择

如果选择“Execute command”，还可以执行各种指令，如图 14.56 所示。

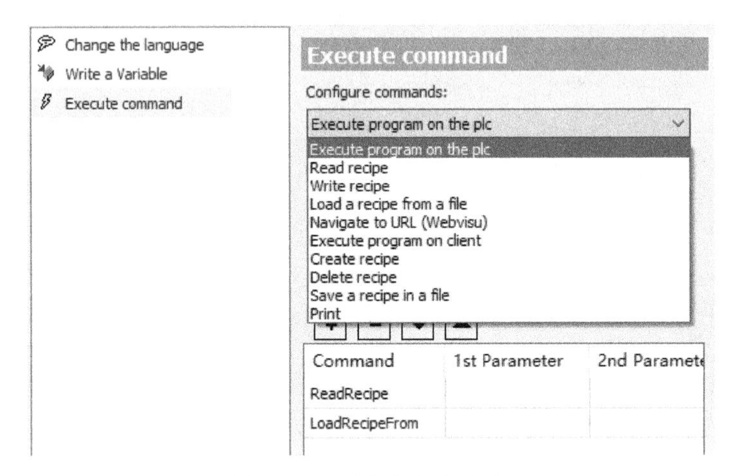

图 14.56　选择执行的指令

图 14.56 显示有多种指令可选，可以依次执行，或者执行一段自定义的 ST 代码。

（6）其他属性

如果想在 HMI 中做出更丰富美观的画面，还要灵活运用以下属性。

Position：位置和尺寸。

Element Look：线宽，线型。

Texts Property：字体，字号，颜色。

Absolute Movement：相对于原点的旋转、缩放、平移，画面的原点指左上角。

Relative Movement：相对于左上角、右下角的移动。

如果用变量来控制位置、颜色，就可以做出动画效果。

3. 按钮和仪表盘的属性设置

TwinCAT HMI 除了基本图元外，还提供一些二次开发过的“控件”。相比于基本图元，更加生动美观。这些控件包括工具箱中“Lamp/Switch/Bitmap”下的按钮、开关、指示灯和“Measurement control”下的各种仪表盘。

（1）按钮、开关、指示灯

工具箱中“Lamp/Switch/Bitmap”的控件用于关联 Bool 型变量，主要设置属性为 Variable 和 Image 颜色。如图 14.57 所示。

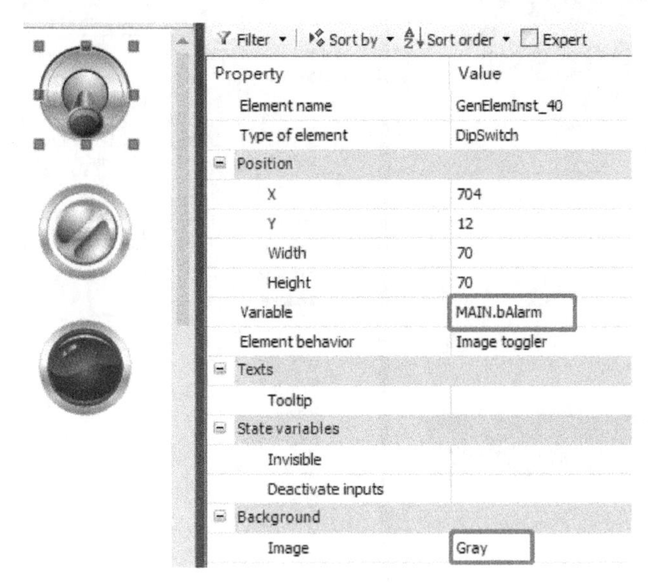

图 14.57　设置按钮开关类控件的属性

图 14.57 表示这个拨码开关为“Gray”即灰色，它控制的变量是 MAIN. bAlarm。通常开关用默认颜色即可，而指示灯的颜色就很重要，需要根据功能选择适当的颜色。比如“运行”灯通常用绿色，“停止、报警”灯通常用红色，只要循例就行。

（2）仪表类

工具箱“Measurement control”下的控件用于关联模拟量，主要设置的属性包括 PLC 变量、显示的小数点位数以及和变量实际值范围相当的表盘刻度。至于表盘颜色、尺寸及位置，用户都可以修改，但不是关键属性。如图 14.58 所示。

图 14.58 表示，当前选中的圆形表盘刻度下限 0，上限 100，主刻度间隔 20，子刻度间隔 5。表盘显示变量 MAIN. rVelocity 的值，格式为保留小数点后 1 位。如果选中下面的“温度计”式的表盘，需要设置的参数也是这几项。

4. 通用控件

TwinCAT PLC HMI 可以使用的控件，还有一些是基于 Visual Studio 的，姑且称之为“通用控件”。这些控件在工具箱中位于“Common Controls”下，包括以下内容。

（1）ComboBoxInteger 和 ComboBoxTable

这两个控件都用于根据操作人员的选择返回给 PLC 一个整数。ComboBoxInteger 给操作人员提示字符来自 Textlist，返回选中项 Textlist 中对应的 ID，而 ComboBoxTable 的提示符来自一维数组，返回选中项在数组中的下标。

1）ComboBoxInterger 用于选择一个整数型变量的值，提示信息来自 Textlist 表中相应 ID 的字符串，控件 ComboBoxInterger 的属性如图 14.59 所示。

图 14.59 中的 Text list 设置为“GloableTextList”，画面运行后用户选择某项，这个文本对应的 ID 就赋给变量“MAIN. X1”，这是一个整型变量。“GloableTextList”是一个 Textlist，是在 TwinCAT 3 项目中事先设置好的。控件运行效果如图 14.60 所示。

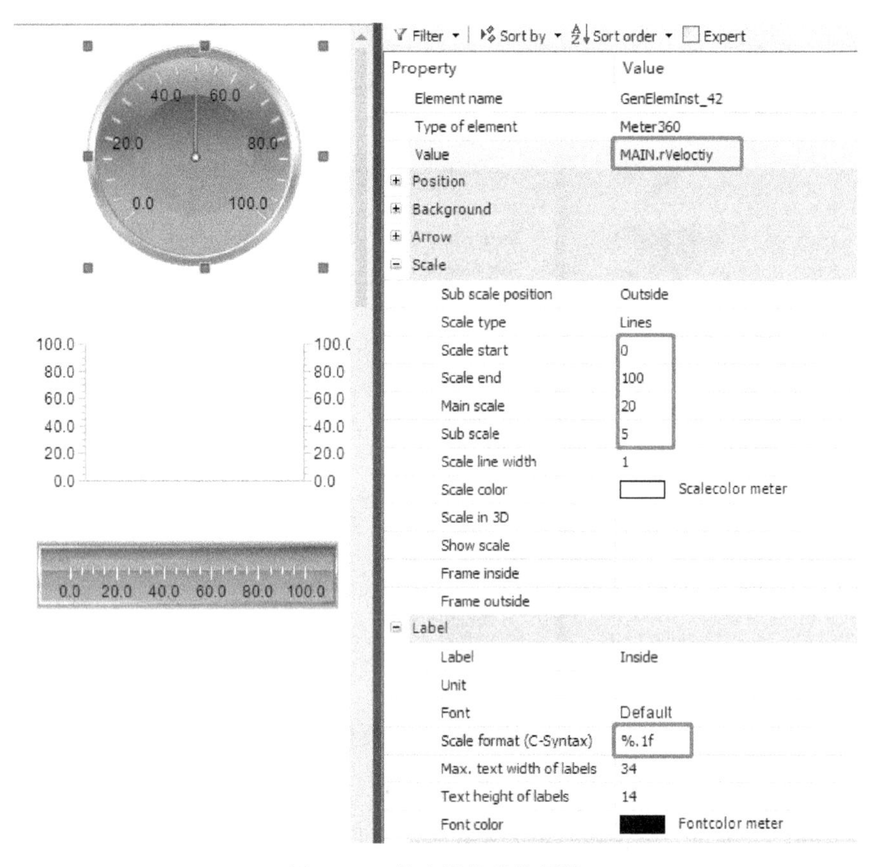

图 14.58　仪表类控件的属性

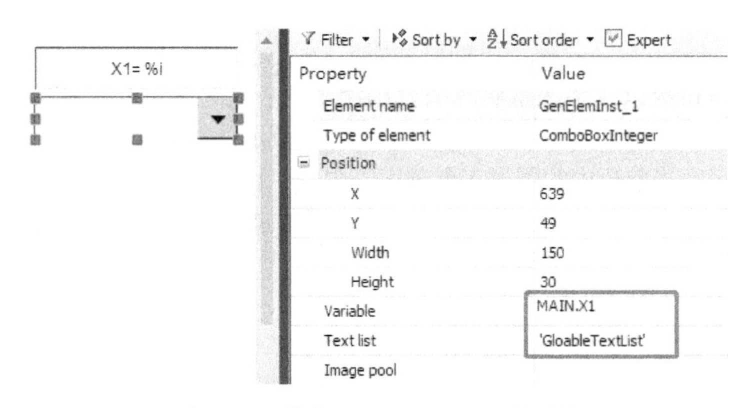

图 14.59　控件 ComboBoxInterger 的属性

Textlist 中文本对应的 ID，不一定按从小到的顺序排列，但在控制件中显示的时候，一定是从小到大的 ID 所对应的字符。并且选择某项时，传给变量的是 ID 号，而不是序号，因为 ID 可以不从 1 开始。

ID	Default	CHN	ENG
1		开始	Start
2		停止	Stop
3		复位	Reset

图 14.60　控件 ComboBoxInterger 的运行效果

图 14.60 中的画面，如果把语言切换为“CHN”，那么下拉菜单显示的就不是“Start/

Stop/Reset”，而是“开始/停止/复位”。

2）ComboBoxTable 用于选择一个整数型变量的值，提示信息是一个表格中相应行的值。ComboBoxTable 的属性配置界面如图 14.61 所示。

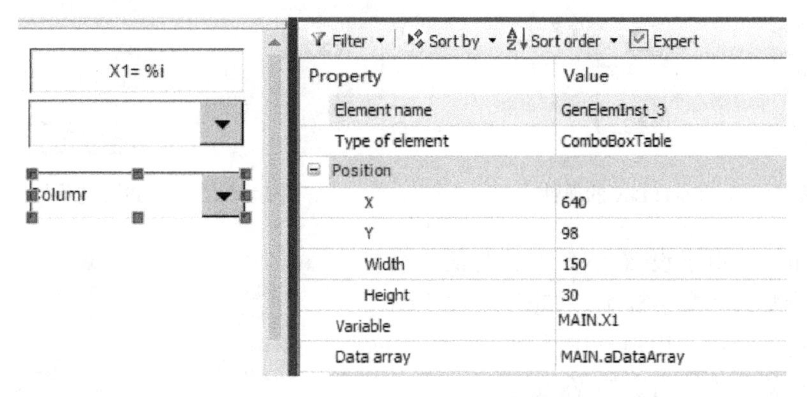

图 14.61　控件 ComboBoxTable 的属性

图 14.61 中设置的“MAIN. aDataArray”是个一维数组，MAIN. X1”是一个整型变量。数组的当前值显示在控件中，用户选择某项，这个文本对应的数组下标就赋给变量“MAIN. X1”。如图 14.62 所示。

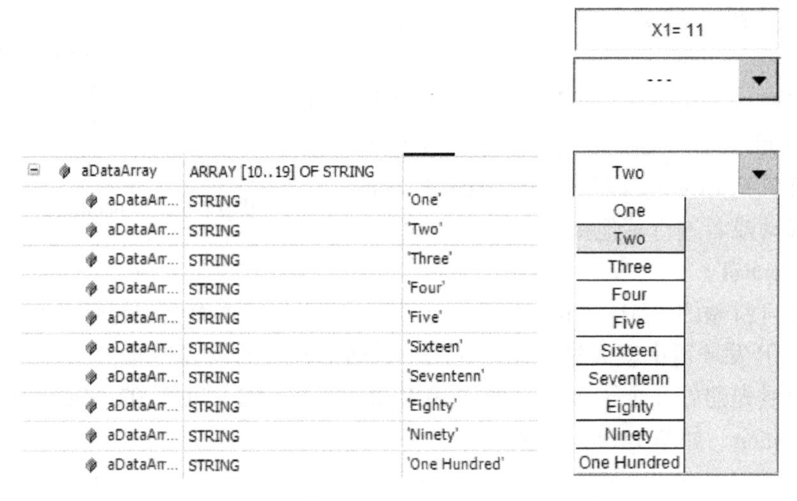

图 14.62　控件 ComboBoxTable 的属性和效果

数组必须是一维数组，下标可以从 0 开始也可以从任意整数开始，数组可以是任何类型，整数、字符串都行。赋给变量的是数组下标，所以一定是个整数。

（2）GroupBox、RadioButton、CheckBox

和高级语言所做的 HMI 一样，CheckBox 用于勾选一个 BOOL 选项，结果是变量为 True 或 False，RadioButton 用于确认一个 Int 型变量的值，而 GroupBox 只是建一个形式上的分组框，跟控制程序无关。

这 3 个控件设置的方法如下。

CheckBox：用于切换一个 Bool 变量，属性设置就是选择变量和文字提示，如图 14.63

所示。

GroupBox：只是提供一个类似高级语言开发界面时用的矩形框，把相对关联的元素框起来，属性设置只是文字提示。如图 14.64 所示。

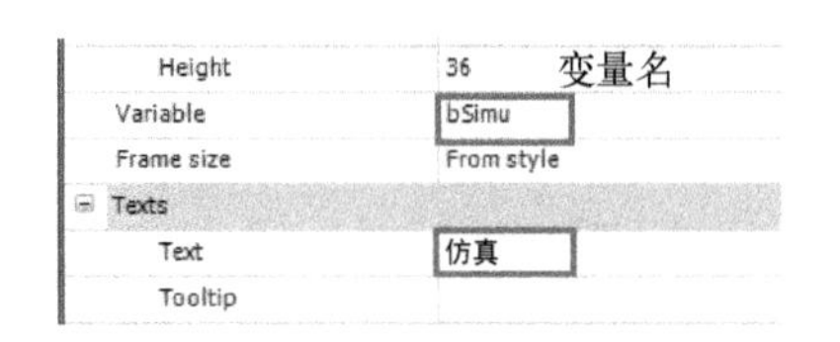

图 14.63　CheckBox 的属性

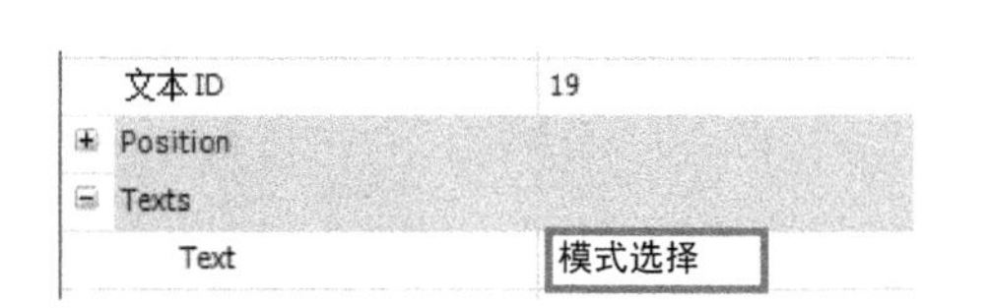

图 14.64　GroupBox 的属性

RibonButton：用于设置 INT 变量的值，属性设置就是选择变量和文字提示。如图 14.65 所示。

变量是整行变量，用户选中某项，它在 Areas 中的数组下标就会传给指定的 Variable。

例如：

文字提示［0］：全自动

文字提示［1］：手动

文字提示［2］：半自动

如果分别新建 1 个 GroupBox、RadioButton、CheckBox，并按照上述属性设置，最终效果如图 14.66 所示：

注意：使用 GroupBox 的时候，只要画个框把需要放入的图元框住，或者画完框后把图元拖放进去就自动集成到 Group。以后这个 Group 的内容就可以一起移动或者进行其他操作。

图 14.65　RibonButton 的属性

（3）TabControl

和高级语言所做的 HMI 一样，TabControl 用于把几个子页面叠加起来成为一个对象，例如在 TwinCAT 开发环境中就大量存在这种几个页面迭起来的设置界面。

使用的时候先建好几个子页面，例如 SUB_01、SUB_02、SUB_03、SUB_04，再建一个主页面 Visulization，如图 14.67 所示。

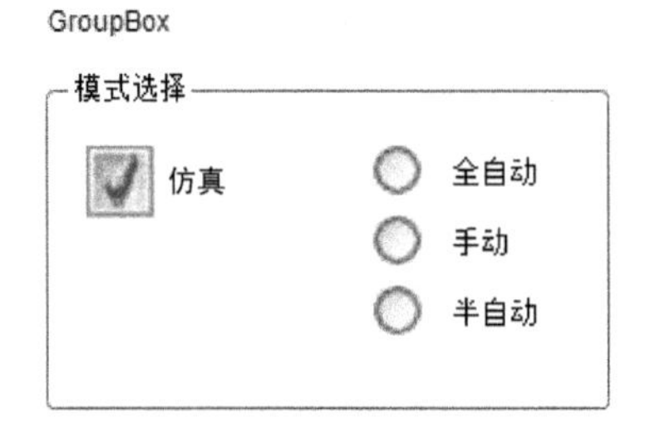

图 14.66　GroupBox、RadioButton、CheckBox 的实际效果

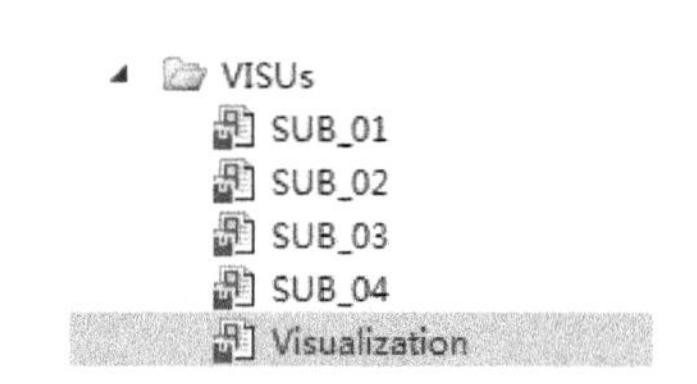

图 14.67　主页面和 4 个子页面

在主页插入一个 TabControl 控制件，在属性页面设置每页抬头，并单击“配置”选择子页面，如图 14.68 所示。

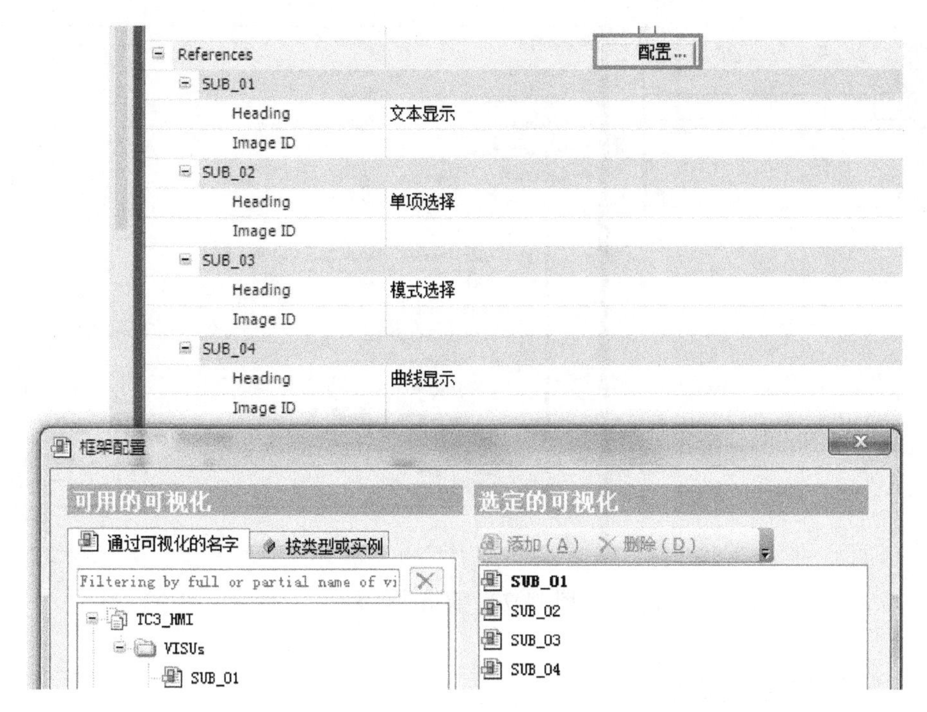

图 14.68　设置每页抬头和子页面

最终效果如图 14.69 所示。

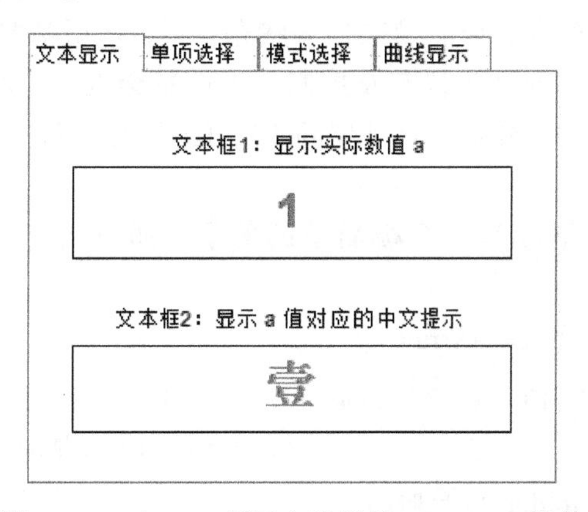

图 14.69　在 PLC 项目中编辑的 TabControl 控件

(4) Table（表格）

表格的显示，实际上把每一列都当作一个图元来设置，所以使用起来有点烦琐。如图 14.70 所示。

如果勾选“Use template”，下面就会展开基本图元的所有设置项。由于各列的格式不能复制，所以不推荐使用数组显示，而宁愿使用 Place Holder，单独设置每列数据，然后再复制若干行。关于 Place Holder 的使用，后面的内容会讲到。

(5) 其他控件

包括标签、按钮、文本框及滑动条，这些都是很简单的控件，有了基本图元的使用知识，足以使用这些控件。此处不再赘述。

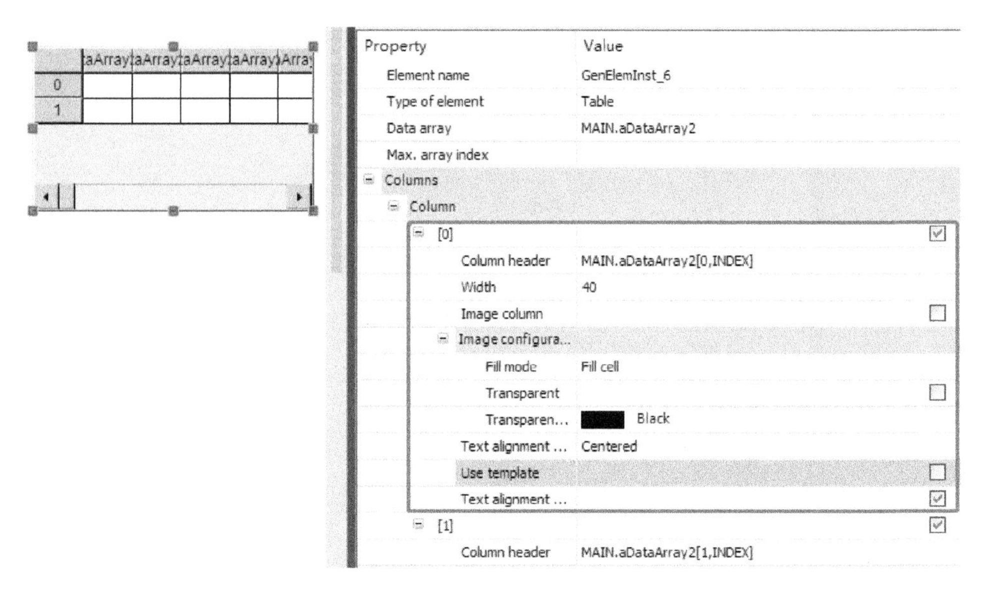

图 14.70　表格的显示

14.7.2　常用功能的实现

1. 子画面复用：Place Holder

Place Holder 用于显示同类型但不同实例的对象状态及控制画面。比如设备上有 10 台电机，每台电机都有位置、速度、原点及限位等状态，每台电机都要回零、复位及点动。如果每台电机都做一个画面，实现这些状态及控制，工作量会很大。利用 Place Holder，就可只做一个画面，但它有一个输入变量，比如电机 ID。ID 为 1，就控制 1 号电机，为 2 就控制 2 号电机。

为了理解这个过程，下面举一个极简单的例子，通过指定下标显示数组中指定元素的值。

（1）声明 1 个 1 维数组 aDataArray

```
aDataArray : ARRAY[10..19] OF String := ['One', 'Two', 'Three', 'Four', 'Five', 'Sixteen',
                                         'Seventenn', 'Eighty', 'Ninety', 'One Hundred'];
```

（2）建一个含 Place Holder 的子画面

子画面包含一个 Place Holder 的变量“nID”，如图 14.71 所示。

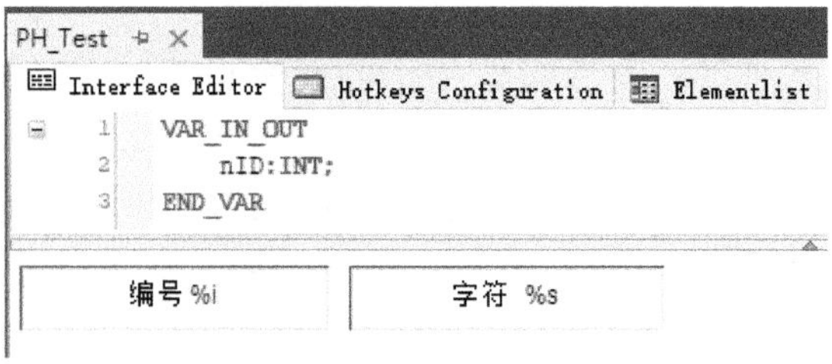

PH_Test

Interface Editor　Hotkeys Configuration　Elementlist

```
1  VAR_IN_OUT
2      nID:INT;
3  END_VAR
```

编号 %i　　字符 %s

图 14.71　带 Place Holder 的画面

正常新建画面时，Interface Editor 并不显示，需要手动把分隔栏往下拉。然后就可以见到 VAR_IN_OUT。这里新建的变量，就叫 Place Holder。这个画面被引用时，就必须给它赋值。子画面上使用到该变量的地方，都会被赋的值替换。

在子画面的 Interface Editor 新建整形变量 nID，然后新建两个文本框，属性设置如图 14.72 所示。

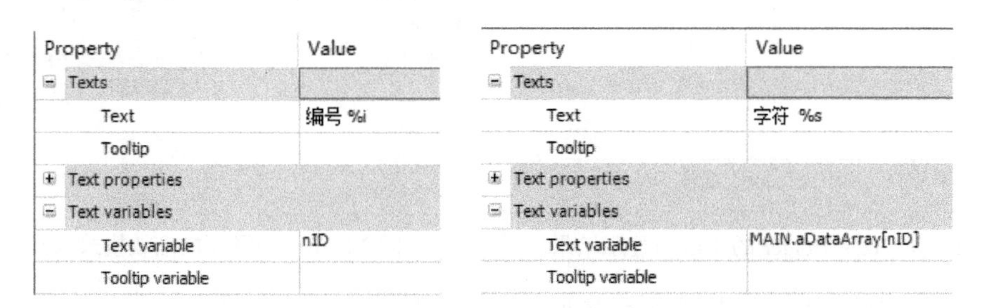

图 14.72　在子画面的文本框属性 Text variable 中用到变量 nID

图 14.72 的右边文本框显示数组 MAIN. aDataArray 中，下标为 nID 的那个变量的值。而 nID 的值在左边的文本框中指定。

（3）在主画面中引用子画面

引用子画面的操作如图 14.73 所示。

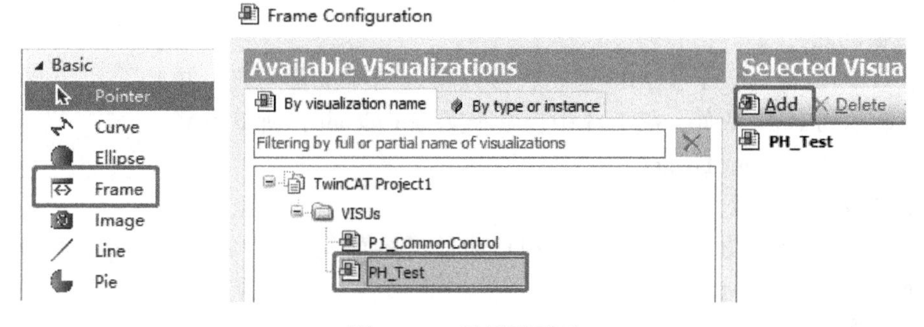

图 14.73　引用子画面

图 14.73 显示，引用子画面时应选择 Basic 下面的 Frame，然后选择 Add 添加上一步创建的子画面，例如“PH_Test”。并设置 Frame 的 References 属性，给子画面 PH_Test 的 Place Holder 变量“nID”赋值为 11。如图 14.74 所示。

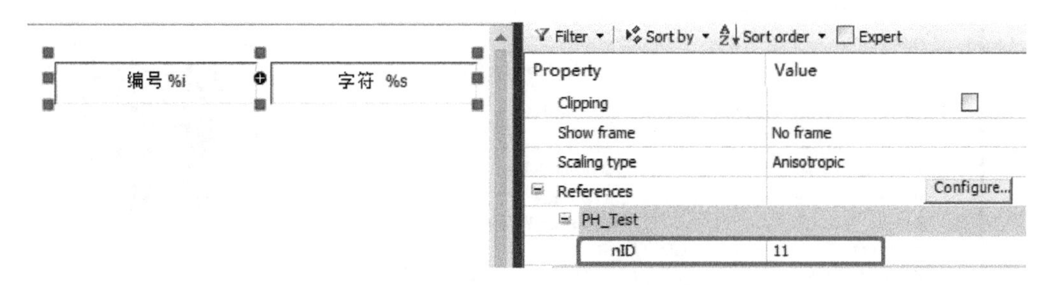

图 14.74　设置 Place Holder 变量值

Login 运行画面，字符就显示为下标 11 的元素值“Two”。如图 14.75 所示。

读者可以思考下，为什么下标为 11，显示的字符不是“Eleven”而是“Two”？

（4）设置子画面的缩放模式

引用 Frame 子画面时，可以设置多种缩放模式，如图 14.76 所示。

编号 11　　字符 Two

图 14.75　带 Place Holder 的子画面显示结果

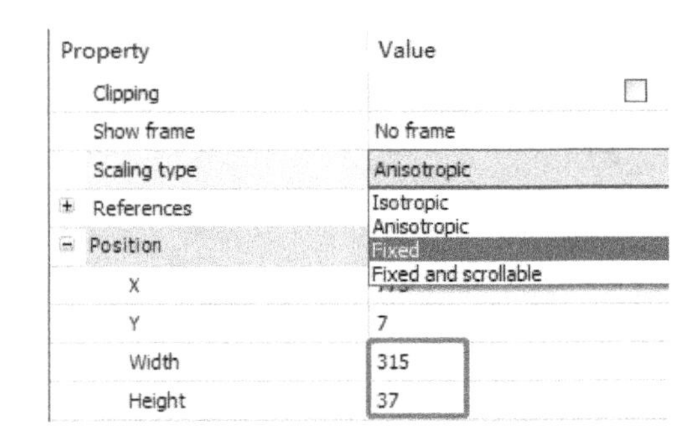

图 14.76　子画面的缩放模式选择

Fixed：固定原图尺寸，图文不会变形。

Fixed And scrollable：固定原图尺寸，但是如果实例尺寸较小，可以滚动显示其余部分。

Anisotropic：填充指定的尺寸，不保持纵横比的缩放。

isotropic：保持纵横比缩放。

提示：Frame 的尺寸以像素为单位，所以画面和图元的大小都受屏幕尺寸和分辨率的影响。另外为了保持画面在开发和正常运行时不拉伸变形，尽量使用 Fixed 模式。

配套文档 14-19
例程：TwinCAT PLC HMI 中使用 Event Logger

2. 报警功能

利用 TC3 Event Logger 和 ADS 通信，可以读入当前报警列表，并作为数组显示到 HMI 界面。在 TC3 中，由于支持 Unicode，所以报警文本可以直接写入 Event Logger。

3. 配方功能的实现

TwinCAT 3 提供配方管理功能，在 PLC 项目右键菜单选择 “Add→Recipe Manager”，其设置界面如图 14.77 所示。

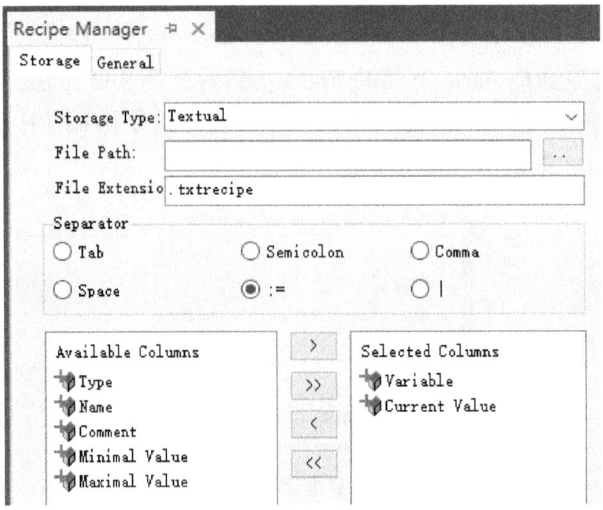

图 14.77　TwinCAT 3 Recipe Manager 的设置界面

配套文档 14-20
例程：TwinCAT 3 提供的配方管理

4. 其他功能

用户管理设置如图 14.78 所示。

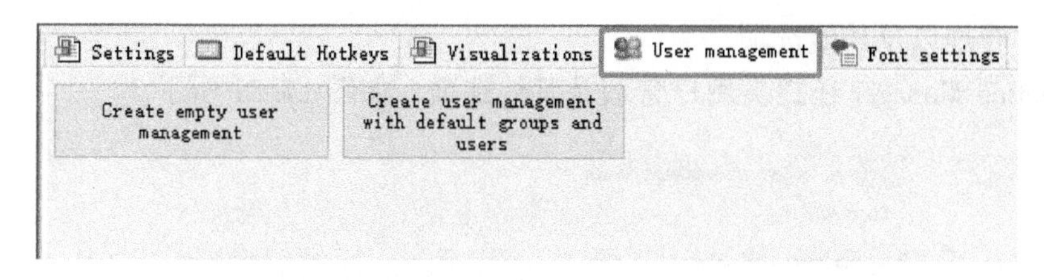

图 14.78　TwinCAT PLC HMI 中的用户管理设置

（1）配置快捷键 Keyboard Usage

在自定义工具栏选项中，勾选 TwinCAT PLC Visualization，就可以见到 HMI 的菜单栏。其中按钮 就用于启用或者禁用快捷键。HMI 项目可以定义全局或者画面局部的快捷键，如图 14.79 所示。

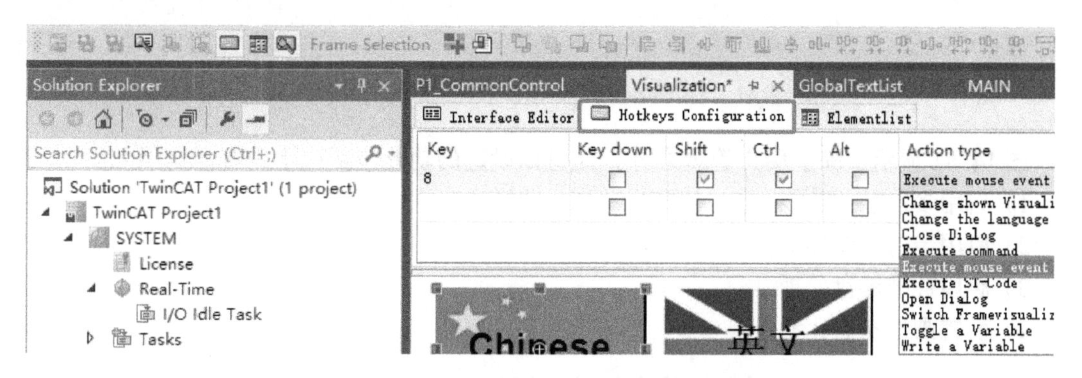

图 14.79　TwinCAT PLC HMI 的快捷键设置

快捷键的功能在 Action Type 中指定，选中 Execute mouse event，然后选择 Element List，就可以用快捷键代替鼠标单击该图元。其他 Active Type 与图元的 Input Configuration 相当。

（2）手势效果

通过获取焦点等事件的处理，TwinCAT PLC HMI 也可以实现类似手机屏幕的手势效果。本书只描述基本功能的实现，所以此处不做详述，有兴趣的读者可以自己研究。

（3）改变风格

Visualization Manager 的设置页面可以选择 8 种风格（Style）之一，如图 14.80 所示。

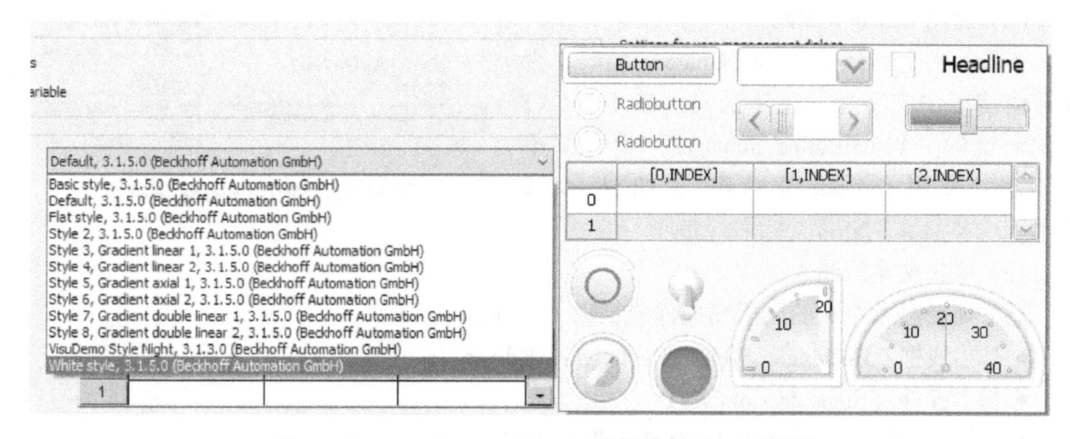

图 14.80　Visualization Manager 的风格（Style）配置

(4) 用户管理以及其他选项

Visualization Manager 还提供用户管理及其他选项，如图 14.81 所示。

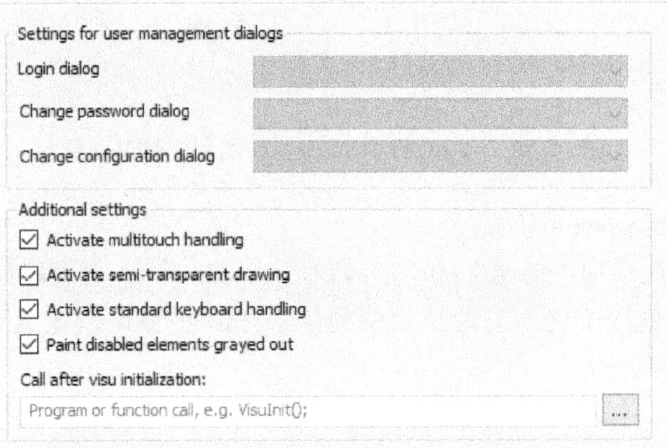

图 14.81 Visualization Manager 的设置页面的其他选项

图 14.81 显示，除了用户管理之外，还可以设置的功能包括以下内容。

1) 启用多点触控功能。

2) 启用半透明图形。

3) 启用标准键盘处理。

4) 设置画面初始化动作。

14.7.3 中文显示、多语言切换和图片显示

1. 中文显示

国内用户要在控制器上全屏运行 TwinCAT PLC HMI 的画面，中文显示是一个无法避免的步骤。原装的倍福控制器，都只能选择 5 个西语操作系统之一。国内用户需要自己安装中文字体并启用 Unicode 编码，然后就可以在编辑画面时直接使用中文了。

(1) 操作系统安装中文字体

安装中文字体是独立于 TwinCAT 的操作，与 TwinCAT 项目无关。所以装好操作系统的 Image 最好做个备份，批量生产时直接恢复 Image 而不用每台机都去安装中文字体。

(2) 启用 Unicode 编码

要显示中文字符必须启用 Unicode 编码，否则即使装了中文字库，还是乱码。在 TwinCAT 开发环境的 “Visualization Manager” 设置菜单中勾选 “使用 Unicode 字符串”，如图 14.82 所示。

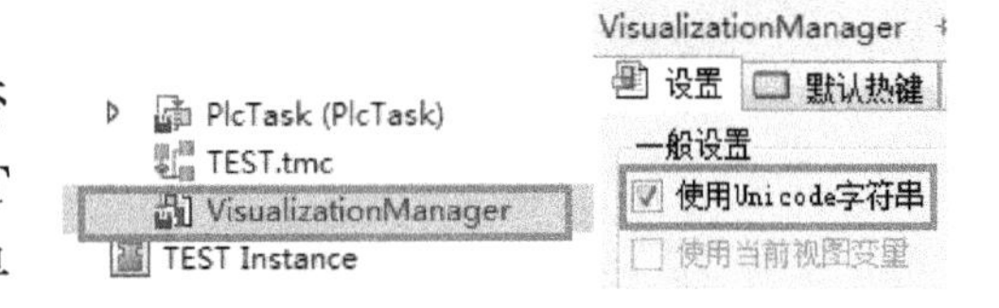

图 14.82 使用 Unicode 字符串

(3) 中文文本的输入

通常需要显示中文的元素和控件包括以下几项。

- 基本线框：Rectangle，RoundRectangle，Ellipse
- 基本控件 (Common Controls)
- 按钮/标签/文本框 (Button/Lable/Textfilled)

这些图元在 Toolbox 中，如图 14.83 所示。

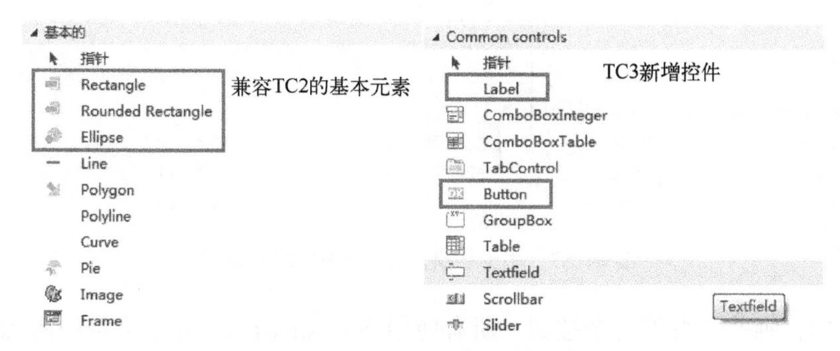

图 14.83　用到文本显示的图元

元素或者控件的属性页面，都有“Texts”项，直接输入中文文本就可以了。即使是在CE 系统下，画面上的中文字符也可以“所见即所得”。

2. 多语言切换

多语言显示用于同一元素或者控件，在语言切换时显示为不同的字符。比如设备出口到不同国家时，操作界面就可以选择为显示所在国的文字。

(1) 创建 Textlist

在切换多语言之前，必须先准备好多种语言之间的字符对应关系。这些不同语言同一含义的字符串，通过 ID 来互相关联，这个对应关系就叫 Textlist，这是 TC3 新增的一种对象。

默认新建一个空白的 PLC 项目时不包括 Textlist。添加 Textlist 的方法是在 PLC Project 右键菜单中选择 Add→Text list，弹出命名对话框，如图 14.84 所示。

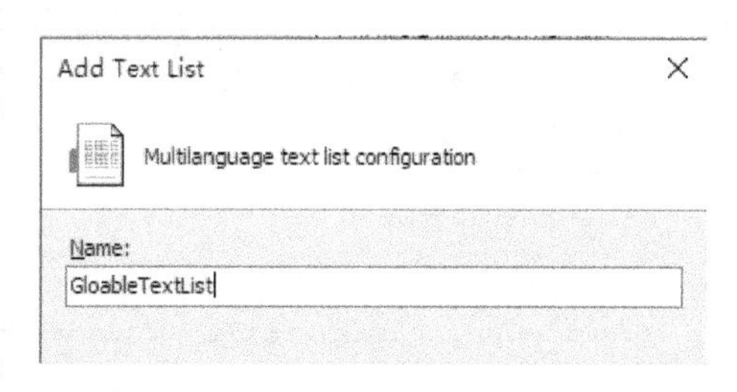

图 14.84　为 Text List 命名

例如命名为 GloableTextList，双击可以见到它的编辑界面是一个几乎空白的表格。默认只有两列：ID 和 Default，其中 Defult 指默认语言。从右键菜单选择“Add Language”或者“Remove Language”可以增加或者删除列，如图 14.85 所示。

可以创建多个 Text List，还可以从右键菜单中选择“Import/Export”。例如，添加 CHN 和 ENG 两种语言，设置了 4 个字符的多语言显示，如图 14.86 所示。

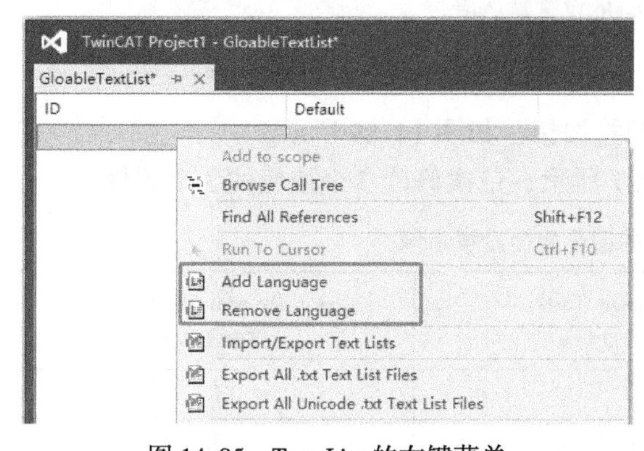

图 14.85　Text List 的右键菜单

TwinCAT Project1 - GloableTextList*

GloableTextList*

ID	Default	CHN	ENG
0		中国	Chinese
1		开始	Start
2		停止	Stop
3		复位	Reset

图 14.86　多语言文本列表示例

(2) 创建用于语言切换的按钮

先新建一个按钮，在它的属性页面选择“Property（配置）”，进入“Input Assistant（输入助手）”窗体，如图 14.87 所示。

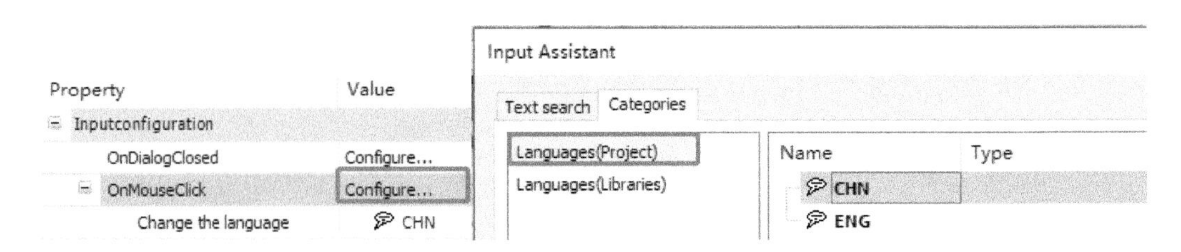

图 14.87　用于切换语言到 CHN 按钮设置

选择 CHN，则每次按下这个按钮，所有使用到 GloableTextList 中字符的图元，都会改变显示 CHN 下定义的字符。

例如，新建两个按钮 Chinese | 英文 |，前者用于切换到 CHN，后者用于切换到 ENG。不过实际项目中，这两个按钮通常不是显示文本，而是显示国旗图标。

（3）默认的语言设置

在 PLC 项目的 Visualization Manager 的 Settings 选项卡，启用 Unicode 和设置默认语言，如图 14.88 所示。

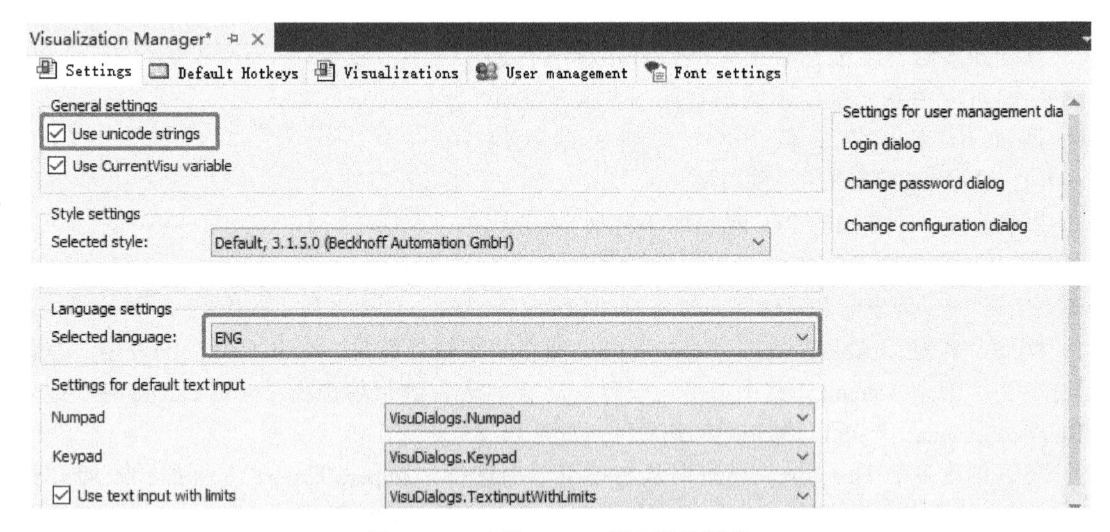

图 14.88　启用 Unicode 设置默认语言

（4）在图元上显示多语言文本

例如在画面上做 3 个功能按钮，2 个语言切换按钮，如图 14.89 所示。

图 14.89 为编辑环境的文本显示。按表 14.7 所示，依次修改 3 个按钮的 3 个属性。

表 14.7　多语言显示的图元属性设置示例

<table>
<tr><th>属性
图元</th><th>Texts
. Text</th><th>Dynamic Texts
. Text List</th><th>Dynamic Texts
. Text Index</th></tr>
<tr><td>按钮一</td><td>HMI_Start</td><td rowspan="3">GloableTextList</td><td>1</td></tr>
<tr><td>按钮二</td><td>HMI_Stop</td><td>2</td></tr>
<tr><td>按钮三</td><td>HMI_Reset</td><td>3</td></tr>
</table>

设置好图元属性后，PLC 项目 Login 运行，单击上面的中英文切换按钮，就会以切换图元的多语言显示了，如图 14.90 所示。

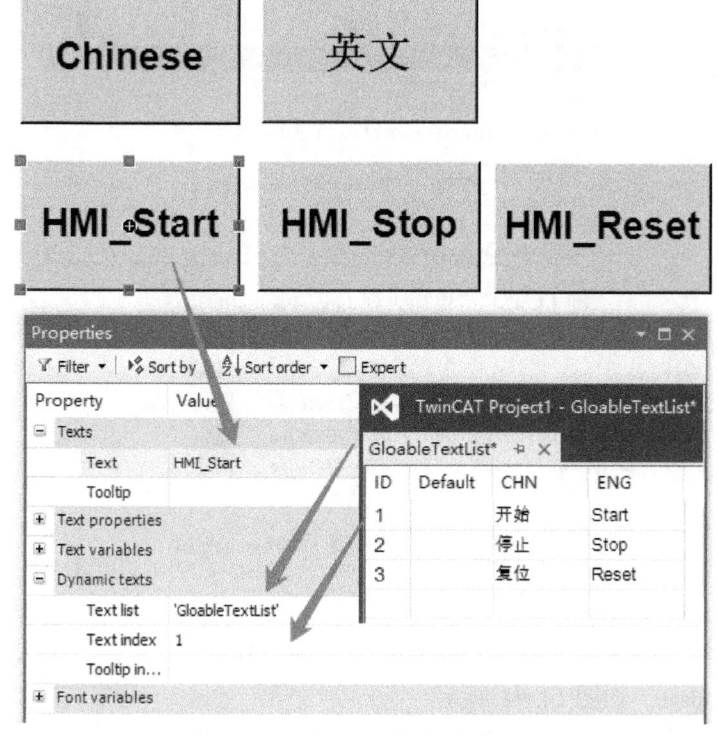

图 14.89　图元文本的多语言显示

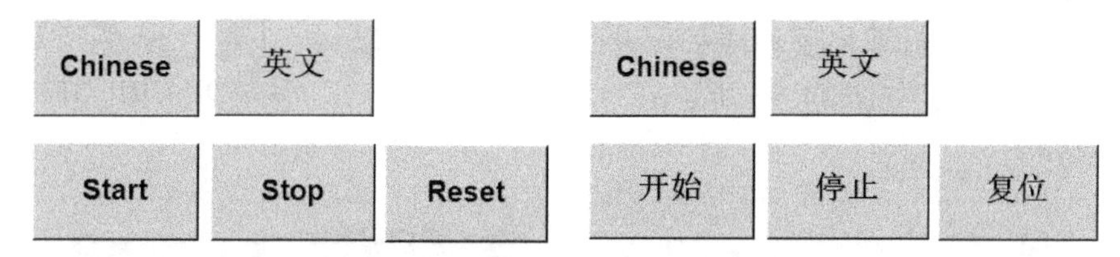

图 14.90　按钮多语言显示的效果

3. 图片显示

(1) 创建 ImagePool

在项目中使用图片之前，要把图片放入 ImagePool。ImagePool 是 TC3 中新加的一种对象，默认新建一个空白的 PLC 项目时不包括 ImagePool。在 PLC Project 右键菜单选择“Add→Image Pool”，弹出命名对话框。使用默认的名字“ImagePool”，然后就可以看到如图 14.91 所示的表格。

图 14.91　新建的空白 ImagePool

单击图 14.91 中空白行 File name 列的右边按钮，可以选择图片文件，支持常用的几种图片格式，如图 14.92 所示。

默认 ID 就是 File name，但是可以修改成其他字符。比如连续插入 3 张图片“CX2030、CX5020、CX9020”，如图 14.93 所示。

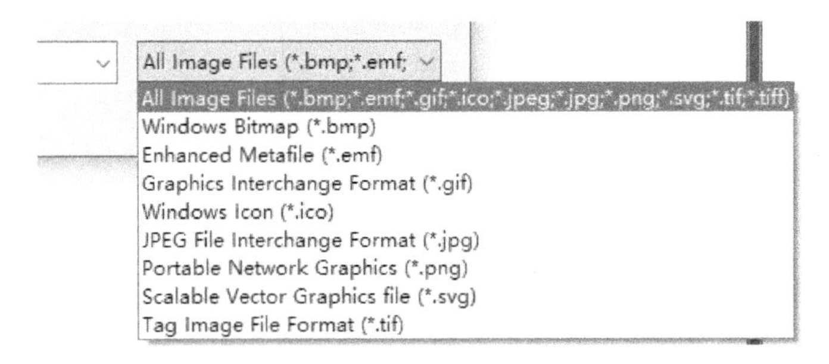

图 14.92　可以加入到 ImagePool 的图片格式

ID	File name	Image
CX2030	C:\Users\LizzyChen\Pictures\Saved Pictures\CX2030.jpg	
CX5020...	C:\Users\LizzyChen\Pictures\Saved Pictures\CX5020.jpg	
CX9020	C:\Users\LizzyChen\Pictures\Saved Pictures\CX9020.jpg	

图 14.93　包含 3 张图片的 ImagePool

(2) 在界面上插入图片

双击某个画面，Toolbox 中就会出现 HMI 对应的工具箱。选择 Basic 中的 Image，如图 14.94 所示。

尝试把 Image 图标拖放到 HMI 画面，系统就会提示选择图片，如图 14.95 所示。

然后 HMI 画面中就添加了相应的图片，在属性中可以修改 Static ID 和尺寸，如图 14.96 所示。

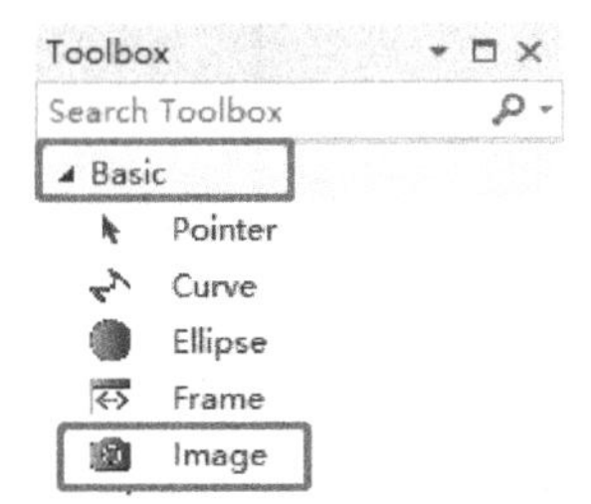

图 14.94　HMI 对应的工具箱

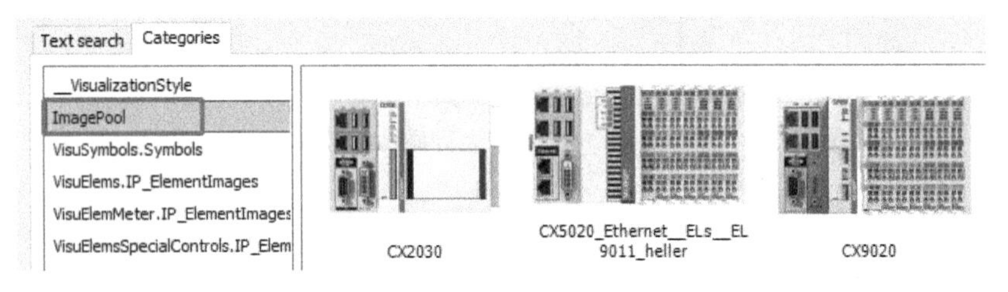

图 14.95　选择 ImagePool 和图片

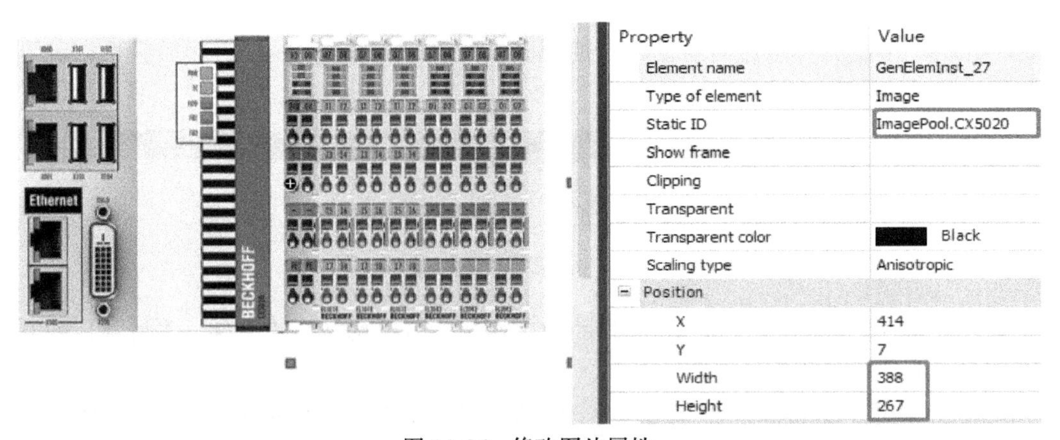

图 14.96　修改图片属性

图 14.96 中显示图片的 Static ID 为 ImagePool. CX5020，这就指向项目中的特定图片。尺寸通常不用指定而是在画面上自行缩放。当然，如果要保持多个图片的协调，可以在属性里指定尺寸和位置。

(3) 在按钮上贴图

将图片放在 HMI 上还有一种用法：贴图。例如，上一节例中创建的语言切换按钮，要把文字提示改成国旗图片。为此，先向 ImagePool 添加两张图，如图 14.97 所示。

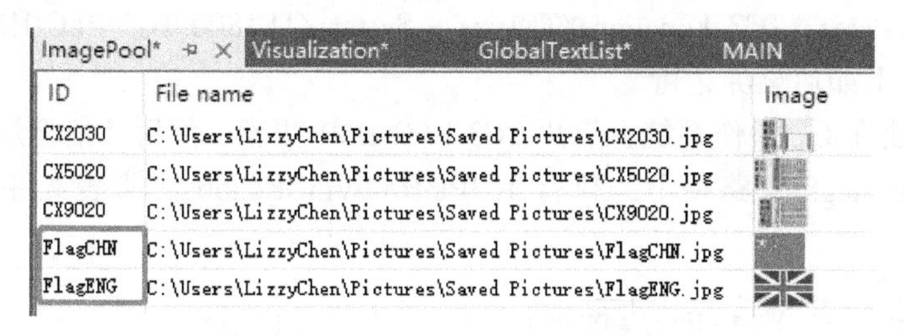

ID	File name	Image
CX2030	C:\Users\LizzyChen\Pictures\Saved Pictures\CX2030.jpg	
CX5020	C:\Users\LizzyChen\Pictures\Saved Pictures\CX5020.jpg	
CX9020	C:\Users\LizzyChen\Pictures\Saved Pictures\CX9020.jpg	
FlagCHN	C:\Users\LizzyChen\Pictures\Saved Pictures\FlagCHN.jpg	
FlagENG	C:\Users\LizzyChen\Pictures\Saved Pictures\FlagENG.jpg	

图 14.97 向 Image Pools 添加两张图片

再修改按钮“中文”和“English”的属性，如图 14.98 所示。

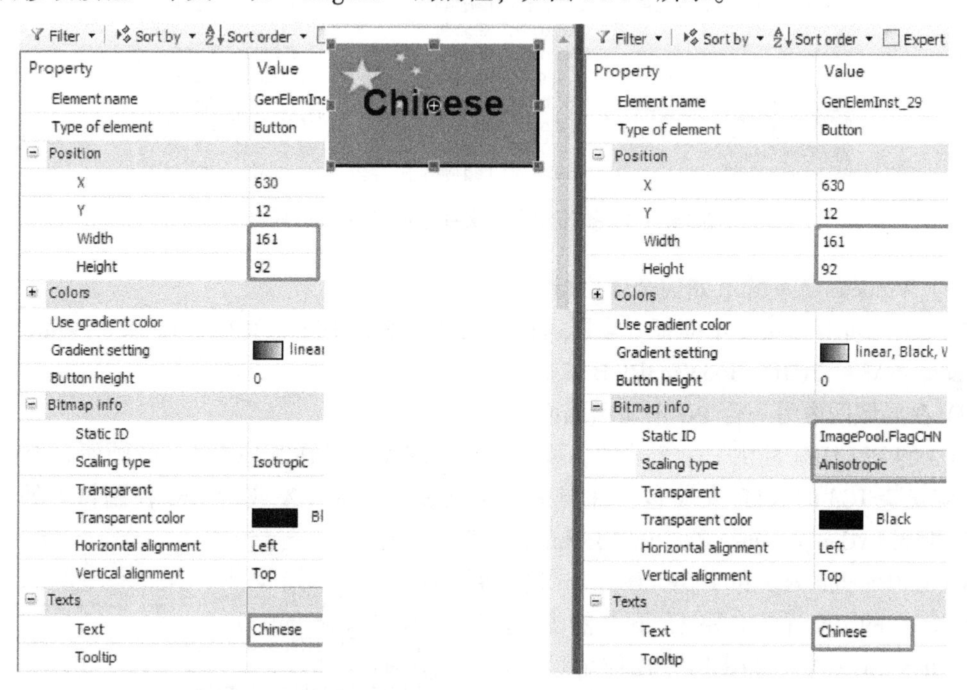

图 14.98 按钮贴图前后的属性对比

在属性的 Bitmap info 中，选择 StaticID 为目标图片。

默认贴图后按钮尺寸会变成图片尺寸大小，所以要把它的 Position 下的 Width 和 Height 改回原来的值，再把 Bitmap info 中的 Scaling type 改成 Anisotropic，这样图片就会拉伸至刚好按钮的尺寸。同样地，在“英语”按钮上也执行同样操作，Login 运行后画面如图 14.99 所示。

图 14.99 用图标提示的多语言切换按钮

14.7.4 安装、授权和全屏运行

1. 安装和授权

请参考 2.1 节中关于“安装 Functions”的内容。

2. 启用 TC3 PLC HMI 功能

这里只介绍基本操作，供参考。最新版的完整描述请参考 TC3 帮助文档英文版：

TwinCAT 3/TFxxxx | TC3 Functions/TF1xxx - System/TF1800 TC3 PLC HMI/PLC HMI

(1) CE 系统下如何全屏运行

试用授权需要在 CE 操作系统上启用 TC3 PLC HMI 功能，然后才能全屏运行。

在\Hard Disk\Regfiles 路径下，执行 Tc3PlcHmiWinCE6x86 注册表文件，并软重启。如图 14.100 所示。

File Edit View Go Favorites

Address \Hard Disk\RegFiles

Name	Size	Type	Date Modified
Samples		File Folder	2/11/2015 3:59 PM
CeRemoteDisplay_Disable	263 bytes	Reg File	10/7/2014 12:10 PM
FirewallWEC7	305 bytes	Reg File	7/12/2013 11:23 AM
Mingliu	546 bytes	Reg File	10/28/2015 3:31 PM
SQLServerCompact35	8.41KB	Reg File	1/13/2012 12:13 PM
Tc3PlcHmiWebWinCE6x86	666 bytes	Reg File	10/29/2015 3:48 PM
Tc3PlcHmiWinCE6x86	376 bytes	Reg File	10/29/2015 3:48 PM
TcEventLogger	3.70KB	Reg File	5/26/2008 1:17 PM
Telnet_Disable	253 bytes	Reg File	10/7/2014 12:09 PM

图 14.100 执行注册表文件启用 TC3 PLC HMI

(2) Windows 7 系统下如何全屏运行

1) CX 或者 IPC 接显示面板，全屏运行 TwinCAT PLC HMI，直接运行“C:\TwinCAT\3.1\Components\Plc\Tc3PlcHmi\Tc3PlcHmi.exe”。

2) 在局域网内另一台 PC 上显示画面。

TC3 的 PLCHMI 提供了一个选项，可以不在控制器而是在其他 PC 运行画面。为此，该 PC 上应安装 TC3 的 XAR 安装包，并与 PLC 互加路由。将 CX 或者 IPC 控制器上的“C:\TwinCAT\3.1\Components\Plc\Tc3PlcHmi\”路径下的 Tc3PlcHmi.exe 和 Tc3PlcHmi.ini 复制到运行 HMI 的 PC 同样路径下，然后修改 Tc3PlcHmi.ini 文件。如图 14.101 所示。

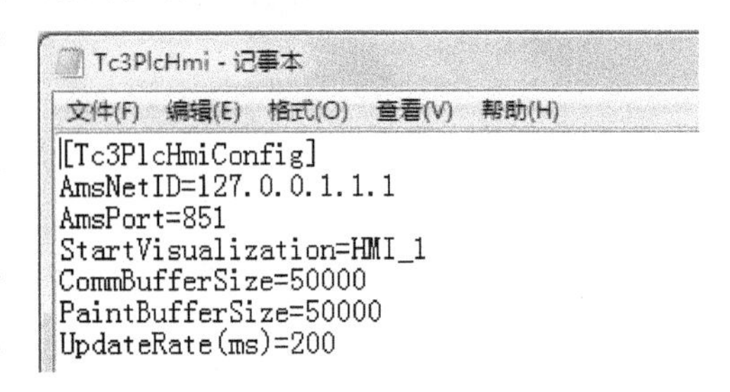

图 14.101 Tc3PlcHim 配置文件

图 14.101 的 Tc3PlcHmi.ini 文件中关键参数是 AmsNetID 和 AmsPort，要正确填写 CX 或者 IPC 控制器的相应信息，以及初始画面的名称。BufferSize 和 UpdateRate 可用默认值。

3. 设置启动画面

HMI 要能作为组态软件独立全屏运行，必须在视图管理器中启用此功能。

在 Visualisation Manager 中，创建一个 Target Visualization Client，如图 14.102 所示。

然后设置初始画面，如图 14.103 所示。

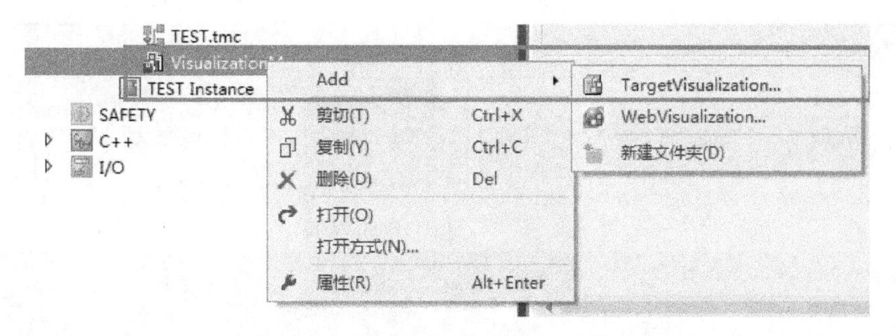

图 14.102　创建 Target Visualization Client

图 14.103　设置初始画面

14.8　组态软件 TwinCAT HMI

TwinCAT HMI Server 是倍福自主开发的基于 HTML5 的组态软件，独立于平台，也不依赖任何操作系统的 Web 服务功能，具有更高的性能和更快的响应。

与 TC3 PLC HMI 相比，TwinCAT HMI 可以作为独立的上位软件，可以实现对 TwinCAT 中所有数据（PLC，NC，C++，I/O）的操作，而 PLC HMI 只能访问本 PLC 项目中的变量，不能脱离 PLC 运行。

运行 TwinCAT HMI Server 的 PC 上只需要 Visual Studio，可以没有 TwinCAT Runtime，但必须有 TwinCAT 服务。

由于这个软件还在持续升级中，这里只提供基本的介绍，供读者参考。最新最全的版本请参考 TC3 帮助系统，路径为

TFxxxx | TC3 Functions/TF2xxx - HMI/TF2000 TC3 HMI Server/Overview/Product description

HMI 英文使用手册已经发布，请参考配套文档 14-21。

配套文档 14-21
TE2000_TC3_HMI

14.8.1　功能介绍

1. Server/Client 的模式

它采用模块化的架构，通过服务扩展可以提供附加功能，比如系统报告或者其他协议。因此客户也可以开发自己的服务扩展，以 Server 的模式响应客户的请求。如图 14.104 所示。

所有配置工作都在 Server 侧完成，Client 侧只要有浏览器，能够发起 HTTP 或者 WS Socket 访问就行了。一个 Server 支持多个 Client，Server 能识别 Client 的分辨率，并根据

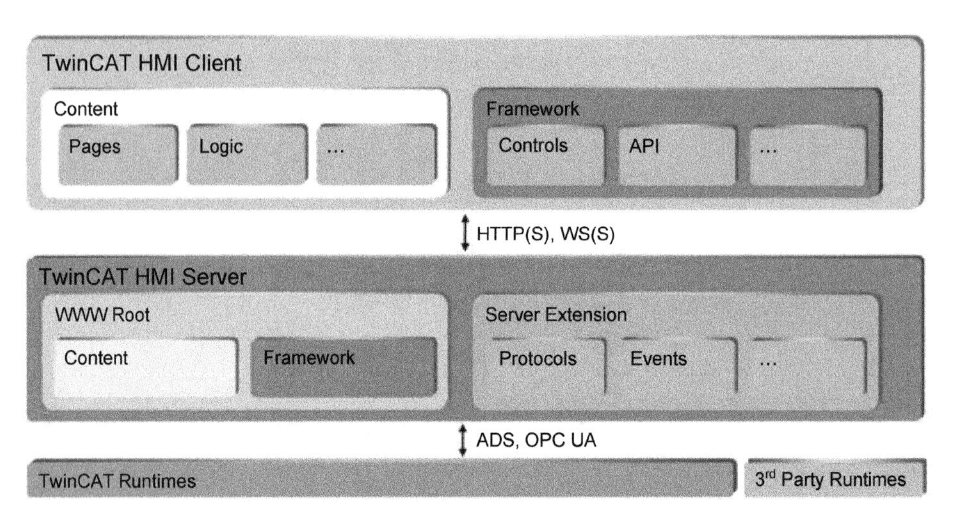

图 14.104　TwinCAT HMI 的软件架构

Client 的分辨率来调整同一个画面在不同 Client 屏幕上的适应方式，使图像和文字不至于拉伸变形。

这个特点对于大型生产线的多个操作工位上的 HMI 特别有用，开发人员只要下载或者更新 HMI Server 端的程序，所有工位访问的内容都自动更新了。

2. 支持 ADS 和 OPC UA 协议

TwinCAT HMI Server 支持 ADS 协议，可以连接所有 TwinCAT 设备，无论是 TC2 还是 TC3，也无论是 Windows CE 还是 Windows 7。此外，它还支持 OPC UA 协议，可以连接同样支持 OPC UA 的第三方 PLC。

3. PLC、HMI Server、Client 的典型组合

一个 TwinCAT HMI Server 的系统里最多支持最多 100 个 PLC 和 25 个 Client。

基本软件包 TF2000 包含可以带 1 个 PLC 和 1 个 Client，超过 1 个就需要补充加订相应的软件扩展授权 TF20x0。如图 14.105 所示。

本地显示如图 14.106 所示。

TF2000	TC3 HMI Server
TF2010	TC3 HMI Clients Pack 1
TF2020	TC3 HMI Clients Pack 3
TF2030	TC3 HMI Clients Pack 10
TF2040	TC3 HMI Clients Pack 25
TF2050	TC3 HMI Targets Pack 1
TF2060	TC3 HMI Targets Pack 3
TF2070	TC3 HMI Targets Pack 10
TF2080	TC3 HMI Targets Pack 25
TF2090	TC3 HMI Targets Pack 100

图 14.105　TC3 HMI 的扩展授权

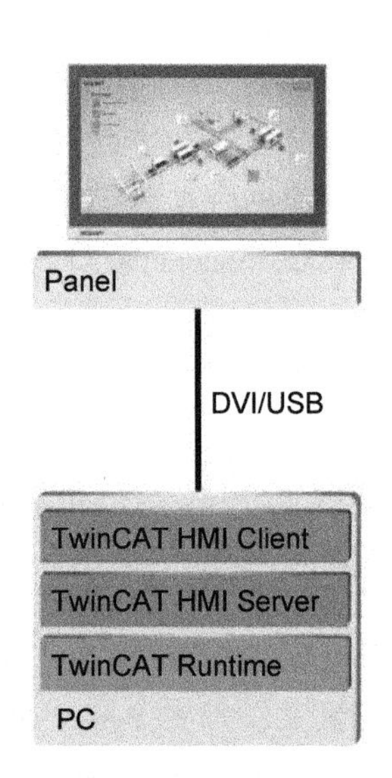

图 14.106　简单应用：本地显示

这是最常用的模式：HMI Server、Client 和 TwinCAT 控制系统都在同一个 CPU 上运行，此时要求操作系统是 Windows 7/8/10，不支持 CE。

多屏显示如图 14.107 所示。

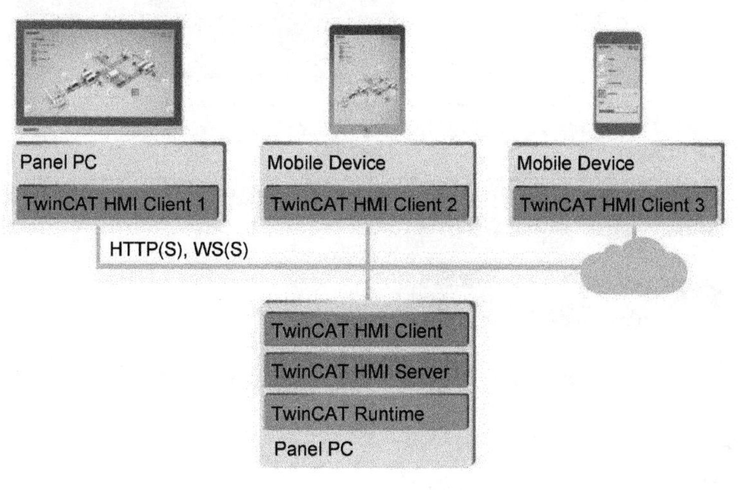

图 14.107　多屏显示

如果大型设备的自动化系统集中用一台高性能的控制器来控制，就适合使用这种方案。TwinCAT HMI Server 和 TwinCAT Runtime 位于同一台机，而 Client 来自远程通过 HTTP 或者 WS 访问。

多 PLC 及多屏显示如图 14.108 所示。

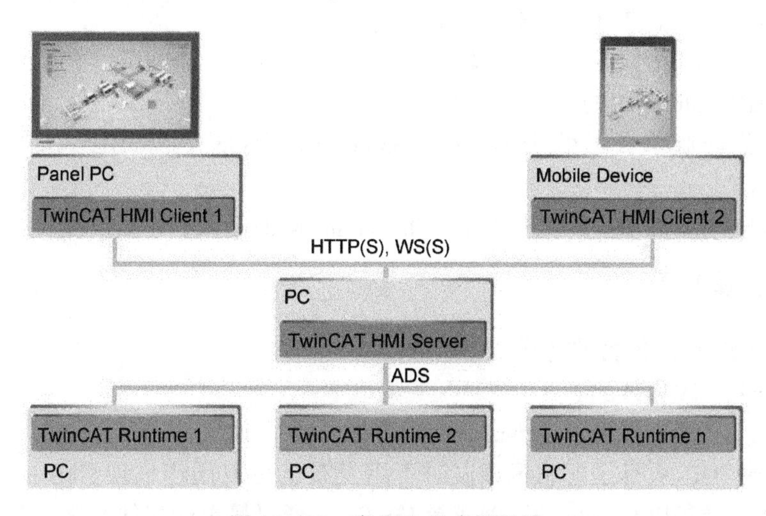

图 14.108　多 PLC 及多屏显示

有的大型产线使用多个 TwinCAT 控制器，这时也可以用一个 TwinCAT HMI Server，经由 ADS 通信访问多个控制器，其画面可以在多个 Client 上显示。

多屏、多 PLC 及多协议的系统如图 14.109 所示。

如果系统里除了 TwinCAT 设备，还有支持 OPC 或者 BACnet 的第三方设备，TwinCAT HMI Server 也能同时访问这些第三方设备，并支持多个 Client。

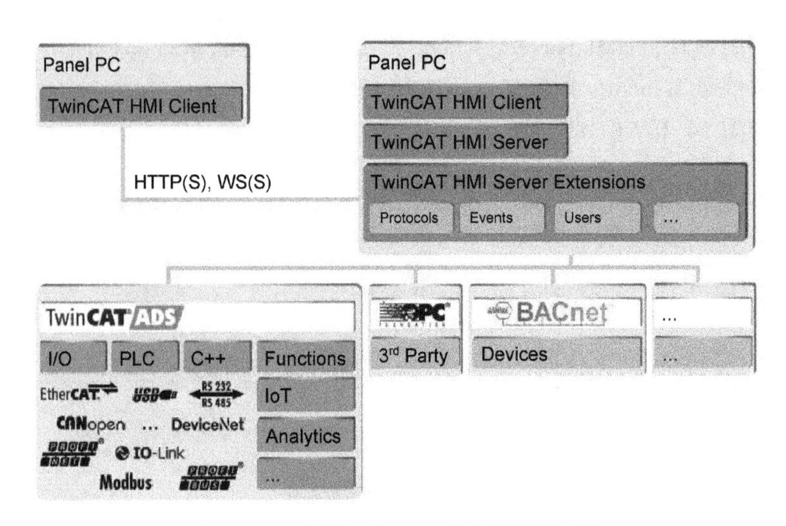

图 14.109　多屏、多 PLC 及多协议的系统

4. 系统要求

TwinCAT HMI Server 端的系统要求如下。

TwinCAT 最低版本：不低于 3.1.4022.0。

TwinCAT 最低级别：TC1000 TC3 | ADS。

支持的 Visual Studio 版本：2013 Version，不低于 12.0.40629 with Update 5（Shell，Community，Professional）。

2015 Version，不低于 14.0.25431 with Update 3（Community，Professional）。

操作系统：Windows 7/8/10（32/64 bit）。

.NET Framework 版本：4.5.2 或以上。

TwinCAT HMI Client 端的系统要求如下。

支持的浏览器版本：不低于 Google Chrome 58；不低于 Mozilla Firefox 53；不低于 Microsoft Edge 40。

支持的手机浏览器版本：不低于 Google Chrome for Android 58；不低于 Apple Safari for iOS 9。

14.8.2　使用特点

1. TwinCAT HMI 包含的功能

（1）TwinCAT HMI Creator

HMI 项目的开发环境集成在 VisualStudio 中，安装了 TC HMI Server 之后，TC3 的开发环境中就可以新建 HMI 项目了。编辑调试时不用发布就可以同步呈现 HMI 的效果，这就是 LiveWatch 功能，推荐用 Google 浏览器或者 FireFox。通过简单的控件拖拉、事件添加就可以开发一个 HMI 项目。

支持团队开发和在线编辑，可以进行源代码和数据包管理。

在 HMI 的开发环境中可以按模板创建项目，有多种主题可选，支持 CSS 主题的切换。系统还针对不同的行业提供丰富的图形库，支持 SVG 矢量图片，图像小但清晰，适合网页加载。用设计工具可以直接导出成 SVG 图形。用户也可以导入或者自定义图库。

（2）TwinCAT HMI Framework

TwinCAT HMI 的开发环境提供基础控件、图表及事件等，用户可以自定义控件，或者在基础控件的基础上，添加属性和接口，变成标准控件。

支持各种数据类型，可选多语言显示，支持不同的单位换算。

可以通过 HTML5 或 JavaScript 进行 UI 扩展。Internet 上有很多共享的 Java 脚本资源，复制、粘贴到 TwinCAT HMI，就可以变成自己的控件。也可以通过 Refrence 加载现有程序包中的控件。比如导航功能如背景，动画，缩放，翻页，页面跳转等；在线视频显示：在后台 Server 上扩展了 C#的接口，连接摄像头，将 Client 和 Server 之间的 IP 对接，就可以将在线视频呈现在 HMI 画面上。

(3) TwinCAT HMI Server

倍福自己提供的服务有 ADS 或者 OPC UA，可以连接倍福的 PLC 和 OPC UA 设备。

包括用户管理（User Management），历史数据，配方管理、报警日志等。

可以集成完整的 Scope View，还可以扩展数据库、Modbus 通信及 TCP/IP 等服务。

可以显示实时或者历史曲线，可存储历史数据。

可以设置安全级别和密码，提供用户组管理。

支持配方管理和报警管理。

客户可以自己通过 C++和 .Net 扩展服务。

2. TwinCAT HMI 的初阶应用

没有高级语言基础的自动化工程师，可以像使用组态软件一样使用 TwinCAT HMI，即调用基本控件，或者引用第三方的控件、图库，开发基本画面。

3. TwinCAT HMI 的高阶应用

如果用户要完全发挥出 TwinCAT HMI 的功能，比如自己开发控件、自己扩展服务以及做更多后台功能等，应具备以下基本知识：

- Java Script
- HTML5
- C++/C#
- CSS：网页设计，风格
- Json：云平台的数据结构

第 15 章 倍福先进技术介绍

15.1 MATLAB/Simulink

TwinCAT 3 支持 MATLAB/Simulink 的硬件在线调试和对象模型导入及参数调试功能，本节只做功能简介。最新最全的描述请查看 TC3 帮助系统，路径为

Beckhoff Information System/TwinCAT 3/TExxxx | TC3 Engineering/TE1400 | TC3 Target for MATLAB®/Simulink®/Overview

示例方法和操作步骤，请参考配套文档 2-4。

1. 什么是 MATLAB/Simulink

Simulink 是 MATLAB 中的一种可视化仿真工具，是一种基于 MATLAB 的框图设计环境，是实现动态系统建模、仿真和分析的一个软件包，被广泛应用于线性系统、非线性系统、数字控制及数字信号处理的建模和仿真中。

Simulink 提供一个动态系统建模、仿真和综合分析的集成环境。在该环境中，无须大量书写程序，而只需要通过简单直观的鼠标操作，就可构造出复杂的系统。

例如要实现一个 PID，如果要从零开始写代码，无论是用 PLC 语言还是用 C++，都要写许多代码，但在 Simulink 中可自己从最小的组件开始在图形化界面上拖放，建起一个简单的 PID 模型。Simulink 中一个简单的 PID 模型如图 15.1 所示。

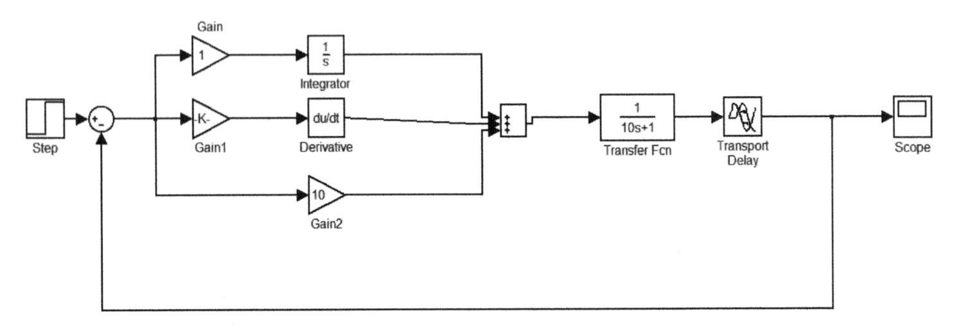

图 15.1 Simulink 中一个简单的 PID 模型

Simulink 还可以显示模型的输出曲线，如图 15.2 所示。

2. 传统的 MATLAB/Simulink 的模型调试

Simulink 创建的模型可以在内存里仿真运行，比如修改 PID 模型的参数，观察输出曲线的变化。确认就是理想的模型之后，这个 PID 模型用来控制加热器调温度还是控制比例阀调压力，实际效果怎么样呢？就要带上实际的物理硬件，但 Simulink 驱动不了 EtherCAT，也驱动不了其他现场总线，也驱动不了 I/O 板卡。所以 Simulink 提供了导出模型代

码功能，比如导出 C++代码，甚至可以导出 TwinCAT 的功能块。

导出功能块后，在 C++或者 TwinCAT 开发环境中，这段代码就与 Simulink 无关了。可以调用创建实例，填写接口，In 和 Out 关联上物理 I/O 的变量就能控制硬件了。

3. 基于 TwinCAT 3 的 MATLAB/Simulink 调试

使用 TwinCAT 3，Simulink 创建的模型有两种调试方法，其用途对比见表 15.1。

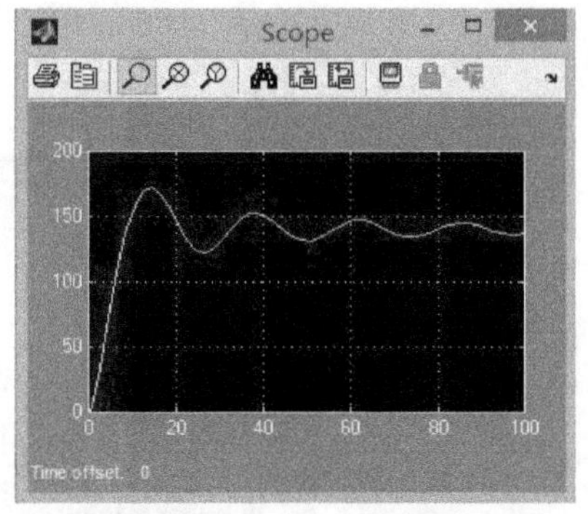

图 15.2 Simulink 显示模型的输出曲线

表 15.1 Simulink 及 TwinCAT 结合的两种调试方法

	模型实例运行在哪里	物理 I/O 信号与模型实例的接口对应
TE1410	在 Simulink	TE1410 提供 Simulink 与 TC3 做数据交换的接口 Simulink 通过 ADS 与 TC3 PLC 通信获得物理 I/O 的值
TE1400		TE1400 提供从 Simulink 导出 TC3 模型的工具
TC1320 或 TC1220	在 TC3 Runtime	TC3 中的 Simulink 对象实例接口直接映射 I/O 信号 在 TwinCAT 开发环境中提供调试 Simulink 模型的图形化界面，与创建该模型的 Simulink 完全相同

TE1410 和 TE1400 都安装在 MATLAB/Simulink 运行的那台 PC 上。

TE1400 从 Simulink 导出的 TC3 模型，可以在任何 TC3 开发环境中调用，但模型要下载到控制器运行，则需要 TC1x20 授权。

（1）TE1410 interface

TE1410 提供 Simulink 与 TC3 做数据交换的接口。Simulink 通过 ADS 与 TC3 PLC 通信获得物理 I/O 的值。Simulink 库中提供同步时钟，用于触发 ADS 通信。TE1410 工作的基本步骤如下。

1）在 PC 上，安装 TwinCAT 3 和 TE1410（interface for MATLAB®/Simulink®）。

2）TC3 中配置好 I/O，PLC 创建对接 I/O 以及 Simulink 的变量，激活运行。

3）PC 上设置 Simulink，获得 TC3 PLC 的变量，对应好模型接口变量，激活运行。

4）最后，当 PLC 和 Simulink 都运行起来后，同步时钟周期性地触发 ADS 通信，PLC 变量就周期性地送到 Simulink 模型的接口。

在 Simulink 中配置 TC3 PLC 变量的界面如图 15.3 所示。

（2）TE1400 TwinCAT Target

Simulink Coder（以前称为 Real-Time Workshop）包含一个代码生成器，用于把 Simulink 中的模型生成 C/C++代码。在运行 Simulink 的 PC 上安装 TE1400（TwinCAT Target for MATLAB®/Simulink®）之后，就可以把代码生成器的输出类型配置为 TwinCAT Target，这样就可以生成 TcCOM 的对象模块，其输入/输出特性与 Simulink 模型完全相同。

配置时，在 Simulink 的 Configuration Parameters/Commonly Used Parameters/Code Generation 中，选择 Target Selection 为 TwinCAT. tlc，如图 15.4 所示。

Simulink 导出的 TcCOM 模块类可以在 TC3 开发环境实例化，必要时也允许重新配置。

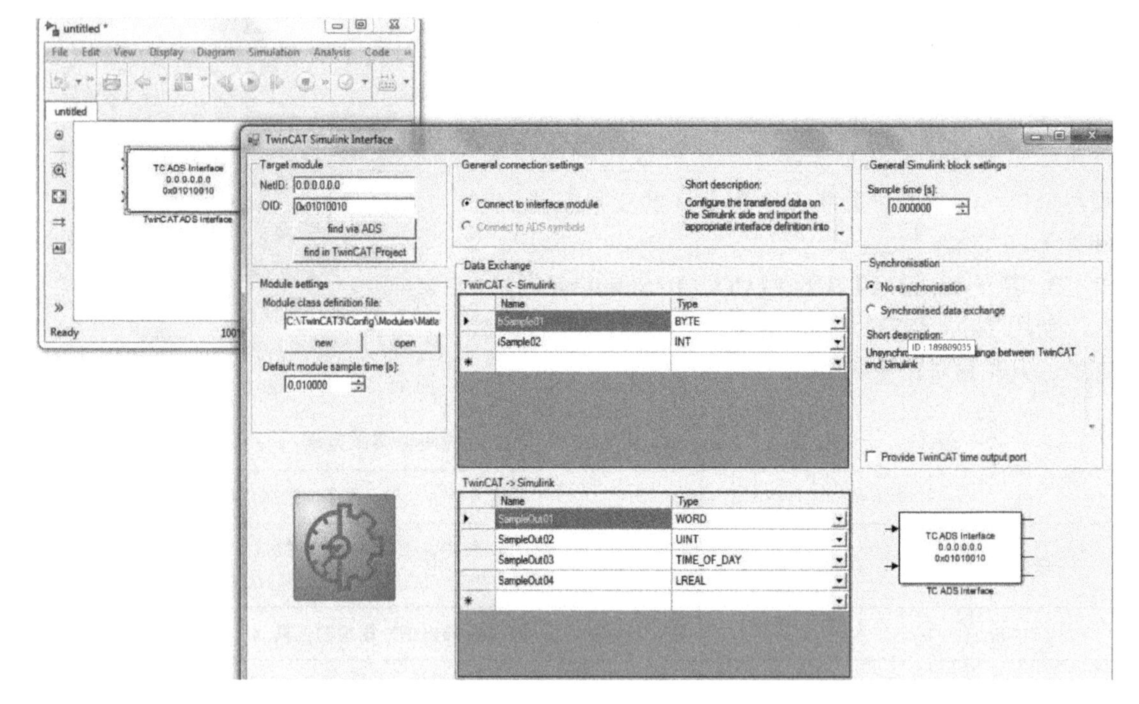

图 15.3　在 Simulink 中配置 TC3 PLC 变量的界面

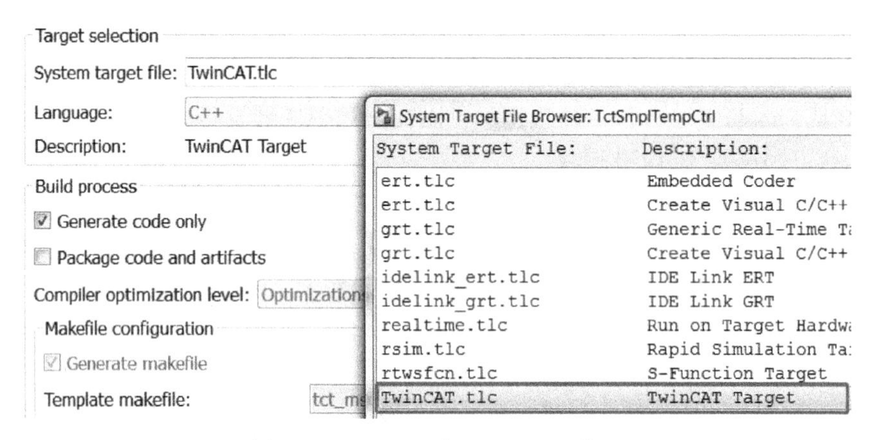

图 15.4　Simulink 中配置 Target 类型

TC3 Runtime 运行时，TcCOM 的实例，即 Simulink 模型，完全是在 TC3 的实时核上执行，因而能够用来控制实际的设备。

15.2　集成机器视觉 Tc Vision

Tc Vision 机器视觉是倍福公司近年的亮点技术之一，特点是在 TwinCAT 3 系统中集成了视觉处理的组件。Tc Vision 的工作架构如图 15.5 所示。

硬件上，只需要普通的 GiGE 相机，连接到 TwinCAT 控制器的千兆网卡。

软件上，相机的配置、调试都集成在 TwinCAT 开发环境，视觉的算法运行在 TwinCAT 控制器的实时核上，从 PLC 给视觉系统发送命令，自动化工程师不需要懂高级语言。

相机的图像可以集成在 TwinCAT HMI 中显示。

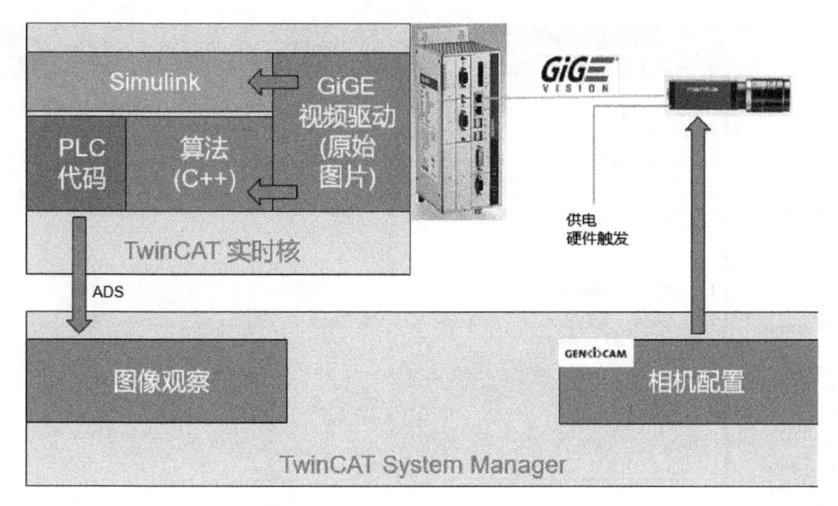

图 15.5　Tc Vision 的工作架构

(1) 提供符合 OpenCV 标准的功能

倍福通过专用库，提供符合 OpenCV 的功能，可以覆盖大部分的应用场合，并对 OpenCV 做了扩展和优化，轻量高效。基于 TC3 对多核 CPU 和 64 位操作系统的支持，可以为视觉运算分配专用的 Task 和 CPU 核。

配套文档 15-1
TwinCAT Vision 测试项目小结及中文介绍

(2) 需要单独的千兆网卡及 GiGE Vison 驱动

有这个驱动，TwinCAT 才能识别 GiGE 相机。由于图像传输的带宽占用高，所以需要千兆网卡，并且不要与其他以太网通信共用一个网络。

更详细的帮助文件请关注在线帮助系统：https://infosys.beckhoff.com/。

15.3　Automation Interface

TwinCAT Automation Interface 是 TwinCAT 提供的一组 Class 和 Method，高级语言可以调用这些 Class 和 Method 来实现类似 TwinCAT 开发环境中的动作，比如扫描 I/O、添加模块、变量映射及激活配置等动作。

在 TC3 帮助系统中有这些 Reference 功能的详细描述，路径为

TE1000 XAE/Technologies/Automation Interface/API/Reference

帮助系统中关于 Automation Interface 的内容如图 15.6 所示。

利用 TwinCAT Automation Interface 可以通过编程和脚本代码，实现 TwinCAT 项目配置的“自动化”。任何支持 COM 技术的编程语言都可以调用 TwinCAT Automation Interface，比如 C++ 或者 .NET；也可以从动态脚本语言，比如 Windows PowerShell、IronPython 甚至 Vbscript 调用 TwinCAT Automation Interface。实际上，帮助系统中几乎所有的例程都是用 C# 实现的。

(1) 传统的自动化项目开发方式

手动创建每一个项目配置，不仅耗时耗力，还容易出错。没有标准的编程模式，“每个项目都不一样”，研发团队里每一个工程师都可以访问任意代码和配置细节。如图 15.7 所示。

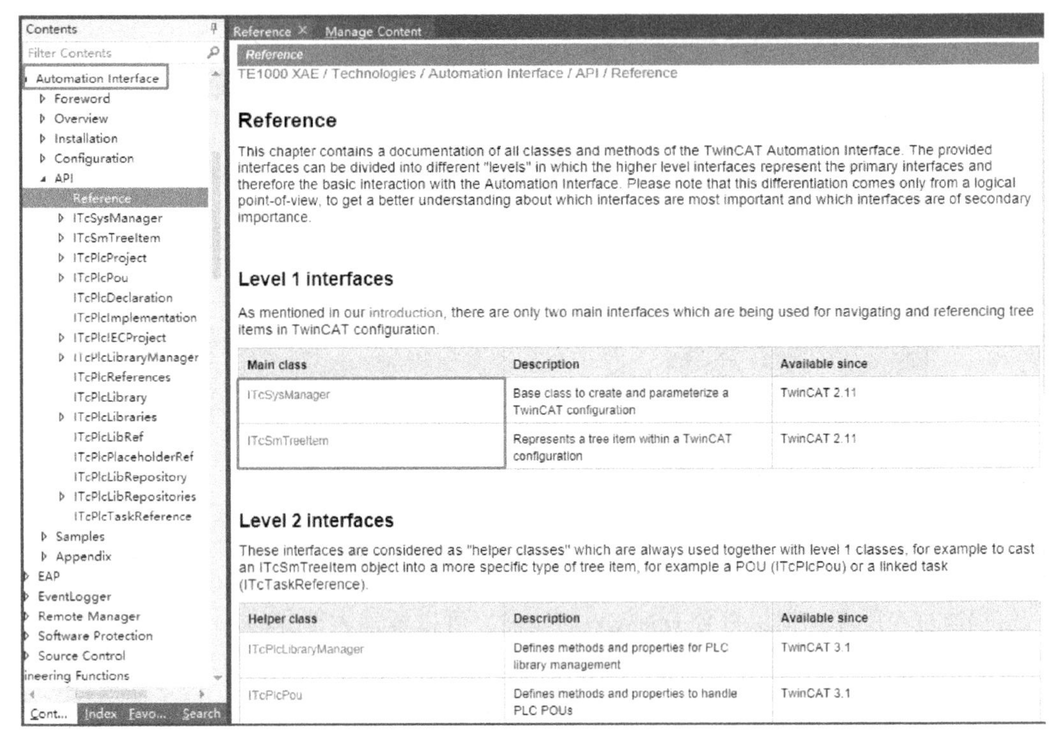

图 15.6　TC3 帮助系统中的 Automation Interface 描述

图 15.7　传统的 TwinCAT 项目开发方式

直到现在，也不能定制 TwinCAT 编程环境，不能通过插件扩展 TwinCAT 的 UI，客户很难集成自己的工作流。

（2）利用 Automation Interface 后的项目开发方式

通过任务或者插件创建或者管理 TwinCAT 配置。

通过 Windows 应用程序测试 TwinCAT 配置。比如测试是否每个变量都链接了。

整个 TwinCAT 配置都可以在企业定制化的配置界面中完成。比如 I/O 使用标准的命名；装载预配置的 I/O configuration；创建 PLC 项目；把自己的工作流实施到 TwinCAT 开发环境。如图 15.8 所示。

注意：每一个实施 TwinCAT Automation Interface 的企业，都有一批 IT 高级工程师，和为数众多、梯队分明的自动化工程师，其中包含经验丰富的系统架构师。所以通常是大公司大企业，已有或者计划有标准化的项目开发流程，开发的自动化设备类型基本固定，才会考虑使用 TwinCAT Automation Interface 定制企业专门的 TwinCAT 项目开发环境。

总之，实施 TwinCAT Automation Interface 是一个高投入高产出但回报周期相对较长的项目，从事非标项目集成的个人或者小企业不推荐使用。

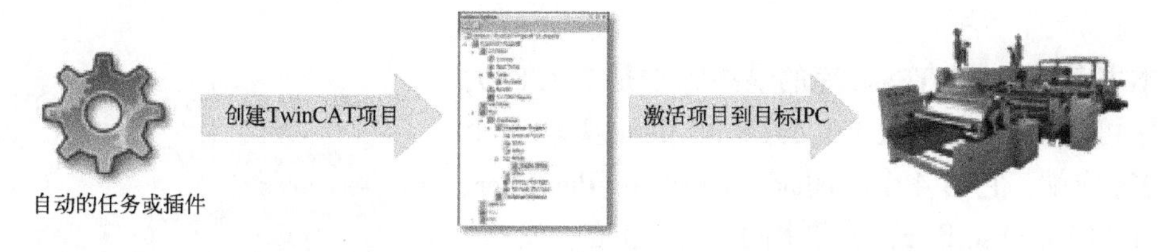

图 15.8　基于 TwinCAT Automation Interface 的项目开发

更详细的描述请参考 TC3 的帮助系统，路径为

TE1000 XAE/Technologies/Automation Interface/Overview/Product description

15.4　IoT 技术

IoT 究竟是什么呢？三个字，物连网，所有的设备都必须要连起来，连到网络上。既然要联网的话，必须要有一个云平台。在国外比较流行的是公有云，一些比较大的企业，因为公有云会涉及一些数据的安全性、移植性及一致性。

云平台上本来数据是非常安全的，但有一些企业不一定会完全信任这些信息，所以这些企业有一定的资金实力也会自己搭建云平台，称为私有云。倍福的产品不仅支持这些公有云，也支持私有云，主要是看的是通信接口。有了通信接口，世界各地的倍福控制器的数据都可以直接通过这些 IoT 的产品插件，跟云服务器直接进行数据交互。既可以上传数据，也可以从云上取数据。

倍福提供 4 类 IoT 软件产品，其功能对比见表 15.2。

表 15.2　倍福 4 类 IoT 软件产品功能对比

产　品	功　能
TF6701 IoT Communication	解决了 MQTT，OPCUA \ AMQP 的基础通信接口
TF6710 IoT Function	基于 TF6701 开发了面向不同厂家，比如面向微软、亚马逊等云平台提供商的高级版本的功能函数。TF6710 已经包含了 TF6701
TF6720 IoT Data Agent	为不能安装 TF6701 或者 TF6710 的非 TC3 系统的数据上云提供代理服务，实际上就是一个网关。不仅 ADS 数据可以中转，OPC 也可以
TF6730 TC3 IoT Communicator	定义了一些接口，为未来的一些可穿戴设备（比如手机终端，移动 APP）定义了一些协议，满足未来的一些应用开发

倍福还提供 1 个 IoT 的硬件产品：EK9160。

这是一个耦合器，没有处理能力，所有 I/O 信号都通过云上的服务器来处理。所有东西都是通过网页来配置扫描 I/O，以及设置跟云平台之间的数据格式。目前只能跟微软和亚马逊云通信。在云服务器上做运算逻辑，实时性当然不如本地控制器，但在一些偏远、危险或条件苛刻的场合，如果本来就要求实时性，或者只是实时性要求不高的信号采集，那么这种 IoT 硬件还是不错的选择。

5G 技术如果真的成熟了，自动化现场只留下 I/O，CPU 都放到云上也不是不可能。可能 EK9160 就是面向未来的设备，到本书截稿时还没有正式供货，仅提供测试模块。

1. TF6701：IoT Communication

TF6701 是一个 PLC 的功能库，提供了两个 Library（IoTBase 和 JsonXML），如图 15.9

所示。

到本书截稿时，IoTBase 库的最高版本是 3.1.8.0，利用该库可以通过功能块 FB_IoTMqttClient 实现一个 MQTT 的客户端，它有 4 个 Method：Exectue、Publisher、Subscriber 和 Unsubscriber，分别用于保持通信、发布、订阅和停止订阅。

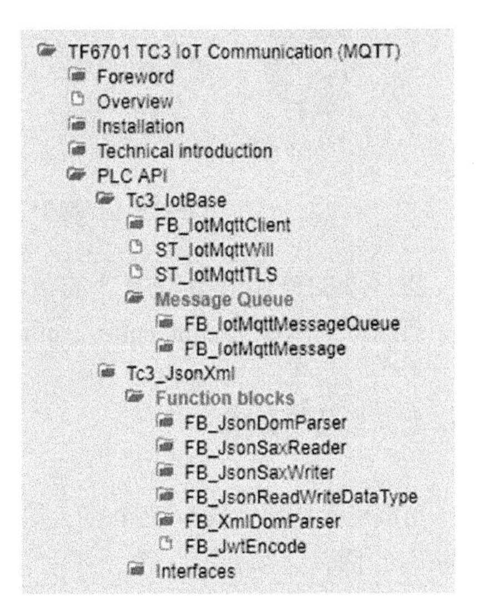

图 15.9　TF6701 提供的 Library

其原理也很简单，就是跟 MessageBroker 通信。Message Broker 在 IoT 通信里面非常重要，这是跟传统的通信最大的区别。传统通信都是点对点，比如 Client 和 Server，可以直接进行交互。但 IoT 通信不是直接通信，而要经过一个类似网关的东西——Message Broker，所有 Client 都是跟这个 Message Broker 进行通信，它再负责消息的转发。

Json 库里也有几个功能块，用于 IoT 通信数据的打包和解包。因为 IoT 通信的发布方和订阅方不可能预先定义无穷多种数据类型，比如结构体、数组或者两者混合嵌套，所以比较流行的做法就是约定 IoT 通信只传输字符串。这个可以很长的字符串按 Json 格式来组织，数据的发布方先把结构体或者数组“打包”成 Json 字符串，而数据接收方要把这个 Json 字符串“解包”成结构体或者数组，才能使用里面的值。

假设 PLC 中有一个数组变量 employees，它有 3 个元素，每个元素都是包含“firstName”和“lastName”的结构体，3 个元素“firstName”是 Bill、Geoge 和 Thomas，“lastName”是 Gate、Bush 和 Carter，那么要把这个变量 employees 通过 IoT 通信传到云上，就先要调用 FB 把它打包成如下 Json 格式：

```
{
"employees":[
{ "firstName":"Bill","lastName":"Gates" },
{ "firstName":"George","lastName":"Bush" },
{ "firstName":"Thomas","lastName":"Carter" }
]
}
```

而 Internet 的某个地方，另一台 PLC 接收到了这个字符串，就可以调用另一个 FB 把它解包到一个名为“employees”的数组，得到同样包含了 3 个元素的“firstName”和“lastName”。

关于 Json 格式，推荐一个很高效的学习网址：https://www.w3school.com.cn/json/index.asp。

2. TF6710：IoT Function

TF6710 是基于 TF6701 上的一个高级功能，可以跟微软云、亚马逊云、Hana（IBM 的云）进行通信，在 AMQP 协议的基础上封装了一些更加高级的功能。这些高级的功能涉及 Json 的格式，这些云平台设计并规定好了这些数据的格式。

倍福为了降低 PLC 厂家在开发 IoT 接口的时候了解这些云平台的数据格式的难度，倍福提供了 TF6710 库，客户就不需要了解云平台的数据接口，只要调用功能块就可以把 PLC 数据传输到云上，或者从云上获取数据。

TF6710 提供 3 个功能块，如图 15.10 所示。

TFxxxx | TC3 Functions / TF6xxx - Connectivity / TF6710 T

Function blocks

Additional information

- FB_IotFunctions_Connector
- FB_IotFunctions_Message
- FB_IotFunctions_Request

图 15.10　TF6710 提供的功能块

这 3 个功能块的调用顺序是：先用 FB_IotFunctions_Connector 建立连接，然后用 FB_IotFunctions_Message 上传数据，或者用 FB_IotFunctions_Request 请求数据。

3. TF6720：IoT Data Agent

对于使用 TC2 的用户，如果 PLC 数据也需要连到云，就要用到 TF6720。

这是个 Data Agent。它向下的接口是 ADS 和 OPC UA，前者用于跟 TwinCAT 通信，后者用于跟第三方控制器通信。

OPC UA 现在也有了基于 Message Broker 的机制，开发出了 Publish/Subscriber 订阅方式，通过 Message Broker 跟云平台之间进行数据通信。TF6720 是基于 PC 的平台，用 C#开发，所以只能运行在 Windows 7/10 等基于 . NET framework4. 5 及以上版本的操作系统。

4. TF6730：TC3 IoT Communicator

如果移动终端的 APP、可穿戴设备（比如 iOS 或者 Andriod）上的 APP 程序想跟 PLC 通信，开发人员有两个选择，一个是在 Apple Store 上购买开发授权，然后开发特定的应用并且放到 Apple Store。这个难度比较大，工程师要懂 XCode，也要懂 Object C 以及 C++编程。还有一些比较简单的方式，比如用 VS 来开发 iOS 的 APP，HTML5 或者 C#也都可以开发 iOS 的 APP，但难度还是大，成本也高。

倍福也开发出了 iOS 上的 APP，用户可以在 Apple Store 上下载倍福的 APP 程序，可以跟 TF6730 这个 PLC 功能库直接进行数据通信。使用 TF6730，PLC 数据上传到手机等移动终端就非常简单了，只要写几行代码，调用几个功能块，数据就可以到手机上了。

TF6730 TC3 IoT Communicator

Function blocks

Additional information

- FB_IotCommunicator
- FB_IotCommand

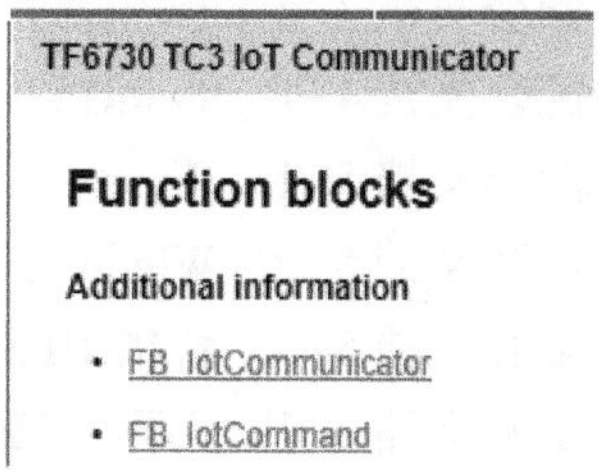

图 15.11　TF6730 提供的功能块

TF6730 提供两个功能块，如图 15.11 所示。

更多信息，请查阅 TC3 帮助系统，路径为

TwinCAT 3/TFxxxx | TC3 Functions/TF6xxx - Connectivity/TF6730 TC3 IoT Communicator/Overview

附　　录

1. 配套文档汇总

配套文档 1-1　倍福 2019 薄样本　14
配套文档 1-2　倍福 2019 厚样本　14
配套文档 1-3　倍福产品选型手册　14
配套文档 1-4　倍福产品简明操作指南　22
配套文档 1-5　倍福中国客户可用的网络资源　22
配套文档 2-1　TwinCAT 3 入门教程 V4. 1　23
配套文档 2-2　TwinCAT 3 运动控制教程 V1. 0　23
配套文档 2-3　TwinCAT 3_PLC_OOP 教程 V3. 1　23
配套文档 2-4　TwinCAT 3_C++_Simulink 教程 V3. 1　23
配套文档 2-5　TwinCAT 3 FAQ 集 V2. 1　23
配套文档 2-6　微软的安装清除工具 cleanup tool　25
配套文档 2-7　TC3-InfoSys 安装包　27
配套文档 2-8　TwinCAT 3 的授权激活　32
配套文档 2-9　NetScan 抓包工具　36
配套文档 2-10　加不上路由的若干可能性 V1. 04　45
配套文档 2-11　TwinCAT 2 PLC 编程入门　63
配套文档 3-1　CodeSywn 中文帮助　66
配套文档 3-2　TwinCAT PLC 编程手册 2011　66
配套文档 3-3　变量映射的小技巧　94
配套文档 3-4　TwinCAT 2 开发环境的深入介绍　95
配套文档 4-1　TwinCAT 3 安全管理 V1. 0　116
配套文档 5-1　Windows CE 系统安装中文字库　136
配套文档 5-2　Windows 7 及 Windows XP 系统安装中文语言包　140
配套文档 5-3　倍福 UPS 的用法　141
配套文档 6-1　例程：MotionDemo_OOP_V4　154
配套文档 7-1　例程：PLC 经 Interface 访问 C++模型对象　179
配套文档 8-1　例程：用 NOVRAM 实现兼容传统 PLC 的掉电保持区的功能　200
配套文档 8-2　Bin 文件转换工具 ASCII2BIN　201
配套文档 8-3　例程：读写 CSV 文件　203
配套文档 9-1　例程：温度控制（含视频及说明文档）　210
配套文档 9-2　基于 PC 的温度控制解决方案　210
配套文档 9-3　例程：设置 IP 地址　212
配套文档 9-4　例程：启用和中止应用程序　213

配套文档 10-1　例程：EtherCAT 诊断和状态切换　240
配套文档 10-2　针对用户的 EtherCAT 诊断手册　240
配套文档 11-1　倍福技术_ADS 通信_V3　261
配套文档 11-2　实测 ADS 通信的实时性　262
配套文档 11-3　PLC 通过变量名进行的 ADS 通信　266
配套文档 11-4　安装 EtherCAT 驱动的方法　271
配套文档 11-5　EtherCAT Bridge_ForCustomer　277
配套文档 12-1　例程：RS232/485 自由口通信 Demo　289
配套文档 12-2　串口调试工具　294
配套文档 12-3　例程：BCC_校验　296
配套文档 12-4　例程：Modbus RTU 通信例程（TC2）　297
配套文档 12-5　Modbus 测试工具 ModScan 和 ModSim　302
配套文档 12-6　TCP/IP 及 UDP 通信例程及说明　303
配套文档 12-7　TCP/IP 通信调试工具　304
配套文档 12-8　Modbus TCP 的文档和例程　312
配套文档 12-9　例程：TC3_Serial 通信 Demo　317
配套文档 13-1　例程：EtherNet/IP 通信现场测试文档汇总　352
配套文档 13-2　例程：第三方 EtherNet/IP 主站与 TC2+TS6280 的通信　359
配套文档 13-3　CANopen 通信数据量与刷新时间的计算　372
配套文档 13-4　第三方 CANopen 主站与 BK5120 通信设置　378
配套文档 13-5　PROFIBUS 总线简介　380
配套文档 13-6　PROFIBUS-DP 主站的配置步骤　381
配套文档 13-7　EK9300 用户手册　388
配套文档 13-8　BK9103 用户手册　388
配套文档 13-9　以西门子 S7-315 为主站带 EK9300 的设置步骤　391
配套文档 13-10　AB PLC 连接 BK9105 耦合器的方法　392
配套文档 13-11　OMRON 的主站与 EL6752-0010 通信　395
配套文档 13-12　TcPlcLibIoFunctions 帮助信息　396
配套文档 14-1　倍福 CX 控制器和威伦屏通信文档　401
配套文档 14-2　CX 与 Proface 屏经 ADS 通信　401
配套文档 14-3　组态王与 TwinCAT 通信　403
配套文档 14-4　ADS 通信-高级语言　405
配套文档 14-5　例程：TwinCAT PLC 与 VB6.0 通信　405
配套文档 14-6　例程：TwinCAT PLC 与 VC6.0 通信　405
配套文档 14-7　例程：TwinCAT PLC 与 VB.net 通信　406
配套文档 14-8　例程：TwinCAT PLC 与 C#通信　406
配套文档 14-9　例程：TwinCAT PLC 与 Labview 通信　406
配套文档 14-10　在未安装 TwinCAT 的 PC 上进行 ADS 通信　406
配套文档 14-11　例程：运行 OPC UA MethodCall 的示例程序　416
配套文档 14-12　TwinCAT 各种控制器级通信的数据安全性　417

配套文档 14-13　OPC UA 技术详解　417
配套文档 14-14　TcDBServer 帮助信息　417
配套文档 14-15　例程：TC_DatabaseServer_Demo　430
配套文档 14-16　例程：DB Server 演示用的 Access 通信　430
配套文档 14-17　例程：SQL 数据库通信实例调试　430
配套文档 14-18　例程：Oracle 与 Database 通信　430
配套文档 14-19　例程：TwinCAT PLC HMI 中使用 Event Logger　442
配套文档 14-20　例程：TwinCAT 3 提供的配方管理　442
配套文档 14-21　TE2000_TC3_HMI　451
配套文档 15-1　TwinCAT Vision 测试项目小结及中文介绍　459

2. 微信公众号技术专题

更多关于倍福技术和产品的应用，请关注微信公众号“Lizzy 的倍福园地”。推荐阅读以下专题。

类别	专　　题	发表日期	备　　注
自动化	ADS 加不上路由的若干可能性（第 3 版）	2018.01.10	
	TwinCAT 程序更新之九重天	2018.01.15	
	TwinCAT 与 Step 7 编程的异同	2018.01.06	
	TwinCAT 控制任务的 CPU 耗时统计与分析	2018.06.02	
	Page Fault，不得不说的故事	2018.02.04	
运动控制	TwinCAT 运动控制中的回零问题	2018.07.21	
	TwinCAT NC 轴的标记位	2018.02.13	
	TwinCAT 运动控制的位置反馈	2018.01.26	
现场总线和通信	EtherCAT 的热连接 Hot Connect 全解	2018.03.20	
	EtherCAT 分布时钟技术及其工业应用	2018.05.12